Planung und Bauausführung in der Schlitzwand- und Dichtwandtechnik

Ihr persönlicher E-Book Code

ISBN 9783433033425 – Planung und Bauausführung in der Schlitzwand- und Dichtwandtechnik (inkl. E-Book als PDF)

Das von Ihnen erworbene E-Book ist im ePDF-Format. Das Format ist nicht mit Amazon Endgeräten oder Apps kompatibel.

Beachten Sie: Sobald der Code verwendet wurde, sind eine Rückgabe oder der Weiterverkauf ausgeschlossen.

Das E-Book können Sie unter www.wiley-vch.de/ebooks/einlösen.
Eine ausführliche Anleitung zum Herunterladen des E-Books finden Sie unter http://www.wiley-vch.de/publish/dt/ebooks

Planung und Bauausführung in der Schlitzwand- und Dichtwandtechnik

Theodoros Triantafyllidis

Ernst & Sohn
A Wiley Brand

Autor:
Univ.-Prof. Dr.-Ing.habil. Dr. h.c.
Theodoros Triantafyllidis
Email: Theodoros.Triantafyllidis@kit.edu

Titelbild
Schlitzwandarbeiten, Baustelle Tunnel Rastatt, Großprojekt Karlsruhe-Basel, 2023
Foto: Robin Weber, DB Netz AG

Bibliografische Information der Deutschen Nationalbibliothek
Die Deutsche Nationalbibliothek verzeichnet diese Publikation in der Deutschen Nationalbibliografie; detaillierte bibliografische Daten sind im Internet über http://dnb.d-nb.de abrufbar.

Print ISBN: 978-3-433-03340-1
ePDF ISBN: 978-3-433-61084-8
ePub ISBN: 978-3-433-61083-1
oBook ISBN: 978-3-433-61082-4

Umschlaggestaltung: Petra Franke/Ernst & Sohn unter Nutzung eines Entwurfs von Sophie Bleifuß, Berlin

Satz: Newgen KnowledgeWorks (P) Ltd., Chennai, India

Druck und Bindung: CPI books GmbH, Leck
Gedruckt auf säurefreiem Papier

Vorwort

Es gab mehrere Gründe, welche Anlass zum Schreiben dieses Buches waren. Die Planung und die Bauausführung im Spezialtiefbau, die ich während meiner akademischen, bauausführenden und gutachterlichen Tätigkeit erlebte, gingen nicht Hand in Hand, sondern zeigten in vielen Projekten große Lücken. Diese Lücken würden einige Beteiligte als Unterschied zwischen Theorie und Praxis pauschalieren, aber mit dieser Erklärung habe ich mich nicht abgefunden. In den Fällen, wo Planung und Ausführung in einer Hand lagen, hat man diese Lücken fast nie erlebt, und ein unterschiedliches Verständnis der jeweiligen Sachlage gab es nicht. Planer und Bauausführende waren unter dem Dach einer Fachfirma zu finden, und das Konzept konnte von Anfang an durch die Beteiligten ausführlich behandelt werden, wenn die Ziele und die angestrebte Funktion des Bauproduktes vom Auftraggeber entsprechend bestimmt waren.

In den letzten zwei Jahrzehnten hat sich diese Umgangskultur geändert. Globalisierung und „Rationalisierung" haben dazu geführt, dass Bauaufgaben auch im Spezialtiefbau nicht mehr in einer Hand liegen. Ein Auftraggeber schaltet einen sogenannten Projektentwickler oder Projektsteuerer ein, welcher die Bauaufgabe nach seinen Vorstellungen und erhofften Erfolgsaussichten (Prämie bei Einsparung) unterteilt und ausschreibt, wobei es nicht selten vorkommt, dass alle Leistungen pauschaliert werden. Diese Pauschalierung hat anfangs nur die Bauausführung getroffen, aber zwischenzeitlich ist auch die Planung hiervon betroffen. Der ruinöse Wettbewerb mit dem Ziel, den „kostengünstigsten" – oder öfters den vermeintlich „billigsten" Anbieter zu beauftragen, hat dazu geführt, dass erfahrenes und äußerst fachkundiges Personal, welches entsprechend vergütet wird, durch jüngeres und nicht immer ausreichend fachkundig ausgebildetes ersetzt wird. Sogenanntes „Out-Sourcing" von Personal bis hin zur Abschaffung ganzer Abteilungen hat verstärkt dazu geführt, dass teuer gewonnenes innerbetriebliches Fachwissen (sog. Know-how) de facto verloren gegangen ist und weiter verloren geht. Dieses Buch erhebt nicht den Anspruch, diese Lücke zu füllen, sondern eher das Verständnis der Planenden und der potentiellen Auftraggeber für einige Probleme der Ausführungspraxis zu erweitern und ihnen diese näher zu bringen. Gleichzeitig spricht das Buch die Bauausführenden an und versucht, Probleme der Planung bzw. theoretische

Grundlagen diesen Praktikern näher zu erläutern und mehr Sensibilität für die jeweiligen Bedürfnisse zu wecken. Die Lücke zwischen dem unterschiedlichen Verständnis von Planenden und Ausführenden sollte mit diesem Buch klarer und deutlicher werden, womit neue Wege der Qualitätssicherung gesucht und eingeschlagen werden. Dieses Buch entstammt aus meinen Vorlesungen für Spezialtiefbau an der Ruhr-Universität Bochum und an der Universität (TH) Karlsruhe sowie aus dem früheren Buch über Schlitz- und Dichtwände, welches nicht mehr aufgelegt wurde. Der spontanen Bereitschaft vieler Baufirmen und Zulieferer der Spezialtiefbauindustrie für die Bereitstellung von Fotos und sonstigen Unterlagen, Zeichnungen etc. bin ich zu tiefem Dank verpflichtet. Die entsprechenden Hinweise über die jeweiligen Quellen sind jeweils der Bildunterschrift zu entnehmen.

Für das Durchlesen des Manuskriptes sowie für wertvolle Hinweise und Anregungen möchte ich mich bei allen meinen Mitarbeitern am Lehrstuhl für Grundbau und Bodenmechanik der Ruhr-Universität Bochum sowie des Lehrstuhls für Boden- und Felsmechanik der Universität (TH) Karlsruhe bedanken. Allen Assistenten und insbesondere Herrn Dr. J. Vogelsang und Dr. D. König sowie dem technischen Zeichner Herrn G. Jankowsky, möchte ich für die Anfertigung der Skizzen, Zeichnungen und der Bildverarbeitung danken sowie Frau B. Schroer für die Schreibarbeiten zur Herstellung der ersten Fassung des Manuskriptes. An dieser Stelle möchte ich mich auch für die Mitwirkung meiner Frau Ilona zur Fertigstellung dieser Auflage bedanken.

Der Autor wurde seitens der Industrie und der potentiellen Anwender in der Baupraxis ermutigt, dieses Buch zu schreiben, da viele Hinweise zur Qualitätssicherung gegeben sind, die nicht notwendigerweise in allen Teilen der Bauindustrie vermittelt werden. Es gab Anregungen sowohl aus dem Inland, wie auch aus dem Ausland aufgrund der bisherigen Erfahrungen aus dem ersten Buch.

Der Autor hofft, dass dieses Buch rege gebraucht wird und wünscht den Lesern dabei viel Freude.

Karlsruhe, Februar 2024
Theodoros Triantafyllidis

Inhaltsverzeichnis

1 Einführung

Thema dieses Buches zur „Planung und Bauausführung im Spezialtiefbau" sind Schlitzwände und Dichtwände. Anker und Bohrpfähle sind weitere wichtige Elemente des Spezialtiefbaus und werden hier nicht behandelt sind jedoch in anderen Fachbüchern zu finden. Alle diese Elemente bilden jeweils eine Sparte im Spezialtiefbau. Für diese gelten, wie auch für alle anderen Gewerke des Spezialtiefbaus, einige Grundlagen der Qualitätssicherung, welche nachfolgend angesprochen werden.

Schlitzwände und Dichtwände, Anker und Bohrpfähle haben eine breite Anwendung im Spezialtiefbau. Diese Elemente können mit Hilfe mehrerer Methoden hergestellt werden und übernehmen sowohl temporäre als auch permanente Aufgaben bei der Herstellung von unterirdischen Bauwerken.

Schlitzwände dienen häufig als tragende Baugrubenwände und Dichtwände übernehmen eine dichtende Funktion, wobei Dichtwände in Sonderkonstruktionen, wie z. B. die Kombinationsdichtwand mit eingestellter Spundwand eine tragende Funktion – meist temporärer Art – übernehmen können. Von der Planung bis zur Ausführung von Schlitzwand- oder Dichtwandarbeiten ist eine Vielzahl unterschiedlichster Arbeitsschritte erforderlich, die, wenn sie nicht mit der entsprechenden Sorgfalt und Qualität vorgenommen werden, unweigerlich zu teilweise erheblichen Problemen technischer, wirtschaftlicher und juristischer Art führen können.

Letzte Entwicklungen im Spezialtiefbau und die Art der Vergabe von Bauleistungen im Bereich der Geotechnik haben zu Koordinationsproblemen oder sogar mangelndem Verständnis zwischen den Entwurfsverfassern, Erstellern von Leistungsverzeichnissen für Bauleistungen, Anbietern und Ausführenden sowie den Auftraggebern geführt. Das Ergebnis ist, dass die Abläufe einzelner Arbeitsschritte der Bauausführung unnötig gestört werden und Nachweise zu der mittlerweile als notwendig erachteten Qualitätssicherung verlangt oder angeboten werden, welche keine oder bestenfalls nur eine sehr begrenzte Aussagekraft haben.

Nicht selten kann eine angestrebte und vorgegebene Tiefbauaufgabe mit der ursprünglich angedachten Methode oder dem zunächst vorgesehenen Verfahren nicht mit der gewünschten Qualität gelöst werden und die daraus zwangsläufig entstehenden Auseinandersetzungen führen dann zu einem Rechtsstreit. Dann

Planung und Bauausführung in der Schlitzwand- und Dichtwandtechnik. 1. Auflage. Theodoros Triantafyllidis.

wird eine juristische Lösung des entstandenen Problems gesucht, die mit einer sinnvollen ingenieurmäßigen Lösung nicht unbedingt etwas zu tun haben muss. Der volkswirtschaftliche Nutzen, speziell bei großen Vorhaben der öffentlichen Hand, unabhängig davon, wie die juristische Entscheidung ausfällt, ist immer negativ und die Kosten hat immer die Allgemeinheit zu tragen. Würde das Recht zu Gunsten des Auftraggebers sprechen, so ist bei den meisten mittelständischen Auftragnehmern im Spezialtiefbau mit einer Insolvenz oder mit einem Abbau des Personals zu rechnen, da die üblichen Gewinnmargen in der Baubranche solche Verluste nicht verkraften können. Die daraus entstehenden Kosten der Sozialsicherung trägt die Allgemeinheit. Im Falle der Rechtsprechung im Sinne der Nachtragsforderungen des Auftragnehmers ist aber auch die Allgemeinheit der Zahlende. Falls jedoch Qualitätsmerkmale zur Lösung der jeweiligen Aufgabe aufgestellt werden, welche klar und unmissverständlich bei der Vergabe definiert sind und deren Einhaltung auf der Baustelle der Prüfung und Überwachung mittels fachkundigen Personals seitens des Auftraggebers unterliegen, so ist bei der überwiegenden Mehrzahl der Fälle die Aufgabe im Sinne der Volkswirtschaft bestens zu lösen.

Die Qualitätssicherung ist also nicht mit einer unweigerlichen Erhöhung der Kosten verbunden, wie verschiedentlich behauptet wird, sondern ist ganz im Gegenteil bei Beibehaltung der objektiv gleichen Leistung mit der für die Allgemeinheit kostengünstigen Lösung verknüpft. Auf der anderen Seite darf man nicht erwarten, dass die Qualitätssicherung zum Nulltarif zu haben ist. Wenn man allerdings die Kosten einer Sanierung zur Herstellung einer geforderten Qualität eines anfänglich kostengünstig erscheinenden Angebotes hinzurechnet, welche bei Nichteinhaltung der Qualitätssicherung von Anfang an entstehen, dann ist es kostengünstiger, eine Sicherung der Qualität von Anfang an zu betreiben. Dies bedeutet andererseits, dass diese Qualitätssicherung sowohl den Auftragnehmer wie auch den Auftraggeber betrifft und vor allem von beiden Parteien zu verfolgen und einzuhalten ist. In die Pflicht genommen ist der Auftraggeber wie auch der Auftragnehmer. Die Einhaltung der Qualitätssicherung mag seitens des Auftraggebers auf den ersten Blick nicht einsichtig sein, da er schließlich eine Fachfirma beauftragt hat, aber in den meisten Fällen kann er sich dieser Verantwortung nicht entziehen, wie später noch erläutert wird.

Qualitätssicherung beginnt nicht, wenn die Baustelleneinrichtung und das Personal vor Ort sind, und auch nicht wenn die Leistungen bei der Erstellung des Leistungsverzeichnisses beschrieben werden, sondern viel früher. Sie beginnt eigentlich in den „Köpfen“ aller Beteiligten, u. a. auch des Auftraggebers. Das Bewusstsein des Bauherrn zur Qualitätssicherung verlangt, dass das Bauprodukt nicht nur lückenhaft sondern in seinem vollen Umfang vom Bauherrn hinsichtlich Zielsetzung und Funktionalität durchdacht ist. Seine Vorgaben kann in erster Linie der Architekt hinsichtlich der äußeren und inneren Gestaltung des Projektes visualisieren, zunächst einmal durch die Entwurfspläne. Diese können noch keine Bauhilfsmaßnahmen, wie z. B. die Baugrubenwände oder Gründungselemente (Fundamente oder Pfähle) berücksichtigen oder gar beinhalten, da diese weitere Kenntnisse über die Situation vor Ort und besonders über den anstehenden Baugrund voraussetzen. Die zusätzliche Einbeziehung von Fachleuten, welche z. B. zuerst das Bodengutachten einschließlich Gründungsgutachten und dann die technischen Voraussetzungen einer Ausschreibung der entsprechenden Gewerke vornehmen und zusätzlich über mögliche Alternativen nachgedacht haben, ist ein weiterer wichtiger Schritt in Richtung Qualitätssicherung. Die möglichen Verfahrensalternativen zur Bewältigung der Bauaufgabe mit dem Durchspielen der Szenarien zur Machbarkeit bzw. der Überwindung aller zu diesem Zeitpunkt denkbaren bzw. bekannten Schwierigkeiten ist ein weiterer Bestandteil der Qualitätssicherung. Schließlich sollte in der Ausschreibung der Baumaßnahme der Wille des Bauherrn durch die klar umrissene Beschreibung des Projektes und die von ihm verlangten Qualitätsanforderungen formuliert sein, so dass seitens der Anbieter, wenn überhaupt, nur ein sehr begrenzter Interpretationsraum zur Verfügung steht, bestenfalls jedoch keiner.

Ebenso beginnt die Qualitätssicherung bei potentiellen Auftragnehmern in deren Köpfen und zwar bereits bei der Angebotsbearbeitung wie auch beim Vorbereiten von möglichen Varianten oder Alternativen der Bauausführung. Wichtiger Bestandteil außer der Schulung des Personals in einem Unternehmen muss der Wille zur Lieferung von Qualität sein, da dieser Wille den Fortbestand des eigenen Arbeitsplatzes sichert. Die Abläufe zum Erkennen von Fehlern müssen transparent und die Korrekturmaßnahmen wirksam sein, so dass eine Wiederholung von Fehlern möglichst unwahrscheinlich wird. Das Angebot muss entsprechend transparent und nachvollziehbar sein, wobei die jeweilige Leistung mit einer ausführlichen Arbeitsbeschreibung bei der Angebotsabgabe begleitet sein soll oder zumindest bei den Vergabeverhandlungen die entsprechenden Fachleute auf beiden Seiten und speziell auf der Bauherrenseite präsent sein müssen, um dieses Angebot von der Machbarkeit, der richtigen Verfahrensweise und bezüglich der Wirtschaftlichkeit prüfen zu können. Eine solche Vorgehensweise ist zwar für beide Seiten aufwendig und setzt ein hohes Maß an Ausbildung, Erfahrung und Sachkunde voraus. Die Erfahrung aber zeigt, dass dadurch Mehrkosten von späteren Nachträgen, von aufwendigeren, das normale Maß weit überschreitenden Beweissicherungsverfahren und Kosten durch entsprechende Beschäftigung von Gerichten größtenteils vermieden werden können. Eine solche Arbeitsweise bei der Angebotsbearbeitung und Vergabe hat sich in Deutschland noch nicht in der notwendigen Breite und Tiefe durchgesetzt, aber bei öffentlichen Großprojekten oder auch großen privaten Bauprojekten scheint diese Vorgehensweise unumgänglich zu sein, wenn man einen wirtschaftlichen Erfolg mit der entsprechenden Qualitätssicherung erreichen will.

1.1 Begriff Qualitätssicherung

Unter dem Begriff „Qualität“ versteht man die Summe der Eigenschaften oder Charakteristiken eines Produktes oder einer Dienstleistung in Relation zu seiner/

ihrer Fähigkeiten ausdrücklich definierte oder selbstverständliche Bedürfnisse zu befriedigen.

Wendet man diese Definition der Qualität bei einer Baumaßnahme an, bedeutet dies, dass die Qualität eigentlich der Bauherr durch seine vorgegebene Beschreibung der Baumaßnahme mit dem entsprechenden Entwurf und Ausschreibung vorgibt und diese Qualität innerhalb einer vorgegebenen oder vereinbarten Zeitspanne und innerhalb eines Kostenrahmens, welcher vom Bauherren akzeptiert wird, im Rahmen einer Baumaßnahme erreicht sein muss.

Unter dem Begriff Qualitätssicherung versteht man eine systematische und vorprogrammierte Vorgehensweise bei der Herstellung eines Produktes oder der Lieferung einer Leistung, welche eine ausreichende Sicherheit liefert, dass die geforderte Qualität erreicht wird oder erreicht werden kann.

Maßnahmen zur Qualitätssicherung haben in letzter Zeit eine negative Bewertung bekommen, da dieser Begriff überstrapaziert wurde, i. a. Geld kostet und für die Leistung auf der Baustelle zunächst hinderlich ist. Hinzu kommt ein bürokratischer Geschmack, da sehr viel protokolliert und dokumentiert werden muss. Auf der anderen Seite ist man bei gegebenenfalls notwendigen Beweissicherungen über die aufgenommenen Daten froh, da diese dazu dienen die Sachverhalte zu klären. Diese Daten sind aber ohne eine sorgfältige Qualitätssicherung nicht erhältlich und sogar nicht interpretierbar.

Man ist bestrebt, während der Bauausführung die ermittelten Daten von Messungen im Rahmen der Qualitätssicherung zu interpretieren und Schlüsse daraus zu ziehen. Bei unzureichender Interpretation sollte allerdings nicht versucht werden, diese Daten zu verwenden, um darauf aufbauend den Bauablauf zu stören oder gar zu stoppen. Besonders wenn die jeweiligen Messergebnisse nicht im Erwartungshorizont liegen, sind zuvor Fachleute zu konsultieren. Bei den meisten Großprojekten der letzten Jahrzehnte in Berlin haben die durchgeführten Qualitätssicherungsmaßnahmen mit den entsprechenden Messungen zu einer Verbesserung der Qualität geführt, so dass deren Einsatz in Zukunft nicht nur empfehlenswert sondern unverzichtbar ist.

1.2 Begriff Spezialtiefbau

Unter dem Begriff „Spezialtiefbau" versteht man denjenigen Teil des Grundbaus bei dem das hergestellte Produkt sich so tief im Baugrund befindet, dass eine unmittelbare Einsichtnahme während der Herstellung und eine direkte Prüfung seiner Abmessungen sowie meistens der Funktionsfähigkeit nicht möglich sind. Man ist vielmehr bei den Spezialtiefbauprodukten auf indirekte Methoden der Prüfung des hergestellten Produktes im Baugrund angewiesen. So können z. B. Flachfundamente, Plattengründungen, Winkelstützmauern oder Stützmauern allgemein nicht zu den Produkten des Spezialtiefbaus gezählt werden. Man kann allerdings in diesem Fall von Tiefbau sprechen, da die Abmessungen der Produkte direkt einsehbar und direkt prüfbar sind. Die Abmessungen von Spezialtiefbauprodukten können teilweise nach erfolgtem Aushub festgestellt werden, z. B. im Zuge von Unterfangungs- oder Unterfahrungsmaßnahmen von Gebäuden. So sind z. B. eine HDI-Unterfangung oder Abschnitte von Wurzelpfählen im Zuge des Aushubes direkt einsichtbar. Diese direkte Einsicht ist während der Herstellung des jeweiligen Spezialtiefbauproduktes verwehrt und meist bekommt man diese Produkte zu sehen, wenn ihre Funktion nicht mehr erforderlich ist. Dieser besondere Umstand verlangt nicht nur geschultes Personal oder spezielle Maschinen sondern auch spezielles Wissen, welches über das im Tiefbau übliche hinausgeht. Deshalb kann man vom Spezialtiefbau sprechen.

Vermehrt wird unter dem Begriff Spezialtiefbau erwartet, dass hier alle Spezialkenntnisse, Verfahren und Geräte vorhanden sind, so dass man mit allen Schwierigkeiten einer Spezialtiefbaumaßnahme zurechtkommt, unabhängig davon, wie genau die ursprüngliche Aufgabe definiert war. Manche Auftraggeber ziehen sich auf dieses Verständnis des Begriffes zurück, um eine funktionale Vergabe von Bauleistungen in der Geotechnik oder im Spezialtiefbau zu rechtfertigen und jede Nachtragsforderung abzuwehren, wenn die gestellte Bauaufgabe nun nicht wie erhofft kostengünstig mit einer angedachten Lösung bei den vorliegenden Bodenverhältnissen bewältigt werden. Dieser Begriff wurde oft missbraucht, um das sog. „Baugrundrestrisiko" zu Lasten des Spezialtiefbauers zu verschieben, obwohl dieses auf der Seite des Bauherren verlagert ist, da er diesen Untergrund als Baustoff zur Verfügung stellt. Hier darf nicht vergessen werden, dass der Baugrund mit seinen Eigenschaften auch Bestandteil des zu erstellenden Bauwerkes ist.

Zweifelsohne verfügt der Spezialtiefbau über Kenntnisse, Geräte und Verfahren, die sich eignen, entweder tief in dem Baugrund etwas herzustellen oder den Baugrund zu vergüten. Diese Arbeiten differieren allerdings stark voneinander, wenn die vorgefundenen Verhältnisse nicht denjenigen entsprechen, die beim Entwurf zugrunde gelegt wurden. Für einen Nicht-Fachmann scheinen diese Unterschiede nicht gravierend zu sein (z. B. Vergütung der Leistungen in einem dichten oder in einem sehr dichten Boden) aber die Anstrengungen für den Ausführenden sind so ungleichmäßig groß, dass hierfür auch eine andere Vergütung seiner Leistungen angemessen ist. Es ist deshalb immer von Vorteil, wenn bei den Erkundungsarbeiten, wie auch bei der Gründungsberatung, alle die notwendigen Parameter so präzise wie nur möglich ermittelt und angegeben werden, so dass unangenehme Überraschungen für alle beteiligten Partner ausbleiben. Die Qualität dieser so bedeutenden Arbeitsschritte hat in letzter Zeit leider nachgelassen (z. B. bei Ausschreibungen werden sehr große Bandbreiten über Bodenklassen und Eigenschaften vom Baugrund angegeben), da über die Maßen hinaus versucht wird Zeit, Aufwand und Kosten für die Baugrundbeschreibung zu reduzieren, so dass sehr viele Bauverträge als Streitfälle vor dem Gericht enden. Sicherlich verteuert diese Vorgehensweise die Baumaßnahme, ohne die Qualität des Produktes zu verbessern.

1.3 Qualitätssicherung im Spezialtiefbau

Aufgrund der vorangegangenen Erläuterungen wird auch deutlich, dass die Herstellung von Produkten, welche nicht direkt einsehbar und erfassbar sind, eine intensive Qualitätssicherung verlangt, um den gestellten Anforderungen gerecht zu werden. Man ist gezwungen, Maßnahmen zu ergreifen, die indirekt Informationen über den Herstellungsprozess liefern sowie Messverfahren zu benutzen, um Lage und Abmessungen des Produktes zu bestimmen. Trotz aller dieser Maßnahmen darf man nicht vergessen, dass das Spezialtiefbauprodukt maßgeblich durch den zur Verfügung gestellten Baugrund bestimmt wird. Eine so weitreichende wie auch nur erdenkliche Qualitätssicherung wird nicht zur erwünschten Qualität des Produktes beitragen können, wenn der Baugrund nicht richtig für die Belange der jeweiligen Baumaßnahme beschrieben und erfasst wird, so dass das verwendete Verfahren optimal auf den jeweiligen Baugrund eingestellt werden kann. Das Spezialtiefbauprodukt ist ein Resultat des vorliegenden Baugrundes und des Spezialtiefbauverfahrens einschließlich der eingebrachten Materialien. Eine nicht richtige und/oder unzureichende Beschreibung und Erfassung des Baugrundes führt zwangsläufig zu einem Produkt im Spezialtiefbau, bei dem nicht erwartet werden kann, dass seine Eigenschaften den Geplanten entsprechen. Das gleiche gilt selbstverständlich auch, wenn das vorgesehene Verfahren nicht richtig angewendet wird oder wenn Materialien verwendet werden, welche sich nicht für die jeweilige Anwendung eignen. Die Qualitätssicherung im Spezialtiefbau ist also nicht nur notwendig sondern Bestandteil des Spezialtiefbauverfahrens selbst, welches zugrunde gelegt wird.

Die Qualitätssicherung im Spezialtiefbau erfordert auch speziell hierfür geschultes Personal, so dass diese Arbeiten nur von im jeweiligen Gewerbe speziell geschulten Mitarbeitern ausgeführt werden können. Hier sind neben den Behörden auch die Fachfirmen in der Pflicht für die Weiterbildung der Mitarbeiter zu sorgen und nicht darauf zu hoffen, fertig geschultes Personal abzuwerben.

Viele der in diesem Buch angegebenen Verfahren der Qualitätssicherung für die Schlitzwand- und Dichtwandtechnik sind nicht selbstverständlich und können nicht als Bestandteil eines Bauvertrages angesehen werden, es sei denn diese werden explizit vereinbart und detailliert dargestellt. Die üblichen Maßnahmen zur Sicherung der Qualität eines Spezialtiefbaugewerkes werden in der VOB und in den entsprechenden DIN-Regeln oder in den zusätzlichen technischen Vorschriften beschrieben. Bei jedem Vertrag im Spezialtiefbau muss die jeweilige Qualitätssicherung sehr detailliert angegeben sein und es darf nicht vorausgesetzt werden, dass alles, was man in diesem Buch beschrieben findet, a priori oder selbstverständlicherweise jedem Vertrag zugrunde liegt und als Bestandteil der jeweiligen Spezialtiefbauleistung zu betrachten ist.

Diese Leistungen, welche zur Qualitätssicherung erbracht werden, müssen gesondert ausgeschrieben sein und sind immer als besondere Leistungen zu betrachten, womit auch ein Anspruch auf eine separate Vergütung besteht.

2 Schlitzwandtechnik

2.1 Geschichtliches zur Entwicklung der Schlitzwandbauweise

Im städtischen Tiefbau waren Bohlträgerwände und Bohrpfahlwände als Verbauwände seit langem bekannt, bevor die Schlitzwände seit Anfang der 50er- Jahre des 20. Jahrhunderts ins Leben gerufen wurden. Es ist deshalb nicht verwunderlich, dass die Entwicklungen der Schlitzwandbauweise ihre Ursprünge in der Bohrpfahltechnik haben.

Auf den Erfahrungen mit Bohrspülungen für Tiefbohrungen (etwa seit 1845) basierend, wurde 1912 das erste Patent für Schlitzwände erteilt, welches die Erkenntnis ausnutzte, dass wässrige Tonsuspensionen eine stabilisierende Wirkung auf unverrohrte Bohrlochwände ausüben. Die Firma „Carl Brand" in Düsseldorf hat durch die „Patentschrift Nr. 265150 Klasse 84c Gruppe 2" vom Kaiserlichen Patentamt am 14.03.1912 Schutzrechte für ein „Verfahren zur Herstellung von Pfeilern, Pfählen und dgl. zu Tiefbauzwecken unter Benutzung des im Bergbau üblichen Dickspülverfahrens" erworben. Dieses Patent wie auch später ein US-Patent mit der Nr. 2048710 von Ranney im Jahre 1936 mit dem Titel „Verfahren zum Bau unterirdischer Bauwerke und Geräte hierzu" gerieten in Vergessenheit. Die Gründe hierzu liegen vermutlich in dem damaligen Stand der Technik des Stahlbetonbaus, da das Wissen unter Dickspülung zu betonieren nicht weit reichte und man Angst hatte, die Bewehrung (Stahleinlagen der Schlitzwand) in eine Tonsuspension zu stellen.

Eine Art Renaissance erlebte die Schlitzwandtechnik als Lorenz (1950) in der Zeitschrift BAUTECHNIK im Jahre 1950 einen Aufsatz über die Verwendungsmöglichkeiten thixotroper Flüssigkeiten im Grundbau veröffentlichte. Eine Reihe solcher Möglichkeiten ließ er bis 1951 patentieren (Lorenz 1950/1951) und seine Erfahrungen mit thixotropen Flüssigkeiten hat er in der Zeitschrift BAUTECHNIK veröffentlicht (Lorenz 1953). Parallel dazu erhielt Veder (1950) im Jahre 1950 ein österreichisches Patent auf ein Verfahren zur Herstellung wasserdichter Wände durch Aneinanderreihen von unverrohrten Bohrungen, welche in einer Dickspülung hergestellt und anschließend ausbetoniert werden.

Planung und Bauausführung in der Schlitzwand- und Dichtwandtechnik. 1. Auflage. Theodoros Triantafyllidis.

Seit dieser Zeit folgte eine Flut von Veröffentlichungen über die grundbautechnischen Anwendungen von Tonsuspensionen zur Stützung von freistehenden Erdwänden (Grewe 1965; Grodde 1963) und es wurden in den folgenden Jahren immer bedeutendere Schlitzwandbauwerke errichtet (Veder 1966). Mit den gesammelten Erfahrungen wurden Schlitze mit Längen zwischen 4 m bis 11 m hergestellt (Franke (1954); Jäger (1955); Killer (1958); Jakob (1959a, 1959b, 1968); Neumeuer (1961); Franke (1963); Veder (1959)), wobei in Berlin sogar ein Belastungsversuch an einem 12 m langen Schlitz ausgeführt wurde Niemann (1960). Die Schlitzwandbauweise wurde im großen Umfang im U-Bahnbau eingeführt, vor allem in Mailand 1956 gelang es der Firma ICOS zum ersten Mal ohne Vorbohrungen (runde unverrohrte Bohrungen am jeweiligen Ende des Schlitzes) mit Hilfe eines Spezialgreifers, der als Vorläufer des heutigen Schlitzwandgreifers bezeichnet werden kann (Führungskorb, Seilwinde), einen Schlitz herzustellen. Etwa sechs Jahre später (1962) wurde in Deutschland ein neuartiges Saugbohrgerät entwickelt, die „Salzgitter-Saugfräsanlage SF 20", welche als Vorläufer der heutigen Frästechnik in der Schlitzwandbauweise angesehen werden kann. Allerdings konnte dieses Gerät sich nicht durchsetzen, da es nicht universell einsetzbar war und die Entsandung große Flächen für Absetzbecken erforderlich machten, wobei auch die Aufbereitung und Trennung der gebrauchten Bentonitsuspension vom Aushub nicht zufriedenstellend war.

Die ersten Schlitzwände in der Bundesrepublik wurden 1959 und 1960 in Berlin und München hergestellt, wobei ICOS als Bauunternehmen mit einer Veder-Lizenz agierte. Trotz des vorsichtigen Herantastens bei der Anwendung der Schlitzwandbauweise, zuerst mit überschnittenen Bohrpfählen, später mit Schlitzen, gab es auch negative Erfahrungen (Veder 1981), die leider bis heute mancherorts wiederholt gemacht werden.

Die Schäden bei der Herstellung von Wänden unter Tonsuspensionen können wie folgt wiedergegeben werden:

- keine Überschneidung der einzelnen Pfähle bei einer Bohrpfahlwand, ab etwa 35 m Tiefe (Qualitätssicherung der Lagegenauigkeit fehlt!)
- ausgedehnte Löcher in der Schlitzwand mit freiliegender Bewehrung in verschiedenen Tiefen (entweder keine ausreichende innere oder äußere Standsicherheit, oder kein ausreichender lichter Abstand der Bewehrung, geringe Betonsteigmaße oder zu schnelles Ziehen der Betonierrohre)

Trotz der vielen Veröffentlichungen in den 50er- und Anfang der 60er- Jahre, blieb die Wirkungsweise dieser Tonsuspensionen unbekannt. Wenn man die Beobachtungen und Erklärungen dieser Publikationen resümiert, so stellt man fest, dass diese Flüssigkeiten geradezu wunderbare Eigenschaften haben müssten, so dass sie sich in jeder Situation anders verhalten. In den meisten Fällen wurde jedoch das Gegenteil dessen bewirkt, was der Suspension an anderer Stelle als Leistung zugerechnet wurde.

Über die Stützung der Tonsuspensionen in Bodenschlitzen herrschte Unkenntnis und außer der Aufnahme von Erddruckkräften und Ausbildung von hydrostatischen Kräften hatte man der Suspension noch weitere „geheimnisvolle" Kräfte zugebilligt, ohne diese physikalisch (z. B. Elektroosmose) begründen zu können und experimentell ihre Wirkung quantifizieren zu können.

Die ersten wissenschaftlichen Abhandlungen zur Standsicherheit flüssigkeitsgestützter Erdwände und zur Technologie der stützenden Flüssigkeiten wurde von Weiß (1964, 1967) und kurz davor von Veder (1963) veröffentlicht.

Außer der bekannten Regel, dass der Erddruck den hydrostatischen Druck der stützenden Flüssigkeit nicht übersteigen darf, hat Veder (1963) folgende Schlüsse aufgrund von Labortests wie auch von 1:1 Feldversuchen gezogen:

- Beim Aushub eines Schlitzes bildet sich ein Filterkuchen an der Wandung. Dieser Filterkuchen ist im Allgemeinen undurchlässig und ist gebunden mit dem Boden, so dass die Stützflüssigkeit den vollen hydrostatischen Druck auf den Boden entlang der Wandung ausüben kann.
- Die Bildung des Filterkuchens wird stark vom Grad der Stabilität der Suspension beeinflusst, von der Eindringung in die Poren und ihrer Fähigkeit zur Gelbildung in diesen Poren und vielleicht von einigen elektroosmotischen Phänomenen. Der Filterkuchen bildet eine Art Verputz an der Wandung, so dass die individuellen Körner des Bodens miteinander verbunden werden und dadurch in ihren relativen Positionen gehalten werden.
- Die Bewegung des Aushubgerätes im Schlitz fördert die Tränkung des Bodens mit Bentonitsuspensionen in der unmittelbaren Umgebung des Schlitzes, so dass die Bildung des Filterkuchens erleichtert wird.

Ähnlich kam Weiß zu folgender Schlussfolgerung hinsichtlich der Wirkung von Stützflüssigkeiten, welche er in zwei Fälle unterschieden hat:

- Die Flüssigkeit, die auch als Boden mit flüssiger Konsistenz betrachtet werden kann, verhält sich in groben Bodenporen wie eine homogene, stabile Flüssigkeit. Dann ist die Ursache der stützenden Wirkung die in der Flüssigkeit vorhandene Kohäsion c_u im bodenmechanischen Sinn, wobei gleichzeitig der Winkel der inneren Reibung $\varphi_u = 0$ ist. Mit Rücksicht auf den Sprachgebrauch in der Rheologie wird die Kohäsion stützender Flüssigkeiten in der zeitlich nachfolgenden Literatur als Fließgrenze τ_F bezeichnet. Sie verhindert das unbegrenzte Eindringen der Flüssigkeit in die Bodenporen und die Bewegung einzelner Bodenkörner in der Flüssigkeit, und sie bewirkt die Einleitung des hydrostatischen Flüssigkeitsdruckes in den Boden.
- Die als Dispersion vorliegende Flüssigkeit ist gegenüber dem System der Bodenporen inhomogen und instabil, weil die Partikelgröße der dispersen Phase größer als der Porendurchmesser ist. Der kennzeichnende Vorgang ist dann die Filtration. Die feste Phase der Flüssigkeit sondert sich an den Poreneingängen als Filterkuchen ab, die flüssige fließt durch den Filterkuchen in die Poren ein. Die

Flüssigkeiten müssen also einen möglichst dichten Filterkuchen erzeugen und damit einen weiteren Zerfall der Flüssigkeit durch das Abfließen der flüssigen Komponente verhindern.

Zwischen 1965 und 1985 entstanden sehr viele Arbeiten auf der Forschungs- wie auch der baupraktischen Ebene über mehrere Fragestellungen zur Wirkung der thixotropen Suspension auf Erdschlitze und der damit verbundenen Fragen der Standsicherheit. Hierzu zählen (ohne Anspruch auf Vollständigkeit) die Arbeiten von Möbius (1977); Möbius und Günther (1973, 1977); Möbius u. a. (1976), die auf die Eigenschaften von Bentonit-Suspensionen und auf Modellversuche von flüssigkeitsgestützten Erdwänden zielten. Gleichzeitig sind Müller-Kirchenbauer (1972a, 1972b, 1977) und Müller-Kirchenbauer und Walz (1980) Fragen der Standsicherheit von suspensionsgestützten Schlitzen nachgegangen. Die Berechnung des räumlichen Erddruckes nach der Elementscheibentheorie wurden von Walz und Hock (1987), Walz und Prager (1978, 1979) sowie der Flüssigkeitsstützung (Walz 1989) und der rechnerischen Standsicherheit von Walz und Pulsfort (1983) vorangetrieben bis sie schließlich Eingang in die Deutsche Normung (DIN 4126) gefunden haben. Ebenso Eingang in die Normung fanden auch die Arbeiten von Weiß (1962, 1965, 1969), die Belange der Baupraxis der Schlitzwandbauweise betrachteten, wie z. B. den Ansatz für den Wandreibungswinkel von in Bentonitsuspension hergestellten Betonwänden, die Druckverluste von Suspensionen in Rohrleitungen und weitere Sicherheitsfragen der Schlitzwandbauweise. Das Kontaktverhalten von suspensionsgestützten Ortbetonwänden mit dem anstehenden Baugrund wird durch die Anreicherung des Filterkuchens mit den Bodenfeinpartikeln beeinflusst, die unwesentlich von der Standzeit des offenen Schlitzes ist, bleibt Gegenstand aktueller Forschung (Arwanitaki u. a. 2007; Arwanitaki 2009; König und Schröder 2015, 2017).

Parallel zum Anwachsen der Erkenntnisse und Erfahrungen über die Stützwirkung der Suspensionen entwickelte sich auch die Technologie, so dass es im Jahre 1961 möglich wurde, Bentonitsuspensionen nach einer Regeneration wieder zu verwenden. Zur Abtrennung von Sand und Schluff aus der verwendeten Suspension wurden Separieranlagen mit Sieben und Zyklonen entwickelt und eingesetzt.

Nach dieser Zeit wurden Geräte mit höherer Leistung gebaut und selbst bei Aushubgeräten und Greifern wurden die Anforderungen über die Aushubgenauigkeit erhöht, wie auch die Leistungen verbessert. Weitere Entwicklungen führten dann zu längeren und schwereren Greifern für eine bessere Einhaltung der Vertikalität und für eine größere Aushubleistung aufgrund von mehrfachen Scherungen des Seils und des erhöhten Eigengewichts.

Hydraulikgreifer und seit den 70er Jahren Schlitzwandfräsen wurden entwickelt, um höhere Leistungen des Aushubes zu ermöglichen. Die neuesten Geräte sind mit Elektronikkomponenten bestückt, so dass Angaben zur Lagegenauigkeit des Schlitzes, Suspensionsspiegel, Aushubtiefe etc. direkt beim Aushub ohne eine Unterbrechung des Betriebes möglich sind.

Trotz der Erkenntnisse des Verhaltens der Suspensionen und der technischen Entwicklungen, welche auch die Qualitätssicherung erleichtern, wurden in der Vergangenheit Schäden produziert, deren Ursache eine fehlende intensive ingenieurtechnische Kontrolle war (Weiß 1979).

Übliche Fehler waren zunächst folgende:

- **Sandeinschlüsse in der Schlitzwand über die Gesamtdicke**

  Diese können durch Manipulation an der stützenden Flüssigkeit, z. B. durch Zugabe von Wasser, damit während des Betoniervorganges das Abpumpen der vom Beton verdrängten Flüssigkeit erleichtert werden soll, entstehen. Diese Wasserzugabe führt zum Ausfallen des in der Flüssigkeit dispergierten Sandes, so dass großvolumige Sandeinschlüsse über die ganze Wanddicke die Folge sind.

  Eine fehlerhafte Ermittlung des Betonspiegels und zu geringe Eintauchtiefe der Betonierrohre oder ein zu schnelles Ziehen dieser Rohre führt ebenfalls zu großvolumigen Sandeinschlüssen.

  Eine nicht ausreichende Entsandung der stützenden Flüssigkeit führt dazu, dass der aufsteigende Beton die „schwere" Stützflüssigkeit nicht verdrängt, sondern umschließt.

- **Vermischung von Stützsuspension mit Beton**

  Während der Anfänge kam es beim Betonieren unter Dickspülung wiederholt zu Einschlüssen von stützender Flüssigkeit im Beton und demzufolge zu einer unzureichenden Betongüte. Die Gründe lagen entweder in der Verwendung unzulässiger Tonarten oder an der Benutzung von Betonierrohren, die nicht wasserdichte Kupplungen aufgewiesen haben. Die Nichteinhaltung der jetzt bekannten Betonierregeln führte damals zu den Problemen der nicht akzeptablen Betongüte (Kontraktorverfahren, nicht ausreichend fließfähiger Beton etc.).

- **Mangelhafte Betondeckung und Einschlüsse von Suspensionen in Kreuzungen von Bewehrungsstäben**

  Zu Beginn mangelte es an der genauen Kenntnis der Bewehrungsanordnung für Schlitzwände. Speziell die Vermeidung von Bewehrungskonzentrationen in den Bereichen von Stößen oder in den Bereichen von Ankerdurchführungshülsen oder sich kreuzenden Bewehrungen wurde nicht in Relation zu den Viskositätseigenschaften und Fließeigenschaften der Suspension gesehen. Das Resultat war, dass der nach oben steigende Beton an diesen Stellen nicht mit ausreichender Geschwindigkeit fließen konnte und es demzufolge zum Einschluss von stützender Flüssigkeit kam, da in anderen Bereichen der Betonspiegel schnell anstieg und diese Stelle überdeckt wurde. Da die Steiggeschwindigkeit auch im Bereich zwischen Aushubwand und Bewehrung nicht ausreichend war, führte dies zu einer mangelhaften Betondeckung der Bewehrungslagen.

Ein Beispiel, bei dem die ausführende Firma auf die besondere Bewehrungsführung bei Schlitzwandarbeiten den Auftraggeber hinwies und die entsprechenden Kosten der Auftraggeber nicht tragen wollte, ist noch bei Weiß (1993) zu finden.

Der Auftraggeber war aus Kostengründen nicht bereit, die notwendige „lichte Durchflussweite zur Sicherung der Betondeckung" (Begriff siehe DIN 4126, Ausgabe August 1986, Abschnitt 8.2, Absatz 1) auf beiden Seiten der Schlitzwand zuzugestehen. Das Bauunternehmen wählte deshalb auf der Außenseite der Schlitzwand eine ausreichende lichte Durchflussweite; für die Innenseite blieb ein zu geringer Rest mit dem erwarteten Ergebnis, dass dort die Bewehrung auf großen Flächen frei lag und durch Spritzbeton saniert werden musste. Die unglückselige, aber üblicherweise dem Preiswettbewerb unterworfene „Betondeckung" blieb auf Jahre, nämlich bis zum Erscheinen des Normenentwurfes DIN 4126 im Jahre 1981, heißes Diskussionsthema und war immer wieder Ursache für Schäden mit an den Wandoberflächen frei liegender Bewehrung bei uneinsichtigen Auftraggebern.

Daraus erkennt man, dass auch der Auftraggeber bereit sein muss, eine Qualität nicht nur zu verlangen, sondern entsprechend zu honorieren. Entsprechend ist auch die Pflicht des Auftragnehmers auf die Qualitätsunterschiede hinzuweisen, wenn er es für erforderlich hält.

In der Zwischenzeit haben größtenteils alle Erkenntnisse der Vergangenheit ihren Niederschlag in den Normen und Empfehlungen gefunden und deren Einhaltung ist nicht mehr optional sondern obligatorisch. Gleichzeitig hat sich die Maschinentechnik im Bereich der Aushubgeräte inkl. der Fräsen weiterentwickelt wie auch die Hilfsgeräte zur Messung und rechtzeitiger Meldung eventueller Abweichungen. Während der Herstellung der Schlitzwände wird es aber notwendig bleiben, nicht eindeutige Messungen und nicht redundante Messergebnisse mit Ingenieurverstand zu interpretieren.

Die Entwicklung von Fräsen mit Führungskorb und Seilaufhängung hat nun zu Aushubtiefen geführt, die bis 150 m reichen. Die durch die Fräse mögliche kontinuierliche anstatt der intermittierenden Förderung des Greifers hat speziell bei großen Aushubtiefen eine wesentliche Zeitersparnis gebracht. Voraussetzung für das Funktionieren der Schlitzwandfräse ist allerdings, neben der Homogenität des auszuhebenden Bodens hinsichtlich Festigkeit (z. B. keine Findlinge), die kontinuierliche und schnelle wie auch vollständige Trennung des Aushubs von der Bentonitsuspension. Regenerationsanlagen mit Sieben und Zyklonanlagen werden erforderlich, die dies ermöglichen und den Aushub in relativ trockenem Zustand auswerfen. Man muss dabei bedenken, dass diese Anlagen einen entsprechenden Bedarf an Baustelleneinrichtungsfläche benötigen, der jedoch nicht immer vorhanden ist. Von Fall zu Fall muss also die Entscheidung neu überdacht werden, je nachdem ob die erforderliche Schlitzwandfläche (bzw. Leistung) den Einsatz des Greifer- oder Fräsverfahrens sinnvoll erscheinen lässt.

2.2 Einsatzgebiete

Schlitzwände sind Wände im Untergrund aus Stahlbeton, Beton oder anderen vornehmlich zementgebundenen Stoffen, die statisch tragende und/oder abdichtende und/oder abschirmende Funktion haben und die sich sowohl für temporäre (Bauhilfskonstruktionen) als auch für permanente (endgültiges Bauwerksbestandteil) Zwecke eignen.

Diese Wände werden in flüssigkeitsgestützten Schlitzen begrenzter Länge im Boden nach dem Kontraktorverfahren (Ortbetonschlitzwand) elementweise hergestellt. Schlitzwände können aber auch aus Betonfertigteilen (Fertigteil-Schlitzwand) hergestellt werden (ähnlich wie die Stahlelemente bei Spundwänden). Durch Aneinanderreihen von Elementen entsteht eine durchlaufende Wand. Andere Konstruktionen, z. B. Schächte mit Kreisquerschnitt oder Stützen mit T-Querschnitt können aus Kombinationen von Elementen gebildet werden. Abb. 2.1 zeigt einige Anwendungsgebiete der Schlitzwandbauweise

Als tragende Konstruktion sind die Schlitzwände nicht nur zur Aufnahme von normal zur Wandflächen wirkenden horizontalen Erd- und Wasserlasten, sondern auch zur Aufnahme von parallel zur Wand wirkenden Lasten (z. B. zur Übertragung vertikaler Lasten in den Boden) geeignet.

Schlitzwände werden bevorzugt für Baugruben des städtischen Tiefbaus eingesetzt (Loers und Pause 1976; Pause und Hillerseim 1975; Winter 1970, 1971), wie z. B. für den Tunnelbau (in offener Bauweise oder in der „Wand-Deckel"-Bauweise in sehr vielen Großstädten weltweit).

Die wesentlichen Vorteile von Schlitzwänden sind:

- Minimierung des Aushubs nur auf die Kubatur des tragenden Baukörpers (wie auch bei Bohrpfahlwänden),
- eine GW-Absenkung zur Herstellung ist im Allgemeinen nicht unbedingt erforderlich,
- geringe Verformung der Wände bei der Aufnahme von horizontalen und vertikalen Lasten,
- Herstellung von „wasserdichten" Baugruben mit einer minimalen Anzahl von Fugen,
- unmittelbar vor Gebäuden herstellbar und demzufolge platzsparend,
- größere Leistung in m^2 als z. B. bei Bohrpfahlwand ist möglich und dadurch verkürzt sich die Bauzeit,
- Wirtschaftlichkeit der Konstruktion, falls die Schlitzwände als Bestandteil des Bauwerkes einbezogen werden.

Die wesentlichen Nachteile sind:

- Die Schlitzwand ist im Vergleich zur Spundwand, Bohrpfahlwand oder zum Trägerbohlwandverbau hinsichtlich Baustelleneinrichtung und Materialverbrauch

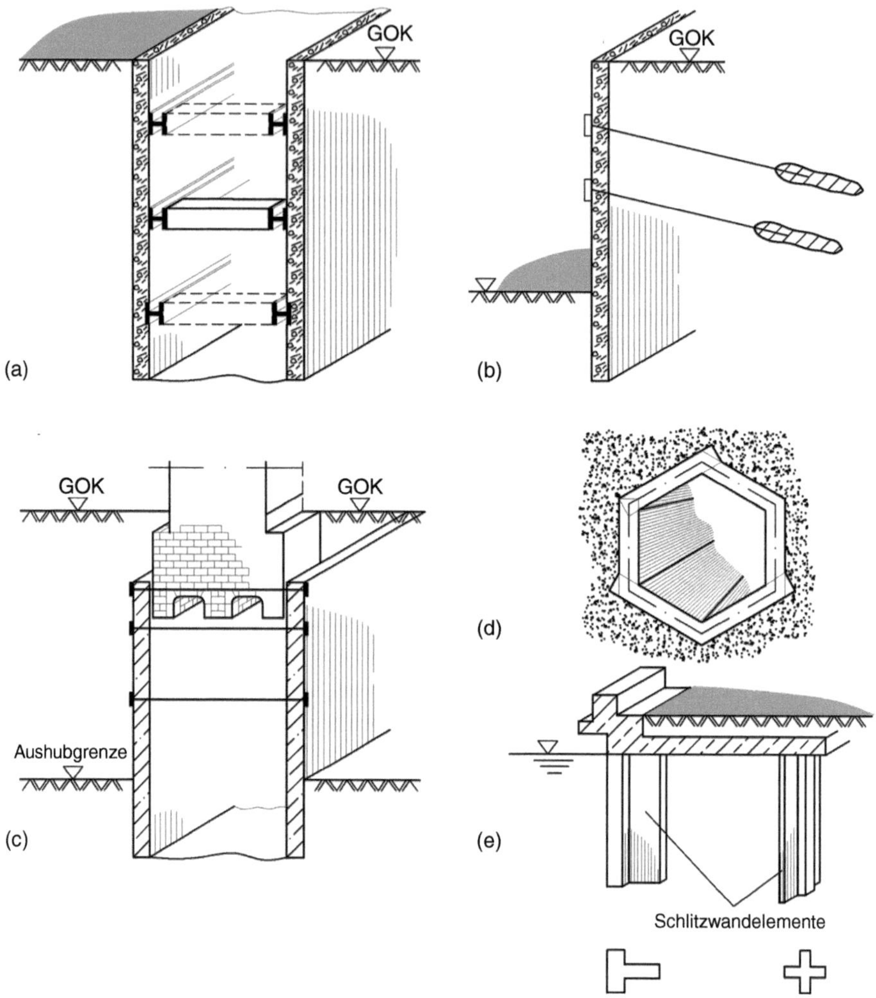

Abb. 2.1 Beispiele für Anwendungen der Schlitzwandbauweise: (a) Tunnel in offener Bauweise, (b) rückverankerte Verbauwand einer Baugrube, (c) Unterfangung von Gebäuden, (d) Schacht mit Schlitzwandelementen, (e) Schlitzwandelemente für die Gründung einer Pier-Konstruktion.

aufwendiger. Zudem müssen gebrauchte Stützflüssigkeiten und mit Suspension verunreinigtes Aushubmaterial gesondert entsorgt werden. Bei kleinen Verbauwandflächen, geringen Tiefen und beengten Platzverhältnissen ist die Schlitzwand meist unterlegen. Als Alternative könnte eine Bohrpfahlwand oder eine Trägerbohlwand oder eine Spundwand – je nach Aufgabenstellung – infrage kommen.

– Aussparungen für durchquerende Leitungen oder Kanäle sind häufig problematisch, da das System verglichen mit der Pfahlwand unflexibler ist.

Die wesentlichen Vorschriften, die sich mit der Herstellung von Schlitzwänden beschäftigen, sind:

DIN 4126:2013-09	Nachweis der Standsicherheit von Schlitzwänden
DIN EN 1538:2015-10	Ausführung von Arbeiten im Spezialtiefbau – Schlitzwände
DIN 4127:2014-02	Erd- und Grundbau – Prüfverfahren für Stützflüssigkeiten im Schlitzwandbau und für deren Ausgangsstoffe
DIN 18313:2019-09	VOB Vergabe- und Vertragsordnung für Bauleistungen – Teil C: Allgemeine Technische Vertragsbedingungen für Bauleistungen (ATV) – Schlitzwandarbeiten mit stützenden Flüssigkeiten
Relevante Regelwerke:	
DIN EN 1997-1:2014-03	Eurocode 7: Entwurf, Berechnung und Bemessung in der Geotechnik – Teil 1: Allgemeine Regeln
DIN EN 1992-1-1/NA/ A1:2015-12	Nationaler Anhang – National festgelegte Parameter – Eurocode 2: Bemessung und Konstruktion von Stahlbeton- und Spannbetontragwerken – Teil 1-1: Allgemeine Bemessungsregeln und Regeln für den Hochbau; Änderung A1
DIN EN 206:2021-06	Beton – Festlegung, Eigenschaften, Herstellung von Konformität
DIN EN 1536: 2015-10	Ausführung von Arbeiten im Spezialtiefbau – Bohrpfähle.
EAB	6. Auflage 2021: Empfehlungen des Arbeitskreises „Baugruben“

Planung und Ausführung von Schlitzwänden erfordern gründliche Kenntnisse und Erfahrungen in dieser Bauart. Mit der Herstellung von Schlitzwänden dürfen deshalb nur solche Unternehmen betraut werden, die diese Voraussetzungen erfüllen und eine fachgerechte Ausführung (sorgfältige Arbeitsvorbereitung, notwendige Spezialgeräte, zuverlässiges und geschultes Personal) gewährleisten können.

Es gibt mehrere Verfahren eine Schlitzwand herzustellen. Allen gemeinsam ist die elementweise Konstruktion. Zum Verständnis wird deshalb zunächst der Begriff des Schlitzwandelementes definiert (Abb. 2.2).

Eine Betoniereinheit bei der Schlitzwandherstellung wird als Schlitzwandelement, Schlitzwandlamelle oder Paneel bezeichnet. Während des Aushubes des Bodens aus dem Bereich des Schlitzwandelementes wird dieser durch eine Flüssigkeit gestützt. Es entsteht ein offener Schlitz. Die Schlitzwandelemente werden in der Regel durch Abstellkonstruktionen voneinander getrennt. Die Abmessungen der Elemente werden wie folgt benannt:

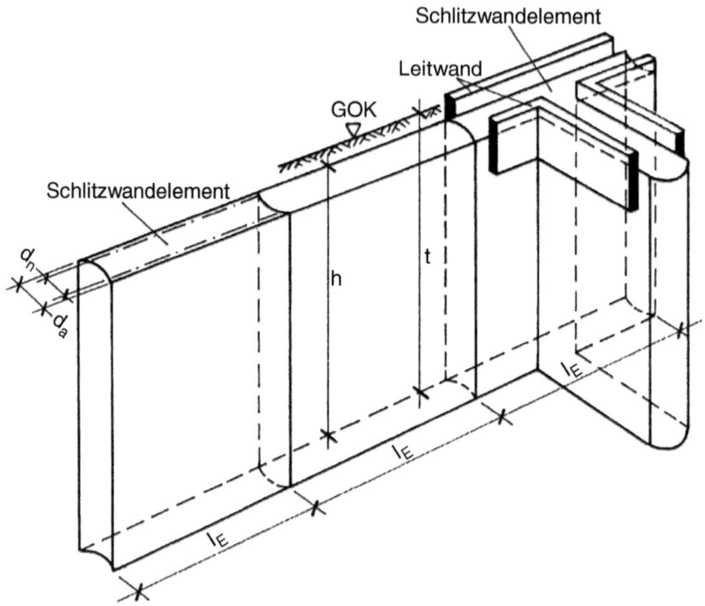

Abb. 2.2 Schlitzwandelemente (Lamellen, Paneele).

d_n	Nenndicke (Breite des Aushubwerkzeuges)
d_a	Ausbruchdicke
l_E	Länge (Achsenabstand der Abstellkonstruktion)
t	Tiefe
h	Wandhöhe

Die gebräuchlichsten Schlitzwanddicken liegen bei 60, 80 und 100 cm, in Sonderfällen werden auch dickere Schlitzwände bis 1,60 m oder auch schmalere mit einer Dicke von 40 cm ausgeführt. Mit Fräsen sind in Extremfällen jedoch Wanddicken bis 3,00 m ausführbar. Die Tiefe t eines Schlitzwandelementes ist theoretisch nur durch die technischen Möglichkeiten der Aushubgeräte (z. B. Windengröße) begrenzt, doch ist bei größeren Tiefen die Gefahr des „Verlaufens" oder der Verdrehung von Schlitzwandelementen aus der Solllage gegeben. Geringe Lotabweichungen bei der Herstellung ergeben dann im unteren Wandbereich Spaltöffnungen zwischen den Elementen. Schlitzwände über 40 m Tiefe sind darum sehr selten und erfordern besondere Erfahrungen und Maßnahmen bei der Herstellung, wie z. B. umfangreiche Messungen in den offenen Schlitzen.

Die horizontalen Einzellängen von Schlitzwandelementen bzw. Schlitzen sind von Randbedingungen wie Bodenkennwerten, äußeren Lasten, Grundwasserstand, Fließgrenze und der Dichte der Stützflüssigkeit abhängig. Für die Länge des flüssigkeitsgestützten Schlitzes wird ein Standsicherheitsnachweis geführt. Die

Mindestlänge ist auch von der Breite der Aushubwerkzeuge abhängig, welche üblicherweise zwischen 2,50 m und 3,40 m liegt. Die in Deutschland gebräuchlichsten Greifer haben eine Breite von 2,80 m. Aus baubetrieblichen Gründen sowie um die Anzahl der vertikalen Fugen klein zu halten, sollten die Schlitzwandelemente so lang wie möglich gewählt werden; die Längen liegen in der Regel zwischen 2,50 und 7,50 m und diese Größe hängt mit dem Nachweis der äußeren Standsicherheit des offenen Schlitzes (s. Abschnitt 6.4) zusammen.

Der Schlitzwandaushub kann mit unterschiedlichen Werkzeugen und Geräten erfolgen. Der Aushub einer Wand kann mit dem Greiferverfahren erfolgen:

- mit Tieflöffel bis max. 12 m Tiefe (Verlängerungen des Armes des Tieflöffels sind noch weiter möglich),
- mit Schlitzwandseilgreifern üblicherweise bis 50 m Tiefe (Ausführungen bis 100 m sind allerdings erfolgt),
- mit hydraulischem Greifer (Seil- oder Kelly-Stange geführt).

Der Aushub kann aber auch mit einer Schlitzwandfräse erfolgen:

Das Lösen des Bodens erfolgt mit Fräsen, deren Schneidräder sich entweder um horizontal oder um vertikal angeordnete Achsen drehen. Die Schneidräder werden hydraulisch oder elektrisch angetrieben. Der Boden wird hydraulisch mit der Stützflüssigkeit aus dem Schlitz gefördert. Tiefen bis 150 m sind heute mit dieser Methode möglich.

2.3 Markantes Beispiel einer Spezialtiefbauaufgabe mit Schlitzwänden

Eine der bedeutendsten Schlitzwandbaustellen im Jahre 1967 war die Umschließung der Baugrube zur Herstellung der Gründung für das World Trade Center (WTC) in New York, welches auf der westlichen Seite von Lower Manhatten entstehen sollte (Veder 1967). Dieser Komplex wurde durch die West Street, Vesey Street, Liberty Street und Church Street begrenzt. Die Schlitzwand hatte insgesamt eine Länge von 1 km und eine Tiefe von bis zu 30 m, mit einer Schlitzwanddicke von ca. 0,9 m. Die Wand wurde mehrfach verankert (Felsanker). Der erste Teil der Schlitzwand wurde entlang der West Street unter einer Vielzahl von Schwierigkeiten hergestellt, die wir auch teilweise heute bei großen Schlitzwandbaustellen antreffen: Fundamentreste bis 11 m Tiefe inkl. Pfahlresten, Abwasserkanälen und Schächten, Versorgungsleitungen, ein versunkenes Schiff etc.

Diese Hindernisse anthropogener Art wurden auch von Bänken von Felsfindlingen begleitet, durch die die Schlitzwand durchgeführt werden musste. Der Baugrund variiert in seinen Eigenschaften sehr stark, da es sich in diesem Bereich um ein aufgeschüttetes Land handelt, welches auf alluvialen Ablagerungen von Sand und Schluffschichten steht. Unter diesen finden sich sehr dicht gelagerte Findlingsformationen und darunter Fels, der charakteristische Schiefer von Manhattan mit

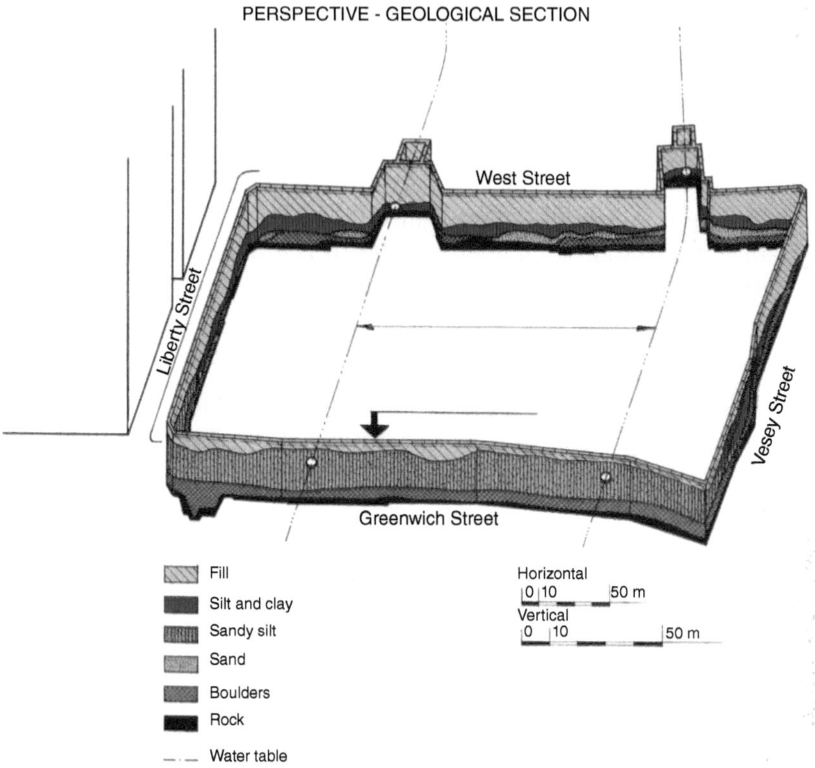

Abb. 2.3 Schematische Darstellung der Schlitzwand als Umschließungswand der Baugrube des World Trade Centers mit Angaben zum geologischen Profil (Aufzeichnung der Firma ICOS 1968).

unterschiedlichem Quarzgehalt. Der Grundwasserstand liegt sehr hoch und korrespondiert mit dem Wasserstand des ca. 50 m entfernten Hudson Flusses.

Eine perspektivische Sicht der Umschließungswand mit der Angabe des geologischen Profils ist in den Archiven der Firma ICOS (1968), zu finden, welche auch diese Wand hergestellt hat (Abb. 2.3).

Eine zusätzliche Schwierigkeit boten die existierenden Tunnelröhren der U-Bahn im Bereich der Gründung des WTC. Zwei Schächte mussten bis zu den Tunnelröhren wasserdicht in Schlitzwandbauweise ausgeführt werden (Tiefe ca. 18 m), um die internationalen Telefonkabelverbindungen, die durch die geplante Baugrube des WTC liefen, umzuleiten. Hierzu war es notwendig Längs- und Querwände um die Tunnelbauten, ihrem kreisförmigen Querschnitt folgend, herzustellen, um einen wasserdichten Anschluss während des Aushubs zu gewährleisten. Ein Querschnitt der Wände, welche die zwei Ausstiegsschächte um die Tunnelquerschnitte mit den erschwerten Arbeiten entlang der West Street, ist in Abb. 2.4 dargestellt (begrenzte Arbeitshöhe).

Aufgrund des begrenzten Arbeitsraumes mussten schon damals spezielle Geräte für den Aushub konzipiert werden. Die Querwände dienten als Schottwände und

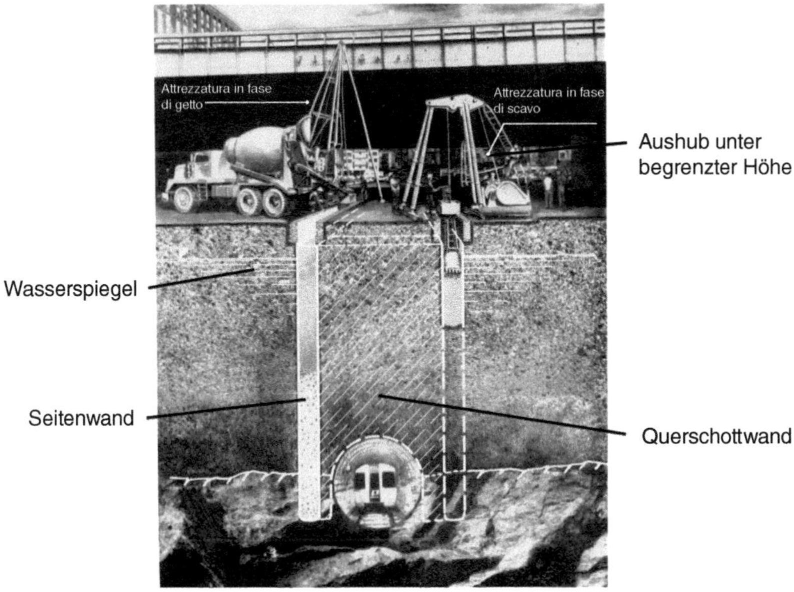

Abb. 2.4 Herstellung von Ausstiegsschächten mit Querwänden innerhalb der Baugrube, um die existierenden Tunnel an den Perimeter der Schlitzwand des WTC wasserdicht zu umschließen.

hatten die Aufgabe die Tunnelbauten zu umschließen, damit im Trockenen ausgehoben werden konnte. Dabei darf nicht vergessen werden, dass die U-Bahn Linie ihren Betrieb während der Bauaufgabe nicht unterbrechen durfte. Diese schwere Aufgabe, welche eine außerordentliche Genauigkeit und Qualität verlangte, war nach den Berichten der damaligen Zeit ein Erfolg in allen Aspekten, trotz der diversen Hindernisse natürlicher oder künstlicher Art. Danach konnten die weiteren Arbeiten der Schlitzwandumschließung (hierzu Abb. 2.5) fortgeführt werden.

Nach den Terrorattacken vom 11.09.2001, welche zum Einsturz beider Türme des WTC führten und den Tod von über 3000 Menschen verursachten, und nach den Aufräumarbeiten bis zum sog. Ground Zero, entstanden ähnliche Bilder (Abb. 2.6) wie zur Zeit der Konstruktion. Nach den Berichten, über die Aufräumarbeiten, konnten im Bereich der Schächte keine Beschädigungen des U-Bahn Tunnels festgestellt werden, die auf eine Wasserundichtigkeit schließen würden. Es wurde berichtet, dass nach den Aufräumarbeiten der Station die U-Bahn in diesem Bereich voll operierte. Der Impact zweier in sich einstürzender Türme dieser Größe hat mit Sicherheit für die unterirdischen Konstruktionen einen ernsthaften und nicht kalkulierten Lastfall für die Gebrauchstauglichkeit dargestellt. Man mag es sich nicht vorstellen, wie viele Opfer noch zu beklagen gewesen wären, wenn die U-Bahn aufgrund dieser Geschehnisse undicht geworden wäre und ein Wassereinbruch das U-Bahn-System überflutet hätte.

Man kann sich über Methoden der Qualitätssicherung streiten, aber man darf niemals vergessen, dass eine Qualitätssicherung alleine deshalb erstrebenswert ist,

Abb. 2.5 Schlitzwandarbeiten zur Herstellung der Umschließungswand entlang der West Street (Aufnahme der Fa. ICOS im Jahre 1967).

Abb. 2.6 Ansicht des Ground-Zero (im Jahre 2002) vom WTC aus einer ähnlichen Perspektive wie der in Abb. 2.5.

weil diese Menschenleben retten kann. Diese Qualitätssicherung muss erst recht unter sehr schwierigen Randbedingungen (wie z. B. bei der Baugrube des WTC) nicht nur erbracht sondern verstärkt und ausgeweitet werden.

2.4 Verfahren zur Schlitzwandherstellung

Es gibt hauptsächlich drei verschiedene Arten der Schlitzwandherstellung, wovon zwei eingesetzt werden, wenn es sich um eine biegesteife Wand handelt. Die drei Arten der Herstellung sind:

- Zweiphasen-Verfahren
- Einphasen-Verfahren
- Kombinations-Verfahren

2.4.1 Zweiphasen-Verfahren

Es wird eine Ortbetonschlitzwand erstellt, bei der der Bodenaushub im Schutze einer nicht selbst erhärtenden Stützflüssigkeit erfolgt. Diese Stützflüssigkeit (1. Phase) besteht in der Regel aus Wasser und einer Ton-(Bentonit)-Suspension, wobei in bestimmten Fällen eine Polymer-Flüssigkeit oder andere Fertigmischungen aus Bentonit und Polymer-Suspensionen benutzt werden. Nach Erreichen der Endtiefe und Einsetzen der Abschalelemente sowie nach Einsetzen eines Bewehrungskorbes wird die Stützflüssigkeit durch den im Kontraktor-Verfahren eingebrachten Beton (2. Phase) von unten nach oben verdrängt und ausgetauscht. Dieses Verfahren wird für alle bewehrten Wände, aber auch für nicht bewehrte reine Dichtungswände eingesetzt. Der Aushub der Schlitzwand kann sowohl mit Hilfe von Greiferwerkzeugen wie auch mit Hilfe von Fräswerkzeugen erfolgen. Der jeweilige Einsatz eines Greifer- oder Fräsverfahrens wird noch in einem späteren Abschnitt erläutert. Der Arbeitsablauf bei der Herstellung einer gegriffenen oder einer gefrästen Schlitzwand ist schematisch in Abb. 2.7a und Abb. 2.7b dargestellt.

Der Arbeitsablauf gliedert sich wie folgt:

- **Herstellung der Leitwand**
- **Herstellen des flüssigkeitsgestützten Schlitzes**
  Der Flüssigkeitsspiegel darf eine bestimmte Mindesthöhe innerhalb der Leitwand bei den verfahrensbedingten Schwankungen nicht unterschreiten.
- **Regenerierung der Stützflüssigkeit**
  Durch die Regenerierung der Stützflüssigkeit wird sichergestellt, dass der später im Kontraktorverfahren einzubringende Beton die Stützflüssigkeit verdrängen kann.
- **Einbau der Abschalelemente**
  Zur stirnseitigen Begrenzung der Vorläuferlamellen gegen das Erdreich werden Abschalelemente (meist Stahlrohre) eingebaut. Diese Abschalelemente können in einzelnen Schüssen zur gewünschten Länge entsprechend der Schlitztiefe zusammengesetzt werden.
- **Einbau der Bewehrung**
  Die Bewehrungskörbe werden vormontiert und in den Schlitz abgelassen. Bei größeren Schlitztiefen kann der Einbau in einzelnen Schüssen notwendig

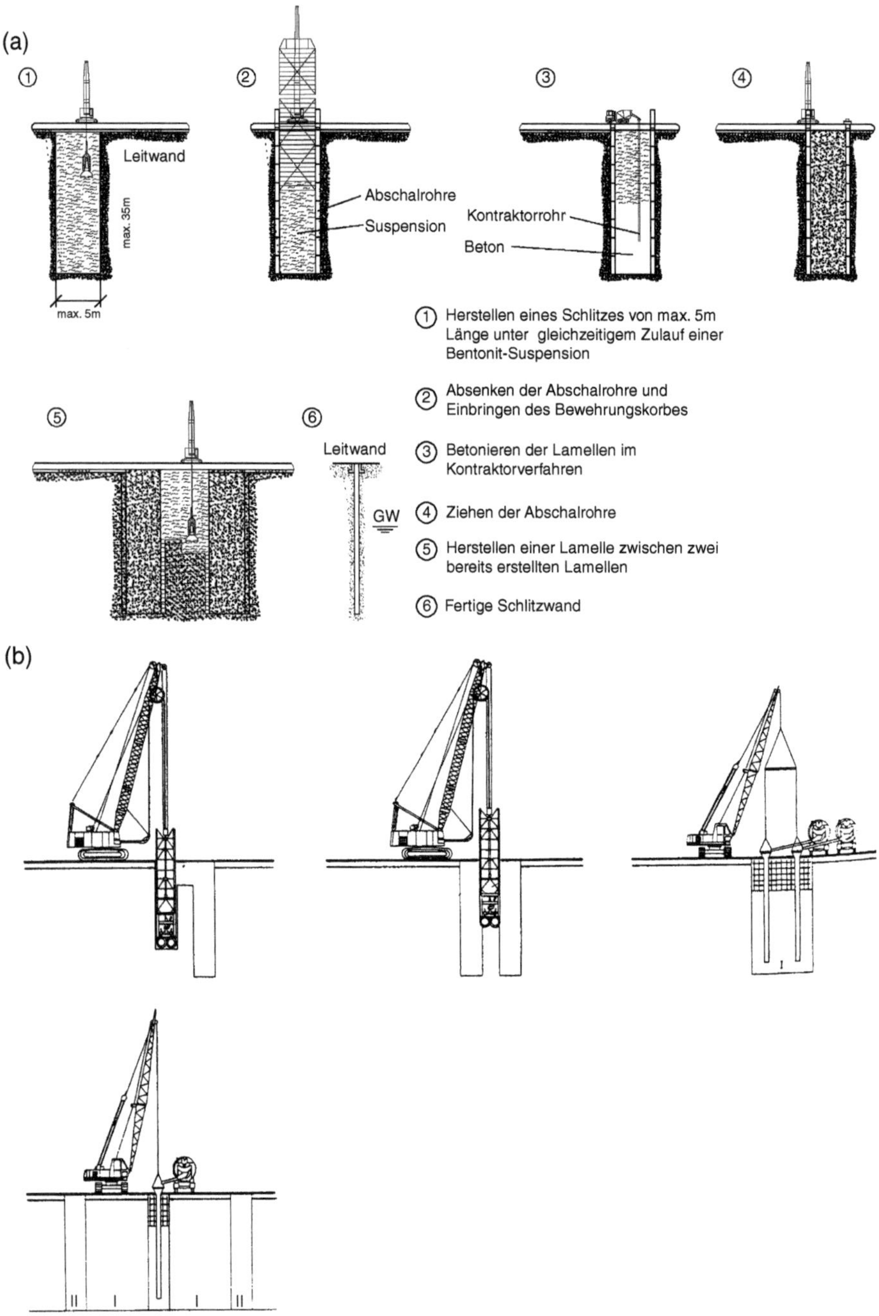

Abb. 2.7 (a) Arbeitsablauf beim Herstellen einer gegriffenen Schlitzwand, (b) Arbeitsablauf beim Herstellen einer mit der Fräse ausgehobenen Schlitzwand.

werden. Diese werden z. B. mit Seilklemmen verbunden. Zur Sicherung der Betondeckung werden großflächige Abstandshalter angebunden oder Profilstähle beidseitig des Korbes in den Schlitz eingehängt. Einbauten wie z. B. Ankeraussparungen oder Ankerhülsen werden im Regelfall werkseitig bei der Herstellung des Bewehrungskorbes installiert.

- **Betonieren**
  Der Beton wird nach den Regeln des Unterwasserbetonierens im Kontraktorverfahren eingebracht. Die verdrängte Stützflüssigkeit wird zur Wiederaufbereitung und -verwendung abgepumpt.
- **Ziehen der Abschalelemente**
  Nach dem Beginn des Erstarrungsvorganges des Betons werden die Abschalelemente mit hydraulischen Ziehpressen gezogen. Der Zeitpunkt des Ziehens muss so gewählt werden, dass der angesteifte Beton nicht unter seinem Eigengewicht in den verbleibenden Hohlraum gedrückt wird. Andererseits darf der Beton aber nicht zu fest sein, damit das Wiedergewinnen der Rohre überhaupt noch möglich ist. Es gibt allerdings Abschalsysteme, welche erst beim Aushub des Anschlusselementes hydraulisch oder mechanisch vom bereits erhärteten Beton gelöst und herausgenommen werden.

2.4.2 Einphasen-Verfahren

In diesem Fall wird als Stützflüssigkeit eine verzögernd erhärtende Suspension auf Zementbasis mit möglichen Beimischungen von Tonen (z. B. Bentoniten), Flugaschen, Steinmehl u. ä. verwendet. Üblicherweise wird dieses Verfahren bei Dichtungsschlitzwänden eingesetzt. Nach Erreichen der Endtiefe ist die jeweilige Schlitzwandlamelle fertiggestellt. Der Einsatz dieses Verfahrens ist von der zeitlichen Begrenzung der Erstarrungszeit des eingesetzten Suspensionsgemisches abhängig, d. h. Tiefe und Aushubfortschritt bestimmen den Einsatz dieses Verfahrens unabhängig von anderen konstruktiven oder Dichtigkeitsanforderungen der Wand. Man geht bei Standardmischungen im Einphasen-Verfahren von einer Verarbeitungszeit der selbst erhärtenden Suspension von ca. 10 h aus. Spezialmischungen und der Einsatz von Verzögerern können diese Zeit auch verlängern, allerdings sollten diese Grenzen nicht zu sehr strapaziert werden, da unvorhergesehene Hindernisse oder der Ausfall von maschinellen oder mechanischen Einrichtungen den Aushubfortschritt erheblich beeinträchtigen könnten, z. B. wenn sich Aushubwerkzeuge wie die Fräse oder der Greifer in der Suspension bzw. dem Baugrund „festfahren" und nur mit erheblichem Aufwand, wenn überhaupt, wieder „befreit" werden können.

Bei dieser Herstellungsart wird die Suspension nicht mehr ausgetauscht (eine Phase). Falls es aus statischen Gründen (z. B. Baugrubenumschließung) einer Verstärkung der Einphasenwand bedarf, so werden entweder vereinzelte Stahlträger oder Spundwände oder Stahlbetonelemente in die erhärtende Suspension eingesetzt. Das Verfahren zur Herstellung der Wand entspricht zwar dem Einphasen-Verfahren im Sinne, dass die Suspension nicht ausgetauscht wird, aber man spricht von einem Kombinations-Verfahren.

2.4.3 Kombinations-Verfahren

Das Kombinations-Verfahren entspricht beim Aushub dem Einphasen-Verfahren, allerdings werden bevor die Suspension erstarrt und nach Erreichen des Endaushubes konstruktive oder dichtende Wandelemente in den Schlitz eingebaut. Solche Beispiele sind:

- Beton-Fertigteilwand (Abb. 2.8)
- Schlitzdichtwand mit eingestellter Spundwand (Abb. 2.9)
- Schlitzdichtwand mit eingestellten Stahlträger (Abb. 2.10)
- Kombinierte Schlitzdichtwand (Abb. 2.11)

Eine Betonfertigteilwand besteht aus großformatigen Fertigteilen, die mit Hilfe eines Krans in den Schlitz eingehängt und auf der Leitwand festgelegt (Abb. 2.8) werden. Im U-Bahnbau wurden in Deutschland verschiedene Fertigteil-Schlitzwände verwendet (Hemschmeier 1980; Scheuch 1973). Nach dem Einhängen der Fertigteile erhärtet die Zement-Ton-Mischung und hält die Fertigteile unverrückbar fest. Diese Fertigteilwand hat den Vorteil, dass sie eine relativ hohe Wasserdichtigkeit und eine relativ glatte Oberfläche besitzt, die im Vergleich mit den

Abb. 2.8 Betonfertigteilwand = Einheben eines Elementes (Foto: Züblin).

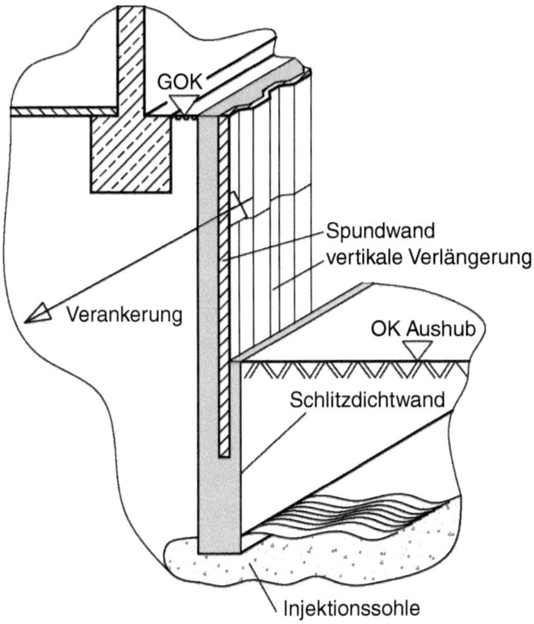

Abb. 2.9 Schlitzwand mit eingestellter Spundwand.

Ortbetonschlitzwänden, nicht weiter bearbeitet werden muss. Andererseits sind als Nachteile zu nennen:

- die Tiefenbegrenzung der Wand, da das Heben der gesamten Elemente sowie ihr Gewicht durch die Transport- und Hebegeräte begrenzt sind und
- der große Platzbedarf zum Lagern der Teile auf der Baustelle, der nicht immer vorhanden ist.

Soll eine Schlitzdichtwand nicht nur dichtende sondern auch statische Funktionen übernehmen, so kann sie auf die sog. statisch erforderliche Tiefe durch eine Stahlspundwand o. Ä. verstärkt werden (Abb. 2.9). Die Spundwand fungiert als tragendes und gleichzeitig bei Schlossführung auch als abdichtendes Element der Wand. Die Verlängerung zur Einbindung der Schlitzdichtwand in eine undurchlässige Bodenschicht oder eine Injektionssohle erfolgt ohne das Spundwandelement. Für den Übergang zwischen dem statisch beanspruchten Teil der Wand mit Verstärkung durch ein Spundwandprofil und dem rein dichtenden Teil der Wand sollte nicht nur ein statischer Nachweis der Kraftübertragung sondern sinnvollerweise auch ein Verformungsnachweis geführt werden. Es ist erforderlich nachzuweisen, dass keine Rissbildung in diesem Bereich des Spundwandfußes und der Dichtmasse infolge der Kraftübertragung stattfindet.

Statt einer durchgehenden Spundwand, die in die Dichtwandmasse eingestellt wird, besteht die Möglichkeit einzelne Stahlträgerprofile (z. B. in][-Form) in Abständen bis zu 3,5 m in die noch sich erhärtenden Suspension einzustellen (s. auch Abb. 2.10). Diese Träger übernehmen die Funktion der Übertragung der

Abb. 2.10 Aushub in einer Baugrube mit einer Dichtwandumschließung und eingestellten Stahlprofilen.

Lasten (Erd- wie manchmal Wasserdruck) aus dem Erdreich ähnlich wie beim Trägerbohlverbau. Dabei wird sich ein Gewölbe im Boden (Reduktion des Erddruckes) wie auch in der Dichtwand ausbilden, welches eine Übertragung der Kräfte in den Stahlträgern ermöglicht. Diese Lasten der Träger werden dann entweder in der Verankerung oder durch Streifen weitergeleitet.

Mülldeponien, Raffinerien, Öllager oder Altlasten werden zum Schutz des Grundwassers mit Dichtungswänden umschlossen. Wenn besonders hohe Anforderungen an die Dichtigkeit der Schlitzdichtwand gestellt werden, insbesondere in Bezug auf Diffusion von chemischen Stoffen, so werden vornehmlich HDPE-Folien als zusätzliche Dichtung in die frische Einphasenschlitzwand eingebracht. Diese Folien von 2 bis 5 mm Dicke werden durch Montagerahmen oder durch Einziehen von großen Rollen und durch Verschweißen von einzelnen Bahnen wasserdicht verbunden. Statt der HDPE-Folien gibt es solche Dichtungselemente auch aus Metall oder Glas. Die maximal bisher erreichten Tiefen liegen bei ca. 30 m. (s. Abb. 2.11)

2.4.4 Tiefgründungen mit Schlitzwandelementen

Schlitzwandelemente (Barrettes) und Kombinationen hieraus können zur Bauwerks-Tiefgründung herangezogen werden (Karstedt 1980b). Die Querschnittsformen werden in vielen Fällen den tragenden Wänden angepasst (s. Abb. 2.12). Die

Abb. 2.11 Kombinationsdichtwand: Niederbringen einer HDPE-Folie in die Einphasensuspension (Foto: Bilfinger + Berger AG).

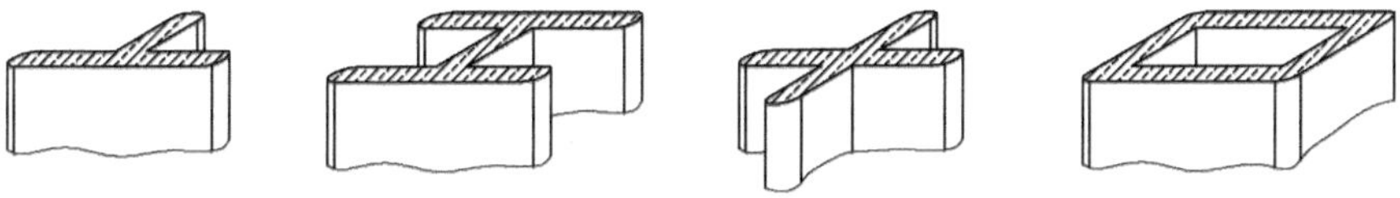

Abb. 2.12 Querschnittsformen von Schlitzwandelementen als Tiefgründungen.

Herstellung der Tiefgründungselemente erfolgt ähnlich wie die der Schlitzwand als Baugrubenverbau mit dem Unterschied, dass hier nur einzelne Schlitzwandelemente oder einer Gruppe davon hergestellt werden und keine durchgehende Wand. Diese Elemente tragen die Bauwerkslasten ähnlich wie bei Großbohrpfählen durch schlechten Baugrund bis in tiefliegende, tragfähige Bodenschichten. Diese Ausführungsart wurde bisher in Deutschland relativ selten angewandt, allerdings bietet dieses Verfahren bei der Herstellung der Baugrubenumschließung mit der Schlitzwandbauweise und relativ wenigen Gründungselementen innerhalb der Baugrube eine echte wirtschaftliche Alternative, da die Bereitstellung von zusätzlichem Gerät und eine entsprechende zusätzliche Baustelleneinrichtung gänzlich entfallen.

2.5 Beschreibung der Herstellungsphasen

In den folgenden Abschnitten werden die Herstellungsschritte einer Schlitzwand beschrieben, wobei zunächst das Gewicht auf das Zweiphasen-Verfahren gelegt wird.

2.5.1 Vorarbeiten

Bei der Planung einer Schlitzwand ist auf Besonderheiten der Schlitzwandtrasse zu achten, speziell wenn

- Leitungen, Kanäle oder
- Fundamentreste, tiefliegende Hindernisse

zu erwarten sind. Für die im Untergrund möglicherweise liegenden Trassen von Stromleitungen oder anderen Versorgungs- und Entsorgungskanälen oder Leitungen sind Pläne und Informationen vom jeweiligen Betreiber einzuholen. Da es sehr problematisch ist, eine Schlitzwand durch Hindernisse zu erstellen, sind im Rahmen der Vorerkundung die zu erwartenden Abmessungen der Hindernisse sowie deren Zusammensetzung zu erkunden. Wenn solche Hindernisse bereits bekannt sind, empfiehlt es sich, diese mit einer Tiefenzertrümmerung zu beseitigen. Oberhalb des Grundwassers und in relativ kleinen Tiefen (bis ca. 4 m) benutzt man Hydraulikbagger zur Zertrümmerung der Hindernisse. Bei größeren Tiefen und bei nicht standfestem Boden werden hierzu Geräte aus der Bohrpfahlherstellung benutzt. Mit einem Raster von überschnittenen Bohrpfahlbohrungen kann bis zu großen Tiefen die Trasse der Schlitzwand von Hindernissen befreit werden (Abb. 2.13).

Diese Bohrungen zeigen im Grundriss eine größere Fläche als die des geplanten Schlitzes. Üblicherweise entfernt man Hindernisse bis zu einer zweifachen bis dreifachen Breite des Schlitzes, damit evtl. noch vorhandene Hindernisreste im Bereich außerhalb des Schlitzgrundrisses nicht in den offenen Schlitz durch einen örtlich hervorgerufenen Geländebruch hineinfallen können und das Aushubwerkzeug oder sonstige Einbauten unter sich begräbt (Abb. 2.14). Dieser Geländebruch kann durch Verlust von Suspension, Erosionserscheinungen oder sogar durch Erschütterungen infolge des Baubetriebes hervorgerufen werden.

Die Verwendung von Bohrrohren eignet sich auch bei natürlichen Hindernissen, welche nicht allzu große Mächtigkeit besitzen. Innerhalb des Bohrrohres wird ein Meißel eingesetzt, welcher das Zertrümmern des Hindernisses übernimmt. Bei massiven Einbauten, wie Bunkerdecken oder sehr mächtigen (2 bis 4 m) stark

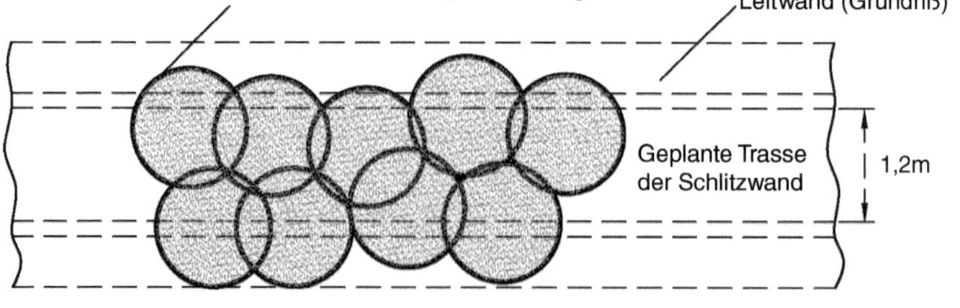

Abb. 2.13 Überschnittene Bohrpfahlbohrungen mit anschließender Verfüllung zur Freimachung der Schlitzwandtrasse.

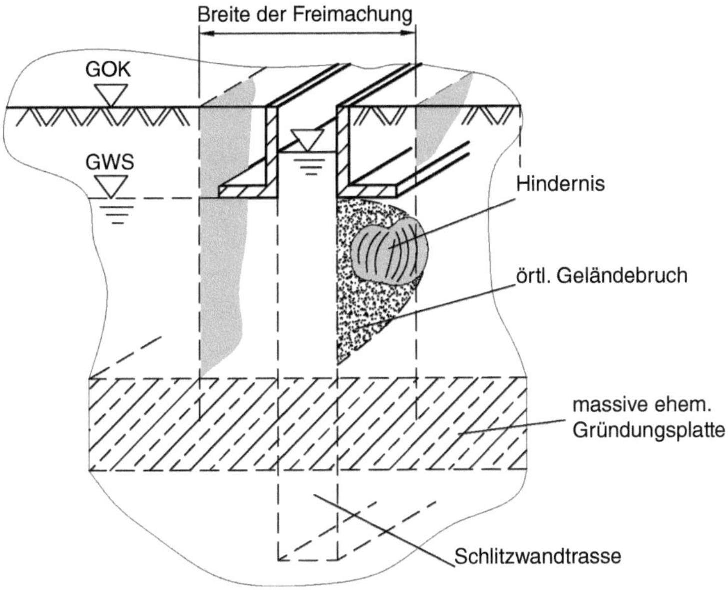

Abb. 2.14 Hindernisbeseitigung vor Schlitzwandherstellung bzw. mögliche Folgen einer nicht ausreichenden Hindernisbeseitigung.

bewehrten ehemaligen Gründungsplatten oder Tunneldecken werden Rohrdrehmaschinen eingesetzt, welche ein „Entkernen“ dieser Einbauten samt Bewehrung möglich machen. Große Kerndurchmesser von 1,2 m bis 3 m sind mit bereits vorhandenen Geräten (Abb. 2.15a und b) möglich.

Hier liegen Erfahrungen sowohl mit Drehbohranlagen und „progressiven“ Schnecken vor, wie auch mit Rohrdrehmaschinen mit Greifer- und Meißelbetrieb.

Ein weiterer wichtiger Aspekt der Vorarbeiten betrifft das Kreuzen von Leitungen (Abwasserrohren, Kabeln), welche nicht umgeleitet werden können oder während der Schlitzwandherstellung in ihrer Lage unverschiebbar bleiben müssen. Die genaue Kenntnis der Lage dieser Leitungen ist extrem wichtig für die Planung (Primär-Sekundärlamellen) aber auch für die Ausführung, zumal Vorsorgemaßnahmen und evtl. Abfangungen vorbereitet und rechtzeitig hergestellt werden müssen. Die Umstellungen des Bauablaufes beim zu späten Erkennen von kreuzenden Leitungen können sehr kostspielig werden. Das gleiche gilt, wenn man zwar weiß, dass die Leitungen existieren, deren Lage allerdings nicht frühzeitig lokalisiert wurde. Beim Schlitzaushub können angeschnittene Wasserkanalleitungen zum schlagartigen Auslaufen der Stützflüssigkeit und damit zum Einsturz des Schlitzes führen. Falls die ausgelaufene Suspension Schäden in Kellerräumen oder im öffentlichen Kanalnetz produzieren, so sind diese erheblich.

(a)

(b)

Abb. 2.15 Tiefenentkernung von massiven Einbauten oder Hindernissen mit (a) Rohrdrehmaschine (Fa. Leffer) bei Durchkernung von Findlingen und (b) Drehbohranlage (Fa. Bilfinger + Berger) beim Einsatz von bewehrten Einbauten.

2.5.2 Herstellung der Leitwand

Leitwände sind bei der Herstellung von Schlitzwänden notwendig, unabhängig davon, ob es sich um Ortbetonschlitzwände, Fertigteilschlitzwände oder Dichtungsschlitzwände handelt. Leitwände sind Hilfskonstruktionsteile. Sie werden nach Fertigstellen der Wand in der Regel abgebrochen.

Die Leitwand dient (Abb. 2.16)

- zur Aufnahme des Erddruckes im oberen Bereich der Wand, da hier der Stützflüssigkeitsdruck nicht vorhanden oder zu gering ist,
- zur Sicherstellung der Genauigkeit der Wandansatzlinie (Einhaltung der Schlitzwandflucht) und zur Führung der Aushubwerkzeuge,
- zur sicheren Kontrolle und Niveauhaltung des Stützflüssigkeitsspiegels (Vorrats- und Ausgleichsvolumen an Stützflüssigkeit zwischen den Leitwänden auch über die zu öffnende Schlitzlamelle hinaus, während des Aushubes),

Abb. 2.16 Führung des Greifers durch die Leitwand.

- Auflage für Einbauteile oder Querträger zur Fixierung oder Verlängerung der Bewehrungskörbe,
- Auflage für hydraulische Pressen zum Ziehen der Abschalrohre.

Die Leitwände gehören zu den wichtigen Vorbereitungsarbeiten bei der Herstellung einer Schlitzwand. Sie sind die Voraussetzung dafür, dass eine geradlinige und glatte Schlitzwandflucht erreicht werden kann. Eine sorgfältige und genaue Ausführung ist daher geboten.

Die Leitwände werden meist aus Stahlbeton mit einer Höhe von 1,2 m bis 1,5 m hergestellt und nach Möglichkeit auf einen standfesten und gewachsenen Boden aufgesetzt. Ein Beispiel für die Leitwand in nicht standfestem Boden ist in der Abb. 2.17 angegeben. In geringen Abständen werden die Leitwände gegeneinander mit Kanthölzern ausgesteift, damit sie durch Fundamentlasten oder Baggerlasten nicht nach innen geschoben oder gekippt werden können. Die Aussteifungen werden kurz vor dem Aushub der zugehörigen Lamelle herausgenommen. Der Einbau von Aussteifungen ist umso wichtiger, je länger der Aushubschlitz ist.

Vor der Herstellung der Leitwand wird üblicherweise ein Graben von ca. 1,5 m Tiefe ausgehoben. Bekannte Leitungen und evtl. vorhandene Hausanschlüsse werden vor Aushubbeginn umgelegt, blind geschlossen und verdämmt.

Vor Aushubbeginn des Leitwandgrabens ist es sinnvoll, zunächst eine Standachse auszumessen, die etwa in einem Abstand zwischen 2,0 m und 4,0 m von der Schlitzwand parallel verläuft. Diese Standachse dient als Bezugsgerade für den Grabenaushub und für das Stellen der Leitwandschalung. Die Leitwände sind je nach Bodenverhältnissen mit einseitiger oder zweiseitiger Schalung herzustellen, wenn nicht Fertigteile eingesetzt werden. In der Abbildung 2.17 ist das Beispiel einer doppelt geschalten Leitwand in einem nicht standfesten Boden angegeben.

Alternativ dazu wird vor Aushubbeginn des Leitwandgrabens zunächst die spätere Schlitzwandachse eingemessen, in deren Flucht der Aushub erfolgt. Anschließend erfolgt die Herstellung der Leitwände, deren Einmessung mit Hilfe eines Schnurgerüstes o. ä. erfolgt.

Der Abstand der Leitwände richtet sich nach der Breite des Aushubwerkzeuges, die der Nenndicke der späteren Schlitzwand entspricht, zuzüglich einem Toleranzmaß von rd. 5 cm. Das Toleranzmaß soll verhindern, dass der Greifer sich bei der Auf- und Abwärtsbewegung zwischen den Leitwänden verkeilt.

In der Abbildung 2.17 ist eine lichte Weite zwischen den beiden Leitwänden von der Größe a angegeben. Die lichte Weite zwischen den beiden Leitwänden muss so groß sein, dass der Schlitzgreifer zwar einerseits eine gute Führung zur genauen und fluchtgerechten Wandherstellung erhält, andererseits aber ohne Behinderung zwischen den Leitwänden durchgleiten kann. Deshalb wird die lichte Weite zwischen den Leitwänden im Allgemeinen mit

$$a = \text{Nenndicke } d_n \text{ der Schlitzwand} + 5\,\text{cm}$$

gewählt. Das heißt, dass z. B. für eine Schlitzwand mit einer Dicke von 80 cm die Leitwände in einem lichten Abstand von 85 cm stehen. Die 5 cm sind nach außen (d. h. von der Baugrube weg) abzustecken.

Bei nicht standfestem Boden muss die Leitwand, wie das Abb. 2.17 zeigt, in Form einer Winkelstützwand ausgebildet werden, wobei zuerst der Wandfuß, u. U. ohne Schalung, und darauf mit zweiseitiger Schalung die aufgehende Wand betoniert wird. Die Verfüllung muss verdichtet werden.

Wie in der Abbildung 2.17 gezeigt wird, soll die Oberkante der Leitwände horizontal und eben verlaufen, damit später die Pressen zum Ziehen der Abstellkonstruktionen einfach positioniert werden können. Ebenso können die Bewehrungskörbe leichter höhengerecht eingebaut werden. Ein weiteres Detail ist noch in der Abb. 2.17

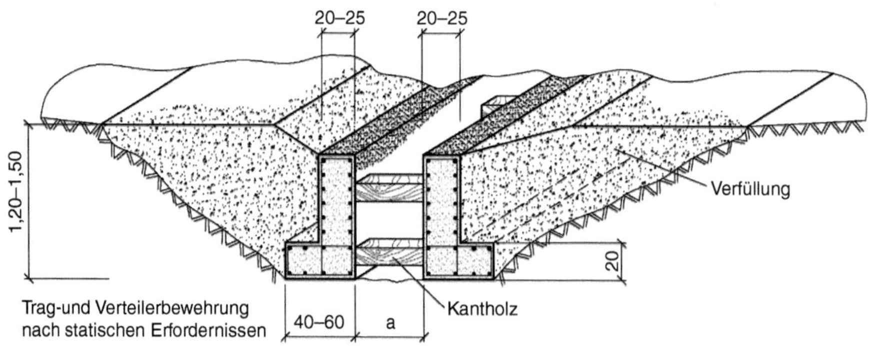

Abb. 2.17 Leitwand in einem nicht standfestem Boden hergestellt mit einer doppelten Schalung.

zu erkennen, nämlich dass die Oberkanten der Leitwände etwa 10–30 cm tiefer liegen als das Arbeitsplanum. Diese Abstufung ist speziell beim Greiferaushub wichtig, damit überschwappende (beim Herunterfahren oder Eintauchen des Greifers) und aus dem Greifer auslaufende Stützflüssigkeit wieder in den Schlitz zurückfließen kann, so dass das Arbeitsplanum relativ sauber bleibt.

Bei standfestem Boden, welcher mit einer steilen Böschung ausgehoben werden kann, wird meist auf eine äußere Schalung der Leitwand (falls diese in Ortbeton hergestellt wird) verzichtet und es wird direkt gegen das Erdreich betoniert (Abb. 2.18).

2.5.2.1 Sonderformen von Leitwänden

Es gibt Fälle, bei denen eine Schlitzwand bei abfallendem oder ansteigendem Gelände hergestellt werden muss. In solchen Fällen werden die Leitwände treppenartig ausgebildet. Durch diese treppenartige Ausbildung kann die Leitwand der Geländeneigung angepasst werden, wobei die Oberkante waagerecht verläuft (Abb. 2.19). Die Abtreppungen sind etwa in der Lamellenmitte vorgesehen und nicht an den Lamellenenden, da sonst Schwierigkeiten beim Ziehen der Abschalelemente mittels Ziehpressen entstehen können.

In Sonderfällen können Leitwand-Konstruktionen aus Stahl oder Holz sein oder vorhandene Kellerwände der Nachbarbebauung werden als Leitwand herangezogen. Kellerwände sind als Leitwände verwendbar, wenn sie ausreichend standsicher sind und ohne Suspensionsverluste den Flüssigkeitsdruck aufnehmen können (Abb. 2.20):

Eine weitere Möglichkeit der Sonderform von Leitwänden ergibt sich aus der Notwendigkeit der Abfangung vom Gewölbeschub einer empfindlichen Nachbarkonstruktion (z. B. Mauerwerksgewölbe neben dem offenen Schlitz, s. Abb. 2.21), bei der die Leitwände tiefer als üblich (bis 3,5 m) geführt werden müssen.

Für Schlitzdichtwände müssen die Leitwände nicht unbedingt aus Beton hergestellt sein, zumal eine im mm-Bereich gesicherte Lagegenauigkeit nicht unbedingt

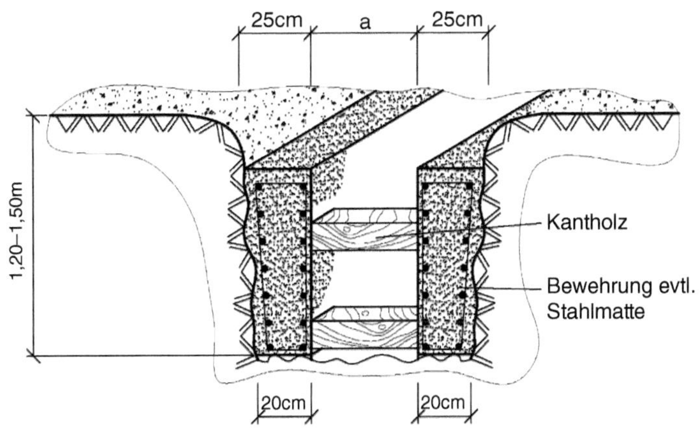

Abb. 2.18 Einseitig geschalte Leitwand in einem standfesten Boden.

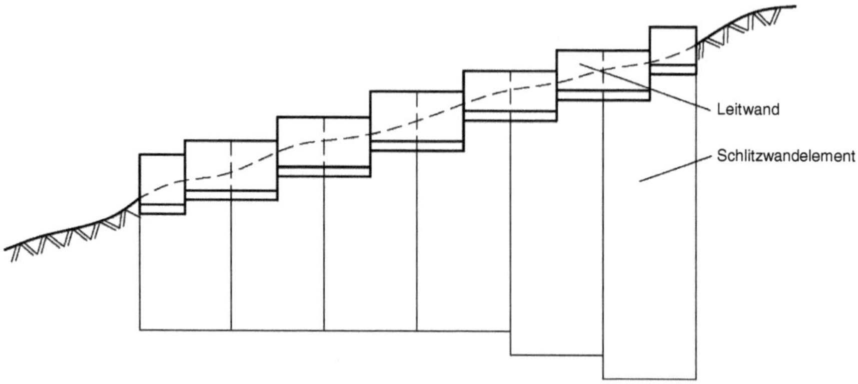

Abb. 2.19 Leitwandform (abgetreppt) bei geneigtem Gelände.

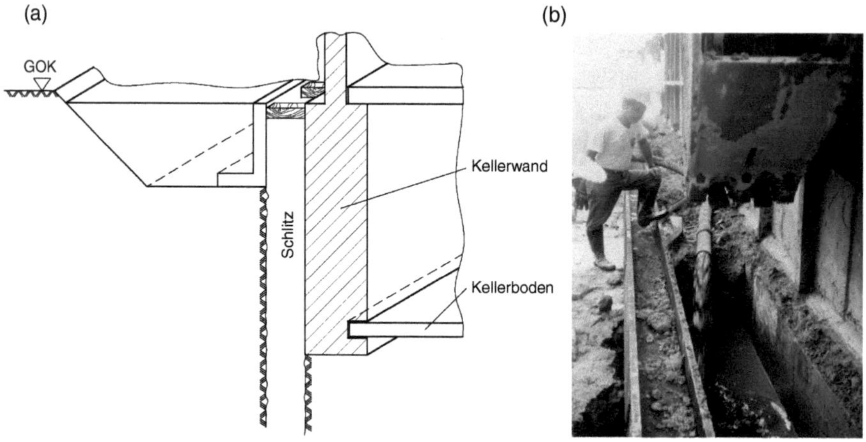

Abb. 2.20 Mitbenutzung von Kellerwänden als Leitwände (a) schematisch und (b) Baustellenfoto.

erforderlich ist. Oft werden dann als Leitwände H-Profile verwendet (Abb. 2.22). Der Vorteil dieser Leitwand liegt in ihrer Wiederverwendbarkeit, so dass eine Entsorgung oder eine große Bevorratung dieses Leitwandmaterials entfällt.

Eine weitere Alternative ist der Leitwandkasten aus Stahl (Abb. 2.23), welcher aus Stahlblechwänden mit Aussteifungen besteht und im oberen Bereich mit einem Profilstahlrahmen versehen ist. Dieser Kasten wird in Lage und Richtung auf den Boden aufgesetzt und mit einem speziell hierfür entwickelten Fallgewicht eingeschlagen. Wichtig ist dabei die genaue Ausrichtung dieses Kastens, damit auch die Anschlüsse an die Nachbarlamellen passend hergestellt werden.

Falls jedoch für Dichtwände Leitwände aus Beton hergestellt werden, so sind diese i. Allg. nicht allzu hoch (ca. 0,5–0,7 m) und nur schwach bewehrt, da keine vertikalen Kräfte aus den Ziehpressen auf diese Leitwand ausgeübt werden.

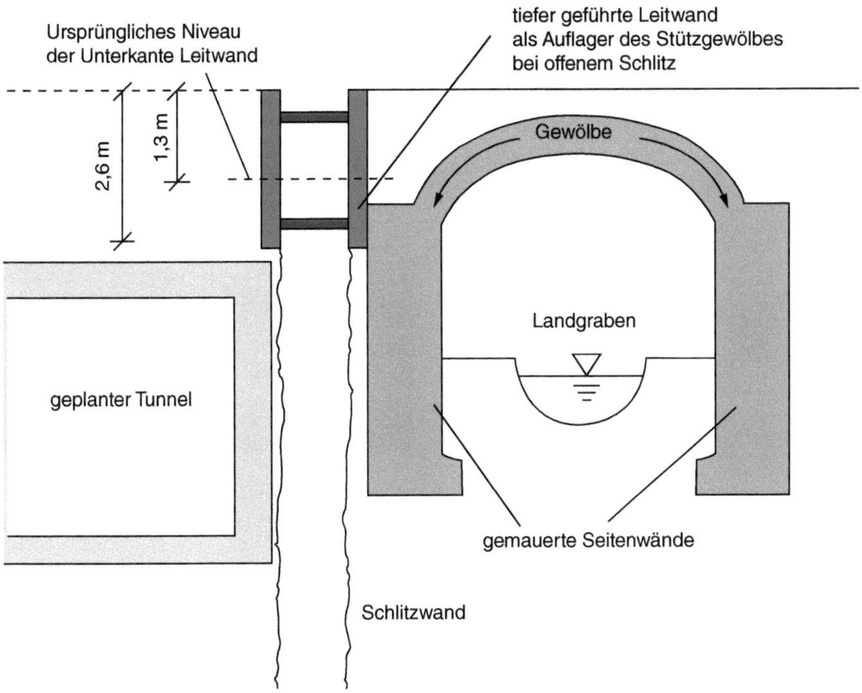

Abb. 2.21 Tiefer als üblich geführte Leitwand zur Übertragung des Gewölbeschubes.

Die Leitwandausbildung bei Schlitzwandecken und speziell bei solchen Ecken, die keine rechten Winkel aufweisen, verlangt besondere Aufmerksamkeit. Da man stets eine dichte Ecke ohne eine Fuge direkt im Eckbereich wünscht, müssen beide Schenkel des Eckwinkels ausgehoben und dann zusammen betoniert werden.

Bei der Planung der Leitwand ist der Ablauf des Aushubs zu beachten. Für den Schenkel, welcher zuerst ausgehoben wird (vorlaufender Aushub) sind Aussparungen vorzusehen (Abb. 2.24). Der vorlaufende Aushub wird über die eigentliche Geometrie verlängert, damit beim nachlaufenden Aushub der Greifer am Eck- oder Knickpunkt vollständig in den vorlaufenden Aushub eingreift.

Eine entsprechende Ausbildung der Primärlamelle bei einspringenden Winkeln kleiner als 90° findet man in der Abb. 2.25. Wie man aus Abb. 2.24 und Abb. 2.25 erkennt, ist bei Verwendung von rechteckigen Schlitzaushubformen bzw. Schalungen der Leitwand eine Aussparung für den Vorläufer vorgesehen. Diese Aussparung lässt sich schon bei der Leitwandschalung am einfachsten mit Hilfe des Styroporkörpers herstellen.

Die Anordnung einer Fuge direkt im Eckbereich ist in den meisten Fällen nicht sinnvoll, da es aufgrund von unterschiedlichen Verformungen der benachbarten Wände zu einer Klaffung dieser Fuge und zu Undichtigkeiten der Wand kommen kann. Das unterschiedliche Verformungsverhalten kann aufgrund von Inhomogenitäten im Baugrund oder herstellungsbedingten Spannungsumlagerungen des

(a)

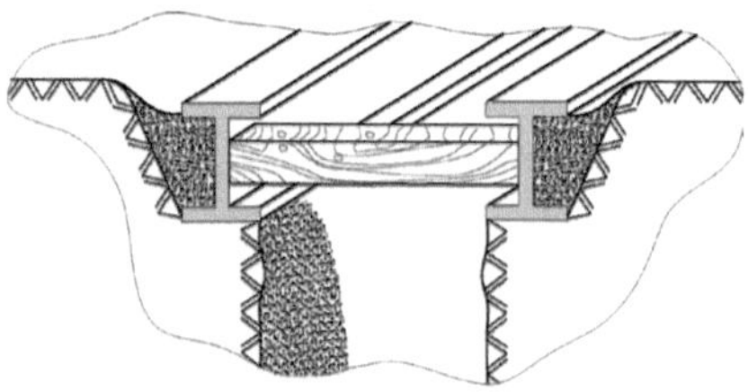

(b)

Abb. 2.22 (a) H-Profile als Leitwand für eine Dichtungsschlitzwand, (b) Baustellenfoto.

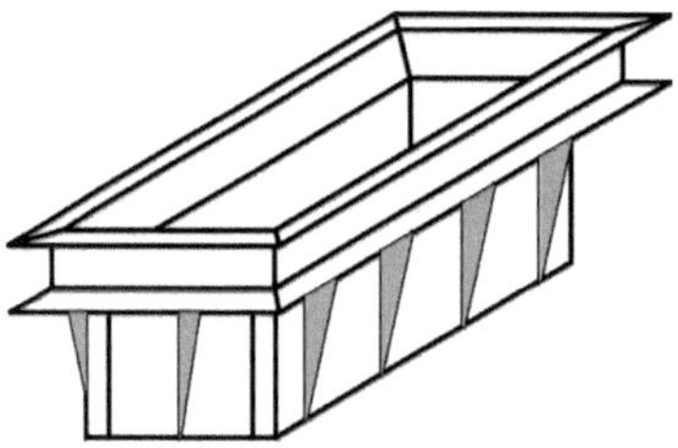

Abb. 2.23 Leitwandstahlkasten für die Dichtwandherstellung.

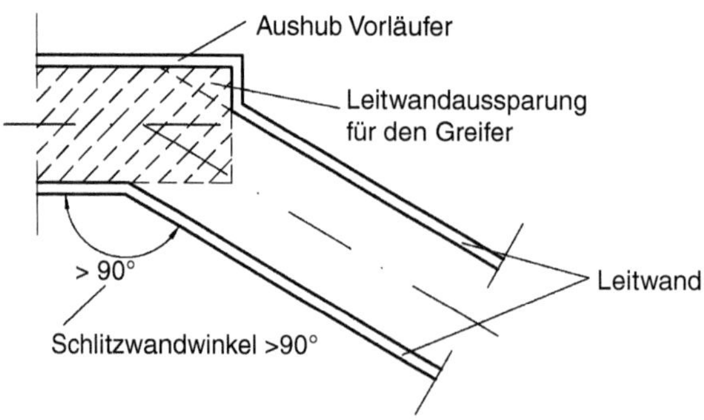

Abb. 2.24 Draufsicht einer Lamelle im Eckbereich einer Schlitzwand.

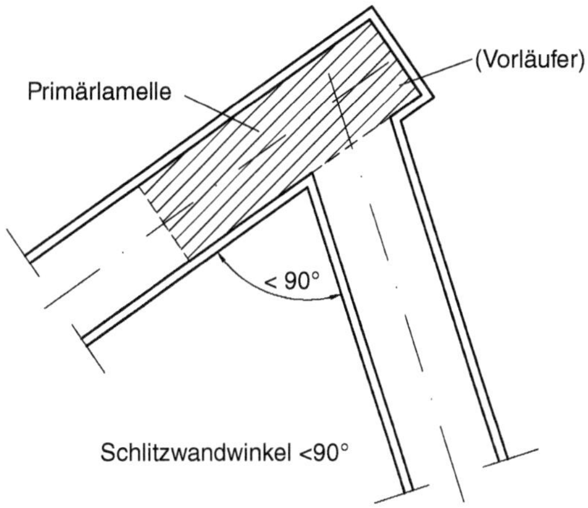

Abb. 2.25 Draufsicht im Eckbereich einer Schlitzwand mit spitzem Winkel.

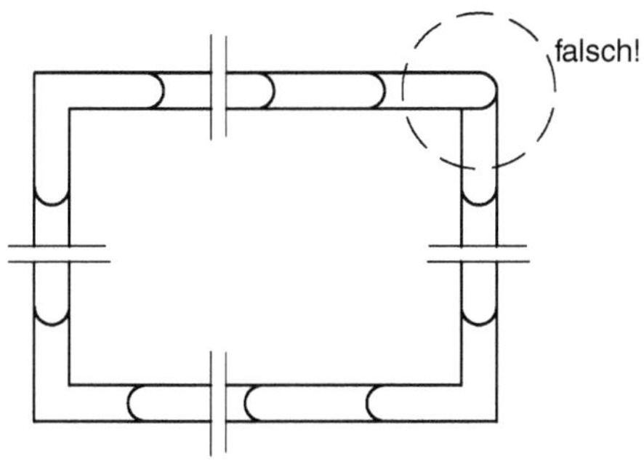

Abb. 2.26 Steife Ausbildung der Baugrubenecken.

Erddruckes oder unterschiedlichen Aushubtiefen verstärkt werden. Die Baugrubenecken sollen ein steifes Verhalten aufweisen und deshalb ist es sinnvoll, die Fugen nicht direkt in diesem Bereich zu platzieren (Abb. 2.26).

2.5.2.2 Verstärkung von Leitwänden in weichem Boden

Bei extrem weichen bindigen Böden großer Mächtigkeit werden besondere Maßnahmen zur Verstärkung der Leitwand für die Fälle erforderlich werden, bei denen das Ziehen der Abschalelemente oder das Einhängen der schweren Bewehrung mit großen Verformungen verbunden ist oder gar einen Grundbruch des Bodens verursachen würde. Der kritische Fall ist in den meisten Fällen das Ziehen der Abschalelemente mittels Ziehpressen, da dies lokal eine hohe Beanspruchung des Bodens mit sich bringt. Große Pressungen des Bodens im Bereich der Leitwandgründung würden aber auch aufgrund des fast inkompressiblen Verhaltens weicher bindiger Böden zur Beschädigung der frisch betonierten Schlitzwandlamelle führen (Einschnürungen, Risse). Zur Vermeidung solcher Effekte sind in der Vergangenheit verschiedene Verfahren verwendet worden, wie

- Verbreiterung der Aufstandfläche der Leitwand,
- teilweiser Aushub des Bodens direkt unterhalb der Leitwand und Ersatz mit

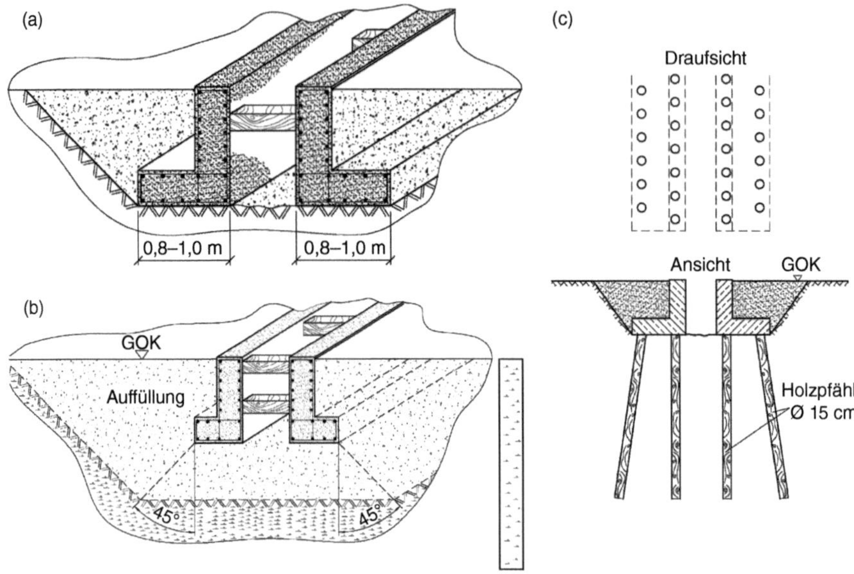

Abb. 2.27 Möglichkeiten der Leitwandverstärkung bei weichen-breiigen bindigen Böden mit (a) Verbreiterung der Leitwände, (b) teilweisen Bodenersatz, (c) Holzpfählen.

körnigem Material oder Magerbeton, wenn die Gefahr besteht, dass das körnige Material in den Schlitz einrieselt,

- Verwendung von Holzpfählen (Ø 15 cm), welche mit dem Hydraulikbagger eingedrückt werden und im Rahmen des Aushubs teilweise wiedergewonnen werden.

Diese Möglichkeiten sind in der Abb. 2.27. dargestellt worden. Bei der Verwendung von pfahlartigen Verstärkungen ist auf die Lage dieser Pfähle hinsichtlich des späteren Schlitzwandaushubes besondere Aufmerksamkeit zu legen, so dass diese nicht als Hindernis bei der Schlitzwandherstellung im Wege stehen. Die Pfahllösung wird bei bindigen Böden mit breiiger – weicher Konsistenz bei $c_u < 15$ Kpa und bei Wassergehalten des Bodens sehr nahe der Fließgrenze angewendet.

2.5.3 Aufteilung der Wand in Lamellen

Vor Herstellung der Wand wird in Abhängigkeit vom Herstellungsverfahren, der Anzahl der einzusetzenden Geräte sowie dem zeitlichen Rahmen und den Bedürfnissen des Baubetriebes ein sog. Lamelleneinteilungsplan entworfen. In diesem Plan können die Abmessungen und die Art der jeweiligen Lamelle angegeben werden (z. B. Vorläufer- oder Nachläuferlamelle bzw. Anfänger- oder Schließlamelle). Nicht selten spielten der Baustellenverkehr und die Baustelleneinrichtung für Schlitzwände im innerstädtischen Bereich eine wichtige Rolle für die Sequenz der Herstellung der Schlitzwandelemente. Üblicherweise startet man mit den ersten

Paneelen für Gebäudegründungen oder Baugrubenumschließungen in der Nähe der Baustelleneinfahrt. Bei mehreren Einheiten zur Schlitzwandherstellung hat die Flexibilität des Baustellenverkehrs und der ungehinderte Verkehrsfluss (Abtransport des Aushubs, Lieferung von Bewehrung und Beton, Lagerung von Suspension usw.) absolute Priorität und bestimmt größtenteils die Sequenz des Schlitzwandaushubes. Ein Beispiel für eine Schlitzwandsequenz ist in der Abb. 2.28 angegeben. Aus diesem Bild ist ersichtlich, dass verschiedene Lösungen und Konfigurationen von Schlitzwandelementen zur Herstellung der Wand erforderlich werden.

Bei der Erstellung des Lamelleneinteilungsplanes ist auf die Lage und Geometrie von Einzelfundamenten der Nachbarbebauung zu achten. Liegen Einzelfundamente nahe der Schlitzwand, so muss die Lamellengrenze entlang der Symmetrieachse des Einzelfundamentes gewählt werden, wenn eine minimal mögliche Verformung des Fundamentes aufgrund des Schlitzwandaushubes verursacht werden soll (Abb. 2.29).

Die Lamelleneinteilung, die auf dem sog. Lamelleneinteilungsplan festgeschrieben ist, soll auch auf den ausgeschalten Leitwänden markiert werden. Üblicherweise wird der Anfang und das Ende jeder Lamelle mit Farbe und Bolzen gekennzeichnet, wobei ihre Kennzeichnung in großen Zahlen und Buchstaben an die von der Baggerkabine aus sichtbare Leitwandinnenseite geschrieben wird (Abb. 2.30). Die

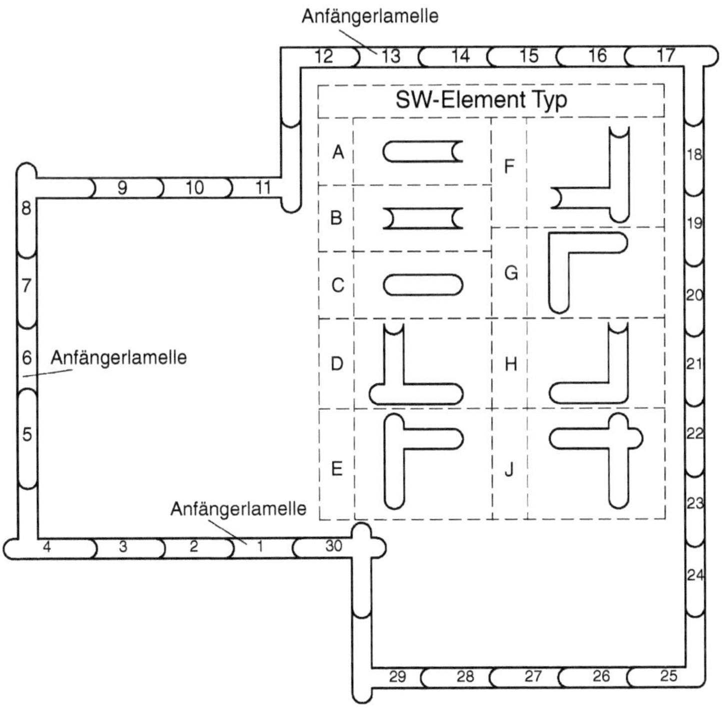

Abb. 2.28 Nummerierung der Schlitzwandlamellen mit Typenkennzeichnung (Sequenz der Herstellung entspricht nicht der Nummerierung).

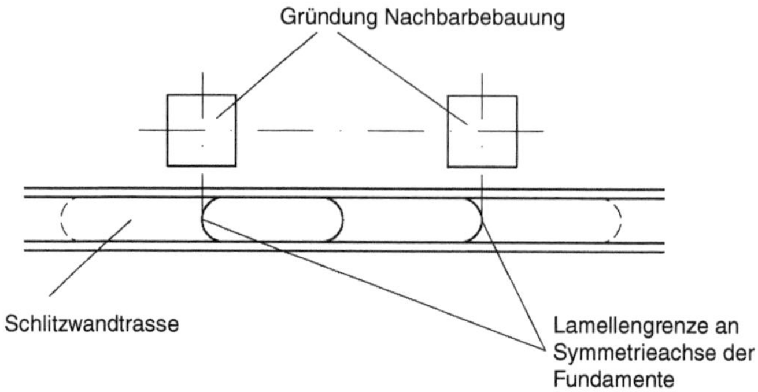

Abb. 2.29 Lamelleneinteilung nahe der Gründung einer Nachbarbebauung (Draufsicht).

Abb. 2.30 Markierung der Lamelleneinteilung an der Leitwand.

Markierung erfolgt unter Zuhilfenahme von geodätischen Verfahren. Es ist sinnvoll im Zuge der Markierung auch noch einmal die Lage der Leitwände und die Position der Oberkante der Leitwände mit dem Nivelliergerät zu kontrollieren. Beide Kontrollen, die der Lage und die der Höhe, der jeweiligen Lamelle sind Bestandteil der Qualitätssicherung, damit die Bewehrungskörbe in der richtigen Höhenlage aufgehängt werden können. Wenn die Bewehrungskörbe nicht entsprechend den Markierungen der Lamelleneinteilung entlang der Schlitzwandachse eingebaut werden können, ist dieses ein Hinweis darauf, dass entweder die Vertikalität (in Längsrichtung) der Wand nicht einwandfrei ist oder dass Umlaufbeton von einem benachbarten Paneel nicht entfernt worden ist. Beides deutet auf eine Fehlstelle der Wand im Bereich der Fugen hin. Die Suche nach dem Fehler ist sehr substantiell, insbesondere beim späteren Aushub von Baugruben im sehr tiefen Grundwasser, damit ein Fluten der Baugrube oder der sog. Havariefall aufgrund einer Fugenundichtigkeit durch den Umlaufbeton vermieden werden kann.

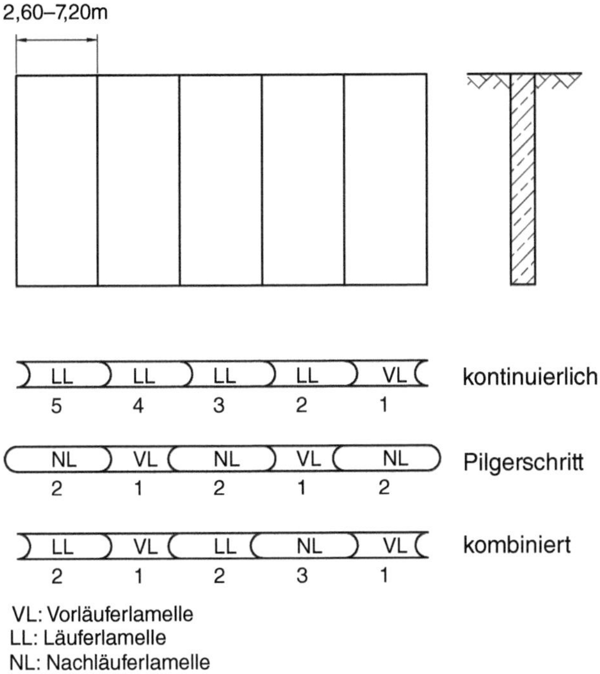

Abb. 2.31 Reihenfolge der Lamellenherstellung.

Die jeweilige Lamellenlänge richtet sich nach den örtlichen Verhältnissen und variiert von 2,50 m bis 7,20 m. Es gibt mehrere Arten, die Wand durch Lamellen (Wandabschnitte) herzustellen. In der Abbildung 2.31 sind

- die kontinuierliche
- die Pilgerschritt und
- die kombinierte

Methode der Wandherstellung angegeben.

Je nach Herstellungsvorgang gibt es die

- Vorläuferlamelle: Lamelle, die als erste in der unmittelbaren Umgebung hergestellt wird, auch Anfängerlamelle genannt.
- Nachläuferlamelle: Lamelle, die als letzte in der unmittelbaren Umgebung hergestellt wird, auch Schließerlamelle genannt.
- Läuferlamelle: Lamelle, welche unmittelbar nach einer Vorläuferlamelle oder nach einer vorhergehenden Läuferlamelle hergestellt wird. Diese Lamellenform gibt es nur beim kontinuierlichen Herstellungsverfahren oder kombinierten Herstellungsverfahren für Schlitzwände.

Der jeweilige Lamellentyp ist bereits an seiner Fugenausrichtung erkennbar, die den Herstellungszeitpunkt des Einzelelementes relativ zu seinen benachbarten

Elementen charakterisiert. Die runde Fugenform resultiert dabei aus der Verwendung von Abschalrohren.

Ein Verfahren, welches aufgrund von Bauzeitenoptimierung entwickelt wurde, ist das Pilgerschrittverfahren. Häufig ist es im Grundbau von Vorteil, Bauverfahren anzuwenden, bei welchen der Boden nur kurzfristig nicht gestützt oder teilweise gestützt ist (hier suspensionsgestützter Schlitz) und die zeitlich so optimiert sind, dass auch die im Gebrauchszustand nach Abschluss der Herstellung des gesamten Bauwerks sich einstellenden Verformungen geringer sind. In dem Fall des Pilgerschrittverfahrens, welches aus baubetrieblichen Gründen zeitoptimiert ist, trifft dieses nicht unbedingt zu. Die Reihenfolge der Herstellung der Primärschlitze bzw. Sekundärschlitze mit einem runden Abschalrohr (Fugenrohr) ist für das Pilgerschrittverfahren in der Abb. 2.32 angegeben.

In der Abbildung 2.33 ist die Reihenfolge der Herstellung bei einem kontinuierlichen Herstellungsverfahren ersichtlich. Aus dieser Darstellung erkennt man, dass die Herstellung eines Folgeschlitzes bei der kontinuierlichen Herstellung den Abschluss der Herstellung der Vorläuferlamelle voraussetzt. Dagegen kann beim Pilgerschrittverfahren mit dem Aushub einer Lamelle begonnen werden, wenn

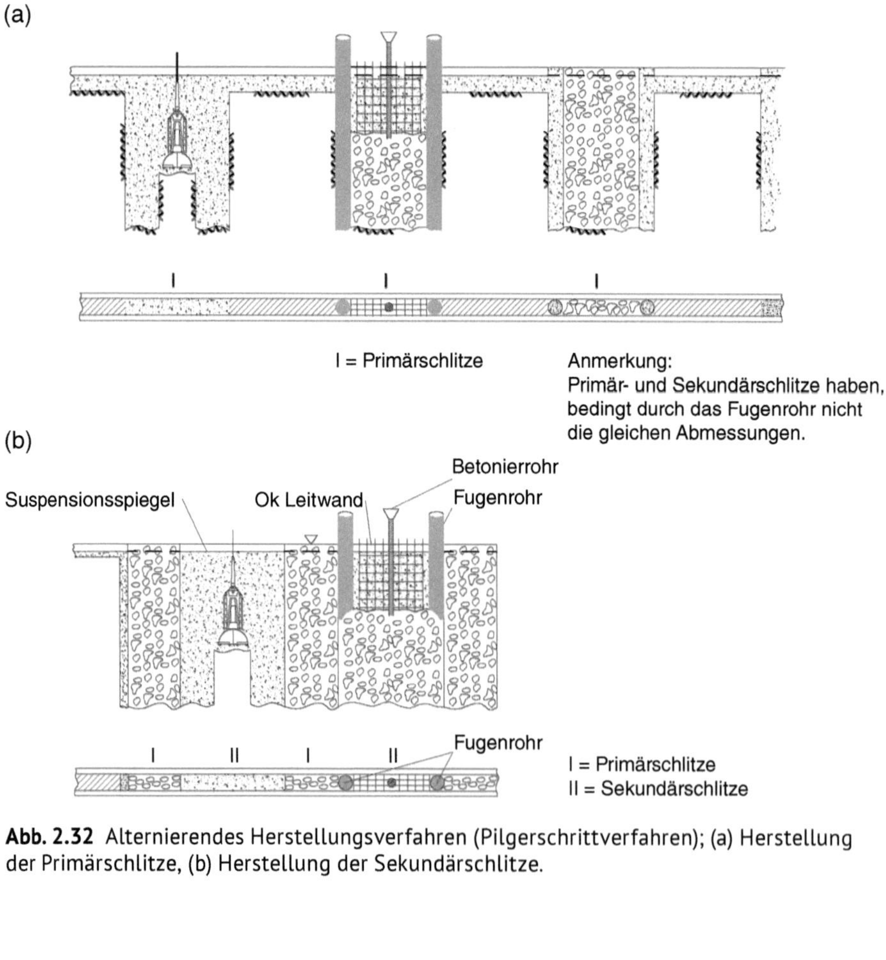

Abb. 2.32 Alternierendes Herstellungsverfahren (Pilgerschrittverfahren); (a) Herstellung der Primärschlitze, (b) Herstellung der Sekundärschlitze.

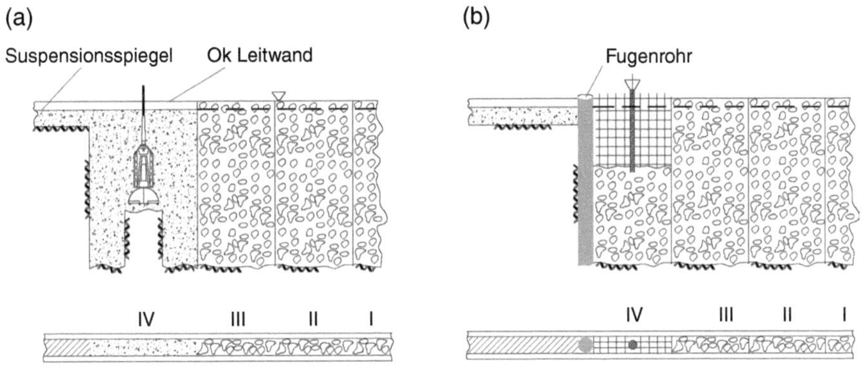

Abb. 2.33 Kontinuierliches Herstellungsverfahren; (a) Aushub, (b) Betonieren.

parallel dazu in einem anderen Schlitz die Bewehrung eingesetzt oder betoniert wird. Dadurch ist ein optimaler Einsatz von Ressourcen möglich.

Die wesentlichen Schritte der Herstellung einer Schlitzwand sind: a) Aushub des Bodenschlitzes unter Bentonitstützung, b) Installation der Bewehrung c) Betonieren des Schlitzwandelementes und d) Entfernung der Abschalrohre (könnte auch je nach Verfahren auch nach Beendigung des Aushubes erfolgen).

2.5.4 Beispiel der Bemessung einer Leitwand

Eine L-förmige Leitwand von einer Höhe von 1,2 m wird in einer Tiefe von 1,3 gegründet. Die Situation und die relevanten Bodenkennwerte sowie die Belastung sind in der Abb. 2.34 dargestellt. Vorgesehen ist eine Bauteildicke der Leitwand von 15 cm und eine maximale mögliche Länge des offenen Schlitzes von L = 9,5 m. Die erforderliche Bewehrung ist zu ermitteln.

Die resultierende Kraft aus Erdruhedruck (über die komplette Länge des offenen Schlitzes) $E_{0,k}$ ermittelt sich zu:

$$\begin{aligned} E_{0,k} &= (0{,}5\,\gamma\, h_0^2 \cdot K_0 + p_0 \cdot h_0 \cdot K_0) \cdot L \\ &= 9{,}5 \cdot (0{,}5 \cdot 18 \cdot 1{,}3^2 + 10 \cdot 1{,}3 \cdot 0{,}5) = 134\ \text{kN} \end{aligned} \tag{2.1}$$

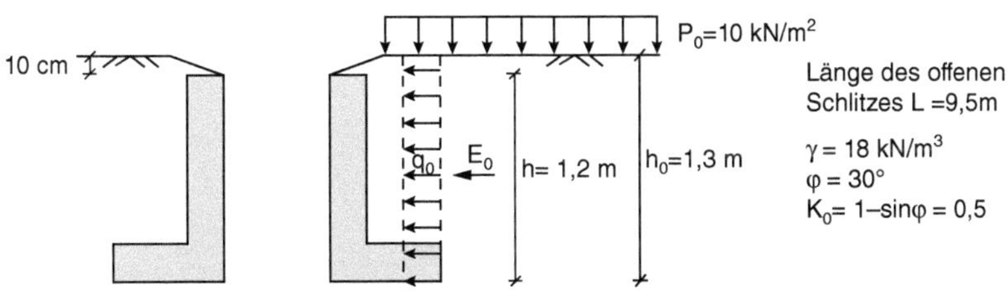

Abb. 2.34 Rechenbeispiel – Leitwandbemessung.

Abb. 2.35 Mehrfeldträger als vereinfachtes System der SW-Herstellung im Pilgerschritt-Verfahren bei einem fünffeldigen Träger bei gleichzeitig drei offenen Schlitzen.

mit h_0 Tiefenlage der Gründungssohle der Leitwand von der GOK, h Höhe der Leitwand, p_0 die Oberflächenlast, γ die Wichte des Bodens und K_0 der Erdruhedruckbeiwert.

Daraus ergibt sich die gleichmäßig angenommene Erddruckspannung q_0 zu:

$$q_{0,k} = \frac{E_{0,k}}{L \cdot h} = \frac{134}{9,5 \cdot 1,2} = 11,8 \text{ kN/m}^2 \tag{2.2}$$

Hiermit wird die resultierende Erddruckbelastung $E_{0,k}$ der Leitwand in eine Flächenlast $q_{0,k}$ umgewandelt:

Mit der Wahl der Abstützungsabstände durch Kanthölzer von $e \leq 3,8$ m erhält man die charakteristische Momentenbelastung zu:

$$M_{max,k} \approx \frac{q_{0,k} e^2}{10} = \frac{11,8 \cdot 3,8^2}{10} = 17,0 \text{ kNm/m} \tag{2.3}$$

bzw. mit dem Partialsicherheitsfaktor γ_G das Bemessungsmoment M_{Ed}

$$M_{Ed} = \gamma_G \cdot M_{max,k} = 1,35 \cdot 17,0 = 23,0 \text{ kNm/m} \tag{2.4}$$

Man setzt eine Herstellung nach dem Pilgerschrittverfahren voraus, d. h. es können bei 5 benachbarten Lamellen maximal 3 als offene Schlitze betrachtet werden (s. Abb. 2.35).

Folgende Materialfestigkeiten wurden angesetzt:

Beton C 20/25	$f_{ad} = 11,3$ MN/m²
Best 500	$f_{ad} = 437,7$ MN/m²

Querschnittsgeometrie:

$d_1 := d_2 = 0,035$ m	(Betonüberdeckung)
$d = 0,15 - 0,035 = 0,115$ m	(Achtung: *d* hier nur bis zur Bewehrungslage)
$d_1/h = 0,035/0,115 = 0,23$	

Die Bemessung kann vereinfacht nach den Schneider Bautabellen (S. 5.143, Tafel 5d) erfolgen:

$$\mu_{Ed} = \frac{M_{Ed}}{b \cdot h^2 \cdot f_{cd}} = \frac{23,0 \cdot 10^{-3}}{1,2 \cdot 0,15^2 \cdot 11,3} = 0,075 \tag{2.5}$$

$\rightarrow \omega_{tot} \approx 0,2$

Erforderliche Stahlbewehrung (gesamt):

$$A_{s,tot} = A_{s1} + A_{s2} = \; -\omega_{tot} \cdot \frac{b \cdot h}{f_{yd}/f_{cd}} = 0{,}2 \cdot \frac{1{,}2 \cdot 0{,}15}{\frac{427{,}7}{11{,}3}} = 0{,}00097\ m^2/m \quad (2.6)$$

Es wird sowohl innen wie auch außen dieselbe Bewehrungsfläche angesetzt:

$$A_{s1} = A_{s2} = 4{,}7\ cm^2/m$$

Gewählt: Baustahlmatte R 524 A
(Ø 10 mm alle 15 cm in Längs- und Ø 8 mm alle 25 cm in Querrichtung).
Auch Einzelstäbe, z. B. Ø 10 mm alle 17 cm (innen und außen) möglich.
Ein Beispiel der Bewehrungsanordnung o.g. Leitwand ist in der Abbildung 2.36 angegeben,

2.6 Aushub

Zwischen den beiden Leitwänden wird der Boden unter dauernder Zufuhr der Stützflüssigkeit (Bentonitsuspension oder Zement-Bentonit-Gemisch beim Einphasenverfahren) mit Hilfe von speziell hierfür konzipierten Geräten ausgehoben. Solche Geräte können schwere Spezialgreifer (mechanisch oder hydraulisch angetrieben) oder eine Fräse (hydraulisch angetrieben) sein. Der Aushub kann demnach intermittierend (Greifer) oder kontinuierlich (Fräse) erfolgen.

Im ersten Fall wird das Aushubmaterial von der Suspension getrennt, indem man diese aus dem Greifer abfließen lässt. Hierbei ist das Aushubmaterial häufig noch stark mit Suspension verunreinigt, was zu Schwierigkeiten bei der Deponierung führen kann. Bei Verwendung einer Fräse dient die Suspension nicht nur als Stützflüssigkeit, sondern auch als Transportmedium. Die Trennung der mit Aushubmaterial vermischen Suspension (volumenmäßige Aufladung mit Feststoffen ca. 10 bis 18 %) erfolgt mittels sogenannter Regenerations- oder Entsandungsanlagen. Das separierte Aushubmaterial ist gut entwässert und relativ sauber, allerdings ist der Platzbedarf für die erforderlichen Anlagen groß und die Einrichtung hierfür teuer.

Bei der Bewältigung einer Schlitzwandaufgabe stellt sich immer die Frage nach dem Aushubverfahren, welches für die jeweilige Aufgabe am besten geeignet ist. Es gibt sowohl bautechnische wie baubetriebliche und geotechnische Grenzen für die Aushubverfahren, die immer in Betracht gezogen werden müssen, um die Schlitzwandherstellung kostengünstig und zeitlich optimal zu realisieren.

Der Einsatz einer Fräse ist gerechtfertigt, wenn:

a) große Tiefen (> 50 m) und Schlitzwandflächen von mehr als 7500 m^2 vorliegen,
b) der auszuhebende Boden einen homogenen Aufbau aufweist,
c) Hindernisse nicht anzutreffen sind,
d) ausreichend Platz für die aufwendige Baustelleneinrichtung sowie die notwendigen Verkehrswege für die Versorgung der Baustelle und Entsorgung des Materials vorhanden sind.

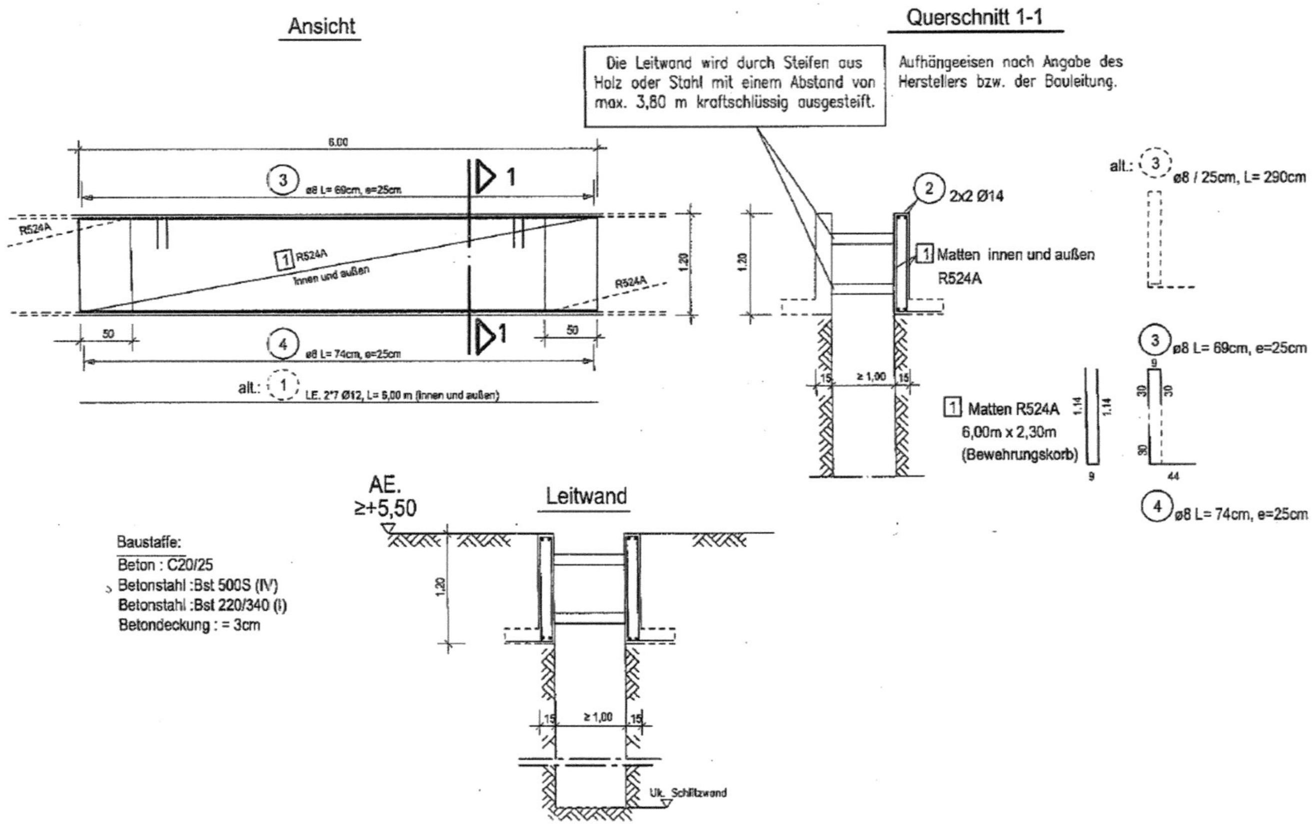

Abb. 2.36 Beispiel einer Lei:wandbewehrung (Höhe h = 1.20 m, Dicke d = 15 cm).

Die oben angegebenen Bedingungen hängen mit dem jeweiligen Verfahren eng zusammen, wobei z. B. Folgendes gilt:

zu a):

Die kontinuierliche Förderung ab ca. 50 m Tiefe ist auf jeden Fall ergiebiger als eine intermittierende, da die jeweilige Greiferfahrt mehr Zeit in Anspruch nimmt als die Zeit, die beim Lösen des Bodens erforderlich ist. Die Begrenzung von ca. 7500 m^2 Fläche Schlitzwand hat etwas mit den Mobilisierungskosten der erforderlichen Geräte zum Fräsbetrieb zu tun. Bei einer kleinen Schlitzwandfläche schlagen diese Kosten, die relativ hoch sind, stark auf die Einheitspreise. Deshalb ist die Fläche von 7500 m^2 eher als eine Wirtschaftlichkeitsgrenze anzusehen. Außerdem kann die Leistungsfähigkeit einer Fräse erst bei großen Wandflächen ihren Niederschlag finden.

zu b) und c):

Ein häufiger Wechsel von Bodenschichten, wie z. B. Sand und Ton oder Mergel, erfordert jeweils einen Wechsel des Fräskopfes, der zum optimalen Betrieb mit anderen Zähnen bestückt sein muss. Jede andere Vorgehensweise, wie z. B. eine Kombination von verschiedenen Zähnen, die sowohl im rolligen wie auch im bindigen Boden arbeiten soll, stellt einen Kompromiss dar und vermindert die Leistungsfähigkeit der Fräse. Belässt man die Zähne für das Durchfahren der prozentual in der größeren Mächtigkeit vorliegenden Bodenschichten (z. B. rollige Böden), so ist beim Durchfahren der übrigen mit sehr schlechtem oder im Extremfall gar keinem Fortschritt zu rechnen (z.B. beim Verkleben des Bodenmaterials zwischen den Fräszähnen). Hier empfiehlt es sich, den Boden durch Spülen auszuheben und nicht zu fräsen (Stillstand der Fräsräder, Erhöhung des Spüldruckes). Ähnlich ist es auch beim Durchfahren von Hindernissen, die nicht mit dem vorgesehenen Zahnbesatz durchfahren werden können. Dabei ist es notwendig, entweder auf ein anderes Trägergerät mit Meißel zu wechseln oder bei großen Hindernissen (Findlinge) mit einem neuen Zahnbesatz der Fräse zu arbeiten. Da die zweite Variante sehr viel Zeit in Anspruch nimmt, greift man üblicherweise auf die erste zurück.

zu d):

Der Fräsbetrieb mit seiner kontinuierlichen Förderung und dementsprechend dimensionierten Entsandungsanlagen verlangt relativ große Grundrissflächen für die Einrichtung, die nicht immer, speziell bei innerstädtischen Baugruben, zur Verfügung stehen. Wenn man nun die erforderliche maschinelle Einrichtung für Bentonitbevorratung, Entsandungsanlage, Pumpanlagen, Silos etc. und die entsprechenden Verkehrswege für Ver- und Entsorgung der Anlagen innerhalb der Baustelle unterbringen will, so ist mindestens eine Fläche von 250 m^2 erforderlich. Bei leistungsfähigen Fräsbaustellen wird allein für die Anlagen ein Bedarf von 500 m^2

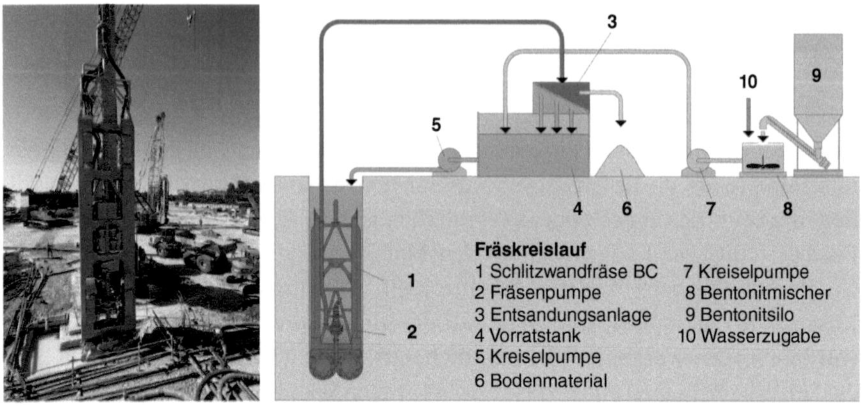

Abb. 2.37 System der Fräse und erforderliche Einrichtungen (Prospekt der Fa. Bauer Spezialtiefbau GmbH).

Fläche notwendig werden (Abb. 2.37). Diese Anlagen müssen auf ein vorher vorbereitetes Planum (Verdichtung, Fundament) aufgestellt werden und müssen an einem Ort innerhalb der Baustelleneinrichtung platziert werden, der den Baustellenbetrieb nicht wesentlich beeinträchtigt. Am besten sind Plätze geeignet, die kein Umsetzen der Anlage erforderlich machen. Eine gute Ablaufplanung berücksichtigt maximal ein einmaliges Umsetzen der Fräseinrichtung, da jedes Mal Abbruch-, Entsorgungs-, Planumstellungs- und Umsetzungskosten entstehen, die den Fräsbetrieb und die Fräsleistung unterbrechen bzw. reduzieren.

Man kann sowohl beim Greiferverfahren wie auch beim Fräsverfahren gewisse Vorteile ausmachen, die im Folgenden aufgelistet werden:

Beim Greiferverfahren liegen folgende Vorteile vor:

- geringer Platzbedarf,
- günstige Baustelleneinrichtung,
- wirtschaftlich für Wandflächen bis zu 7500 m^2 und Tiefen bis 40 m,
- einfacher Wechsel zwischen Greifer und Meißel beim Antreffen von Hindernissen, da dasselbe Trägergerät diese Arbeit übernimmt,
- wirtschaftlicher Einsatz bei inhomogenen Bodenverhältnissen.

Beim Verfahren mit der Fräse liegen folgende Vorteile vor:

- sehr hohe Leistungsfähigkeit bei homogenen Böden,
- sehr hohe erreichbare Tiefen ($t > 100$ m),
- Entsorgung des Materials günstig bei großen Baustellen aufgrund der Separation vor Ort (Entsorgung des Bentonits),
- Überschneidungen bei Nachbarlamellen (-elementen) möglich (bessere Führung, direkter Anschluss an Primärlamellen, bessere Fugenausbildung).

2.6.1 Greiferverfahren

In der geschichtlichen Entwicklung der Schlitzwandtechnik gab es zunächst den mechanischen Schlitzwandgreifer. Später kam der hydraulische Greifer hinzu. Es ist nicht immer zwingend, dass der hydraulische Greifer Vorteile gegenüber dem mechanischen Greifer hat. Es gibt sogar Fälle, bei denen der mechanische Greifer gegenüber dem hydraulischen Greifer Vorteile aufweist. Diese sind durch die jeweilige Wirkung und Funktionsweise des Greifers bedingt.

2.6.1.1 Mechanischer Schlitzwandgreifer

Die mechanischen Greifer werden auch als Zwei-Seilgreifer beschrieben, da sie mechanisch durch das Schließseil und Hubseil betätigt werden. Diese Greifer bestehen aus dem sog. Grundkörper, der die Form eines Rahmens hat. An diesem Grundkörper sind Führungsleisten angebracht entlang derer der Läufer mit der Befestigung des Hubseils und einer Seilrollenlagerung bestückt ist (Abb. 2.38a und Abb. 2.38b). Mit diesem Läufer sind die Arme des Greifers gelenkig verbunden, wobei an deren unterem Ende die Greiferschalen angebracht sind. Zum Öffnen und Schließen des Greifers werden ein gelenkiger Anschluss der Greiferschalen an einem Läufer mit Seilrollenlagerung und einem sog. Ausputzer benutzt. In diesem Bereich sind auch Zähne für das Meißeln mit dem offenen Greifer und als Hilfe zum Entleeren der Schalen angebracht. Es soll dabei nicht der Eindruck entstehen, dass sich der Greifer für Meißelarbeit eignet, vielmehr sollen hiermit kleinere Hindernisse bzw. dünne, harte Schichten (z. B. dünne Kalksteinbänke) mit *leichtem* Meißeln von ihrer Lage bewegt bzw. zertrümmert werden können. Dieses System des mechanischen Greifers ist innerhalb von gewissen geometrischen Größen flexibel. So kann z. B. ein Grundrahmen, welcher für 80 cm Schlitzbreite ausgelegt ist, durch Umbauten auf eine Greiferbreite von 1,5 m gebracht werden. Die jeweiligen Schalen müssen montiert bzw. ausgewechselt werden. An den Schalen selbst sind auch Zähne zum Lösen von harten Bodenformationen angebracht. Diese Zähne sind nicht zum Meißeln geeignet.

Die mittleren, feststehenden Zahnreihen werden hauptsächlich zum Entleeren der Greiferschalen benutzt, wobei dies durch ein wiederholtes Öffnen und Schließen der Greiferschalen ermöglicht wird.

Der Greiferbetrieb wird vom Baggerführer mit zwei Seilen gesteuert; das eine Seil (sog. Fahr- oder Hubseil) dient zum Heben und Senken des Greifers und das zweite Seil (Schließseil) zum Schließen der Greiferschalen. Der Greifer hat üblicherweise ein Hubseil mit Linksschlag und dieses wird entsprechend an einem gleichsinnig gedrillten Fahrseil des Baggers angeschlossen. Durch diesen Linksschlag würde sich der Greifer um seine vertikale Achse verdrehen. Um eine solche Verdrehung des Greifers zu minimieren oder zu verhindern hat das zweite Seil (Schließseil) des Baggers und des Greifers einen Rechtsschlag.

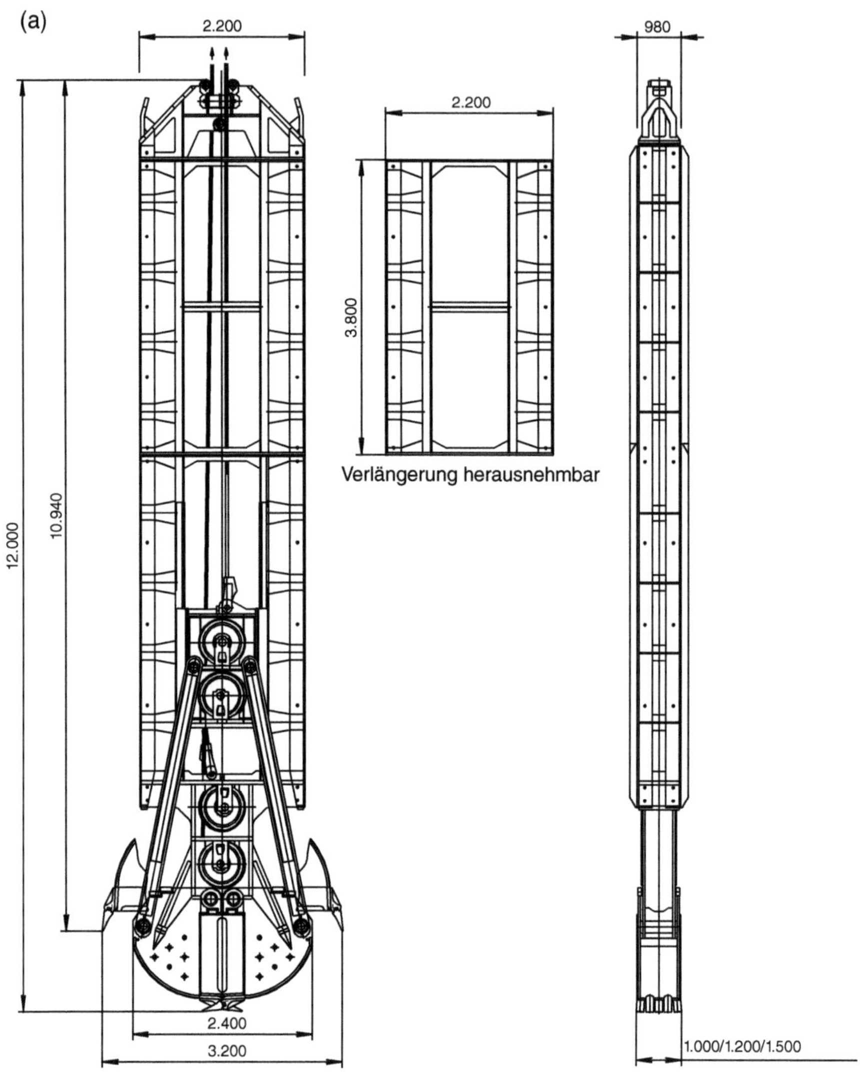

Greiferbreite	800 mm	1000 mm	1200 mm	1500 mm
Gesamtgewicht	8750 kg	9000 kg	9500 kg	10 000 kg
Scherung	6-fach	6-fach	6-fach	6-fach
Greiferinhalt	1,0cbm	1,2cbm	1,4cbm	1,7cbm

Abb. 2.38 Mechanischer Schlitzwandgreifer mit Angaben zur Geometrie und Gewichte sowie Scherungen: (a) System der Fa. Leffer (erhältlich bis zur Breite von 3200 mm).

(b)

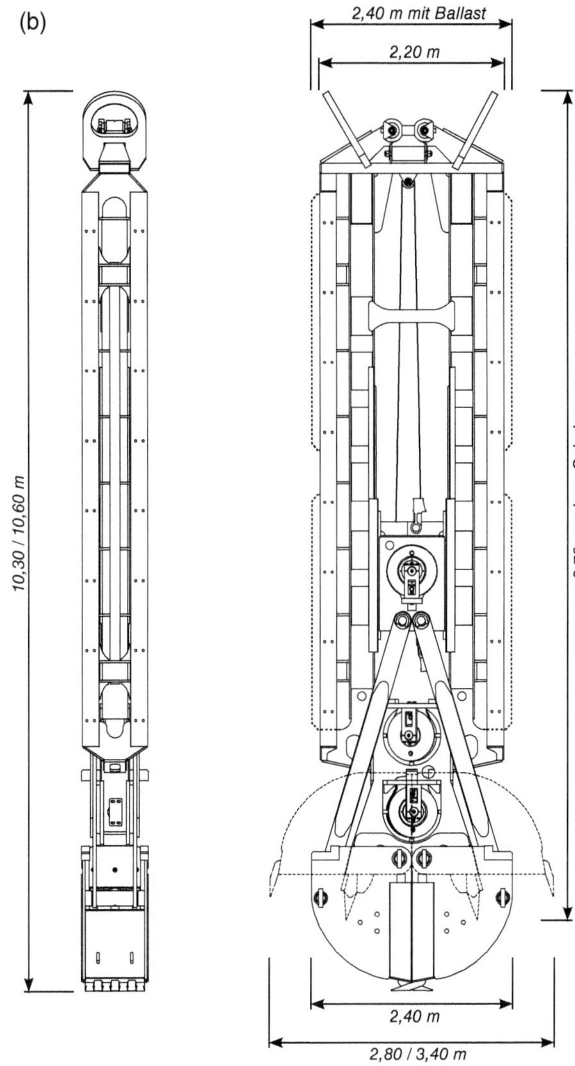

Schlitzwandbreite [mm]	800	1500
Grundkörperbreite [mm]	800	1000
Schaufelinhalt ca. [cbm]	1,45	2,80
Scherung	6-fach	6-fach
Gewicht mit Verlängerung ca. [kg].	14 000	18 900
Gewicht ohne Verlängerung ca. [kg]	11 800	15 000

Abb. 2.38 *(Fortsetzung)* Mechanischer Schlitzwandgreifer mit Angaben zur Geometrie und Gewichte sowie Scherungen: (b) System der Fa. Stein (erhältlich bis zur Breite von 3400 mm).

Die Schließseilkräfte hängen vom Eigengewicht und der Anzahl der Seilscherungen ab (ca. 2 × Anzahl der Rollen). Am Beispiel in der Abbildung 2.39 werden 2 Rollenpaare (6-fach geschert) dargestellt. Der SW-Greifer wiegt ca. 12 Tonnen. Das max. Volumen der Greiferschalen beträgt 1 m^3 (gelöster Boden im gefüllten Greifer mit einer Wichte von $\gamma = 1{,}2$ t/m^3).

Es soll nun an einem Beispiel gezeigt werden, welches Seil am meisten beansprucht wird und beim entsprechenden Verschleiß öfters ausgetauscht wird

Beim Herunterfahren des Greifers mit geöffneten Schalen entspricht die maximale Hubseilkraft dem Gewicht des Greifers, d. h. 12 t. Das Schließseil ist schlaff, d. h. die Schließseilkraft beträgt 0 t.

Die maximal mögliche Schließseilkraft bei einer 6-fachen Scherung beim Aufsetzen des Greifers auf den Boden (leerer Greifer) = 1/6 · 12 = 2 t.

Falls der Greifer im Boden eingedrungen ist, muss das Schließseil die Kräfte zum Reißen des Bodens aufbringen. Die Kraft im Schließseil kann maximal so groß wie das Greifergewicht werden (also maximal 12 t). In diesem Fall kann das Schließseil bei 6-facher Scherung eine max. Schließkraft von

$$F_a = 6\,G = 72\,t$$

aufbringen.

Beim Heben des Greifers aus der Schlitzsohle mit dem Aushub beträgt das Gesamtgewicht des Greifers 12 + 1,2 = 13,2 t. Das Gewicht verteilt sich auf beide Seile (hier Annahme 5/6 Hubseil, 1/6 Schließseil).

Schließseilkraft:	(1/6) 13,2 = 2,2 t
Hubseilkraft:	(5/6) 13,2 = 11 t

Zur Abschätzung des Greiferinhalts üblicher Geräte können die Werte der folgenden Tabelle (Tab. 2.1) in Abhängigkeit der Breite des Greifers entnommen werden:

Hier kann man Folgendes anmerken: Während des Aushubes mit dem Zwei-Seil-Greifer variieren die Hubseil- und Schließseilkräfte zwischen 0–12 t. Die Schließkräfte variieren jedoch zwischen 0–72 t. Aufgrund des mehrfachen Umlenkens des Schließseils sowie der ruckartigen zyklischen Belastung beim Reißen des Bodens unterliegen die Schließseile aber einem deutlich höheren Verschleiß! Dies erfordert eine regelmäßige Inspektion und falls nötig, einen offenen Austausch dieses Seiles je nach Betriebsstunden.

Um die Wartungsarbeiten so gering wie nur möglich zu halten, und dies speziell bei den Lagern der Schlitzwandgreifer, ist eine Verkapselung der Seilrollen sowie eine Dauerfettfüllung vorgesehen. Bei nur einer einfachen Scherung des Schließseils würde als maximale Schließkraft nur das Eigengewicht des Greifers zur Verfügung stehen (7–12 t). Um höhere Schließkräfte des Greifers zu ermöglichen, wird das Schließseil 5- bis 6-fach eingeschert, so dass eine Schließkraft entsprechend dem 5- bis 6-fachen des Greifergewichtes entsteht, welche beim Lösen des Bodens benötigt wird.

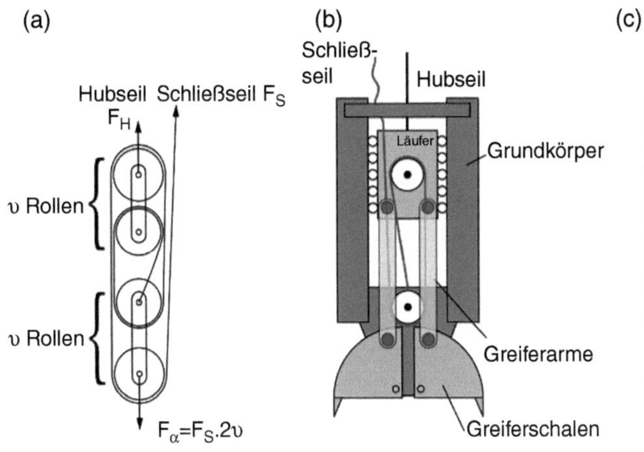

Abb. 2.39 (a) Prinzip des Scherens, (b) Schema eines geöffneten mechanischen SW-Greifers und (c) Schema eines geschlossenen mechanischen SW-Greifers.

Tab. 2.1 Greiferinhalt in Abhängigkeit von der Schalenbreite.

Breite der Schalen	Inhalt
0,5 m	0,55 m^3
0,6 m	0,70 m^3
0,8 m	1,00 m^3
1,0 m	1,20 m^3

Eine Prinzipskizze hierzu ist in Abb. 2.39 dargestellt und in Abb. 2.40 ist das Beispiel eines mechanischen Greifers mit 5-fach Scherung angegeben.

Es gibt Greiferteile, die öfters auf Abrieb oder Verschleiß kontrolliert werden sollen. Hierzu gehören die Schneid- und Meißelzähne, die einzeln auswechselbar sind. Die Aufpanzerung der seitlichen Leisten an den Greiferschalen muss ebenfalls beim entsprechenden Abrieb erneuert werden. Die Aufpanzerung ist wichtig, damit der Greifer sich im Schlitz nicht festklemmen kann. Das Schließteil unterliegt auch eines Abriebes und muss in gewissen zeitlichen Abständen erneuert werden. Hierzu wird üblicherweise ein Montageseil verwendet, welches das Einfädeln des neuen Seils in den Seilzug ermöglicht.

2.6.1.2 Hydraulischer Schlitzwandgreifer

Der mechanische Greifer hat limitierte Schließkräfte, welche sich aus seinem Gewicht und den Einscherungen des Schließteils ergeben. Um sehr hohe Schließkräfte zu erzeugen, die unabhängig vom Greifergewicht sind, hat man die hydraulischen Greifer entwickelt (Abb. 2.41). Im Prinzip sieht der Hydraulikgreifer ähnlich

Abb. 2.40 Mechanischer SW-Greifer mit 5-facher Scherung.

wie der mechanische Greifer aus, da er auch aus einem Grundkörper besteht, welcher an einem Hubseil aufgehängt wird (Abb. 2.42).

Die Greiferschalen sind mit einem hydraulisch angetriebenen Schlitten verbunden. Frühere hydraulische Greifer waren mit einer Kellystange verbunden, womit sich Limitierungen hinsichtlich der erreichbaren Aushubtiefe ergaben. Die heutigen Hydraulikgreifer sind für den Seilbetrieb konzipiert, womit sich keine Einschränkungen mehr hinsichtlich der Tiefe ergeben. Statt des Schließseils müssen allerdings Hydraulikschläuche vom Bagger über den Ausleger bis zum Greifer geführt werden und dies erfordert entsprechende Umrüstungen des Aushubgerätes. Moderne Trägergeräte verfügen über eine Zusatzhydraulik, die nicht zum eigenen Antrieb benötigt wird, sondern vielmehr können daran hydraulische Vorrichtungen (hier z. B. ein hydraulischer Greifer) angeschlossen werden. Geräte älteren Typs verfügen nicht über solche Einrichtungen und erst recht nicht die mechanisch angetriebenen Bagger. In solchen Fällen ist eine Aufrüstung des Baggers mit einem zusätzlichen Hydraulikaggregat erforderlich, damit der Hydraulikgreifer betätigt werden kann. Diese Zusatzvorrichtungen stellen einen wesentlichen Nachteil des Hydraulikgreifers gegenüber dem mechanischen dar, der universeller einsetzbar ist. Die Vorteile des Hydraulikgreifers liegen nicht nur in den extrem hohen Schließkräften sondern auch in der Möglichkeit zur Korrektur des Schlitzwandverlaufes, welche durch die Hydraulikvorrichtung gegeben ist. Die äußeren Leisten des Grundkörpers sind hydraulisch so beweglich, dass man eine nahezu beliebige Neigung des Greifers in der Längsachse des Schlitzes einstellen kann. Man nutzt also die Hydraulik um Korrekturen des Schlitzverlaufes vorzunehmen, da jeder Teil des Rahmens individuell einstellbar ist (Abb. 2.43).

2.6.1.3 Welches Greiferverfahren ist zu wählen?

Der hydraulische Greifer wird meist dort verwendet, wo zum Reißen von harten Böden oder sehr dicht gelagerten Böden hohe Schließkräfte benötigt werden.

(a)

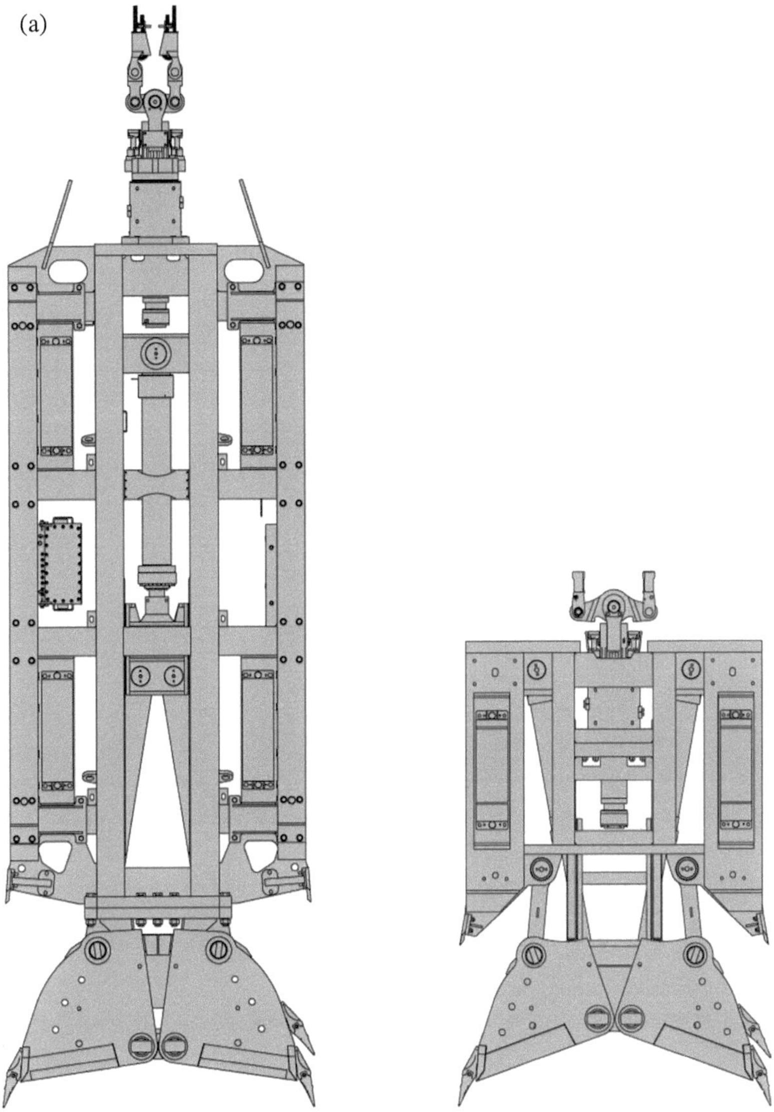

z. B.	DHG	DHG HD
Greifertyp	Schlitzwand	Schlitzwand
Schließmechanik	Hydraulik	Hydraulik
Schlitzbreite	350-1500 mm	1000-1200 mm
Schlitzlänge	2800 mm	2800 mm
Greiferhöhe	7360-7720 mm	7800 mm
Greifergewicht	9-21 to	23-24 to

Abb. 2.41 Systeme von hydraulischen Greifern mit Angaben zur Gemetrie und den Gewichten: (a) System der Firma Bauer (aus dem Prospekt der Fa. Bauer Spezialtiefbau GmbH).

(b)

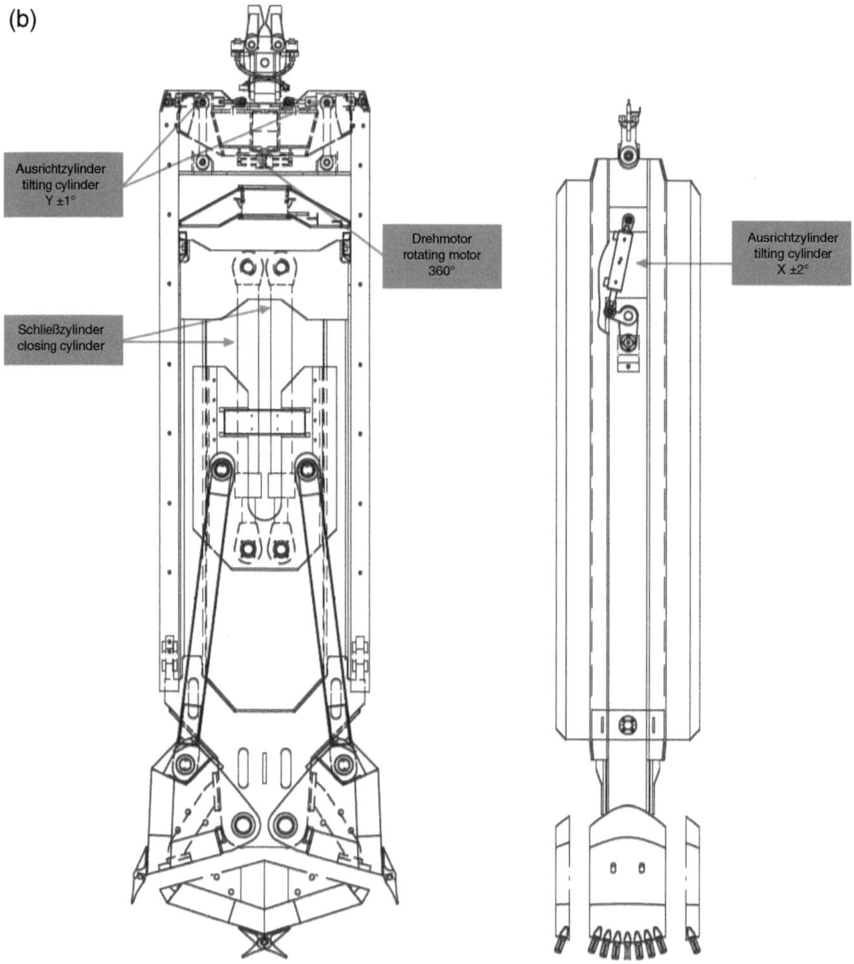

Schlitzwandbreite mm	400	1500
Greifergewicht kg	13.000	22.000
Maulweite (max.) m	3,2	3,2
Schaufelinhalt l	500	3000

Abb. 2.41 *(Fortsetzung)* Systeme von hydraulischen Greifern mit Angaben zur Geometrie und den Gewichten: (b) System der Fa. Leffer mit Korrektur der Greiferstellung.

Bei dichteren Böden braucht er weniger Zeit zum Lösen als der mechanische Greifer. Beim Antreffen von Hindernissen und beim Ausheben von weichen bis steifen bindigen Böden scheint der mechanische Seilgreifer Vorteile zu bieten. Durch das mehrfache Öffnen und Schließen des Greifers werden Hindernisse bewegt und teilweise sogar gelöst. Bei dem nicht völligen Schließen der Greiferschalen des mechanischen Seilgreifers ist bei bindigen Böden sogar ein größerer Aushub als das Fassungsvermögen des Greifers möglich (Bodenpropfen außerhalb der Schalen, bedingt durch die vorhandene Bodenkohäsion).

Abb. 2.42 Seilbagger mit hydraulischem Greifer.

Aufgrund des notwendigen Umrüstens von Baugeräten wird oft die Entscheidung zu Gunsten des mechanischen Greifers gewählt, da durch kostengünstige Maschinen das Meißeln und Greifen innerhalb eines vertretbaren Zeitbedarfes zielführend ist. Wenn allerdings Basisgeräte mit Zusatzhydraulikausrüstung zum Betrieb eines hydraulischen Greifers vorhanden sind und wenn es sich bei dem Aushub um harte oder sehr dicht gelagerte Bodenformationen ohne nennenswerte Hindernisbeseitigung handelt, ist der Einsatz des Hydraulikgreifers nicht nur gerechtfertigt sondern empfehlenswert.

2.6.2 Fräsverfahren

Bei großflächigen Schlitz- oder Dichtwandkonstruktionen (> 7500 m^2) in einer homogenen Bodenformation ist das Fräsverfahren eine echte Alternative zum Greiferverfahren. Eine Prinzipskizze zum Fräsverfahren ist bereits in der Abb. 2.37 angegeben. Wesentliches arbeitstechnisches Merkmal der gefrästen Schlitz- und Dichtwände ist das Lösen des Bodenmaterials durch einmaliges Einfahren der Fräse in den suspensionsgestützten, nicht verbauten Schlitz. Das gelöste Bodenmaterial (Fräsgut) wird mittels Fräsenpumpe als Gemisch aus Fräsklein und Stützsuspension kontinuierlich gefördert. In der Entsandungsanlage wird dann das Fräsklein von der Suspension getrennt. Die aufbereitete Suspension wird zurück in den Schlitz gepumpt. Fräsen des Systems BAUER sind in der Abb. 2.44 angegeben. Einige wichtige Details zu den Abmessungen, Antriebsmomenten und Gewichte von Fräsen des Systems Bauer sind in der Tab. 2.2 angegeben.

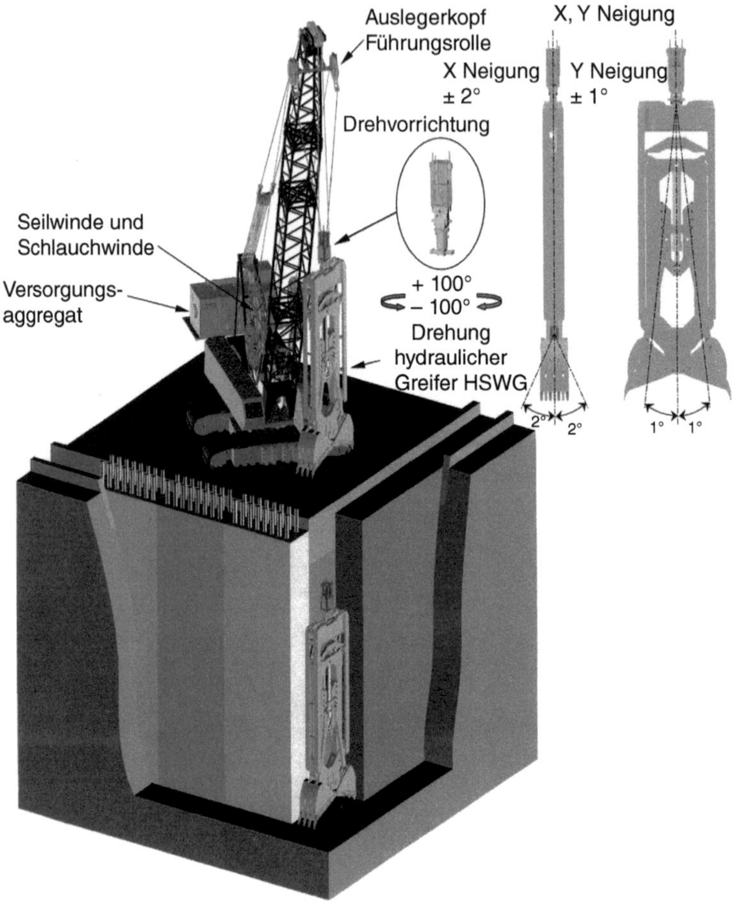

Abb. 2.43 Ein „aktiver" Hydraulikgreifer mit Korrekturmöglichkeiten hinsichtlich des Schlitzverlaufes (Fa. Leffer).

Tab. 2.2 Technische Daten von Bauer Hydrofräsen BC 32, 35 und 48

Technische Daten	**BC 32**	**BC 35**	**BC 48**
Schlitzlänge	2800 mm	2800 ... 3200 mm	2800 ... 3200 mm
Schlitzbreite	640 ... 1500 mm	640–1500 mm	800 ... 2000 mm
Gesamthöhe der Fräse	9,5 m	12,6 m	12,6 m
Gewicht der Fräse	26 ... 37 to	30 ... 39 to	34 ... 53 to
Max. Drehmoment pro Fräsegetriebe	91–112 kNm	91–112 kNm	91–112 kNm

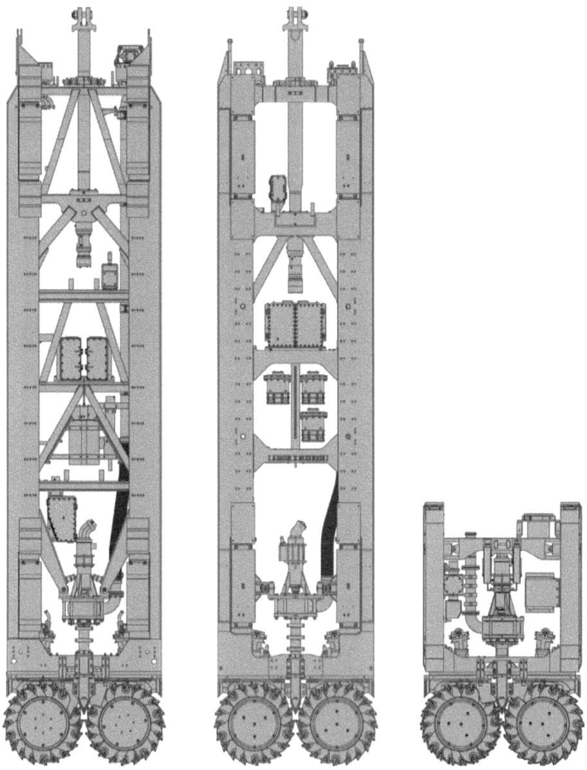

Abb. 2.44 Verschiedene Typen von Fräsen (von links nach rechts: BC35, BC48 und MBC30) der Fa. Bauer Spezialtiefbau GmbH (für die erforderlichen Einrichtungen siehe Bild 2.37)

Die Fräse besteht aus einem Rahmen, welcher eine Länge von ca. 10–16 m haben kann. Am unteren Bereich des Rahmens sind zwei gegenläufig drehende, vertikal stehende Schneidräder montiert, welche von Hydraulikmotoren angetrieben werden (Abb. 2.44).

Direkt über den Schneidrädern ist eine Pumpe angebracht, welche das Gemisch Stützflüssigkeit – gelöster Boden (bzw. gefrästes Material) aus dem Bohrlochtiefsten hebt und zur Separieranlage fördert. Die Bestückung der Fräse mit Zähnen bzw. Zahntypen ist dem jeweiligen Boden anzupassen (s. Abb. 2.45). Da diese Zähne aus Zeitgründen nicht allzu oft ausgewechselt werden sollen, ist es schon wichtig, für das meist anstehende Aushubvolumen entweder den passenden Zahnbesatz der Fräsräder oder eine Kombination dieser zu wählen, so dass die Fräse unter Kompromissen hinsichtlich ihrer Leistungsfähigkeit die meisten Bodenformationen des anstehenden Bodens durchfahren kann.

Wenn zur Dichtigkeitsanforderung eine Einbindung von einigen dm bis 0,8 m im Fels verlangt wird, so ist zu überlegen, ob anstatt des Auswechselns des Fräskopfes nicht ein Meißel mit einem Hilfsgerät einzusetzen ist (z. B. Seilbagger). Dadurch wäre auch eine Trennung zwischen Boden- und Felsaushub gegeben und somit eine Trennung der Arbeitsweise.

Abb. 2.45 Fräskopf mit Zahnbesatz für (a) Fels, (b) harten Boden, (c) weichen Boden.

Die Beistellung eines Hilfsgerätes ist in den meisten Fällen ohnehin erforderlich, da der Betrieb der Förderpumpe über die Fräsräder ein Mindestvolumen an Suspension benötigt. Dies wird meist über einen Voraushub mit einem Hilfsgerät (Greifer oder Hydraulikbagger) ermöglicht. Sinnvoll wäre allerdings bei bewehrten Schlitzwänden oder bei der Beseitigung von Hindernissen (Findlinge) oder bei der Felseinbindung ohnehin ein zusätzliches Hebegerät zu benutzen.

Bei den meisten Bauaufgaben und besonders bei dem Verfahren der Schlitzwandherstellung sowie evtl. erforderlicher Einbindungen in eine Felsschicht um Dichtigkeitsanforderungen der Umschließung zu genügen wird immer sowohl eine Fräse wie auch ein Hilfshebegerät eingesetzt. Bevor überhaupt die Fräse in einen Schlitz eingesetzt wird, ist ein Voraushub zu tätigen. Beim Fräsen wird ein Mindestvolumen an Suspension benötigt, welches den Betrieb der über den Fräsrädern angeordneten Förderpumpe ermöglicht. Dies wird durch den Vorschlitz geschaffen. Dieser Voraushub sorgt dafür, dass die Fräse eine längere Führung im Schlitz bekommt. Hierfür bedient man sich eines Hilfsgerätes (z. B. Hydraulikbaggers), welches auch ein Seilbagger sein kann, da sowohl das Heben des Bewehrungskorbes wie auch möglicherweise Meißelarbeiten bei Hindernissen oder Felseinbindung notwendig werden.

Während des Aushubs besteht die Möglichkeit durch hydraulisch befahrbare Seitenleisten an den Fräsrahmen die Richtung des Fräsens zu korrigieren und damit die Vertikalität und Lagegenauigkeit während des Aushubs des Schlitzes zu gewährleisten.

Beim Einsatz der Fräse und speziell beim Pilgerschrittverfahren besteht die Möglichkeit durch das Überfräsen (ca. 10 cm) der bereits hergestellten Schlitzwandlamellen evtl. vorhandenen Überbeton aus dem vorangegangenen Betoniervorgang zu fräsen und somit einen relativ guten Verbund zwischen benachbarten Lamellen oder Fugenbildung zu erzeugen. Allerdings ist eine Profilierung der Fuge mit dem Fräsverfahren ohne besondere Bestückung des Fräskopfes nicht möglich.

Über die wesentlichen Vorteile des Fräsverfahrens bei homogenen Böden, wie hohe Aushubleistungen und Wirtschaftlichkeit bei großen Tiefen, ist bereits berichtet worden. Bei diesen technologisch hoch entwickelten Geräten sind auch Grenzen gesetzt, die mit der Entsandung des Aushubmaterials zusammenhängen und die Fräsleistung bei ungenügender Entsandung erheblich herabgesetzt werden kann.

Wie bereits erwähnt, wird die Stützflüssigkeit bei diesem Verfahren auch als Transportmedium benutzt. Bei extrem feinkörnigem Boden wird die Separation des Bodens aus der Bentonitsuspension und bei stark bindigen Böden das Fördern schwieriger, wobei auch die Gefahr des Verstopfens der Förderleitung immer größer wird. Die Entscheidung, ob nun ein Fräs- oder Greiferbetrieb für eine geologische Formation eingesetzt wird, hängt auch von der Lage und Mächtigkeit solch stark bindiger Schichten ab.

2.6.3 Auswahl des Aushubwerkzeuges

Die Entscheidung, ob ein Einphasen- oder Zweiphasen-Verfahren bei der Herstellung von Dichtwänden oder der Einsatz eines bestimmten Greifers oder eines Fräskopfes für den Schlitzwandaushub eingesetzt wird, ist von enormer Bedeutung. Nicht selten führen „falsche“ Entscheidungen, möglicherweise auf fehlerhafte oder unzureichende Informationen bei der Beschreibung des Baugrundes basierend zu einem für die Bauaufgabe nicht optimalen Aushubverfahren. Die dann entstehenden Kosten einer zusätzlichen oder neuen Baustelleneinrichtung oder eines geänderten Verfahrensablaufes werden je nach Vertrag vom Bauunternehmer (Auftragnehmer) oder vom Auftraggeber getragen oder in nicht seltenen Fällen durch eine Gerichtsentscheidung (die auch sehr langwierig sein kann) beiden Parteien angelastet.

Die Fehlerquellen sind vielfältig und werden hier kurz aufgeführt:

- Nicht ausreichende Erkundung des Baugrundes:
  Fehlinterpretation der Ausdehnung und Mächtigkeit der anzutreffenden Schichten, welche während des Aushubs erst erkannt werden.
- Nicht ausreichende Labor- und Feldversuche zum Stoffverhalten der anzutreffenden Schichten:
  Eine ausreichende Beschreibung der jeweiligen Schicht hinsichtlich Lagerungsdichte (Angabe der Lagerungsdichte oder Porenzahl, sowie Kornverteilung) oder der Konsistenzbereiche (in engen Grenzen) sowie der drainierten und undrainierten Scherparameter ist erforderlich. Weitere Angaben zur Kornform oder Beschaffenheit (Rauhigkeit) sind für das Abschätzen von Abrieb oder

Abrasionsverhalten an Zähnen und Fräskopf von Bedeutung. Die Angabe von SPT (Standard Penetration Test)-Werten oder anderen äquivalenten Sondierergebnissen ist ebenfalls von Bedeutung. Bei Fels genügen nicht nur die Angaben zu einer einaxialen Druckfestigkeit. Angaben zur Gebirgsfestigkeit, RQD (Rock Quality Designation), SCR (Solid Core Recovery) oder zur Anzahl und Beschaffenheit der Klüfte oder Risse pro lfdm sowie des prozentualen durchgehenden Kernprobengewinns pro lfdm sind von enormer Wichtigkeit.

- Nicht präzise Beschreibung des Schlitzwandaushubes nach der VOB-DIN nach Bodenklassen oder Homogenbereiche im Leistungsverzeichnis:
  Es werden sehr oft die Bodenklassen 1–7 oder Homogenbereiche im Leistungsverzeichnis für den Schlitzwandaushub ausgeschrieben, obwohl es beim Schlitzwandaushub eher auf die Unterscheidung nach Bodenklassen für den Nassbaggerbetrieb ankommt.
- Nicht präzise Beschreibung des Aushubverfahrens bzw. des Herstellungsverfahrens für Schlitz- bzw. Dichtwände im Leistungsverzeichnis bzw. in den technischen Vorbemerkungen:
  Dies ist meist aufgrund der nicht ausreichenden Erfahrung der ausschreibenden Stelle hinsichtlich Verfahrenstechnik im Spezialtiefbau zurückzuführen. So findet man in Ausschreibungen die Herstellung einer Dichtwand mittels dem Einphasen-Verfahren in einer Felsschicht sehr großer Mächtigkeit und hoher Festigkeit und geringem Durchtrennungsgrad von Fels ohne Berücksichtigung der Erhärtungszeit der selbsterhärtenden Suspension.
- Nicht ausreichend dokumentiertes Angebot mit technischen Details und Arbeitsanweisung seitens des Auftragnehmers:
  Ein entsprechend detailliertes technisches Angebot (method statement) vermittelt die technische Basis und die getroffenen Annahmen des Spezialtiefbauunternehmens hinsichtlich der gestellten Bauaufgabe. Es kann als Beweisdokument dienen, wenn sich die Vertragsparteien uneinig über die Art der zu erbringenden Leistung sind. Dies setzt voraus, dass die die Ausschreibung und Ausführung begleitenden Erfüllungsgehilfen des Bauherren, sich in den Herstellungsverfahren bestens auskennen und entsprechend geschult sind. Leider ist dies aber in vielen Fällen nicht gegeben.
- Fehlende verfahrenstechnische Beratung des Bauherren bzw. Beurteilungsvermögen von verfahrenstechnischen Alternativen, die der Auftragnehmer bzw. der Anbieter unterbreitet:
  Eine solche kompetente Beratung und Hinterfragung der angebotenen Alternativen setzt eine entsprechende Ausbildung und praktische Erfahrung der Berater des Bauherrn voraus. Eine detaillierte Arbeitsbeschreibung des Anbieters und ein komplettes Durchleuchten des beratenden Ingenieurs mit einem internen technischen Bericht an den Bauherrn, sollten vorliegen. In dem technischen Bericht sollen die Vor- und Nachteile des jeweiligen Verfahrens mit einer

Risikoanalyse der speziellen Anwendungen auf die gestellten Bauaufgaben sowie eine Gewichtung der angebotenen Alternativen enthalten sein. Leider geschieht dies nicht allzu oft, so dass Auftragnehmer und Auftraggeber sich nicht völlig eins über das jeweilige Risiko sind. Dieses führt zu dem Ergebnis, dass sich im Streitfall jede Partei auf ihre Positionen zurückzieht, und dieses Verhalten der jeweiligen Bauaufgabe eigentlich nicht dienlich ist.

Nun zurück zur Wahl des Aushubwerkzeuges, welches bei einer richtigen Beschreibung des Baugrundes zu optimalen Aushubleistungen führen kann. Eine Übersicht dieser Methoden ist in Abb. 2.46 angegeben. Der grundsätzliche Einsatz der jeweiligen Methode wird in Abhängigkeit von der Lagerungsdichte oder Konsistenz des Bodens oder der Festigkeit der Untergrundformation entschieden.

Die prinzipiell zur Verfügung stehenden Methoden zum Lösen von Boden und Fels (s. auch Abb. 2.46) sind:

- Schneiden oder Schaben
- Reißen
- Drücken und Entlasten (Querspaltzug)
- Schlagen

Zum schneidenden Werkzeug mit schabenden Eigenschaften gehört der Greifer oder ein ähnliches Werkzeug, wobei sich Flachzähne eher zum Schaben von

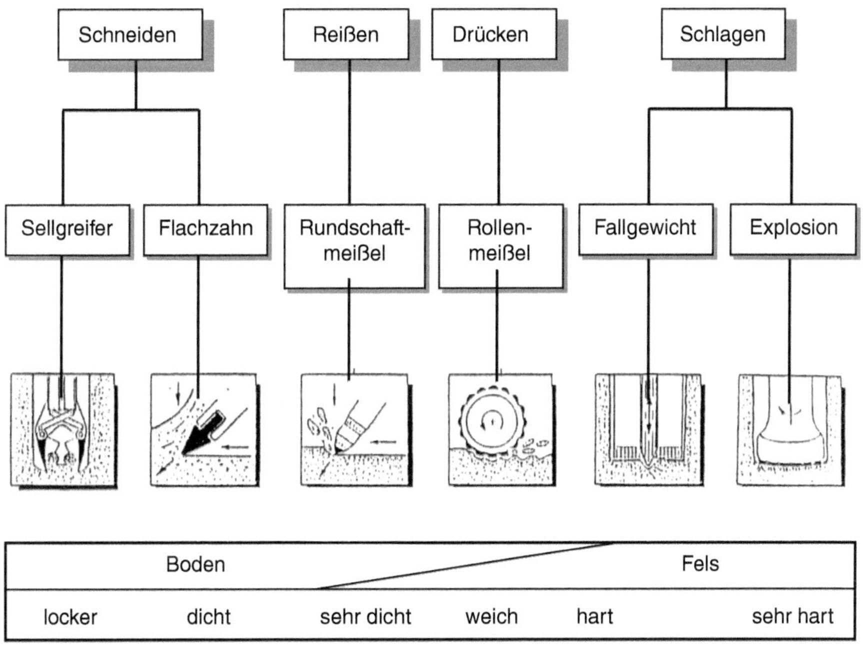

Abb. 2.46 Methoden zum Lösen von Boden und Fels mit Werkzeugen (Stötzer 1996).

bereits angeschnittenen Bodenschichten eignen. Diese Art des Bodenlösens wird bei lockeren bis dicht gelagerten körnigen Bodenformationen (bis zur Lagerungsdichte D = 0,75) oder bei bindigem Boden von flüssiger bis plastischer und halbfester Konsistenz verwendet. Bei bindigen Böden, die fest sind oder sehr dicht gelagerten (Lagerungsdichte D > 0,75) nichtbindigen Böden oder weichem Fels (bis maximal 25 N/mm² einaxialer Druckfestigkeit) wird das Reißen als bevorzugte Art des Lösens von Bodenformationen benutzt.

Verfahren, die auf wiederholte Druckbelastung oder auf Schlagen basieren, werden bei mittelhartem bis hartem Fels verwendet. Der Aushubfortschritt ist bei diesen beiden Verfahren sehr langsam. Zum Schlagen gehört das Prinzip des Imlochhammers oder das Meißeln mit einem Fallgewicht, welches das älteste und meist verbreitete Verfahren zum Lösen von Fels ist. Allerdings ist beim Fallmeißeln zu betonen, dass der Aushubfortschritt bei anwachsender Festigkeit oder Zähigkeit des Felsen überproportional abnimmt. So ist z. B. beim Fels einer einaxialen Festigkeit von 70–90 N/mm² mit einem schweren Fallmeißel ein maximaler Fortschritt von ca. 30 cm/h erreichbar. Bei einem ähnlichen Fels mit einer Festigkeit von 120–140 N/mm² kann dagegen nur mit einem maximalen Fortschritt von ca. 10 cm/h gerechnet werden.

Bei allen erwähnten Verfahren ist der jeweilige Andruck auf die Bodenformation durch das Aushubwerkzeug von Bedeutung. Dies ist umso wichtiger je härter der Boden bzw. Fels ist, manchmal ist der Andruck wichtiger als die Frage, ob ein Rollenmeißel oder ein Diskenmeißel angesetzt wird. Da ein bestimmter Mindestandruck zum Lösen der Boden- bzw. Felsformation erforderlich ist, wird es notwendig werden, bei großen Kontaktflächen des Aushubwerkzeuges zum Lösen des Bodens entsprechend die Gesamtandruckkraft des Aushubgerätes zu erhöhen. Speziell für Diskenmeißel und deren Einsatz bei Tunnelbohrmaschinen (TBM) im Tunnel gibt es empirische Relationen zwischen Schneidwirkung und Point Load Index (Punktlastindex) (Sanio 1985), welche nicht ohne weiteres auf den Einsatz dieser Meißel bei der Schlitzwandherstellung übertragbar sind. Nicht zu unterschätzen ist bei dem jeweiligen Verfahren die Abminderung des Andrucks durch den Auftrieb, wobei diese Abminderung beim Einphasen-Verfahren größer ist als beim Zweiphasen-Verfahren, da eine selbst erhärtende Suspension (z. B. Fertigmischung oder Zement-/Bentonit-Gemisch) eine höhere Dichte aufweist als eine reine Bentonitsuspension.

Sehr oft wird eine Einbindung in Fels bei Schlitz- oder Dichtwänden gefordert, welche in den meisten Fällen 0,5–1,0 m beträgt. Bei höheren Festigkeiten oberhalb von 25 N/mm², hohen RQD-Zahlen (Rock Quality Designation) bzw. niedrigem Durchtrennungsgrad oder Klüftungsgrad wird der Einsatz von schweren Meißeln mit entsprechend kleinen Aushubleistungen erforderlich. Der Einsatz der Fräse in Felsformationen mittlerer Festigkeit (bis ca. 50 N/mm²) wurde durch die Entwicklung spezieller Fräszähne ermöglicht. Auch im Fels mit großen Festigkeiten von ca. 80 N/mm² kann damit noch gearbeitet werden. Dieses hat allerdings einen hohen Materialverbrauch infolge starker Abnutzung der Fräszähne zur Folge. Damit findet auch die Fräse ihre Grenzen (ca. 80 N/mm²) beim Aushub im Fels, ähnlich wie die TBM im Tunnelbau (ca. 100 N/mm²). Es sind allerdings nach Firmenprospekten Fräsräder mit Rollenmeißeln und Diskenmeißeln bei diversen Schlitzwandobjekten (bzw. Schlitzdichtwände im Fels) zum Lösen von Fels mit Festigkeiten größer als 100 N/mm² (z. B. Dolomit) benutzt worden. Man findet jedoch über die Wirtschaftlichkeit solcher Einsätze keine Angaben. Man darf auch nicht Versuchsbaustellen, wo solche Fräsräder probeweise eingesetzt wurden, mit Leistungsdaten einer Produktionsbaustelle vergleichen.

Anders sieht es mit der Leistung des mechanischen Greifers bei weichen bzw. lockeren Bodenschichten aus, wo Spitzenwerte der Aushubleistung von 25 m²/h erreichbar sind. Bei dichten bis sehr dichten rolligen Böden können mit dem Greifer Aushubleistungen von 10–12 m²/h im Mittel (Wandansicht) erreicht werden. Bei steifen bindigen Böden können diese Leistungen bei mechanischen Greifern größer ausfallen (16–20 m²/h), da diese Greifer je Fahrt mehr als ihr theoretisches Volumen bei dieser Bodenart ausheben können.

Ähnlich kann man die Fräsleistung bei weichen bzw. locker gelagerten Böden abschätzen, wobei für diese Bodenformationen die Fräse keine deutlichen Vorteile gegenüber dem Greifer aufzuweisen hat (24–30 m²/h). Bei dichten Böden zeigt die Fräse allerdings Vorteile beim Aushubvolumen gegenüber dem mechanischen Greiferverfahren mit 15–20 m²/h. Diese Leistung reduziert sich bei weichem Fels bis mittelhartem Fels (bis 50 N/mm²) deutlich auf mit 4–5 m²/h bei optimalem Fräszahneinsatz. Schließlich geht bei Felsfestigkeiten von 50–80 m²/h diese Leistung in Abhängigkeit von dem Durchtrennungsgrad nochmals deutlich herunter (als optimistische Werte können hierfür Leistungen der Fräse von 0,5 cm/min angesetzt werden). Wenn relativ niedrige RQD-Zahlen, stark geklüftetes oder durchtrenntes Gestein mit Abständen zwischen den Durchtrennungen < 1 dm vorhanden sind, können höhere Leistungen erzielt werden.

Trotz aller vorher angegebenen Daten zur Leistungsabgrenzung empfiehlt es sich, die vor Ort gemachten Erfahrungen mit dem anstehenden Boden zu berücksichtigen, da das Gefüge, die Zusammensetzung und die Verwitterung des Materials sehr stark lageabhängig ist. Wenn allerdings keine Erfahrungen vorliegen, können die o. a. Werte als Richtwerte dienen. Wenn die vorgefundenen Formationen Festigkeiten besitzen, die über 100 N/mm² liegen, dann sollte alternativen Bauverfahren der Vortritt gegenüber der Schlitzwand/Dichtwand eingeräumt werden oder über eine Perforierung der vorgesehenen Schlitzwandtrasse mit entsprechenden Bohrungen vor dem Schlitzaushub nachgedacht werden.

2.6.4 Besonderheiten beim Aushub

2.6.4.1 Beschränkte Arbeitshöhe

Beim Bau von Infrastrukturprojekten kreuzen sich Verkehrsträger und es ist keine Seltenheit, dass man gezwungen ist, Schlitzwände unterhalb von Brücken

(a) (b)

Abb. 2.47 (a) Herstellung einer Schlitzwand unterhalb einer Brücke mit verkürztem Ausleger eines Basisgerätes, (b) Aufhängung des Greifers am Trägergerät.

herzustellen. Man kann zwar die Oberkante Leitwand tiefer legen als das Niveau der Geländeoberkante, aber diesem Weg sind Grenzen gesetzt, z. B. durch die Lage des GW-Spiegels, auch beim abgesenkten Niveau und die Arbeitshöhe bleibt oft trotz Vergrößerung beschränkt.

Oft ist man gezwungen, einen sehr kurzen Ausleger des Basisgerätes zu benutzen, damit noch ein Aushub unter 4 m freier Höhe möglich wird (Abb. 2.47). Der verkürzte Ausleger allein bringt aber noch keine Lösung, da die üblichen Schlitzwandgreifer eine Bauhöhe von mindestens 5,5 m haben. Es ist also noch ein spezieller Greifer geringer Bauhöhe notwendig. Ein solcher Kompakt-Greifer ist in der Abb. 2.48 dargestellt. Die Bauhöhe des Greifers ist 2,8 m. Er weist je nach Breite (0,5–1 m) ein hohes Gewicht von 7–8 t auf. Trotz der geringen Bauhöhe ist das Schließseil 5-fach eingeschert und die Inhalte der Greiferschalen entsprechend denjenigen für die sog. „langen" Greifer.

Eine Variante eines verkürzten Greifers mit 8-facher Scherung für sehr hohe Reißkräfte ist in der Abb. 2.49 dargestellt.

Ähnliche Entwicklungen gibt es auch bei der Frästechnik. Ein solches Beispiel ist die Kompakt-Fräse MBC 30 der Fa. Bauer (Abb. 2.50). Ein Teil der Hydraulikschläuche wird in einer horizontal gelegten Trommel aufgewickelt, so dass eine geringe Bauhöhe erreicht werden kann. Der Einsatz solcher Sonderkonstruktionen ist aber häufig auf geringere Tiefen als mit dem Normalgerät beschränkt, wobei die dem Autor bekannten Aushubtiefen mit diesem Gerät etwa bei 40–50 m liegen.

2.6.4.2 Meißeleinsatz

Beim Auftreten von Hindernissen während des Aushubs, beim Einbinden von Schlitz- oder Dichtwänden im Fels oder für das Auflockern von harten oder dicht gelagerten Bodenschichten wird der Einsatz des Meißels notwendig.

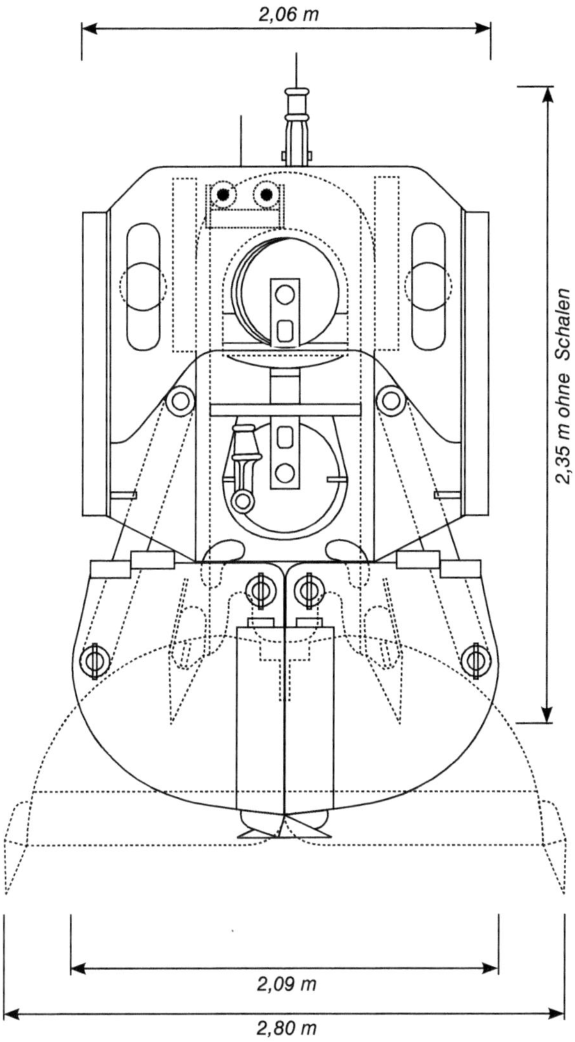

Abb. 2.48 Greifer „SK 280“ der Fa. Stein für den Einsatz unter beschränkter Arbeitshöhe.

Der Meißel wird an das Hubseil des Baggers über einen einfachen Wirbel angehängt. Die Schlitzmeißel sind je nach Einsatz unterschiedlich ausgebildet. Sie sind u. a. auch den jeweiligen Abschalelementen bzw. Fugenformen angepasst. Bei Verwendung von Abschalrohren ist zumindest einseitig eine Kante des Meißels halbkreisförmig ausgebildet. Außer der Anpassung der Meißelkanten an die Fugen gibt es noch mehrere, durch Form und Gewicht für spezielle Aufgaben angepasste Schlitzwandmeißel (Abb. 2.51).

Der *Schlitzzahnmeißel* ist eine relativ weit verbreitete Meißelart und wird für die Meißelarbeit in weichem Fels oder zum Auflockern von harten oder sehr dicht

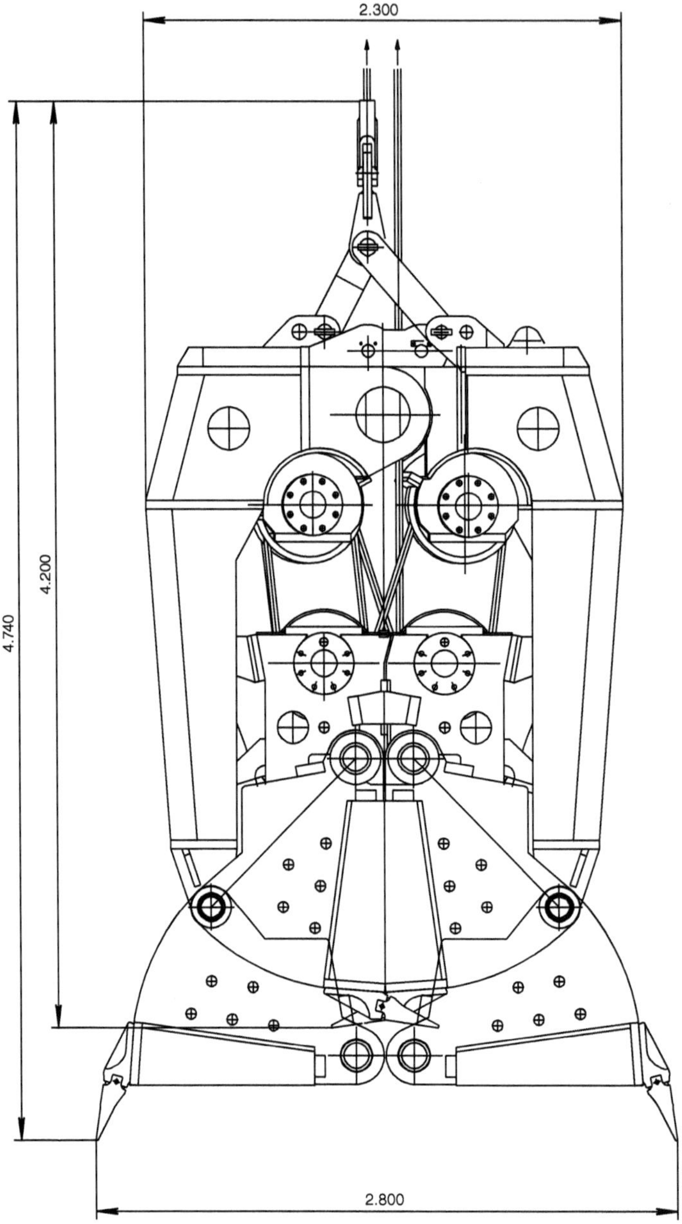

Abb. 2.49 Verkürzter Greifer der Fa. Leffer mit 8-facher Scherung für den Einsatz unter beschränkter Arbeitshöhe.

gelagerten Bodenschichten verwendet. Üblicherweise werden bei Meißelbreiten bis zu 1 m drei Reihen von Meißelzähnen eingesetzt (Abb. 2.51 und Abb. 2.52), bei breiteren Meißeln können mehr als drei Zahnreihen ausgebildet sein. Das Gewicht solcher Zahnmeißel bei Breiten von 0,5–1,0 m variiert üblicherweise zwischen

(a) (b)

Abb. 2.50 Sonderkonstruktionen der Schlitzwandfräse; (a) MBC 30 und (b) CBC 25 der Fa. Bauer, Schrobenhausen.

5–8 t. Bei den meist verbreiteten Zahnmeißeln sind die Zähne angeschweißt und zum Austausch müssen diese aus dem Meißelkörper herausgebrannt werden. Bei neueren Meißelausführungen sind die Zähne auswechselbar. Um den Abrieb in Grenzen zu halten, werden beim häufigen Meißeleinsatz die Zähne mit einer Aufpanzerung versehen, welche beim intensiven Einsatz täglich neu aufzutragen ist. Als Schweißdraht zum Schweißen der Aufpanzerung werden spezielle Fülldrähte (∅ 1,6 mm, Härte 58) eingesetzt. Abhängig vom Ort der Aufpanzerung wird eine Voll- oder eine Rautenschweißung (Abb. 2.52) eingesetzt.

Dem Abrieb der Zähne kann mit dieser Aufpanzerung entgegengewirkt werden. Anders ist es allerdings mit dem Abbrechen der Zähne. Dies geschieht hauptsächlich durch die Verkantung des Meißels. Der Aufprall des verkanteten Meißels konzentriert sich auf wenige Zähne, welche dann noch auf Biegung und Scherung beansprucht werden. Dieses führt unweigerlich zum Abbrechen der Zähne. Die Verkantung kann vielerlei Ursachen haben. Hier wird auf die wesentlichen hingewiesen:

- Eine nicht häufige Versetzung des Zahnmeißels längs des Schlitzes führt zu einem unausgeglichenen Niveau an der Bohrlochsohle.
- Ein zu hastiges Hochziehen des Meißels und keine Beruhigung vor dem Fallenlassen (Meißel fällt schräg auf die Bohrlochsohle auf).
- Anhängepunkt und Meißelschwerpunkt bilden eine Achse, welche nicht der Vertikalen entspricht.
- Ein Einsatz des Meißels außerhalb des Schlitzes.

Für den harten Fels sind spezielle Meißel entwickelt worden, welche zwar nicht ausgeprägt spitzer sind als die Zahnmeißel, dafür aber ein höheres Gewicht aufweisen, welches 1,8–2,0-fach höher ist als das Gewicht von entsprechend breiten Zahnmeißeln. Für solche Meißel wird auch der Begriff *Felsmeißel* benutzt.

Sehr oft wird die Felsoberkante nicht eben innerhalb des Schlitzes verlaufen (Abb. 2.53). Bei Einbindungen in eine Felsschicht ist Felsmeißelarbeit erforderlich. Bei dieser Meißelarbeit wird zunächst von einer relativ geringen Fallhöhe aus in den

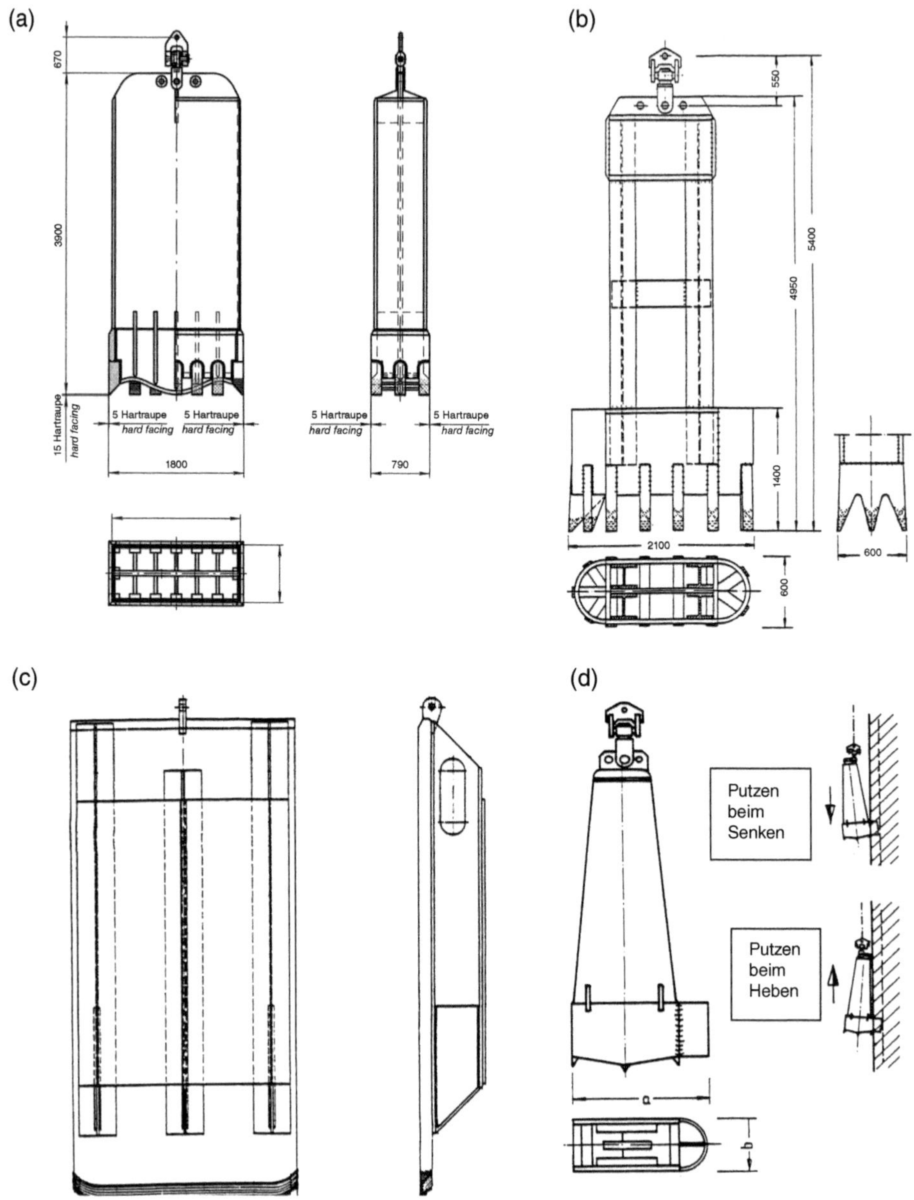

Abb. 2.51 Schematische Skizzen diverser Meißeltypen (a) Schlitzzahnmeißel, (b) Felsmeißel, (c) Schwertmeißel und (d) Schlitzputzmeißel.

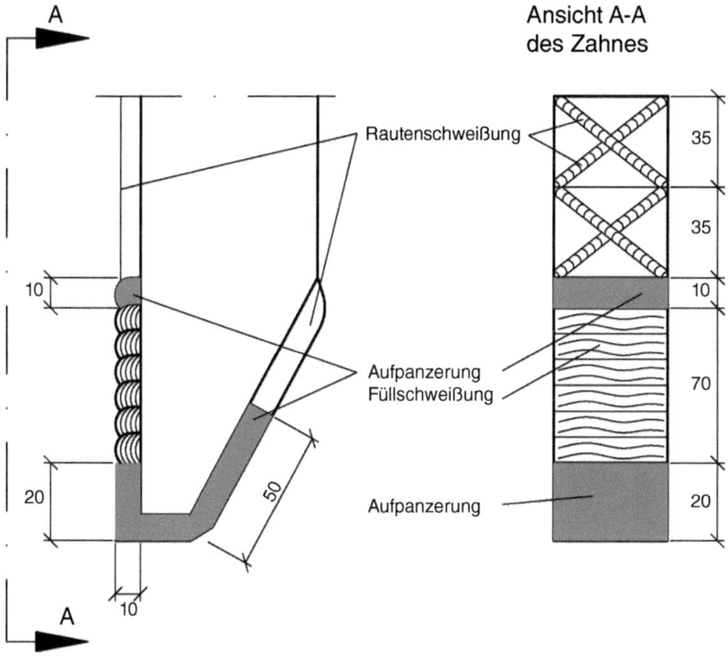

Abb. 2.52 Beispiele einer Zahnaufpanzerung vom Schlitzwandmeißel.

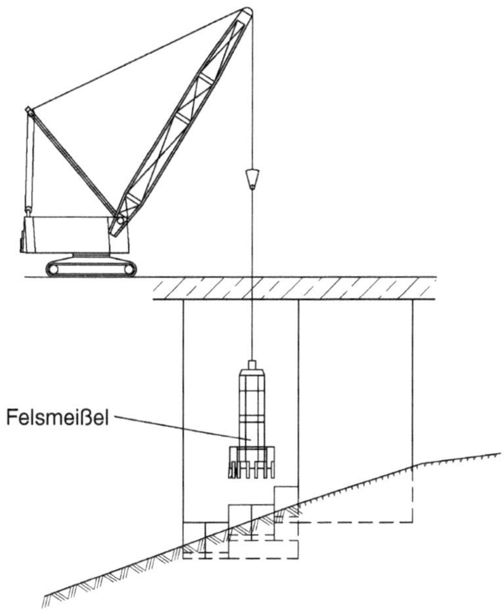

Abb. 2.53 Einbindung von Schlitzwandlamellen in einer geneigten Felsoberkante.

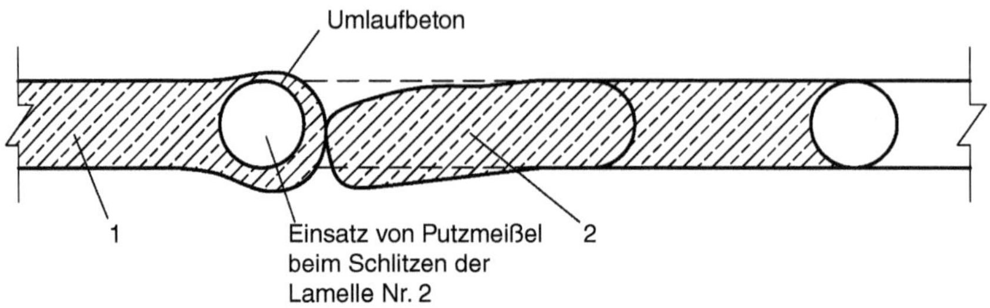

Abb. 2.54 Umlaufbeton während der Herstellung der Lamelle 1 und Winkelabweichung der Lamelle 2 vom Plan in einer Tiefe z unterhalb der GOK.

höher gelegenen Felshorizont des Schlitzes ein Plateau frei gemeißelt. Zum Erreichen des endgültigen Niveaus der Felseinbindung wird der Meißel sukzessive vom freigemeißelten höher gelegenen Felshorizont in den jeweils niedriger gelegenen umgesetzt und frei gemeißelt (Abb. 2.53). Eine zu hohe Fallhöhe würde zunächst aus zwei Gründen nichts Positives bewirken, da

- eine Verkantung zwangsläufig zum Abbrechen der Zähne führen wird und
- ein Abrutschen des Meißels entlang der Felsoberfläche möglich wird, womit die Wandung des Schlitzes beschädigt wird und sogar der Meißel im Schlitz so verkanten kann, dass er nicht mehr hochgezogen werden kann.

Weitere spezielle Meißelformen sind entwickelt worden, welche bei Anwendung auf spezielle Gesteinsformationen oder Bodenarten zu einer hohen Leistung des Lösens führen können. Ein Beispiel hierfür ist der Schwertmeißel (Abb. 2.51c), welcher eine durchgehende Schneide aufweist um plattiges Gestein zu spalten. Solche Schwertmeißel werden auch als Putzmeißel entweder zum Reinigen der Schlitzwandungen oder der Fugen benutzt. Zum Ausputzen der Fugen werden spezielle Schlitzputzmeißel eingesetzt (Abb. 2.51d), welche auch der Form der Abschalelemente zwischen den benachbarten Lamellen angepasst sind. Mit diesem Meißel wird der evtl. vorliegende Umlaufbeton (um das Abschalelement herum) vom vorherigen Betonieren der Nachbarlamelle entfernt (Abb. 2.54). Dieses Problem tritt häufig auf, und der Verzicht auf den Einsatz des Putzmeißels würde sowohl Tragfähigkeits- wie auch Dichtigkeitsprobleme der Schlitzwand mit sich führen, die erst mit dem Aushub (also zu spät) erkannt würden.

Um diese Probleme zu vermeiden, wird während des Aushubs und vor dem Einbringen der Bewehrung in den Schlitz der Schlitzputzmeißel eingesetzt, üblicherweise ohne Zähne. Dieser Meißel ist außermittig an das Hubseil anzuhängen. Durch seine den Fugenelementen angepasste Schwertform im Schlitz erfolgt beim Heben und Senken ein Abschaben der Schlitzwandfugen. Der kombinierte Einsatz dieses sog. Putzmeißels mit dem Fels- oder Zahnmeißel und Greifer ermöglicht eine komplette Freimachung des auszuhebenden Schlitzes von Umlaufbeton. Dies kann durch erneutes Abloten des Putzmeißels festgestellt werden (beobachten der Seilführung beim Entlanggleiten des Putzmeißels an der Fuge).

2.6.4.3 Vorhandene Kanäle und Leitungen

Kanäle und Leitungen, welche die Schlitzwandtrasse kreuzen, sollten grundsätzlich während der Bauzeit umgeleitet werden. Speziell im urbanen Bereich ist die Querung von Leitungen und Kanälen häufig nicht zu vermeiden. Zur Überwindung dieser Schwierigkeit müssen besondere Maßnahmen gegenüber der üblichen Schlitzwandherstellung ergriffen werden. Üblicherweise sind die Tiefe und Lage solcher Leitungen in Bestandspläne eingezeichnet (Spartenplan, *utilities plan*). Oft kommt es jedoch vor, dass die Lage dieser Leitungen nicht genau genug bekannt ist, so dass diese mit vorsichtigen Sondierungen oder speziellen Detektoren erst gesucht und auf der Baustelle eingemessen werden müssen.

Die genaue Vorgehensweise der Wandherstellung hängt davon ab, ob der angetroffene Kanal oder die den Schlitz kreuzende Leitungstrasse eine Ausdehnung von mehr als 2 m längs des Schlitzes hat oder nicht. Ist diese Ausdehnung kleiner als 2 m so kann die Schlitzwand auch in diesem Bereich durchgehend hergestellt werden. Ist dies nicht der Fall, so kann die Schlitzwand nicht durchgehend hergestellt werden, und die Lücke in der Wand unterhalb der Leitungen kann in Abwesenheit von Grundwasser (oder bei einer örtlichen Grundwasserhaltung) durch einen örtlichen Holzverbau oder beim Vorhandensein von Wasser mit einem Injektionskörper geschlossen werden (Abb. 2.55).

Bei dichtender Wirkung eines Injektionskörpers muss dieser so dimensioniert sein, dass über die Gewölbewirkung Wasserdruck und Erddruck auf die bereits benachbarten Lamellen der Schlitzwand übertragen werden können. Falls nun die Schlitzwand nur als Bauhilfsmaßnahme gebraucht wird, würde ein entsprechend dimensionierter Injektionskörper (z. B. mit dem Düsenstrahlverfahren) für die vorgesehene Standzeit ausreichen. Ist die Schlitzwand allerdings Bestandteil eines Bauwerkes, so wird unterhalb der Leitungstrasse im Rahmen des Aushubs der Injektionskörper abschnittsweise (bei ausreichender Restdicke) entfernt und durch Stahlbeton oder bewehrten Spritzbeton ersetzt. In solchen Fällen sollte aber eine Umleitung der Kanäle angestrebt werden, da zum einen der Anschlussbereich Boden-Bauwerk aufgrund des unterschiedlichen Bewegungsverhaltens problematisch ist und zum anderen Nutzraum im Gebäude (Kellerräume) verloren geht.

Falls die Leitungstrasse der Kanäle oder Leitungen nicht so breit ist (< 2 m) oder wenn nur vereinzelte Leitungen oder Kanäle die Schlitzwand kreuzen, können diese unter Umständen untergriffen werden. Zunächst muss die Leitung bzw. der Kanal im Zuge der Leitwandarbeiten freigelegt und durch brückenartige Ummantelungen zwischen den Leitwänden aufgefangen werden. Die Ummantelungen aus Stahlprofilen oder Stahlbeton bzw. anderen Materialien sind so auszuführen, dass diese Leitungen gegen spätere Beschädigungen durch den Greifer oder die Meißelarbeit bzw. Eindringen von Verunreinigungen geschützt sind (Abb. 2.56). Falls die Leitungen im Bereich der Leitwand überbrückt werden, so ist es in diesem Bereich erforderlich, die Leitwand tiefer zu führen (Abb. 2.56).

Zum Untergreifen solcher bereits geschützter Leitungen richtet sich die jeweils zu verwendende Methode nach der Breite dieses „Hindernisses".

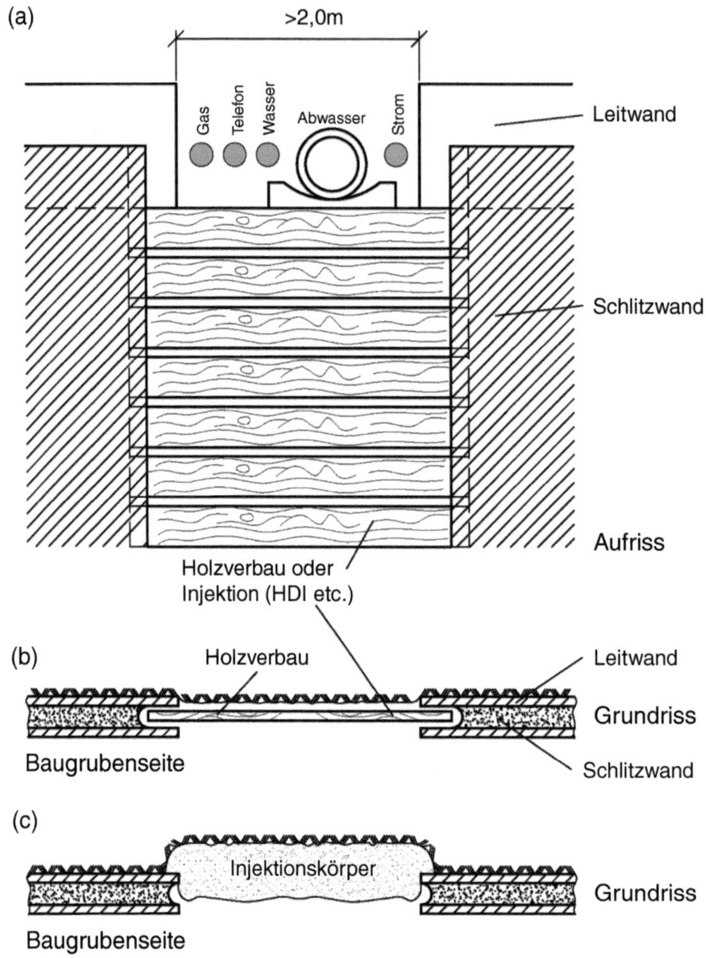

Abb. 2.55 (a) Aufriss einer Verbau- oder Injektionswand im Bereich von breiten Leitungstrassen mit (b) Verbau für die Lücke oder (c) mit Hilfe eines Injektionskörpers.

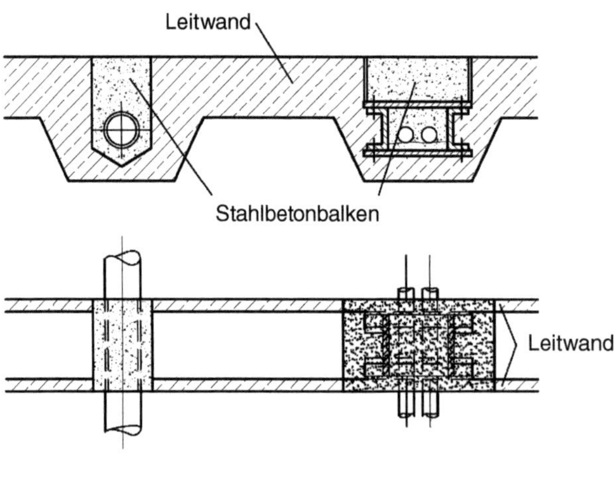

Abb. 2.56 Schutz der Kanäle und Leitungen in einer Leitwand entweder durch Einbetonieren oder durch Aufhängen der Leitungen mit Stahlprofilen zwischen den Leitwänden.

2.6.4.3.1 Fall 1: Hindernisbreite b < 55 cm

In diesem Fall genügt der Unterschied der Breite des geöffneten Greifers zu der des geschlossenen Greifers, um den Leitungsblock zu untergreifen. Zunächst wird der Aushub mit einem hydraulischen Bagger bis Unterkante Leitung getätigt. Danach wird der Schlitzwandgreifer eingesetzt, wobei der Rahmen des Greifers parallel und fast gleitend entlang der Abfangungsbrücke für die Leitungen geführt wird (Abb. 2.57).

Dieser Schritt wird jeweils links und rechts der Abfangungsbrücke ausgeführt, wobei die Greiferschalen erst nach der Unterkante der Brücke geöffnet werden (Breite des Greifers bei geöffneten Schalen ca. 2800 mm; Breite der geschlossenen Greiferschalen 2090 mm).

2.6.4.3.2 Fall 2: Hindernisbreite b > 55 cm bis 2,0 m

Ein Untergreifen ist in diesem Fall schwieriger, da der Überstand der Greiferschalen alleine nicht ausreicht, um den Aushub unter dem Leitungskanal zu tätigen. Die Arbeitsschritte für diese Situation sind in der Abb. 2.58 dargestellt.

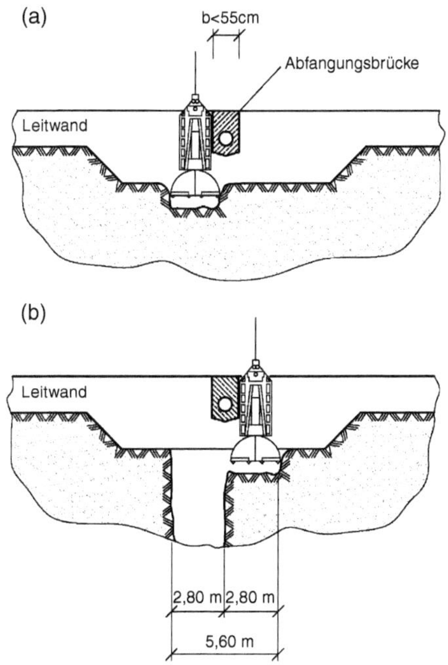

Abb. 2.57 Untergreifen eines Kanalstranges mit dem Schlitzwandgreifer bei Breiten b < 55 cm in zwei Schritten (a) Führung des Greifers links vom Kanal und (b) rechts vom Kanal.

Zunächst wird jeweils links und rechts der Ummantelung der Kanäle ein Schlitz bis etwa 7 m Tiefe ausgehoben. Die jeweilige Schlitzbreite richtet sich nach dem Aushubwerkzeug, welches ein spezieller Arm eines Tieflöffelbaggers (Abb. 2.58b) oder ein speziell für die Untergreifung entwickelter Meißel (Abb. 2.58c) oder ein Düsengestänge (Abb. 2.58d) sein kann. Mit diesem Aushubwerkzeug wird der Zwickelbereich des Bodens unterhalb der Ummantelung entfernt bis zu einer Tiefe, welche derjenigen der Schlitze links und rechts der Ummantelung entspricht. Die Tiefe der Schlitze ist in Abhängigkeit der Lage der einzusetzenden Schlitzwandgreifer (hier 6 m lang angenommen) zuzüglich eines Sicherheitszuschlages (ca. 1 m) zu wählen. Nach dem 7 m tiefen Untergreifen der Ummantelung kann die Leitungstrasse vollständig untergriffen werden. Hierzu werden die Greiferseile so weit wie möglich links und rechts bis an die Ummantelung herangeführt, nachdem der Greiferkorb in der Tiefe die Ummantelung passiert hat (Abb. 2.58e). Aus der Abb. 2.58e ist

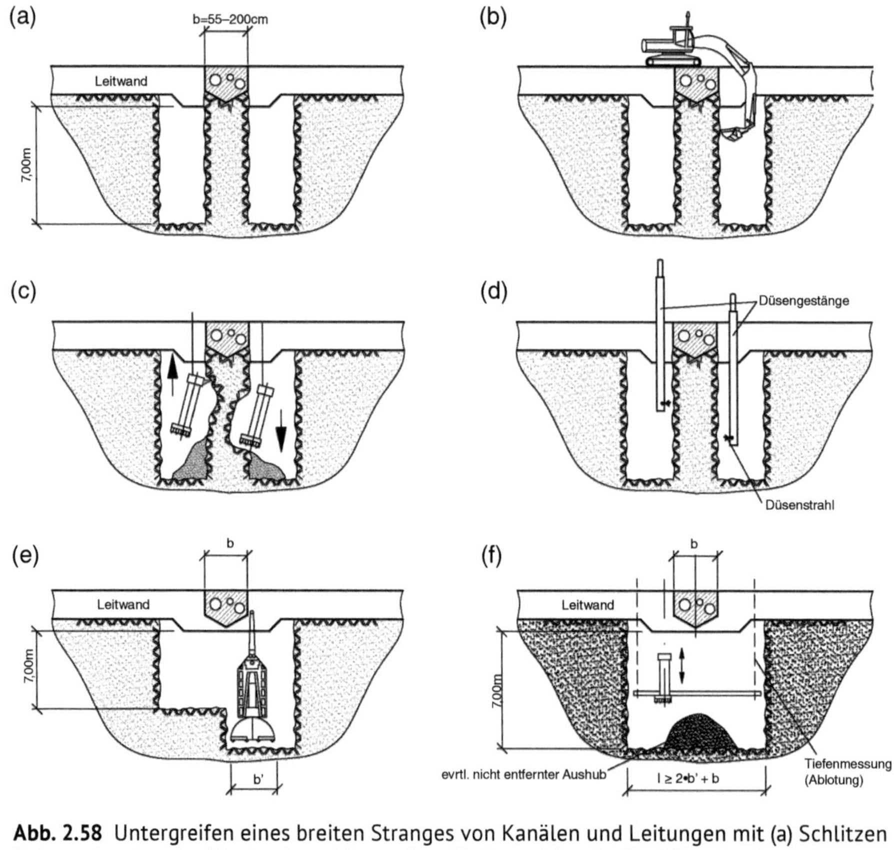

Abb. 2.58 Untergreifen eines breiten Stranges von Kanälen und Leitungen mit (a) Schlitzen links und rechts des Hindernisses bis zu einer Tiefe, welche der Bauhöhe des Aushubwerkzeuges inkl. einem Sicherheitszuschlag entspricht. Ausgreifen des Zwickels mit (b) Tieflöffel; (c) Meißel (exzentrisch angeordnet) und (d) Düsenstrahlverfahren; (e) vollständiger Aushub mit Schlitzwandgreifer und (f) Kontrolle des Aushubs im kompletten Schlitz mit einem querliegenden Träger.

ersichtlich, dass dieses Untergreifen erst bei Schlitzen mit einer Länge L_s = 2b' + b möglich ist, wobei b' die Breite des Schlitzwandgreifers und b die Ummantelungsbreite darstellt. Diese Länge L_s muss natürlich statisch mit dem äußeren Sicherheitsnachweis des offenen Schlitzes nachgewiesen sein.

Das Entfernen des Bodens auch bei breiteren Kanälen (mehr als 2 m) ist generell mit dem Düsenstrahlverfahren (Bentonitsuspensionen als eine Phase für das Lösen des Bodens) nach Abb. 2.58d möglich.

Der letzte Schritt nach dem Aushubende ist die Überprüfung des Gesamtaushubs, welche mit einem Auf- und Abfahren eines querliegenden Trägers erfolgt. Dabei wird eine Ablotung dieses Trägers vorgenommen, um evtl. Reste des Aushubs zu erkennen, da sich der Querträger bei eventuell vorhandenem Restaushub verkanten wird.

Bei breiteren, untergriffenen Bereichen ergeben sich größere Probleme beim Einbringen der Bewehrung. Eine Bewehrung ist im untergriffenen Bereich nur dann möglich, wenn der erforderliche Bewehrungskorb seitlich eingesetzt wird und dann mit Spezialmaßnahmen horizontal unter die Leitungsbrücke verschoben werden kann (Abb. 2.59). Eine Verbindung der Bewehrungskörbe unterhalb der Leitwand mittels U – Eisen ist bei niedrigem Grundwasserspiegel und Suspensionsspiegel möglich. In den meisten Fällen allerdings bleiben die Bewehrungskörbe ohne Schubverbund im Schlitz, ähnlich wie im Bereich der Schlitzwandfugen.

Üblicherweise liegen die Kanäle im oberflächennahen Bereich 2–3 m unter der GOK. Liegt allerdings die Leitwand im Vergleich zum Kanal relativ hoch, gibt es folgende Möglichkeiten:

a) Aushub mit einem Tieflöffel um den Kanal herum und anschließend mit dem Schlitzwandgreifer bis zur Endtiefe. Betonieren des Schlitzes bis Kanalsohle und Einstellen von Trägern in den frischen Beton mit etwa 1 m Einbindung. Auskleidung des Verbaus mit Holzbohlen bis zur GOK nach Abbrechen der Leitwand (Abb. 2.60).

b) Vor Beginn des Aushubs wird der Bodenbereich ähnlich wie in der Abb. 2.55 unterhalb des Kanals bis unterhalb zur geplanten Baugrubensohle injiziert. Die restliche Schlitzwandumschließung der Baugrube erfolgt nach der üblichen Schlitzwandtechnik. Beim späteren Aushub der Baugrube wird der Bereich der Schlitzwand unterhalb des Kanals entweder sukzessive mit Spritzbeton gesichert oder abschnittsweise von oben nach unten betoniert, ähnlich wie beim Schachtbau. Diese Prozedur erfolgt bis zum Aushubniveau. Dieses Verfahren ist nur möglich, wenn außerhalb der Baugrube kein Grundwasser ansteht.

2.6.4.4 Anschnitt von unbekannten Leitungen und Kanälen

Es kann im innerstädtischen Bereich vorkommen, dass beim Schlitzen unbekannte Kanäle oder Leitungen angeschnitten werden. Es kann sich dabei um stillgelegte oder in Betrieb befindliche Leitungen handeln. In beiden Fällen kommt es zu einem schlagartigen Verlust der Bentonitsuspension oder der Stützflüssigkeit. Als

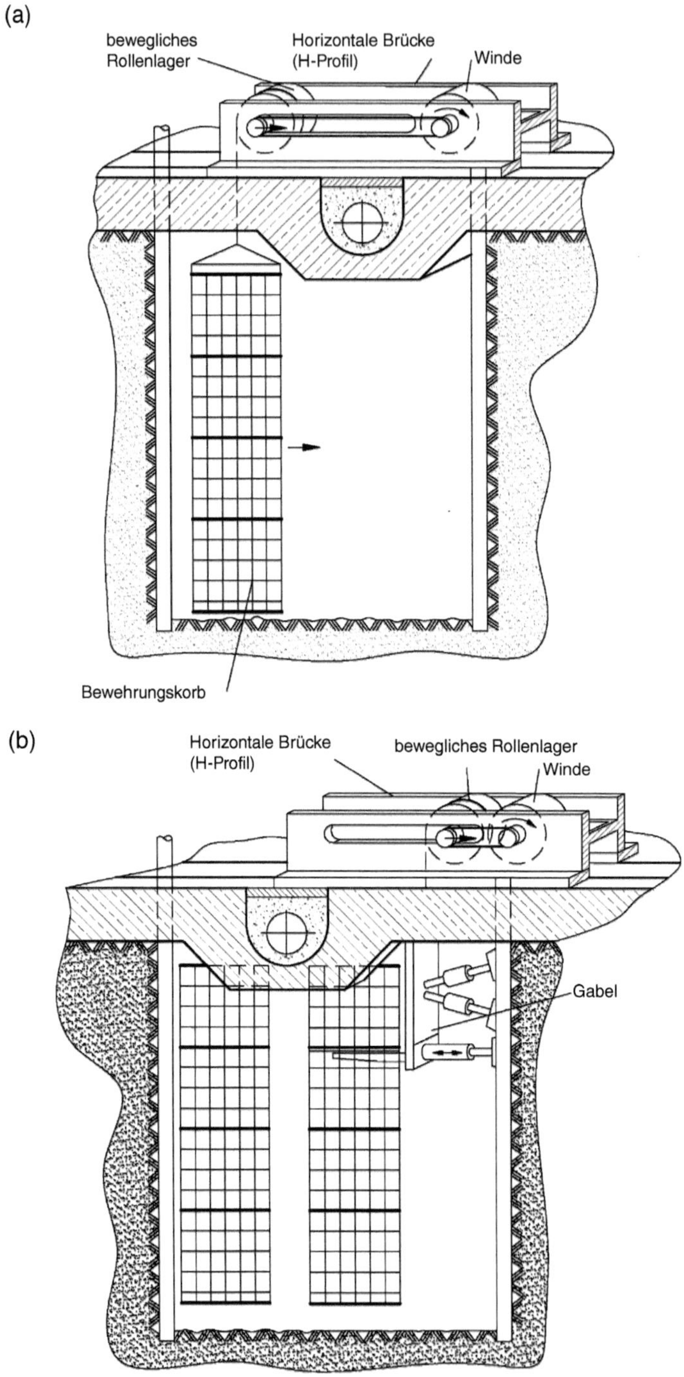

Abb. 2.59 (a) Horizontale Brücke aus H-Profilen mit fester Winde und horizontal beweglichem Rollenlager zum Verschieben eines Bewehrungskorbes unterhalb des breiten Kanals; (b) Zange zum Ausrichten des Korbes unterhalb des Kanals.

eine unmittelbare Abhilfemaßnahme wird ein Gemisch aus Boden und Zement in den Schlitz eingefüllt, so dass die Wandungen des Schlitzes nicht aufgrund fehlender Stützwirkung Einsturz gefährdet sind. Im Fall des Antreffens von öffentlichen Abwasserleitungen oder Kanälen, müssen diese auf eventuelle Verstopfungen oder Beschädigungen anderer Art inspiziert werden. Hierzu sind die öffentlichen Betriebe einzuschalten.

Beim Einsturz der Schlitzwandung, werden die Leitwände und der Schlitz mit Magerbeton oder Erdbeton unterfüttert bzw. verfüllt. Nach dem Erstarren dieses Verfüllmaterials kann der Schlitz erneut ausgegriffen werden (allzu hohe Festigkeit des Magerbetons führt unweigerlich zur Meißelarbeit). Trifft man nur auf einen alten Hausanschluß, so ist nach dem Verfüllen des Schlitzes im Schutze eines provisorischen Verbaus dieser Anschluss abzudichten, indem man vom Schlitz aus das Abflussrohr verdämmt, z. B. mit Putzwolle oder Schnellbinder (Abb. 2.61).

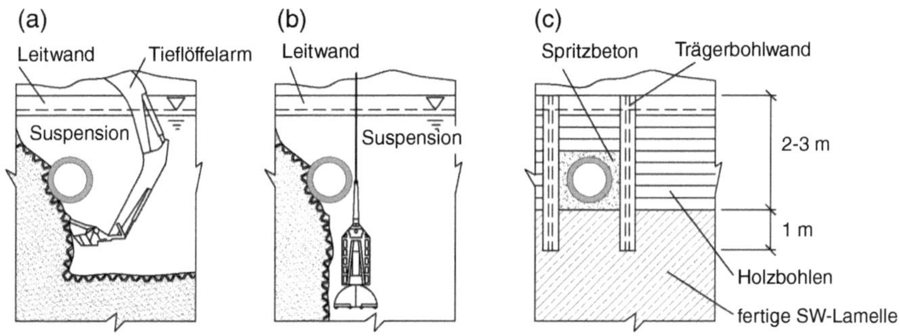

Abb. 2.60 Aushub (a) mit Tieflöffel und anschließend, (b) mit Schlitzwandgreifer, (c) Trägerbohlverbau mit Spritzbeton im Bereich des Kanals.

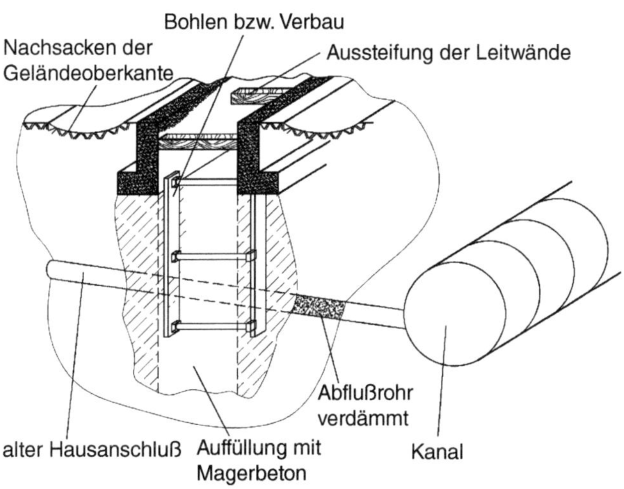

Abb. 2.61 Antreffen eines alten Hausanschlusses mit Verlust des Stützsuspensionsspiegels und Ausbruch der Schlitzwandung sowie Verfüllung mit Magerbeton und Verdämmung des Abflussrohres zum Kanal hin.

Im Falle des Nicht-Einsturzes der Schlitzwände wird im Schlitz bei lokaler Grundwasserabsenkung ein Verbau bis zum Hausanschluss eingesetzt und die Sohle des Schlitzes mit einer Injektion gesichert. Nach der Verdämmung des Abflussrohres und seiner Entfernung im Bereich des Schlitzes wird der Verbau gezogen und die Herstellung der Schlitzwand erfolgt wie gewöhnlich. In diesem Fall muss die Verdämmung des Abflussrohres in beiden Richtungen erfolgen, damit auch kein unkontrollierter Suspensionsverlust bei einem gewohnt hohen Suspensionsspiegel eintreten kann (Abb. 2.62).

2.6.4.5 Hindernisse und deren Beseitigung

Hindernisse bei der Schlitzwandherstellung sind vielfältiger Natur und deren Behandlung ist nicht unproblematisch. Wichtig ist daher, über deren Ausdehnung und Festigkeit Bescheid zu wissen bzw. Kenntnisse zu erlangen.

2.6.4.5.1 Anthropogene Hindernisse, Baureste

Manchmal trifft man auf ein Hindernis (Mauerwerkreste, Beton o. ä.), das den Schlitz nur teilweise ausfüllt oder von dem nur ein Teil in den Schlitz hineinragt (z. B. Fundamentvorsprünge). Das anschließende Meißeln führt dann meist zu einem Ausweichen des Meißels oder Greifers in entgegengesetzter Richtung (also vom Hindernis weg). Damit ergibt sich zwangsläufig eine Richtungsänderung des Schlitzes und diese ist nachträglich nur noch sehr schwer zu korrigieren.

In diesem Fall ist sachgemäß wie folgt zu verfahren (Abb. 2.63):

Der Schlitz wird zunächst bis knapp unter das Hindernis ausgegriffen und dabei in Kauf genommen, dass er beim Hindernis entsprechend „verläuft“. Dann aber wird der ausgehobene, verlaufene Bereich mit einem Beton verfüllt, dessen

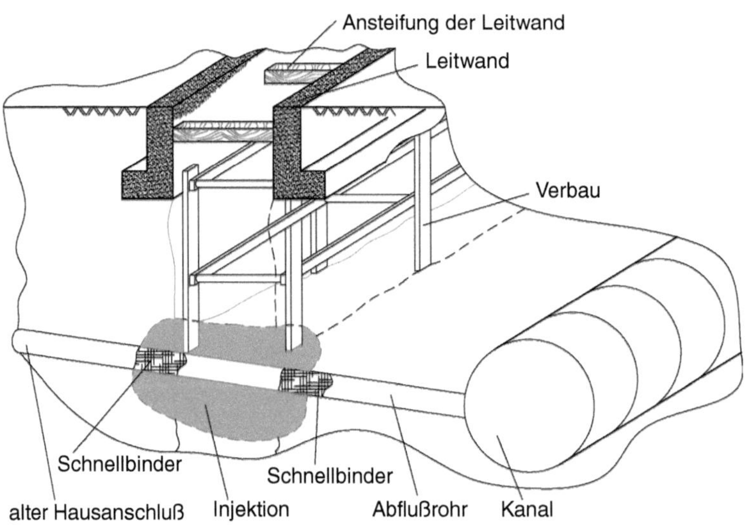

Abb. 2.62 Verdämmung eines Abflussrohres mit Hilfe eines Verbaus und einer Sohlinjektion (Fall ohne Einsturz der Schlitzwandung).

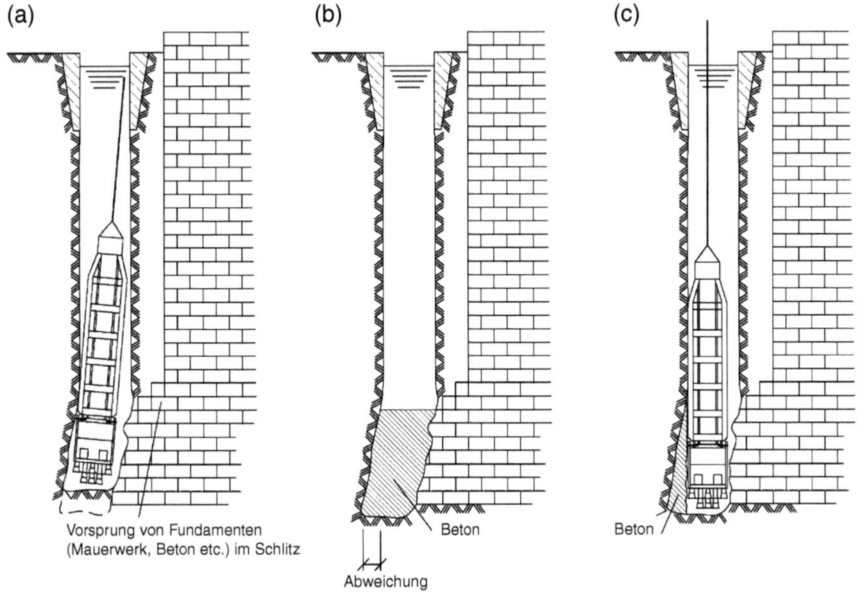

Abb. 2.63 Hineinragende Fundamente im Schlitz werden wie folgt behandelt: (a) Ausgreifen bis unterhalb von Fundament oder Hindernis; (b) Verfüllen des Schlitzes mit Magerbeton; (c) erneutes Ausgreifen des Schlitzes.

Festigkeit etwa der Festigkeit des Bohrhindernisses entspricht. Nach dem Erstarren des Magerbetons wird erneut ausgegriffen, wobei der Einsatz eines Meißels notwendig wird. Aufgrund der dem Hindernis angepassten Festigkeitseigenschaften des Füllbetons wird der Meißel nicht in eine Richtung ausweichen, da die Reaktion auf der ganzen Breite des Schlitzes überall etwa gleich ist. Wichtig ist, wie man aus den Ausführungen erkennt, die Abstimmung des Festigkeits- und Duktilitätsverhaltens zwischen Hindernis und Verfüllung, damit überhaupt eine Richtungskorrektur im Schlitzverlauf möglich wird.

Aus diesen Ausführungen ist bereits erkennbar, dass bei natürlichen Hindernissen wie z. B. Findlingen oder großen Steinen die Möglichkeit einer Korrektur durch Verfüllung mit Beton und anschließender Meißelarbeit aufgrund der unterschiedlichen Festigkeiten gar nicht mehr möglich ist. Der Meißel wird immer das weichere Material, hier Verfüllbeton, beseitigen und eine Korrektur wird mit dieser Methode überhaupt nicht erreicht.

2.6.4.5.2 Findlinge und natürliche Hindernisse

Findlinge sind mit dem Ende der Eiszeit in den Urströmen transportiert und abgelagert worden und allein die Tatsache, dass sie diesen Transport und andere Verwitterungsarten (chemische, physikalische, biologische) über die Jahre überlebt haben, zeugen von deren enormer Härte und Festigkeit. Die Festigkeit solcher Findlinge liegt meist über 200 MPa und ein Verfüllbeton gleicher Festigkeit ist leider nicht einzubringen, so dass eine Homogenisierung des Meißelbereiches im Schlitz nicht erreicht werden kann. Wie bereits in diesem Kapitel erwähnt (Abb. 2.14) werden Findlinge in der Nähe der Leitwand gleich während der Leitwandherstellung durch tieferen Aushub entfernt, so dass oberflächennahe Schlitzwandbereiche findlingsfrei sein sollten.

Bei tiefer liegenden Findlingen verfährt man anders (Abb. 2.64). Zunächst wird versucht, mit einem Meißel das Hindernis zu beseitigen. Diese Prozedur ist nicht immer empfehlenswert, denn es ist möglich, dass der verbleibende Teil des Findlings beim tieferen Aushub bereits so aufgelockert im Boden liegt, dass er durch einen örtlichen Geländebruch (Abb. 2.65) auf einen gerade tief eingeführten Greifer fallen kann. Versucht man in diesem Fall den Greifer durch Anwendung von hohen Zugkräften zu bergen, so kann das Seil reißen und der Greifer oder die Fräse kann nur durch andere Zusatzmaßnahmen geborgen werden (Nachbarschlitz links und rechts der Leitwand), bzw. ist für immer begraben (Verlust).

In solchen Fällen ist es besser, nicht zu meißeln, sondern die in Abb. 2.64 dargestellte Prozedur anzuwenden. Zunächst wird der Schlitz bis zum Findling ausgehoben und anschließend betoniert. Im Rahmen des späteren Aushubs der Baugrube werden Injektionsarbeiten um den Findling herum bis weit unterhalb des Baugrubenaushubs notwendig. Der Findling wird dann von der Baugrube aus weggemeißelt und eine Schalung für die das Betonieren des noch offenen Wandteils eingebracht. Nach dem Betonieren und dem Entfernen der Schalung wird eine Verdichtung des Bodens im Einbindebereich der Verbauwand durchgeführt.

Aufgrund von Baugrundheterogenitäten oder durchgeführten Injektionen kann es trotz der gebotenen Sorgfalt beim Aushub dazu kommen, dass der Schlitz aus der Lotrechten läuft.

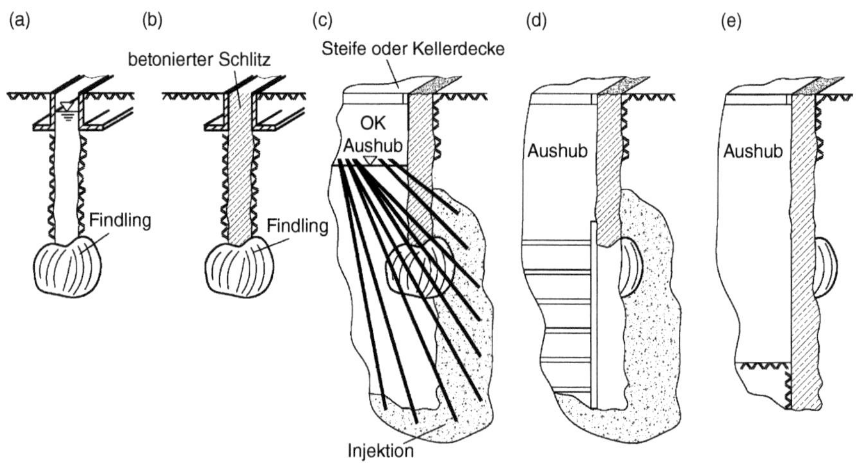

Abb. 2.64 Methode zur Beseitigung von Findlingen unterhalb des GW: (a) Aushub bis zur OK Findling, (b) Betonieren des Teilschlitzes bis OK Findling, (c) Injektionen um den Findling während des Aushubs mit Zertrümmerung des Findlings und Verwendung einer Schalung für die Restbetonage, (d) Verdichtung des Bodens bis zum geplanten Aushubniveau, (e) Herstellung der restlichen Wand und Entfernung der Schalung.

Ein Verlaufen des Schlitzes muss frühest möglich entdeckt werden, da jede zu späte Feststellung der Abweichung auch eine Korrektur fast unmöglich macht.

Üblicherweise bewirkt ein wiederholtes Auf- und Abfahren von Greifer und Meißel keine Begradigung des Schlitzes. Wenn man die Stelle in der Tiefe und die Abweichungsrichtung des Aushubwerkzeuges durch genaue Beobachtung der Seillage in Leitwandhöhe festgestellt hat, kann man an einem Meißel ein einseitig angeschweißtes Blech (scharf) anbringen (Abb. 2.66), so dass beim Abfahren des Meißels (ähnlich wie beim Putzmeißel) der nach innen geneigte Boden abgeschabt wird.

In Abbildung 2.67 ist ein solcher Meißel bei einem Baustelleneinsatz angegeben.

Dabei erlaubt eine langsame Abfahrt des Meißels eine genaue Beobachtung des Hubseils in Höhe der Leitwandoberkante. Sobald das Hubseil beim Hinunterfahren des Meißels aus der Mitte abweicht, wird der Meißel wieder angehoben bis sich das Hubseil wieder in der Schlitzmitte befindet. Dieses Auf- und Abfahren des Meißels wird so lange wiederholt, bis die geneigten Wandteile von oben nach unten lotrecht abgeschabt sind und keine Abweichung bis zur Aushubtiefe des Schlitzes mehr festzustellen ist. Es ist nicht immer zu erwarten, dass diese Prozedur mit Erfolg gekrönt wird. In den Fällen, wo dieses einseitige Schaben nicht zum Erfolg führt, wird der Schlitz wieder mit Aushubmaterial oder sogar mit einer Bentonit- oder Beton-Boden-Mischung, ähnlich wie beim Verlaufen des Schlitzes aufgrund von Hindernissen, verfüllt und der Aushub erneut begonnen.

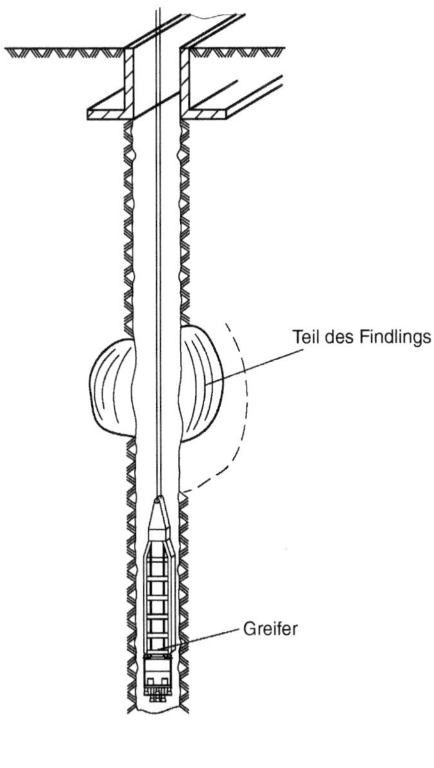

Abb. 2.65 Gefahr des Verkeilens des Greifers bei gelöstem (fallendem) Teilfindling im Schlitz.

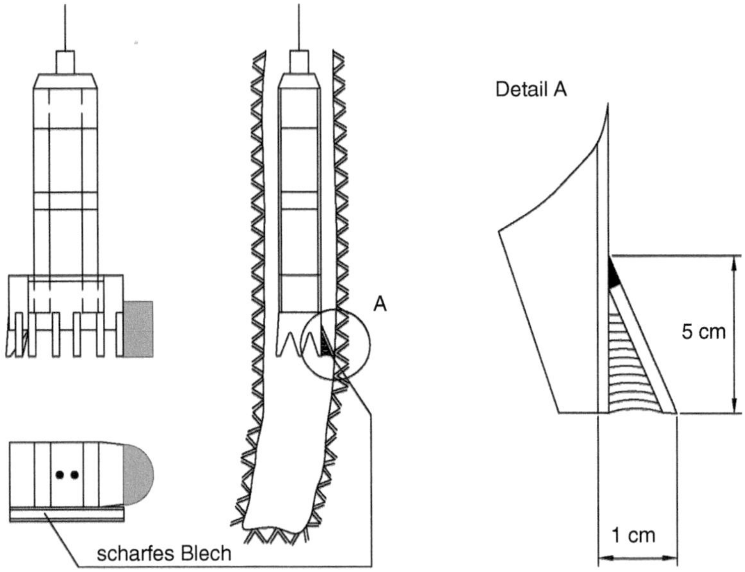

Abb. 2.66 Schabende Meißelkonstruktion für Korrekturen einer Lotabweichung der Schlitzwandungen.

Abb. 2.67 Angeschweißte Bleche am Meißel zur Richtungskorrektur beim Verlaufen eines Schlitzes.

Alle Maßnahmen zur Hindernisbeseitigung oder zur Bewältigung sehr heterogener Bodenformationen sowie Korrekturen des vertikalen Schlitzverlaufes oder extensive Meißelarbeit hinterlassen Spuren an der Schlitzwand hinsichtlich Vertikalität und Oberflächenbeschaffenheit. Insbesondere Ausbauchungen der Wand oder die Bildung von Überwüchsen (sog. Nasen) im Baugrubenbereich werden beim Baugrubenaushub sichtbar. In solchen Fällen ist davon auszugehen, dass Vorkehrungen sowohl finanzieller wie auch vertraglicher Art getroffen werden müssen, um die Wand in den Toleranzbereich des geforderten vertikalen Bereiches zu bringen. Die maximalen Maßabweichungen sind zwar in der DIN 4126 bzw. DIN 18313 vorgegeben und betragen für die Wandfläche bis zu 1,5 % der Wandtiefe oder max. 10 cm (der jeweils größere Wert ist maßgebend). Diese Abweichungen sind bei „normalem" Schlitzwandaushub einzuhalten, es muss aber bei einer Hindernisbeseitigung mit Unebenheiten der Außenfläche der Schlitzwand gerechnet werden, die diese Toleranzmaße überschreiten. Falls diese Unebenheiten den Verwendungszweck der Schlitzwand nicht beeinträchtigen, brauchen sie auch nicht entfernt zu werden. In einigen Fällen kann die Entfernung der Unebenheiten allerdings erforderlich werden. Sollten die Unebenheiten auf eine Hindernisbeseitigung zurückzuführen sein, gelten dann die hierfür erforderlichen Maßnahmen als Sonderleistungen. Dieser Sachverhalt ist anders zu bewerten, wenn Ausführungsmängel und nicht die Hindernisbeseitigung die Hauptursache für die Abweichungen sind.

2.6.4.5.3 Hindernisse beim Einsatz der Fräse

Bei der Verwendung einer Fräse in einem heterogenen Boden entweder vulkanischen Ursprungs oder durch Eisschmelze entstandenen Formationen, kann es vorkommen, dass Steineinlagerungen in einer weichen Bodenmatrix auftreten, die auch mehrere Meter Mächtigkeit aufweisen. Es ist in solchen Fällen nicht sinnvoll, die Fräse zu verwenden, sondern diese Stein-Formationen mit dem Greifer zu entfernen, wobei nach einem teilweisen Aushub von 1–2 m der ausgehobene Bereich mit Sand und Zement verfüllt wird. Es wird etwa 3–4 Tage abgewartet bevor der Aushub erneut fortgesetzt wird, um intermittierend tiefere Bereiche zu erreichen bis man solche Schichten durchörtert hat.

Es besteht grundsätzlich die Gefahr, dass seitlich des Schlitzaushubes aufgrund der nicht vorhandenen Zementierung zwischen Steinen und Weichschichten sich einige Steine lösen und in den Aushub hineinfallen. Ein Ziehen des Greifers oder der Fräse nach oben bewirkt den fatalen Effekt, dass das Aushubwerkzeug sich verkeilt und nicht mehr herausgeholt werden kann.

Es gibt einige Begründungen, warum die Zementierung zwischen weichen Böden und Steinen sehr schwach bis überhaupt nicht ausgeprägt ist, wenn sich nach der Sedimentation die Evaporation des Wassers aus der weichen Bodenmatrix mit den Steinen oder Findlingen stattfindet. Die Schrumpfung aufgrund von Kapillarspannungen im ungesättigten Bodenbereich produziert Risse im bindigen Boden. Diese Effekte können sich mehrfach durch Flutung und Schrumpfung wiederholen. Etwas Ähnliches findet auch durch Auslaugungsprozesse auch statt, so dass man keine starke Zementierung zwischen der weichen Bodenmatrix und den eingeschlossenen Steinen erwarten kann.

Falls diese weichen Schichten normal- oder leicht überkonsolidiert sind, kann es bei relativ großem Porenvolumen auch zur Kontraktion infolge der dynamischen Lasten aus dem Betrieb der Hydrofräse kommen. Aufgrund der lokal undrainierten Verhältnisse unter Wasser kann es zu Porenwasserüberdrücken kommen, welche bei verflüssigbarem Boden, wie z. B. Schluff auch zur Verflüssigung führen können, die praktisch ein Ausrollen der Steine in Richtung Schlitzwandaushub begünstigt. Solche Effekte können zu einer Verkeilung der Fräse führen speziell wenn das Aushubwerkzeug nach oben bewegt wird (Dilatanz zwischen den Steinen). Die dynamischen Effekte akkumulieren durch die Verweildauer der Fräse in solchen Steinformationen, die sehr hoch sein kann, wenn z. B. für einen halben Meter Aushub mehr als 1 Stunde (Bohrfortschritt < 1 cm/min) gebraucht wird.

Die beschriebenen Effekte können bei Formationen von Steinen mit Durchmesser ab 50 cm und darüber auftauchen und äußerst gefährlich wird die Situation der Verkeilung, wenn die Fräse mit ihrer ganzen Länge in dieser Formation oder darunter ganz eintaucht.

Eine mögliche Lösung für eine solch schwierige Situation kann Folgendes sein:

1) Aushub bis zum Erreichen der Formation dieser großen Steine. Es gibt die Option mit dem Greifer und intermittierendem Aushub sowie der Zugabe von Sand/Zementgemisch oder durch die Düsenstrahlinjektion (s. Abb. 2.68) die Zementierung des Bodens bis 1,5 m unterhalb der Unterkante der Steinformation zu realisieren, um die weiche Schicht zu verfestigen und somit eine mögliche Verflüssigung zu vermeiden.

   Man darf jedoch nicht vergessen, dass eine Düsenstrahl-Bohrung durch Steine nicht einfach ist und eventuell Düsenschatten vorliegen können. Diese Bohrung erfolgt im Schutze einer Verrohrung, welche bis zur OK der Steinformation niedergebracht wird (s. Abb. 2.68).

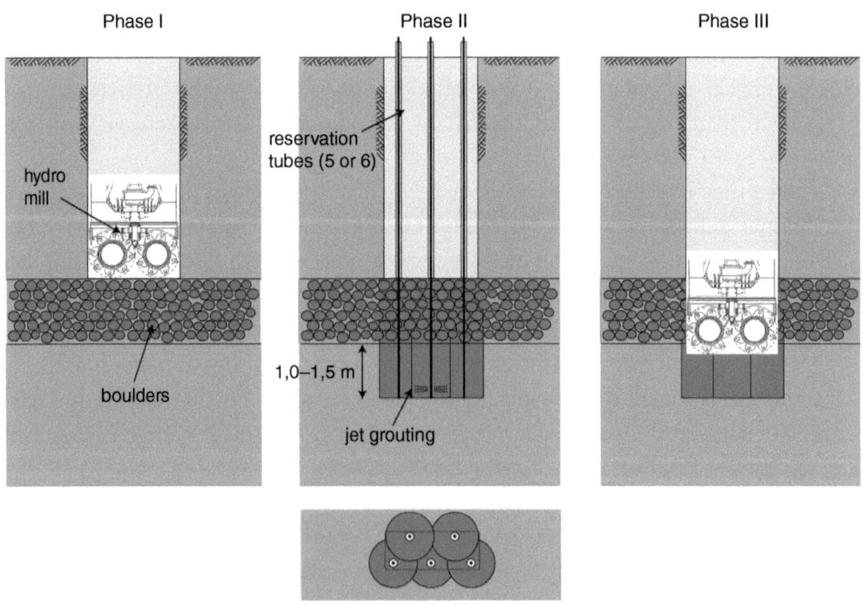

Abb. 2.68 Phase I: Fräsen bis zum Erreichen der Formation von großen Steinen, Phase II: Düsenstrahlen, Phase III: Fräsen durch das injizierte Gebiet bis zur Endtiefe.

Abb. 2.69 Foto und Skizze der „Fräse im Käfig“ (Quelle: Bauer AG).

Nach der Verfestigung innerhalb von 2–3 Tagen kann entweder der Greifer oder die Fräse eingesetzt werden, um diese verfestigte Formation auszuheben und so intermittierend die Endtiefe zu erreichen.

2) Bei Verwendung der Hydrofräse und um das Risiko der Verkeilung zu minimieren wird eine Art „Käfig“ oder ein Rahmen über die Fräsräder angeordnet (s. Abb. 2.69). Mit diesem „Käfig“ wird die Fräse von herabfallenden Steinen, die nicht in der Bodenmatrix ausreichend zementiert sind, geschützt, so dass die Steine sich nicht zwischen Fräsräder und Rahmen verkeilen können.

   Mit diesem System holt man sich den Nachteil einer sehr schweren Fräse und das Trägergerät kommt sehr schnell an seine Grenze.

2.6.4.6 Schlitzwände durch Kellerräume

Sehr oft werden Bauwerke sehr nahe oder im Umfeld einer existierenden Bebauung ausgeführt. Wenn nun ein Kellerbereich längs einer Schlitzwandtrasse liegt oder später genutzt werden soll, gibt es Möglichkeiten, eine Schlitzwand durch einen Kellerraum auszuführen (Abb. 2.70).

Zunächst werden durch Schottwände die Bereiche des Kellers abgetrennt, die noch als Nutzraum während der Schlitzwandherstellung ihre Funktion weiter erfüllen sollen. Mit Hilfe einer temporären Abstützung wird die Kellerdecke für den Schlitz durchtrennt. Dann wird der Kellerboden im Bereich des Schlitzes durchtrennt. Der Kellerbereich wird entweder mit Boden verfüllt oder eine Stahlblechverkleidung mit einer fachwerkartigen Abstützung (Abb. 2.70) wird als Schalung für die Schlitzwandung im Kellerbereich eingebracht. Wenn die Schlitzwand nicht höher als der

Kellerboden hergestellt wird, kann man auf die Schlitzwandverkleidung im Keller verzichten und es werden nur dort Stützen eingebaut, wo das Aushubgerät auf die Kellerdecke aufgefahren wird und diese dann als Arbeitsplattform für den Schlitzwandaushub nutzbar wird. In diesem Fall wird der Kellerbereich zwischen den Schottwänden mit Suspension während des Aushubes verfüllt, welche dann nach Fertigstellung der Schlitzwand abgepumpt werden kann.

2.6.4.7 Schlitze durch alte Hafenmauern oder Uferanlagen

Im Bereich alter Häfen, wo Landgewinnung betrieben wurde, stößt die Gründung von Neubauten oder die Herstellung von Baugrubenwänden auf die Gründung alter Ufermauern oder Uferanlagen, welche den Aushub der Schlitzwand oder Dichtwände erschweren (Abb. 2.71).

Das Entfernen von oberflächennahen Blöcken kann mit Hilfe einer lokalen GW-Absenkung und wenn nötig temporärem Verbau erfolgen. Der weitere Aushub von Geröll und Bruchsteinen bereitet zusätzliche Probleme, da die Stützflüssigkeit in diesem sehr groben Material sehr schnell wegfließen kann und der Suspensionsspiegel sehr schnell so weit absinkt, dass aufgrund des relativ hoch liegenden Grundwassers die Gefahr des Einsturzes gegeben ist. In solchen Fällen empfiehlt es sich, unter einer Tonmehl-Bentonit-Zementsuspension auszuheben und Boden/Zement-Material bereit zu halten, damit es im Schlitz bei sehr hohem Suspensionsverlust

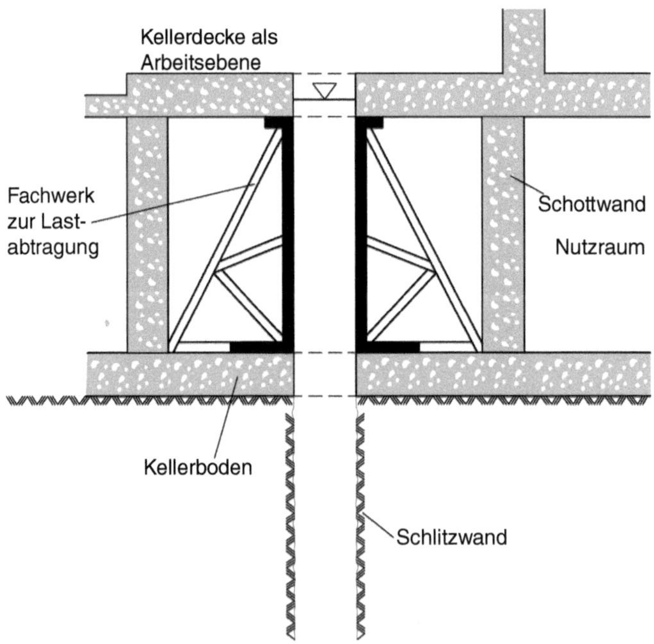

Abb. 2.70 Schlitzwandherstellung durch einen bereits existierenden Kellerraum.

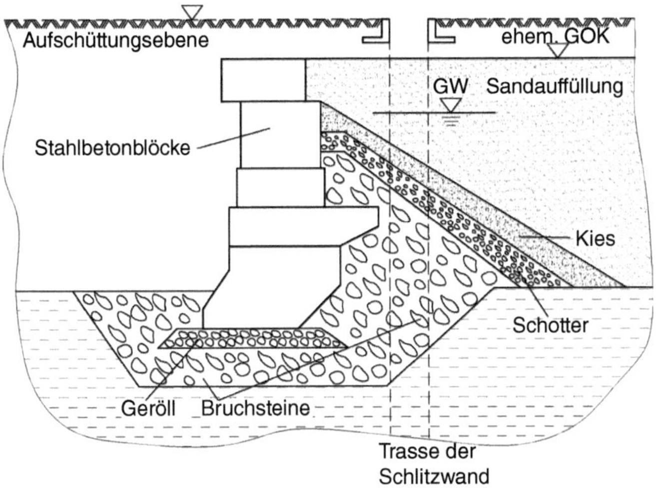

Abb. 2.71 Herstellung von Schlitzwänden durch überschüttete Hafenanlagen.

(notfalls mit Hilfe des Schlitzwandgreifers) platziert werden kann. Zunächst werden nur 1–2 m ausgehoben. Nach etwa 1 bis 2 Tagen kann der Aushub erneut angesetzt werden, da das verfestigende Material die Hohlräume geschlossen hat. Diese Prozedur kann für die nächsten tieferen Meter (in Schritten von 2–4 m) wiederholt werden. Der intermittierende Baubetrieb kann in diesem Fall in Kauf genommen werden, da andere Alternativen der Schlitzwandherstellung unter solchen schwierigen Verhältnissen sehr kostspielig sind. Außerdem ist es zu erwarten, dass die Schlitzwandarbeiten parallel in anderen Bereichen der Baustelle unproblematisch durchgeführt werden können, so dass der in Schritten erfolgte Aushub und die teilweise Wiederverfüllung der Schlitze im problematischen Uferanlagenbereich ohne wesentliche Störungen des Baubetriebs erfolgen kann.

In Abbildung 2.72a ist der Aushub eines Schlitzes im Geröll einer alten Hafenanlage von Hongkong zu sehen, wobei in diesem Bereich eine Tiefgarage (3-geschossig) zu bauen war. Der Hafen war einige Jahrzehnte vorher in Richtung Meer durch Landgewinnung verlagert worden.

2.6.4.8 Aushub unter druckhaften GW

Die Herstellung der Schlitzwand unter druckhaftem oder sogar artesischem Wasser kann durch Entspannung des maßgebenden GW-Horizontes realisiert werden, da sowohl äußere, wie auch innere Stabilität des Schlitzes unter Bentonitsuspension u. U. nicht gewährleistet werden kann.

Hierzu ist es notwendig, durch Brunnen das GW auf das erforderliche Niveau zu entspannen, damit der Aushub ohne die Gefahr eines hydraulischen Grundbruchs oder ohne den Verlust des Filterkuchens oder ohne die Gefahr des Aufbrechens der Aushubsohle realisiert werden kann.

(a) (b)

Abb. 2.72 (a) Schlitzwandgreifer mit Aushub und Geröll in einer Suspension aus Bentonit und Zement, (b) Blick auf die Baustelle und den erweiterten Hafenbereich (Tiefgarage Sino Plaza, Hongkong).

Im Falle von geringen Überdrücken könnte einen höhere Leitwand ausreichend sein, aber diese Maßnahme hat ihre Grenzen (bis ca. 2,0 m über der GOK) hinsichtlich des herrschenden Überdrucks, da sehr hohe Leitwände das Sichtfeld des Gerätefahrers beeinträchtigen.

2.7 Qualitätssichernde Maßnahmen für den Schlitzwandaushub

Zu den vorbereitenden Maßnahmen für den Schlitzwandaushub gehören:

- Verfüllung innerhalb der Leitwand neben der auszuhebenden Schlitzwandlamelle bis die Oberkante der Verfüllung höher liegt als der vorgesehene Suspensionsspiegel im offenen Schlitz. Diese Maßnahme verhindert eine unkontrollierte Ausbreitung der Stützflüssigkeit seitlich des offenen Schlitzes und dient gleichzeitig als Suspensionsspeicher während der Aushubtätigkeit (Abb. 2.73).
- Platzierung der Aussteifungen zwischen den Leitwänden an den Lamellenenden, so dass der Aushubbereich frei von Hindernissen ist.
- Markierung und Kennzeichnung von Lamellenbegrenzungen an den Leitwänden zur Orientierung des Baggerfahrers (Abb. 2.73 und Abb. 2.30).
- Bei Unterteilung des Schlitzwandlamellenaushubs in mehrere Teilabschnitte (sog. Stiche) muss dem Baggerfahrer für den richtigen Ansatz des Greifers im Schlitz, da die Baggerauslegerachse und die optische Achse des Fahrers nicht übereinstimmen, ein weiterer Markierungspunkt gegeben werden (Abb. 2.73).

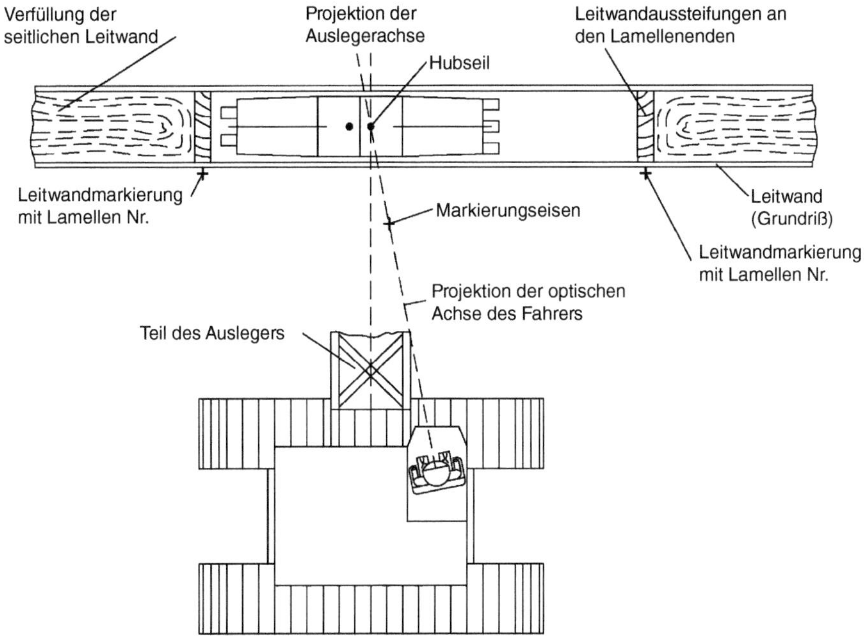

Abb. 2.73 Vorbereitende Arbeiten für den richtigen Ansatz des Greifers beim Schlitzwand-Aushub.

Dieser Markierungspunkt kann ein einfaches, vor der Leitwand im Boden eingeschlagenes Eisen sein, so dass in der optischen Achse des Fahrers sowohl das Hubseil des Greifers wie auch der Markierungspunkt in Deckung gebracht werden können.

Der Aushub mit Schlitzwandgreifern unterscheidet sich grundsätzlich von den Arbeiten mit anderen Seilbaggern, welche im Erdbau oder bei der Nassbaggerung eingesetzt werden. Von betrieblichem Vorteil ist, den Greifer möglichst schnell schwenken, auf- und zumachen bzw. auf- und abfahren zu können, damit eine höhere Leistung erreicht werden kann. Diese schnellen Abläufe führen bei Schlitzwandgreifern jedoch auch zu Problemen. Ein zu schnelles Schwenken des Auslegers führt zum Schleudern und Verdrehen des Schlitzwandgreifers (aufgrund der Aufhängung), so dass für die Erreichung der richtigen Schlitzpositionen des schlanken Greifers eine größere Zeit zum Auspendeln erforderlich wird.

Ein zu schnelles Auf- und Abfahren des Greifers im Schlitz kann zu Turbulenzen in der Stützflüssigkeit führen, welche zu Strömungseffekten von außerhalb der Schlitzwand in Richtung Schlitz führen können und die Standsicherheit, zumindest lokal, des Schlitzes beeinträchtigen. Das gleiche geschieht auch bei zu schnellem Ziehen des Greifers von der Sohle des Schlitzes aus. Unabhängig von den ungünstigen Strömungs- oder Unterdruckentwicklungen führt ein hastiges oder nicht völlig kontrolliertes Fahren des Schlitzwandgreifers zu einem ungewollten Abschaben der

Schlitzwandung mit dem Resultat, dass sich der Schlitz verläuft und die geplante Lage nicht mehr realisiert werden kann.

Eine Verdrehung des Greifers kann aber auch bewirkt werden, wenn man die Schlitzfahrten mit geöffneten Greiferschalen ausführt. In der Abbildung 2.39 sind die Verhältnisse der Seilführung (Schließ- und Hubseil) des Greifers bei geschlossenen und geöffneten Greiferschalen dargestellt.

Wie bereits erwähnt, hat das Hubseil einen Linksschlag und das Schließseil einen Rechtsschlag. Hängt der Greifer an beiden Seilen, wird ein Verdrehen des Greifers größtenteils verhindert, da das Gewicht auf beide Seile verteilt ist. Wie aus der Abbildung 2.39 hervorgeht, ist dies nur bei einem geschlossenen Greifer der Fall. Aufgrund dieses Verhaltens des Seilgreifers ist es sinnvoll, beim Einfahren des Greifers in den Schlitz, ihn an beiden Seilen hängen zu lassen, also mit fast geschlossenen Greiferschalen. Ein geöffneter Greifer hängt nur am Hubseil und versucht gegen den Hubseildrall zu drehen (Abb. 2.74). Bei dieser Drehung des Greifers schaben die Greiferzähne einseitig entlang der Wandung und es kommt bei einem tiefer werdenden Schlitz aufgrund der Neigungsänderung zu einer immer stärker werdenden Verwindung der Schlitzwandlamelle mit der Tiefe (Abb. 2.74).

Die Probleme der Verwindung und der Aushubleistung lassen sich lösen, indem man die Auf- und Abwärtsbewegung des Greifers kontinuierlich und langsam durchführt. Der Greifer wird mit geschlossenen Schalen in den Schlitz eingeführt und bleibt so bis kurz vor Erreichen der Aushubsohle. Danach wird er aus geringer Höhe mit geöffneten Greiferschalen auf die Aushubsohle fallen gelassen, so dass durch dieses Aufschlagen eine gewisse Meißelwirkung mit den innen liegenden Zähnen bewirkt werden kann. Danach werden die Greiferschalen teilweise geschlossen. Das wiederholte Öffnen der Greiferschalen und das Aufschlagen und teilweise Schließen wird so lange wiederholt bis der Boden aufgelockert und der Greifer beim Schließen der Greiferschalen möglichst gefüllt ist. Dieses leichte Meißeln und Zusammenkratzen ist umso wichtiger, je größer die Lagerungsdichte des Bodens ist bzw. bei schwer zu lösenden Bodenformationen. Aufgrund der gebotenen kontinuierlichen, langsamen Greiferfahrt im Schlitz ist es empfehlenswert, einen hohen Füllungsgrad des Greifers zu erreichen. Diese leichte Meißelarbeit mit dem Greifer ist auch empfehlenswert, wenn dünne Schichten (z. B. bis 1 dm) von Kalkstein im Boden zwischengelagert sind. Ein Wechsel des Aushubwerkzeuges Schlitzwandgreifer gegen den Meißel wird jedoch bei sehr dichten Böden empfohlen, wo das Zusammenkratzen über längere Zeit zu keinem akzeptablen Füllungsgrad des Greifers führt sowie bei größeren Hindernissen hoher Festigkeit, die sich mit dem Greifer nicht entfernen lassen.

Vielerorts werden Greifer benutzt, welche eine unterschiedliche Anordnung von Zähnen an den beiden Greiferschalen aufweisen. Dies kann dazu führen, dass die Stirnflächen der Lamellen nicht ebenflächig abgeschabt werden (Abb. 2.75). In solchen Fällen ist es empfehlenswert, den Greifer beim Aushub immer wieder um 180° zu drehen, damit eine ebenflächige Form der Lamellenseitenflächen erreicht werden kann.

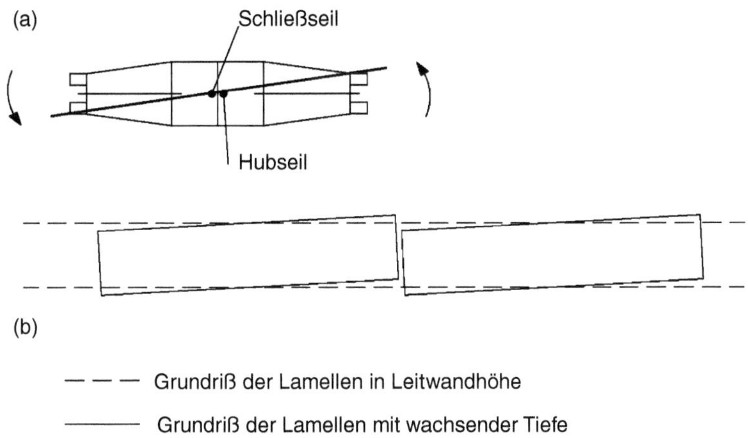

Abb. 2.74 (a) Verdrehung des nur am Hubseil hängenden Greifers als Reaktion zum Seildrall und (b) Verwindung der Lamellen aufgrund der Greiferdrehung mit der Tiefe.

In Abhängigkeit von der Bodenart kann man, wenn der äußere Standsicherheitsnachweis des offenen Schlitzes (s. Kapitel 6) es erlaubt, Schlitzwandlamellen bis zu einer Länge von ca. 9,50 m ausheben. Da die verwendeten Greifer nicht immer passend zu den Schlitzlängen sind, werden die SW-Lamellen, welche länger sind als die Länge des Greifers in sog. Stiche unterteilt (Abb. 2.76).

Im ebenen Fall der Lamellengeometrie ist die Abfolge des Abteufens von Stich 1 bis 3 relativ einfach. Man startet den Aushub sinnvollerweise an den äußeren Stichen der Lamelle und zuletzt wird der mittlere Stich ausgehoben. Bei komplizierten Geometrien, wie z. B. bei nicht-ebenen Lamellen (z. B. bei Barretten) oder Eckschlitzen ist die Reihenfolge des Aushubs der Stiche wichtig, da man hiermit die Abweichungen des Schlitzes aus der Solllage kontrolliert in Grenzen halten kann (Abb. 2.76). Dabei kann der Einsatz unterschiedlicher Greiferschalen erforderlich werden, wenn sonst eine Aufteilung in gleich lange Stiche zu Abweichungen beim Aushub führen kann. Generell sollte bei einer Stichaufteilung vermieden werden, dass der Greifer mit seinen Schalen den Aushub nur einseitig tätigen muss, da es sonst zu einer Neigung des Aushubs in Richtung des bereits ausgehobenen Stichs kommen könnte, womit auch die Abweichung der Schlitzwandlamelle von der Solllage vorprogrammiert ist.

Während des Aushubbetriebes gibt es allgemeine Kontrollen, die relativ einfach aber effektiv für die Qualitätssicherung sind. Zu diesen Kontrollen gehören

- die Beobachtung des Suspensionsspiegels
- die Beobachtung der Lotrichtung des Schlitzes
- die Überprüfung der Aushubtiefe

Es gibt zwischenzeitlich Aushubgeräte, welche eine intelligente Messtechnik besitzen und sowohl Suspensionsspiegel sowie den Verlauf des Schlitzes mit der Tiefe

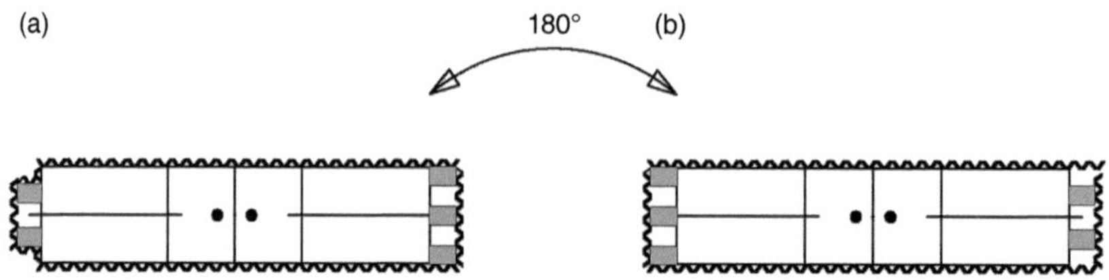

Abb. 2.75 Grundriss einer Lamelle mit einem Schlitzwand-Greifer: (a) Ausheben einer Lamelle mit unterschiedlich angeordneten Greiferzähnen, (b) Drehung des SW-Greifers um 180°, damit glatte Stirnflächen in der Lamelle entstehen.

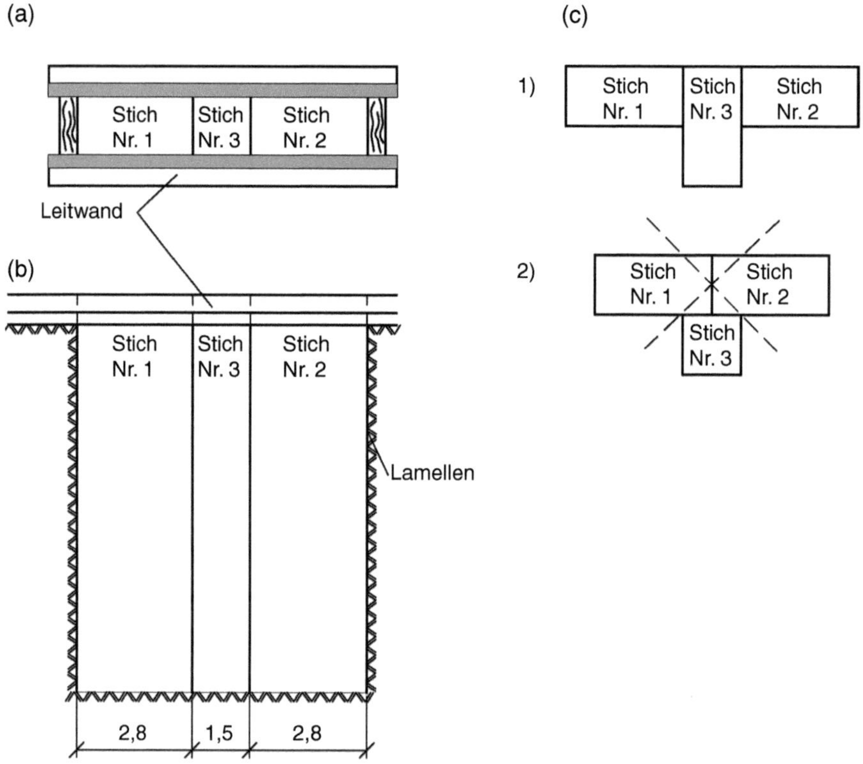

Abb. 2.76 Unterteilung einer Lamelle in sog. Stiche und Aushubprozedur: (a) Grundriss, (b) Aufriss der Stichgeometrien, (c) Stichunterteilung bei nicht-ebenen Schlitzen mit 1) optimaler Aufteilung und 2) Stichaufteilung, welche zu größeren Abweichungen führen kann.

und die aktuelle Aushubtiefe direkt während des Aushubs messen können und auf einem Monitor in der Fahrerkabine die Messergebnisse visualisieren können.

Diese Messeinrichtungen sind eher bei hydraulisch angetriebenen Trägergeräten und daran angeschlossenen Hydraulikgreifern zu finden (sog. aktive Greifer),

Stahlspundwände 2024

ArcelorMittal

Z Profile

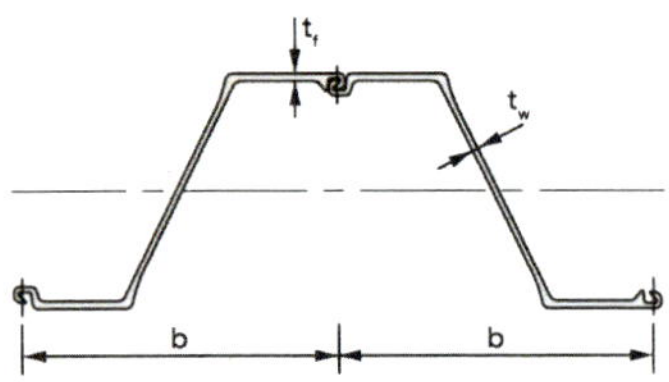

Gewicht (Wand)		von	94	bis	249	kg/m²
Wanddicke	t_f	von	8,5	bis	24,0	mm
Wanddicke	t_w	von	8,5	bis	17,0	mm
Breite	b	von	630	bis	800	mm
W_{el}		von	1 205	bis	5 155	cm³/m

U Profile

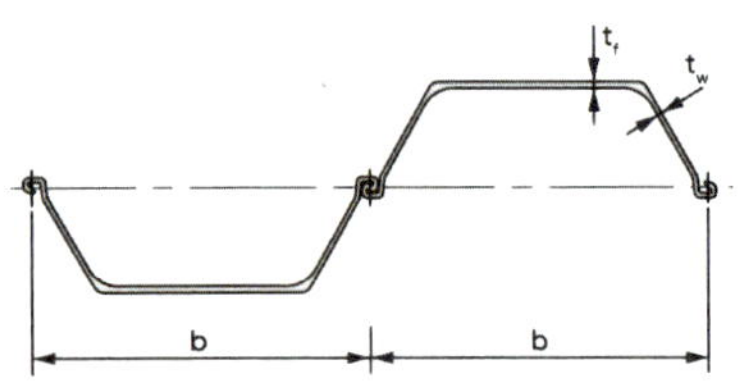

Gewicht (Wand)		von	70	bis	197	kg/m²
Wanddicke	t_f	von	6,0	bis	20,5	mm
Wanddicke	t_w	von	6,0	bis	11,4	mm
Breite	b	von	400	bis	750	mm
W_{el}		von	625	bis	3 340	cm³/m

Flachprofile AS 500®

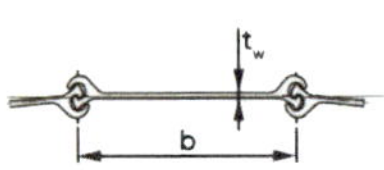

Gewicht (Wand)		von	128	bis	158	kg/m²
Wanddicke	t_w	von	9,5	bis	13,0	mm
Breite	b				500	mm
$R_{k,s}$		von	3 500	bis	6 000	kN/m

HZ®/AZ® Spundwandsystem

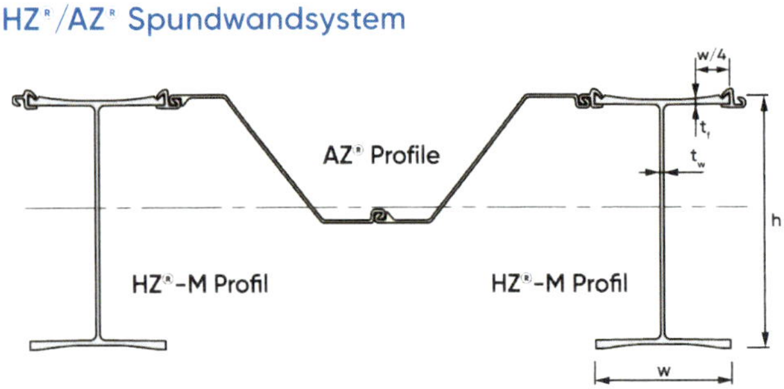

Gewicht (HZ®-M)		von	262,6	bis	995,9	kg/m
Wanddicke	t_f	von	18,9	bis	37,0	mm
Wanddicke	t_w	von	13,0	bis	22,0	mm
Höhe	h	von	631,4	bis	1 087,4	mm
Breite	w	von	420	bis	460	mm
W_{el} (System)				bis	46 280	cm³/m

Sämtliche AS 500®-, AZ®-, AU™-, PU®- und HZ®-M-Profile sind als EcoSheetPile™ Plus Produkte erhältlich, welche aus 100% recyceltem Stahl und zusätzlich unter ausschließlicher Verwendung von zertifiziertem Strom aus erneuerbaren Quellen erzeugt werden.

ArcelorMittal Commercial RPS S.à r.l. | T +352 5313 3105 (Hauptsitz-Luxemburg)
ArcelorMittal Träger und Spundwand GmbH | Deutschland | T +49 (0)2331 37 09-47
spundwand@arcelormittal.com | spundwand.arcelormittal.com

welche auch eine Korrektur des Aushubs aufgrund der vorgegebenen Solllage und den Messwerten kontinuierlich vornehmen können (Abb. 2.77).

Dies ist insbesondere wichtig, weil Abweichungen sehr rasch erkannt werden und deren Korrektur ohne nennenswerten Verzug eingeleitet werden können. Üblicherweise werden Wegaufnehmer an der Seiltrommel integriert, um die Teufenmessungen durchzuführen, Druckaufnehmer am Greifer, um den Suspensionsdruck bzw. bei bekannter Dichte den Suspensionsspiegel zu messen und Neigungsaufnehmer, um die Abweichung des Schlitzes von der vertikalen Achse festzustellen.

Ein Beispiel einer solchen Messeinrichtung als Nachrüstung eines mechanischen Greifers auf ein Hebegerät ohne Zusatzhydraulik zeigt Abb. 2.78.

Es ist nicht immer selbstverständlich, dass solche Geräte und Messtechniken vorhanden bzw. funktionstüchtig sind. Die Möglichkeit der Qualitätssicherung muss aber auch ohne diese Messtechnik mit relativ einfachen Mitteln gegeben sein, wenn auch mit geringeren Anforderungen an die Genauigkeit. Diese Möglichkeiten werden in den folgenden Abschnitten 2.7.1 bis 2.7.3 erläutert.

2.7.1 Kontrolle des Suspensionsspiegels

Die erforderliche Höhe des Suspensionsspiegels im Schlitz wird durch den äußeren Standsicherheitsnachweis des offenen Schlitzes festgelegt. Dieser Höhe des Suspensionsspiegels wird bei Gefahr des Anschneidens von grobkörnigen Schichten und evtl. Verlust der Suspension ein Sicherheitszuschlag von 0,2–0,3 m hinzugefügt (wobei noch eine Bevorratung in der Leitwand links und rechts des ausgehobenen Schlitzes möglich ist), um die Standsicherheit des Schlitzes auch beim plötzlichen Suspensionsverlust nicht zu gefährden. Üblicherweise wird der Suspensionsspiegel in solchen Fällen knapp unter der Leitwandoberkante gehalten. Der minimal festgelegte Suspensionsspiegel ist auf jeden Fall einzuhalten und dies wird durch Markierungen in der Leitwand bzw. durch eine Messung von der Leitwandoberkante aus beobachtet. Ein Absinken des Suspensionsspiegels bei üblichen Leitwandkonstruktionen um mehr als 0,5 m von der Leitwandoberkante aus muss ausgeglichen werden. Jede Absenkung des Spiegels unterhalb der Leitwandunterkante kann zu örtlichen Geländebrüchen direkt unter der Leitwand führen.

2.7.2 Überprüfung der Aushubtiefe

Die Aushubtiefe wird entweder über einen Wegaufnehmer bzw. Drehzahlmesser in der Seilwinde oder mit Hilfe des Lots festgestellt. Das Lot wird von mehreren (mindestens 2) Positionen des Schlitzgrundrisses bis auf die Aushubsohle herabgelassen (Abb. 2.79), weil nicht davon ausgegangen werden kann, dass die Sohle eben ist. Wichtig ist vor allem, dass an den Lamellenenden gemessen wird. Nach jeder Messung muss das Lot immer aus dem Schlitz herausgehoben werden, bevor es in der nächsten Position abgelassen wird. Eine horizontale Verschiebung des Lots samt Seil ist aufgrund der viskosen Eigenschaften der Suspension nicht möglich. Das

Abb. 2.77 „Aktiver" Hydraulikgreifer (Foto: Fa. Leffer).

Lotseil stellt sich bei einem solchen Versuch schräg, da das Lot an seiner Oberfläche eine unterschiedliche Schubspannung während der Bewegung erfährt. Senkt man anschließend das Lot auf die Sohle, dann weiß man nicht, an welcher Stelle das Lot abgesenkt wurde. Aufgrund der Schrägstellung des Seils wird eine größere Lotseillänge erforderlich mit dem Resultat, dass eine viel zu große Tiefe vorgetäuscht wird.

2.7.3 Überprüfung des vertikalen Schlitzaushubs

Die Vertikalität eines Schlitzes und Abweichungen werden bei modernen Aushubgeräten in der Fahrerkabine durch die entsprechende Messausrüstung angezeigt. Besser ist aber jeglicher Abweichung des Aushubs vorzubeugen, indem man das lotrechte Einfahren des Greifers vom Baustellenpersonal überwachen lässt. Dies muss ohnehin auch bei vorliegender Messeinrichtung geprüft werden. Von Zeit zu Zeit kann man mit dem Zollstab prüfen, ob die Baggerseile mit dem Greifer genau in der Mitte zwischen den Leitwänden hängen. Wichtig bei dieser Messung ist, dass eine entsprechende Stellung des Auslegers über dem Schlitz vorliegen muss. Die Position des Greifers in der Schlitzlängsachse wurde bereits besprochen (Abb. 2.73).

Die Lage der Seile im Schlitz kann über ein mit einem Maßstab versehenes Brett, welches auf die Leitwand platziert wird (Abb. 2.80b), überprüft werden. Die Abweichungen von der Sollachse können mit Hilfe der Seilposition in der Höhe der

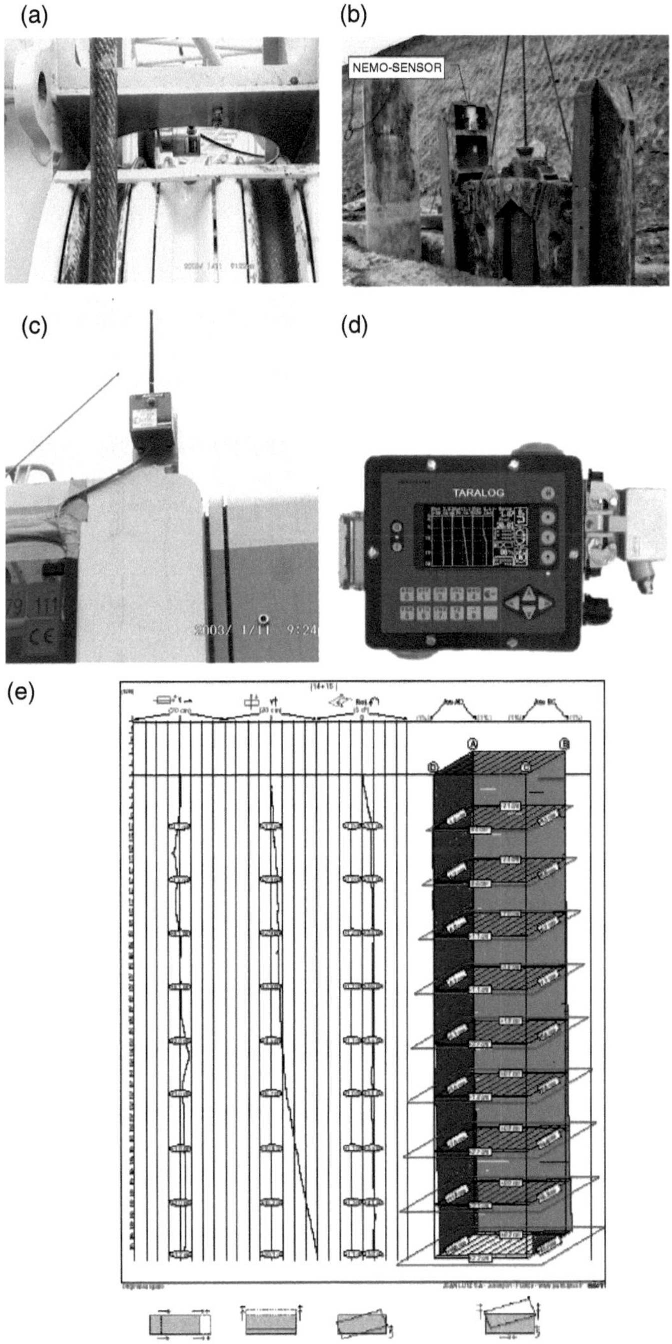

Abb. 2.78 Zusatzeinrichtung für einen mechanisch angetriebenen Greifer; (a) Drehzahlmesser an der Seiltrommel zur Tiefenmessung installiert; (b) Funkvorrichtung für das Empfangen der Signale der Messgeber am Greifer mit (c) Empfänger am Trägergerät und (d) Display-Einheit in der Fahrerkabine installiert zur Wiedergabe der Messergebnisse mit (e) Auswertung der Verwindung des Greifers mit der Tiefe (Fotos: Fa. Leffer und Fa. Jean Lutz).

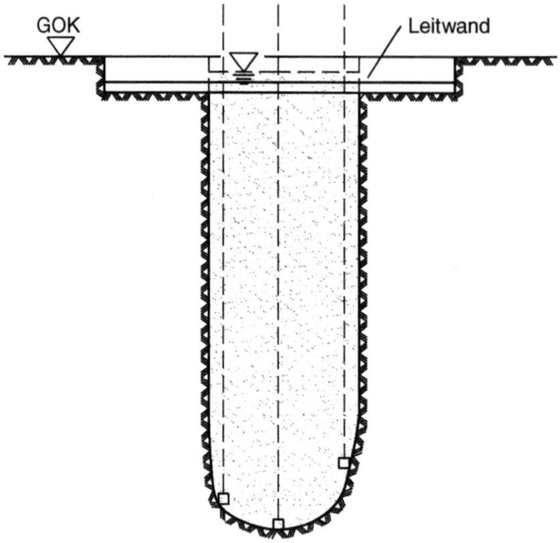

Abb. 2.79 Ablotung zur Kontrolle der Aushubtiefe längs des SW-Schlitzes.

Leitwand gemessen und für die aktuelle Aushubtiefe t mit Hilfe des Strahlensatzes extrapoliert werden. Wichtige Voraussetzungen für die Anwendung dieser Art der Messung und Schätzung der Abweichung in der Tiefe t ist, dass der Auslegerkopf direkt über der Mitte des Schlitzes in der Höhe h von der GOK (Geländeoberkante) platziert ist und dass die Projektion der Auslegerachse im Grundriss senkrecht zur Längsachse des Schlitzes ist. Wenn die Höhe des Auslegerkopfes h über der GOK (Abb. 2.80c) liegt und der Aushub in der Tiefe t unter der GOK stattfindet, liefert die Messung einer Abweichung e_h um die Mittelachse des Schlitzes in Höhe der Leitwandoberkante eine Abweichung e_t an der Schlitzsohle, welche lautet:

$$e_t = \frac{e_h}{h}(h + t) \tag{2.7}$$

Die Überprüfung der Lamellenverwindung kann allein mit dem Hubseil nicht erfolgen. Hierzu benötigt man zusätzlich zwei dünne Messdrähte, welche an den Enden der geöffneten Schalen des SW-Greifers als Messdrähte befestigt werden. Die Abfahrt des Greifers mit der Tiefe erfolgt mit geöffneten Greiferschalen, d. h. eine Verwindung des Greifers wird durch diese Fahrt erzwungen. Die Messseile werden parallel zueinander geführt, wobei deren Abstand immer konstant bleibt. Dies wird entweder über eine Traverse mit entsprechend positionierten Umlenkrollen im Bereich des Auslegers des Aushubgerätes realisiert oder durch eine mobile Aufhängekonstruktion, wie in der Abb. 2.81 dargestellt ist.

Fallen die Positionen der Messdrähte, welche in Höhe der Leitwandoberkante bestimmt werden, in der Draufsicht nicht mit der Mittelachse des Schlitzes zusammen, sondern befinden sich oberhalb und unterhalb, liegt eine Verwindung der Lamelle oder des Stiches vor. Bezeichnet man die Abweichung der Messdrähte von der Schlitzachse in der Höhe der Oberkante Leitwand mit b_h (oder dem Mittelwert

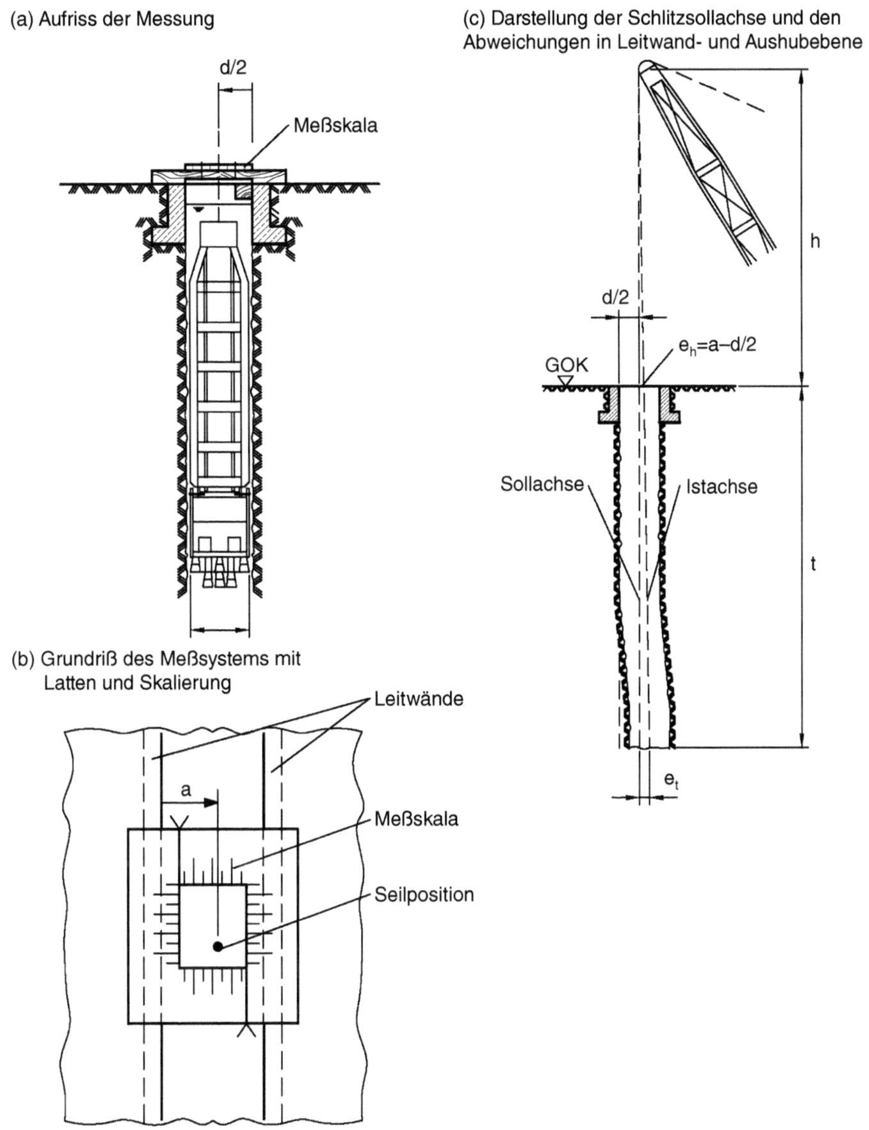

Abb. 2.80 Kontrollen des Abweichens der Schlitzachse von der Solllage: (a) Aufriss der Messung, (b) Grundriss des Messsystems mit Latten und Skalierung, (c) Darstellung der Schlitzsollachse und der Abweichungen in Leitwand- und Aushubebene.

hiervon), kann man die lotrecht zur Schlitzachse vorliegende Abweichung b_t in der Aushubtiefe t mit der Gl. (2.8).

$$b_t = \frac{b_h}{h}(h + t) \tag{2.8}$$

errechnen, wobei h die Höhe der Umlenkrolle von der OK Leitwand und t die Tiefe des Aushubes unterhalb der OK Leitwand ist.

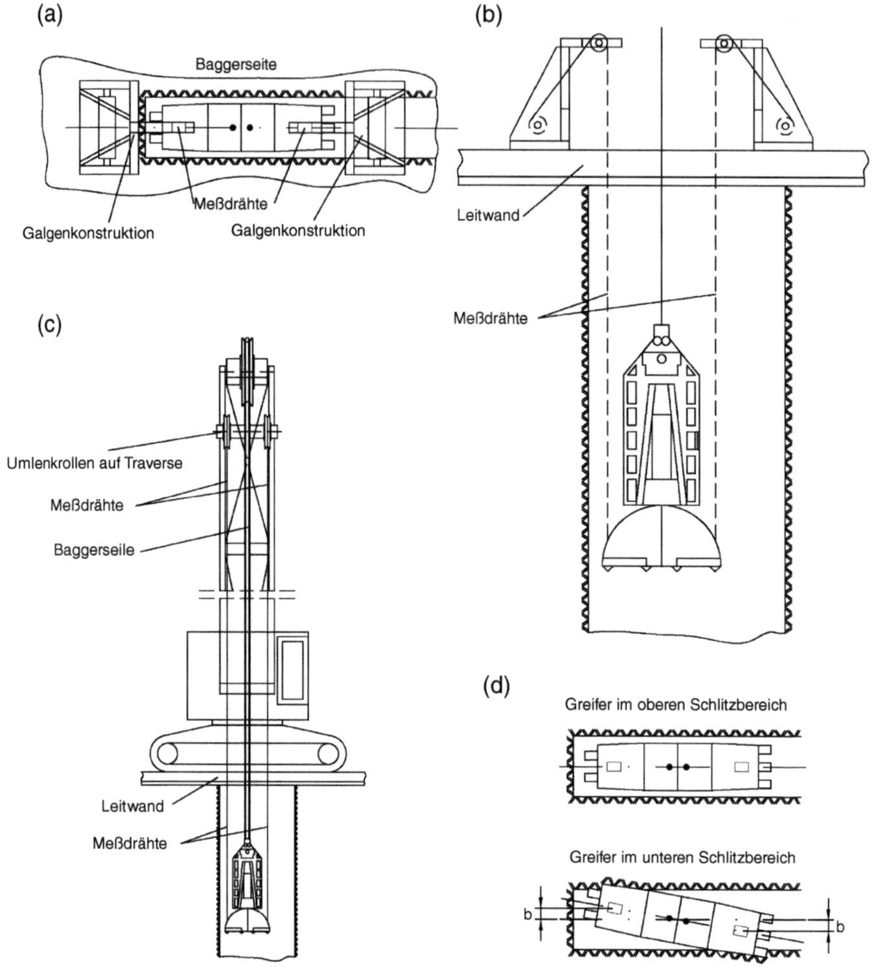

Abb. 2.81 (a) Grundriss einer Konstruktion um die Messung der Verwindung des Schlitzes, (b) Aufriss der Messung, (c) Messung der Lamellenverwindung über die Traverse am Ausleger eines Aushubgerätes und (d) Maß der Verwindung b an der Leitwandoberkante.

Die bereits erwähnten Methoden können für relativ geringe Tiefen der Schlitzwände benutzt werden. Bei größeren Tiefen (z. B. > 16 m) sind diese Methoden relativ ungenau und dort hat sich in der Vergangenheit der Einsatz eines Neigungsmessers (Inklinometers) in einer speziell hierfür vorgesehenen Position des Grundrahmens des Schlitzwandgreifers bewährt (Abb. 2.82).

Die Inklinometersonde wird in einer vormontierten Halterung, welche am Grundrahmen des Greifers angebracht ist, eingesetzt. Diese Halterung ist entweder als ein Vierkantrohr und/oder ein spezielles Inklinometerrohr mit einem Verschluss vorgesehen, aus welchem das Messkabel herausgeführt wird. Dieses Messkabel ist mit einem Anzeigegerät verbunden, welches entweder die Daten speichert oder die

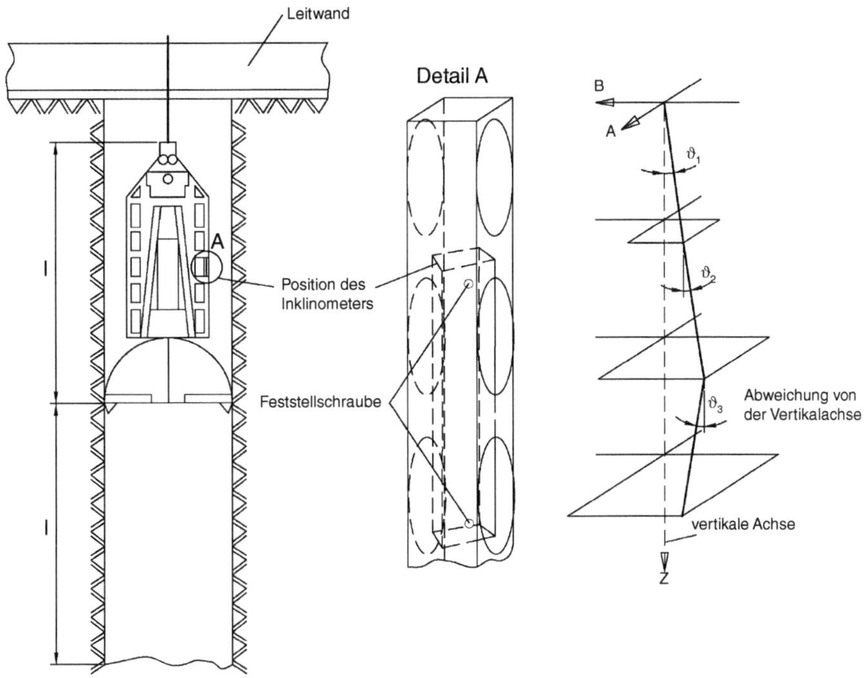

Abb. 2.82 Einsatz eines Inklinometers im Grundrahmen des Schlitzwandgreifers. Die Greiferfahrt (Auf- und Abfahrt) wird zur Messung des Schlitzes benutzt.

Ergebnisse direkt in einen Rechner weiterleitet. Das Inklinometer misst in zwei Achsen, senkrecht und parallel zum Schlitz. Die feste Verbindung des Inklinometers mit der Halterung und dem Greifer bedeutet, dass der Greifer mit seiner ganzen Länge zu einem verlängerten Inklinometer wird. Dadurch verringert sich die Anzahl der Schritte bis zur Endtiefe, da jeweils in Schritten der Greiferlänge inkrementell die Richtungsänderung mit der Tiefe gemessen wird. Die Länge des jeweiligen Inkrementes ist konstant und die Abweichungen in beiden Richtungen addieren sich mit jedem Schritt. Je länger der Greifer ist, umso geringer ist die Anzahl der erforderlichen Schritte bis zum Aushubniveau und demzufolge der kumulative Fehler bei den Abweichungen (s. Abb. 2.83).

Es gab in der Vergangenheit auch andere Geräte zur Messung der Abweichung der Schlitzwandung von der vertikalen Achse. Ein Beispiel ist ein Ultraschallgerät mit integriertem Erreger und Aufnehmer, welches wie ein Lot entlang der einen Seite des Schlitzes herabgelassen wurde und aufgrund der gemessenen Reflexionen des Ultraschalls an die Wandung den Verlauf des Schlitzes mit der Tiefe angab (Abb. 2.84).

In der Zwischenzeit haben sich die Methoden der Qualitätssicherung verfeinert, speziell aufgrund der Entwicklungen im Bereich der elektronischen Kommunikation. Die Daten werden heute sowohl beim Greifer wie auch bei der Schlitzwandfräse direkt mit den Baggerseilen bzw. durch die Versorgungsleitungen der Fräse

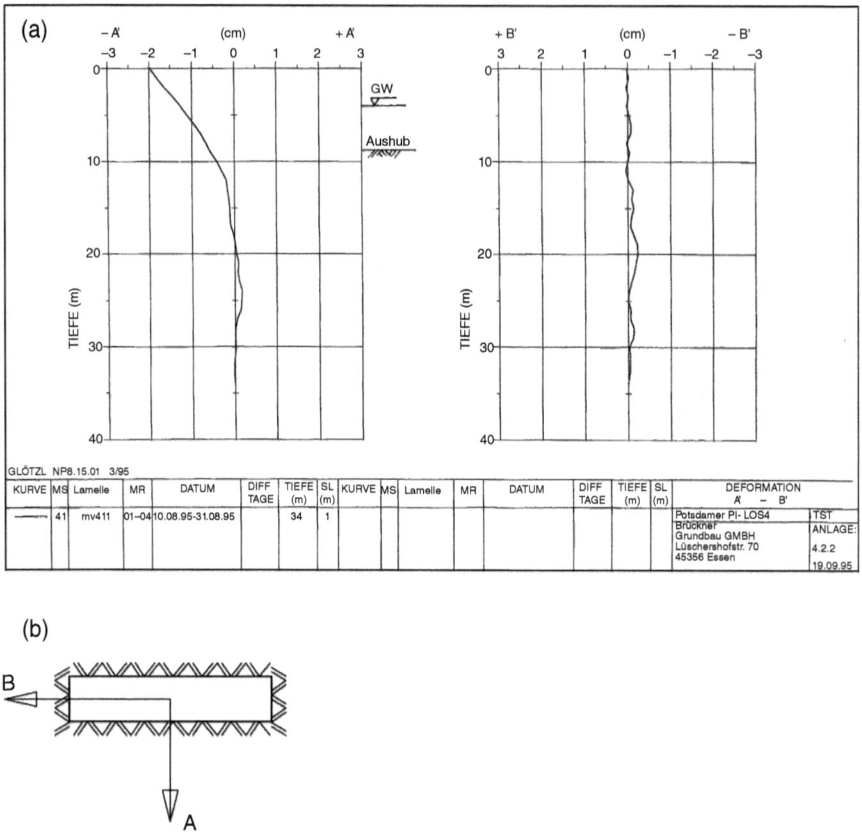

Abb. 2.83 Beispiel einer Auswertung einer Messfahrt des Greifers mit einem Inklinometer mit graphischer Darstellung der Abweichung in A- und B-Achse mit der Tiefe.

und einer on-line-Auswertung und Kalibrierung an die Fahrerkabine geliefert, aufbereitet und am Monitor graphisch dargestellt. Dies geschieht beim hydraulischen Antrieb der Aushubgeräte (hydraulischer Greifer, Fräse). Ein intermittierender Betrieb wie Aushub/Messung usw. ist heute nicht mehr nötig. Eine Überprüfung der gelieferten Daten ist aber trotz der fortgeschrittenen Technik erforderlich und mancherorts muss man immer noch auf die „alten" bewährten Methoden der Qualitätssicherung zurückgreifen. Einige neueste Entwicklungen werden zur Qualitätssicherung in der Zukunft noch erwartet, da, wie es scheint, der Weiterentwicklung der Messeinrichtungen keine Grenzen gesetzt sind.

2.7.3.1 Inklinometermessungen – was kann schief gehen?

Sehr oft dient die Inklinometermessung als Mittel zur Beweissicherung oder als Bestandteil der Planung, wenn die Beobachtungsmethode nach DIN 1054 oder EC7 angewendet werden sollte. Bei Großprojekten oder tiefen Baugruben, wo die Steifigkeitsverhältnisse der Bodenschichten in großer Tiefe nicht abgesichert sind, ist

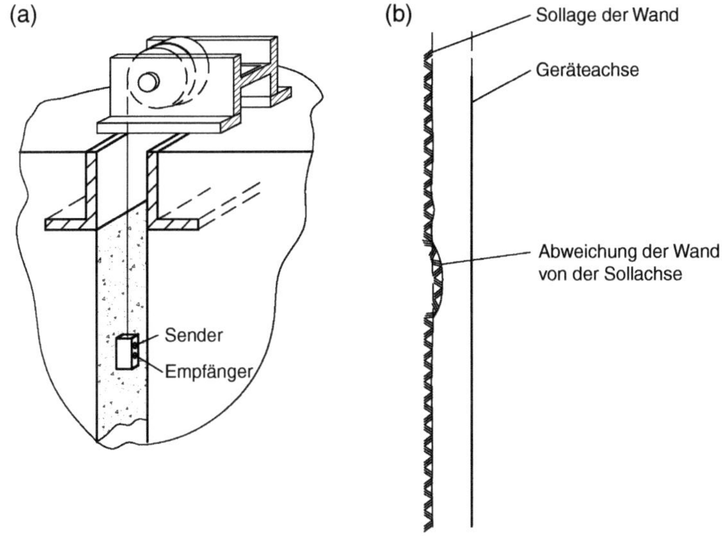

Abb. 2.84 Ultraschallmethode zur Messung der Lage der Wand hinsichtlich der vertikalen Achse: (a) Aufhängung der Sonde, (b) Schematischer Verlauf der Wandung durch Messung der Schallreflexionen.

es erforderlich, die Prognose des verwendeten Modells mit Hilfe der Messungen zu überprüfen. Gegebenenfalls kann die Messung benutzt werden, um Parameter des verwendeten Modells in FE-Rechnungen zu kalibrieren. Die Wichtigkeit solcher Inklinometermessungen steht außer Zweifel, deshalb ist es richtig, dass man diese Messungen mit einer besonderen Sorgfaltspflicht durchführt.

Messungen aus verschiedenen Großprojekten (Triantafyllidis 1998; Hettler u. a. 1997 sowie Hettler und Triantafyllidis 2009) zeigen, dass ein wesentlicher Anteil der Verformungen aus den geotechnischen Installationsprozessen herrühren kann, wie z. B. die Herstellung einer Schlitz- oder Dichtwand, die Herstellung von Auftriebspfählen oder das Düsenstrahlverfahren in der Nähe von Verbauwänden etc. Sehr oft werden diese Verformungen in den Berechnungen nicht betrachtet, da z. B. die Herstellung der Wand selbst zuerst erfolgen muss, bevor das Inklinometerrohr mit dem Bewehrungskorb eingebaut wird. Alternativ können Messreihen außerhalb der Wandfluchtung vor Baubeginn angesetzt werden. Nach Herstellung der Baugrubenwand werden üblicherweise geotechnische Installationsprozesse von Pfählen, DSV-Säulen etc. begonnen, aber in den üblichen Simulationen werden solche Prozesse in einer Simulation nicht abgebildet, d. h. die sogenannte „wished in place“ Methode wird verwendet. Bei dieser Betrachtungsweise bleiben alle herstellungsbedingten Vorgänge auf die Wandverformungen unberücksichtigt. Diese Vernachlässigung kann in bestimmten Fällen einen wesentlichen Anteil der Verformungen unberücksichtigt lassen und dies kann unter Umständen zu einer Fehleinschätzung der weiteren Verformungsentwicklung beim Fortschreiten des Aushubes oder einer zusätzlichen GW-Haltung führen.

Zwischenzeitlich gibt es Möglichkeiten, bestimmte Herstellungsprozesse zu simulieren, wie z. B. die sogenannte wim-Methode (wall installation modelled). Da diese Berechnungen sehr aufwendig sind, um die Verformungsentwicklung während der geotechnischen Herstellungsprozesse zu prognostizieren, werden diese nur in Ausnahmefällen und bei extrem sensitiven Projekten eingesetzt. Hierzu wird auf die Ergebnisse von diversen Projekten innerhalb der DFG-Forschergruppen (GEOTECH Triantafyllidis 2015, 2016, 2017, NSCO6, Triantafyllidis (2006)) hingewiesen.

Die Wirkungen von Herstellungsprozessen können jedoch bei gesicherten Erkenntnissen aus Erfahrungswerten abgeschätzt werden. Hierzu können vereinfachte Modelle zur Abschätzung von Verformungen zu Grunde gelegt werden, die mit den geotechnischen Sachverständigen abzustimmen sind. Aus bereits gemachten Erfahrungen ist auf Folgendes zu achten:

- Sehr oft werden Inklinometernullmessungen durchgeführt, nachdem eine gewisse Bauaktivität bereits stattgefunden hat und Wandverformungen sich eingestellt haben (z.B: Injektionen, Voraushub, Ankerarbeiten).
  Diese Nullmessung ist jedoch mit Verformungen des Systems behaftet und ist für die weiteren Berechnungen begrenzt aussagekräftig. Es ist wichtig, die erforderlichen Nullmessungen von jeglicher Bauaktivität wie Aushub, Ankerherstellung, Pfahlherstellung, Sohleherstellung mittels Injektionen etc. durchzuführen, wenn die Verformungen der Baugrubenwände und des Nahbereichs der Baugrube von ausschlaggebender Bedeutung sind.
- Inklinometerrohre sind bei erwarteten Fußverschiebungen der Wand immer tiefer zu führen als die Wand selbst und bis zu einer Tiefe des Bodens, die nicht mit großen Verformungen behaftet ist, so dass man von einem „quasi Fixpunkt" ausgehen kann.
  Eine wesentliche Tieferführung des in der Wand eingebauten Inklinometers muss immer angestrebt sein, da sonst die Ergebnisse nicht zu verwenden sind. Sehr teure 3-D Lagemessungen bei jeder Inklinometermessung an einem statisch gesicherten Aufsatzrohr für das Inklinometer sind im Falle vorzusehen bei dem die Verformungen des Inklinometerfußes noch relativ groß sind. Die erfordert eine 3-D Bestimmung der Lage des Inklinometerkopfes sowie der Neigung in 3 Richtungen. Eine Tieferführung der Inklinometer aus der Wand selbst, führt zu genaueren Messungen, da die Lagevermessung der Aufsätze für das Inklinometerrohr mit der anschließenden Anbindung der Inklinometermessung in der Wand selbst zu größeren Ungenauigkeiten führen, so dass die Ergebnisse im Messhorizont der erwarteten Verformungen liegen. Die Tieferführung des Inklinometers führt zu Genauigkeiten der Größenordnung von 0,1 mm/m und ist bei richtigem Einbau zuverlässiger.

Übliche Tieferführungen von Inklinometer liegen bei 10–20 m unter dem Wandfuß und können in Abhängigkeit der Baugrubenbreite sowie in Abhängigkeit der Hebungen und der horizontalen Bodenbewegungen trotz der Tieferführung immer noch kein festes Lager für den Inklinometerfuß darstellen. Jedenfalls ist bei der

Nullmessung und nachfolgenden Messungen die Annahme eines Fixpunktes am Ende des Inklinometerrohres mit geodätischen Kontrollmessungen am Inklinometerkopf zu bestätigen. Eine nicht erfüllte Bedingung des Fixpunktes des Inklinometerfußpunktes ist in der Abb. 2.85 dargestellt, wo die Messungen einen festen Punkt am Fußauflager der Wand suggerieren (Inklinometerrohrfuß = Schlitzwandfuß) obwohl das gemessene Verformungsbild das Einhalten dieser Bedingung nicht bestätigt (große Neigungswerte am Fußauflager!).

- Eine weitere Fehlerquelle ist die Orientierung des Inklinometers bezogen auf die Wandorientierung. Üblicherweise werden zweiachsige Inklinometersonden eingesetzt. Der Einbau der Inklinometerrohre ist genauso wichtig, wie die Messungen selbst. Der Einbau der Inklinometerrohre muss so erfolgen, dass die eine Achse (A oder B) mit der Bauwerksachse übereinstimmt. Üblicherweise wird die B-Achse als diejenige angenommen, die in die Längsrichtung der Wand gerichtet wird (s. Abb. 2.83)

  Eine Nicht-Übereinstimmung beim Einbau bedeutet automatisch, dass die Messeergebnisse nicht genau sein werden. Man kann rechnerisch die Messergebnisse auf die maßgebenden Achsen parallel und senkrecht zur Wand umrechnen, aber die Rückrechnungen sind zwangsläufig mit Fehlern behaftet, da die genaue Verdrillung des Rohres mit der Tiefe nicht bekannt ist. Da sowohl die Nullmessung als auch die nachfolgenden Messungen die jeweiligen Zuwächse in die verdrehten Achsen A' und B' messen, genügt die Rückrechnung der Differenzen zur Nullmessung auf das Bauwerksachsensystem A, B. Üblicherweise wird eine starre Drehung der Achsen A', B' durchgeführt, die für baupraktische Zwecke ausreichend ist. Es ist jedoch trotz dieser Umrechnung nicht die Genauigkeit zu erreichen, die man beim richtigen Einbau des Inklinometerrohres gehabt hätte. Ein Beispiel eines fehlerhaften Einbaus des Inklinometerrohres ist in Abb. 2.86 dargestellt, wobei dort die Null – als auch die Nachfolgemessungen dargestellt sind. Die B-Achse sollte die Längsachse einer Schlitzwand sein und die A-Achse (senkrecht dazu) sollte die Verformungen senkrecht zur Wand darstellen, die für die

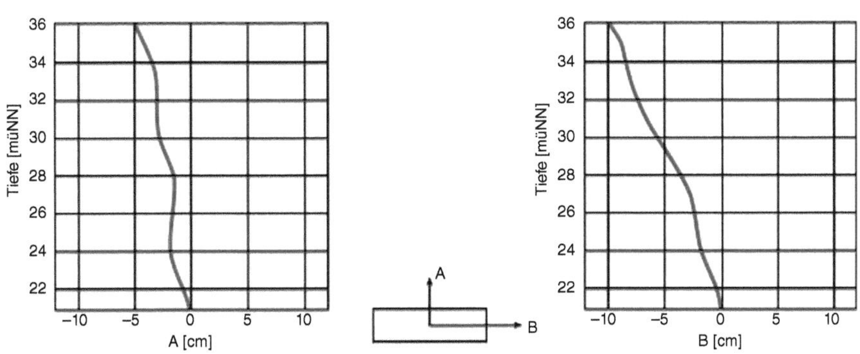

Abb. 2.85 Relative Verformungen der Inklinometerrohre im Bezug zur Nullmessung. Große Neigungen im Bereich des Fußes deuten auf Verschiebungen des Fußes hin (kein Fixpunkt).

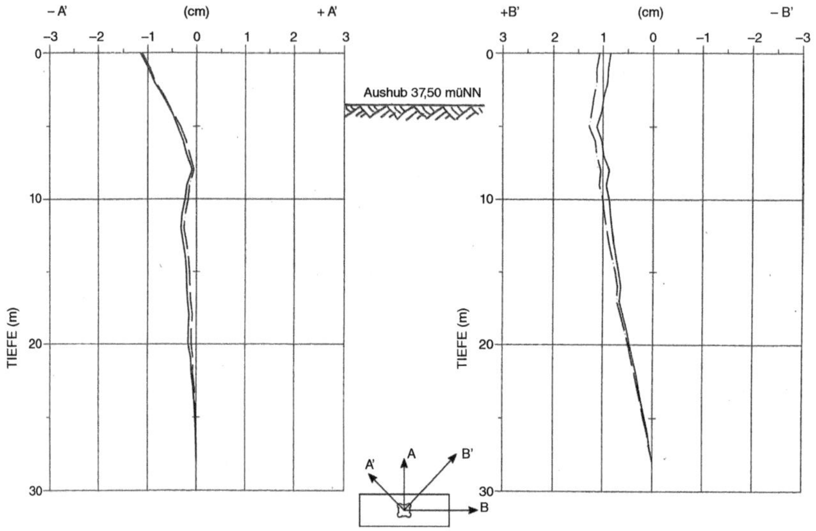

Abb. 2.86 Eingebaute Inklinometerrohre in einer Schlitzwand mit einer Verdrehung der Messachsen A, B. Exemplarische Messergebnisse.

Verformungen der Wand und des Bodens in der Nähe der Wand von Bedeutung sind.

Wie aus Abbildung 2.86 ersichtlich ist, liefert die Messung der Wandverformungen unplausible Ergebnisse, wie horizontale Verschiebungen in die andere als in die Richtung des Aushubes. Ebenso liefert die Messung in Achse B Verformungen von 1 cm in Längsrichtung der Wand.

Bevor man versucht, diese Ergebnisse zu interpretieren, wäre es vorteilhaft, die Lage der Achsen der eingebauten Inklinometerrohre bezogen auf die Bauwerkachsen zu überprüfen.

3

Stützflüssigkeiten und ihre Eigenschaften

Üblicherweise werden zur Stützung offener Schlitze Tonsuspensionen (Bentonitsuspensionen) eingesetzt, wobei in Extremfällen diese Flüssigkeiten entweder aus Wasser oder manchmal aus Polymeren bestehen. Es gibt auch Mischungen, die aus Bentonit und Polymeren bestehen. Die Verwendung von Polymeren ist nicht weit verbreitet. Die wichtigsten Gründe hierfür sind

a) der Preis, der viel höher liegt als eine entsprechende Bentonitsuspension und
b) die Lösbarkeit der Polymere im Grundwasser und im Falle einer starken GW-Strömung der Verlust an Stützwirkung.

Wir beschränken uns hier auf die weit verbreiteten Bentonitsuspensionen, bei denen das Bentonitpulver (3–6 % des Suspensionsgewichtes) mit einem großen Wasservolumen vermischt wird. Das Tonpulver löst sich im Wasser ähnlich wie Salz, allerdings zeigen mikroskopische Aufnahmen, dass es sich dabei um eine homogene Dispersion von sehr kleinen Tonpartikeln handelt. Die Flüssigkeit (hier Wasser) zusammen mit den in Dispersion befindlichen Partikeln bezeichnet man als Suspension (im Gegensatz zu einer *kolloidalen Mischung* wird erwartet, dass sich in einer *Suspension* die Partikel schneller absetzen können). Selbst wenn die Suspension in Ruhe ist, gibt es Kollisionen zwischen den Tonpartikeln aufgrund von anziehenden und abstoßenden Kräften bedingt durch die unterschiedlichen elektrischen Ladungen von benachbarten Partikeln und der Ladung der Flüssigkeit, welche auch als Elektrolyt bezeichnet werden kann. In einer ruhenden Suspension trennen sich die Tonpartikel nach einer Berührung. Eine Beigabe zur Suspension von einigen Promille-Anteilen an Salz kann die Situation allerdings verändern, da kollidierte Partikel zusammenbleiben und Flocken bilden (Flokkulation der Suspension). Entfernt man das Salz und rührt die Suspension, dann verschwinden die Flocken und das System wird in seine ursprüngliche Form zurückgeführt (Dispersion).

Eine bekannte Eigenschaft dieser Suspensionen ist die sog. *Thixotropie*. Darunter versteht man die Eigenschaft der Suspension, solange diese in Ruhe ist, eine gelartige Konsistenz anzunehmen oder steifer zu werden und diese Versteifung in Form einer Art Verflüssigung zu verlieren, wenn diese umgeformt oder gerührt wird. Diese Eigenschaft der Thixotropie hängt sehr eng mit den Anziehungs- und

Planung und Bauausführung in der Schlitzwand- und Dichtwandtechnik. 1. Auflage. Theodoros Triantafyllidis.

Abstoßkräften zwischen den Tonpartikeln sowie deren Gleichgewichtszustand zusammen, wobei sich die feinsten Partikel aufgrund der an deren Oberfläche wirkenden elektrostatischen Kräfte nicht im Gleichgewicht befinden. Dieser Zustand kann entweder über Kontaktkräfte zwischen den Partikeln oder über Ionenadsorption zwischen den Tonmineralphasen ausgeglichen werden. Diese Kontakte oder der Austausch von Ionen führen zu ständigen Kollisionen zwischen den Partikeln. Je nachdem, wie die Partikel geladen sind oder das Ionenaustauschvermögen ist, gibt es mehrere Möglichkeiten der Partikelverbindungen in einer Suspension, welche die Eigenschaften der Suspensionen beeinflussen. Am Beispiel des Hauptbestandteils von Bentonit, nämlich dem Hauptmineral Montmorillonit (neben anderen Mineralien wie Quarz, Feldspat, Glimmer, Pyrit usw.) kann man sich das Ionenaustauschvermögen vorstellen, wie in der Abb. 3.1 dargestellt ist.

Das dreischichtige Tonmineral Montmorillonit bildet dünne Plättchen, an deren Oberfläche Wasser angezogen und angelagert wird. Das Mineral besteht aus Partikeln dieser Dreifachschichten. Da das Tonmineral sich nicht im Wasser auflöst, sondern mit seinen Plättchen als Feststoff im Wasser in der Schwebe bleibt, spricht man von einer Suspension. Zwischen den dreischichtigen Tonmineralen kann sich Wasser ansammeln, so dass dieses Mineral extrem quellfähig ist (Abb. 3.1a).

Die dünnen Plättchen zeigen eine negativ geladene Oberfläche, womit sich Wasserdipole an ihrer Oberfläche binden können. An den Enden der Plättchen findet man positive elektrische Ladungen in Abhängigkeit von der Art und Menge der austauschbaren Ionen (z. B. kann das Si-Ion teilweise durch Al-Ionen ausgetauscht werden). Montmorillonit zeigt eine extreme Bereitschaft zum Austausch von Ionen. Als Maß hierfür wird das sog. Basenaustauschvermögen in meq/100 g benutzt, welches bei Montmorillonit sehr hohe Werte zeigt (Abb. 3.1a).

In Abhängigkeit von den Ladungen der Einzelplättchen sowie des Mediums (Elektrolyt, hier Wasser) formen diese Plättchen entweder Stapel oder Haufen (Abb. 3.1b). Diese Plättchen können Aggregate bilden sowohl bei einer Dispersion wie auch einer Flokkulation (Flockenbildung). Die Verbindungen zwischen den Partikeln werden hauptsächlich von 3 Moden bestimmt:

EF: edge-to-face;
FF: face-to-face;
EE: edge-to-edge.

Die EE- oder EF-Verbindungen führen zu dickeren Flocken wobei die FF-Verbindungen zu dickeren Aggregaten führen.

Die Viskosität von Bentonitmischungen steigt generell, wenn Konglomerate von EE- und EF-Verbindungen vorliegen, und wird kleiner, wenn die Tonpartikel aufgrund von FF-Verbindungen dicker werden. Die Gelbildung bei Abwesenheit von Salz (oder geringen Salzkonzentrationen) wird eher auf EE- und EF-Verbindungen zurückgeführt, welche ein kontinuierliches Gebilde – ähnlich eines Kartenhauses – im ganzen Volumen der Suspension erzeugen. Wenn parallel zu den anderen Verbindungen auch FF-Verbindungen auftreten, dann wird die Anzahl der

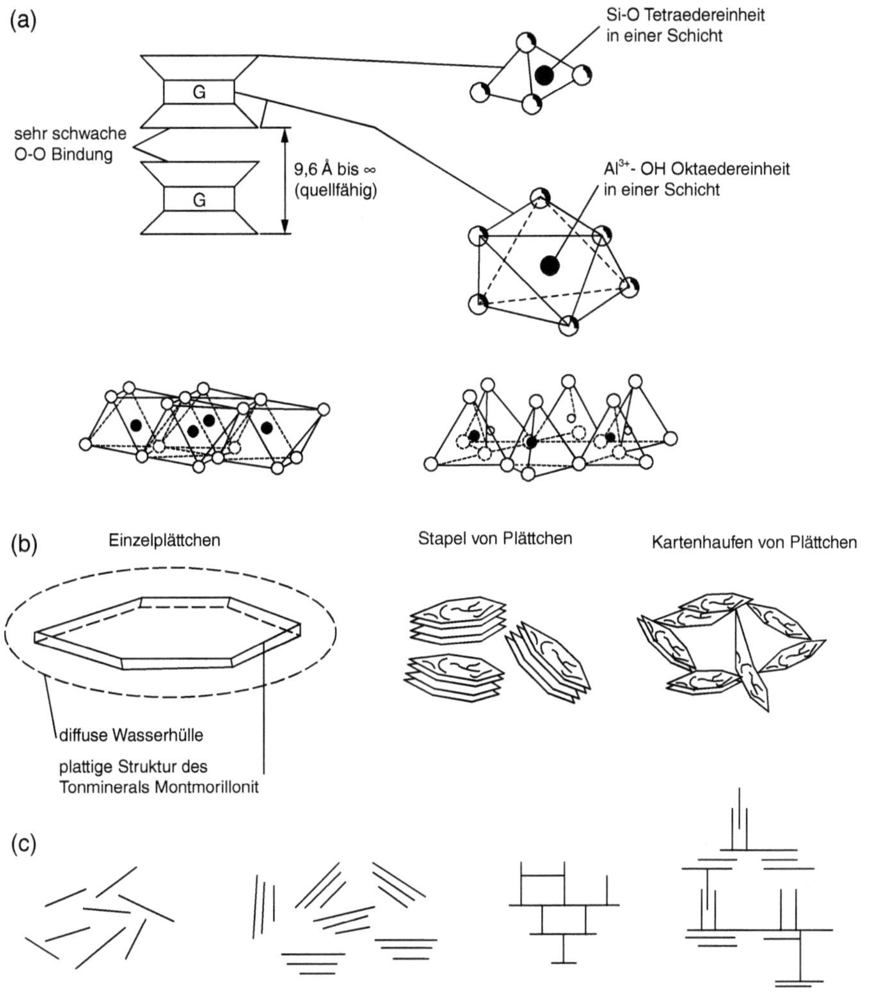

Abb. 3.1 (a) Aufbau des Montmorillonits mit Basenaustauschvermögen von 80–150 meq/100 g, (b) Strukturen von Tonmineralplättchen, (c) Formen der Partikelbindungen in Suspensionen.

Kartenhäuser verringert und demzufolge nimmt die Fließgrenze der Suspension ab. Im idealen Fall einer EF-Verbindung kann man davon ausgehen, dass je kleiner die Partikel sind umso kleiner auch der Gewichtsanteil der feinen Tonminerale sein muss, um so das ganze Volumen mit einer Kartenhausstruktur zu erfassen und somit eine minimale Scherfestigkeit erreicht werden kann. Wenn z. B. eine Na-Montmorillonit-Suspension in einer 2 %-Konzentration gerade noch ausreicht einen Mindestwert von Gelfestigkeit zu erreichen, so muss diese Konzentration bei einer Ca-Bentonit-Suspension um das 3–4-fache erhöht werden, damit dieselbe

Anzahl von Kartenhäufchen bzw. die gleiche Scherfestigkeit erreicht wird, da die Ca-Montmorillonit Partikel aufweisen, welche 3–4 mal größer sind als diejenigen bei Na-Montmorilloniten.

Der Grad der Dispersion der Tonpartikel oder der Flokkulation ist auch wichtig für das Filtrationsverhalten der Suspension an Grenzflächen, wie z. B. Boden. Bei einer stabilen Suspension führt die Abgabe von Wasser zu einem relativ dünnen Film von Tonpartikeln (sog. Filterkuchen). Bei einer Suspension die bereits Flocken gebildet hat, wird dieser Film auch dicker sein und gleichzeitig poröser, mit dem Resultat, dass mehr Tonpartikel notwendig werden (also größere Ausfilterung der Suspension) um einen dichten Film (wasserundurchlässigen) an der Schlitzwandung zu erreichen. Über diesen Film in Abhängigkeit auch von der Bodenart übt die Suspension einen hydrostatischen Druck auf die Schlitzwandungen aus, der größer sein muss als derjenige des Erddruckes und des Grundwasserdruckes, welcher vom Boden auf den offenen Schlitz ausgeübt wird.

Die Aufgaben, welche eine Stützflüssigkeit in einem offenen Schlitz zu erfüllen hat, sind vielfältig. Sie sind bodenabhängig und teilweise gegenläufig, deshalb ist man gezwungen, deren Eigenschaften in festen Grenzen zu halten und zu kontrollieren. Die Bildung des Filterkuchens zur Übertragung des Suspensionsdrucks auf den Boden setzt voraus, dass der Boden nicht so durchlässig ist, dass die Stützflüssigkeit in dem Boden verschwindet ohne dabei einen Filterkuchen zu bilden (z. B. bei Großkies). Trifft man nun in dünnen Lagen solch grobe Materialien, so kann man der Stützflüssigkeit Sand beimischen, so dass die groben Poren an der Schlitzwandung mit Sand verfüllt werden, worauf sich eine Membran (Filterkuchen) ausbilden kann. (Bei rein bindigen Böden ist eine solche Membran nicht notwendig, da das Bodenmaterial an sich eine solche Membran bildet). Die Suspension hat aber auch die Aufgabe eine stützende Kraft auch auf das Einzelkorn auszuüben, so dass einzelne Kornfraktionen nicht aus der Schlitzwandung herausgelöst werden können (innere Stabilität). Will man nun beide Stützwirkungen (äußere, innere) mit hohen Konzentrationen und dickflüssigen Bentonitsuspensionen erreichen, so würde dies beim Aushub und Betonieren zu Behinderungen führen. Für diese Aufgaben bräuchte man eher eine dünnflüssigere Suspension. Dieser Widerspruch lässt erkennen, dass für die vorliegenden Bodenarten und Bauaufgaben (Betonschlitzwand, Dichtwand) ein angepasstes Mischungsverhältnis für die Suspension zu finden und im Betrieb einzuhalten ist. Deshalb ist es wichtig, die maßgebenden Eigenschaften der Suspension zu kennen, sowie diese im laufenden Betrieb durch Laborversuche zu kontrollieren und wenn es die Situation erfordert, entsprechend anzupassen.

Die wichtigsten Eigenschaften sind

- Viskosität, Fließgrenze, Thixotropie (rheologische Eigenschaften)
- Dichte oder Wichte (physikalische Eigenschaft)

Eine weitere Eigenschaft, wie z. B. die Stabilität der Suspension hängt mit der Bildung des Filterkuchens und der Filtratwasserabgabe der Suspension zusammen. Einflüsse, die die Stabilität beeinflussen können, sind Verunreinigungen, hauptsächlich durch Zement (Herabsetzung des Wasserbindevermögens) oder durch Salze oder Säure (z. B. bei Humus) im Boden. Bei solchen Böden werden dem Trockenbentonit Zusätze beigegeben, welche die Filtratwasserabgabe regulieren. Bei Dichtungswänden, bei denen Zement und Bentonit verwendet werden, kommt ein spezieller Bentonit zur Anwendung, der zementverträglich ist. An dieser Stelle ist auch zu erwähnen, dass beim Betonieren eines Schlitzes jede Verunreinigung der Bentonitsuspension mit Zement vermieden werden soll. Dies ist auch einer der Gründe, weshalb Betonierrohrkupplungen wasserdicht sein müssen.

In vielen Bauaufgaben werden Bentonitsuspensionen nach dem Erstverbrauch wieder verwendet. In solchen Fällen, je nach Entsandung der verwendeten Suspension, kann eine Aufladung mit feineren Bodenanteilen vorliegen. Neben der Erhöhung der Dichte der Suspension kann jedoch die Fließgrenze herabgesetzt werden. Da die Fließgrenze auf elektrischen Ladungen zwischen den Bentonitpartikeln basiert, kann eine hohe Anlagerung mit Feinanteilen durch die Zwischenlagerung zwischen geladenen Teilchenoberflächen eine Schwächung des elektrostatischen Feldes bewirken, wodurch die Scherung zwischen den Bentonitteilchen erleichtert wird.

Solche Prozesse können weitestgehend vermieden werden, wenn für die Entsandung der verwendeten Suspension eine ausreichende Anzahl an Zyklonen mit der kleinsten möglichen Düse vorgehalten werden (Begrenzung durch Bentonitpartikelgröße). Die dann erreichbare Fließgrenze hängt von der Entsandungsleistung, wie auch vom anstehenden Boden ab und im Rahmen der Ausführung sind Versuche auf der Baustelle notwendig, um den Einfluss der Aufladung der Suspension mit Feinanteilen auf die Fließgrenze zu überprüfen und gegebenenfalls die weitere Verwendung, entweder auszuschließen oder unter erneuter Regenerierung und Beimischung von Frischsuspension zu ermöglichen.

3.1 Dichte und Wichte der Suspension

Die Tonpartikel können zwischen ihren Plättchen Wasser anlagern. Durch die Wasseranlagerung vergrößert sich ihr Abstand um die Dicke der Wasserschicht, die aufgenommen wurde. Das Material quillt. Wasser kann nicht beliebig aufgenommen werden (z. B. 25 kg Bentonit kann maximal ca. 800 bis 850 Liter Wasser aufnehmen). Wenn mehr Wasser zugegeben wird, setzt sich dieses Wasser auf der Suspension ab und die Suspension verliert ihre Stabilität.

Ein Quellen der Suspension mit einer optimalen Wasserzugabe resultiert in einer Fließgrenze, welche auch einen maximalen Wert erreichen kann.

Die Wasseraufnahme von Trockenbentonit bis zur Erreichung der Fließgrenze bestimmt die Dichte der Suspension, welche sowohl für die Phase des Aushubs als auch für die Phase des Betonierens von enormer Bedeutung ist. Dabei muss die Dichte einerseits so groß sein, dass dem resultierenden auf den offenen Schlitz wirkende Wasser- und Erddruck genug hydrostatischer Widerstand aus der Suspension entgegenwirkt. Auf der anderen Seite darf die Dichte nicht so groß werden, dass es beim Betonieren zu Vermischungen mit dem Frischbeton kommen kann bzw. der Frischbeton die Stützflüssigkeit nicht verdrängen kann. Eine anfangs eingestellte Dichte der Suspension wird mit dem Aushub im Schlitz immer dichter aufgrund der Aufladung mit Bodenpartikeln und gleichzeitiger Abgabe von Filtratwasser (also Wasserverlust). Die Dichte dieser Suspension kann durch Regenerieren und Wasserzugabe bis zu einem gewissen Grad korrigiert werden, so dass sie weiter verwendet werden kann. Die Dichte einer Suspension, bei der 45 kg Trockenbentonit mit 1 m³ Wasser (= 1000 l) vermischt und homogenisiert wird, kann wie folgt ermittelt werden:

Korndichte des Bentonits: $\rho_s = 2{,}7\ t/m^3$
Dichte des Wassers: $\rho_w = 1{,}0\ t/m^3$
Dichte der Suspension ρ_F:

$$\rho_F = \frac{m}{V} = \frac{45\ kg + 1000\ kg}{\frac{45\ l}{\rho_s} + \frac{1000\ l}{\rho_w}} = \frac{1045}{\frac{45}{2{,}7} + 1000} = 1{,}028\ t/m^3 \tag{3.1}$$

wobei m die Gesamtmasse und V das Gesamtvolumen darstellt.

3.2 Viskosität, Fließgrenze, Thixotropie der Suspension

Als Fließgrenze τ_f wird die Scherspannung τ definiert, bei deren Überschreitung in einer Stützflüssigkeit das Fließen eintritt. Bis zu dieser Grenze verhält sich die Suspension ähnlich wie ein fester Körper, aber nach der Überschreitung dieser Grenze verhält sich die Suspension wie eine Flüssigkeit. Bis zur Fließgrenze kann eine Suspension geringfügige Belastungen aufnehmen, ohne wegzufließen. Diese Eigenschaft ist unabhängig von der Viskosität des Materials, welches entweder eine geringe oder hohe Viskosität besitzen kann. Bekannterweise haben z. B. Wasser oder hochviskose Öle diese Fließgrenze nicht (z. B. ruhendes Wasser kann keine Schubspannung übertragen).

Die Eigenschaft der Fließgrenze von Bentonitsuspensionen wird in der Schlitzwandtechnik ausgenutzt, um den offen Schlitz stabil zu halten. Eine Bentonitsuspension verhindert, dass Bodenkörper oder Korngruppen aus der Wandung herausfallen oder sich aus dem Kornverband lösen können (Abb. 3.2).

In der Abbildung 3.2 wird am Beispiel eines gerade noch nicht aus der Wandung herausfallenden Korns die Wirkung der Fließgrenze gezeigt. Die resultierende Kraft aus der Verteilung der Fließgrenze τ_f, welche auf die Oberfläche des Korns wirkt, zusammen mit der Auftriebskraft (A) wirken gegen das Gewicht des Kornes, so dass Gleichgewicht im Grenzzustand herrscht. Die erforderliche Fließgrenze für eine stabile Schlitzwandung ist also auch vom maßgebenden Korndurchmesser des anstehenden Bodens abhängig. Daraus erkennt man, dass je größer der Korndurchmesser

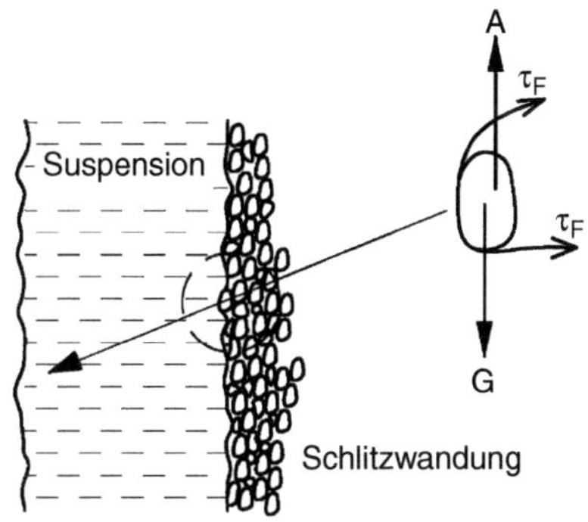

Abb. 3.2 Stützwirkung der Fließgrenze τ_F an einem Korn der Schlitzwandung.

ist, umso höher muss die Fließgrenze der Suspension sein, d. h. die Suspension muss „dicker" werden.

Eine Erhöhung der Fließgrenze erreicht man bei entsprechender Bentonitzugabe, wobei für das Erreichen einer bestimmten Fließgrenze nach dem Quellen nicht nur die Menge sondern auch die Güte des Bentonits mit seinem Ionenaustauschvermögen von Bedeutung ist. Da das Ionenaustauschvermögen temperaturabhängig ist, kann man erwarten, dass bei niedrigen Temperaturen die Fließgrenze nach dem Quellen bei identischer Bentonitzugabe deutlich niedrigere Werte erreicht.

Für das Festlegen der Fließgrenze bei einer Bauaufgabe ist zunächst die überwiegende Schicht als maßgebend zugrunde zu legen, welche die gröbsten Körner enthält. Mit speziell hierfür entwickelten Formeln (s. Abschnitt 3.4) wird eine erforderliche Fließgrenze ermittelt. Die Wahl der Fließgrenze hat aber auch Auswirkungen auf die Bewehrungsführung (s. Kapitel 7). Nach Festlegung der Grenzen kann der Bentonitgehalt für die Stützsuspension bestimmt werden.

3.3 Modell zur Beschreibung der Suspensionseigenschaften

Es gibt mehrere Stoffbeziehungen, welche einen zähen Stoff wie eine Stützflüssigkeit beschreiben. Bei den bisher üblichen Beschreibungen wird die Schubspannung τ über den Viskositätsfaktor η mit dem sog. Schergefälle $\dot{\gamma}$ oder $\gamma(D)$ verbunden. Der einfache Versuchsaufbau in der Abb. 3.3 zeigt, wie man eine solche Beziehung herleiten kann.

Eine auf der Oberfläche der zähen Flüssigkeit geführte Platte wird mit der Kraft F horizontal verschoben. Die aufgrund dieser Bewegung auf die Flüssigkeit ausgeübte Schubspannung τ errechnet sich aus:

$$\tau = \frac{F}{A_{\text{Platte}}} \tag{3.2}$$

Diese Schubspannung an der Grenzfläche Platte/Flüssigkeit erzeugt ein Geschwindigkeitsprofil in der viskosen Schicht der Dicke H, welches als linear mit der Tiefe verteilt angenommen wird (Abb. 3.3). Die plastischen Verformungen in der

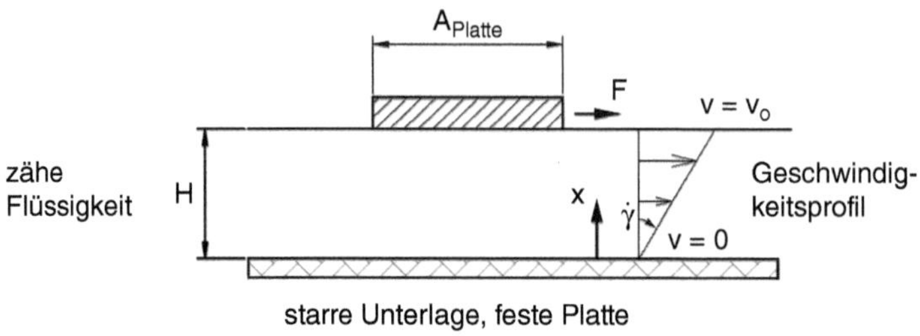

Abb. 3.3 Experiment zur Bestimmung der Viskosität einer zähen Flüssigkeit.

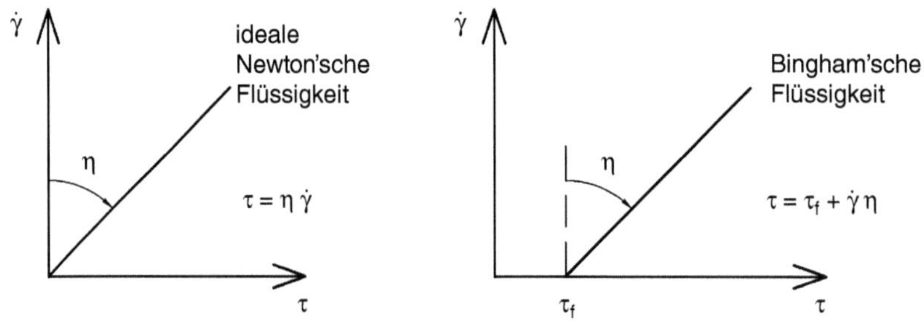

Abb. 3.4 Beziehungen zwischen Schergefälle $\dot{\gamma}$ und τ für (a) ideal Newton'sche und (b) Bingham'sche Flüssigkeiten.

Flüssigkeit werden über das Schergefälle $\dot{\gamma}$ (häufig auch D) dargestellt, welches lautet:

$$\dot{\gamma} = \frac{dv}{dx} = \frac{v_0\,[m/s]}{H\,[m]} = \frac{1}{s} \tag{3.3}$$

Bei einem linear-viskosen Material wird die Schubspannung τ linear zur $\dot{\gamma}$ gesetzt

$$\tau = \eta \cdot \dot{\gamma} \tag{3.4}$$

mit η: Viskosität $\left[\frac{kN \cdot s}{m}\right]$

Diese ideale (lineare) Beziehung gilt für ideale Newton'sche Flüssigkeiten (z. B. Wasser, siehe auch Abb. 3.4).

Es gibt bestimmte Flüssigkeiten, bei denen sich die Platte nicht mehr beim Aufbringen einer beliebig kleinen Last F bewegt (Abb. 3.4), sondern erst beim Überschreiten einer bestimmten Grenzkraft, welche eine Spannung erzeugt, die wir bereits als Fließgrenze τ_F ($\tau_F = \tau\,(\dot{\gamma} = 0)$) bezeichnet haben.

Die entsprechende Beziehung (Abb. 3.4b) zwischen τ und $\dot{\gamma}$ lautet:

$$\tau = \tau_F + \eta \cdot \dot{\gamma} \tag{3.5}$$

Bentonitsuspensionen verhalten sich weder wie eine Newton'sche noch wie eine Bingham'sche Flüssigkeit sondern eher wie eine *thixotrope* Flüssigkeit. Thixotrope Flüssigkeiten unterscheiden sich von den einfachen plastischen Flüssigkeiten durch das Auftreten einer dynamischen und einer statischen Fließgrenze. Das Verhältnis zwischen statischer und dynamischer Fließgrenze hat man als Thixotropiezahl (Gl. 3.6) definiert. Das Schergefälle (Scher-Spannungsverhalten) für Bentonitsuspensionen ist in Abb. 3.5 dargestellt

$$\text{Thixotropiezahl} = \frac{\text{stat}\ \tau_F}{\text{dyn}\ \tau_F} \tag{3.6}$$

Das Diagramm nach Abbildung 3.5 kann wieder mit dem einfachen Versuch der Schubspannungsaufbringung mit einer Platte auf der Oberfläche der Suspension, nach Abb. 3.3, erklärt werden.

Die Flüssigkeit befindet sich zuerst in Ruhe. Wir bringen langsam eine Kraft (oder Schubspannung) auf, ohne die Flüssigkeit zur Bewegung zu bringen, bis die Fließgrenze erreicht wird. Danach beginnt sich die Platte zu bewegen. Ist die Bewegung eingetreten, bedarf es keiner zusätzlichen Kraft, um höhere Geschwindigkeiten zu erzeugen. Dies gilt jedoch nur bis zu einem bestimmten Wert der Fließgeschwindigkeit (bzw. Schergefälle). Nach Erreichen dieses Wertes bedarf es einer höheren Schubspannung, um höhere Werte des Schergefälles zu erzeugen (Abb. 3.5).

Falls nach einer aufgebrachten Störung (Bewegung) der Suspension die Schubspannungen reduziert werden, reduziert sich auch die Schergeschwindigkeit bis zu einem Wert dyn τ_F bei $\dot{\gamma} = 0$, welcher kleiner ist als der statische Wert (stat τ_F auch bei $\dot{\gamma} = 0$). Reduziert man nun die Scherspannungen unterhalb von dyn τ_F so kommt das System zur Ruhe und wenn man jetzt versucht, ein Geschwindigkeitsgefälle $\dot{\gamma} > 0$ zu erzeugen, müssen Schubspannungen τ_F mobilisiert werden, welche größer als stat τ_F sind.

Diese Eigenschaft, dass das Material bei einer Bewegung geringere Scherfestigkeit aufweist als in Ruhe, bezeichnet man als Thixotropie. (Eine Begründung zur Wahl dieses Wortes, um diese Eigenschaft zu beschreiben, ist dem Autor nicht bekannt).

Dieses Phänomen lässt sich mit dem Aufbau des Tonminerals erklären sowie mit dem Quellvermögen veranschaulichen. Aufgrund des großen Austauschvermögens der jeweiligen Schichten gibt es elektrostatische Ladungen zwischen den Tonmineralschichten, welche eine Kartenhausstruktur ermöglichen (Abb. 3.6).

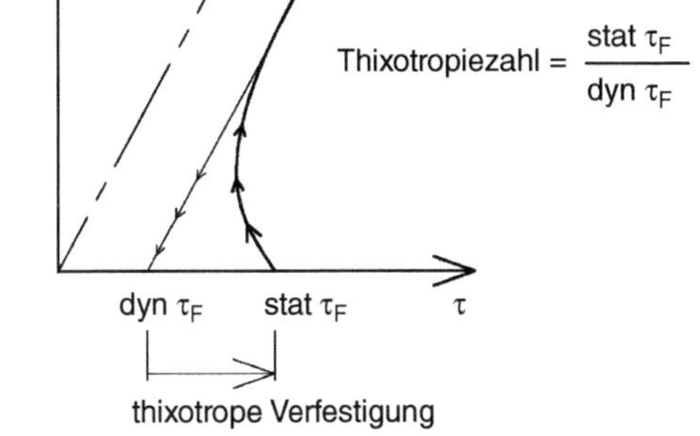

Abb. 3.5 Schergefälle $\dot{\gamma}$ als Funktion der Schubspannung τ_F für eine Bentonitsuspension als Stützflüssigkeit.

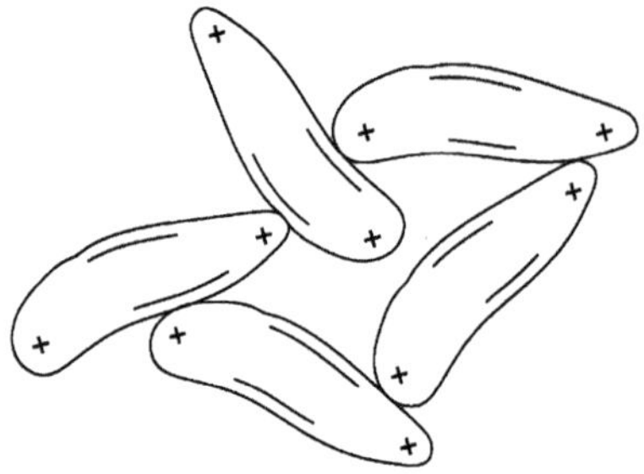

Abb. 3.6 Kartenhausstruktur von Tonpartikeln, welche elektrische Ladungen haben.

Die Spitzen der Tonteilchen sind positiv und die Seitenoberflächen negativ geladen. Dadurch entsteht eine Kartenhausstruktur. Um einen Fließvorgang auszulösen, muss eine Scherspannung aufgebracht werden, welche die durch die Kartenhausstruktur bedingte Festigkeit der Suspension überwindet. Mit dem Erreichen dieser Grenzspannung, der statischen Fließgrenze τ_F, bricht die Struktur zusammen, die Partikel richten sich parallel zueinander mit einem Flüssigkeitsteil dazwischen aus und eine Bewegung ist nun leicht möglich.

Nachdem die Scherung erfolgt ist und die elektrostatisch hervorgerufene Struktur zerstört ist, wird Zeit gebraucht, in der das System ruht, um diese Struktur wieder aufzubauen, d. h. die elektrischen Ladungen nach der Störung durch die Bewegung wieder herzustellen. Diese Eigenschaft des Materials hat man, wie bereits erwähnt, als *Thixotropie* definiert.

Die Fähigkeit der Bentonitsuspensionen eine Fließgrenze aufzubauen, wird bei der Stützung eines offenen Schlitzes im Boden oder einer Ortsbrust mit Hydroschild im Tunnelbau genutzt. Die Suspension hat primär die Aufgabe, den Schlitz stabil zu halten und die Körner des Bodens an der Wandung des Schlitzes zurückzuhalten (Abb. 3.2). Gegen die Gewichtskraft, die auf das Korn wirkt, entwickelt die Suspension eine rückhaltende Kraft aus der Oberflächenspannung entlang der Kornkontaktfläche entsprechend der vorhandenen Fließgrenze. Die Fließgrenze muss ausreichend groß sein, um auch das Absinken des Größtkorns des Bodens zu verhindern. Die Wahl der Suspensionszusammensetzung (z. B. Tongehalt) muss so erfolgen, dass die Anforderung erfüllt ist.

Die zeitliche Entwicklung der Fließgrenze ist in der Abb. 3.7 dargestellt (etwaige Temperatureinflüsse sind nicht dargestellt) und wird auch als *thixotrope Verfestigung* bezeichnet. Sie ist reversibel, d. h. nach einer Störung wird der höhere Wert der Fließgrenze (stat τ_F) wieder erreicht, allerdings ist hierzu Zeit erforderlich.

Die Fließgrenze besitzt beim Abschluss der Fließbewegung ($t = 0$) ihren Minimalwert dyn τ_F (dynamische Fließgrenze) und nähert sich im Verlauf der Ruhezeit asymptotisch ihrem maximalen Grenzwert stat τ_F (statische Fließgrenze). Die Grenzwerte und der Verlauf der Kurve sind temperaturabhängig.

Die Zeit t der thixotropen Verfestigung, nach der die Fließgrenze gemessen wurde, wird ebenso wie die Temperatur T, die während der thixotropen Verfestigung und der Messung geherrscht hat, im Index geschrieben, um die Fließgrenze zu

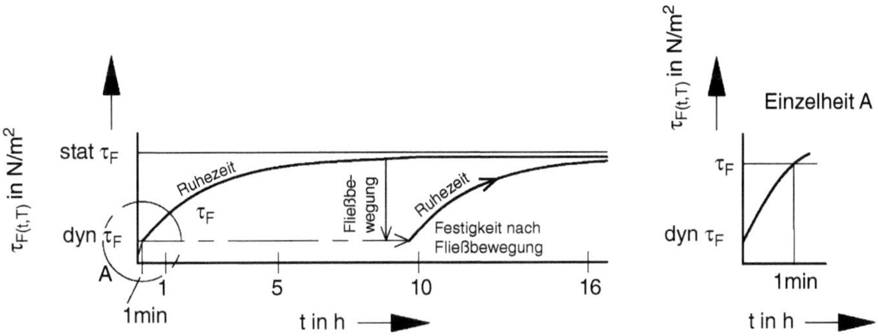

Abb. 3.7 Thixotrope Verfestigung.

kennzeichnen. Zur Vereinfachung wird für $t = 1$ min und T = 20 °C auf die Angabe im Index verzichtet, τ_F bedeutet also die Fließgrenze nach einer Verfestigungszeit von 1 min bei 20 °C. Diese Größe wird in der Grundbaupraxis am häufigsten benötigt. Die statische Fließgrenze stat τ_F wird bei Tonsuspensionen genügend genau durch $\tau_{F(16\,h)}$ angenähert (s. Abb. 3.7).

Der Ansatz von 1 min für die Bestimmung der Fließgrenze in der Grundbaupraxis ist durchaus berechtigt. Man geht davon aus, dass bei einer Greiferfahrt eine gewisse Zeit verstreicht bis der Greifer wieder an der gleichen Stelle der Schlitzwandung vorbeifährt und eine erneute Störung der Ruhe der Suspension hervorruft. Eine minimale Zeit von einer Minute wurde in der Grundbaupraxis dafür auf der sicheren Seite abgeschätzt. Längere Fahrten des Greifers oder des Aushubgerätes bedeuten auch eine längere Ruhezeit für die Suspension an jeder Stelle der Schlitzwandung. und somit ist der Ansatz von einer Minute auf der sicheren Seite. Falls es zu schnelleren Prozessen (z. B. mit neuen Verfahren) beim Aushub kommt, ist dieser Ansatz zu überprüfen, da Werte der Fließgrenze zwischen der dynamischen Fließgrenze (dyn τ_F) und der Werte der Fließgrenze der Suspension bei einer kürzeren Ruhezeit als die 1 min maßgebend werden könnten.

Die thixotrope Verfestigung ist eine der wichtigsten Eigenschaften von Bentonitsuspensionen, welche einerseits für die Stabilität von offenen Schlitzen von Bedeutung ist, andererseits aber darf der Unterschied zwischen stat τ_F und dyn τ_F nicht allzu groß werden, da sonst das Betonieren des Schlitzes behindert werden kann. Deshalb werden Bentonite für die Schlitzwandtechnik bevorzugt, deren Suspensionen geringe Thixotropiewerte aufweisen.

3.4 Bestimmung der Fließgrenze

Die Bestimmung von τ_F erfolgt nach dem Anmischen der Bentonitsuspensionen auf der Baustelle mit Hilfe der Kugelharfe (Abb. 3.8) oder des Pendelgerätes (Abb. 3.9). Sowohl bei der Kugelharfe wie auch beim Pendelgerät wird durch die jeweils

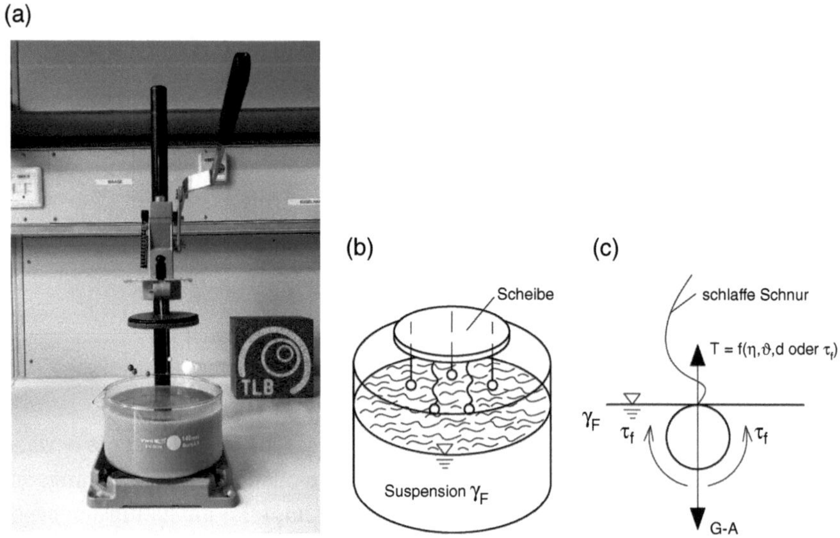

Abb. 3.8 (a) Kugelharfengerät (Quelle: Bentonitlabor, Ruhr-Universität Bochum), (b) Situation zur Bestimmung von τ_F bei einer gerade noch nicht einsinkenden Kugel der Kugelharfe.

verwendete Kugel, das Korn simuliert, welches an der Wandung der Schlitzwand aufgrund der vorhandenen Fließgrenze der Suspensionen zurückgehalten wird und nicht in die Suspensionen hineinfällt (Abb. 3.2).

Bei der Kugelharfe gibt es mehrere Kugeln verschiedenen Durchmessers und Materials. Beim Herablassen aller Kugeln, welche mit einer Schnur an einer Scheibe verbunden sind (Abb. 3.8b) wird jeweils die Fließgrenze mit derjenigen Kugel bestimmt, welche gerade noch nicht absinkt und sich näherungsweise im Grenzgleichgewicht befindet.

Im Grenzgleichgewicht der Kugel nach Abb. 3.8c) gilt:

$$T = G - A = V(\gamma - \gamma_F) \tag{3.7}$$

mit

G:	Gewicht der Kugel
A:	Auftriebskraft auf die Kugel
T:	Widerstand gegen Einsinken aufgrund der Fließgrenze der Suspension
V:	Volumen der Kugel ($V = \pi \cdot D^3/6$)
D:	Kugeldurchmesser
γ:	Wichte der Kugel
γ_F:	Wichte der Suspension

Der Anteil aus dem Gewicht der Kugel vermindert um den Auftrieb ergibt sich zu:

$$G - A = \frac{\pi \cdot D^3}{6}(\gamma - \gamma_F) \tag{3.8}$$

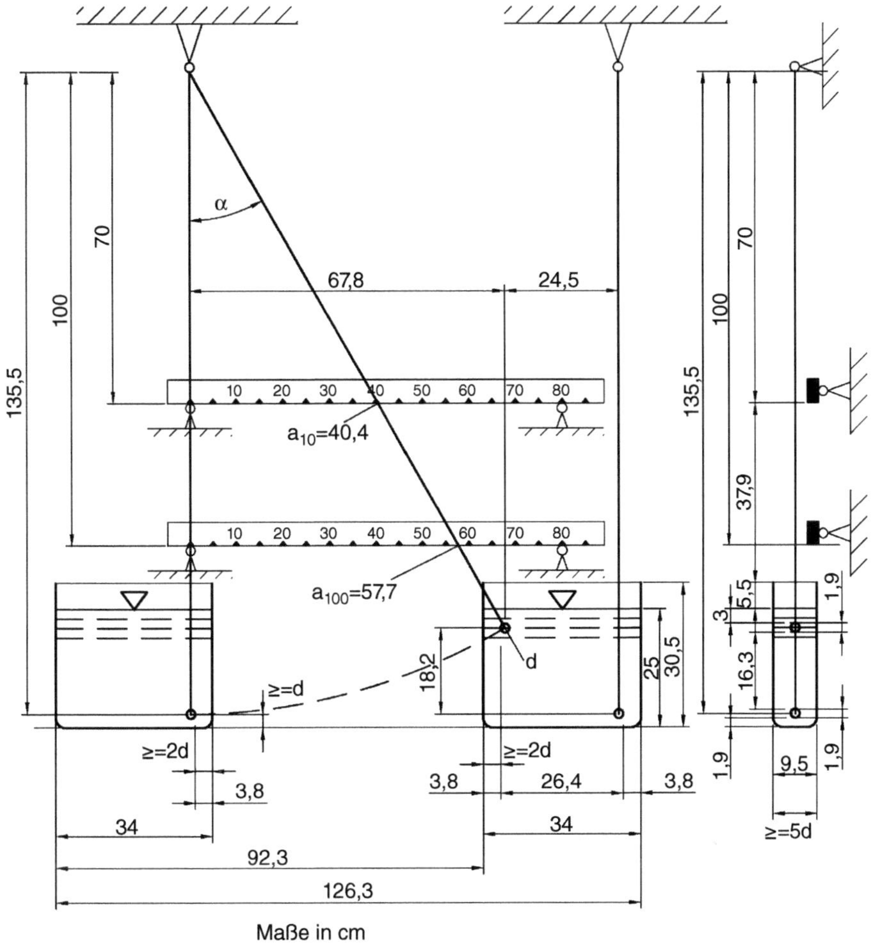

Abb. 3.9 Pendelgerät – Vorzugsmaße (dargestellt bei größtmöglicher Auslenkung des Pendels).

Betrachtet man nun ein Korn bzw. eine Kugel, welche sich anschickt, gerade einzusinken. Mit P bezeichnet man die Kraft, welche die Kugel in der Suspension bewegt und im Mittelpunkt der Kugel angreift. Die Fließgrenze τ_F widersteht dieser Kraft mit einer entsprechenden Verteilung um die Kugeloberfläche (s. Abb. 3.10). Das differenzielle Gleichgewicht an einer Kugelscheibe (Abb. 3.10a) lässt sich so formulieren:

$$dP = dF\bar{\tau}_v = dF \cdot \bar{\tau}_F \cdot \cos\alpha \tag{3.9}$$

wobei $\bar{\tau}_F$ eine mittlere Fließgrenze bezeichnet und dF die differentielle Größe der Mantelfläche der Scheibe mit der Dicke dh der Kugel bezeichnet:

$$dF = 2 \cdot \pi \cdot r \cdot \frac{dh}{\cos\alpha} = 2\sqrt{R^2 - h^2} \cdot \pi \cdot \frac{dh}{\cos\alpha} \tag{3.10}$$

d. h.

$$dP = 2 \cdot \pi \cdot \bar{\tau}_F \cdot \sqrt{R^2 - h^2}\, dh \tag{3.11}$$

Die Integration über dh zwischen -R und R liefert:

$$P = 2 \cdot \pi \cdot \bar{\tau}_F \cdot \int_{h=-R}^{h=+R} \sqrt{R^2 - h^2}\, dh \tag{3.12}$$

oder:

$$P = \frac{\pi^2 \cdot D^2}{4} \cdot \bar{\tau}_F \tag{3.13}$$

Man geht in Abbildung 3.10a von der Annahme aus, dass in der Suspension ein hydrostatischer Spannungszustand herrscht und die Fließgrenze gleichmäßig über die Kugel verteilt ist. Dies ist eine grobe Vereinfachung, da die Spannungszustände in einer nicht idealen Flüssigkeit bei der Lasteintragung von Schubspannungen über die Kugel gestört und unbekannt sind. Somit ist eine Korrektur für den Übergang von der idealen Fließgrenze $\bar{\tau}_F$ auf eine zutreffendere Fließgrenze τ_F einzuführen:

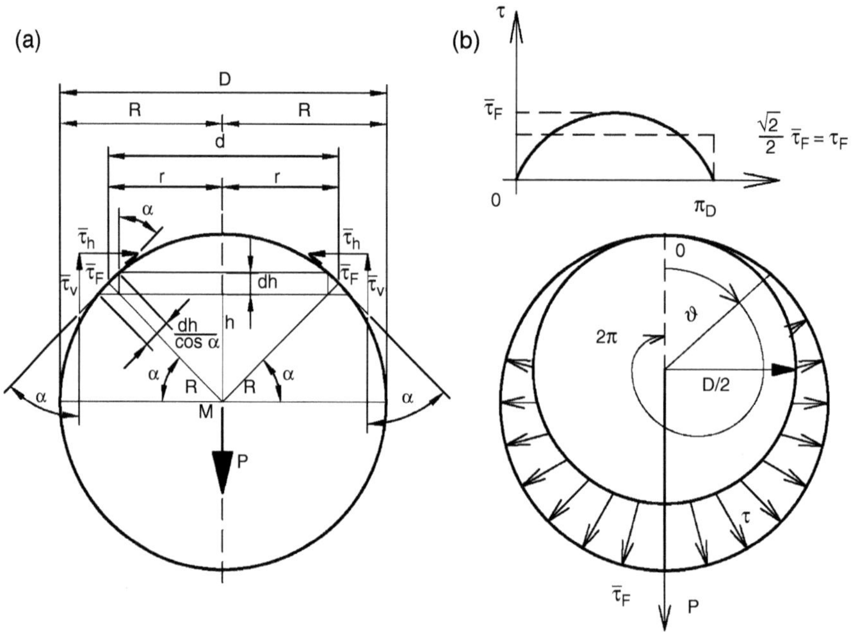

Abb. 3.10 Krafteinwirkung auf eine in einer Suspension mit der Kraft P verschobene Kugel. Die Suspension weist die Fließgrenze τ_F auf.
Es wird (a) eine gleichmäßig über die Kugelfläche verteilt angreifende Fließgrenze $\bar{\tau}_F$ angenommen (nach Weiß 1967); (b) zeigt eine Vorstellung zur Ableitung des Korrekturfaktors von $\bar{\tau}_F$ (gleichmäßige Verteilung der Schubspannungen) auf eine der wirklichen Fließgrenze der Suspension näherkommende Größe.

Angenommen wird, dass eine sinusförmige Verteilung der an der Kugeloberfläche angreifenden Schubspannungen mit der maximalen Fließgrenze in Richtung der resultierenden Kraft vorliegt (Abb. 3.10b). In der Flüssigkeit wird ein Schergefälle $\dot{\gamma}$ im Bereich der Kugel erzeugt, welches auch mit einer Phasenverschiebung bezüglich der max. Schubspannung angesetzt werden kann. Will man nun leistungsmäßig eine äquivalente gleichmäßige Verteilung der Schubspannungen τ_F ansetzen, so muss gelten (ähnlich der Leistungsgleichheit von Gleichstrom zu Wechselstrom):

$$\tau_F = \frac{\sqrt{2}}{2}\bar{\tau}_F = 0{,}7\bar{\tau}_F \tag{3.14}$$

Wird nun die tatsächliche Fließgrenze mit τ_F bezeichnet, so ergibt sich eine Widerstandskraft T gegen das Einsinken der Kugel, welche lautet:

$$T = \frac{1}{0{,}7}\frac{\pi^2 D}{4} \cdot \tau_F \tag{3.15}$$

Durch Einsetzen von Gl. (3.8) und Gl. (3.15) in Gl. (3.7) ergibt sich:

$$\tau_F = 0{,}7 \cdot \frac{2}{3\pi} \cdot D(\gamma - \gamma_F) \approx 0{,}15 \cdot D(\gamma - \gamma_F) \tag{3.16}$$

Aus dieser Formel ist ersichtlich, dass man verschiedene Fließgrenzen τ_F zu verschiedenen Durchmessern D und Materialwichten γ der Kugel zuordnen kann, so dass man daraus bei bekanntem γ_F der Suspension die Fließgrenze bestimmen kann.

Mit Hilfe der Gl. (3.16) und bei bekannter Dichte der Stützflüssigkeit ρ_F sowie bekanntem Gewicht der Kugeln kann man in Abhängigkeit des Kugelmaterials und Durchmessers die Fließgrenze τ_F der Suspension bestimmen. Eine solche Tabelle findet man in den entsprechenden Anhängen der Normen (s. Tab. 3.1).

Die Ermittlung der maßgeblichen Fließgrenze aufgrund der relativ groben Einteilung durch die Kugelnummer (1 bis 10 in der Tab. 3.1) kann in einigen Bauaufgaben nicht genau genug sein, obwohl es sich aufgrund von Inhomogenitäten des Baugrundes diese Einteilung bewährt hat. Für die Ermittlung der Fließgrenze wird üblicherweise diejenige Kugel genommen, welche gerade nicht absinkt und die Schnur noch schlaff ist. Diese Grenze ist manchmal nicht eindeutig genug und man muss zwischen zwei Kugeln entscheiden. Ein gespannter Faden deutet allerdings auf eine Kugel (Korn), welche durch die Fließgrenze nicht gehalten werden kann (Fließgrenze ist nicht ausreichend!)

Die Zuordnung von Kugeln zu Fließgrenzen ist von der Dichte der eingesetzten Stützflüssigkeit abhängig. Ordnet man eine kritische Fließgrenze einer Kugel zu, und zwar diejenige bei der die Kugel in der Stützflüssigkeit in Schwebe gehalten wird, bedeutet dies, dass Kugeln aus gleichem Material, aber größerem Durchmesser dann untertauchen würden.

Die DIN 4127 gibt für Zweifelsfälle eine Hilfe wie die Bestimmung der Fließgrenze in diesem Fall erfolgen sollte. Demnach wird die Fließgrenze zwischen der kritischen Fließgrenze der Kugel mit der größten Nummer, die noch schwimmt und der kritischen Fließgrenze der Kugel mit der kleinsten Nummer, die in der

Tab. 3.1 Bestimmung der Fließgrenze τ_F in N/m² mit dem Kugelharfengerät.

1	2	3	4	5	6	7	8	9	10	11
Kugel				für φ_F in g/cm³						
Nr.	Werkstoff	Durchmesser mm	Gewicht g	1,02	1,07	1,12	1,17	1,22	1,27	1,32
1	Glas	2,9	0,033	6,9	6,7	6,5	6,2	6,0	5,8	5,7
2		4,2	0,105	10,0	9,7	9,4	9,0	8,7	8,4	8,1
3		5,8	0,26	13,8	13,4	12,9	12,5	12,1	11,6	11,2
4		7,6	0,60	18,1	17,5	16,9	16,4	15,8	15,2	14,7
5		10,6	1,59	25,2	24,4	23,6	22,8	22,0	21,3	20,5
6		15,1	4,70	35,9	34,8	33,6	32,5	31,4	30,3	29,2
7	Stahl	4,0	0,26	39,8	39,5	39,2	38,9	38,6	38,3	38,0
8		5,0	0,51	49,8	49,5	49,1	48,7	48,4	48,0	47,6
9		6,0	0,87	59,7	59,3	58,8	58,4	57,9	57,5	57,0
10		7,0	1,39	70,0	69,5	68,9	68,4	67,9	67,4	66,9

Stützflüssigkeit eingetaucht ist. In diesem Fall können die Mittelwerte der jeweils aufeinander folgenden Kugelnummern benutzt werden (s. Tab. 3 aus DIN 4127, 2011-02). Ein Beispiel ist für die Kugeln 1–3 in der Tab. 3.2 angegeben.

Ähnlich wie die Kugelharfe arbeitet auch das Pendelgerät, bei dem eine Kugel mit einem Faden an einem Aufhängepunkt außerhalb des Behälters, welcher mit Flüssigkeit gefüllt wird (Abb. 3.9), verbunden ist. Das Volumen des Flüssigkeitsbehälters muss in Abhängigkeit vom Durchmesser der Kugel gewählt werden. Behälter und Aufhängung der Kugel sollen aus ihrer Ausgangsstellung innerhalb von 30 sec mit einer Geschwindigkeit von 3 cm/sec erschütterungsfrei gegeneinander in die Endstellung verschoben werden können. Für die Prüfung ist zusätzlich ein Quirl oder Schneebesen erforderlich, mit dessen Hilfe im Behälter eine kräftige Fließbewegung erzeugt werden kann bevor die Kugel in der Suspension verschoben wird. Schließlich wird noch entweder eine Skala zur Messung der Auslenkung α des Pendels im Bogenmaß oder eine Skala zur Messung des $\tan\alpha$ benötigt (Abb. 3.9).

Ähnlich wie bei der Kugelharfe nach einer seitlichen Auslenkung der Kugel, versucht diese in die Nulllage zurückzukehren. Aufgrund der vorhandenen Fließgrenze wird ein Widerstand der Flüssigkeit gegen diese Bewegung erzeugt. Dieser bewirkt, dass die Kugel nach einer bestimmten Auslenkung stecken bleibt. Das in diesem Zustand herrschende Gleichgewicht ist in Abb. 3.11 dargestellt. Der Widerstand der Scherkräfte P, welche von der Flüssigkeit auf die Kugeloberfläche gegen die Bewegung in Richtung Nulllage geweckt wird, ist im Gleichgewicht mit der Kraft *F*, welche aus den Komponenten des Eigengewichts minus Auftrieb treibend auf die Kugel wirkt.

Aus der Gleichgewichtsbeziehung:

$$P = (G - A)\sin\alpha \quad \text{folgt} \quad \tau_F = 0{,}15\, d\,(\gamma - \gamma_F) \cdot \sin\alpha \tag{3.17}$$

wobei

$F = (G - A) \cdot \sin\alpha$: treibende Kraft aus Eigengewicht abzüglich Auftrieb

P: haltende Kraft aus Scherspannungen nach Gl. (3.16) ist.

Tab. 3.2 Zwischenwerte zur Bestimmung der Fließgrenze in N/m² mit dem Kugelharfengerät.

Kugel				Bestimmung der Fließgrenze in N/m² mit dem Kugelharfengerät										
Nr.	Werk-Stoff	Durchmesser mm	Gewicht g	Fließgrenze in N/m² für ρ_F in g/cm³										
				1,02	**1,03**	**1,04**	**1,05**	**1,06**	**1,07**	**1,08**	**1,09**	**1,10**	**1,11**	**1,12**
1	Glas	2,9	0,033	6,90	6,86	6,82	6,78	6,74	6,70	6,66	6,62	6,58	6,54	6,50
Zwischenwerte		Kugel	1/2	8,45	8,40	8,35	8,30	8,25	8,20	8,15	8,10	8,05	8,00	7,95
2	Glas	4,2	0,105	10,0	9,94	9,88	9,82	9,76	9,70	9,64	9,58	9,52	9,46	9,40
Zwischenwerte		Kugel	2/3	11,90	11,83	11,76	11,69	11,62	11,55	11,47	11,39	11,31	11,23	11,15
3	Glas	5,8	0,260	13,80	13,72	13,64	13,56	13,48	13,40	13,33	13,20	13,10	13,00	12,90

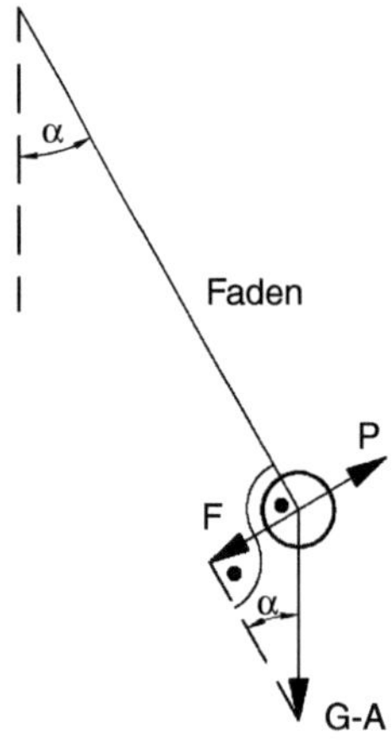

Abb. 3.11 Gleichgewichtslage einer Kugel in einer Suspension nach erfolgter Auslenkung aus der vertikalen Lage im Pendelgerät.

Eine praktische Ausführung des Pendelgerätes zur Messung der Fließgrenze ist in Abb. 3.12 angegeben. Der Behälter nach Abbildung 3.12 ist in einem Rahmen platziert. Auf diesem Rahmen wird in Schüssen ein Stahlrohr mit Muffen soweit verlängert, bis die Höhe für die Aufhängung des Pendels am Tragarm ausreichend ist. Am Tragarm ist ein Nylonfaden befestigt, an dessen Ende wiederum eine Kugel. Die Befestigung der Kugel an dem Nylonfaden erfolgt entweder mit Hilfe einer Bohrung, wobei Klebstoff den Nylonfaden in der Kugel hält oder über eine Bohrung mit Verschraubung, in die eine Öse gedreht wird, an der der Nylonfaden befestigt ist.

Die Versuchsdurchführung fängt mit dem Füllen des Behälters mit der zu prüfenden Flüssigkeit der Wichte γ_F an. Die Fließgrenze τ_F wird etwa nach einer Minute thixotroper Verfestigungszeit bestimmt. Zu diesem Zweck wird die Flüssigkeit mit einem Quirl kräftig gerührt. Die Bewegung der Kugel in der Flüssigkeit kann nun auf zwei Arten erfolgen:

– Nach dem Herausnehmen des Quirls wird bei Stillstand der Flüssigkeit eine Stoppuhr eingeschaltet und die Kugel an dem Faden in möglichst vertikaler Ausrichtung in die Flüssigkeit eingebracht. Zwischen 8 sec und 30 sec vor Ende der vorgesehenen Ruhezeit t (1 min) werden Behälter mit der Flüssigkeit und Aufhängung der Kugel so gegeneinander verschoben, dass am Ende der vorgesehenen thixotropen Verfestigungszeit die Endstellung erreicht wird. Die Endstellung ist innerhalb der durch Abb. 3.9 gegebenen Grenze frei wählbar, jedoch soll der Faden mindestens einen Weg von 150 mm an der Flüssigkeitsoberfläche zurückgelegt haben. Nach einer weiteren Minute wird die Auslenkung α bzw. $\tan\alpha$ des Pendels abgelesen. Die Ableseskala ist entsprechend der eingesetzten Kugel zu wählen (Abb. 3.9). Nach Messung der Auslenkung ist die Fließgrenze nach Gl. (3.16) zu bestimmen. Die Temperatur ist auf $\pm$ 2 K einzuhalten. Die Fließgrenze stat τ_F ist nach 16 h Ruhezeit der Suspensionen zu messen.

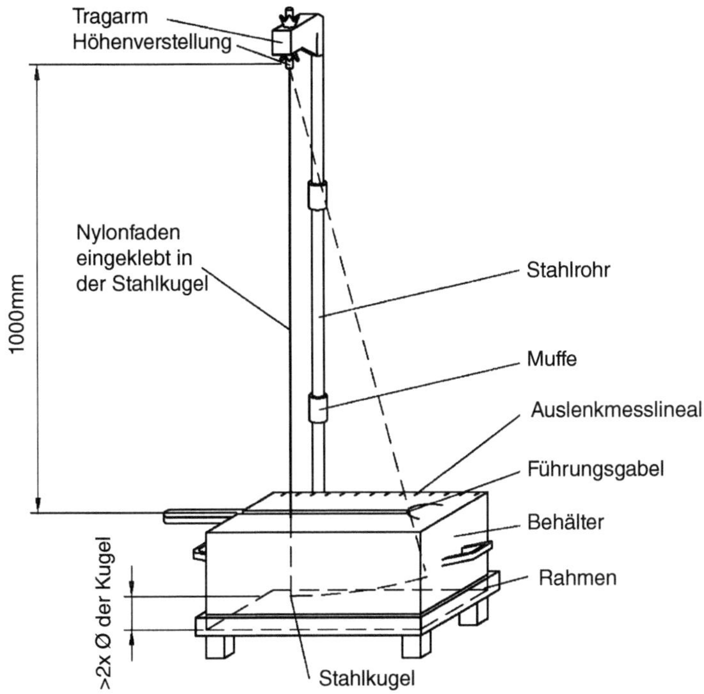

Abb. 3.12 Praktische Ausführung eines Pendelgerätes mit einem Führungskabel zur gleichmäßigen Bewegung der Stahlkugel.

- Nach Beendigung des Durchrührens wird die Kugel mit einer Auslenkung, die etwas größer ist als diejenige, die sich später im Gleichgewicht einstellt, in die Flüssigkeit eingehängt und mit einer Führungsgabel gehalten (Abb. 3.12). Etwa 10 bis 30 sec vor Ablauf der Ruhezeit von einer Minute lässt man das Pendel in Richtung der senkrechten Lage gleiten, wobei die Gabel eine Funktion der Führung und Geschwindigkeitssteuerung übernimmt. Die Bewegung mit der Gabel ist so zu steuern, dass die Kugel nach Ablauf der 10 bzw. 30 sec in der Ruhelage stehen bleibt (verharrt). Die Auslenkung an dieser Stelle ist maßgebend für die Fließgrenze τ_F, welche direkt an der angebrachten Skala abzulesen ist oder mit Hilfe der Gl. (3.16) bestimmt werden kann.

3.5 Weitere Suspensionsprüfungen

Nicht jede Suspension ist für jeden Boden und jede Bauaufgabe geeignet. Außer der Eigenstabilität der Suspension wie auch ihrer Stabilität gegenüber dem einzubauenden Zement (Beton) ist der anstehende Boden von Bedeutung. Speziell wenn für den Boden zuerst verunreinigte, dann aber regenerierte Suspensionen verwendet wurden, müssen diese den entsprechenden Prüfungen unterzogen werden, bevor

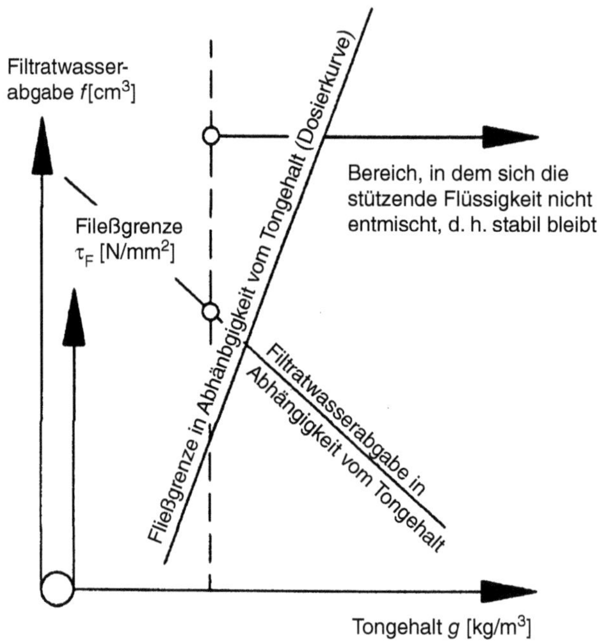

Abb. 3.13 Dosierkurve für stützende Flüssigkeiten mit Tongehalt in Abhängigkeit von Fließgrenze und Filtratwasserabgabe.

sie verwendet werden. Gleiches gilt, wenn der Boden vorher mit zementbasierten Mitteln teilweise vergütet wurde und danach Bentonitsuspensionen verwendet werden, um einen offenen Schlitz herzustellen.

Maßgebende Bodeneigenschaften sind:

- maßgebende Korngröße d_{10} nach DIN 4126,
- Kornwichte γ_s des Bodens,
- Winkel der inneren Reibung φ des Bodens,
- im Zusammenhang mit der Wichte γ_F der stützenden Flüssigkeit die Wichte des Bodens γ'' unter dem Auftrieb der stützenden Flüssigkeit.

Die Entwicklung der Fließgrenze und die Filterwirkung der Suspension hängt entscheidend vom Tongehalt ab (Abb. 3.13). Da die Suspension stabil bleiben muss, ist eine entsprechende Wahl des Tongehaltes von enormer Bedeutung.

Tonsuspensionen sind zur Schlitzwandherstellung geeignet, wenn gewisse Anforderungen erfüllt werden. Bevor diese Anforderungen definiert werden, brauchen wir außer der Fließgrenze τ_F und dem Geschwindigkeitsgefälle $\dot{\gamma}$ die folgenden Kennwerte und Messverfahren zu deren Bestimmung:

a) Scherspannung τ_{500}, Viskosität,
b) Filtratwasserabgabe f,
c) fällt aus der vertikalen Linie aus,
d) Wichte der Suspensionen γ_F,
e) pH-Wert,
f) Sandgehalt.

3.5.1 Scherspannung τ_{500}

Unter Scherspannung τ_{500} versteht man die Scherspannung der Suspension bei einem Geschwindigkeitsgefälle $D = 500\ \text{sec}^{-1}$ (Temp. = 20 °C). Sie kann mit Hilfe eines Viskosimeters ermittelt werden. τ_{500} stellt ein Maß für das Verhalten der Suspension bei hohen Bewegungsgeschwindigkeiten, z. B. Greiferfahrt, dar. In der Abbildung 3.14 ist ein Rotationsviskosimeter und ein Schema seiner Wirkung abgebildet.

Für die Messung der Viskosität (Zähigkeit) wird die Scherspannung τ_{500} als kennzeichnend angenommen. Die Messung setzt einen laminaren Strömungsvorgang im Viskosimeter voraus. Im Ringspalt zwischen einem äußeren ruhenden und einem inneren rotierenden Topf wird die Tonsuspension, die an den Wandungen der Zylinder durch Haftung zurückgehalten wird, bewegt bzw. abgeschert. Über das Drehmoment, das für eine gleichmäßige Rotation des inneren Zylinders benötigt wird, werden die Geschwindigkeiten bestimmt. Die Scherspannung τ_{500} wird durch Interpolation zwischen Scherspannungen, die einem niedriger und einem höher liegenden Geschwindigkeitsgefälle als $D = 500\ \text{sec}^{-1}$ zugeordnet sind, und anschließender Reduktion nach der folgenden Gleichung ermittelt:

$$\tau_{500} = \mathrm{k} \cdot \tau' + 500\,(1 - \mathrm{k})\,\frac{\tau_1 - \tau_2}{\mathrm{D}_1 - \mathrm{D}_2} \qquad (3.18)$$

Hierin bedeuten:

$D_1 > 500\ \text{sec}^{-1}$	höheres Geschwindigkeitsgefälle
τ_1	zugehörige Scherspannung
$D_2 < 500\ \text{sec}^{-1}$	niedriges Geschwindigkeitsgefälle
τ_2	zugehörige Scherspannung

$$\tau' = \tau_1 - \frac{\tau_1 - \tau_2}{\mathrm{D}_1 - \mathrm{D}_2} \cdot (\mathrm{D}_1 - 500) \qquad (3.19)$$

$$\mathrm{k} = \frac{\mathrm{R}^2 - \mathrm{r}^2}{2\mathrm{R}^2 \cdot \ln\frac{\mathrm{R}}{\mathrm{r}}} \text{ eine Gerätekonstante} \qquad (3.20)$$

R	Radius des äußeren Zylinders im Rotationsviskosimeter
r	Radius des inneren Zylinders im Rotationsviskosimeter

Die Temperatur ist auf $(20 \pm 1)°$ einzuhalten. Eine schematische Skizze des Rotationsviskosimeters ist in Abb. 3.14 angegeben.

Eine Rotation der äußeren Büchse verursacht an dem inneren Zylinder des Gerätes eine Torsion, so dass eine Drehbewegung der Torsionsfeder registriert werden kann. Ein elektronischer Antrieb kann unterschiedliche Drehungsgeschwindigkeiten erzeugen. Die meisten Geräte sind so kalibriert, dass der Unterschied der Ablesungen für den Torsionswiderstand bei 600 und 300 Umdrehungen/min direkt die plastische Viskosität in Centipoise (cP) ist: ($1\text{cP} = 10^{-3}\text{Ns/m}^2 = \text{mPas}$). Mehr

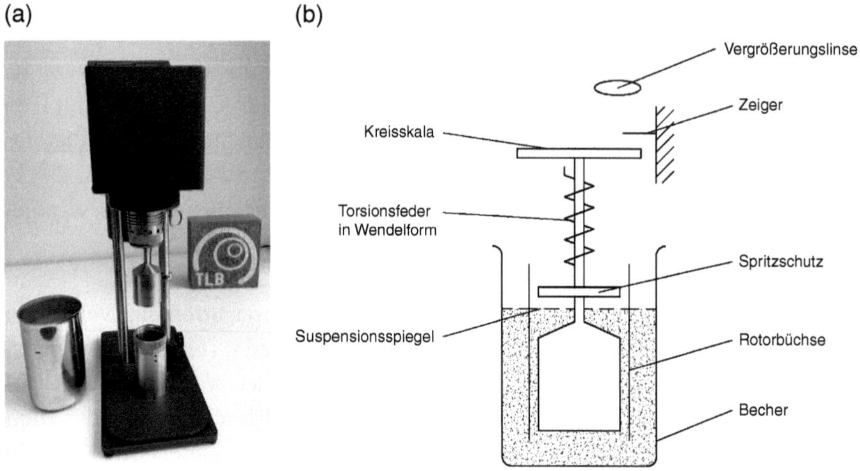

Abb. 3.14 (a) Rotationsviskosimeter mit elektronischer Drehzahlregelung (Quelle: Bentonitlabor, Ruhr-Universität Bochum); (b) Schematische Darstellung des Rotationsviskosimeters.

über die Theorie des Viskosimeters kann in der Arbeit von Jefferis (1972) gefunden werden.

Für die Messung der Viskosität wird auf der Baustelle auch im Hinblick auf eine einfachere Handhabung und eine Wiederverwendung der Suspension, welche evtl. mit Feinteilen aufgeladen ist, die Auslaufzeit der Suspension in sec aus dem sog. Marsh-Trichter (Abb. 3.15) verwendet.

Dieser Trichter hat ein Fassungsvolumen von ca. 1,5 Litern. Mit diesem genormten Trichter wird die Auslaufzeit der Suspension gemessen, wobei hierfür ein Auffangbehälter von 946 cm^3 (¼ von U. S. Gallone) vorgesehen ist. Die Zeit zum Auffüllen dieses Volumens wird gemessen. Gängige Bentonitsuspensionen haben eine Auslaufzeit zwischen 30 und 40 sec.

Zur Kalibrierung der Auslaufzeiten wurden Flüssigkeiten bekannter Viskositäten verwendet (Wasser bei 21 °C hat eine Auslaufzeit von 26 sec für 946 cm^3). Durch das am Trichter angebrachte Sieb (Abb. 3.15) werden gröbere Verunreinigungen einer wieder verwendbaren Suspension abgehalten, da diese zu einer Verfälschung des Ergebnisses führen können.

Sollte das Sieb überlaufen und Verunreinigungen in den Trichter gelangen, sind diese, wenn möglich, zu entfernen oder der Trichter neu zu befüllen. Vor dem Befüllen des Trichters wird der Trichterauslauf mit dem Zeigefinger zugehalten und der Trichter bis Unterkante Sieb gefüllt. In Abbildung 3.16 ist die Korrelation zwischen plastischer Viskosität und Marsh-Trichter-Viskosität dargestellt. Wenn man zusätzlich zum 946/1500 cm^3 Marsh-Trichter auch die Zeit für 500 cm^3 Suspension in einem Trichter von 500 cm^3 Volumen (Japan) erhalten möchte, sei an dieser Stelle an Xanthakos (1979) verwiesen.

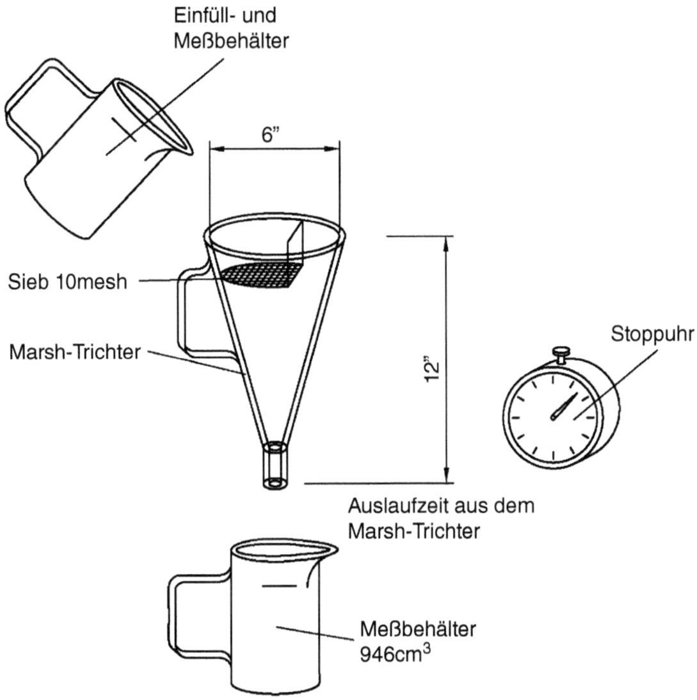

Abb. 3.15 Der Marsh-Trichter für die Viskositätsmessung von Suspension auf der Baustelle.

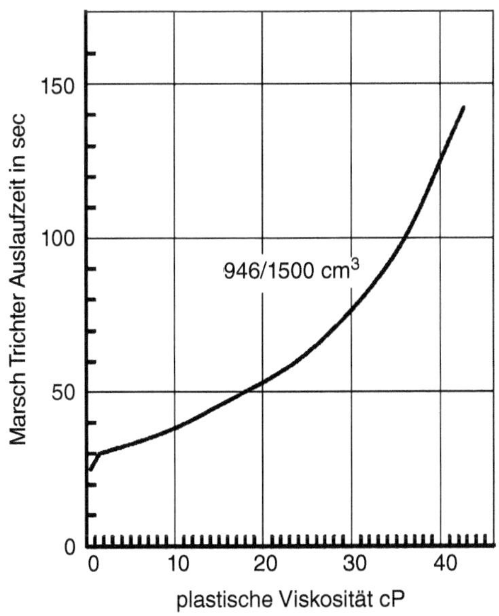

Abb. 3.16 Korrelation zwischen plastischer Viskosität und Marsh-Trichter-Viskosität (Xanthakos 1979).

3.5.2 Filtratwasserabgabe *f*

Die Messung der Filtratwasserabgabe ist eng mit der Stabilität der Suspension verbunden. Wichtige Fragen der Stabilität einer Suspension werden von der Filtratwasserabgabe *f* tangiert, wie z. B.

1. ob es zu einer Sedimentation der Feststoffe kommt
2. ob es zu einer Konsolidierung des Korngerüstes aufgrund von Ausströmen von Wasser kommt und
3. ob das Wasser ungehindert an einer porösen Fläche (Dispensionsknoten) ausgefiltert wird.

In den einschlägigen Normen wird zum Nachweis der Stabilität der Filterpressversuch (Filtratwasserabgabe) verlangt. Die Filtratwasserabgabe *f* ist das Volumen des Filtratwassers in cm^3 im Filterpressversuch. Der Filterpressversuch findet in der Filterpresse statt (Abb. 3.17). Die zu prüfende Suspension wird in einem genormten Zylinder eingefüllt.

Der zur Aufnahme der Tonsuspension bestimmte Zylinder hat einen Innendurchmesser von 76,2 mm und ist mindestens 63,5 mm hoch. Der Zylinder wird durch einen Deckel abgeschlossen, der mittels eines Dichtungsringes fest schließt und durch eine an einem äußeren Rahmen angebrachte Schraube gegen den Zylinder gedrückt wird. Im Deckel befindet sich die Öffnung für den Eintritt des Druckgases. Der Boden des Zylinders ist mit einem Filtrierpapier geschlossen, das von einem

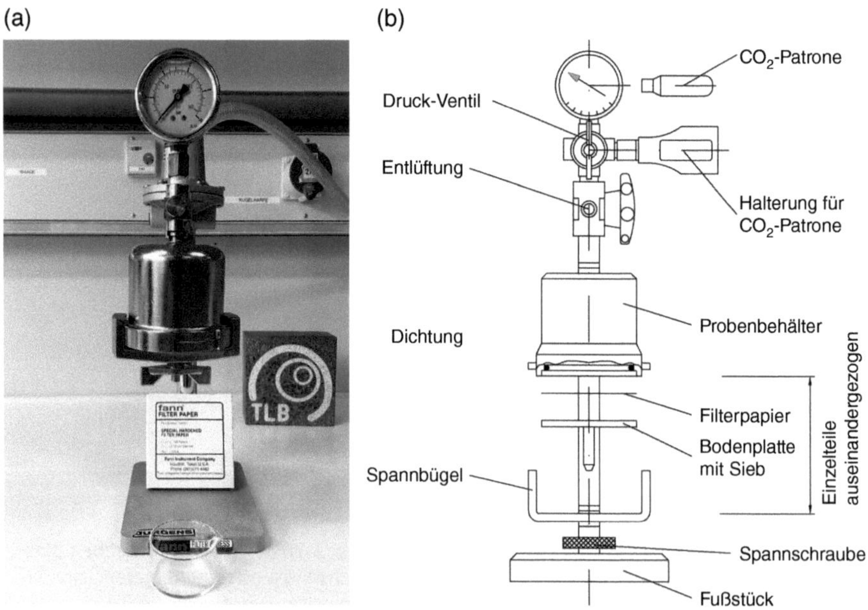

Abb. 3.17 (a) Filterpresse (Quelle: Bentonitlabor, Ruhr-Universität Bochum); (b) Schema einer Filterpresse.

Drahtsieb gestützt wird. Darunter befinden sich eine Fußplatte mit Ablassrohr und die nötigen Dichtungen zum wirksamen Abschluss. Die freie Filterfläche soll genau 45,1 cm^2 betragen. Als Filtrationsdruck wird $7 \pm 0{,}35$ bar Druckluft, Stickstoff oder Kohlendioxyd verwendet. Die Filterpresse muss einen Druckregler besitzen. Für die Messung des Volumens des Filtratwassers muss ein Messzylinder verwendet werden, der mindestens eine 0,5-cm^3-Teilung besitzt.

Sehr penibel ist vor Durchführung des Versuchs auf Sauberkeit sämtlicher Komponenten zu achten. Der Probebehälter wird zunächst mit Suspension bis etwa 6 mm unterhalb der Oberkante gefüllt. Anschließend wird an der Oberkante ein Dichtring eingesetzt. Der Probebehälter wird mit einem als Bodenplatte dienenden und mit einem Filterpapier versehenen Sieb mittels eines Spannbügels und Spannschrauben verschlossen.

Der so vorbereitete Behälter wird an die Filterpresse montiert und das System zunächst entlüftet. Unterhalb des montierten Probebehälters wird ein Messzylinder zur Abfangung des abgepressten Wassers gestellt und mit Hilfe eines Druckventils kann ein vorgesehener Druck von etwa 7 bar eingestellt werden. Etwa nach 7,5 min ist die Filtratwassermenge, im Messzylinder aufgefangen, zu messen.

Suspensionen, die einen Tongehalt g aufweisen, welcher höher als der Tongehalt g_{15} ist, bei dem der Filterpressversuch ein Filtratwasser von 15 cm^3 ergibt, gelten als stabil (man braucht dann keinen Nachweis der Stabilität zu führen). Diese Aussage liegt auf der sicheren Seite. Der Umkehrschluss ist daher nicht erlaubt: Suspensionen mit einem Tongehalt unter g_{15} können noch ausreichend stabil sein. Dies gilt vor allem, wenn keine hohen Anforderungen an die Stabilität gestellt werden, weil z. B. während des Baubetriebs ein Homogenisierungsaufwand betrieben wird.

Die Aussagekraft aller Laborversuche zur Stabilität der Suspensionen, zur Sedimentation und Konsolidation sowie das Filtrationsverhalten ist hinsichtlich der Rückschlüsse auf die Vorgänge an der Baustelle gering. Es wird die Filtratwasserabgabe im Labor bevorzugt behandelt, da alle anderen Laborversuche mindestens 12 h dauern, wogegen der Filterpressversuch nur 10 min in Anspruch nimmt. Somit wird meist dieser Versuch zur Prüfung der Stabilität der Suspensionen herangezogen.

Parallel zum Filtratwasser wird beim Filterpressversuch auch die Dicke des während des Versuches erzielten Filterkuchens auf das Filterpapier gemessen. Die Bildung eines dichten Filterkuchens bei der Filtratwasserabgabe behindert eine mögliche Erosion an der Wandung der Schlitzwand. Dies wird als Zeichen der Stabilität der Mischung bewertet.

3.5.3 Tongehalt g_{15}

Der Tongehalt g_{15} ist der Tongehalt in kg/m^3 Suspension, der beim Filterpressversuch eine Filtratwasserabgabe $f = 15$ cm^3 ergibt (Abb. 3.18).

In Abbildung 3.18 sind die Zusammenhänge zwischen Fließgrenze und Tongehalt einerseits und Filtratwasserabgabe im Filterpressversuch und Tongehalt andererseits kombiniert worden.

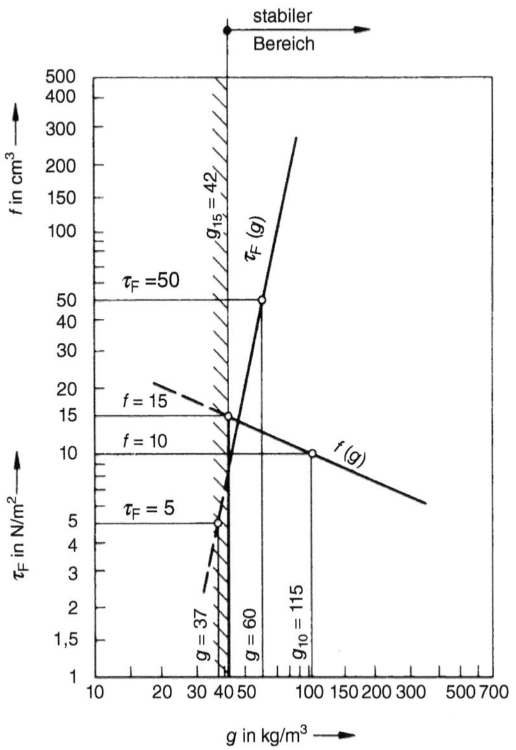

Abb. 3.18 Fließgrenze und Filtratwasserabgabe in Abhängigkeit vom Tongehalt; Beispiel: Schlitzwandton DIN 4127:2014-02.

Zur Bestimmung der beispielhaft eingetragenen 2 Kurven (hier: Geraden) für τ_F und f in Abhängigkeit vom Tongehalt sind immer mindestens zwei Versuche mit unterschiedlichem Tongehalt erforderlich. Mit Hilfe der Kurve für τ_F kann somit für eine bestimmte erforderliche Fließgrenze τ_F der erforderliche Tongehalt für eine stützende Flüssigkeit ermittelt, das heißt dosiert werden.

Der stabile Bereich ist gekennzeichnet durch den Umstand, dass dort unabhängig von den Einflussfaktoren der Stabilität jede Tonsuspension diese Eigenschaft behält.

3.5.4 Bestimmung der Dichte der Suspensionen

Diese lässt sich mittels einer Spülungswaage (Abb. 3.19) nach dem Anmischen von Ton und Bentonit oder sonstigen Zusätzen direkt bestimmen. Sie besteht aus einem Probenbecher mit Deckel, einem Stativ, einem Waagebalken mit Stricheinteilung und Libelle sowie einem Reiter. Der Probenbehälter wird mit der Stützflüssigkeit satt gefüllt. Der Fuß des Instruments ist vorher auf einer waagerechten Unterlage aufzustellen. Der Probenbehälter weist ein Loch im Deckel auf. Es ist darauf zu achten, dass etwas Stützflüssigkeit durch das Loch aufsteigt, wenn der Behälter verschlossen wird. Dadurch ist sichergestellt, dass der Behälter satt gefüllt ist, d. h. das Normvolumen zur Dichtebestimmung ist mit der Stützflüssigkeit ausreichend genau

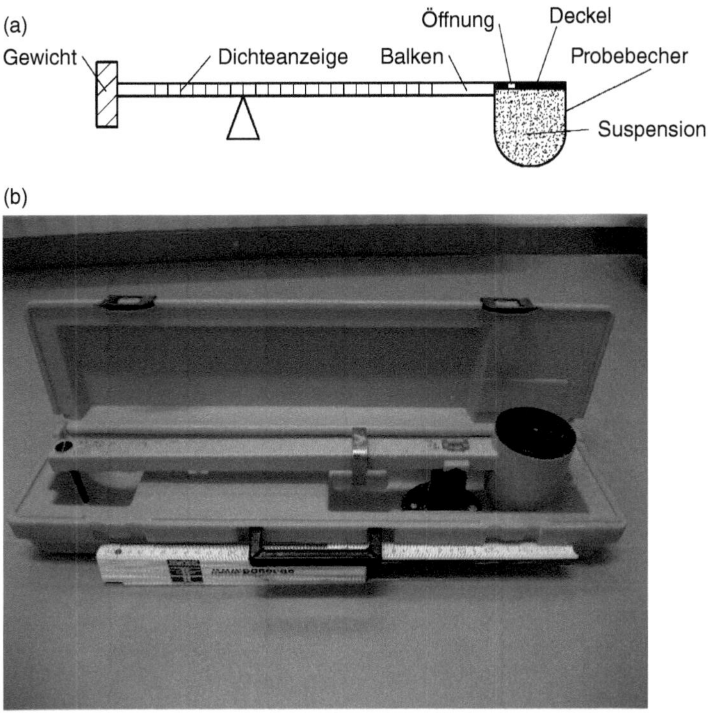

Abb. 3.19 Spülungswaage – (a) Prinzip und (b) Foto.

gefüllt. Anschließend ist für eine genaue Messung die Behälteroberfläche zu reinigen. Der Reiter auf dem Laufbalken ist so lange zu verschieben, bis der Waagebalken bei einspielender Libelle im Gleichgewicht steht. Auf der Skala des Waagebalkens kann dann die Dichte der Flüssigkeit abgelesen werden. Eine indirekte Messung der Dichte ohne Verwendung dieser Skala kann über die Wichte erfolgen; 1 Liter Wasser wird in den Zylinder eingesetzt und nach Abzug des Taragewichts erhält man das Gewicht für 1 Liter Wasser. In den Behälter füllt man nun 1 Liter Suspension und nach Abzug des Taragewichtes erhält man das Gewicht der Suspension. Die Dichte der Suspension errechnet sich aus dem Verhältnis der Nettogewichte von Suspension zu Wasser.

Wir haben bereits am Anfang dieses Kapitels in einem einfachen Beispiel die Berechnung der Dichte für eine Mischung aus Trockenbentonit und Wasser demonstriert. Hier wird die Berechnung für nicht trockene Bentonite erweitert.

Grundstoff zum Anmischen der Suspension auf der Baustelle ist Bentonit, welches in Pulverform angeliefert wird. Dieses Pulver ist nicht trocken, sondern es hat einen bestimmten Wassergehalt. Geht man von einer Korndichte ρ_s und einem Wassergehalt w des gelieferten Tons aus und möchte eine Suspension mit dem Tongehalt g [kg/m³] erhalten, so ist wie folgt zu verfahren:

1. Dichte des feuchten Tons:

$$\rho'_s = \frac{\rho_S \rho_W (1 + w)}{\rho_W + \rho_S \cdot w} \tag{3.21}$$

Für $\rho_W = 1\ t/m^3$ folgt:

$$\rho'_s = \frac{\rho_s (1 + w)}{1 + \rho_s \cdot w} \tag{3.22}$$

2. Dichte der Suspension mit Tongehalt g und ρ_F:

$$\rho_F = \frac{M_W + M_T}{V_W + V_T} = \frac{1000\rho'_s + g(\rho'_s - \rho_w)/(1 + w)}{1000\rho'_s} \tag{3.23}$$

mit $\rho_W = 1\ t/m^3$ folgt

$$\rho_F = \frac{g + 1000 - g/\rho'_s}{1000} \tag{3.24}$$

3. Dichte der Suspension mit Füllstoffanteil g_1 der Dichte ρ_{s1} (z. B. Steinmehl):

$$\rho_F = \frac{g + g_1 + 1000 - \left(g/\rho'_s + g_1/\rho'_{s1}\right)}{1000} \tag{3.25}$$

Die je m^3 Suspension erforderliche Wassermenge V_W (bei $\rho_W = 1\ t/m^3$) errechnet sich aus:

$$V_w = 1000 - (g/\rho'_s + g_1/\rho'_{s1}) \text{ in Liter} \tag{3.26}$$

3.5.5 pH-Wert-Messung

Der pH-Wert (temperaturabhängig!) bestimmt den Säuregrad einer Lösung. Ein pH-Wert zwischen 7 und 14 kennzeichnet eine basische Lösung und pH-Werte kleiner als 7 eine saure Lösung. Es gibt viele Gründe, den pH-Wert einer Stützsuspension zu prüfen, da sowohl das Anmachwasser wie auch im Falle der Wiederverwendung der Suspension ihre Alkalität durch Zementverunreinigungen bzw. saure Böden (Humus) beeinflusst sein kann. Eine Veränderung des pH-Wertes kann die Brauchbarkeit wie auch die Stabilität der Suspension in Frage stellen, zumal die elektrischen Anziehungskräfte bzw. Ladungen zwischen den Tonpartikeln davon direkt abhängen. Weitere Eigenschaften wie Quellen und Thixotropie hängen von diesem Wert auch ab.

Üblicherweise soll die Suspension bei 20° einen pH-Sollwert zwischen 9–10 haben. Bei Überschreitung dieser oberen bzw. unteren Grenze um 0,5 ist die Stabilität der Suspension mit dem Filterpressversuch zu überprüfen.

Es gibt grundsätzlich zwei Methoden zur Bestimmung des pH-Wertes:

– *Mittels pH-Elektrode* mit Temperaturkompensation:

  Diese Elektroden werden im basischen bzw. sauren Bereich mit entsprechenden Prüfflüssigkeiten kalibriert, wobei für die Skalierung zusätzlich destilliertes Wasser benutzt wird (pH-neutral = 7). Die pH-Elektrode muss noch parallel einen Temperaturfühler aufweisen, der die jeweilige Temperatur misst und automatisch den pH-Wert regelt (falls nicht, gibt es Tabellen, welche jeweils eine Umrechnung des pH-Wertes bei 20 °C ermöglichen).

- *Mittels pH-Messstreifen*:

  Diese Streifen bestehen aus einem speziellen Papier mit Farbmarkierungen. Die Streifen mit der Farbmarkierung sind in die zu prüfende Suspension zu tauchen, wobei sich an den Streifen innerhalb von Sekunden eine Farbänderung einstellt. Die Farbkombination ist mit der Farbskala der gelieferten pH-Streifen zu vergleichen und so wird aufgrund des Farbvergleichs der pH-Wert festgelegt. Diese Messung ist relativ grob und hat nicht die Qualität der Messung mit der pH-Elektrode.

3.5.6 Bestimmung des Sandgehaltes

In verschiedenen Abständen oder bei Wiederverwendung einer schon gebrauchten Bentonitsuspension ist ihre Aufladung mit Feinsand zu überprüfen. Ein einfaches Gerät mit dem man knapp bis zu 20 Volumenprozente Sand in einer Suspension messen kann, ist in Abb. 3.20 angegeben.

Das Gerät besteht aus einem 200-mesh (US-Bureau of Standards: 0,074 mm Maschenweite, z. B. größtes Sieb 2,5 mesh entspricht 8,0 mm Maschenweite und das feinste Sieb mit 400 mesh entspricht einer Maschenweite von 0,037 mm. Die Angabe x-mesh beschreibt die Anzahl der Sieböffnungen per inch = 2,54 cm) Sieb, einem Einfülltrichter und einem mit Stricheinteilung versehenen Glaszylinder, an dem das Sandvolumen von 0–20 % direkt abgelesen werden kann. Zur Durchführung der Prüfung wird wie folgt verfahren:

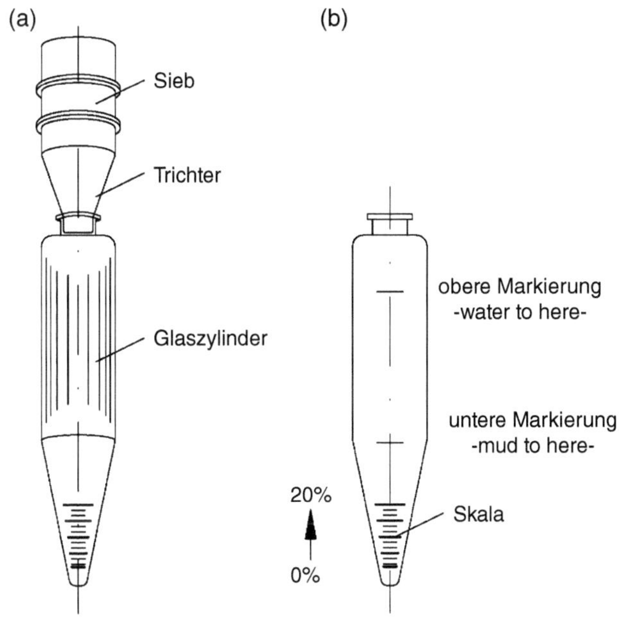

Abb. 3.20 Gerät zur Sandgehaltsbestimmung (Fa. Baroid).

- Zunächst wird die Suspensionsprobe in den Glaszylinder bis zur Markierung: „mud to here“ gefüllt. Dazu wird Wasser bis zur Markierung: „water to here“ (Abb. 3.20) gegeben. Mit dem Daumen wird der Glaszylinder verschlossen und kräftig geschüttelt (Handdrehungen).
- Die geschüttelte Mischung wird durch das Sieb geschüttet und die Reste der Suspension, welche sich noch im Glaszylinder befinden mit klarem Wasser gereinigt, wobei dieses Wasser auch durch das Sieb zu schütten ist. Dadurch sollen sämtliche Sandpartikel, welche sich in der Suspension befunden haben, nun auf dem Sieb landen. Der Sand, welcher sich auf dem Sieb befindet, wird so lange mit Wasser gespült, bis er völlig vom Bentonit befreit ist.
- In einem weiteren Schritt wird der Trichter auf das Sieb platziert und gemeinsam (Sieb und Trichter) umgedreht, wobei beide in die Öffnung des Glaszylinders gesteckt werden (Stellung nach Abb. 3.20a). Mit Hilfe von klarem Wasser, welches auf die Rückseite des Siebes gesprüht wird, spült man vorsichtig den Sand in den Glaszylinder zurück. Dort soll sich der Sand setzen.
- Im letzten Schritt liest man nun an der Oberfläche des abgesetzten Sandes die Markierung der Skala ab, die im Glaszylinder angegeben ist (Abb. 3.20b). Die Ablesung an der Oberfläche der Sandmenge entspricht dem prozentualen Anteil von Sand in der geprüften Bentonitsuspensionsprobe.

3.6 Anforderungen an stützende Flüssigkeiten und verwendete Tone

Ein Ton ist zur Herstellung stützender Flüssigkeiten geeignet, wenn er:

a) keine schädlichen Mengen an Salzen enthält, die den Korrosionsschutz der Bewehrung beeinträchtigen, wie z. B. Nitrate, Halogenide (außer Fluorid), es sei denn, seine Verwendung wird für Stahlbetonbauteile ausgeschlossen. Der Ton darf nicht mehr als w (Cl) = 0,60 % Massenanteil Chlorid (Cl) enthalten und folgende Forderungen (Abb. 3.21) erfüllt:
b) $0{,}5\ \tau_F \leq \tau_{F\ (10\ °C)} \leq 1{,}3\tau_F$
   $0{,}7\ \tau_F \leq \tau_{F\ (30\ °C)} \leq 1{,}5\tau_F$
c) stat $\tau_F \leq 3{,}5\ \tau_F$ (stat τ_F: statische Fließgrenze)
d) $\tau_{500} \leq 1{,}5\ \tau_F$

Der Schlitzwandton entspricht seiner Bezeichnung, wenn die Fließgrenzen τ_F der Suspension um höchstens $\pm$ 35 %, ihre Filtratwasserabgaben f um höchstens $\pm$ 30 % von den Werten abweichen, die sich aus den Geraden τ_F(g) bzw. f(g) nach Abb. 3.18 ergeben.

Alle Suspensionen müssen die Anforderungen dieses Abschnitts auch noch nach 14-tägiger Lagerung in verschlossenen Gefäßen bei 20 °C erfüllen.

Definiert man τ_F bei 20°C so bedeuten die Forderungen,

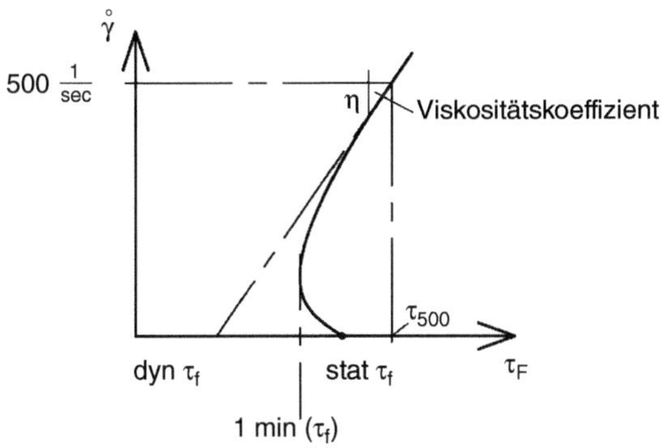

Abb. 3.21 Einschränkungen der Thixotropie und Viskosität.

- dass die stützende Flüssigkeit ausreichend temperaturunabhängig ist,
- dass die Fließgrenze der stützenden Flüssigkeit durch thixotrope Verfestigung nicht unzulässig hoch ansteigt (wodurch eine Behinderung des Betonier- oder Aushubvorganges möglich wäre) (Abb. 3.21),
- dass nur leichtflüssige und keine zähe stützende Flüssigkeiten verwendet werden (Einschränkung der Viskosität), da nur bei leichtflüssigen Flüssigkeiten die Stützflüssigkeit vom Schlitzgreifer abfließen kann und sich diese beim Betonieren nicht ungünstig verhalten.

3.7 Bezeichnung der Suspensionen

Genormt sind bisher nur die Qualitätseigenschaften und Prüfmethoden der Tonsuspensionen für das Zweiphasenverfahren in DIN 4126 und DIN 4127. Alle anderen Stütz- und Dichtungssuspensionen unterliegen derzeit noch einem sehr starken Entwicklungsprozess. Hinweise und Erfahrungen für Dichtwandsuspensionen sind aus der Literatur zu entnehmen (z. B. GDA-Empfehlungen, 1997).

Je nach Tongehalt ändert sich die Fließgrenze τ_F und die Filtratwasserabgabe f. Nach DIN 4127 (August 1986) wird eine Suspension entsprechend dem Beispiel der Abb. 3.18 bezeichnet. Die Bezeichnung Schlitzwandton DIN 4127-42-115-37-60 bezieht sich nach der vorangestellten DIN-Nummer (hier DIN 4127:1986) auf die jeweiligen Tongehalte bei bestimmten Filtratwassermengen und Fließgrenzen. Die Zahlen haben folgende Bedeutung:

42: Tongehalt [in kg/m³] g_{15} bei einer Filtratwasserabgabe von $f = 15$ cm³
115: Tongehalt [in kg/m³] g_{10} bei einer Filtratwasserabgabe von = 10 cm²
37: Tongehalt [in kg/m³] bei dem sich eine Fließgrenze von $\tau_F = 5$ N/m² einstellt
60: Tongehalt [in kg/m³] bei dem sich eine Fließgrenze von $\tau_F = 50$ N/m² einstellt

Die Kurven in Abbildung 3.18 ergeben sich wie folgt:

Aus einem zu prüfenden Ton sind mindestens 4 Suspensionen mit destilliertem oder entionisiertem Wasser und mit verschiedenen Tongehalten g, alle auf Fließgrenzen $0 < \tau_F \leq 100\ N/m^2$ und Filtratwasserabgaben $0 < f \leq 20\ cm^3$ führen, herzustellen und zu prüfen. Die (nicht ganz trockenen) Tone sind im Wasser zu suspendieren. Ein vorhergehendes Trocknen ist unzulässig. Die Herstellung erfolgt durch Dispergieren des Tones in einem Rührgerät mit einer Drehzahl von 2800 bis 3000 min^{-1}. Dispergierwerkzeug ist ein Turbo-Mischer oder eine Dissolverscheibe. Das Verhältnis des Durchmessers des Dispergierkopfs zum Gefäßdurchmesser muss zwischen 1:2,3 und 1:3,3 liegen. Das Verhältnis der Füllhöhe des Gefäßes zum Gefäßdurchmesser darf höchstens 2 : 1 betragen. Die Dispergierzeit beträgt 10 min. Alle Messungen sind an ausgequollenen Suspensionen durchzuführen. Suspensionen sind ausgequollen, wenn sich ihre Fließgrenze innerhalb von 6 Stunden um nicht mehr als 10% ändert.

3.8 Prüfung des angelieferten Tons

Nach Anlieferung des Tons auf der Baustelle ist dieser innerhalb von 21 Tagen nach dem Datum des Lieferscheins (bei Probenahme im Werk vom Datum der Probenahme), zu einer Suspension zu verarbeiten. Die erforderlichen Prüfungen sind in diesem Zeitraum abzuschließen.

Mit der Lagerungsdauer verändern sich die Eigenschaften chemisch aktivierter Tone. Unter Aktivierung versteht man den Ersatz der natürlich vorhandenen austauschfähigen Kationen des Tons durch Kationen, die die Eigenschaften des Tons hinsichtlich der geforderten Eigenschaften verbessern. Über diese langfristigen Änderungen liegen nur ungenügende Erfahrungen vor. Generell sind bei der Lieferung von Ton folgende Prüfungsarten möglich:

Vollständige Prüfung

Die vollständige Prüfung eines Tons umfasst folgende Einzelprüfungen:

w Wassergehalt nach DIN 18121 Teil 1

ρ_s Korndichte nach DIN 18124 Teil 1

gegebenenfalls Massenanteil des Chlorids w (Cl) in %

Kurzprüfung

Die Kurzprüfung eines Tones umfasst folgende Einzelprüfungen:

w Wassergehalt nach DIN 18121 Teil 1

Üblicherweise wird jeweils ein Silo mit Trockenbentonit befüllt. Es empfiehlt sich, aus dem jeweiligen Lieferwagen 3 Proben (Anfang, Mitte, Ende) zu entnehmen und mindestens vor Ort die Kurzprüfung im Baustellenlabor durchzuführen.

3.9 Suspensionsprüfungen (Häufigkeit, Zeitpunkt)

Die Suspension ist vor ihrer Verwendung und während der Baumaßnahme zu prüfen. Die einzelnen Prüfungen, wie Bestimmung der Fließgrenze τ_F Filtratwasserabgabe f und Dichte ρ sowie Sandgehalt wurden bereits angesprochen. Die Häufigkeit der Prüfungen hängt von der Menge der verbrauchten und wiederverwendeten Suspension (wie auch von der Größe der Baustelle) ab. Sie sind jedoch täglich mindestens 1–3 mal durchzuführen. Die Einrichtung eines Baustellenlabors für diese Prüfungen, wie auch für die der Tonlieferungen (z. B. Wassergehalt etc.), ist unerlässlich.

Außer der Prüfung der Suspension während des Aushubbetriebs, wobei die dem Schlitz zufließende Stützflüssigkeit geprüft wird, gibt es noch andere Phasen der Schlitzwandherstellung, welche mit Prüfungen begleitet werden, wie z. B.

- vor dem Bewehren und Betonieren

  Es wird mit einem speziell hierfür konzipierten Entnahmegerät (Büchse) Stützflüssigkeit in der Nähe der Schlitzsohle (0,3–0,5 m oberhalb davon) entnommen. An diesen Proben werden die Dichte und die Fließgrenze der Suspension bestimmt.

- nach dem Betonieren

  Es ist eine Probe aus der Stützflüssigkeit im oberen Schlitzbereich zu entnehmen und erneut die Dichte und Fließgrenze zu bestimmen.

- regenerierte Suspension

  Bevor eine regenerierte Suspension wiederverwendet wird, muss sie auf ihre Eignung geprüft werden. Dabei sind alle bisher erwähnten Prüfungen zur Bestimmung der Dichte, Fließgrenze, Filtratwasserabgabe, Sandgehalt, Viskosität, pH-Wert etc. der Suspension vorzunehmen, um festzustellen, ob die Suspension mit ihren Eigenschaften im jeweilig zulässigen Bereich liegt.

3.10 Zulässige Werte für Suspensionseigenschaften

Die Suspensionseigenschaften (z. B. Fließgrenze, Viskosität) beeinflussen den Betoniervorgang. Die Wahl einer Suspension hat Konsequenzen auf die Bewehrungsführung. Viele Fehler bei der Ausführung oder viele der beim Aushub der Baugrube festgestellten Undichtigkeiten in der Wand haben ihre Ursache in der falschen Anpassung der Suspension an die jeweils vorliegende Situation (s. nächsten Abschnitt). Die Abstände der Bewehrungsstäbe hängen von der Wahl der Fließgrenze der Stützsuspension ab!

Bereits bei der Planung der Baumaßnahme ist es erforderlich, das Konzept der Entsorgung der gebrauchten Suspension einzubeziehen und die Entsorgung zu sichern. Wegen der schwierigen Deponiesituation sind eine möglichst vollständige

Trennung von Suspension und Aushubmaterial und eine optimale Regenerierung der Suspension auf die geforderten Eigenschaften anzustreben. Ziel ist es, durch Wiederverwendung den Verbrauch an Stützsuspension gering zu halten und die Standfestigkeit des Abraumes durch geringen Suspensions- bzw. Bentonitanteil möglichst hoch werden zu lassen, denn eine geringe Standsicherheit wirkt sich negativ bei der Deponierung aus. Mit entsprechenden Entsandungsanlagen (Rüttelsiebe, Zyklone) können feste Bestandteile bis zu Korngrößen von 0,08 bis 0,12 mm abgetrennt werden. Mit aufwendigeren Anlagen (mehrere Zyklonsätze, Zentrifugen) ist eine Trennung von 0,01 bis 0,03 mm durchführbar. Mit solchen Anlagen kann z. B. eine leistungsfähige Schlitzwandbaustelle mit Fräse eine Fläche für die Baustelleneinrichtung von bis zu 500 m^2 benötigen.

Die jeweils zulässigen Werte der Eigenschaften von Stützsuspensionen sind bodenabhängig und für die jeweilige Bauaufgabe neu festzulegen. Die untere Grenze dieser Werte wird meist durch die statischen Erfordernisse bestimmt (minimale Dichte, minimale Fließgrenze). Maßgebend für die obere Grenze sind Anforderungen aus dem Baubetrieb bzw. die Grenzen der Verarbeitbarkeit der Stützflüssigkeit (z. B. Verdrängung durch den Beton, etc.). Da es wenig Sinn macht, absolute Grenzwerte für die Suspensionseigenschaften anzugeben, sind hier nur Richtwerte für die Größenordnungen zusammengestellt:

- **Dichte ρ**
  Minimaler Wert von 1,02 t/m^3 bei Frischsuspension und 1,25 t/m^3 als obere Grenze bei mit Sand angereicherter Suspension.
- **Fließgrenze τ_F**
  Minimaler Wert von nahezu 0 bei Verwendung der Stützflüssigkeit in tonigem Boden und maximaler Wert von 50–60 N/m^2 bei Schlitzen in kiesigem Boden.
- **Filtratwasserabgabe f**
  Minimaler Wert von 17 cm^3 bei der Frischsuspension und max. Wert von 40 cm^3 bei wiederverwendeten Suspensionen.
- **pH-Wert**
  Die Bandbreite liegt im alkalischen Bereich zwischen 9,0–10,5.
- **Viskosität**
  Werte für die Auslaufzeit zwischen 25 sec und 45 sec beim Marsch-Trichter können als Richtwerte für Maximum bzw. Minimum betrachtet werden.

3.11 Korrekturmaßnahmen zur Verbesserung der Suspensionseigenschaften

Aufgrund unterschiedlicher Ursachen (fehlerhafte Dosierung, aufgeladene wiederverwendete Suspension, Bodenchemismus, Ausführungsfehler) kann bei der Prüfung der Suspension festgestellt werden, dass ihre Kenngrößen außerhalb der vorgegeben Grenzen liegen und es deshalb erforderlich wird, die Suspensionen zu verbessern.

3.11.1 Zu niedrige Dichte

Die Suspension muss mit Feststoffen angereichert werden, entweder mit mehr Trockenbentonit, falls die Fließgrenze noch Änderungen erlaubt, oder mit Tonmehl, wenn keine weitere Änderung der Fließgrenze erwünscht ist.

3.11.2 Zu hohe Dichte

Üblicherweise steigt die Suspensionsdichte, wenn sie durch das Aushubmaterial verunreinigt wird. Eine zu hohe Bentonitkonzentration führt auch zu hohen Dichten. Diese Effekte überlagern sich. Es ist zu erwarten, dass die Verunreinigung durch die in der Schwebe gehaltenen Sand- oder Schluffkörner umso stärker sind, je dichter (oder dicker) die Suspension ist.

Mit einer kleinen Dichte lässt sich von Anfang an die Verunreinigung mit Feinboden gering halten. Bei Zugabe von weniger Bentonit liegt Dichte und Fließgrenze der Suspension niedriger, womit auch weniger Bodenkörner in der Schwebe gehalten werden.

Es darf kein Wasser zur Verdünnung der Suspension in den Schlitz gegeben werden, sondern die Stützflüssigkeit ist partiell als Ganzes durch eine dünnere auszutauschen, damit sich die erwünschte Dichte einstellt.

3.11.3 Zu hohe Fließgrenze

Durch Ausfiltern von Wasser aus der Suspension in den Boden, speziell bei tiefliegendem GW-Spiegel kommt es zu einer Eindickung der Suspension. Diese Eindickung bewirkt ein unerwünschtes Ansteigen der Fließgrenze.

Eine Verbesserung der Fließgrenze der Suspension lässt sich dadurch erreichen, dass das ausgefilterte Wasser ersetzt wird. Das darf allerdings nicht direkt und unkontrolliert erfolgen (d. h. nicht im Schlitz), sondern nur bei in Vorratsbehältern befindlichen Suspensionen. Wenn teilweiser Ersatz der Suspension nicht ausreichend ist, dann muss die gebrauchte Suspension vollständig gegen eine Frischsuspension ausgetauscht werden. Beim teilweisen Ersatz der Suspension wird zuerst im Baustellenlabor durch Zugabe von Wasser an Suspensionsproben und durch Messung der Fließgrenze und der Filtratwassermenge die Wassermenge bestimmt, die gebraucht wird, um die gewünschte Fließgrenze zu erreichen.

3.11.4 Zu kleine Fließgrenze

In einem solchen Fall ist die Stabilität des offenen Schlitzes gefährdet und eine Zugabe von Trockenbentonit bzw. eine Erhöhung des Mischungsverhältnisses wird erforderlich.

3.11.5 Versandung der Suspension

In modernen Anlagen (Entsandungsanlagen) lässt sich Sand über eine Regenerierungsanlage abtrennen. Falls beim Schlitzen eine generelle Neigung zur Versandung feststellbar ist, so kann diesem Trend durch eine Verringerung des Bentonitgehaltes begegnet werden.

3.11.6 Die Mischung wird instabil

Dies kann durch die Beobachtung einer zu großen Filtratwassermenge beim Filterpressversuch bzw. durch ein zu großes Absetzmaß der Suspension im Schlitz festgestellt werden. In den meisten Fällen kann als Ursache für die Instabilität der Mischung eine Zementverunreinigung nachgewiesen oder festgestellt werden. Dies erfolgt am leichtesten über die Messung des pH-Wertes (> 10,5) (Abb. 3.22).

Die Verunreinigung mit Zement tritt auf, wenn Ca-Ionen die Na-Ionen in aktivierten Ca-Bentoniten ersetzen. Dieser Ionenaustausch führt zu einem dicken, durchlässigen Filterkuchen, wobei gleichzeitig die Stützflüssigkeit eine hohe Viskosität und eine hohe Filtratwasserabgabe zeigt. Ähnliche Phänomene sind auch zu erwarten, wenn Bodenformationen aus Gips oder Anhydrit angetroffen werden, so dass dieser Ionenaustausch ermöglicht wird. In Abbildung 3.22 wird der Einfluss des Zementgehaltes auf den pH-Wert und auf die Filtratwasserabgabe der Stützflüssigkeit angegeben.

Andere Effekte, wie z. B. das Antreffen von Salz (NaCl) könnten dazu führen, dass sich Flokkulationen bilden, welche die Stabilität der Suspensionen beeinträchtigen können. Auch der Chemismus des Bodens und speziell seine organischen Bestandteile können zu einer Instabilität der Suspension führen.

Bei humosen Bodenverhältnissen im sauren pH-Bereich (< 6,5) kann die Anreicherung der Suspension mit entsprechend saurem Grundwasser einen Verlust der Suspensionsstabilität verursachen, mit dem Resultat, dass sogar der offene Schlitz kollabieren kann.

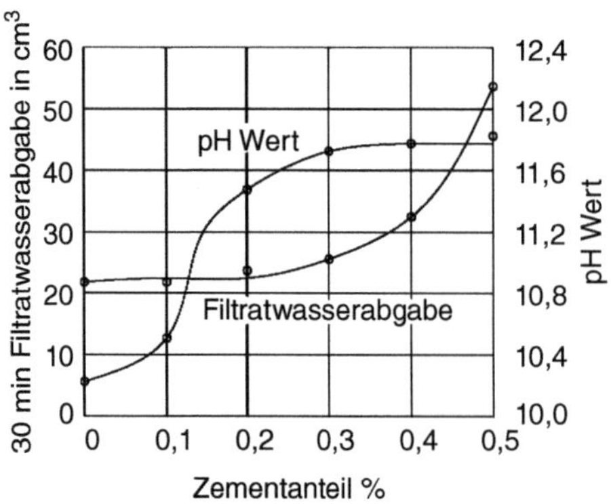

Abb. 3.22 Einfluss von Zementverunreinigung in Gew. % auf den pH-Wert und Filtratwasserabgabe der Suspension nach 30 min.

Durch kontrollierte Zugabe von Soda lassen sich solche Instabilitäten teilweise oder sogar gänzlich beseitigen. Hierfür sind Erfahrung und Versuche vor Ort notwendig. In Abbildung 3.23 ist schematisch ein Diagramm zur Erhöhung des pH-Wertes bei Zugabe von Soda in Gew% bezogen auf die Bentonitmasse der Suspension dargestellt.

Zunächst wurden die Versuche mit destilliertem Wasser durchgeführt und dabei ein Gewichtsverhältnis von aktiviertem Ca-Bentonit zum Wasser von 4 % (40 kg Bentonit gemischt mit 1 m³ Wasser) gewählt. Ähnliche Versuche mit Leitungswasser haben die gleichen Ergebnisse gebracht. Die Suspension zeigt beim Anmachwasser mit einem pH-Wert von 5,5 und Umgebungstemperaturen zwischen 13° und 30 °C einen pH-Wert von 9,5 bis 9,6. Verwendet man Wasser mit einem pH-Wert von 7 um die Bentonitsuspension herzustellen, erreicht man einen pH-Wert von 10,25.

Die Zugabe von Soda erfolgte nur für die säuerlichen Mischungen und bei unterschiedlichen Temperaturen. Es zeigte sich, dass bei säuerlichem Anmachwasser und bei einer Sodazugabe von 1 % des Trocken-Bentonitgewichtes etwa die pH-Werte einer Bentonitmischung mit pH-neutralem Wasser erreicht wurden. Bei einer höheren Sodazugabe erreichte man höhere pH-Werte der Suspensionsmischungen verglichen mit denjenigen, welche mit einem pH-neutralem Anmachwasser hergestellt wurden. Es zeigte sich, dass bei etwa einem 2,5 % Sodagewichtsanteil bereits

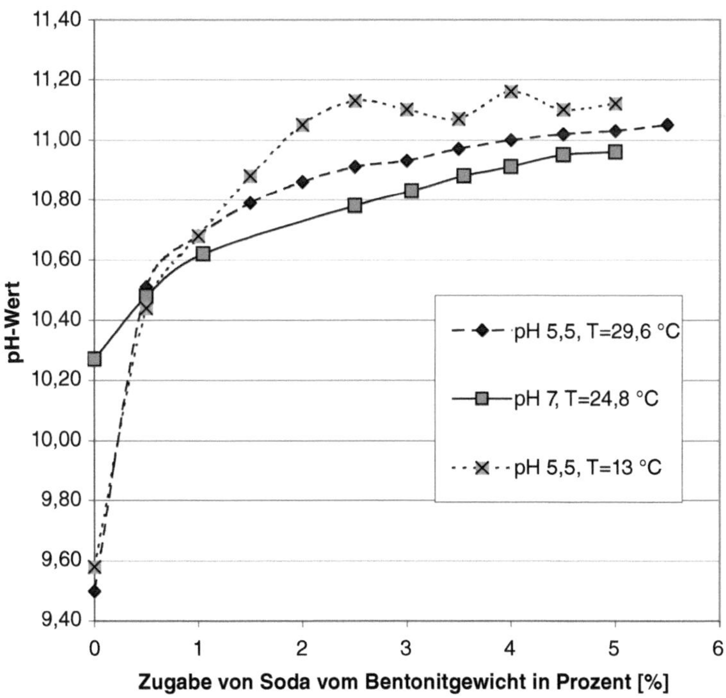

Abb. 3.23 pH-Wert-Korrektur in Abhängigkeit vom Sodagehalt für destilliertes und Leitungswasser.

hohe pH-Werte (höher als 11,0) erreicht wurden, welche sich bei erhöhter Sodazugabe unwesentlich verändern.

Interessant ist auch die Fragestellung, dass Bentonit-Soda-Mischungen im Untergrundtemperaturbereich (13 °C) mit mehr als 1 % Sodagewicht immer höhere pH-Werte zeigen als unter atmosphärischen Temperaturbedingungen (30 °C).

3.12 Negative Einflüsse auf die Suspensionseigenschaften

3.12.1 Organisches Material

Erfahrungen mit Suspensionen und Anmachwasser, welches einen geringen Anteil von organischen Anteilen enthält, zeigen, dass die Fließeigenschaften der Suspension nur geringfügig beeinflusst werden, so dass dieser Effekt vernachlässigt werden kann. Dies gilt für Suspensionen, welche mit purem natürlichem Bentonit hergestellt wurden und einen ausgesprochenen Widerstand gegen Abwasserkontaminationen ausweist. Bei einem sehr hohen (exzessiven) Abwassergehalt in einer solchen Suspension können aber die Fließeigenschaften der Suspension beeinträchtigt werden. Allerdings bei aufbereiteten peptonisierten Bentoniten, die zur Suspension verarbeitet werden, sollte jegliche Art an Kontamination mit Abwasser vermieden werden, da die Wirkungen auf die Suspensionseigenschaften bis zum Verlust der Stabilität der kolloidalen Mischung führen können.

3.12.2 Salzeinflüsse

Wenn Bentonit in einer Salzlösung hinzugeführt wird, kann es vorkommen, dass er nicht schwellen kann. Der Zusatz der Additiven wie Polyelektrolyte hilft bzw. begünstigt die Stabilität der kolloidalen Mischung und reduziert die Filtratwasserabgabe.

Etwas günstiger ist die Situation, wenn eine mit frischem Wasser aufbereitete Bentonitsuspension auf das Porenwasser des Bodens stößt, welches mit Salz versetzt ist.

Der übliche Effekt beim Antreffen von Salz ist die Tendenz zur Flockenbildung. Für relativ dünne Suspensionen zeichnet sich eine Zunahme der Viskosität und bei relativ dickflüssigen Suspensionen die Addition von Salz führt zu einer kompletten Gelbildung. Deshalb ist es ratsam Peptisatoren zu verwenden und die Eigenschaften der Suspension öfter als üblich zu überwachen.

Beim Aushub in einem Baugrund aus Landgewinnungsaktivitäten im Meer wird eine geringe Kontamination durch Salz erwartet. Erfahrungen in solchen Gebieten zeigen, dass die wesentlichen Funktionen der Suspension erreicht werden und die Einflüsse der Salinität eher mild ausfallen, seltener wurden detrimentale Effekte auf diese Eigenschaften registriert.

Als Polyelektrolyte wird Sodium Carboxymethyl Cellulose (CMC) verwendet. Die langkettigen Moleküle von CMC orientieren sich in Richtung der Kraftwirkung oder

Fließrichtung und ermöglichen ein pseudoplastisches Verhalten. Die CMC-Partikel fließen in den Poren und produzieren einen effektiven Bentonitkuchen, womit auch die Filtrationseigenschaften verbessert werden. Üblicherweise bei 1 bis 2 % CMC Lösung in die Bentonitsuspension liefert eine Viskosität zwischen 100 und 300 cP. Wichtig sind Versuche vor Ort, um die richtige Dosierung von CMC zu finden. CMC wird generell effektiv wirken dort wo die Suspension verdickt werden muss oder stabilisiert werden muss oder die Gelbildung fördern muss, oder die Suspensionseigenschaften bis hin zur Fitratwasserabgabe ändern muss.

Dispergiermittel wie Sodium ferrochrome lignosulfate (FCL) sind auch langkettige Polymere und verleihen der Suspension einen hohen Widerstand gegen Zementangriff, wie auch hiermit die Effekte von Meerwasser neutralisiert werden können. Sie werden meistens benutzt, um die Viskosität zu kontrollieren und die extrem hohe Gelbildung durch die Wechselwirkung zwischen Calcium-Ionen und Salz zu verhindern. Es wird etwa ein geringer Anteil 1 bis 3 % des Gewichtes von Trockenbentonit benötigt, und diese Kosten sind nicht zu vernachlässigen.

Es sollte generell vermieden werden, Anmachwasser mit Salzgehalt oder Seewasser als Anmachwasser für die Suspension zu verwenden. Üblicherweise werden im Seewasser 35 g NaCl/Liter erwartet (dabei wurde bei manchen Veröffentlichungen ein Grenzwert von 10 g NaCl/Liter als Konzentration als unbedenklich angesehen). Obwohl die Salzeffekte auf die Suspension für die jeweilige Bauaufgabe variieren, NaCl Konzentrationen über 500 ppm (part per million ≈ 1 mg/Liter = ppm) können das Schwellverhalten der Suspension hemmen und die Viskosität sowie die Fließgrenze reduzieren.

3.12.3 Sulfatgehalte

Erhöhte Sulfatgehalte im Anmach- oder Grundwasser haben gezeigt, dass eine Beeinflussung der Fließgrenze, der Viskosität und der Fitratwasserabgabe vorliegt.

Bis zu einer Sulfatkonzentration von 200 mg/l im Anmachwasser zeigt sich zunächst ein Anstieg der Fließgrenze, der Viskosität und der Fitratwasserabgabe bei einem Bentonitgehalt von 45 g/Liter Wasser. Der geringe Anstieg der Fitratwasserabgabe bei einer Sulfatkonzentration verglichen mit nicht belastetem Anmachwasser (z. B. von 12 cm^3 auf 15,5 cm^3) trotz der leichten Verbesserung der Fließgrenze und Viskosität weist auf eine beginnende Reaktion der Suspension auf den chemischen Angriff hin.

Bereits ab einer Sulfatkonzentration von 300 mg/l zeigt sich jedoch eine messbare Reduktion der Fließgrenze auf ca. 60 % des Wertes ohne Sulfatgehalt. Ebenfalls um 60 % steigt die Filtratwasserabgabe und damit wird der beginnende Stabilitätsverlust der Suspension angezeigt.

Bei noch höheren Sulfatgehalten von ≥ 400 mg/l sinken sowohl die Fließgrenze wie auch die Marschzeit überproportional ab. Gleichzeitig steigt die Filtratwasserabgabe deutlich an und hiermit wird ein deutliches Abnehmen der Suspensionsstabiltät angedeutet. Ab dieser Grenze ist die Stützflüssigkeit für offene Schlitze bedingt geeignet.

Die Beobachtung des Absetzmaßes bei den diversen Kontaminationen mit Sulfat zeigt, dass etwa ab 300 mg Sulfatgehalt die Suspension nach 24 h ein Absetzmaß von ca. 7 % aufweist und bei 400 mg/Liter wächst das Absetzmaß überproportional auf 26 % an, so dass man die Suspension nicht mehr als stabil bezeichnen kann.

Eine Verbesserung konnte mit Erhöhung des Trockenbentonitgehaltes auf 50 kg/m³ bringen, dies ist jedoch jeweils auf der Baustelle zu überprüfen.

3.12.4 Chloridgehalte

Chloridgehalte im Anmachwasser bewirken, falls große Konzentrationen vorliegen, eine Herabsetzung der Fließgrenze und eine Erhöhung der Filtratwasserabgabe. Als eine Grenze für die Suspension wird der Wert von kleiner als 1000 mg/Liter angegeben, der noch als Arbeitsbereich der Suspension angesehen wird. Als Idealwert wird jedoch für Bentonitsuspension der Wert von kleiner als 300 mg/Liter angesehen. Eine Erhöhung des Gehaltes an Trockenbentonit bewirkt Verbesserungen sowohl für die erreichbare Fließgrenze als auch für die Filtratwasserabgabe.

3.12.5 Zement

Chemisch betrachtet ist Zement ein Stoffgemisch von Calciumsilikaten mit Anteilen aus Aluminium- und Eisensilikaten, wobei er in der Regel auch Sulfatanteile erhält.

Durch den Kontakt von Zement bzw. Mörtel mit der Bentonitsuspension kommt es zur Änderung der Ladungsverhältnisse an den Bentonitpartikeln, so dass es zu einer Ausflockung der Suspension kommen kann. Das Ergebnis ist ein verdickter, sehr durchlässiger Filterkuchen, der eine hohe Viskosität und demzufolge hohe Suspensionsverluste mit sich bringt. Die Kontamination von Zement resultiert in einer Erhöhung des pH-Wertes und einer signifikanten Erhöhung des Filtratwassers (s. Abb. 3.22).

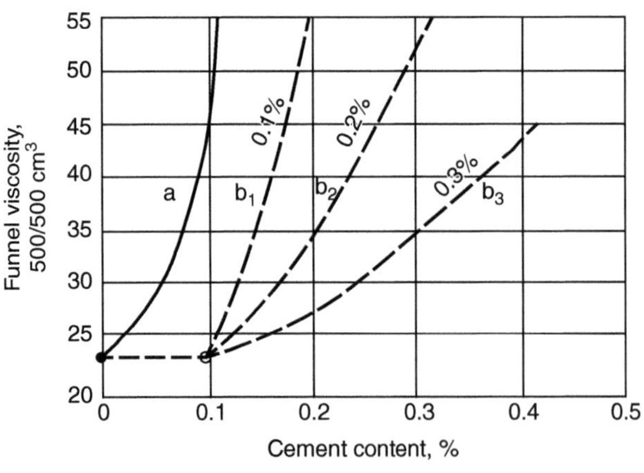

Abb. 3.24 Kontrolle von Zementkontamination mittels FCL (Tone Boring Co., 1974).

Entweder werden zementstabile Bentonitmischungen mit Polymeren oder die Bentonitsuspension wird mit FCL (ferrochrome lignosulfate) oder anderen Polymeren (s. Abb. 3.24) angereichert.

In Japan hat man das Problem der Zementkontaminationen von Bentonitsuspensionen mit Hilfe von Polymeren wie Telmarch gelöst, da dieses grundsätzlich sich nicht ändert, wenn Zement beigemischt wird. Dieses langkettige Polymer dringt sehr stark in das Porenvolumen des Bodens und bildet einen Filterkuchen von unüblicher Scherfestigkeit, so dass die Bodenanteile in der Suspension nicht dispergieren und die Separation dadurch erleichtert wird. Die wesentliche Eigenschaft ist dabei die Viskosität dieser Polymersuspension. In Abbildung 3.24 ist der Widerstand einer Bentonitsuspension mit verschiedenen Konzentrationen von FCL (0–0,3 %: Bezeichnung $b_{1,}$ $b_{2,}$ b_3 in der Abb. 3.24) unter Beimischung von Zementanteilen dargestellt. Ein höherer Gehalt an FCL leistet einen größeren Widerstand gegenüber einem hohen Zementanteil.

4

Aufbereitung der Stützflüssigkeit

Üblicherweise wird die Suspension mit Frischwasser zubereitet. Der Härtegrad des Anmachwassers beeinflusst die Fließeigenschaften der Suspension. Für Härtegrade bis 3 erreichen die Suspensionen die geforderte Viskosität. Die Anwendung von Wasser mit größeren Härtegraden würde für eine Suspension mit denselben Eigenschaften 10 bis 12 % mehr Bentonit und eine längere Mischzeit bedeuten. Die Benutzung von Frischwasser hat Vorteile hinsichtlich der Mischzeit, des Bentonitverbrauchs und der Wiederverwendbarkeit der Suspension.

Die Art des Mischens von Bentonit und Wasser hat Einfluss auf die Hydratation (Quellen) und die hierfür erforderliche Zeit. Gewünscht ist immer eine volle Hydratation der Suspension. Als ein Minimum wird die zu 50 % erfolgte Hydratation angesehen, wenn man nur 4–5 Gew% Bentonit in der Suspension verwendet. Diese minimale Hydratation kann indirekt mit Hilfe des Rotationsviskosimeters bestimmt werden, wobei dort die τ_F-Größe nach 10 min Mischzeit gemessen wird. Hierzu wird an einer von dem Mischer entnommene Probe nach etwa 10 min die Fließgrenze τ_F mit dem Viskosimeter gemessen. Eine Durchmischung wird als zufriedenstellend betrachtet, wenn die Fließgrenze $\tau_{F,10\ \mathrm{min}}$ die minimale Grenze von 36 dyn/cm^2 erreicht.

4.1 Kleine Mischanlagen

Aufgrund der sehr großen Wasseraufnahmefähigkeit des Trockenbentonits besteht die Gefahr, dass sich Klumpen bilden. Deshalb muss der Trockenbentonit langsam in ein sich bewegendes Wasser beigemischt werden. Der Mischungsprozess muss kontinuierlich erfolgen, entweder mit mechanischen Mischern oder durch Pumpenschleusung. Das Prinzip eines mechanischen Mischers ist in Abb. 4.1 angegeben.

Üblicherweise wird zuerst das Anmachwasser in den Mischbehälter, je nach Konzentration des Bentonits, bis zu einer bestimmten Markierung aufgefüllt. Moderne Anlagen verfügen über einen Durchflussmesser, der auch gleichzeitig die zugeführte Wassermenge reguliert. Dieser Wassermenge wird dann Bentonit zugegeben. Die

Planung und Bauausführung in der Schlitzwand- und Dichtwandtechnik. 1. Auflage. Theodoros Triantafyllidis.

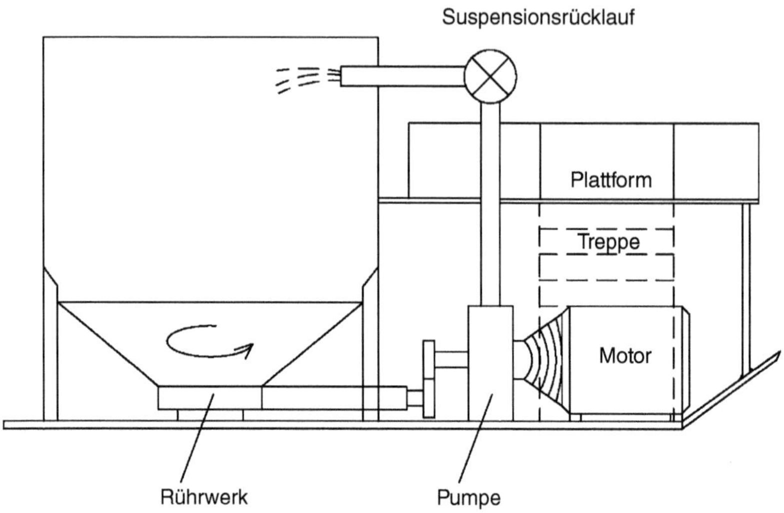

Abb. 4.1 Prinzip eines einfachen Mischers.

mechanische Mischung wird durch intensives Umpumpen der Flüssigkeit unterstützt. Dabei wird die Flüssigkeit aus dem Trichter des Mischbehälters abgesaugt und mittels Kreiselpumpe (Abb. 4.1) in den oberen Behälterteil zurückgepumpt. Wie bereits erwähnt ist nach 10 min Mindestmischzeit (gemessen ab dem ersten Umpumpen) in den meisten Fällen davon auszugehen, dass 50 % der Hydratation erfolgt ist (Prüfung durch Viskosimeter). Stellt man allerdings fest, dass nach 10 min nach dem Abschalten der Pumpe noch Bentonitklümpchen auf der Stützflüssigkeit schwimmen, so ist die Mischzeit so lange zu verlängern, bis keine Bentonitklümpchen mehr zu sehen sind.

Nach Beendigung des Mischprozesses wird mit der gleichen Pumpe die Stützflüssigkeit in die Vorratsbehälter gepumpt. In diesen Vorratsbehältern kann der Hydratationsprozess weitergehen bis die Suspension in den offenen Schlitz zugeführt wird.

4.2 Größere Mischanlagen

Falls auf großen Baustellen das Bentonit als Siloware geliefert wird, so sind auch die Mischanlagen entsprechend konzipiert, um einerseits die Trockenbentonitbeigabe vom Silo dosiert zu ermöglichen und andererseits entsprechend große Volumina an Suspension aufzubereiten (Abb. 4.2).

Vom Prinzip her ist diese Mischanlage ähnlich aufgebaut wie diejenigen ohne Silobevorratung. Sie ist jedoch zusätzlich mit einer Bentonitwaage und einer Zuteilschnecke für das Silobentonit ausgestattet, so dass das Trockenbentonit entsprechend dosiert werden kann.

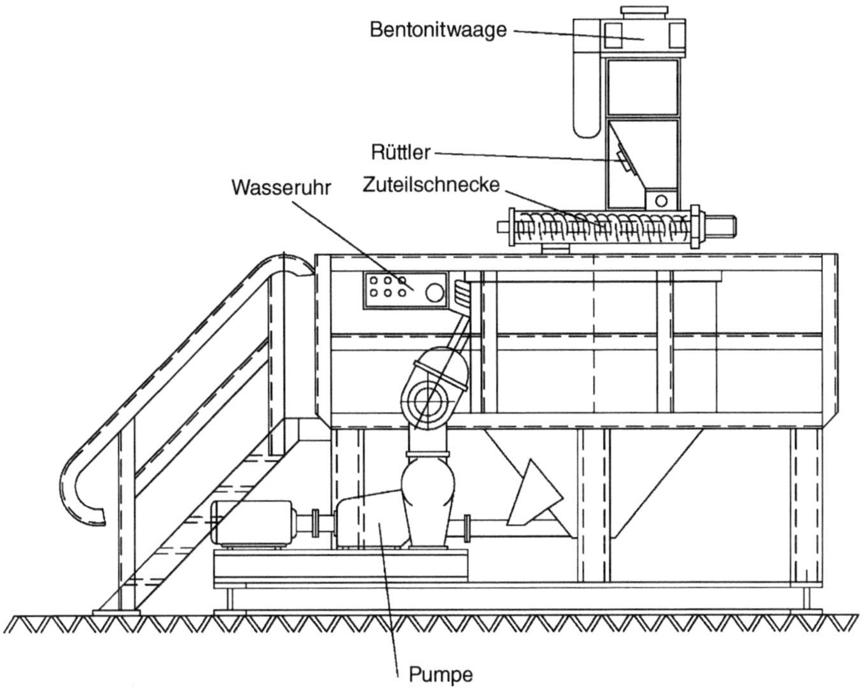

Abb. 4.2 Betonitmischanlage für Siloware (Skizze).

4.3 Supratonanlage

Die bisher beschriebenen Mischanlagen arbeiten chargenweise und es ist einleuchtend, dass für große kontinuierliche Durchflussleistungen von ca. 20 m^3/h oder mehr, so wie sie bei sehr großen Schlitzwandbaustellen mit mehreren Aushubgeräten und großem Verbrauch an Stützflüssigkeit auftreten, andere Anlagen gebraucht werden. Ein Beispiel dafür ist die Supratonanlage (Abb. 4.3).

Bentonit gelangt aus Silos über einen Einlauftrichter in die Anlage. Die Dosierung erfolgt mittels Zellradschleuse und Dosierschnecke. Die Drehzahl der Dosierschnecke regelt die Fördermenge. Zeitgleich mit dem Bentonit wird Wasser in den Einlauftrichter zugegeben, so dass das gewählte Mischungsverhältnis erreicht wird. Im Einlauftrichter wird das Bentonit mit dem Wasser vermischt und der Supraton-Aufbereitungsanlage zugeführt. Diese besteht aus einem Gehäuse mit einem Rotor-Stator-System, in dessen Zwischenräumen Bentonit und Wasser intensiv durchmischt werden.

Moderne Anlagen sind so ausgestattet, dass bei Fehlern oder zu geringem Wasser bzw. Bentonitanteil jeweils Warnungen (z. B. akustische) erfolgen und die Anlage automatisch abschaltet, wenn auf die Warnungen nicht reagiert wird. Nach jedem Abschalten der Anlage wird ein Spülvorgang in Gang gesetzt, der verhindert, dass beim Wiederanfahren der Anlage Verstopfungen durch Bentonitpfropfen entstehen.

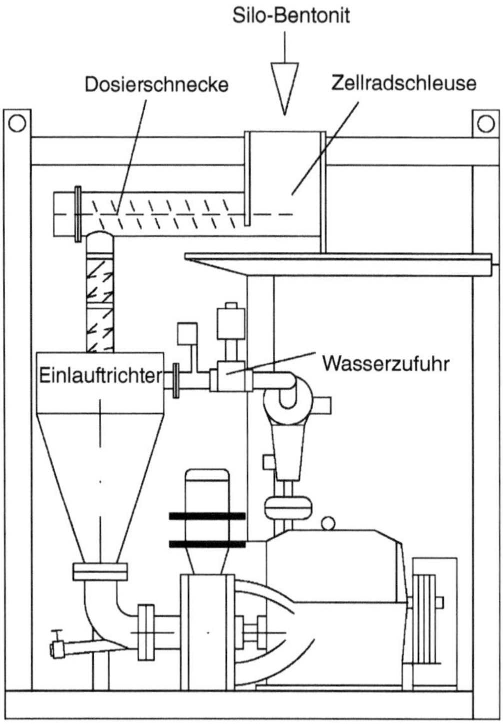

Abb. 4.3 Schematische Darstellung einer Supratonanlage.

Bei normalem Abschalten der Anlage setzt also zuerst die Bentonitzufuhr aus und erst nach dem Spülvorgang der Wasserzufluss.

Trotz der automatischen Prüfungen der Anlage empfiehlt es sich, eine visuelle Kontrolle vorzunehmen, wie z. B. Kontrolle der Schneckendrehzahl und die Ablesung der Wasseruhr, um die Mengen zu kontrollieren.

Eine genauere stichpunktartige Kontrolle der Bentonitmenge ist an einem Entnahmestutzen am Schneckenende, über den Bentonit in einen Eimer gefüllt wird, möglich. Bei gleichmäßiger und stetiger Förderung wird ein neuer Eimer innerhalb einer festen Zeitspanne (z. B. 30 sec) gefüllt und die Menge an entnommenem Bentonit gewogen. Dadurch ist eine Kontrolle des Mischungsverhältnisses möglich, da sowohl Wassergewicht wie auch Bentonitgewicht in der gleichen Zeitspanne überprüft werden. Weichen bei diesem Soll-Ist-Vergleich die Messungen von dem theoretischen Wert ab, so ist die Drehzahl der Schnecke wie auch die Wassermenge erneut einzustellen, bis das gewünschte Ergebnis vorliegt.

4.4 Regenerierungsanlagen

Diese Anlagen werden eingesetzt, um vom Schlitz zurücklaufende Bentonit-Stützflüssigkeit von Sand und auch feinem Boden zu trennen. Der Trennungsgrad hängt von der Güte der Anlage ab und vom Aufwand, den man betreiben muss, um den

Aushub deponierfähig zu halten. Diese Anlagen haben eine stündliche Durchsatzleistung von 60 m^3 bis 400 m^3 (Fräsbetrieb). Der schematische Ablauf eines Regenerierungsprozesses ist in Abb. 4.4a angegeben. Eine Regenerierungsanlage ist in Abb. 4.4b abgebildet.

Der Prozess der Reinigung läuft wie folgt ab (s. hierzu Abb. 4.4a):

Die gebrauchte Suspension aus dem Schlitz fließt zunächst über den Dosierbehälter (1) auf ein Vibrationssieb oder Rüttelsieb (2). Auf diesem Rüttelsieb werden Grobsand oder Kies mit einer Körnung größer als 3 mm von der Suspension getrennt und abgeführt (3). Die gesiebte Suspension gelangt in einen Auffangbehälter (4) und wird von dort über eine Kreiselpumpe (5) zu den Hydrozyklonen gepumpt (6). Über die Zyklone ist ein weiteres Trennen von Partikeln bis zu 0,03 mm Korngröße und noch feinerer Bodenfraktionen möglich. Der abgetrennte Sand fällt wieder auf das Sieb. Die regenerierte Suspension fließt über den Oberlauf der Zyklone ab.

Der erforderliche Trennungsgrad (d. h. Trennung bis zu einer bestimmten Korngröße) bestimmt auch die Schaltungen von mehreren Zyklonen.

Die erste Trennung gröberer Anteile aus der Suspension erfolgt mit einem Vibrationssieb. Das Vibrationssieb der Anlage ist als kombiniertes Grob- und Entwässerungssieb ausgebildet. Die Maschen- bzw. Schlitzweite ändert sich am Anfang des Siebes von 3 mm zur Vorsiebung der vom Schlitz kommenden Stützflüssigkeit (in Abb. 4.4a, linke Seite des Siebes) auf 0,3 mm im hinteren Bereich (Abb. 4.4a, rechte Seite des Siebes), zur Entwässerung des Austrages am Unterlauf der Zyklone (Abb. 4.5).

Die feinen Siebbereiche setzen sich sehr rasch zu, so dass sie nach jedem Betoniervorgang inspiziert und unter Verwendung von Wasser und Druckluft gereinigt werden müssen.

Die Siebdauer bestimmt den Erfolg der Entwässerung des Sandaustrages, d. h. je länger der ausgeschiedene Sand auf dem Entwässerungssieb liegt umso trockener ist das ausgetragene Bodenmaterial. Hierfür gibt es Hilfen, wie z. B. Stauleisten aus Flach- oder Winkelprofilen am Siebauslauf, die die Verweildauer des Sandes auf dem Sieb verlängern. Die Abstimmung des ganzen Systems der Regenerieranlage, z. B. die Dimensionierung der Siebe und Zyklone etc., ist für die Durchsatzleistung von Bedeutung und hängt von der jeweiligen Bodenformation ab. Wenn man z. B. auf einen guten Wirkungsgrad der Zyklone angewiesen ist, so muss man einen bestimmten Flüssigkeitsdruck einhalten. Zur Einhaltung dieses Drucks kann man, durch Öffnen und Schließen eines Schiebers in der Überlaufleitung von der Pumpe zum Zyklon, Suspension in den Behälter (4) zurückfließen lassen, damit der Zyklon optimal eingesetzt wird. Eine Reihenschaltung von Zyklonen ist in Abb. 4.5 abgebildet. Die Wirkungsweise eines Zyklons entspricht einer Zentrifuge mit Gegenströmung und ist in Abb. 4.6 dargestellt.

Der Suspensionseinlauf in den Zyklon erfolgt über eine Pumpe mit einem gewissen Druck tangential, so dass sich ein Primärwirbel in Richtung des kleinen Durchmessers ausbildet, wobei sich die schweren Sandkörner an dem Zyklonmantel ansammeln. Durch die Verjüngung des Zyklons zum Unterlauf hin wird eine

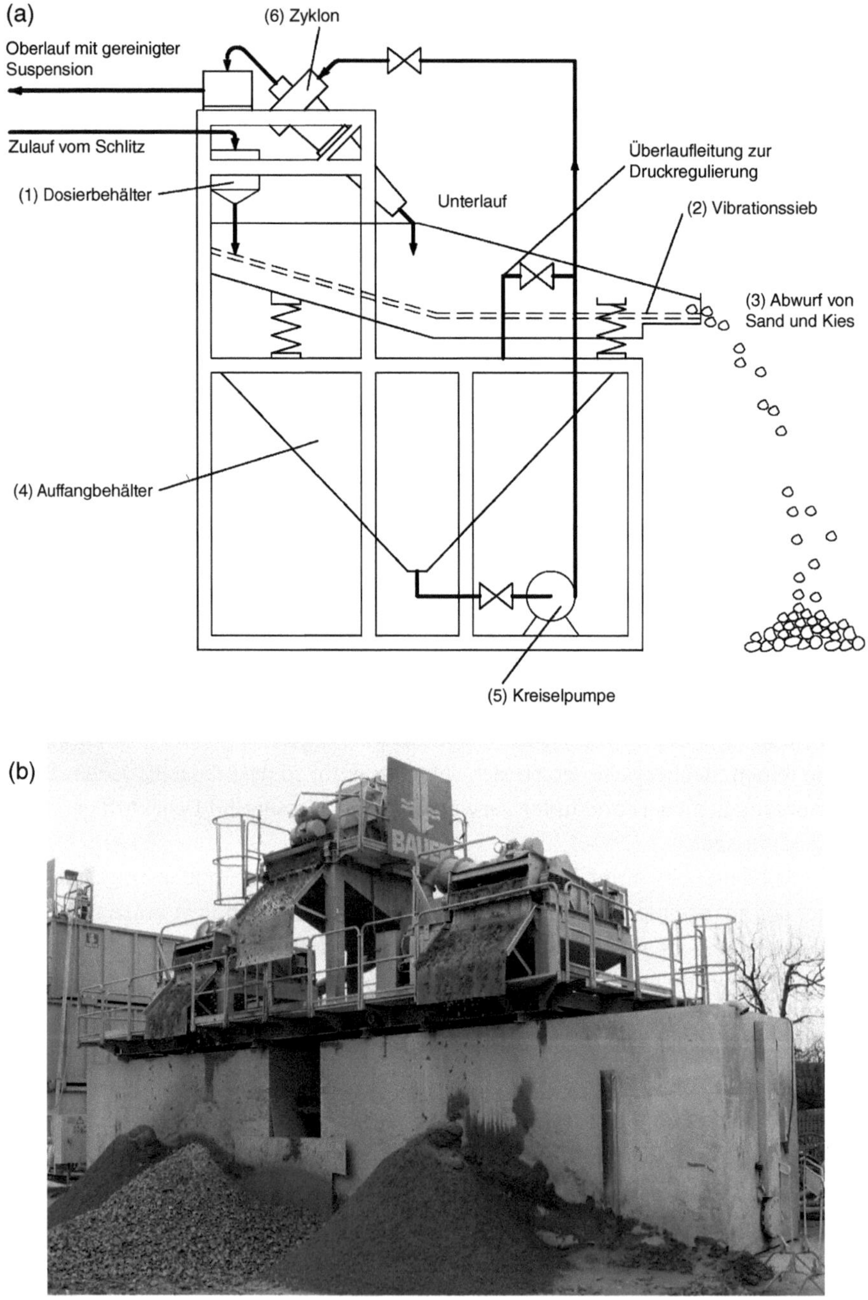

Abb. 4.4 (a) Schema einer Regenerierungsanlage; (b) Foto einer Regenerierungsanlage (Fa. Bauer).

Abb. 4.5 Zyklone zur Aufbereitung von Suspensionen.

Gegenströmung (auch Sekundärwirbel genannt) erzeugt, die im Oberlauf des Zyklons durch den sog. Wirbelsucher aufgefangen wird (Abb. 4.6). Der Sand, der an die Außenseite des Zyklons getragen wurde, wird von dieser Gegenströmung, die sich in der Zyklonmitte bildet, nicht erfasst. Durch die nachlaufende Suspension über den Einlauf schiebt sich der Sand an der Mantelfläche immer weiter Richtung Verjüngung, bis er durch den mit einer Düse versehenen Unterlauf ausgeschieden wird.

Der Innendurchmesser dieser Düse bestimmt den Wirkungsgrad des Zyklons. Ein zu kleiner Innendurchmesser führt dazu, dass das im Zyklon ausgetragene Grobkorn nicht vollständig ausgeschieden wird und in den Oberlauf gerät. Ein zu großer Innendurchmesser führt zu Fehlkornaustragungen im Unterlauf, d. h. außer Sand wird auch noch Bentonit ausgeschieden. Zur bestmöglichen Abstimmung des

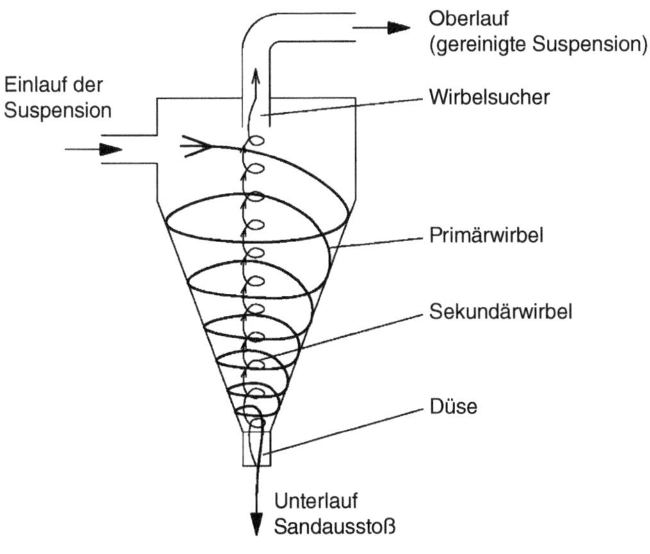

Abb. 4.6 Wirkungsweise eines Zyklons.

Zyklons kann man mit unterschiedlichen Düsendurchmessern arbeiten, wobei diese Düsen leicht auswechselbar sein müssen. Man kann mit solchen Zyklonen etwa Korngrößen von ca. 0,03 mm trennen und in Abhängigkeit von Zykloninnendurchmesser und Einlaufdruck (ca. 1–3 bar) Zentrifugalbeschleunigungen von ca. 1000 g bis 25 000 g erzeugen.

4.5 Probleme beim Mischen und Lagern der Stützflüssigkeit

Für Schlitzwand- oder Dichtwandbaustellen wird für die Aufbereitung, Bevorratung und Regenerierung einer Stützflüssigkeit Flächenbedarf für die Baustelleneinrichtung notwendig. Die Größe dieser Fläche richtet sich nach der Anzahl der Aushubgeräte und der Art des Aushubs (Hydrofräse, Greifer) und ist der wichtigste Bestandteil der Baustelleneinrichtung. Die Lage dieser Einrichtung muss dem Baustellenverkehr und der Versorgung aller Einheiten auf dem kürzesten möglichen Weg Rechnung tragen.

In Abbildung 4.7 sind die Komponenten einer solchen Einrichtung schematisch angegeben.

Die minimale Ausrüstung besteht aus

1)	Mischanlage	(1 Stück)
2)	Regenerierungsanlage	(1 Stück)
3)	Vorratsbehälter	(4 Stück mit je 20 m^3 oder mehr, abhängig von der Anzahl und dem Volumen der offenen Schlitze)
4)	diverse Pumpen	(Kanalrad- und/oder Schneckenpumpen)
5)	Leitungsrohre	(⌀ 108 mm) mit Schnellkupplungen sowie Kleinteile (Schieber, Bögen, T-Stücke etc.)

Alle Vorratsbehälter haben Rührwerke, welche zur Homogenisierung der dort gelagerten Bentonitsuspensionen dienen. Alternativ dazu kann auch die Homogenisierung mittels Aufgabe von Druckluft erfolgen, welche die Suspension über die am Boden des Vorratsbehälters liegenden Schlauchleitungen in Bewegung hält. Eine gemeinsame Leitung fasst alle Vorratsbehälter und führt die Suspension bis zur Pumpe, welche die Suspension weiter zum Schlitz pumpen kann. Je nach Bedarf können verschiedene Vorratsbehälter mit regenerierter Suspension beschickt werden. Dann sollten immer dieselben Behälter zur Bevorratung der regenerierten Suspension benutzt werden, damit man auch eine Kontrolle über Reinigung und Absetzverhalten dieser Suspension hat. Bei größeren Baustellen erhöht sich sowohl die Anzahl der Vorratsbehälter wie auch die Größe der Regenerierungsanlage und der Mischanlage.

Die Vorratsbehälter sind bei geringem Platz aufgrund des großen Volumens entweder Container, die auch gestapelt werden können, oder Silos. In einigen Fällen wird der Schlitz von einem Silo (Suspensionssilo) aus beschickt. Das Silo wiederum

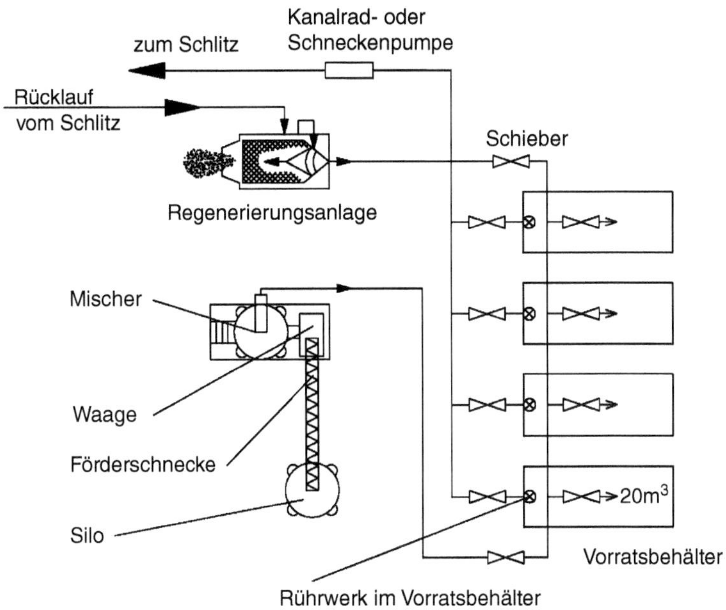

Abb. 4.7 Schema einer minimalen Baustelleneinrichtung für Bentonitverarbeitung.

dient der Hydratation und die ausgebildeten Vorratsbehälter dienen als Verteilerstation. Die Vorratsbehälter können im Bedarfsfall mit regenerierter Suspension aufgefüllt sein. Außer einer kontinuierlich arbeitenden Mischanlage, wie z. B. Supraton, werden zusätzlich Druckluftverteiler und ein Luftdruckkompressor gebraucht wie auch eine zusätzliche Pumpe zum Füllen der Suspensionssilos.

Die Suspensionssilos sind mit Schwimmerschaltung ausgerüstet, so dass bei vollem Silo die Zulaufpumpe automatisch abschaltet. Falls die Schwimmerschaltung ausfällt, läuft die zugepumpte Suspension über eine Überlaufleitung in den Behälter der Regenerierungsanlage zurück.

Wird eine bereits vorgemischte Stützflüssigkeit in einem Vorratsbehälter längere Zeit nicht bewegt, so zeigt sie ein Verhalten, welches wir als thixotrope Verfestigung bezeichnet haben. Diese ist an einer Rissbildung an der Suspensionsoberfläche in den Vorratsbehältern (auch in dem offenen Schlitz) erkennbar. Die Verfestigung wird durch Umrühren der Suspension wieder rückgängig gemacht. Das erfolgt in den Vorratsbehältern mit den bereits erwähnten Rührwerken und im offenen Schlitz mit der Bewegung des Schlitzgreifers.

Bevor die Suspension aus dem Behälter in den Schlitz gepumpt wird, muss sie daher noch einmal mehrere Minuten lang im Mischer bzw. durch Druckluftaufgabe durchgemischt werden. Dadurch wird auch das sich auf der Suspension abgesetzte Wasser wieder untergemischt. Dieser Vorgang wird als „Homogenisierung“ der Stützflüssigkeit bezeichnet.

Wie bereits erwähnt, wird bei Chargenmischern eine Hydratisierung des Bentonits von 50 % bei mindestens 10 min Mischzeit erreicht. Noch bessere Ergebnisse werden bei kontinuierlich arbeitenden Mischanlagen (z. B. Supratonanlagen) erreicht. Bei kürzeren Mischzeiten gibt es eine Klümpchenbildung und höhere Suspensionsverluste im Boden beim Schlitzaushub.

Eine Bentonitsuspension muss über einen längeren Zeitraum (10 Stunden bis 24 Stunden) ausquellen, bis sie ihre volle Stabilität und eine ausreichende Hydratisierung erreicht und die richtige Fließgrenze hat. Dann ist die Ergiebigkeit der Suspension am größten, und die Verluste im Boden beim Schlitzwandaushub werden am kleinsten. Für die Baustelle heißt das, dass die Suspension bereits einen Tag vor dem Gebrauch hergestellt werden muss, so dass sie über Nacht im Vorratsbehälter ausquellen kann.

Bei Verwendung einer Supratonanlage könnte diese Zeit für das Quellen wesentlich verkürzt werden, allerdings ist das Verhalten der Stützflüssigkeit durch Laborversuche zu bestätigen.

Vorsicht ist aber auch mit sog. „chemisch verbesserten" Bentoniten geboten und zwar unabhängig davon, ob diese in einer kontinuierlich arbeitenden oder chargenweise arbeitenden Mischanlage verwendet werden. Es ist nicht auszuschließen, dass allzu schnelles Mischen oder ein zu langes Mischen dieser Bentonite zu einer Verschlechterung bis hin zur Unbrauchbarkeit der Suspension führen kann. Es ist deshalb anzumerken, dass die Mischzeit für die Aufbereitung der Stützflüssigkeit vor der vollständigen Hydratisierung in dem Vorratsbehälter die maximale Dauer von 20 min nicht wesentlich überschreiten soll.

Ein weiteres Problem ist die Wiederaufbereitung einer bereits verwendeten Suspension und deren Aufladung mit Feinpartikeln. Durch die schwer gewordene Suspension wird ein im Vergleich zur Frischsuspension großer Überdruck auf die Schlitzwandung bzw. den Boden ausgeübt, wodurch ein Ausfiltern des Wassers aus der Suspension in den Porenraum des Bodens stattfindet. Dieser Prozess klingt nicht von alleine ab, sondern führt zunehmend zu einer Eindickung der Stützflüssigkeit. Das zeigt sich an der Zunahme der Dichte und an der Erhöhung der Fließgrenze und Zähigkeit (Viskosität) der Suspension. Für den Betoniervorgang ist die Eindickung nicht erwünscht, da eine schwere und zähere Stützflüssigkeit sich vom Beton entsprechend schwerer verdrängen lässt. Es kann dann zu Fehlstellen in der Schlitzwand, zu freiliegender Bewehrung, zu undichten Fugen oder gar zu durchgehenden Hohlräumen kommen. Solche Erscheinungen waren am Anfang der Entwicklung der Schlitzwandtechnik auch beobachtet worden. Allein die Entsandung der Suspension durch die Regenerierungsanlage bringt keine Erniedrigung der Fließgrenze.

Da die Erhöhung der Fließgrenze auch auf Wasserverluste zurückzuführen ist, muss dieses verlorene Wasser in der Suspension durch kontrollierte Zumischung ersetzt werden. Dies darf jedoch nur in den Vorratsbehältern erfolgen und auf gar keinen Fall mit einer Wasserzugabe im Schlitz. Die erforderliche Wassermenge ist vorher durch Versuche des Baustellenlabors zu bestimmen.

Es kann aber auch erforderlich werden, dass die Stabilität einer bereits verwendeten Suspension durch Zusatzmittel erhöht werden muss. Im Allgemeinen reicht hierfür der Zusatz von Soda (Na_2CO_3) aus. Die Dosierung muss durch Vorversuche ermittelt werden; meistens liefert eine Dosierung im Bereich zwischen 50 und 2500 g kristallwasserfreier Soda je m^3 Suspension eine optimale Stabilität (Überprüfung auch über pH-Wert). Es ist zu berücksichtigen, dass Zusatzmittel möglicherweise wiederum die Fließgrenze verändern. Die Stabilität kann auch durch Tonzusatz (vorzugsweise Natriumbentonit) verbessert werden. Soweit hierdurch die Fließgrenze unzulässig ansteigt, kann sie durch verflüssigende Zusatzmittel korrigiert werden. Auch hierzu sind stets Vorversuche erforderlich.

5

Fugen und Abstellkonstruktionen

Die einzelnen Wandelemente müssen bei der Zweiphasenwand – herstellungstechnisch bedingt – definiert voneinander getrennt und mit einem Fugensystem ausgestattet werden, das gegebenenfalls auch eine weitestgehende Wasserdichtigkeit gewährleistet. Die Fugen müssen nicht absolut wasserdicht sein. Nässe in diesem Bereich kann herstellungsbedingt vorhanden sein. Nach DIN 18313 müssen Fugen in Schlitzwänden nur so wasserundurchlässig sein, wie es beim Herstellen der Wand ohne besondere Maßnahmen erreichbar ist. Dies bedeutet andererseits, dass, wenn man dichte Fugen herstellen will, wie z. B. im Fall einer Schlitzwand als Bestandteil des Bauwerkes und nicht als Bauhilfsmaßnahme, hierfür besondere Maßnahmen zu planen und auszuführen sind.

Bei sachgerechter Arbeit kann eine Schlitzwand oder Pfahlwand trotzdem nicht absolut dicht sein. Das tropfende Wasser an diesen Wänden gehört unter die Kategorie *kapillare Durchfeuchtung*, d. h. Tiefgaragen ohne Frostgefährdung können so ausgeführt werden. Unter dem Begriff *kapillare Durchfeuchtung* wird Folgendes verstanden:

> „Die Wand darf unter normalen Raum- und Klimabedingungen und entsprechender Belüftung einzelne feuchte Stellen oder Flecken mit stehenden Wassertropfen (Schweißperlen) aufweisen, jedoch kein rinnendes oder tropfendes Wasser, d. h. die kapillare Durchfeuchtung sollte kleiner als die Verdunstung sein. Undichte Stellen mit tropfendem oder rinnendem Wasser müssen, soweit der Verwendungszweck dies erfordert, abgedichtet werden."

Obige Definition hat sich in der Praxis als ausreichend klar und gut handhabbar erwiesen. Zahlenangaben über maximale Wasserdurchtrittsmengen, bezogen auf bestimmte Wandflächen, sind sehr problematisch und nicht genau messbar.

Es wurden bislang mehrere Typen von Elementfugen entwickelt, welche sich auf vier Grundtypen zurückführen lassen, die in Abb. 5.1 abgebildet sind.

Alle diese Typen haben spezifische Vor- und Nachteile. Ein fünfter Fugentyp, welcher nicht in Abb. 5.1 zu finden ist, betrifft die Fugenherstellung mittels Überfräsung von bereits betonierten Schlitzwandelementen (Abb. 5.2) durch eine Schlitzwandfräse.

Planung und Bauausführung in der Schlitzwand- und Dichtwandtechnik. 1. Auflage. Theodoros Triantafyllidis.

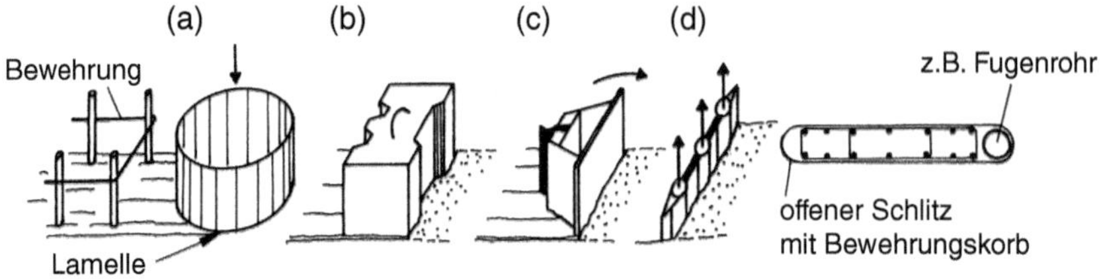

Abb. 5.1 Fugensysteme zwischen einzelnen Schlitzwandelementen (a) mit Abstellrohr; (b) mit Betonfertigteil; (c) Fugenbandelement (System CWS, siehe Abb. 5.3); (d) mit Flachfugenelementen.

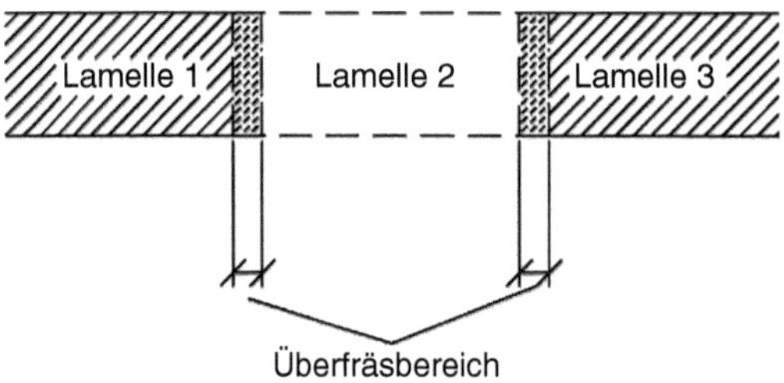

Abb. 5.2 Herstellung von Fugen durch Überfräsen von hergestellten Lamellen (Grundriss).

Abb. 5.3 Fugenbandlemente (System CWS).

Beim Überfräsen der Nachbarlamellen entsteht eine Fuge bereits beim Bodenaushub. Anders ist es jedoch bei den Abschalelementen nach Abb. 5.1; dort werden diese Elemente nach Abschluss des Schlitzwandaushubes eingestellt, wie z. B. bei den Fugenbandelementen nach Abb. 5.3. Am Beispiel der Abschalrohre, welche

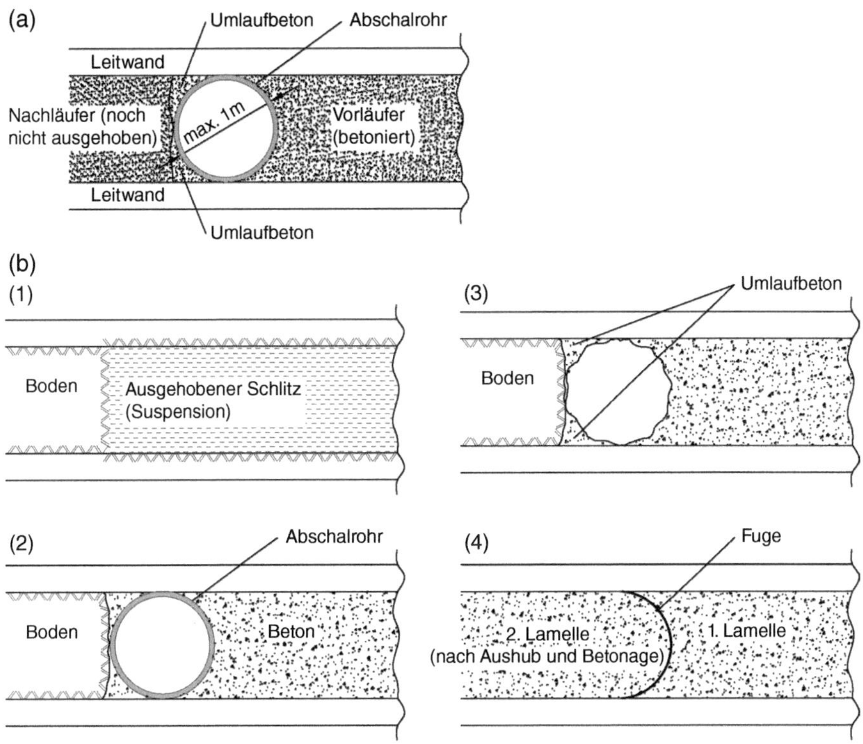

Abb. 5.4 (a) Abschalrohr, Umlaufbeton im fertigen Schlitz und (b) Herstellungssequenz und Fugenausbildung.

beim Abbinden des Betons wieder gewonnen werden, wird der Arbeitsablauf in Abb. 5.4 erläutert.

5.1 Abschalrohre

Meist werden Abschalrohre aus Stahl als Abstellkonstruktionen verwendet, die beim Abbinden des Betons wieder gewonnen werden. Der nach dem Ziehen des Abschalrohres verbleibende Hohlraum ermöglicht die Führung des Werkzeuges beim Aushub des Nachbarschlitzes (Abb. 5.4). Das Abschalrohr ergibt eine Fugenfläche mit langem Sickerweg und ist relativ preisgünstig. Der Außendurchmesser dieser Rohre entspricht der Schlitzwanddicke.

Diese Abschalkonstruktion hat sich bis max. 1 m Schlitzwanddicke bewährt, da sonst die Ziehkräfte bei entsprechend tiefen Schlitzwandlamellen sehr groß werden. Bei noch größerem Durchmesser wird es außerdem schwierig sein, die erforderliche Bewehrung in den Anfängerlamellen unterzubringen. Nach dem Betonieren der

Lamelle und kurz nach dem Erstarrungsbeginn des Betons werden diese Rohre mit entsprechenden Vorrichtungen gezogen. Nach dem Ziehen der Abschalrohre verbleibt eine halbkreisförmige Fuge (Abb. 5.4 b), welche in die nächste Lamelle einbindet.

Zu einem verhältnismäßig dichten Abschluss zwischen beiden Lamellen kommt es nur, wenn der Umlaufbeton während des Aushubes der Nachbarlamelle vollständig beseitigt worden ist. Man ist bestrebt, die Nachbarlamelle so zügig wie nur möglich nach der Herstellung der vorigen Lamelle auszuheben, da dieser evtl. vorliegende Umlaufbeton dann noch eine relativ geringe Festigkeit hat (Die Verwendung von HOZ-Zementen bei der Schlitzwandherstellung haben hier aufgrund der langsameren Festigkeitsentwicklung verglichen mit Portlandzementen gewisse Vorteile). Nach Beendigung des Aushubs und der Beseitigung des Umlaufbetons wird vor dem Einstellen des Abschalrohres der Schlitz in diesem Bereich ausgelotet, die Schlitzsohle von abgesetztem Schlamm gesäubert und unter Umständen sogar die Stützflüssigkeit durch Greiferfahrt homogenisiert. Da bei größeren Schlitztiefen nicht erwartet werden kann, dass mit einem Rohrschuss die ganze Tiefe erreicht werden kann, muss das Abschalrohr aus einzelnen Rohrschüssen zusammengesetzt werden (Abb. 5.5).

Zunächst wird der unterste Rohrschuss mit einem Fußstück mit Hilfe eines Hebegerätes in eine Ziehschelle eingestellt und festgehalten (Abb. 5.6). Der nächste Rohrschuss wird dann mit dem Hebegerät auf das unterste Rohrstück aufgesetzt und nach einer Drehung durch die Rohrkupplung mit diesem verbunden (Abb. 5.5). Diese Drehung erfolgt entweder mechanisch mit einer Kettenzange oder hydraulisch mit einer speziell dafür vorgesehenen hydraulischen Drehvorrichtung, die auf der Ziehpresse angebracht ist. Wenn man mit Ziehpressen arbeitet, so sind diese vorher auf der Leitwand entsprechend zu positionieren.

Nachdem nun das obere Rohrstück gegen das untere verdreht ist, stehen sich in den Kupplungen die beidseitig angebrachten Bohrungen zur Aufnahme der Sicherungshülse (Abb. 5.5) gegenüber. Je Kupplung sind mindestens zwei Sicherungshülsen einzuschlagen, die das Verdrehen der einzelnen Rohrschüsse gegeneinander verhindern.

Anstatt der Rohrziehschellen kann auch eine Abfangschelle mit Spindelhalterung beim Zusammenbau der Rohrschüsse verwendet werden. Mit der Spindel ist sicherzustellen, dass eine ausreichend hohe Schließkraft erreicht wird, so dass das Rohr nicht abrutschen kann. Um das zu überprüfen hebt man den unteren Rohrschuss samt Abfangschelle mit dem Bagger ein wenig an und lässt ihn wieder auf die Leitwand fallen. Wenn die Schelle eine ausreichende Schließkraft besitzt, verschiebt sich das Rohr in der Abfangschelle nicht. Wenn es zu einer Verschiebung kommt, dann muss die Schließkraft durch ein weiteres Anziehen der Spindel vergrößert werden.

Nachdem alle Rohrschüsse zusammengebaut sind und das Abschalelement auf der Schlitzsohle aufgesetzt wird, kann die Aushubtiefe durch die Länge der Rohrschüsse kontrolliert werden. Um eine Eindringtiefe von 10–30 cm des Abschalrohres in die Schlitzsohle zu erreichen, wird die ganze Rohrgarnitur vom Hebegerät

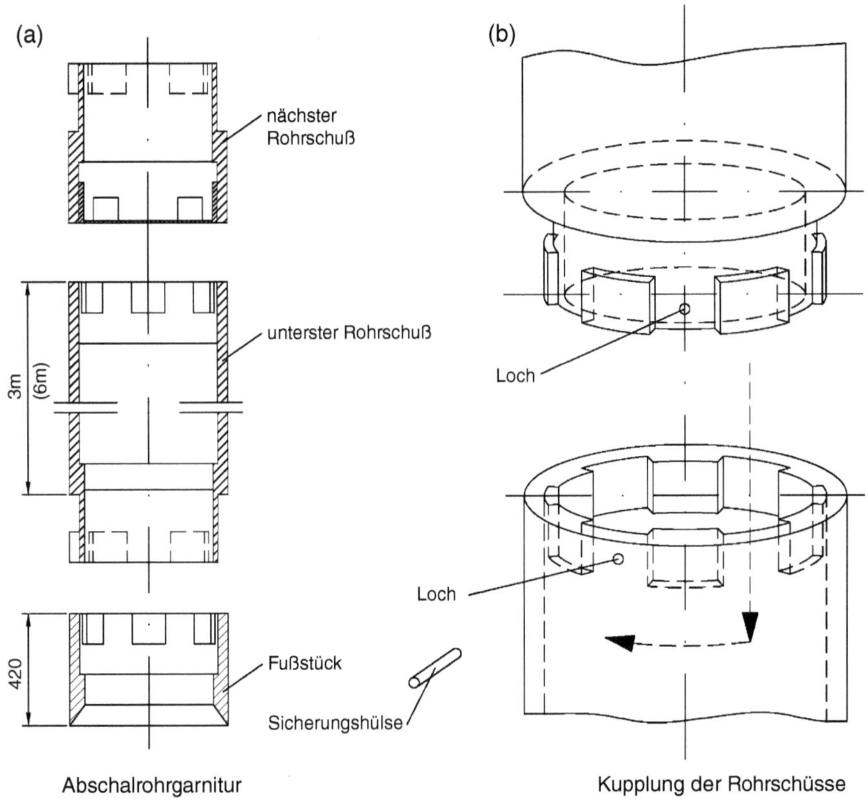

Abb. 5.5 Zusammensetzung des Abschalrohres aus Rohrschüssen (a) Abschalrohrgarnitur; (b) Kupplung der Rohrschüsse.

angehoben und wieder fallengelassen. Diese Prozedur sollte eigentlich nicht neben erschütterungsempfindlicher Nachbarbebauung oder bei locker gelagerten Bodenformationen praktiziert werden, da die Gefahr von Setzungen durch Erschütterungen gegeben ist. (In einem solchen Fall wird das Rohr nach der Einbindung im Boden mit Kies im unteren Bereich, d. h. von der Sohle ca. 3 m hoch verfüllt.) Die hierdurch erreichbare Einbindung im Boden lässt sich durch eine Höhenmarkierung am Rohr und eine Überprüfung der lotrechten Stellung des Rohres mit der Wasserwaage feststellen.

Die Einbindung des Rohres im Boden ist von den Bodenverhältnissen abhängig und hat zwei Funktionen:

a) Unverschiebbares Lager des Rohres am unteren Ende,
b) Verhinderung des Eindringens vom später einzubringenden Beton in das Abschalrohr.

Ein weiteres Auflager des Rohres gegen Verschiebung bietet am Kopf des Rohres die Leitwand, gegen die das Rohr verkeilt werden kann.

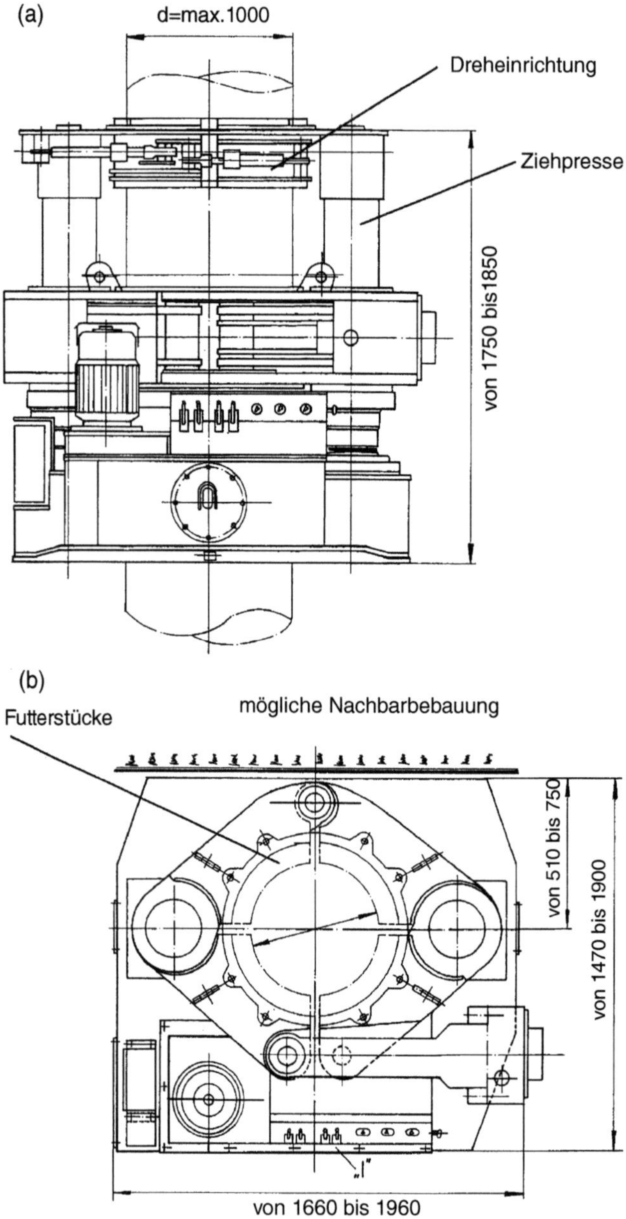

Abb. 5.6 Ziehgeräte mit Drehvorrichtungen (a) Leffer-Ziehgerät mit Dreheinrichtung; (b) Ziehgerät bei vorhandener Nachbarbebauung (alle Maße in mm).

Im Falle der Einbindung des Schlitzes im Fels können die Abschalrohre keine 10 cm oder mehr in die Sohle eindringen. Es ist nur ein Aufsetzen des Rohres möglich. Um eine Erschwerung der Fußbewegung zu bewirken oder gar das mögliche Eindringen von Frischbeton zu vermeiden, wird das Rohr etwa 3 m hoch mit Kies oder Schotter verfüllt.

Die Abschalrohre müssen nach einer gewissen Zeit aus dem Schlitz herausgeholt werden, da man es sich nicht leisten kann, diese zu verlieren. Das zeitliche Ziehen des Abschalrohres ist abzuschätzen. Einerseits soll der Beton bereits eine solche Steifigkeit haben, dass er nach dem Ziehen des Abschalrohres nicht in den verbleibenden Hohlraum hineingedrückt wird, andererseits darf er noch nicht so fest sein, dass man das Abschalrohr nicht mehr ziehen kann. Üblicherweise werden im Baustellenlabor Betonproben in Eimern aufbewahrt, mit deren Hilfe man das Ansteifen des Betons beobachten kann, wodurch auch der Zeitpunkt des Ziehens bestimmt wird.

Gleich nach dem Betonieren werden die Rohre schon um wenige Zentimeter angehoben, um so die Haftung des Betons am Rohr zu verringern. Dabei darf das Abschalrohr jedoch nicht aus der Einbindung im Boden herausgezogen werden. Während der Erstarrungsphase des Betons werden die Abschalrohre in regelmäßigen Abständen mit der Rohrziehpresse bewegt, so dass man ein Festsetzen der Rohre verhindert und dadurch das spätere Ziehen erleichtert.

Das Ziehen zum richtigen Zeitpunkt, d. h. wenn der Beton noch jung, aber schon im Abbindeprozess ist, erfordert häufig Nachtarbeit und ist daher in Wohngebieten oft nicht durchführbar. Dies erzwingt ein Umstellen des Baubetriebes bzw. führt dazu, die offenen Schlitze länger stehen zu lassen. Es gibt allerdings auch Fugenabstellkonstruktionen, bei denen dies nicht notwendig ist. Als Beispiele hierfür können die Abstellkonstruktionen mit Fugenbändern oder die Fugenbildung durch Überfräsen von bereits hergestellten Schlitzwandelementen genannt werden.

5.2 Flachfugenelemente

Für Schlitzwände mit Dicken > 1,0 m werden nur in seltenen Fällen Abschalrohre als Abstellkonstruktionen verwendet. Flache Stahlprofile, besondere Bohlen oder Flachfugenelemente werden hier bevorzugt; Abb. 5.7 zeigt den Einbau und den Ziehvorgang dieser Flachfugenelemente.

Bei großen Schlitzwandbreiten und -tiefen werden Abschalelemente sehr schwer. Hierfür sind diese Flachelemente entwickelt worden, welche mit zugfesten Verbindungen und speziellem Gerät eingebaut und gezogen werden. Die Form der Fugenelemente ist so gewählt (Abb. 5.8), dass die Abwicklung der Fuge ein Vielfaches der Schlitzwandbreite ist, um die Wasserwegigkeit durch Verlängern des Sickerweges zu reduzieren.

Die Hinweise zur Verwendung von Abschalrohren gelten auch für Einbau und Lagerung der Flachfugen. Die Flachfugenelemente erlauben an den Kopplungsstellen eine Bewegung in vertikaler Richtung. Eine Bewegung dieser Flachfugen mit Ziehpressen um einige Zentimeter direkt nach dem Betonieren von sehr tiefen Schlitzen ist ratsam, damit keine zu große Haftreibung zwischen dem abbindenden Beton und dem Flachfugenelement entsteht.

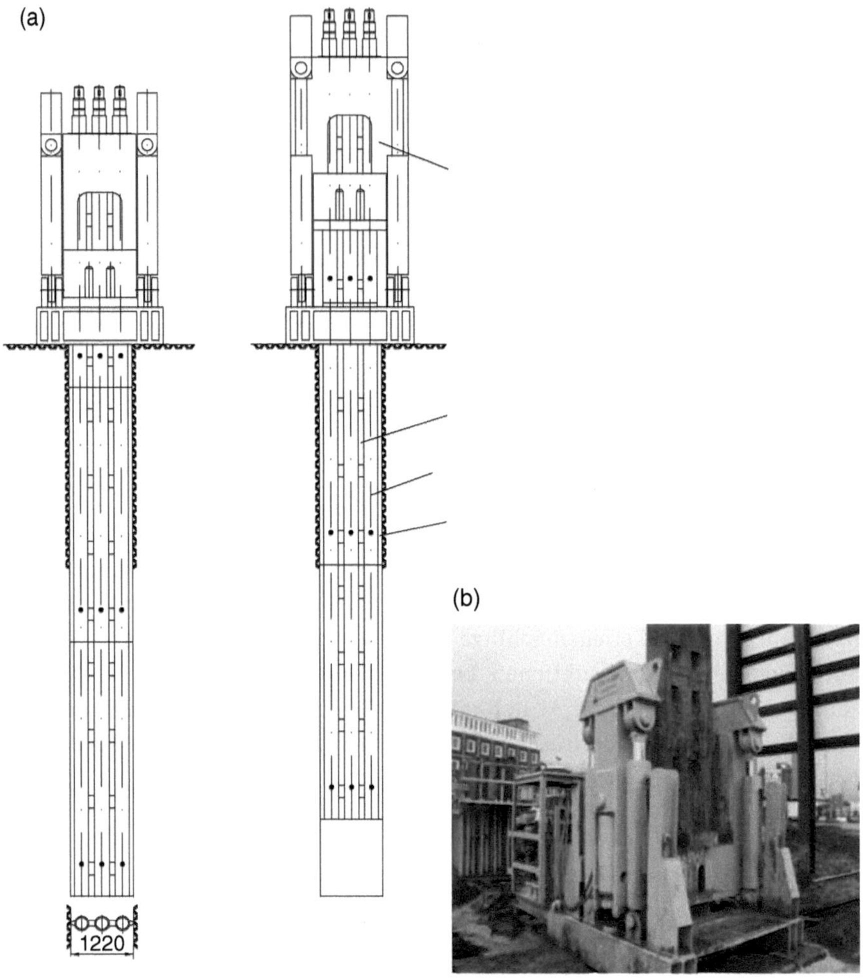

Abb. 5.7 Flachfugenelement für Schlitzwanddicken > 1,0 m.

5.3 Abschalelemente aus Fertigteilen

In Ausnahmefällen werden zur Lamellenbegrenzung vorgefertigte Elemente aus Stahlbeton verwendet, die einbetoniert im Schlitz verbleiben (Abb. 5.9).

Vorteil dieser Fertigteile ist zum einen, dass eine Bewehrung auch im Stoßbereich zweier Lamellen vorhanden ist, zum anderen kann auf das Ziehen der Abstellkonstruktion verzichtet werden. Die Fugenkonstruktion mit Fertigteilen ist relativ einfach, hat aber statt einer zwei Trennflächen. Bei tiefen Schlitzwänden bereiten die großen Fertigteilgewichte Schwierigkeiten, da sowohl Lieferung wie auch Montage aufgrund der Abmessungen und des Gewichts gewissen Grenzen unterliegen. Die Vergrößerung der Anzahl der Fugen pro lfd. Meter. Wand ist ein weiterer Nachteil, da sich dadurch die Gefahr vergrößert, dass Umlaufbeton auftritt oder sich

Abb. 5.8 Flachfugenelemente auf der Baustelle.

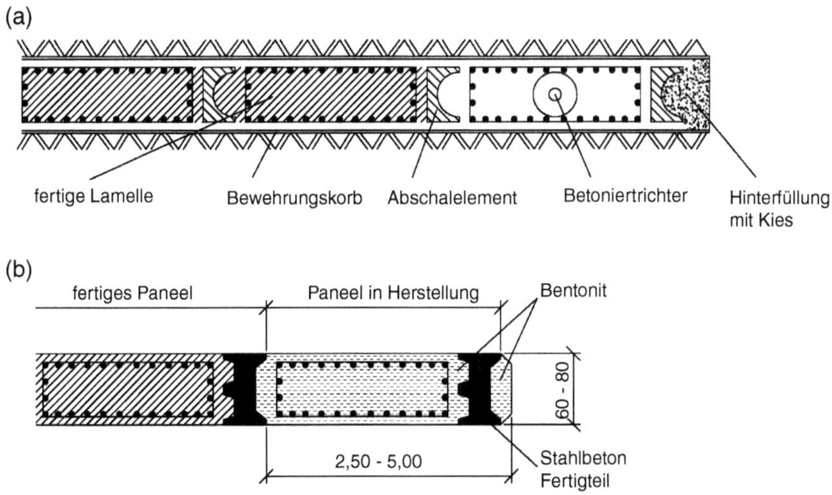

Abb. 5.9 Stahlbetonfertigteile als Abschalelemente, wobei mit (a) ein kontinuierliches Verfahren des Aushubs dargestellt ist.

Fehlstellen ausbilden. Wie bereits erwähnt, müssen Feuchtstellen in den Fugen in Kauf genommen werden, da ohne besondere Maßnahmen die Fugen nicht absolut wasserdicht sein können. Das gilt auch, wenn die Fugen durch das Überfräsen von

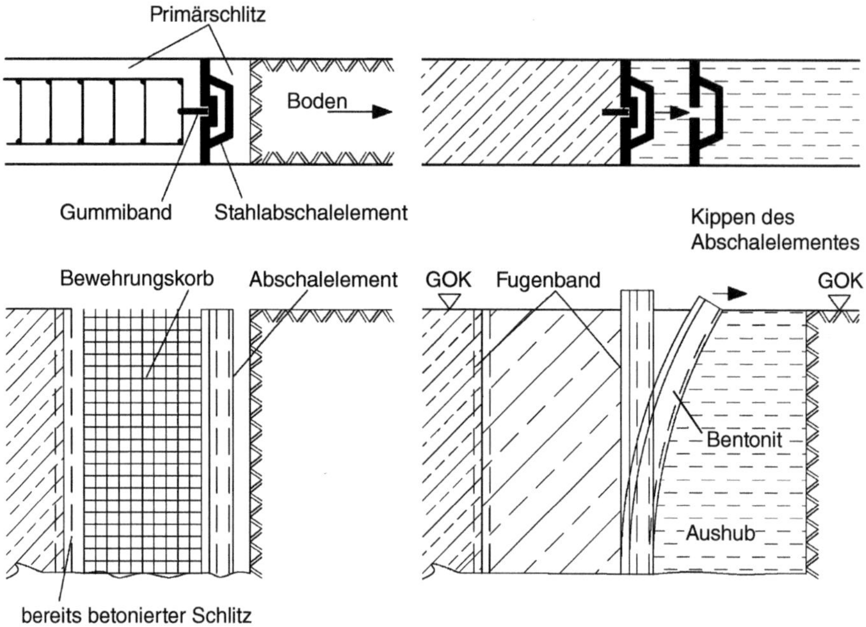

Abb. 5.10 Form und Einbau von Fugenbändern.

benachbarten Lamellen gebildet werden. Es kann in diesem Fall ein Bentonitfilter in der überfrästen Fuge verbleiben, womit eine potentielle Undichtigkeit nicht ganz vermieden werden kann.

Die Fugen zwischen den einzelnen Betonierabschnitten können sich infolge von Verformungen der Wand aus Erd- und Wasserdrücken und infolge Schwinden des Betons geringfügig öffnen. Auch das kann zu Undichtigkeiten führen. Durch Anordnung von planmäßigen Dehnungsfugen lässt sich dies vermeiden. Jedoch lohnt sich der Aufwand nur bei Schlitzwänden, welche endgültige Bauwerkswände werden.

Eine Vorsorgemaßnahme zum Verhindern von Feuchtstellen in den Lamellenfugen ist der Einbau von Fugenbändern. Dabei sind in der Vergangenheit eine ganze Reihe von Möglichkeiten gefunden und erprobt worden. In Abbildung 5.10 ist ein trapezförmig geformtes Stahlprofil gezeigt, welches ein Gummifugenband in einer negativ geformten Fuge hat.

Dieses Band wird vorher in das Stahlprofil eingequetscht und das Element wird ähnlich anderen Fertigteilabstellkonstruktionen an der entsprechenden Position des Schlitzes eingebaut. Nach dem Bewehren und Betonieren des Primärschlitzes kann mit dem weiteren Aushub der Nachbarlamellen begonnen werden (hierfür ist die Abbindezeit des Betons abzuwarten). Das Stahlabstellelement braucht noch nicht gezogen zu werden. Dies erfolgt beim Aushub der Nachbarlamelle und zwar erst wenn der Aushub das untere Ende der Abstellkonstruktion erreicht hat.

Das Abschalelement kann dann mit Hilfe eines Hebegerätes in Richtung der Schlitzwandachse in den ausgehobenen offenen Schlitz gekippt und

Abb. 5.11 Fugenbandprofile (CWS) auf einer Baustelle.

herausgehoben werden. Das Fugenband ist dabei mit seiner relativ großen Fläche im Beton des Vorläuferschlitzes eingebunden und bleibt dort haften; da die Haftspannungen zwischen Fugenband und Stahl klein gehalten werden (Einfettung des Stahlprofils im Bereich des Fugenbandes). Das wiedergewonnene Stahlprofil kann nun wieder gereinigt und eingefettet werden, bevor das nächste Gummiband eingezogen (Abb. 5.11) wird und das Profil in einer neuen Fuge wieder verwendet wird. Zu beachten ist, dass, ähnlich wie bei Fertigelementen, auch bei den Fugenbandelementen Beschränkungen hinsichtlich der erreichbaren Tiefe vorliegen. Die Fugenbänder haben sich bisher zur Abdichtung von Schlitzwandfugen sehr bewährt und werden als eine wirkungsvolle Maßnahme für Schlitzwände angesehen, die einer Wasserauflast unterliegen und permanente Bauteile einer Konstruktion werden.

5.4 Einige (besondere) Maßnahmen zur Verbesserung der Dichtigkeit von Fugen

Ist eine bessere Abdichtung der Schlitzwandfugen erforderlich als herstellungsbedingt üblich, so sind folgende Lösungen möglich (Abb. 5.12).

Bei der ersten Variante wird im Anschluss an die Wandherstellung direkt in der Fuge ein Kleinbohrgerät (ähnlich dem Ankerbohrgerät) positioniert und es werden ein oder zwei Bohrungen bis unterhalb des Aushubniveaus der zukünftigen Baugrube abgeteuft. In bestimmten Fällen, wenn die Wand in Fels einbindet, ist auch dort eine Verminderung der Durchlässigkeit der verwitterten Felszonen oder eine Abdichtwirkung erwünscht, so dass man die Bohrung und anschließende Injektion sogar tiefer als das Niveau des Schlitzwand-Fußes ausführt. (In diesem Fall werden nicht nur im Fugenbereich sondern auch zwischen den Fugen mit dem

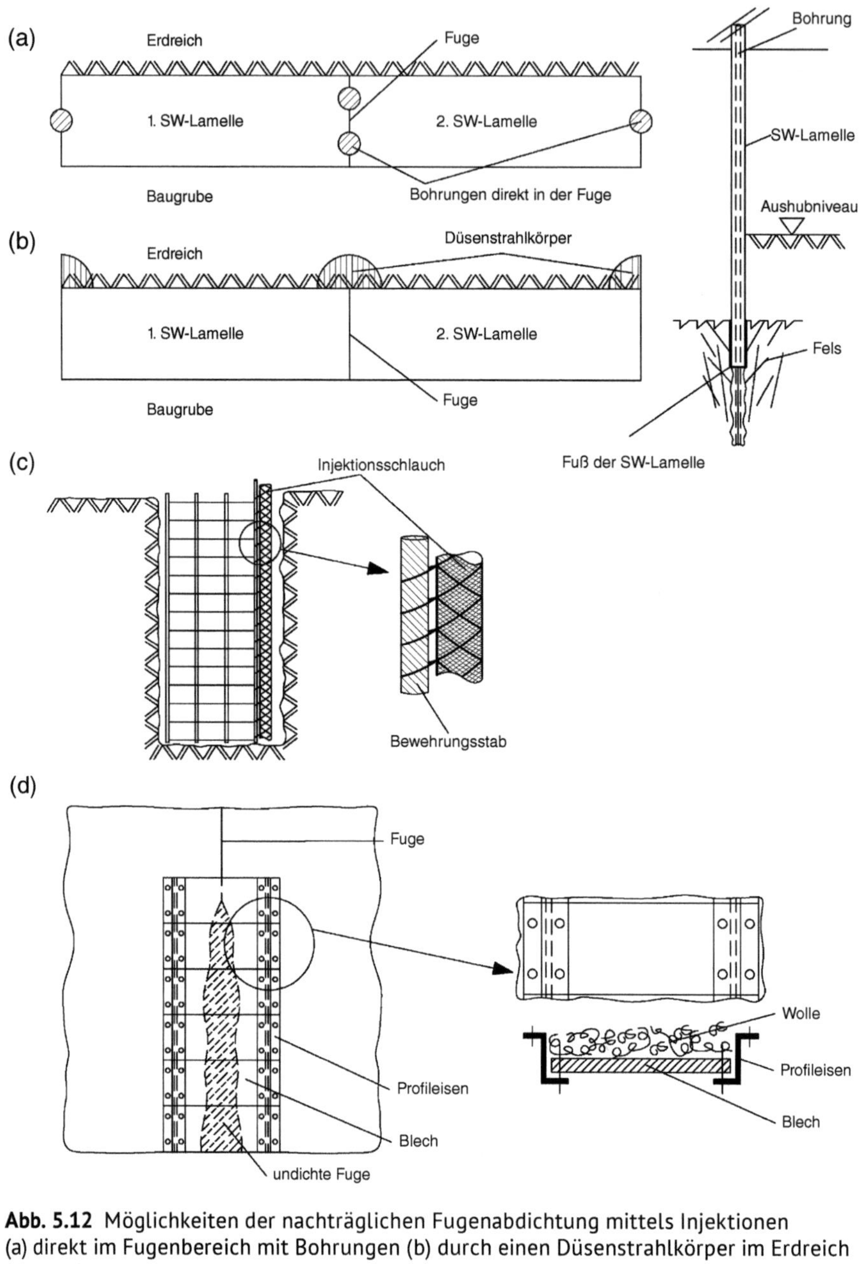

Abb. 5.12 Möglichkeiten der nachträglichen Fugenabdichtung mittels Injektionen (a) direkt im Fugenbereich mit Bohrungen (b) durch einen Düsenstrahlkörper im Erdreich und (c) Anordnung von Injektionsschläuchen mit der Bewehrung in der Nähe der Schlitzwandfuge und (d) Injektionen der Fugen während des Aushubes.

Bewehrungskorb Stahlrohre eingebaut, durch die dann die Bohrungen durchgeführt werden können). Nach Abschluss der Bohrungen werden Injektionslanzen mit Packern eingesetzt oder Manschettenrohre, durch die dann eine Verpressung der Fugen (und evtl. des darunterliegenden Felsens) erfolgt.

Bei der zweiten Variante wird nach Fertigstellung eines Wandabschnitts oder der Schlitzwand das Düsenstrahlverfahren im Bodenbereich direkt außerhalb der Fuge eingesetzt, um beim späteren Aushub und speziell, wenn tiefe Baugruben im Grundwasser herzustellen sind, der Gefahr einer undichten Stelle vorzubeugen. Im Schutz dieser Injektion (ähnlich wie bei Findlingen, Abb. 2.64) kann dann während des Aushubs der undichte Bereich der Fuge im trockenen Zustand nachgebessert werden, wenn die Wand ein endgültiges Bauteil und keine Bauhilfsmaßnahme darstellt.

Bei der Variante nach Abbildung 5.12c wird zusammen mit dem Bewehrungskorb ein Injektionsschlauch montiert und nach Fertigstellung der Wand wird dieser Schlauch mit einem Druck beaufschlagt, welcher etwas größer ist als der hydrostatische Wasserdruck außerhalb der Baugrube. Eine Undichtigkeit liegt vor, wenn zunehmend Wasser in den Schlauch gepumpt werden muss und das rechnerische Volumen, welches unter Berücksichtigung der Ausdehnung der relativ steifen und doppelt mit Kunststoff bewehrten Injektionsschläuchen ermittelt wird, von dem Volumen des eingepumpten Wassers überschritten wird. Dann werden die Schläuche in einer zweiten Phase mit einer Injektion auf Zementbasis beaufschlagt. Es ist zu erwarten, dass das Material dorthin läuft, wo die größten Druckverluste entstehen, d. h. an die undichte Stelle. Das grundsätzliche Problem dieses Systems besteht darin, dass man diese Schläuche nicht direkt im Fugenbereich platzieren kann, es sei denn, spezielle Abschalelemente werden hierfür verwendet. Dann stellt sich allerdings die Frage, ob der direkte Einsatz eines Fugenbandes nicht eine sinnvollere Lösung wäre.

Während des Aushubs besteht bei geringen und lokalen Wasserhaltungen zur Reduktion des Wasserüberdrucks die Möglichkeit der Injektionen von der Baugrube aus. Bei hohem GW-Spiegel und tiefen Baugruben kann es allerdings erforderlich werden, dass man die Fugen verblecht und abdichtet (Abb. 5.12d). Solche Möglichkeiten wurden sogar beim Unterwasseraushub mit Hilfe von Tauchern umgesetzt. Die Verblechung ist erforderlich, um den Aufbau von Gegendruck für das Injektionsmittel zu ermöglichen.

6
Nachweise für den offenen Schlitz

Der offene Schlitz wird mit einer Stützflüssigkeit gefüllt. Folgende Sicherheiten müssen nachgewiesen werden:

1. Sicherheit gegen Zutritt von Grundwasser in den Schlitz
2. Sicherheit gegen Unterschreiten des statisch erforderlichen Flüssigkeitsspiegels. Diese Gefahr besteht, wenn man durch den Aushub entweder Hohlräume trifft oder auf stark durchlässige Schichten (z. B. Grobkies) stößt
3. Sicherheit gegen Abgleiten von Einzelkörnern und Korngruppen (innere Sicherheit)
4. Sicherheit gegen Abgleiten eines Bodenkörpers in den Schlitz (äußere Sicherheit)

Nachfolgend wird auf die einzelnen Nachweise eingegangen (Karstedt und Ruppert 1980).

6.1 Sicherheit gegen Zutritt von Grundwasser

Um diese Sicherheit nachzuweisen, muss in jeder Tiefe der Flüssigkeitsdruck größer sein als der 1,05-fache Grundwasserdruck an die Wandung des Schlitzes (Abb. 6.1). Diese Nachweisführung entsprach dem alten (globalen) Sicherheitskonzept. Der gleiche Nachweis nach dem neuen Teilsicherheitskonzept der DIN 1054 an jeder beliebigen Stelle lautet:

$$p_{w,k} \cdot \gamma_{G,dst} \leq p_{F,k} \cdot \gamma_{G,stb}$$

wobei mit $p_{w,k}$ und $p_{F,k}$ der jeweilige hydrostatische Druck des Grundwassers und der hydrostatische Druck der Stützflüssigkeit bezeichnet wird. Anzumerken an dieser Stelle ist, dass der Spiegel der Stützflüssigkeit nicht höher als 20 cm unter der Leitwandoberkante anzusetzen ist.

Die Teilsicherheitsbeiwerte $\gamma_{G,dst}$ und $\gamma_{G,stb}$ sind für die destabilisierende und stabilisierende ständigen Einwirkungen im Grenzzustand HYD bzw. UPL für die Bemessungssituation BS-A nach DIN 1054 anzusetzen. Es gelten zurzeit die Werte:

$$\gamma_{G,dst} = 1{,}00 \text{ und } \gamma_{G,stb} = 0{,}95$$

Planung und Bauausführung in der Schlitzwand- und Dichtwandtechnik. 1. Auflage. Theodoros Triantafyllidis.

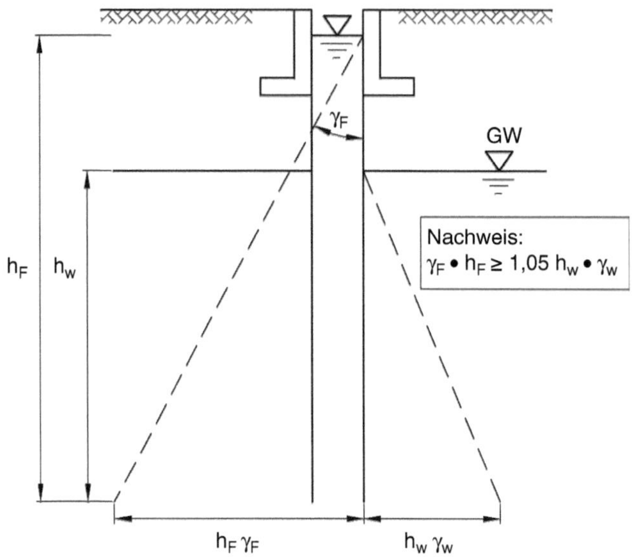

Abb. 6.1 Nachweis der Sicherheit gegen Zutritt des Grundwassers in den Schlitz.

Hiermit ist der Nachweis mit den Teilsicherheitsbeiwerten äquivalent mit dem globalen Sicherheitsnachweis von 1,05 (= 1/0,95).

Üblicherweise ist dieser Nachweis erfüllt, wenn der Grundwasserspiegel tiefer liegt als der Flüssigkeitsspiegel der Suspension. Im Grenzfall, wo zu erwarten ist, dass sich aufgrund von GW-Spiegelschwankungen der Flüssigkeitsspiegel und der GW-Spiegel gleich einstellen, muss die Suspension eine Wichte γ_F aufweisen, die mindestens um 5 % höher als γ_W ist. Beim Anschneiden gespannter Grundwasserleiter ist extreme Vorsicht geboten, d. h. es muss in solchen Fällen ein genügend hoher Suspensionsspiegel gehalten werden, ggfs. auch durch entsprechende Aufschüttung durch Erhöhung der Leitwand. Alternativ konnte gezielt der GW-Leiter durch Brunnen entspannt werden.

6.2 Sicherheit gegen Unterschreiten des statisch erforderlichen Flüssigkeitsspiegels

In Karstgebieten oder ehemaligen Bergbaubereichen besteht die Gefahr, dass durch den Schlitz Hohlräume angeschnitten werden. Ähnliche Gefahr besteht, wenn unvermutete Kanäle angetroffen werden oder in Bereichen von alten Kaimauern gearbeitet wird. Dabei kann die Suspension aus dem Schlitz auslaufen und die Standsicherheit des Schlitzes aufgrund des Stützflüssigkeitsverlustes verloren gehen. In der Regel sind ausreichende Maßnahmen vorzusehen, speziell gegenüber Schwankungen des Flüssigkeitsspiegels. Zur leichteren Beobachtung des Niveaus wird ein Bentonitspiegel etwa 20–30 cm unterhalb der Leitwandoberkante eingestellt. Dadurch können auch Schwankungen des Suspensionsspiegels aufgrund des Antreffens von groben Schichten von 0,5 m aufgefangen werden. Bei größeren Stützflüssigkeitsverlusten, die unerwartet auftreten können, muss man einen Vorrat an Suspension bereithalten (entweder in teils geöffneten hydraulisch kommunizierende Schlitzen oder Vorratsreservoir).

Das Vorhaltemaß entspricht etwa dem Zweifachen des theoretischen Schlitzvolumens. Gleichzeitig muss man auf der Baustelle einen Vorrat an Kies- und Sandgemisch sowie Zement vorhalten, damit der Hohlraum mit Hilfe eines Magerbetons schnellst möglich verfüllt und abgedichtet wird. Nach Erhärtung des eingebrachten Magerbetons kann ein Schlitz erneut im Schutze dieses Magerbetons abgeteuft werden. Der eingebrachte Magerbeton wirkt wie ein Pfropfen, welcher die angeschnittenen Hohlräume verschließt. Möglicherweise ist ein mehrmaliges Schlitzen und Verfüllen erforderlich bis der Schlitz zur Endtiefe abgeteuft werden kann. Alternativ hierzu können vorab Injektionen um den Schlitz gesetzt werden, damit man vorbeugend, wenn bereits Hohlräume bekannt sind, auf diesen Fall eine höhere Sicherheit gegen Suspensionsverlust erzielt.

6.3 Nachweis der inneren Standsicherheit

Der Versagensmechanismus wurde bereits mit der Einführung der Definition der Fließgrenze für Stützflüssigkeiten beschrieben. Die innere Standsicherheit ist nicht gegeben, wenn einzelne Körner oder Korngruppen aus der Schlitzwandung herausrieseln können, so dass ein Teilbereich des Schlitzes einstürzen kann (Abb. 6.2).

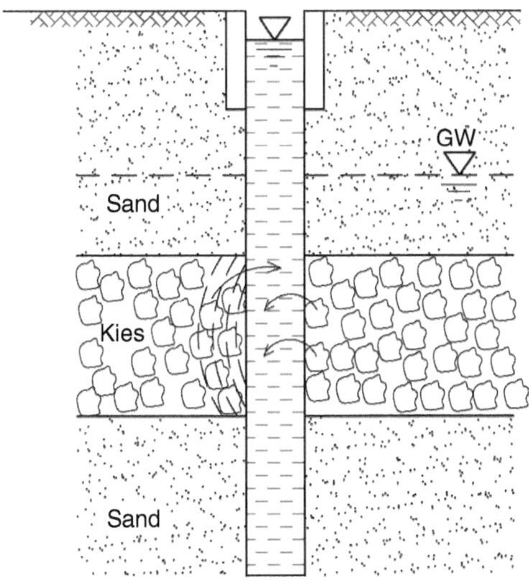

Abb. 6.2 Innere Standsicherheit ist in der Kiesschicht nicht gegeben.

6.3.1 Stützdruckübertragung durch die Suspension

Die Wirkung der Bentonitsuspension bzw. der Stützflüssigkeit im Boden oder die Art der Übertragung des Stützdrucks (Flüssigkeitsdruck) aus der Suspension auf den Boden, hängt vom jeweiligen Boden ab. Es sind i. A. zwei Fälle (Grenzfälle) zu unterscheiden.

6.3.1.1 Fall A

Bei feinkörnigen Böden ($d_{10} \leq 0{,}2$ mm) kann keine Suspension in den Boden eindringen, wohl aber das Wasser. An der Grenzfläche Boden/Suspension kommt es durch den Unterschied zwischen Suspensionsdruck und Porenwasserdruck im Boden zu einer Strömung des Wassers in den Boden und durch Zurückhalten der Bestandsteile der Suspension, welche relativ zum Porenraum des Bodens grob sind, zur teilweisen Trennung der festen und flüssigen Suspensionsphasen (Filtration). Die Tonpartikel werden an der Erdwand ausgefiltert. Das Filtratwasser fließt, durch die Filterstabilität der Suspension in begrenztem Maße, in den Boden ab. Der sich aus Tonpartikeln bildende „äußere" Filterkuchen hat eine geringere Durchlässigkeit als der Boden, kann das Druckgefälle zwischen Suspensionsdruck und Porenwasserdruck im Boden aufnehmen und wirkt daher als Membran, auf die der hydrostatische Stützdruck der Suspension wirkt (Membrantheorie). Er wird durch die Membran voll auf die stützende Erdwand übertragen (Abb. 6.3).

Durch diese Membranwirkung werden Normalspannungen auf das Korngerüst übertragen. Der auf die Erdwand wirkende Stützdruck p_F errechnet sich zu

$$p_F = \gamma_F \cdot h_F \tag{6.1}$$

mit

γ_F: Wichte der Suspension
h_F: Höhe der Suspension

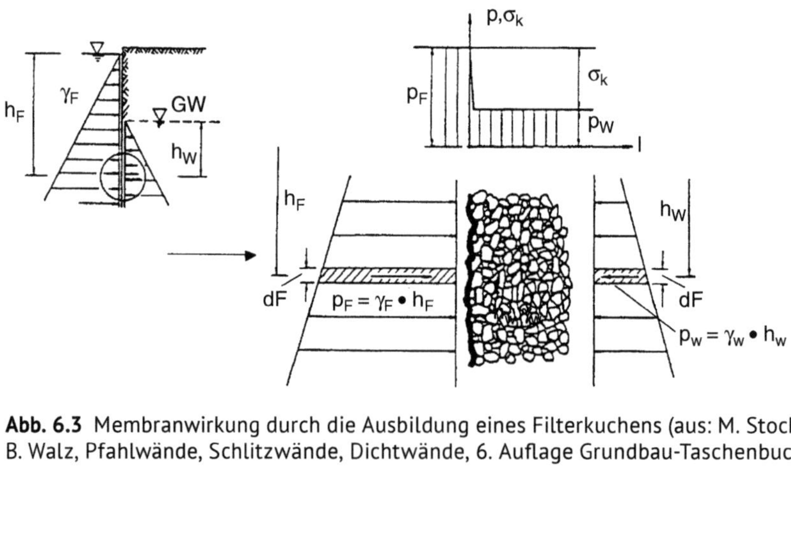

Abb. 6.3 Membranwirkung durch die Ausbildung eines Filterkuchens (aus: M. Stocker und B. Walz, Pfahlwände, Schlitzwände, Dichtwände, 6. Auflage Grundbau-Taschenbuch).

6.3.1.2 Fall B

Bei grobkörnigen Böden ist die Stützung der Suspension anders, da die Tonteilchen wegen der Größe der Poren des Bodens nicht in der Lage sind, die Poren durch Brückenbildung zu schließen. Deshalb dringt die Suspension in den Boden ein. Im Gegensatz zu reinem Wasser kommt der Fließvorgang jedoch nach einer bestimmten Eindringstrecke zur Ruhe. Er stagniert, wenn der Suspensionsdruck über Schubspannungen auf das Korngerüst übertragen ist (Abb. 6.4). Dieser Vorgang beruht auf der Fähigkeit der Bentonitsuspension, im Gegensatz zu Wasser, Schubspannungen aufnehmen zu können, ohne dass die Suspension fließt (Fließgrenze τ_F).

Diese Schubspannungen werden im Korngerüst übertragen und sie erhöhen seine Scherfestigkeit (Erhöhung des Drucks von Korn zu Korn). Die Suspension hält sich anders als im Fall A mit Schubspannungen von der Größe der Fließgrenze an den Porenkanalwandungen, d. h. an den Kornoberflächen, fest. Wenn die Eindringstrecke der Suspension in dem Porenkanal so groß geworden ist, dass das über die Porenkanaloberfläche gebildete Integral der Schubspannungen dem Differenzdruck zwischen Suspension und Grundwasser das Gleichgewicht hält, stagniert die Suspension, sie bleibt im Porenkanal stecken. Durch diese Stagnation hat sie die Möglichkeit der Gelbildung und somit kann sie ihre thixotrope Wirkung entfalten. Der Differenzdruck wird nach dieser Modellvorstellung durch Schubspannungen gleichmäßig über die Eindringtiefe an das Korngerüst abgegeben und steht an ihrem Ende voll als effektive Horizontalspannung zur Stützung der Erdwand zur Verfügung (Druck von Korn zu Korn). Der Abbau des Überdruckes vom Flüssigkeitsspiegel zum GW-Spiegel erfolgt über die Eindringungstiefe der Suspension im Erdreich.

Es ist an dieser Stelle anzumerken, dass der innere Standsicherheitsnachweis die effektiven Spannungen (Korn zu Korn Spannungen) aufgrund der äußeren Lasten an der GOK nicht betrachtet sondern nur Volumenkräfte und die Wirkung der Stützflüssigkeit auf das Korngerüst. Diese Betrachtung ähnelt der Kapillarwirkung

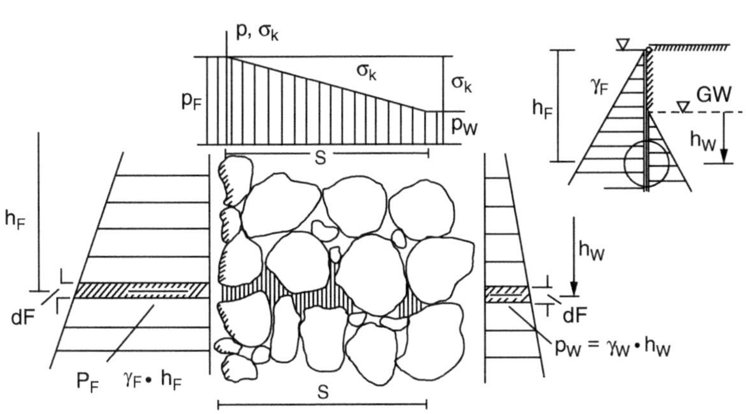

Abb. 6.4 Stagnation der Suspension im Korngerüst infolge ihrer Scherfestigkeit und Übertragung der Druckdifferenz durch statische Schubspannungen (aus: M. Stocker und B. Walz, Pfahlwände, Schlitzwände, Dichtwände, 6. Auflage Grundbau-Taschenbuch).

infolge Teilsättigung, bei der die äußeren Lasten und deren Wirkungen auf das Korngerüst nicht relevant sind. Es geht bei diesem Nachweis um die Wirkung der Stützflüssigkeit auf das Einzelkorn.

6.3.1.3 Allgemeiner Fall

Die bereits beschriebenen Fälle A und B stellen Grenzsituationen dar. Beim Fall A wird durch die Bildung des Filterkuchens der Suspensionsdruck vollständig im Filterkuchen durch die Membrantragwirkung abgebaut (d. h. es gibt einen großen Druckgradienten innerhalb der Dicke des Filterkuchens, siehe Abb. 6.5) und im Fall B, wo sich kein Filterkuchen bildet, findet der Suspensionsdruckabbau durch Stagnation im Boden statt. In der Wirklichkeit haben wir sehr häufig beide Phänomene, d. h. der hydrostatische Stützdruck wird innerhalb des zu stützenden Erdkörpers und in dem sich bildenden „Filterkuchen" abgebaut. Die Verhältnisse ändern sich auch mit zunehmender Standzeit des Schlitzes. Es kommt nach dem Stillstand des Eindringvorganges zum „Gelieren" der Suspension, und die rheologischen Eigenschaften der Stützflüssigkeit ändern sich aufgrund der Thixotropie. Gleichzeitig nimmt durch den Filtrationseffekt die Feststoffkonzentration der Suspension im „Erdreich" und im äußeren Filterkuchen zu. Während des Aushubvorganges reichert sich die Suspension mit Bodenteilchen an. Diese können die Filterkuchenbildung verstärken. Diese Erscheinungen werden in Abb. 6.5 zusammen betrachtet.

Innerhalb der Penetrationszone wirkt nicht der gesamte hydrostatische Stützdruck, sondern Volumenelemente des Bodens werden durch einen Stützdruckanteil

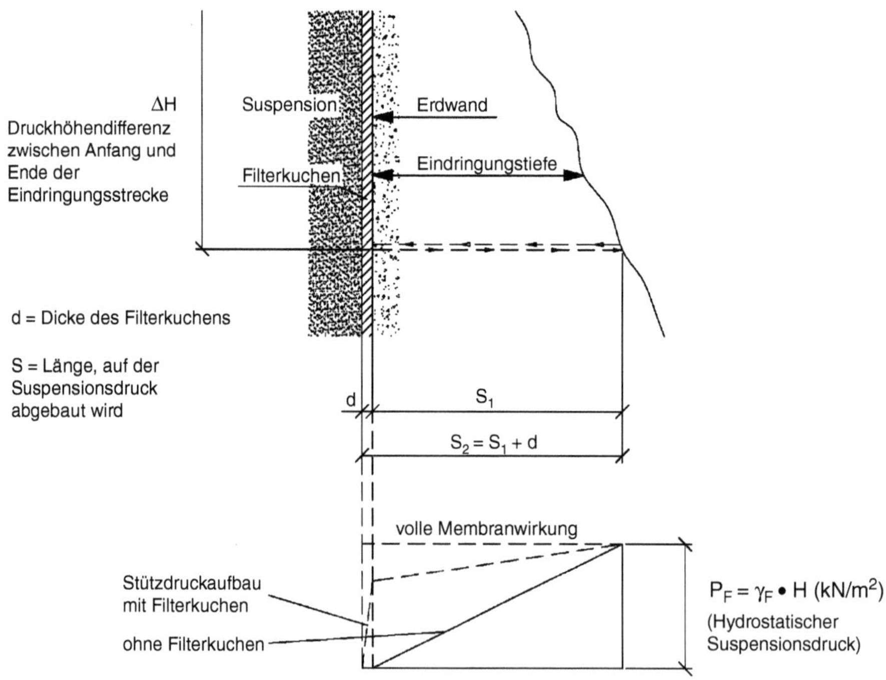

Abb. 6.5 Einleitung des Stützdrucks in die zu stabilisierende Erdwand (aus: Ruppert 1980).

am Abrutschen gehindert. Bei der Filterkuchenbildung ist die Führung des Nachweises der inneren Standsicherheit relativ einfach. Zunächst wird der Nachweis mit dem Druckgefälle infolge Stagnation der Stützflüssigkeit im Bodenvolumen erläutert.

6.3.2 Druckgefälle f_{s0}

Im Fall B (ohne Filterkuchenbildung direkt an der Schlitzwandung) errechnet sich der Stützdruck nach Beendigung des Eindringvorganges zu p_F:

$$p_F = \gamma_F \cdot i_0 \cdot S_i \tag{6.2}$$

mit γ_F =	Wichte der Suspension [kN/m³]
$S_i(\Delta H)$ =	Länge, auf der der Suspensionsdruck abgebaut wird, von der Druckhöhendifferenz ΔH abhängig [m],
i_0 =	Stagnationsgradient, der das Zusammenwirken Boden/ Suspensionen erfasst [-].

Für einen bestimmten Boden (d_{10}) ist der Stagnationsgradient i_0 abhängig von der Fließgrenze τ_F der Suspension.

Der Stagnationsgradient wird umso größer, je weniger die Suspension in den Boden eindringt. Für $i_0 < 10$ kann mit genügender Genauigkeit Fall A (Membranwirkung) angenommen werden. Der Stagnationsgradient vereinigt summarisch alle auf das System Boden/Suspension Einfluss nehmenden Parameter sowohl des Bodens als auch der Suspension. Baupraktisch ist es ausreichend, sich zur Beschreibung des Stützverhaltens auf den Korngrößen-Parameter d_{10} des Bodens und die Scherfestigkeit der Suspension zu beschränken.

An dem Beispiel eines Schlitzes ohne die Anwesenheit von GW wird nun versucht, den Stagnationsgradient bzw. das Druckgefälle zu erklären (Abb. 6.6).

Der hydrostatische Druck p_F in der Tiefe h_F der Suspension lautet:

$$p_F = \gamma_F \cdot h_F \tag{6.3}$$

Durch diesen Druck dringt die Suspension in den Porenraum des Bodens ein. Dabei wirken an den Wandungen der Poren bzw. an den Oberflächen der Körner, Schubspannungen dem Eindringvorgang und damit dem Suspensionsdruck entgegen. Entspricht das Integral dieser Schubspannungen über die Eindringstrecke dem wirkenden Suspensionsdruck, dringt die Stützflüssigkeit nicht weiter in den Boden ein. Der Eindringvorgang stagniert. Am Ende der Eindring- oder Stagnationsstrecke s ist der Flüssigkeitsdruck $p_F = 0$. Die Größe der Schubspannungen zwischen Suspension und Korngerüst kann in diesem Zustand der Stagnation mit der Fließgrenze τ_F werden. Der Druckabbau (Δp) wird als über die Stagnationsstrecke s konstant angenommen. Damit kann das Druckgefälle f_{s0} als Maß für den Abbau des Flüssigkeitsdrucks der Suspension pro m Eindringtiefe in den Boden definiert werden.

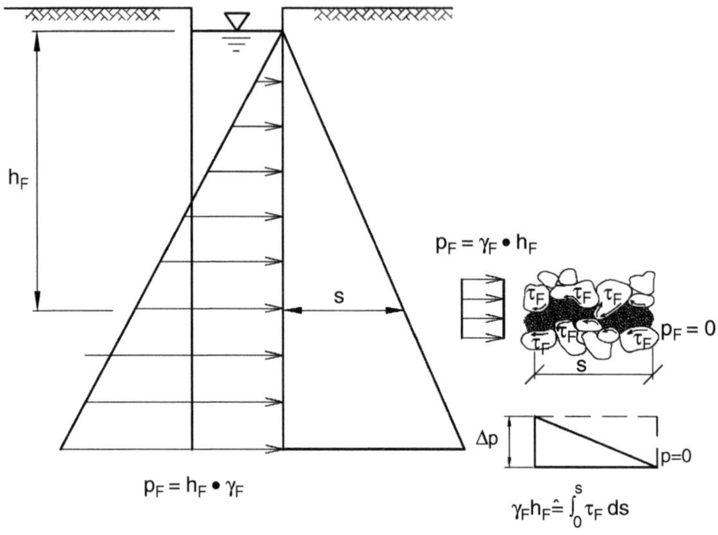

Abb. 6.6 Beispiel des Druckgefälles und des Stagnationsgradienten beim offenen Schlitz ohne das Grundwasser.

$$f_{s0} = \frac{\Delta p}{\Delta s} = \frac{\gamma_F h_F}{s} \tag{6.4}$$

Der abgebaute Druck (Δp) wird durch die Schubspannungen τ_F auf das Korngerüst übertragen und geht somit in effektive Spannungen (Druck von Korn zu Korn) über. Der Wert f_{s0} kann aus Versuchen an verschiedenen Böden ermittelt werden.

6.3.3 Versuchsdurchführung zur Messung des Druckgefälles f_{s0}

In Abbildung 6.7 ist ein schematischer Aufbau dieses Versuches angegeben, welcher auch in der DIN 4127 angegeben ist.

Der Zylinder (2) wird bis zur Mitte mit Wasser gefüllt, Boden wird bis zum oberen Rand des Behälters eingebracht und mit der Schlaggabel verdichtet. Der Wasserspiegel wird durch Betätigen des Ventils (4) und durch Höherstellung des Überlaufgefäßes (3) auf Oberkante Boden eingestellt und das Ventil (4) danach verschlossen.

Danach wird Suspension in den Behälter gefüllt (1), der Quirl aufgesetzt und das Ventil geöffnet (4), so dass die Suspension in den Boden eindringt. Der Versuch wird fortgeführt bis kein Wasser mehr aus dem Überlaufbehälter strömt.

Gemessen wird:

- Höhendifferenz h_1 zwischen Bodenoberkante und oberem Suspensionsspiegel,
- Eindringstrecke s der Flüssigkeit in den Boden nach Abschluss der Bewegung,
- Höhendifferenz h_2 zwischen der Eindringgrenze (9) und dem Wasserspiegel im Überlaufgefäß (3). Sie ist negativ, wenn das Überlaufniveau des Überlaufgefäßes (3) oberhalb der Eindringungsgrenze (9) liegt.

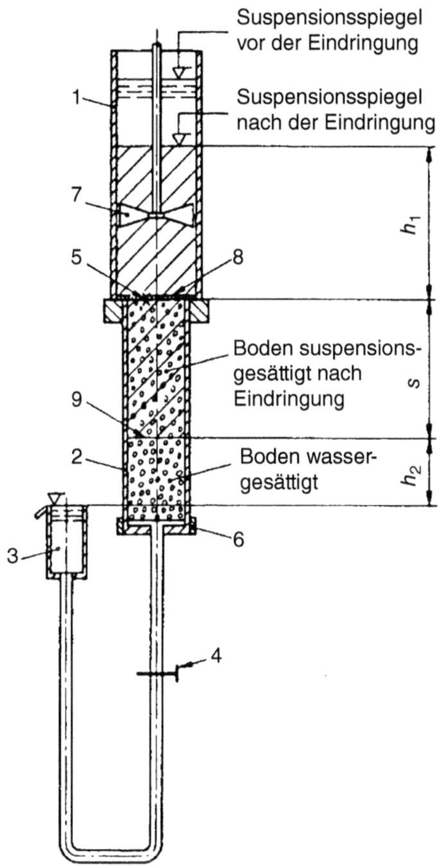

Abb. 6.7 Gerät zur Messung des Druckgefälles f_{s0} (schematischer Aufbau nach DIN 4127).

– Das Druckgefälle f_{s0} wird wie folgt berechnet (auch bei negativem h_2):

$$f_{s0} = \frac{(h_1 + s) \cdot \gamma_F + h_2 \cdot \gamma_w}{s} \tag{6.5}$$

Ruppert (1980) hat solche Versuche durchgeführt und dabei festgestellt, dass die Fließgrenze τ_F der Suspension und der wirksame Korndurchmesser d_{10} des Bodens als Maß für dessen Porengröße das Druckgefälle entscheidend beeinflussen, d. h. es werden hauptsächlich die hydraulischen Eigenschaften des Korngerüsts als maßgebend zugrunde gelegt.

Ähnlich wie bei der groben Abschätzung der Durchlässigkeit des Bodens nach HAZEN geht für gleichkörnige Bodenarten der d_{10}-Wert ein. Bei ungleichförmigen Böden wird wiederum der d_{10}-Wert mit Anpassungsfaktoren für die Durchlässigkeit verwendet. Das sich einstellende Druckgefälle hängt aber auch vom verwendeten Bentonit ab. Ruppert (1980) hat hierzu Versuche mit unterschiedlichen Bentonitsorten und d_{10}-Werten durchgeführt und diese Ergebnisse für verschiedene Bentonitsorten sind in Abb. 6.8 dargestellt.

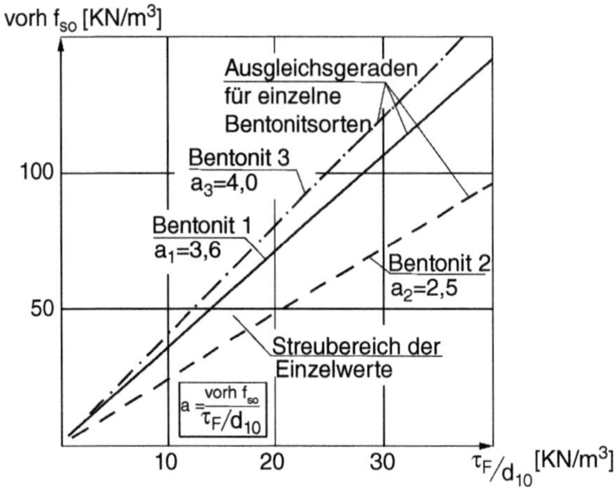

Abb. 6.8 Druckgefälle f_{s0} als Funktion von τ_F/d_{10} (Ruppert 1980).

Aus den Versuchsergebnissen nach Abb. 6.8 kann man folgende Beziehung herleiten:

$$f_{s0} = \frac{a\tau_F}{d_{10}} \tag{6.6}$$

wobei für a vorsichtig der Wert 2 eingesetzt werden kann (Streubereich der Versuche für a zwischen 2,5 und 4,0), also

$$f_{s0} = 2\tau_F/d_{10} \tag{6.7}$$

Nach der Abschätzung von f_{s0} kann die Eindringtiefe s mit und ohne GW abgeschätzt werden.

$$s = \frac{\gamma_F h_F}{f_{s0}} \quad \text{(ohne GW)} \tag{6.8}$$

$$s = \frac{\gamma_F h_F - \gamma_w h_w}{f_{s0}} \quad \text{(mit GW)} \tag{6.9}$$

6.3.4 Nachweisführung „innere Standsicherheit“

Dieser Nachweis wird in der DIN 4126 als Sicherheit gegen Abgleiten von Einzelkörnern oder Korngruppen bezeichnet.

Beim Nachweis der inneren Standsicherheit wird geprüft, dass lokal keine Körner oder Bodenbereiche in den Schlitz abrutschen. Betrachten wir die Situation am Schlitz mit dem Extremfall des Wasserspiegels bis zur Geländeoberkante = Flüssigkeitsspiegel (Abb. 6.9).

Das Element der Höhe a und der Dicke d des mit Suspension durchtränkten Bodens an dem Erdschlitz wird horizontal im Gleichgewicht gehalten durch den Suspensionsdruck F, den Wasserdruck W = F – ΔF und den Korn-zu-Korn Druck ΔF, welcher aus der Übertragung des Flüssigkeitsdruckes über Schubspannungen auf das Korngerüst resultiert. ΔF errechnet sich aus

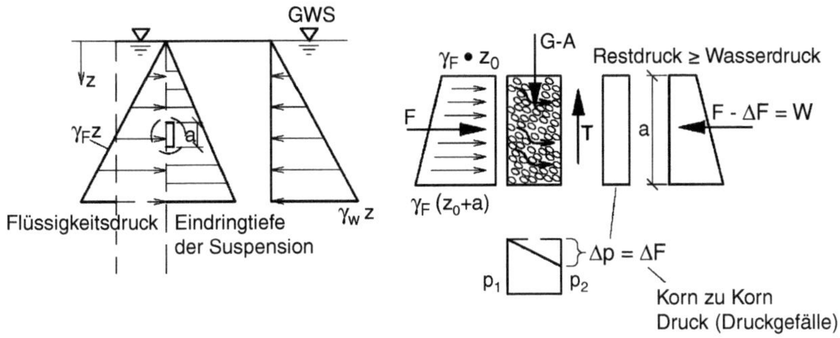

Abb. 6.9 Beispiel des Nachweises der inneren Standsicherheit bei einem nichtbindigen Boden mit Stagnation.

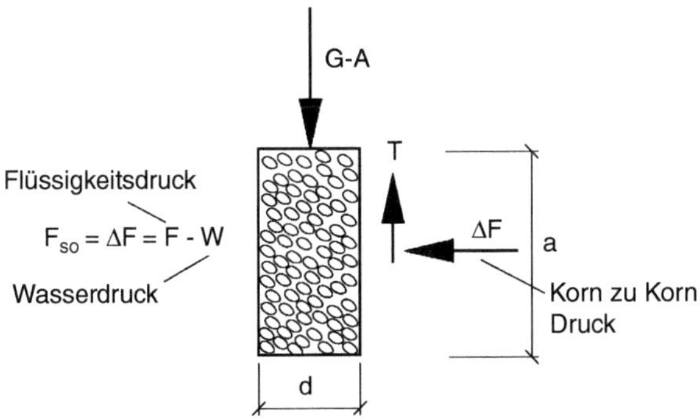

Abb. 6.10 Gleichgewicht in vertikaler Richtung am Bodenelement an der Wand.

$$\Delta F = f_{s0} \cdot d \cdot a = \frac{p_1 - p_2}{d} \cdot d \cdot a = (p_1 - p_2) \cdot a \tag{6.10}$$

In vertikaler Richtung wirken am Bodenelement die Kräfte G – A und T (Abb. 6.10).

Die innere Standsicherheit eines Bodenelements ist gewährleistet, wenn gilt T > G – A

$$\text{oder } T = \Delta F \cdot \tan\varphi = f_{s0} \cdot d \cdot a \cdot \tan\varphi > G - A \tag{6.11}$$

Daraus folgt mit G – A = γ' · d · a,

$$f_{s0} \cdot d \cdot a \cdot \tan\varphi > \gamma' \cdot d \cdot a \tag{6.12}$$

Streng genommen ist in Gl. (6.12) die Dichte des Bodens unter Suspensionsauftrieb γ'' anzusetzen. Aber oft wird näherungsweise mit dem Auftrieb unter Wasser gerechnet (γ').

In den Vorgängernormen der DIN 4126 hat man gegenüber dem Grenzfall die globale Sicherheit η nach dem alten Sicherheitskonzept verlangt, so gilt

$$\text{erf } f_{s0} \geq \frac{\eta\gamma'}{\tan\varphi'} = \eta f_{s0_1}; \tag{6.13}$$

mit f_{s0_1} Grenzdruckgefälle:

$$f_{s0_1} = \gamma' / \tan\varphi \tag{6.14}$$

Das vorhandene Druckgefälle f_{s0} im Eindringbereich der Suspension muss mit ausreichender Sicherheit größer sein als das Grenzdruckgefälle f_{s0_1}, damit kein inneres Versagen auftritt. Nach der alten DIN 4126 wird $\eta = 2$ verlangt, so dass gefordert werden kann:

$$f_{s0} \geq 2 \cdot f_{s0_1} \left[\mathrm{kN/m^3}\right] \tag{6.15}$$

$$\text{mit } f_{s0_1} = \gamma' / \tan\varphi_k \left[\mathrm{kN/m^3}\right] \tag{6.16}$$

γ'	Wichte des Bodens unter (Suspensions-) Auftrieb $[\gamma'' \approx \gamma' = (1-n)(\gamma_s - \gamma_{sus})]$
φ_k	charakteristische Größe des Winkels der inneren Reibung

Setzt man die Werte vor $f_{s0} = \dfrac{a\,\tau_F}{d_{10}}$ (Gl. (6.7)) aus den Eindringungsversuchen ein, erhält man eine Beziehung zwischen erforderlicher Fließgrenze der verwendeten Suspensionen und den Parametern des vorliegenden Bodens.

Es gilt

$$\text{vorh } f_{s0} \geq \eta \cdot f_{s0,1} \tag{6.17}$$

oder

$$a\frac{\tau_F}{d_{10}} \geq \eta \cdot \frac{\gamma'}{\tan\varphi'} \tag{6.18}$$

bzw.

$$\tau_F \geq \frac{\eta}{a} \cdot \frac{\gamma' \cdot d_{10}}{\tan\varphi'} \tag{6.19}$$

Da aus den Regressionsgeraden der Eindringversuche auf der sicheren Seite liege der Wert $a = 2$ ermittelt wurde, vereinfacht sich obige Gleichung zu

$$\tau_F \geq \frac{\gamma' \cdot d_{10}}{\tan\varphi'} \tag{6.20}$$

Es ist zu erkennen, dass die Kenntnis der Kornverteilung, des Schüttwinkels und der Wichte des Bodens sowie der Fließgrenze und der Wichte der Suspension ausreichend ist, um die innere Standsicherheit des Schlitzes nachzuweisen.

An dieser Stelle ist anzumerken, dass sehr hohe Sicherheiten in diesem Nachweis vorhanden sind, Faktor 2 gegenüber dem Grenzgefälle f_{s01} und nochmals eine konservative Annahme hinsichtlich der Regression der Laborergebnisse von Ruppert (1960) für die verschiedenen Bentonitsorten. Bei Festlegung einer Bentonitsorte, z. B. Bentonit 1 nach Abb. 6.8, ergibt sich ein Regressionsfaktor a = 3,6 statt a = 2,0 und somit reduziert sich für den Grenzfall des inneren Versagens die hierfür nötige Fließgrenze um den Faktor (2,0/3,6). Diese Betrachtung ist insbesondere in der Nähe des Grenzzustandes von Bedeutung, der allerdings nicht ausgereizt werden sollte.

Die aktuelle Norm DIN 4126 führt das Teilsicherheitskonzept in den Nachweis für die sog. innere Standsicherheit ein und fordert die Erfüllung der Gleichung

$$\gamma''_{\mathrm{k}} \cdot \gamma_{\mathrm{G}} \leq \frac{2 \cdot \eta_F \cdot \tau_F}{\mathrm{d}_{10}} \cdot \frac{\tan \varphi'_{\mathrm{k}}}{\gamma_\varphi} \tag{6.21}$$

wobei die beiden Teilsicherheitsbeiwerte γ_G und γ_φ nach GZ GEO-3, BS-T bestimmt werden. η_F ist ein Anpassungsfaktor, welcher die Schwankungen in der Fließgrenze und die Einfachheit der Verfahren der Bestimmung der Fließgrenze auf der Baustelle berücksichtigen soll, und ist zu 0,6 zu wählen. Näherungsweise darf für die Wichte unter Suspensionsauftrieb γ'' auch γ' verwendet werden.

Nach Umstellung der Gleichung und Einsetzen von $\gamma_G = 1{,}0$, $\gamma_\varphi = 1{,}15$ und $\eta_F = 0{,}6$ wird die Analogie zu Gl. (6.20) deutlich und es ergibt sich ein sehr ähnliches Sicherheitsniveau:

$$\tau_F \geq \frac{\gamma_{\mathrm{G}} \cdot \gamma_\varphi}{2 \cdot \eta_{\mathrm{F}}} \cdot \frac{\gamma'' \cdot \mathrm{d}_{10}}{\tan \varphi'_{\mathrm{k}}} = \frac{1{,}0 \cdot 1{,}15}{2 \cdot 0{,}6} \cdot \frac{\gamma'' \cdot \mathrm{d}_{10}}{\tan \varphi'_{\mathrm{k}}} = 0{,}96 \cdot \frac{\gamma'' \cdot \mathrm{d}_{10}}{\tan \varphi'_{\mathrm{k}}} \tag{6.22}$$

Ist die Sicherheit nicht gewährleistet, dann tritt ein „inneres Versagen“ ein, so dass dünne Bodenschollen aus der Erdwand auf schalenförmigen Gleitflächen abrutschen und in den Schlitzwandgraben absinken (Abb. 6.11).

Bei homogenem Boden kann dieses zu einem „rückschreitenden“ Einsturz des Schlitzwandgrabens führen. Ist nur in einer Bodenschicht begrenzter Mächtigkeit die innere Standsicherheit nicht gegeben, entsteht eine sägezahnartige Erweiterung des Schlitzes mit einer steilen Böschung (Abb. 6.11).

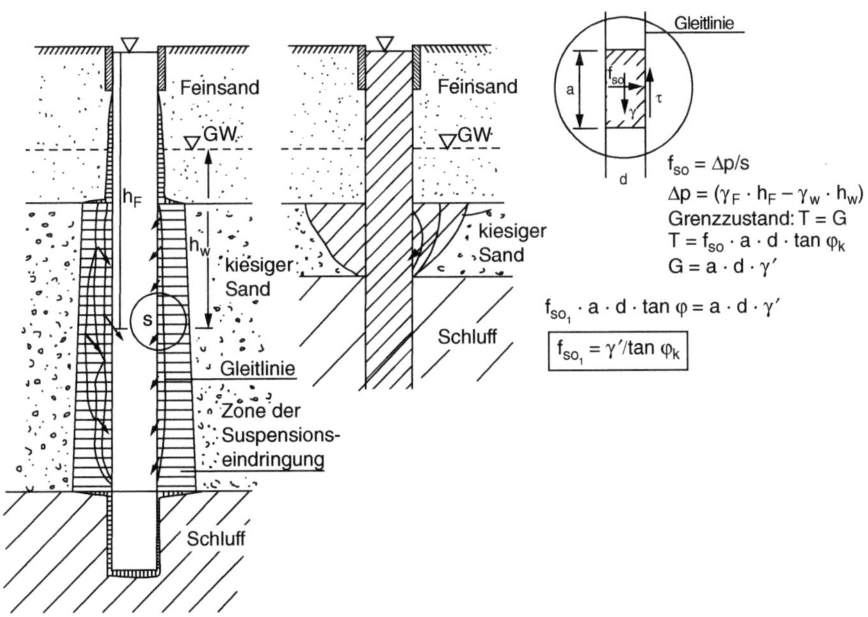

Abb. 6.11 Grenzzustand des „inneren“ Standsicherheitsversagens (aus: M. Stocker und B. Walz, Pfahlwände, Schlitzwände, Dichtwände, 6. Auflage Grundbau-Taschenbuch).

Diese Nachweisführung wurde für rein rollige Böden hergeleitet. Bindige Böden in diese Betrachtung einzubeziehen, d. h. die Kohäsion zu berücksichtigen, ist *wenig sinnvoll*, da sich wegen der kleinen Porendurchmesser dieser Böden meist ein „äußerer" Filterkuchen (Membrantragwirkung) ausbildet und ferner die Kohäsion das Abrutschen von dünnen Schollen verhindert.

In sehr vielen baupraktischen Fällen kommt es vor, dass die verwendete Suspension nicht für das absolut größte Korn von d_{10} ausgelegt ist, sondern für d_{10}-Werte, die als maximal im Sinne des repräsentativen Verhaltens der Eindringung angesehen werden. Bei einer ausreichenden Probenanzahl von Kornverteilungen können statistische Auswertungen der d_{10}-Werte zu einer pragmatischen Lösung führen. Auf diese Werte kann man sich verständigen, dass z. B. die Zugrundelegung von einem maximalen d_{10}-Wert die 98 % der ermittelten d_{10} Werte abdeckt. Hiermit nimmt man bewusst in Kauf, dass in 2 % der Fälle die Eigenschaften der Suspension für den Nachweis der inneren Stabilität nicht ausreichen würden. Falls diese grobkörnigen Bereiche in der Nähe der geplanten Schlitzwand vorliegen, ist es empfehlenswert, diesen Bereich vor dem Schlitzen zu injizieren. Wenn jedoch diese Schichten begrenzt in ihrer Ausdehnung sind, könnte man auf diese Maßnahme verzichten und stattdessen mit dem Mehrverbrauch an Beton und Auswüchse der Schlitzwand leben. Diese Auswüchse wären dann zu trimmen, um die Anforderungen hinsichtlich der Toleranzmaße der fertigen Wand zu genügen.

Bei mehrschichtigen Böden erkennt die DIN 4126 die Schwierigkeit der Einhaltung des Nachweises des Abgleitens der Körner, speziell bei großkörnigen räumlich begrenzten Bereichen. So wird zunächst bis auf 50 cm dicken grobkörnigen Schichten auf die Möglichkeit der Nicht-Einhaltung des Nachweises hingewiesen, wenn die darüber liegenden Formationen eine ausreichende Sicherheit gegen das Abgleiten vorweisen. In den Erläuterungen der DIN 4126 von Kilchert und Karstedt (1984) findet man die Überlegungen von Müller-Kirchenbauer (1977, 1982) hinsichtlich der Einbrüche der Erdwand aufgrund der fehlenden Fließgrenze zur Haltung der Grobkörnung wieder.

In Fällen, wo eine unterschiedliche Schichtung mit Grobkorn vorliegt, kann es in diesen Fällen zu geringfügigen Einbrüchen im Bereich der groben Schichten kommen, die sich jedoch nicht bis an die Geländeoberfläche fortsetzen. So wird bei Kilchert und Karstedt (1984) zitiert:

> „Stellt sich bei grobkörnigen Schichten mit einer größeren Mächtigkeit als 0,5 m infolge einer vorhandenen Fließgrenze $\tau_F <$ erf τ_F eine von der geplanten Erdwandneigung abweichende geringere Böschungsneigung innerhalb der groben Schicht ein, so muss die Gesamtstandsicherheit nicht notwendigerweise gefährdet sein, vorausgesetzt es bildet sich oberhalb der ausgefallenen groben Bodenschicht eine stabile überhängende Böschung nach Abb. 6.12 aus, die nicht bis an die Geländeoberfläche reicht und vorausgesetzt, der über dem unterirdischen Einbruch liegende Bodenbereich erfüllt das Kriterium der äußeren Standsicherheit."

Diese Situation ist in Abb. 6.12 dargestellt mit einem steilen Winkel β der Böschung in der Grobschicht aufgrund des vorhandenen Reibungswinkels und des Druckgefälles f_{s0}. Das Druckgefälle liegt aufgrund der Penetration der Suspension in den grobkörnigen Schichten vor, wodurch auch der Druckabbau bis zur Stagnation der Suspension im Korngerüst stattfindet. Das im Grenzgleichgewicht erforderliche Gefälle erf f_{s0} berechnet sich aus den Rankine'schen Zonen zu

$$\text{erf}\, f_{s0} = \gamma'' \sin(\varphi - \beta)/\sin\varphi \tag{6.23}$$

wobei β der sich gegen die Horizontale gebildeter Böschungswinkel ist (s. Abb. 6.12) γ'' die Bodenwichte unter Suspensionsauftrieb und φ der Reibungswinkel des Bodens (üblicherweise bei grobkörnigem Material in natürlicher Dichte φ = 35–40°).

Der durch die Fließgrenze der Suspension im Grenzgleichgewichtszustand sich einstellender Böschungswinkel β ist größer als φ und kann errechnet werden aus der Beziehung (6.22)

$$\text{erf}\, f_{s0} = \text{vorh.}\, f_{s0} = 2\tau_F/d_{10} \tag{6.24}$$

und Gl. (6.23) zu:

$$\beta = \arcsin\left[(2\tau_F/(d_{10}\gamma''))\sin\varphi\right] + \varphi \tag{6.25}$$

Der sich einstellende Winkel β im Grenzzustand des Einbruches der Erdwand hängt vom Scherwiderstand (Fließgrenze) der Suspension vom Feinkornanteil d_{10}

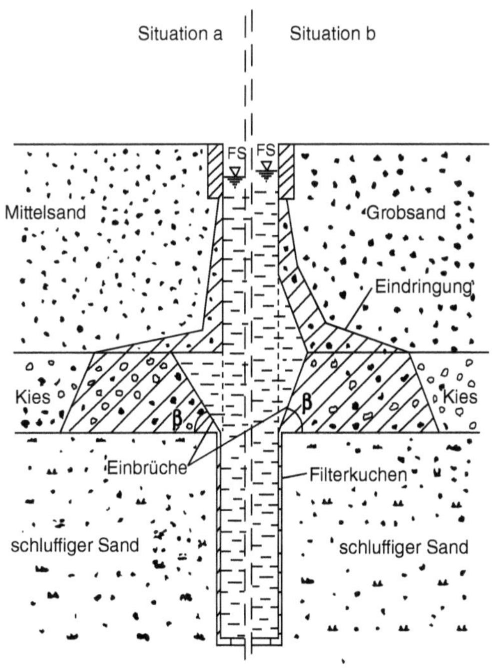

Abb. 6.12 Mögliche Ausbildung unterirdischer Einbrüche verursacht durch eine grobporige Schicht mit verminderter innerer Standsicherheit (nach Kilchert und Karstedt 1984).

und dem Reibungswinkel des Bodens sowie von dessen Auftriebswichte γ'' in der Suspension ab (Abb. 6.13).

Dies bedeutet wiederum, dass bei einer Fließgrenze von $\tau_F = 30$ Pa, einem Reibungswinkel $\varphi = 35°$ und einem $d_{10} = 4$ mm sowie mit $\gamma'' = 11$ kN/m³, der sich einstellender Böschungswinkel $\beta = \arcsin\,[(2\tau_F/(d_{10}\gamma''))\,\sin\varphi] + \varphi = 86°$ beträgt statt der 90° bei einer vertikalen Wand. Gleiches gilt auch für die überhängende Erdwand, die dann einen Winkel von 94° aufweisen würde, statt der 90°.

Dieser Unterschied von $\Delta\beta = 4°$ für eine maßgebende Schicht mit $d_{10} = 4$ mm bedeutet, dass die sich einstellende Einkerbung bei einer angenommenen Schichtmächtigkeit von d =1 m eine maximale Tiefe von t = d·ctg (86°) = 7 cm erreichen würde. Zur Abschätzung des Mehraushubes ist entsprechend Abb. 6.12 bei dem darüberliegenden Boden mit einer Überhangsböschung in etwa der gleichen Höhe zu rechnen, so dass vereinfachend das Volumen der Kerbe und demzufolge des Mehraushubs mit der doppelten Schichtdicke (also 2 m) und der Hälfte der maximalen Tiefe der Einkerbung (also 3,5 cm) in Form einer abgleitenden Scholle abgeschätzt werden kann.

Es wird damit offensichtlich, dass auch bei mächtigeren Schichten als 0,5 m Dicke nach der DIN 4126 mit grobkörnigem Material, welche die Stützflüssigkeit aufgrund

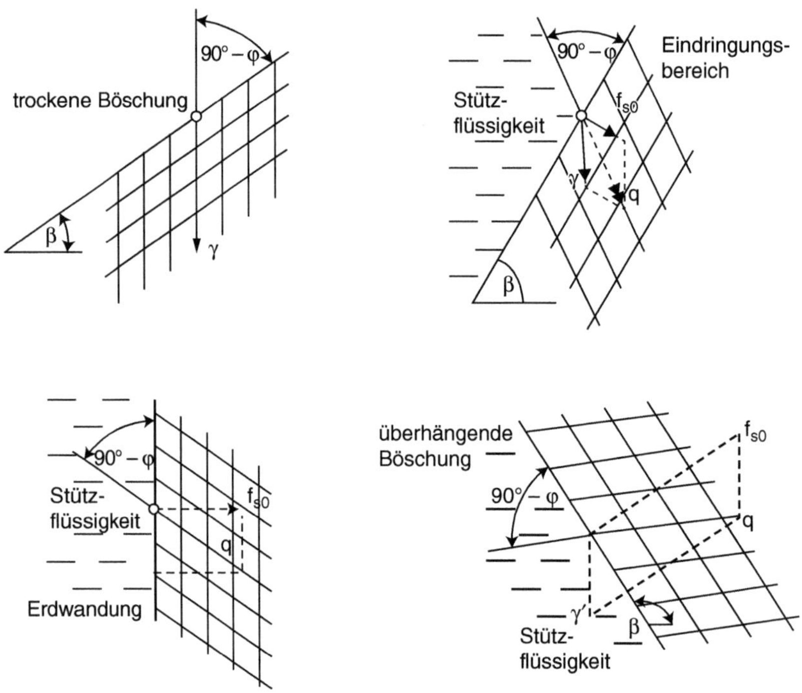

Abb. 6.13 Gleitflächenbildung im plastischen Grenzzustand nach Rankine (nach Müller-Kirchenbauer 1977, 1982).

ihrer Fließgrenze nicht halten kann, eine von der geplanten vertikalen Erdwandneigung abweichende geringere Böschungsneigung sich einstellt. Dabei muss die Gesamtstandsicherheit nicht notwendigerweise gefährdet sein, vorausgesetzt es bildet sich oberhalb der groben Bodenschicht eine stabile überhängende Böschung nach Abb. 6.12 aus. Es muss dabei sichergestellt sein, dass diese Bruchmuschel sich nicht bis zur GOK ausbreitet und dass der über dem Einbruch liegende Bodenbereich das Kriterium der äußeren Standsicherheit erfüllt.

Ungeachtet dieses Umstandes wird es bei solchen Situationen zur einem Mehrverbrauch an Beton kommen und zu einem Überprofil der Wand, welches möglicherweise die angegebenen Grenzen der Maßabweichung nach DIN EN 1538 überschreitet und demzufolge es zu Nutzungseinschränkungen der Schlitzwand kommen kann.

6.3.5 Berücksichtigung dynamischer Einflüsse beim inneren Standsicherheitsnachweis

Es gibt Stationen, bei denen die dynamischen Lasten an der Schlitzwand infolge Verkehr oder Bauaktivität nicht unerheblich sind. Übliche dynamische Lasten aus dem Baubetrieb sind jedoch durch die Sicherheiten im statischen Fall bei diesem Nachweis abgedeckt.

Die Herleitung des Nachweises gegen Herausfallen von Körner oder Kornformationen aus dem offenen Schlitz basiert nach der Vorgehensweise der DIN 4126 auf statische Überlegungen. Bei diesen statischen Betrachtungen wird im Bereich des Abgleitens der Körner ein plastischer Zustand nach Rankine zugrunde gelegt (s. Abb. 6.14).

Bei diesem Nachweis, auch im statischen Fall, wird von der sogenannten Homogenitätsbedingung ausgegangen. Diese Bedingung, die üblicherweise auch bei oberflächennahen Bodenrutschungen entlang von Böschungen angesetzt wird, erlaubt kein Zuwachs der Spannungen entlang der Richtungen, die die Schlitzwandoberfläche spannen, z. B. in der Abb. 6.14 die Richtungen z und x.

Aufgrund des Verschwindens der Spannungsgradienten $\sigma_{ij,j} = 0$ für $j = x, z$ vereinfachen sich die Gleichgewichtsbedingungen für den plastischen Zustand nach Rankine. Ähnliches gilt auch für den dynamischen Fall, bei dem die Berücksichtigung der dynamischen Lasten über die Trägheitseffekte erfolgt. Für den ebenen Schlitz nach Abb. 6.14 werden die Beschleunigungen in vertikaler Richtung z und in horizontaler Richtung senkrecht zum Schlitz y, jeweils mit a_z und a_y betrachtet.

Die jeweiligen Trägheitskräfte pro Volumeneinheit werden mit $-\rho a_z$ bzw. $-\rho a_y$ bezeichnet, d. h. die Tragfähigkeitswirkung ist um 180° gedreht als die Richtung der Beschleunigung. Sowohl der Druckgradient f_{s0} wie die Auftriebswichte γ'' und die Trägheitskräfte ρa sind Volumenkräfte und können somit ohne die Notwendigkeit einer Stoffbeziehung zum Grenzgleichgewicht herangezogen werden.

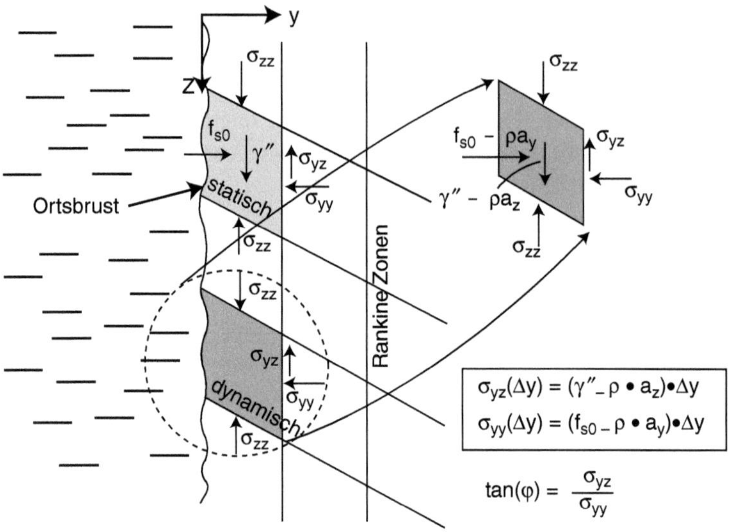

Abb. 6.14 Vereinfachtes Verfahren zur Berücksichtigung der dynamischen Einwirkungen nach dem Prinzip von D'Alembert beim inneren Standsicherheitsnachweis.

Der Unterschied zwischen der statischen und dynamischen Analyse liegt nur an der Berücksichtigung der Trägheitskräfte im dynamischen Fall, so dass ein dynamisches Problem über die Berücksichtigung der Trägheitskräfte nach D'Alembert in ein statisches Gleichgewicht überführt wird, welches auch als dynamisches Gleichgewicht bezeichnet wird. Bei Vernachlässigung der dynamischen Effekte (Trägheitseffekte) resultiert aus den Gleichungen für den dynamischen Fall automatisch der statische Fall (Beschleunigungen: $a_z = a_y = 0$)

Statische Analyse	**Dynamische Analyse**
$\sigma_{zy,y} + \sigma_{zz,z} + \gamma'' = 0$	$= \rho \cdot a_z$ (mit a_z: Beschleunigung in z-Richtung)
$\sigma_{yz,z} + \sigma_{yy,y} + f_{s0} = 0$	$= \rho \cdot a_y$ (mit a_y: Beschleunigung in y-Richtung)

Alle Ableitungen der Spannungsgrößen in z-Richtung aufgrund der Homogenitätsbedingung verschwinden ($\sigma_{zz,z} = \sigma_{yz,z} = 0$). Dadurch vereinfachen sich die Gleichungen für den dynamischen Fall zu:

$$\sigma_{zy,y} + \gamma'' - \rho \cdot a_z = 0 \tag{6.26}$$

$$\sigma_{yy,y} + f_{s0} - \rho \cdot a_y = 0$$

Eine Integration dieser Gleichungen für den dynamischen Fall über Δy liefert Folgendes (s. auch Abb. 6.14):

$$\sigma_{zy}(\Delta y) + (\gamma'' - \rho \cdot a_z) \cdot \Delta y = 0 \qquad (6.27)$$

$$\sigma_{yy}(\Delta y) + (f_{s0} - \rho \cdot a_y) \cdot \Delta y = 0$$

Unter Verwendung der bodenmechanischen Vorzeichenkonvektion für die Spannungen (Druck = positiv) wird daraus Folgendes abgeleitet:

$$\sigma_{zy}(\Delta y) = (\gamma'' - \rho \cdot a_z) \cdot \Delta y \qquad (6.28)$$

$$\sigma_{yy}(\Delta y) = (f_{s0} - \rho \cdot a_y) \cdot \Delta y$$

bzw. mit $\tan \varphi = \sigma_{yz}(\Delta y)/\sigma_{yy}(\Delta y) = (\gamma'' - \rho \cdot a_z)/(f_{s0} - \rho \cdot a_y)$ erhält man die Gleichung für das Gefälle f_{s0} mit den charakteristischen Größen unter Berücksichtigung der Trägheitseffekte in einer quasi-statischen Betrachtung zu:

$$\text{erf } f_{s0,dyn} = (\gamma'' - \rho \cdot a_z)/\tan \varphi + \rho \cdot a_y \qquad (6.29)$$

Bezieht man diese erforderliche Größe des Gefälles erf $f_{s0,dyn}$ mit Berücksichtigung der dynamischen Effekte auf den statischen Fall (erf $f_{s0} = \gamma''/\tan \varphi$), erhält man den Vergrößerungsfaktor V, der das Grenzgefälle für den dynamischen Fall liefert:

$$\text{erf } f_{s0,dyn} = \text{erf } f_{s0} \cdot V = (\gamma''/\tan \varphi) \cdot V \qquad (6.30)$$

$$\text{mit } V = [1 - \rho \cdot (a_z/\gamma'') + \rho \cdot (a_y/\gamma'') \cdot \tan \varphi]$$

Somit ergeben sich Erhöhungsfaktoren V für das dynamische Druckgefälle bezogen auf das statische Gefälle f_{s0}.

Beispiel: Der Boden mit Dichte $\rho = 1{,}6\ \text{t/m}^3$, $\gamma'' = 12{,}08\ \text{kN/m}^3$ und $\varphi = 31°$ wird mit den Beschleunigungen $a_y = a_z = \pm\, 0{,}5\ \text{m/s}^2$ dynamisch belastet.

Der Vergrößerungsfaktor V rechnet sich beim ungünstigsten Fall von $a_z < 0$ und $a_y > 0$ zu:

$$V = 1 + 1{,}16 \cdot \frac{0{,}5}{12{,}8}(1 + 0{,}6) = 1{,}106$$

Es ist anzumerken, dass man mit dem effektiven Wert der Beschleunigung zu rechnen hat und die Belastungen aus den Zeitsignalen in Echtzeit zu betrachten sind.

Es ist des Weiteren anzumerken, dem im statischen Fall nach dem alten globalen Sicherheitskonzept der Sicherheitsfaktor von 2 verwendet wurde, wobei in der neueren Normung die Berücksichtigung der Teilsicherheiten und Anpassungsfaktoren für den temporären Bauzustand zu einem globalen Faktor von $\frac{\gamma_\varphi}{\eta} = \frac{1{,}15}{0{,}6} = 1{,}916$ führt, der sehr nahe dem alten Wert von 2,0 liegt.

Aufgrund der kurzzeitig wirkenden dynamischen Belastung im Vergleich zu statischen Lasten ist die oben errechnete Erhöhung von erf f_{s0} um ca. 10 % viel kleiner als das vorhandene Druckgefälle vorh $f_{s0} \geq 1{,}916$ erf f_{s0} d.h. 1,916 erf $f_{s0} >$ erf $f_{s0} \cdot V = 1{,}106$ erf f_{s0} (1,916 > 1,106). Somit sind dynamische Einwirkungen durch übliche Verkehrslasten nicht relevant für den Nachweis der inneren Standsicherheit. Bei außergewöhnlich hohen dynamischen Belastungen durch dynamische Verdichtungsgeräte oder Explosionen oder starken seismischen Ereignissen konnte jedoch die dynamische Betrachtung zu einem höheren erforderlichen Druckgefälle führen, welche mit einer Anpassung der Fließgrenze der Suspension zu begegnen wäre.

Es fehlen zurzeit Untersuchungen zum Druckgefälle in Abhängigkeit der Belastungsgeschwindigkeit und der Viskosität von Suspensionen, um die erforderlichen Sicherheiten gegen Abgleiten der Körner genauer abschätzen zu können, aber der o.g. vereinfachte Nachweis scheint für die übliche Praxisfragestellungen ausreichend zu sein.

6.3.6 Sonderfälle der Stützung des Kornverbandes durch eine Suspension

6.3.6.1 Stützung bei einem hydraulisch „geschlossenen" System

Die wesentliche Wirkung der Stützsuspension basiert auf das Abfiltern des Wassers an der Wandung des offenen Schlitzes und/oder das Penetrieren der Suspension in den Porenraum des anliegenden Bodens. Beide Effekte (Abfiltern, Penetrieren) setzen jedoch die Möglichkeit des Verdrängens des Porenwassers im Boden voraus. Der Boden wird demnach hinsichtlich der Suspension als ein hydraulisch „offenes" System vorausgesetzt. Es gibt aber Fälle, bei denen diese Voraussetzung nicht zutreffen kann. Bei einem hydraulisch geschlossenen System kann sich eine Stützwirkung der Suspension nicht entfalten, da der hydrostatische Druck der Suspension auf ein „geschlossenes" wassergesättigtes System einwirkt und somit im Porenwasser einen Überdruck erzeugt, der genau so groß ist, wie der Druck der Stützflüssigkeit. Durch diesen Effekt kann weder eine Abfilterung des Wassers der Suspension noch eine wesentliche Penetration der Suspension stattfinden, die einen erforderlichen Stagnationsgradienten erzeugt, da die Druckdifferenz zwischen Suspension und Porenwasser zu Null wird.

Solche Effekte können sowohl in der Natur als auch durch anthropogene Einflüsse hervorgerufen werden. Als Beispiel hierzu kann eine wassergesättigte Sandlinse, die in einem weitgehend wasserundurchlässigen bindigen Stoff eingeschlossen ist, angesehen werden. Beim Anschneiden eines Greifers einer solchen Sandlinse an der Schlitzwandung wird der gleiche Porenwasserüberdruck in den Bodenporen erzeugt wie der Suspensionsdruck. Somit kann der Sand nicht an seiner Stelle gehalten werden und wird demzufolge in den Schlitz hinein auslaufen.

Bei ungesättigten bindigen Schichten, die eine Sandlinse umschließen, kann ein solcher Effekt vermieden werden, wenn das Luftporenvolumen und die Durchlässigkeit (Luft wie Wasser) so groß sind, dass das abgefilterte Wasser oder die Eindringung der Suspension ohne nennenswerten Porendruckaufbau möglich ist. Wenn das Luftvolumen im Boden ausreichend für das Volumen der erforderlichen Stagnation der Suspension ist, dann kann kein wesentlicher Gegendruck aufgebaut werden. Hierzu sind jedoch bereits bei der Planung entsprechende Modelle aufzubauen und mit Messungen (z. B. Porenwasserdrücke) nachzuweisen, dass es zu einem für die Standsicherheit des offenen Schlitzes unwesentlichen Porenwasserüberdruckaufbau kommt.

Ähnliche Effekte können aber auch bei technischen Lösungen von relativ anspruchsvollen Projekten kommen. Die Herstellung von Schlitzen z. B. in einem teilweise durch das Gefrierverfahren stabilisierten Boden kann auch zu ähnlichen Problemen führen. In Verbindung mit der relativ warmen Suspension kann der technisch gefrorene sandige/kiesige Boden auftauen und dieser aufgetaute Bereich im Bereich der Schlitzwandung kann durch die Suspension nicht gehalten werden, weil keine Stagnation der Suspension stattfinden kann. Als Konsequenz sind ein Mehraushub des Schlitzes und ein Überprofil der Schlitzwand in diesem Bereich zu erwarten.

6.3.6.2 Stützung durch Fließvorgänge mit nicht thixotropen Suspensionen

Als ein Sonderfall einer Suspension mit Ton und Wasser wird ein solcher betrachtet, bei dem die suspendierten Feststoffe sich leicht vom Wasser trennen lassen. Man nutzt bei dieser Suspension das leichte Absetzen von Feststoffen in einem geringdurchlässigen Bereich der zu stützenden Erdwand mittels eines hydraulischen Gefälles, welches vom Schlitz in der unmittelbaren Umgebung erzeugt wird. Durch diesen Fließvorgang werden die Feststoffanteile der Suspension an die Porenengstellen abgesetzt und verringern die Durchlässigkeit der Schlitzwandung weiter. Dadurch werden weitere Partikel an den Poren abgesetzt und dieser Prozess der Kolmation erreicht eine gewisse Tiefe im Boden, bei der eine gering durchlässige Bodenzone entsteht. Die Stützung erfolgt nun durch die Strömung des Wassers der Suspension aufgrund der Druckdifferenz zwischen Suspension im Schlitz und dem Grundwasser. Diese Strömungskraft stützt die Wandung des Schlitzes. Die Dicke dieser geringdurchlässigen Schicht lässt sich kaum abschätzen und ist auch empfindlich abhängig von verschiedenen Einflussgrößen. Dadurch ist dieses Prinzip der Stützung nicht planbar und sollte nicht für die Stützung von tieferen Erdwänden angewendet werden.

Eine bessere Möglichkeit der Stützung eines offenen Schlitzes durch Fließvorgänge ermöglichen Gemische aus Bentonitsuspensionen mit viskosen Polymerflüssigkeiten oder pure viskose Stützflüssigkeiten. Nach der DIN EN 1538 können Polymerflüssigkeiten – mit und ohne Bentonitzusatz- als Stützflüssigkeiten benutzt werden, wenn frühere Erfahrungen unter vergleichbaren geotechnischen Bedingungen gemacht wurden oder nach einem Großversuch auf der Baustelle deren Eignung nachgewiesen wird. Diese Flüssigkeiten zeigen keine Stagnation aufgrund der fehlenden Thixotropie und deren Eindringung wächst mit der Zeit. Die auf die Erdwandung ausgeübte Stützkraft wird über die zeitlich veränderliche Strömungskraft längs der sich veränderlichen Eindringstrecke übertragen. Eine zeitabhängige Stützkraftübertragung kann nach dem Ansatz von Steinhoff (1993) abgeschätzt werden. Dabei ist zu beachten, dass aufgrund der mit der Zeit sich vergrößernden Eindringlänge die Standsicherheiten (innere wie auch äußere) des offenen Schlitzes nur für eine zeitliche Spanne nachgewiesen werden kann. Dabei sind zur Ermittlung der Zeitspanne für eine ausreichende Standsicherheit neben anderen Faktoren die Kenntnis der Fließkurve der Polymerflüssigkeit und die Durchlässigkeit des Bodens von Bedeutung.

Es existiert eine Reihe von Polymerlösungen, die wissenschaftlich untersucht werden und deren Eignung im Labor nachgewiesen worden ist. Eine breite Anwendung in der Baupraxis hat bis jetzt nicht stattgefunden, da diese Flüssigkeiten bislang teuer im Vergleich zu den thixotropen Flüssigkeiten sind und gewisse Einschränkungen im betrieblichen Ablauf mit sich bringen.

6.4 Nachweis der äußeren Standsicherheit

Dieser Nachweis wird in der DIN 4126 als Nachweis der Sicherheit gegen den Schlitz gefährdende Gleitflächen im Boden bezeichnet. Beim Nachweis der äußeren Standsicherheit wird angenommen, dass in einer gewissen Aushubtiefe des Schlitzes die wirksame Stützkraft der Suspension ausreichend groß ist, um das Einbrechen eines im wesentlichen monolithischen Bodenkörpers auf einer mehr oder weniger gekrümmten Gleitfläche in den Schlitz zu verhindern. Ein entsprechender Versagensmechanismus ist in Abb. 6.15 dargestellt.

Dieser Versagensmechanismus tritt ein, wenn die Stützkräfte der Suspension (Suspensionsdruckkraft) nicht ausreichen, um einen durch Scherfugen im Boden erzeugten Körper zu schützen. Als maßgebend wird in der DIN 4126 der Nachweis des Grenzzustands HYD bzw. UPL nach DIN 1054 angesehen. Hierbei wird die vom abgleitenden Bodenmonolithen ausgelöste Erddruckkraft E_{ahk} als Einwirkung mit einem Teilsicherheitsbeiwert $\gamma_{G,dst}$ vergrößert. Ausreichende Standsicherheit ist gegeben, wenn dieser Bemessungswert der Einwirkung gleich oder kleiner ist als der Bemessungswert des Widerstandes, wobei letztgenannter die mit einem Teilsicherheitsbeiwert $\gamma_{G,stb}$ verminderte Stützkraft S_{wk} ist

$$\gamma_{G,dst}\, E_{ah,k} \leq S_k \cdot \gamma_{G,stb} \quad \text{oder} \quad \gamma_{G,dst}/\gamma_{G,stb} \cdot E_{ah,k} \leq S_K \tag{6.31}$$

Dabei ist $E_{ah,k}$ der charakteristische Wert der Erddruckkraft und S_k der charakteristische Wert der Stützkraft.

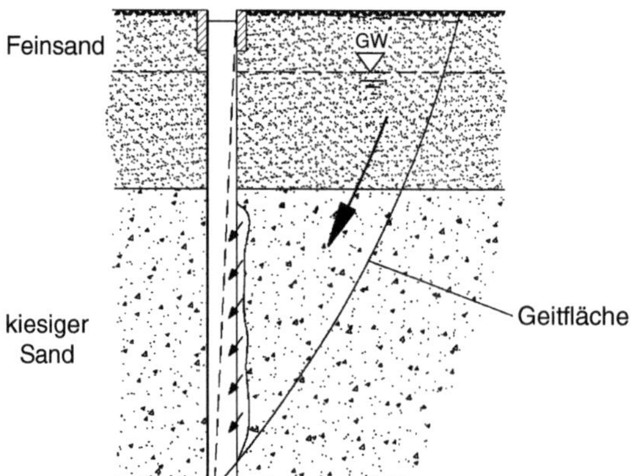

Abb. 6.15 Bruchversagen bei nicht ausreichender „äußerer" Standsicherheit (aus: M. Stocker und B. Walz, Pfahlwände, Schlitzwände, Dichtwände, 6. Auflage Grundbau-Taschenbuch).

Die Größen von $\gamma_{G,dst}$ und $\gamma_{G,stb}$ sind die Teilsicherheitsbeiwerte für destabilisierende und stabilisierende ständige Einwirkungen im Grenzzustand HYD bzw. UPL in den Bemessungssituationen BS-P und BS-T nach DIN 1054 einzusetzen. Zurzeit gelten die Werte $\gamma_{G,dst} = 1{,}05$ und $\gamma_{G,stb} = 0{,}95$.

Das oben beschriebene Bruchversagen kann bei jeder Aushubtiefe (bis zur Endtiefe) auftreten. Die bei wachsender Aushubtiefe ermittelte minimale Sicherheit ist für die Beurteilung der Gesamtstandsicherheit der flüssigkeitsgestützten Erdwand maßgebend.

In der Praxis hat sich die Auffassung durchgesetzt, diesen Nachweis mit Hilfe eines räumlichen Erddruckproblems (Karstedt 1977, 1980a, 1982, sowie Kilchert und Karstedt 1983) zu behandeln, worauf nachfolgend eingegangen wird. Bei dieser Vorgehensweise sind die wirksame Stützkraft und die räumliche Erddruckkraft zu ermitteln.

6.4.1 Ermittlung der wirksamen Stützkraft

Die Ermittlung dieser Kraft erfolgt zunächst für einen homogenen und einen horizontal geschichteten Baugrund.

Bei der Berechnung der *wirksamen Stützkraft* S_{wk} für den rechnerischen Standsicherheitsnachweis ist auf Folgendes zu achten (Abb. 6.16).

- die wirksame Stützdruckkraft wird aus der hydrostatischen Druckkraft der Suspension unterhalb der Leitwandunterkante bis zur betrachteten Aushubtiefe t angesetzt,
- zuzüglich der Erddruckkraft zwischen Leitwand und Boden (max. Erddruckkraft bei gegenseitig ausgesteiften Leitwänden),
- abzüglich der Druckkraft des Grundwassers,

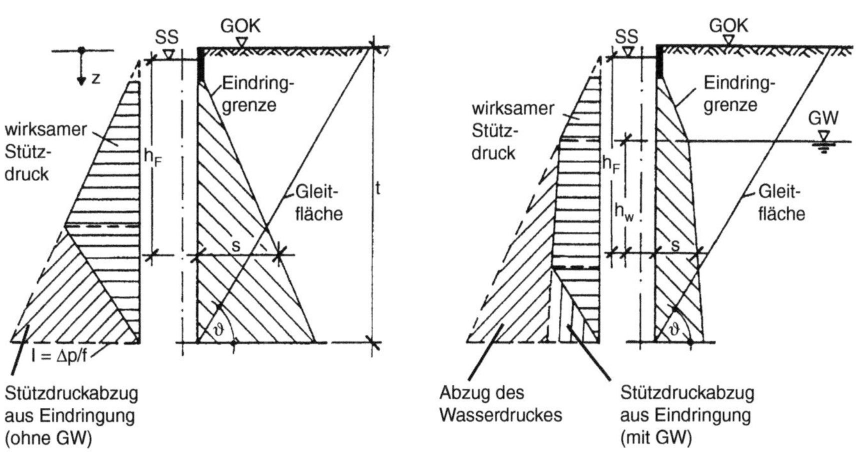

Abb. 6.16 Stützdruck-Abzug infolge Suspensionseindringung (aus: Grundbau-Taschenbuch) bei Annahme eines prismatischen Bruchkörpers zur Erddruckberechnung.

- abzüglich des Anteils der Stützdruckkraft, der über das Druckgefälle außerhalb des monolithischen Gleitkörpers auf das Korngerüst übertragen wird. Diese Abminderung kann nach Berechnung der Eindringlänge l der Suspension aus $l = \Delta p/f_{s0}$ bestimmt werden, wobei Δp der Druckunterschied zwischen Suspension und Grundwasser und $f_{s0} = 2 \cdot \tau_F/d_{10}$ das Druckgefälle sind (vgl. Gl. 6.4 und 6.7).

Nachfolgend gelten folgende Beziehungen:

S_H	hydrostatische Stützkraft
S_U	Anteil der außerhalb des Bruchkörpers in den Boden eingeleitete Stützkraft
$S = S_H - S_U$	in den Bruchkörper eingeleitete Stützkraft
$S' = S - W$	um die Wasserdruckkraft verminderte, in den Bruchkörper eingeleitete und ggfs. um den Leitwanddruck korrigierte Stützdruckkraft

Hinsichtlich des abzuziehenden Anteils der Stützkraft aufgrund des Druckgefälles innerhalb des Bodens infolge der Stagnation haben wir zwei Fälle zu unterscheiden:

a) Grenzfall, bei dem die Eindringtiefe nahezu Null ist (überwiegend bei bindigen Böden)
b) beliebige Eindringtiefe, welche nicht vernachlässigbar klein ist (überwiegend bei nichtbindigen Böden)

Dieses Problem wurde unter „Nachweis der inneren Standsicherheit“ ausführlich erläutert. Im Fall a) bildet sich eine „Membran“ an der Wandung des Schlitzes, also eine wasserundurchdringliche Schicht, bei der $f_{s0} \to \infty$ geht und demzufolge die ganze hydrostatische Kraft S_H zur Stützung des Schlitzes zur Verfügung steht (Abb. 6.17a).

$$S' = S = S_H = {}^1/_2\, \gamma_F \cdot h_1^2 \tag{6.32}$$

Im Fall b) dringt die stützende Flüssigkeit entsprechend ihrem Druckgefälle in den Boden ein und stagniert dort. Aufgrund dieses Eindringens steht nur der Anteil der hydrostatischen Druckkraft zur Verfügung, der innerhalb des mit stützender Flüssigkeit durchsetzten Bereichs des Bruchkörpers übertragen wird. In den außerhalb des Bruchkörpers liegenden Bereichen (Abb. 6.17b) ist die stützende Flüssigkeit gewissermaßen nutzlos eingedrungen. Bei zu starker Grundwasserströmung stagniert die stützende Flüssigkeit nicht und somit steht keine entsprechende Stützkraft zur Verfügung.

Wie später noch erläutert wird, werden je nach Berechnungsansatz unterschiedliche Bruchkörpergeometrien angenommen. In der Praxis werden meistens prismatische Bruchkörper (Gleitkeile mit ebener Gleitfläche) angesetzt. In den nachfolgenden Ausführungen wird von dieser Geometrie des Bruchkörpers ausgegangen. Sinngemäß können Zusammenhänge auf andere Geometrien übertragen werden.

(a)

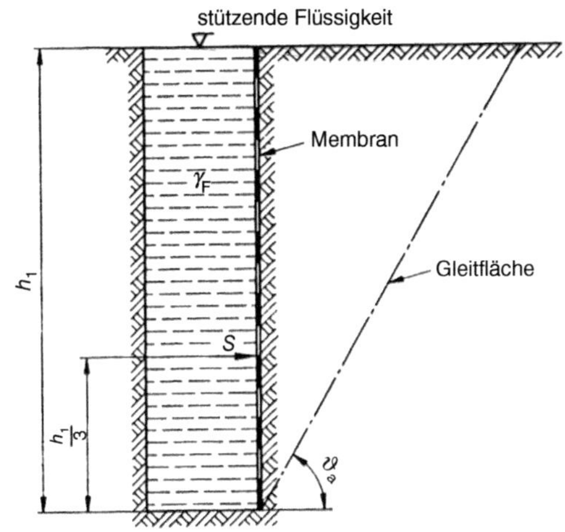

$f_{s0} \rightarrow \infty$

$S = S_H$ (Membranwirkung)

(b)

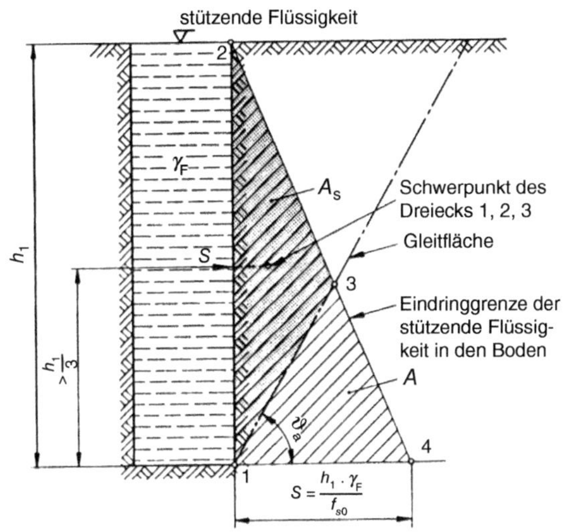

$0 < f_{s0} < \infty$

$S = S_H \cdot \frac{A_S}{A}$ (Strömungskraft im Gleitkörper am Ende des Strömungsvorgangs) mit

A_s Fläche des Dreiecks 1, 2, 3

A Fläche des Dreiecks 1, 2, 4

Abb. 6.17 Grenzfälle der Stützwirkung ohne Grundwasser (S' = S).

In Abbildung 6.17b ist der Grenzfall einer stabilen stützenden Flüssigkeit ohne jeden Einfluss einer Filterkuchenbildung aufgezeichnet. In der Regel bildet sich im Laufe der Zeit auch bei grobkörnigem Boden ein Filterkuchen aus (Abb. 6.5), weil es keine vollkommen stabil stützende Flüssigkeit gibt und weil auch die in der Flüssigkeit schwebenden Bodenkörner von einem groben Korngerüst, in das die reine stützende Flüssigkeit einfließen würde, aufgefangen werden.

Allgemein gilt für den Fall nach Abb. 6.17b:

$$S_H = f_{s0} \cdot V = f_{s0} \cdot A \cdot I = \gamma_F \frac{h_1^2}{2} \tag{6.33}$$

In dieser Gleichung ist:

V	Volumen des von der stützenden Flüssigkeit benetzten Bodens
A	Fläche nach Abb. 6.17b
I	die Länge des betrachteten Schlitzwand- und Bodenbereichs senkrecht zur Ebene der Abb. 6.17b

Da im unteren Schlitzbereich die Eindringtiefe s über den sich bildenden Erddruckkeil hinaus reicht, ist in der Standsicherheitsbetrachtung die Stützkraft S_H entsprechend Abb. 6.17b abzumindern.

Zusammenfassend gilt für die Stützkraft Folgendes:

A) Bindiger Boden (Membranwirkung)

Stützkraft ohne GW

$$S' = S = S_H = \gamma_F \frac{h_F^2}{2} \tag{6.34}$$

Stützkraft mit GW (effektive)

$$S' = S - W = S_H - W \tag{6.35}$$

mit W Wasserdruckkraft (s. auch Abb. 6.18).

B) Nichtbindiger Boden (Stagnation)

Die Situation ist in Abb. 6.19 dargestellt. Die wirksame Stützkraft S' muss um die außerhalb des Bruchkörpers wirkende, verlorene Stützkraft S_u reduziert werden, d. h. im Falle ohne GW gilt:

$$S = S_H - S_u \tag{6.36}$$

und im Falle von GW gilt

$$S' = S - W = S_H - W - S_u \tag{6.37}$$

Bei homogenem Boden kann eine Stützkraftverminderung aufgrund der Anwesenheit des GW und der Stagnation angenommen werden. Ausgehend von einem Erdkeilmodell der Länge l_s und einem Gleitflächenwinkel ϑ_a ergibt sich nach Abb. 6.19 die wirksame Stützkraft S′ zu:

$$S' = f_{s0} \cdot l_s \cdot A_s \tag{6.38}$$

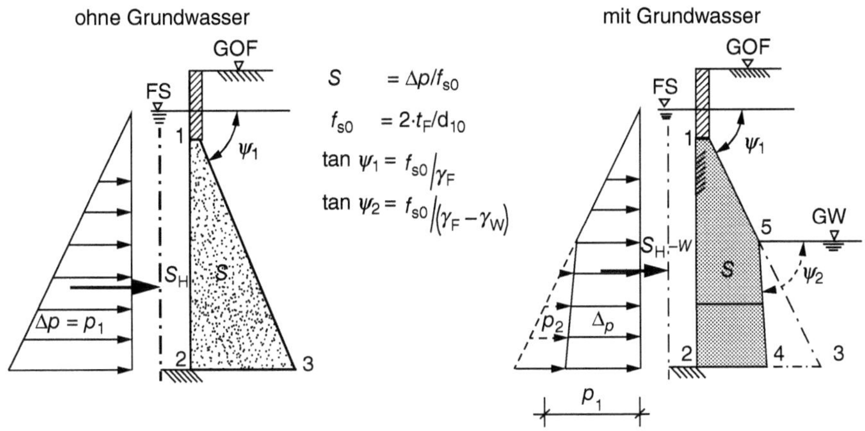

Eindringfläche A = Fläche 1, 2, 3

Eindringfläche A = Fläche 1, 2, 4, 5

Abb. 6.18 Flüssigkeitsdruckverteilung und Eindringflächen bei reiner Eindringung der stützenden Flüssigkeit (aus: Kilchert und Karstedt 1984).

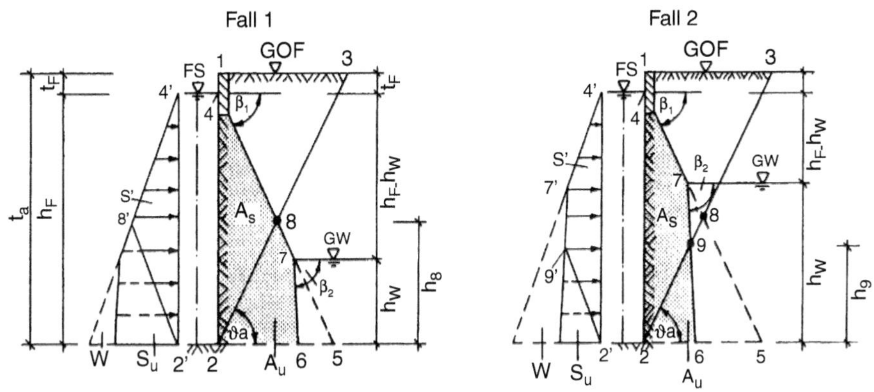

Querschnittsfläche des Gleitkörpers: Fläche 1, 2, 3

Schnittlinie der Gleitfläche: Linie 2, 3

A_s: wirksame Eindringfläche:

Fall 1	Fall 2
Fläche 4, 2, 8	Fläche 4, 2, 9, 7

A_u: unwirksame Eindringfläche:

Fall 1	Fall 2
Fläche 2, 6, 7, 8	Fläche 2, 6, 9

$A = A_s + A_u$: gesamte Eindringfläche

S' : wirksame Stützkraft:

Fall 1	Fall 2
l_s · Fläche 4', 2', 8'	l_s · Fläche 4', 2', 9', 7'

Höhe des Schnittpunktes von Eindringgrenze und Gleitlinie über der Schlitzsohle:

$$h_8 = \frac{\gamma_F \cdot h_F}{\gamma_F + \dfrac{f_{s0}}{\tan \vartheta_a}}$$

$$h_9 = \frac{\gamma_F \cdot h_F - \gamma_W \cdot h_W}{\gamma_F + \dfrac{f_{s0}}{\tan \vartheta_a} - \gamma_W}$$

Abb. 6.19 Wirksame Stützkraft S' bei reiner Eindringung der Stützflüssigkeit in einen homogenen Boden (aus: Kilchert und Karstedt 1984).

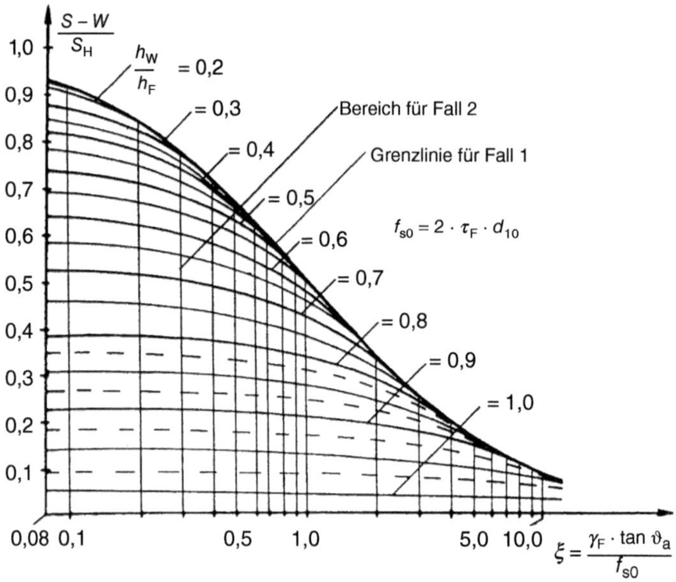

Abb. 6.20 Ermittlung der wirksamen Stützkraft S' = S – W bei reiner Eindringung in homogene Böden für verschiedene Druckhöhenverhältnisse h_W/h_F (aus: Kilchert und Karstedt 1984).

Es wird für $S_u = f_{s0} \cdot l_s \cdot A_u$ und für $S' = (S_H - W)\,\frac{A_S}{A}$ angesetzt ($A = A_s + A_u$).

So erhält man aus Gl. 6.37 Folgendes:

$$S' = S_H - W - f_{s0} \cdot l_s \cdot A_u \tag{6.39}$$

Die Flächen A, A_s und A_u lassen sich aus den Beziehungen der Abb. 6.19 ausdrücken: Mit Hilfe des dimensionslosen Ausdrucks

$$\xi = \frac{\gamma_F \cdot \tan \vartheta_a}{f_{s0}} \tag{6.40}$$

kann man in Abhängigkeit der Lage des GW-Spiegels zwei Fälle für die Stützkraft S′ herleiten:

Fall 1: $h_F = -h_w \geq \frac{1}{1+\xi} \cdot h_F$

Die Beziehung drückt aus, dass der Schnittpunkt 8 (Abb. 6.19) der Eindringlinie 4, 7, 6 mit der Gleitfläche 2, 3 oberhalb des Grundwasserspiegels GW oder auf gleicher Höhe liegt.

Man erhält die wirksame Stützkraft zu:

$$S' = S - W = S_H \cdot \frac{1}{1+\xi} \tag{6.41}$$

Diese Gleichung gilt auch für den Fall, dass sich der GW-Spiegel unterhalb der Schlitzsohle befindet.

Fall 2: $h_F - h_w < \frac{1}{1+\xi} \cdot h_F$

bedeutet, dass der Schnittpunkt 8 unterhalb des Grundwasserspiegels liegt. Die wirksame Stützkraft errechnet sich dann aus der Beziehung

$$S' = S - W = S_H \cdot \left[1 - \frac{\gamma_W}{\gamma_F} \cdot \left(\frac{h_W}{h_F} \right)^2 - \frac{\xi \cdot \left(1 - \frac{\gamma_W \cdot h_W}{\gamma_F \cdot h_F} \right)^2}{1 + \xi \cdot \left(1 - \frac{\gamma_W}{\gamma_F} \right)} \right] \tag{6.42}$$

Das Diagramm in Abbildung 6.20 wurde mit Hilfe der Gleichungen (6.41) und (6.42) aufgestellt. Es erlaubt für Handrechnungen die schnelle Ermittlung von S′ in Abhängigkeit des Wertes ξ und des Druckhöhenverhältnisses h_W/h_F. In den Wert ξ geht der Gleitflächenwinkel ϑ_a des für die Stützdruckabminderung vorausgesetzten Erdkeilmodells ein. Man erhält den der maßgebenden Erddruckkraft zugeordneten Gleitflächenwinkel ϑ_a aus der Erddruckberechnung (s. Abschnitt 6.4.3). Der Winkel ϑ_a ist ein (vor allem) vom Räumlichkeitsfaktor (Verhältnis Schlitztiefe t_a zu Schlitzlänge l_s) abhängiger Wert. Vereinfacht wird ein von der Räumlichkeit unabhängig angenommener Wert eingesetzt:

$$\vartheta_a = 45° + \frac{\varphi}{2} + \Delta\vartheta_a \tag{6.43}$$

mit $\Delta\vartheta_a \approx 5°$

6.4.1.1 Vereinfachter Nachweis nach DIN 4126 zur Stützkraftabminderung

Nach DIN 4126 darf auf eine Stützkraftabminderung verzichtet werden, wenn stattdessen die erforderlichen Sicherheitsbeiwerte erhöht werden. In den Standsicherheitsnachweisen ist dann die Differenz der hydrostatischen Druckkräfte $S_H - W$ einzusetzen. Ist das Stützdruckgefälle $f_{s0} \geq 200$ kN/m³, so kann man näherungsweise von membranartiger Stützdruckübertragung ausgehen und es braucht weder eine Stützkraftabminderung noch eine Erhöhung der erforderlichen Sicherheitsbeiwerte vorgenommen zu werden.

Wird der Erddruckberechnung ein vom Erdkeilmodell abweichender Bruchkörper mit gekrümmten Gleitflächen zugrunde gelegt, so werden für die Stützdruckkraftabminderung weitergehende Überlegungen erforderlich. Der Einfachheit halber sollte man in solchen Fällen auf die alternative Möglichkeit der Erhöhung des erforderlichen Sicherheitsbeiwertes nach DIN 4126 ausweichen. Bei Anwendung des Bruchmodells von Piaskowski/Kowalewski darf die Stützkraftabminderung näherungsweise nach den für das Erdkeilmodell abgeleiteten Beziehungen vorgenommen werden.

Vereinfachend kann auch Gl. (6.44) mit den in Tab. 6.1 dargestellten Anpassungsfaktoren η_2 verwendet werden:

$$S' = \eta_2 \cdot (S_H - W) \tag{6.44}$$

Die Anwendung der Anpassungsfaktoren η_2 zur vereinfachten Berechnung der Stützwirkung setzt voraus, dass die Suspension eine Fließgrenze aufweist, die die Mindestwerte nach Tab. 6.2 je nach Bodenart einhält (s. hierzu Beiblatt DIN 4126, Tab. 100).

Falls dies nicht der Fall ist, so müsste man den genauen Nachweis der wirksamen Stützkraft (s. nächsten Abschnitt) führen. Dieser Nachweis kann zu Anpassungsfaktoren führen, die wesentlich kleiner als diejenigen der Tab. 6.1 sind.

Bei Verwendung von Suspensionen mit geringer Fließgrenze können Druckgefälle $f_{s0} < 20$ auftreten. In solchen Fällen können Anpassungsfaktoren viel geringer ausfallen als der Wert von 0,70 nach Tab. 6.1. Übertreibt man mit der geringen Fließgrenze der Suspension (nahezu wie Wasser) können sehr kleine Druckgradienten entstehen, so dass die Annahme einer Membranwirkung mit Anpassungsfaktoren physikalisch unsinnig wird.

Tab. 6.1 Anpassungsfaktoren η_2 nach der DIN 4126.

f_{s0}[kN/m³]	η_2
$100 \le f_{s0} < 200$	0,85
$50 \le f_{s0} < 100$	0,80
$f_{s0} < 50$	0,70

Tab. 6.2 Mindestfließgrenze τ_F nach Beiblatt der DIN 4126.

d_{10} mm	Mindestfließgrenze τ_F während der Aushubarbeiten N/m²	Bodenart z. B.
≤ 0,6	10	Mittelsand
≤ 2	30	Kies mit mindestens 10 % Sand
≤ 5	70	Kies mit weniger als 10 % Sand, aber mit mindestens 15 % Feinkies

6.4.2 Wirksame Stützkraft bei horizontal geschichteten Baugrund

Bei geschichteten Böden mit unterschiedlicher Porosität ist das Druckgefälle in der Schicht (i) $f_{s0(i)}$ zwar schichtweise konstant, ändert sich aber an den Schichtgrenzen sprunghaft, wie aus der Abb. 6.21 ersichtlich ist. Die wirksame Stützkraft $S'_{(i)}$ einer von der Abminderung betroffenen Schicht (i) mit der Eindringfläche $A_{(i)}$, der wirksamen Eindringfläche $A_{s(i)}$ und der unwirksamen Eindringfläche $A_{u(i)} = A_{(i)} - A_{s(i)}$ beträgt

$$S'_{(i)} = f_{s0(i)} \cdot A_{s(i)} \cdot l_s \tag{6.45}$$

$$S'_{(i)} = \left(S_{H(i)} - W_{(i)}\right) \cdot \frac{A_{s(i)}}{A_{(i)}} \tag{6.46}$$

oder

$$S'_{(i)} = S_{H(i)} - W_{(i)} - f_{s0(i)} \cdot A_{u(i)} \cdot l_s \tag{6.47}$$

wobei $S_{H(i)} - W_{(i)}$ die Differenz der auf die Schicht (i) mit der Mächtigkeit $d_{(i)}$ wirkenden Flüssigkeitsdruckkräfte ist; l_s ist die Länge des als Bruchkörper vorausgesetzten Erdkeils (Schlitzlänge). Für eine Schicht (i) ergibt sich nur dann eine Stützkraftabminderung, wenn die Eindringtiefe s $(z_{u(i)})$ der Stützflüssigkeit in der Tiefe $z_{u(i)}$ der

Unterkante der betrachteten Bodenschicht (i) unter der Geländeoberfläche größer ist als die Erdkeilbreite (horizontale Ausdehnung des Bruchkörpers vom Schlitz weg in den Boden hinein) in der gleichen Tiefe. Dies ist der Fall, wenn die Bedingung

$$s\,(z_{u(i)}) > (t_a - z_{u(i)}) \cdot \cot\vartheta_a \tag{6.48}$$

erfüllt ist (t_a Tiefe des Fußpunktes des Bruchkörpers).

Die Ermittlung des Gleitflächenwinkels ϑ_a kann nach Gleichung (6.43) vorgenommen werden, wobei ein (gewichteter) mittlerer Reibungswinkel φ_m einzusetzen ist. Die zur Stützung des gesamten Gleitkörpers zur Verfügung stehende wirksame Stützkraft ist

$$S' = \sum_i S'_{(i)} \tag{6.49}$$

Abbildung 6.21 zeigt die Konstruktion der wirksamen Stützdruckkräfte S'/l_s am Beispiel eines mehrfach geschichteten Bodens. Folgende Bezeichnungen werden in Abb. 6.21 verwendet:

1 a, 2 a und 3 a:	Eindringgrenzen für die Bodenschichten 1, 2 und 3 ohne Grundwasser
1 b, 2 b und 3 b:	Eindringgrenzen für die Bodenschichten 1, 2 und 3 mit Grundwasser
4:	Verlauf des hydrostatischen Drucks $p_1 = \gamma_F \cdot z_F$ der stützenden Flüssigkeit
5:	Verlauf der Druckdifferenz $\Delta_p = p_1 - p_2$ zwischen dem hydrostatischen Druck p_1 der stützenden Flüssigkeit und dem hydrostatischen Druck $p_2 = \gamma_w \cdot z_w$ des Grundwassers
Druckhöhen	$z_F = z - t_F$ $z_w = z - t_w$
Druckgefälle	$f_{s0} = 2 \cdot \tau_F/d_{10}$
Fließgrenze	τ_F
Wirksamer Korn-Durchmesser	d_{10}
Eindringtiefe	oberhalb GW: $s = p_1/f_{s0}$ unterhalb GW: $s = \Delta p/f_{s0}$

6.4.3 Berücksichtigung des Leitwanddrucks bei der Ermittlung der wirksamen Stützkraft

Eine weitere Korrektur des Stützdrucks ergibt sich aus der Wirkung der ausgesteiften Leitwände. Im Bereich der Leitwände muss statt der Druckkraft aus dem Flüssigkeitsdruck S_L die Leitwanderddruckkraft E_L aus Bodeneigengewicht und ständiger Auflast bis zur Höhe des Erdruhedrucks angesetzt werden. Ein Beispiel

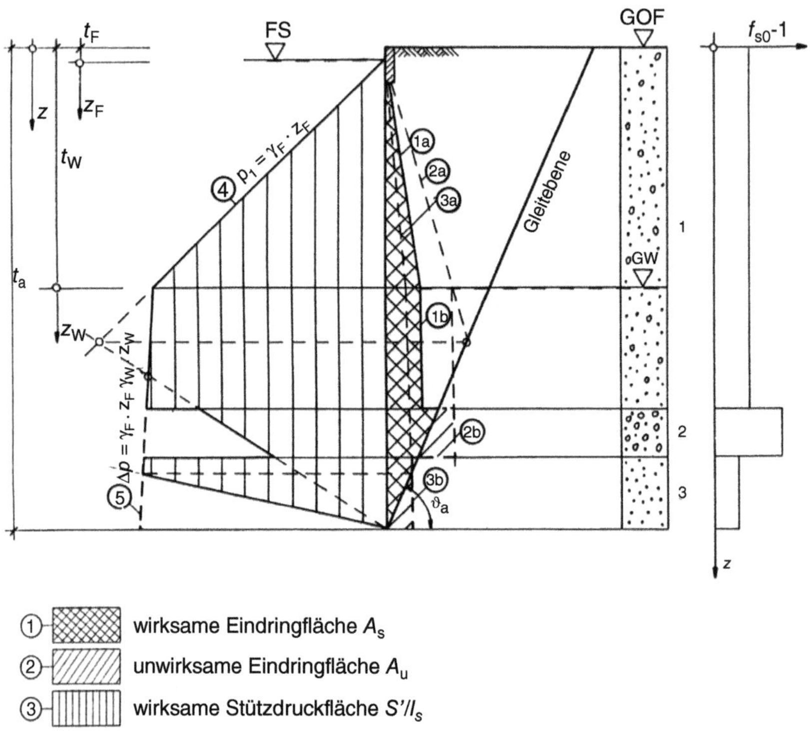

Abb. 6.21 Konstruktion der wirksamen Eindringfläche und der wirksamen Stützdruckfläche bei geschichtetem Boden (aus: Kilchert und Karstedt 1984).

der wirksamen Stützkraft mit Berücksichtigung des Leitwanderddruckes ist in Abb. 6.22 dargestellt.

Diese Vorgehensweise berücksichtigt, dass beim Versagen des flüssigkeitsgestützten Erdschlitzes infolge Gleitflächenbildung im Boden eine Erddruckumlagerung zur Leitwand hin stattfindet, sofern die Leitwand und ihre Aussteifung auf diesen erhöhten Leitwanderddruck bemessen worden sind.

Ist der Boden hinter der Leitwand homogen, so gilt für die Leitwanderddruckkraft

$$E_L = 0{,}5 \cdot \gamma \cdot K_0 \cdot t_L^{\,2} \cdot l_s + p \cdot K_0 \cdot t_L \cdot l_s \tag{6.50}$$

wobei γ die Wichte des Bodens, p eine gleichmäßig verteilte Geländeauflast, K_0 der Erdruhedruckbeiwert, t_L die Tiefe zwischen Leitwandunterkante und Geländeoberfläche und l_s die Schlitzlänge sind.

Befindet sich der Grundwasserspiegel unterhalb der Leitwandunterkante und liegt der Spiegel FS der stützenden Flüssigkeit in der Tiefe t_F unter der Geländeoberfläche (GOF), so erhält man für die auf die Leitwand wirkende Flüssigkeitsdruckkraft

$$S_L = 0{,}5 \cdot \gamma_F \cdot (t_L - t_F)^2 \cdot l_s \tag{6.51}$$

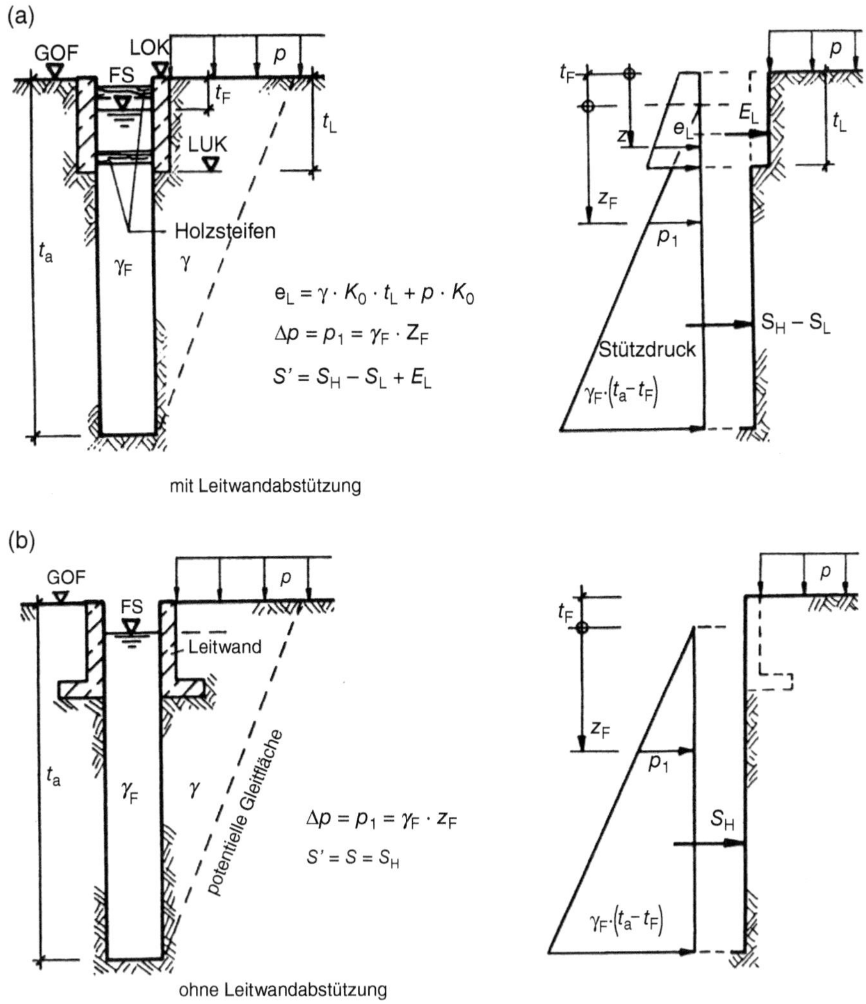

Abb. 6.22 Berücksichtigung der Leitwanddruckkraft bei der Ermittlung der wirksamen Stützkraft: Beispiel für membranartige Stützdruckübertragung und ohne Grundwassereinfluss: (a) mit Leitwandabstützung, (b) ohne Leitwandabstützung (aus: Kilchert und Karstedt 1984).

Die wirksame Stützkraft ist dann

$$S' = S_H - W - S_u - S_L + E_L \tag{6.52}$$

Werden Leitwände ohne Aussteifung angeordnet, so kann sich keine Erddruckumlagerung einstellen. Die oben beschriebene Erhöhung der Stützkraft darf in diesem Fall nicht vorgenommen werden.

Die Berücksichtigung der ausgesteiften Leitwand ist nur dann sinnvoll, wenn die Leitwanderddruckkraft E_L größer ist als die anteilig wirkende Stützkraft S_L der Stützflüssigkeit. Diese Bedingung ist in den meisten praktischen Fällen eingehalten.

Andernfalls ist es sinnvoll, die Gleichung

$$S' = S - W = S_H - W - S_u \tag{6.53}$$

einzusetzen (also ohne S_L und E_L).

6.4.4 Ermittlung der Erddruckkraft

Die bisherige Betrachtung konzentrierte sich auf die Ermittlung der effektiven Stützkraft. Zur Führung des Nachweises der äußeren Standsicherheit muss allerdings auch die Erddruckkraft ermittelt werden.

Da der Schlitzwandgraben eine begrenzte Länge L bei hierzu relativ großer Tiefe t hat, kann von der Ausbildung eines „Gewölbes" im Boden ausgegangen werden, das, im Grundriss betrachtet, die flüssigkeitsstützende Erdwand „überspannt" (Abb. 6.23). Die Gewölbebildung hat zur Folge,

- dass sich im Bruchzustand ein Gleitkörper mit räumlich gekrümmter Bruchfläche – eine sog. Bruchmuschel – ausbildet, wie sie z. B. in Modellversuchen beobachtet werden kann, und
- dass die auf die flüssigkeitsgestützte Wand (Abmessungen t × L) einwirkende Erddruckkraft kleiner ist als der Coulomb'sche Erddruck. Demzufolge werden die Erddruckspannungen nicht entsprechend linear mit der Tiefe zunehmen (unterlineares Verhalten).

Beim rechnerischen Nachweis der „äußeren" Standsicherheit einer flüssigkeitsgestützten Erdwand kann die Erddruckabminderung infolge der genannten Gewölbebildung berücksichtigt werden (räumlicher Erddruck). Die Ansätze zur Berechnung des räumlichen Erddrucks sind ausführlich in der Literatur beschrieben (s. hierzu Kilchert und Karstedt 1984). Hier wird nur auf einige Besonderheiten im Zusammenhang mit dem Nachweis der äußeren Standsicherheit suspensionsgestützter Schlitze eingegangen.

Um den Standsicherheitsnachweis führen zu können, ist man in den meisten Fällen darauf angewiesen, die günstige räumliche Wirkung bei der Erddruckberechnung zu berücksichtigen. Kann der Standsicherheitsnachweis unter Berücksichtigung des einfacher zu berechnenden ebenen Erddruckes geführt werden, so liegt das Ergebnis auf der sicheren Seite.

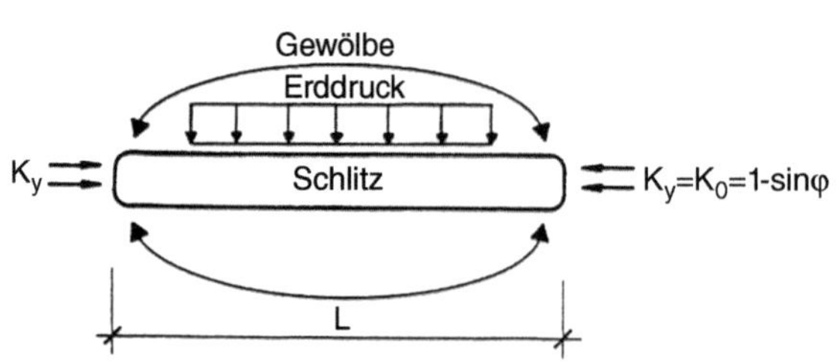

Abb. 6.23 Gewölbebildung im Boden bei einem mit Flüssigkeit gestützten Schlitz der Länge L.

Aus der bisherigen Praxis ist eine Anzahl von Berechnungsverfahren bekannt, die auf idealisierten (vereinfachten) Bruchmodellen beruhen und die es erlauben, die räumliche Erddruckkraft näherungsweise zu berechnen. Abbildung 6.24 zeigt einige Modelle für solche vereinfachten Bruchvorstellungen. Die Bruchmodelle lassen sich in zwei Gruppen unterteilen:

Gruppe 1: Die räumliche Erddruckkraft E ergibt sich aus der Verringerung des Volumens des Modellbruchkörpers (Piaskowski und Kowalewski 1965; Karstedt 1982) gegenüber dem im ebenen Fall auftretenden Bruchkörper.

Gruppe 2: Die räumliche Erddruckkraft E entsteht durch den Ansatz von seitlichen Schubkräften T bzw. Schubspannungen τ auf den vertikalen Seitenflächen

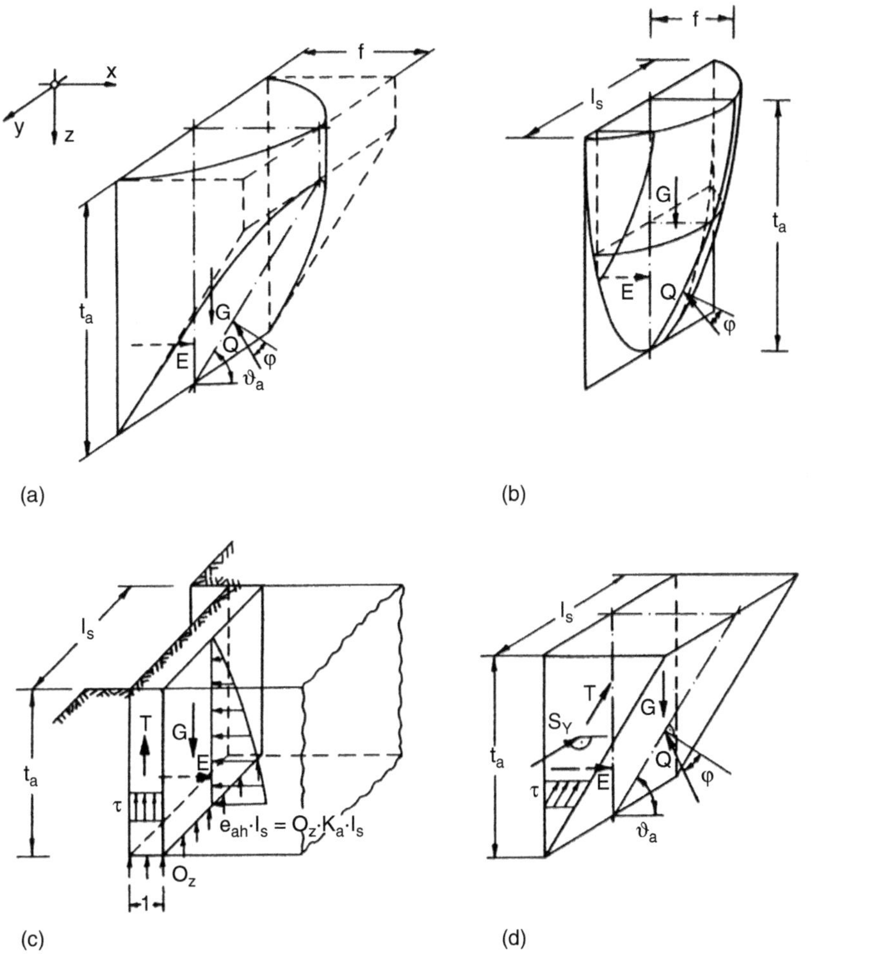

Abb. 6.24 Einige Beispiele vereinfachter Bruchmodelle als Grundlagen für Verfahren zur näherungsweisen Berechnung der räumlichen Erddruckkraft E: (a) nach Piaskowsi, Kowalewski (1965), (b) nach Karstedt (1962), (c) nach Schneebeli (1964) und Huder (1972) und (d) Erdkeilmodell (aus: Müller-Kirchenbauer, Walz und Kilchert 1979).

beispielsweise eines Prismas (Erdkeilmodell) oder eines Scheibenelementes (Huder 1972; Schneebeli 1964). Die Schubkräfte bzw. Schubspannungen reduzieren das Gewicht G bzw. die Vertikalspannungen σ_z im Gleitkörper und damit letztendlich die Erddruckkraft E.

Vergleichende Standsicherheitsuntersuchungen von Müller-Kirchenbauer, Walz und Kilchert (1979) zeigen, dass die Ergebnisse unterschiedlicher Verfahren von der Form des Bruchkörpers und von der Art des Kräfte- bzw. Spannungsansatzes am Bruchkörper abhängig sind. Aufgrund der festgestellten Abweichungen und der Tatsache, dass die unterschiedlichen Verfahren bisher noch nicht durch die Anwendung auf systematische bis zum Bruch geführte Großversuche überprüft werden konnten, sind die Verfahren nur als grobe Näherungsverfahren anzusehen. Allerdings kann aufgrund der bisherigen umfangreichen Erfahrungen davon ausgegangen werden, dass die genannten Rechenverfahren auf der sicheren Seite liegende Ergebnisse liefern, wenn die Forderungen der DIN 4126 – insbesondere bei Anwendung des Erdkeilmodells – beachtet werden.

Für einige der Verfahren nach Abbildung 6.24 existieren für einfache Problemstellungen Berechnungshilfen in Form von einfachen Formelansätzen und Programmen. Für komplizierte Fälle ist das Erdkeilmodell geeignet.

Der Fußpunkt der beim Bruch zu erwartenden Gleitfläche wird sich in der Tiefe (Aushubtiefe) t_a einstellen, in der das Grenzgleichgewicht aus den Kräften der stützenden Flüssigkeit, des Erdkörpers, der Auflasten und gegebenenfalls des Grundwassers gerade bzw. zuerst (z. B. während des Aushebens, bei Lastaufbringung oder beim Absinken des Stützflüssigkeitsspiegels) unterschritten wird. Es ist daher nachzuweisen, dass die Standsicherheitsbedingung für alle durchfahrenen Aushubtiefen t_a einschließlich der Endtiefe t erfüllt ist.

Verkehrslasten und Lasten aus baulichen Anlagen, welche im Bereich des Bruchkörpers angreifen, sind bei der Standsicherheitsberechnung grundsätzlich zu berücksichtigen (Ausnahme Baufahrzeuge und Aushubgeräte, s. u.). Bei Lasten, welche in unmittelbarer Nähe des Schlitzes angreifen, ist mit verstärkten Setzungen zu rechnen. Aus diesem Grunde definiert DIN 4126 einen kritischen Bereich (Abb. 6.25). Greifen Lasten aus baulichen Anlagen in diesem Bereich an, sind die Sicherheiten zu erhöhen, um damit die Setzungen zu begrenzen. Dies geschieht in der Norm 4126 über die Erhöhung des Erddruckes mit einem Anpassungsfaktor $\eta_0 = 1{,}2$, d. h. der Erddruck infolge dieser Lasten wird um 20 % erhöht.

Werden im Bereich des Bruchkörpers Lasten aus baulichen Anlagen über eine Wandscheibe aus Mauerwerk oder Beton und mittels einer durchgehend tragfähigen Gründung (Streifenfundament, Fundamentplatte) auf den Baugrund übertragen, so darf ein verminderter Lastansatz sinngemäß nach DIN 1053 (Gewölbebewirkung über Wandöffnungen) gewählt werden (Abb. 6.26). Erfolgt die Lasteinleitung über eine Wandscheibe aus Stahlbeton, die durch Bewehrung mit der Gründung verbunden ist, so brauchen Lasten aus baulichen Anlagen dann nicht angesetzt zu werden,

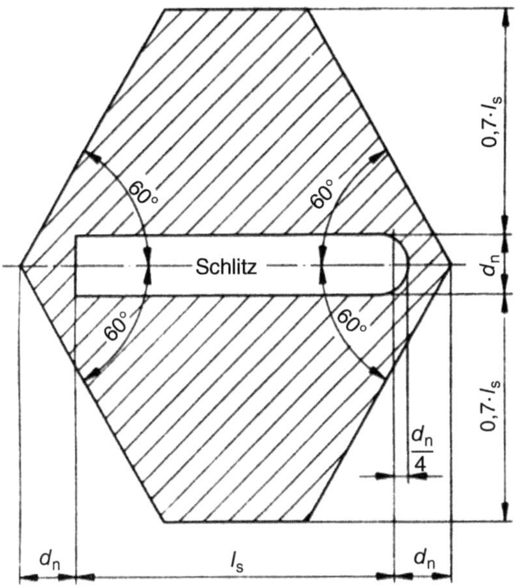

Abb. 6.25 Kritischer Bereich eines Schlitzes, dargestellt im Grundriss, und Ermittlung der Schlitzlänge l_s, links bei rechteckigem, rechts bei gerundetem Abschluss; d_n Nenndicke des Schlitzes; l_s Schlitzlänge.

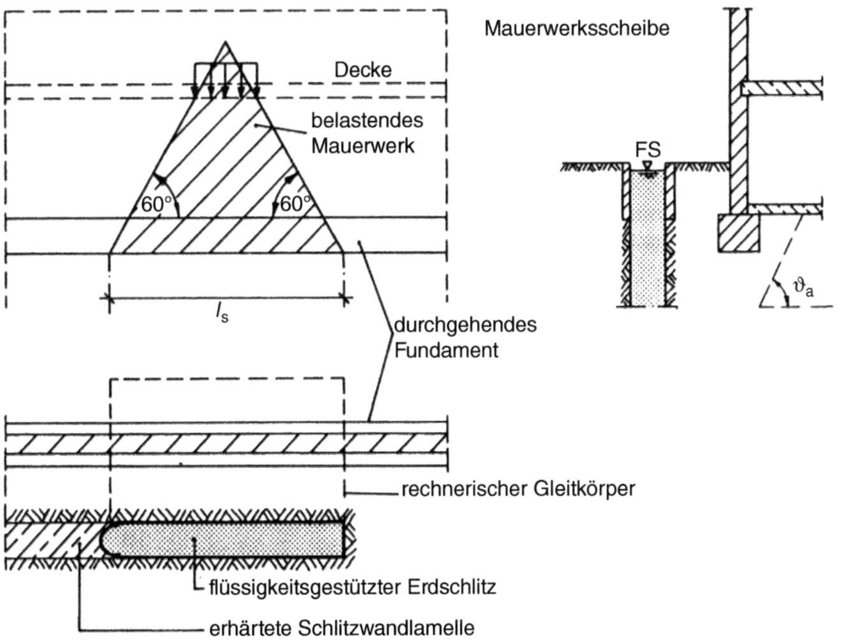

Abb. 6.26 Berücksichtigung der Gewölbebewirkung beim Ansatz der Lasten aus baulichen Anlagen sinngemäß nach DIN 1053.

wenn nachgewiesen wird, dass die Stahlbetonscheibe in der Lage ist, die Spannweite l_s (Schlitzlänge) frei zu überbrücken. Kann dieser Nachweis nicht geführt werden, so darf hier ebenfalls der obengenannte verminderte Lastansatz gewählt werden. In allen Fällen, in denen die Gewölbewirkung nicht vorausgesetzt werden kann, sind Bauwerkslasten entsprechend den anerkannten Regeln der Technik zu bestimmen und anzusetzen. Lasten aus Einzelfundamenten müssen bei der Berechnung der räumlichen Erddruckkraft in voller Höhe berücksichtigt werden.

Anders verfährt man mit dem Ansatz der Lasten aus Baufahrzeugen und Aushubgeräten:

Sind ausgesteifte Leitwände vorgesehen, so brauchen bei der Berechnung des Erddrucks Lasten aus Baufahrzeugen und Aushubgeräten dann nicht angesetzt werden, wenn die Leitwände und ihre Aussteifungen für den aus diesen Lasten resultierenden Leitwanderddruck bemessen werden. Die Befreiung vom Ansatz dieser Lasten beruht auf der Vorstellung, dass sich infolge dieser Geländeauflasten ein Stützgewölbe im Boden hinter der Leitwand ausbildet, welches in der Lage ist, diese Lasten auf Bereiche außerhalb des Bruchkörpers umzuleiten.

Grundsätzlich darf bei der Berechnung der Erddruckkraft ein räumlicher Erddruckansatz gewählt werden. Die Norm schreibt dabei das Verfahren zur Erddruckermittlung nicht vor, schränkt die Anwendung möglicher Verfahren jedoch insoweit ein, als diese den räumlichen Spannungs- und Bruchzustand zutreffender erfassen müssen, als dies nach dem Normentext ausdrücklich erlaubte, Erdkeilverfahren zu leisten imstande ist. Diese Einschränkung soll die Rechenwerte der Erddruckkräfte nach oben absichern; sie schließt jedoch die Anwendung jener erprobten Rechenverfahren nicht aus, die gegenüber den mit dem Erdkeilverfahren, entsprechend den Angaben der DIN 4126, berechneten Ergebniswerten erwiesenermaßen auf der sicheren Seite liegen.

In der Praxis hat sich das Erdkeilverfahren nach DIN 4126 durchgesetzt. Daneben spielen die Ansätze nach Piaskowski und Kowalewski (1965) und Huder (1972) sowie die Elementscheibentheorie eine gewisse Rolle. Die Angaben nach DIN 4085 werden bei Schlitzwänden in der Regel nicht verwendet. Die Wirkung von Auflasten auf den räumlichen Erddruck wird nur unvollständig behandelt. Großflächige, unbegrenzte Auflasten können in den meisten Ansätzen direkt berücksichtigt werden.

Speziell beim Verfahren von P/K (Piaskowski und Kowalewski) wird angenommen, dass das Bruchkörpermodell die Form eines parabolischen Halbzylinders hat, der von der maßgebenden Tiefe t aus unter einem Gleitflächenwinkel ϑ_α geneigten ebenen Gleitflächen geschnitten wird (s. Abb. 6.27). Um den Gleitkörper herum bildet sich ein selbsttragendes horizontales Stützgewölbe aus. Die Mantelfläche des Gleitkörpers ist völlig spannungsfrei und in der schrägen Gleitebene wirkt die Gleitflächenresultierende samt einer möglichen Kohäsionskraft.

Die Nomogramme der DIN 4085 können zur Ermittlung des räumlichen Abminderungsbeiwertes f_a benutzt werden, wobei streng genommen, diese für homogene kohäsionslose Böden ohne Geländeauflasten gelten. Näherungsweise dürfte jedoch

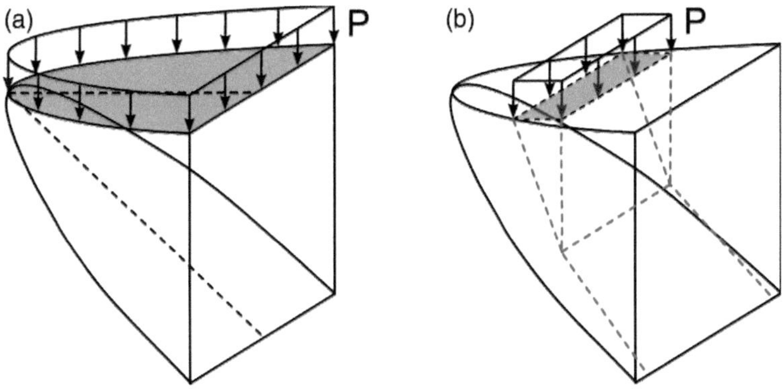

Abb. 6.27 Erweiterung der Ansätze zum Bruchmodell nach Piaskowski und Kowalewski (1965): (a) großflächige Belastung ist näherungsweise zulässig, (b) begrenzte Lasten führen zu anderen maßgebenden Bruchmechanismen.

Schichtung oder gleichverteilte Auflasten an der Geländeoberfläche sowie die Kohäsion berücksichtigt werden.

Bei diesem Verfahren dürfen begrenzte Lasten innerhalb des Bruchkörpers nicht angesetzt werden, weil diese mit der angenommenen Form des Bruchkörpers nicht in Einklang zu bringen sind. Der maßgebende Bruchmechanismus kann völlig anders ausfallen und deshalb sollte bei begrenzten Lasten innerhalb des Bruchkörpers dieses Verfahren nicht angewendet werden.

In Abbildung 6.27 ist schematisch ein räumlicher Bruchkörper nach Piaskowski und Kowalewski dargestellt. Großflächige Lasten oder großräumige GW-Absenkungen können mit diesem Verfahren approximativ behandelt werden (s. Abb. 6.27a). Begrenzte Lasten wie Steifenfundamente oder Einzelfundamente (Abb. 6.27b) können mit diesem Verfahren nicht abgedeckt werden. Vergleichende Standsicherheitsuntersuchungen von Müller-Kirchenbauer, Walz und Kilchert (1979) zeigen, dass die Ergebniswerte je nach Verfahren von der Form des Bruchkörpers und von der Art der Kräfte bzw. des Spannungsansatzes am Bruchkörper abhängen.

Nachfolgend wird auf die Berücksichtigung von zweiseitig begrenzten Auflasten (Streifenlasten) und vierseitig begrenzten Auflasten (Einzelfundamente) beim Erdkeilansatz nach DIN 4126 eingegangen.

Zweiseitig begrenzte Auflasten, z. B. aus Streifenfundamenten können entsprechend Abb. 6.28 erfasst werden.

Dabei wird im Bereich der Streifenlast eine vertikale Lamelle in den Bruchkörper eingefügt. Die Streifenlast geht in die Berechnung des Eigengewichts der Lamelle sowie in die der Schubspannungen in den Flanken ein. Zur Bestimmung der Schubspannungen wird von einer Erhöhung der Vertikalspannungen im Bruchkörper infolge der Auflast bis zu einer Tiefe von $z = l_s$ (l_s = Länge des Schlitzes) ausgegangen. Infolge der Silowirkung ist unterhalb der Tiefe entsprechend der Schlitzlänge keine Spannungserhöhung infolge der Auflast mehr zu erwarten. Die

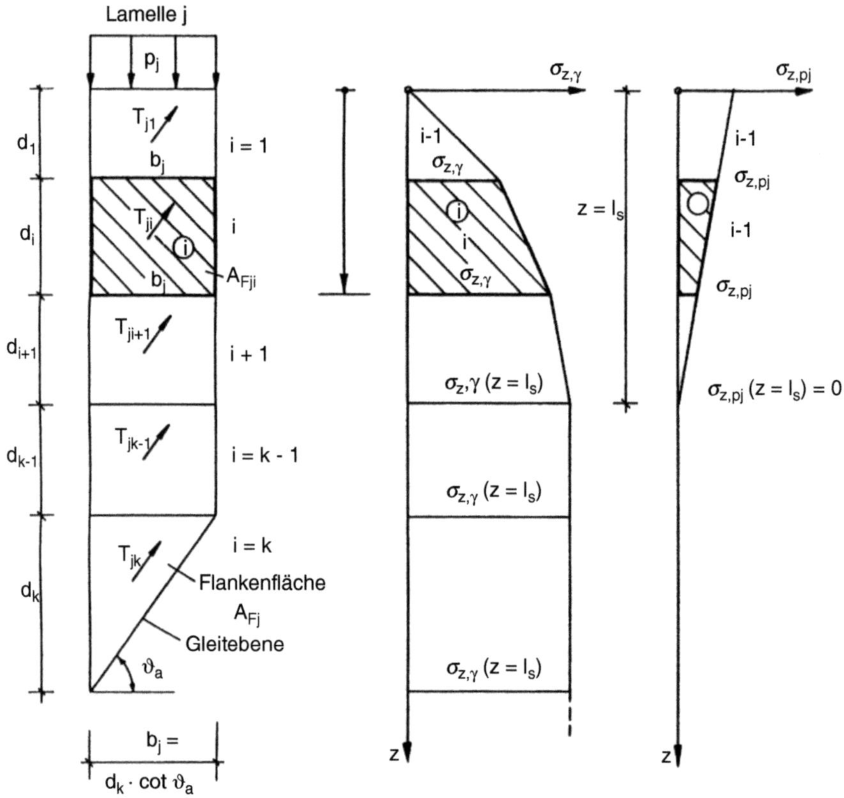

p_j gleichverteilte äußere Last auf der Lamelle j

$\sigma_{z,\gamma}$ Vertikalspannungen an den Flankenflächen A_{Fj} der Lamelle j infolge Eigenlast

$\sigma_{z,pj}$ Vertikalspannungen an den Flankenflächen A_{Fj} der Lamelle j infolge der äußeren Last p_j

$T_{ji} = T_{cji} + T_{\varphi ji}$ seitliche Schubkraft am Flankenflächenabschnitt A_{Fji}, bestehend aus dem Kohäsionsanteil T_{cji} und dem Reibungsanteil $T_{\varphi ji}$

$T_j = \sum_{i=1}^{k} T_{ji}$ seitliche Schubkraft pro Flankenfläche A_{Fj} der Lamelle j

Abb. 6.28 Berücksichtigung von Streifenlasten beim Erdkeilverfahren nach DIN 4126.

Schubspannungen ergeben sich dann aus der Umrechnung der Vertikalspannungen in die Horizontalspannungen und Einführen der Bruchbedingungen:

$$\tau = \sigma_h \tan\varphi + c = \sigma_v \cdot K_0 \cdot \tan\varphi + c \qquad (6.54)$$

Die an der Lamelle angreifenden Schubkräfte ergeben sich aus der Integration der Schubspannungen über die Flankenflächen der Lamelle:

$$T = \int \tau \, dA_F \qquad (6.55)$$

Eine Spannungsausbreitung quer zur Lamelle in Richtung zum Schlitz oder vom Schlitz weg wird nicht angesetzt.

Die Streifenlast kann auch in einer Tiefe $\bar{z}$ unterhalb der Geländeoberkante angreifen, wie dieses bei Fundamenten nahe liegt. Dann verschieben sich die zusätzlichen Schubspannungen um das entsprechende Maß $\bar{z}$ nach unten. Der Einfluss reicht dann bis in eine Tiefe von $z = \bar{z} + l_s$. Oberhalb von $\bar{z}$ ergeben sich aus der Streifenlast keine zusätzlichen Vertikalspannungen.

Schwieriger ist die Situation bei vierseitig begrenzten Auflasten, wie sie aus Einzelfundamenten resultieren können (Abb. 6.29). Aus groß- und kleinmaßstäblichen Modellversuchen und Feldbeobachtungen ist bekannt, dass sich bei großen Belastungen aus Einzelfundamenten (Grenzlasten) in Schlitznähe von den bisher untersuchten Fällen aus Bodeneigengewicht und großflächigen Auflasten abweichende Bruchmechanismen einstellen. Der Bruchkörper bildet sich bei im Verhältnis zum Fundament langen Schlitzen nicht mehr über die gesamte Länge des Schlitzes aus. Die maßgebende Tiefe für den Bruchmechanismus entspricht etwa der Schlitzlänge.

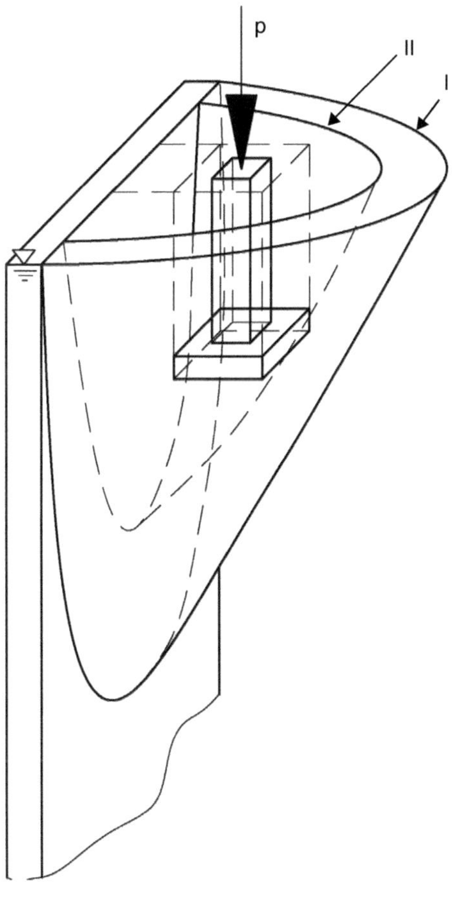

Abb. 6.29 Zu erwartende maßgebende Bruchmechanismen bei einem suspensionsgestütztem Schlitz (I) ohne Fundamentlast P und (II) mit dominierender Fundamentlast P (P sehr groß).

Bei kleineren Fundamentlasten unterhalb der Grenzlast, wie in der Praxis üblich, kann ein Bruchkörper als maßgebend angesehen werden, der zwischen den beschriebenen Grenzfällen liegt. Da diese Form des Bruchmechanismus unbekannt ist, stehen zwei Wege zum Nachweis der Standsicherheit des Systems offen.

- Entweder wird der vorhandene Stützdruck als bekannte äußere Last in die Berechnung einbezogen und mit einem Bruchkörper, der bei dominanter Fundamentbelastung maßgebend ist, nicht die Erddruckkraft ermittelt sondern eine maximal mögliche Belastung des Fundamentes, die der vorhandenen Belastung des Fundamentes gegenüber gestellt wird,
- Oder es werden verschiedene denkbare Bruchmechanismen mit der vorhandenen Fundamentlast untersucht, wobei für jeden die wirksame Erddruckkraft aus Bodeneigengewicht und Fundamentlast berechnet wird und das ungünstigste Verhältnis zugrunde gelegt wird.

Ein Verfahren zur Berechnung der Traglast von Einzelfundamenten neben suspensionsgestützten Schlitzen stellt Lee (1987) vor (Abb. 6.30). Der angenommene Bruchmechanismus besteht dabei aus zwei auf ebenen Gleitflächen abrutschenden, starren, monolithischen Teilbruchkörpern.

Der erste Teilbruchkörper (Bruchkörper I) wird durch die Größe und Lage des Fundaments erzwungen und bildet sich keilförmig unter diesem aufgrund von Lokalisierungen aus. Die durch die Fundamenthinterkante verlaufende untere Gleitfläche hat die Neigung α_1 bezogen auf die Horizontale.

Die Ausbildung des zweiten Teilbruchkörpers (Bruchkörper II) wird von Bruchkörper I erzwungen. Er bildet sich zwischen Fundament und Schlitz aus. Er rutscht auf der um α_3 geneigten Trennfläche zwischen Bruchkörper I und II.

Für das vorgeschlagene Berechnungsverfahren gelten nachfolgende Voraussetzungen:

- Der Suspensionsspiegel im Schlitz und der Grundwasserspiegel im Boden bleiben bei Belastung konstant. Der Bruch wird nur durch die Fundamentbelastung erzwungen.
- Dilatation wird nicht berücksichtigt. Es tritt nur Translation der als starr anzusehenden Elemente auf den Ebenen auf, keine Rotation.
- Es wirken jederzeit vollmobilisierende Scherkräfte nach der Mohr-Coulomb'schen Gleichung in den Gleitflächen:

$$\tau_f = c + (\sigma - u) \cdot \tan\varphi \tag{6.56}$$

- Ein Teil des Bruchkörpers wird als reibungsfrei angesehen.
- Die Last wirkt senkrecht in der Mitte des Fundaments.
- Der hydrostatisch wirkende Suspensionsdruck wird angesetzt.

Zunächst wird das Kräftespiel am Bruchkörper I betrachtet (Abb. 6.31)

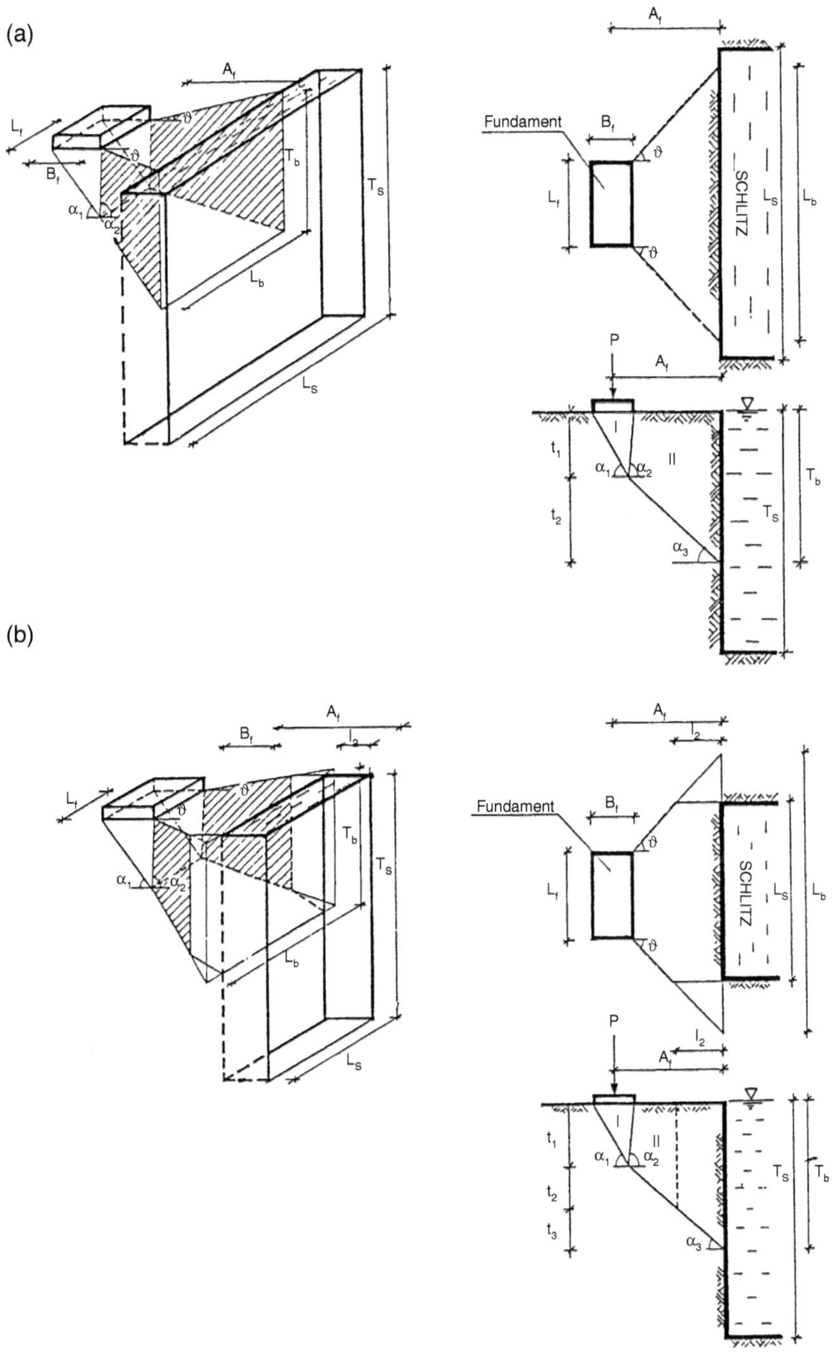

Abb. 6.30 Bruchmechanismus nach Lee (1987) zur Bestimmung der Grenztragfähigkeit von Einzelfundamenten neben suspensionsgestützten Schlitzen.

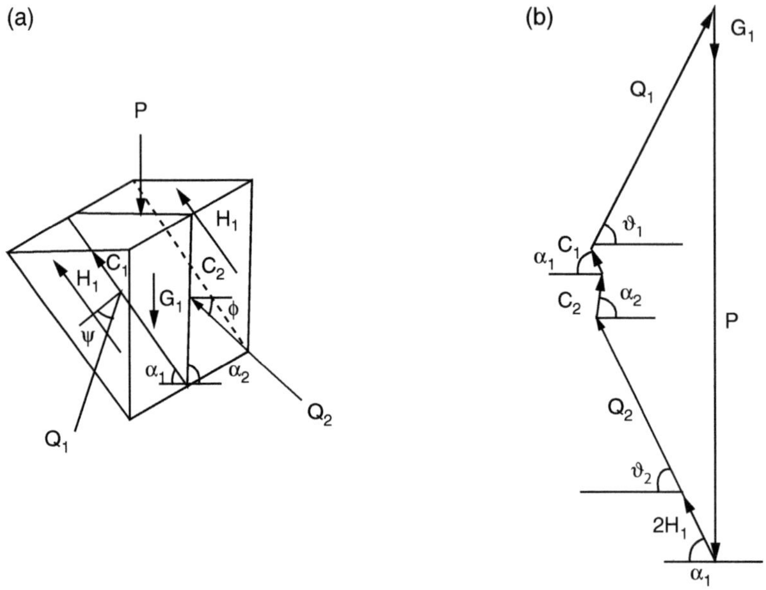

Abb. 6.31 (a) Ansatz der Schubspannungen an den Flanken des Bruchkörpers I und (b) Kräftegleichgewicht am Bruchkörper I.

An den Seitenflächen F_1 des Bruchkörpers I wirkt parallel zur unteren Gleitfläche mit der Neigung α_1 die haltende Schubkraft H_1, die sich aus der Reibungskraft R_1 und der Kohäsionskraft C_{s1} ergibt.

$$H_1 = C_{s1} + R_1 \tag{6.57}$$

mit

$$C_{s1} = c \cdot F_1 \tag{6.58}$$

Die Reibungskraft R_1 setzt sich aus zwei Anteilen infolge Bodeneigengewicht R_{1G} und Auflast R_{1P} zusammen.

$$R_1 = R_{1G} + R_{1P} \tag{6.59}$$

Der Anteil der Normalkraft R_{1G} infolge Bodeneigengewicht ergibt sich unter der Annahme einer gleichmäßigen Mobilisierung der Reibung in der Seitenfläche und nimmt mit der Tiefe aufgrund einer linear zunehmenden Spannungsverteilung im Boden zu.

$$N_{1G} = \int \sigma_{yG} \cdot dF = \int K_y \cdot \sigma_{zG} \cdot dF = \int K_y \cdot \gamma \cdot z \cdot dF = K_y \cdot G_1/L_f \cdot z_{s1} \tag{6.60}$$

Mit

$$G_1 = L_F \cdot \gamma \cdot F_1 \tag{6.61}$$

Hierbei ist z_{s1} die Schwerpunktkoordinate der Seitenfläche F_1. Die Spannungsverteilung σ_{yP} im Boden aufgrund der Auflast P wird von der vorderen Fundamentkante an als konstant und mit der halben Fundamentspannung nach Kobler (1982) angenommen.

$$N_{1P} = \int \sigma_{yP} \cdot dF = \int K_y \cdot \sigma_{zP} \cdot dF = 0{,}5 \cdot K_y \cdot P / (L_f \cdot B_f) \cdot F_1 \quad (6.62)$$

Die Reibungskraft R_{1i} wird wie folgt berechnet:

$$R_{1i} = N_{1i} \cdot \tan\varphi \quad (6.63)$$

Damit ergeben sich die beiden Anteile der Reibungskraft R_1 zu:

$$R_{1G} = K_y \cdot G_1 / L_f \cdot z_{s1} \cdot \tan\varphi \quad (6.64)$$

$$R_{1P} = 0{,}5 \cdot K_y \cdot P / (L_f \cdot B_f) \cdot F_1 \cdot \tan\varphi \quad (6.65)$$

Die Reduktion des Eigengewichts bzw. der Auflast erfolgt nun durch Abzug der Vertikalkomponente der jeweiligen Reibungskraft des Eigengewichts G_1 bzw. der Auflast P.

$$G_r = G_1 - 2 \cdot R_{1G} \cdot \sin\alpha_1 \quad (6.66)$$

$$P_r = P - 2 \cdot R_{1P} \cdot \sin\alpha_1 \quad (6.67)$$

Diese reduzierten Größen werden entsprechend in die Gln. 6.64 und 6.65 eingesetzt, so dass man nach Umrechnungen mit

$$2 \cdot R_{1Gr} = W_1 \cdot G_1 / (1 + W_1 \cdot \sin\alpha_1) \quad (6.68)$$

mit

$$W_1 = 2 \cdot K_y \cdot z_{s1} / L_f \cdot \tan\varphi \quad (6.69)$$

$$2 \cdot R_{1Pr} = W_P \cdot P / (1 + W_P \cdot \sin\alpha_1) \quad (6.70)$$

$$W_P = 2 \cdot 0{,}5 \cdot K_y \cdot F_1 / (L_f \cdot B_f) \cdot \tan\varphi \quad (6.71)$$

die gesamte Schubkraft $2 \cdot H_1$ an den beiden Seitenflächen erhält:

$$2 \cdot H_1 = 2 \cdot R_{1r} + 2 \cdot C_{s1} = 2 \cdot R_{1Gr} + 2 \cdot R_{1Pr} + 2 \cdot C_{s1} \quad (6.72)$$

Die Größen C_1 und C_2 in Abb. 6.31a berechnen sich aus der Fläche der jeweiligen Gleitebene, multipliziert mit der Kohäsion. Damit sind die angreifenden Kräfte G_1, H_1 und C_1, C_2 in Größe und Wirkungsrichtung bekannt. Gesucht ist P. Q_2 ergibt sich aus dem Gleichgewicht am Bruchkörper II (Abb. 6.32).

Bei der Betrachtung des Bruchkörpers II müssen grundsätzlich zwei Fälle unterschieden werden: a) sehr langer Schlitz und b) Schlitz begrenzter Länge.

a) Sehr langer Schlitz ($L_s > L_b$)
Ist der Schlitz sehr lang, bildet sich der Bruchkörper II unabhängig von der Schlitzgeometrie im Boden aus. Dabei wirken als haltende Kräfte die an der unteren Gleitfläche angreifende Reibungskraft Q_3 und die Stützkraft S der Stützflüssigkeit. Vom Bruchkörper I wirkt in der Trennfläche die Reibungskraft Q_2 auf den Bruchkörper II.

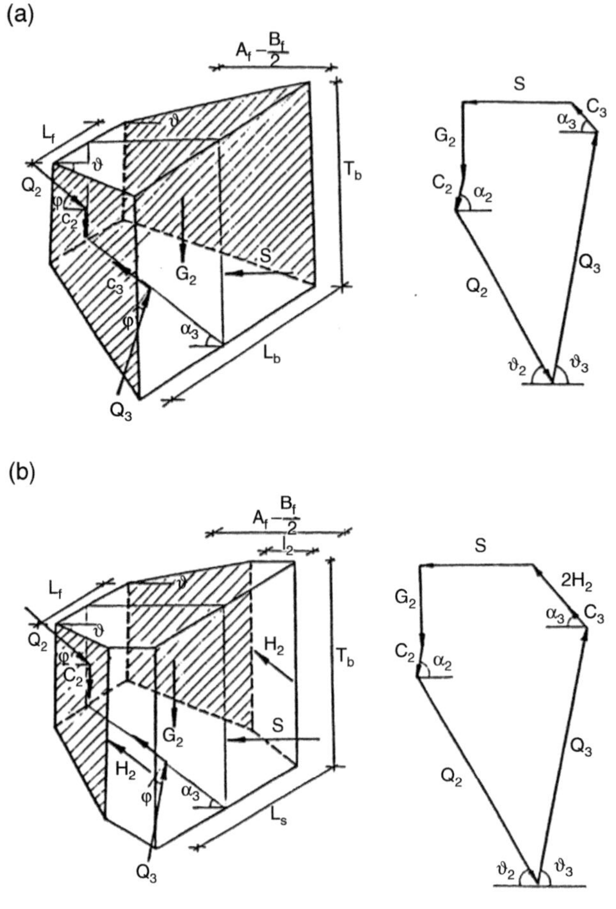

Abb. 6.32 Kräftespiel am Bruchkörper II. (a) bei einem sehr langen Schlitz ($L_s > L_b$) und (b) bei begrenzter Schlitzlänge ($L_s < L_b$), siehe auch Abb. 6.30.

Es wird angenommen, dass in den schrägen Seitenflächen (in Abb. 6.32 schraffiert) keine Kräfte wirken, da sich eine Gewölbewirkung im Boden um den Bruchmechanismus herum einstellt. Diese Annahme entspricht auch der Vorgehensweise von Piaskowski und Kowalewski (1965).

b) Begrenzte Schlitzlänge ($L_s < L_b$)

Beim Schlitz begrenzter Länge bildet sich der Bruchkörper II auf einer Zwangsgleitfläche durch die Schlitzecken aus. Auf dieser Zwangsgleitfläche F_2 greifen zusätzlich zu den Kräften im Fall a) die haltenden Schubkräfte H_2 an, die um den Winkel α_3 geneigt parallel zur unteren Gleitfläche verlaufen und sinngemäß wie die Schubkräfte H_1 am Bruchkörper I berechnet werden. Allerdings wirkt auf den Bruchkörper II nur sein Bodeneigengewicht G_2. Damit ergibt sich die Schubkraft $2 \cdot H_2$, die den räumlichen Gewölbeeffekt simuliert, zu:

$$2 \cdot H_2 = 2 \cdot R_{2Gr} + 2 \cdot C_{s2} \tag{6.73}$$

Durch Betrachtung der Gleichgewichtsbedingungen erst am Bruchkörper II und dann am Bruchkörper I lässt sich mit gegebener Stützdruckkraft S die Auflast P berechnen:

$$P = (M_2 / D_2 \cdot D_1 + 2 \cdot H_1 \cdot \cos\varphi + O_1) / (\cos\theta_1 - I_{wp}) \quad (6.74)$$

$$\text{mit } I_{wp} = W_p \cos\varphi / (1 + W_p \sin\alpha_1)$$

$$D_1 = \sin(\theta_1 + \theta_2) \quad (6.75)$$

$$D_2 = \sin(\theta_2 + \theta_3) \quad (6.76)$$

$$M_2 = S \cdot \sin\theta_3 + 2 \cdot H_2 \cdot \cos\varphi + O_2 \quad (6.77)$$

$$O_1 = C_1 \cdot \cos\varphi + C_2 \cdot \sin(\alpha_2 + \theta_1) - G_1 \cdot \cos\theta_1 \quad (6.78)$$

$$O_2 = C_3 \cdot \cos\varphi + C_2 \cdot \sin(\alpha_2 - \theta_3) - G_2 \cdot \cos\theta_3$$

$$\theta_1 = 90 + \varphi - \alpha_1 \quad (6.79)$$

$$\theta_2 = 90 + \varphi - \alpha_2 \quad (6.80)$$

$$\theta_3 = 90 + \varphi - \alpha_3 \quad (6.81)$$

Durch Variation der Winkel α_i wird die kleinste Auflast P_{min} bestimmt. Den Winkel ϑ gibt Lee (1987) aufgrund seiner Untersuchungen für kleinmaßstäbliche Versuche zu 45° und für Großversuche zu 65° vor, schreibt aber in seiner Zusammenfassung – nach der Durchführung von Vergleichsberechnungen –, dass der Ansatz dieses Winkels ϑ von der Bodenart abhängt.

Offen bleibt bisher der Ansatz des Erddruckbeiwertes K_y in den Gleichungen (6.60) und (6.62). Dieser wird aus Vergleichen mit Versuchsergebnissen als Funktion der Schlitzlänge L_s, der Fundamentlänge L_F, dem Fundamentabstand A_f und dem Ruhedruckbeiwert des anstehenden Bodens ($K_0 = 1 - \sin\varphi$) wie in Abb. 6.33 dargestellt vorgeschlagen.

Lee empfiehlt, den Winkel ϑ zu 45° und den Winkel α_2 zu etwa 90° zu setzen. Die Tiefe, in welcher die Gleitfläche des Bruchkörpers II in den Schlitz mündet, kann zu $z = l_s$ gesetzt werden. Dadurch verringert sich die Zahl der erforderlichen Variationen.

Die Gleichungen nach Lee (1987) können auch zur Bestimmung einer räumlichen Erddruckkraft, welche von der Stützsuspension aufzunehmen ist, infolge einer gegebenen Fundamentlast umgestellt werden. Dabei ist natürlich, wie bereits erläutert, nicht sichergestellt, dass sich der gewählte Bruchmechanismus einstellt. Es sind dann Vergleichsberechnungen mit anderen Bruchmechanismen erforderlich.

Happe (1996) schlägt vor, die Standsicherheit eines Schlitzes neben einem Einzelfundament entsprechend Abb. 6.34 abzuschätzen. Betrachtet werden prismatische Bruchkörper entsprechend dem Erdkeilverfahren nach DIN 4126, wobei die Länge der Bruchkörper variiert wird. Im ersten Fall entspricht die Länge des Bruchkörpers

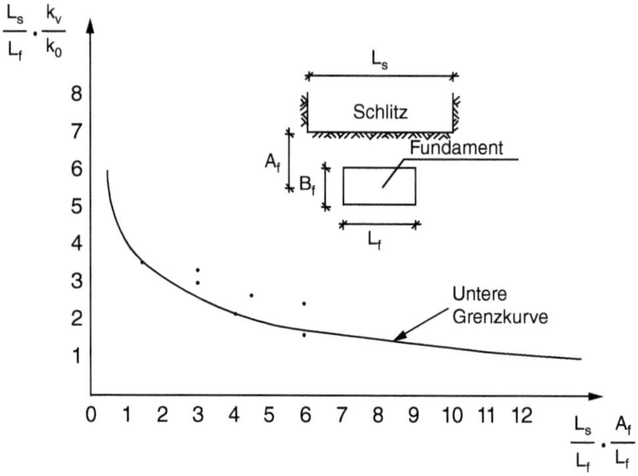

Abb. 6.33 Erddruckbeiwerte K_y zum Ansatz von Lee (1987).

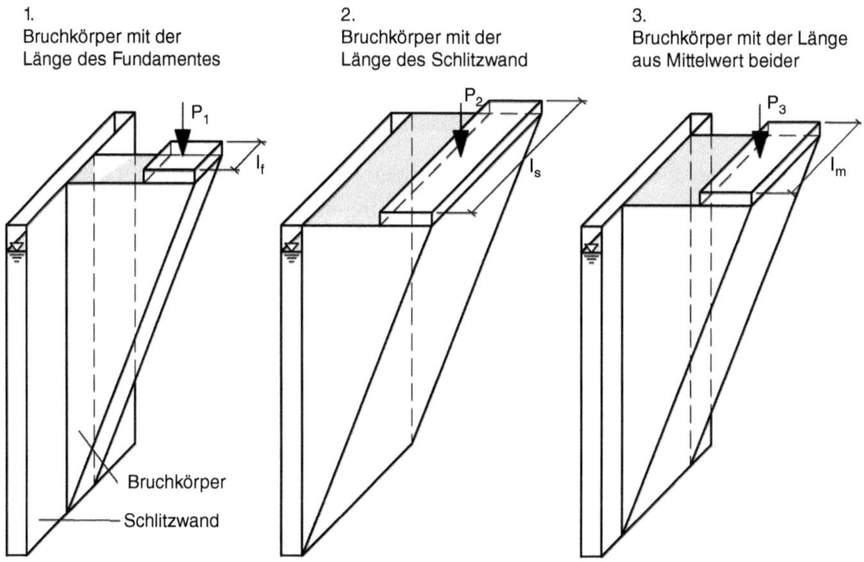

Abb. 6.34 Bruchkörpermodelle zur Ermittlung der Erddruckkraft beim Standsicherheitsnachweis eines suspensionsgestützten Schlitzes neben einem Einzelfundament nach Happe (1996).

der des Fundaments. Die Berechnung kann analog der Berechnung des Erddrucks auf einen Schlitz mit der Länge des Fundaments nach DIN 4126 mit Streifenlast erfolgen. Wird als zweiter Grenzfall ein Bruchkörper mit der Länge entsprechend des Schlitzes betrachtet, wird die Auflast aus dem Einzelfundament über die Länge des Bruchkörpers verschmiert. Zusätzlich wird ein Bruchkörper mit gemittelter Länge betrachtet.

Der Grenzfall Länge des Bruchkörpers gleich Länge des Schlitzes kann auch unter Berücksichtigung einer Lastausbreitung unter dem Fundament entsprechend Abb. 6.35 erfasst werden.

Abbildung 6.36 zeigt die Ergebnisse der unterschiedlichen Ansätze zur Erddruckberechnung in Bezug auf die äußere Standsicherheit des Schlitzes in Abhängigkeit von der Größe der Fundamentlast für eine feste Schlitzlänge, Fundamentposition und Fundamentgröße. Es wird deutlich, dass die Ansätze von Lee (1987) und Happe (1996) mit der Bruchkörperbreite entsprechend der Fundamentbreite bei höheren Lasten maßgebend werden, sich bei kleineren Lasten die Verhältnisse aber ändern.

6.4.5 Nachweisführung bei statischen Lasten

Die Beurteilung, ob der Schlitz bei Erreichen der betrachteten Aushubtiefe t rechnerisch ausreichend standsicher ist, erfolgt mit der Gleichung $\gamma_{G,dst}\, E_{ah,k} \leq S_k \cdot \gamma_{G,stb}$. Da die DIN 4126 die Größe der Teilsicherheitsbeiwerte $\gamma_{G,dst} = 1{,}05$ und $\gamma_{G,st} = 0{,}95$ festlegt, kann aus obiger Gleichung der in der Schlitzaushubtiefe t vorhandene Sicherheitsbeiwert $\eta \geq 1{,}1\, E_{ah,k}/S_k = \gamma_E$ bestimmt werden. Durch Wiederholung des erläuterten Berechnungsganges für verschiedene Schlitzaushubtiefen ist diejenige mit dem Kleinstwert min η als maßgebend zu finden: Die Sicherheit min η muss größer sein als der in DIN 4126 angegebene erforderliche Teilsicherheitsbeiwert.

Ein Beispiel über den Verlauf der Standsicherheit mit der Tiefe eines mit Flüssigkeit gefüllten Schlitzes ist in Abb. 6.37 angegeben. Dort ist der räumliche Erddruck mit mehreren Theorien berechnet worden.

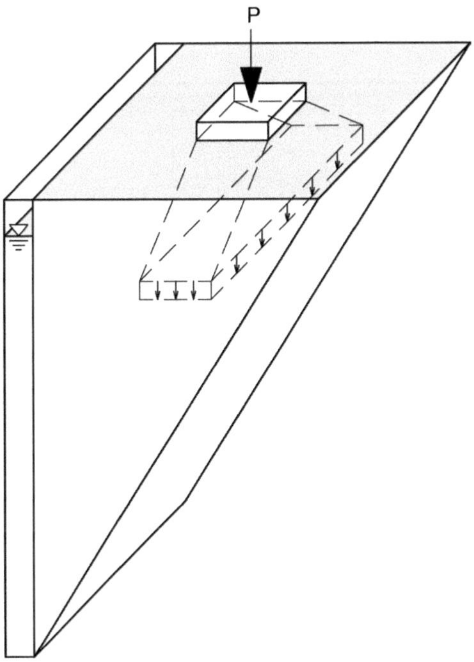

Abb. 6.35 Bruchkörpermodell mit Spannungsausbreitung zur Ermittlung der Erddruckkraft beim Standsicherheitsnachweis eines suspensionsgestützten Schlitzes neben einem Einzelfundament (Göceri 2002).

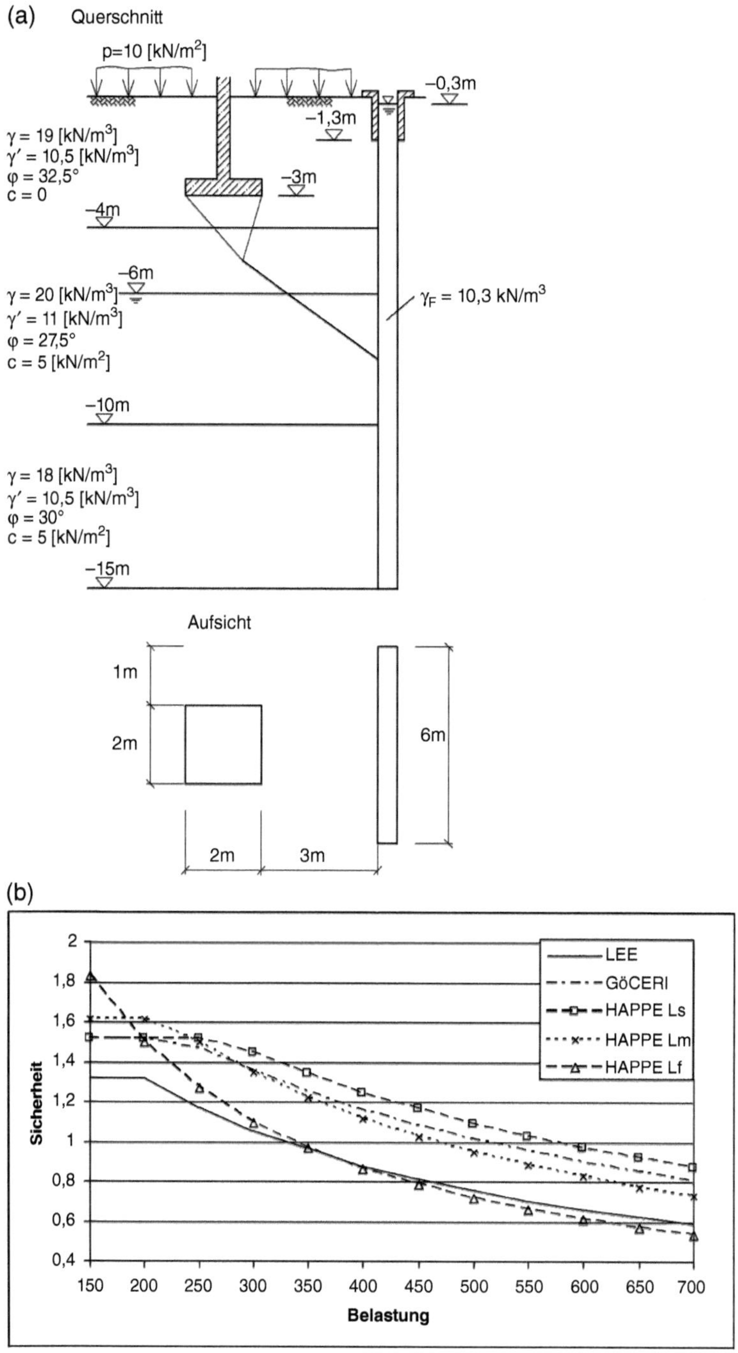

Abb. 6.36 Vergleich der äußeren Standsicherheit eines suspensionsgestützten Schlitzes neben einem Einzelfundament nach unterschiedlichen Ansätzen zur Ermittlung des räumlichen Erddrucks (Kroß 2002); (a) System, (b) Berechnungsergebnisse.

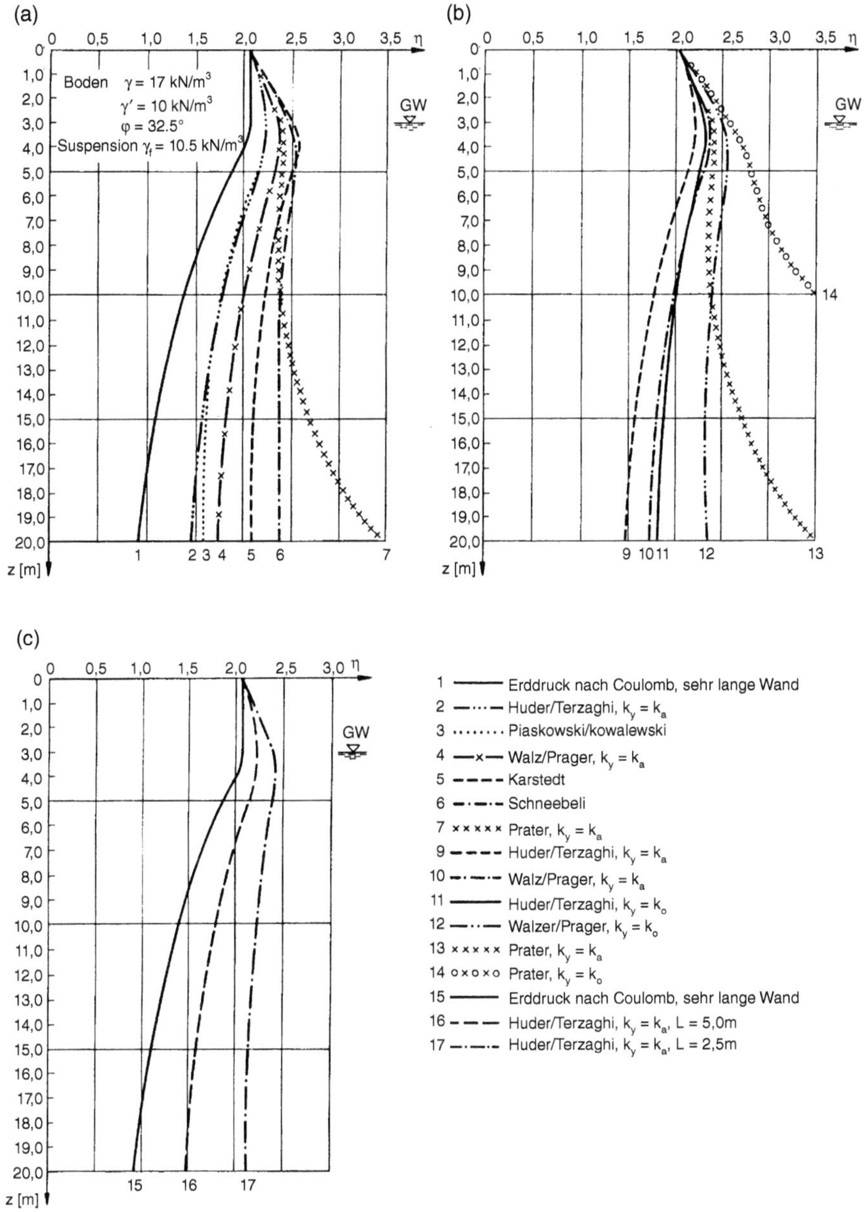

Abb. 6.37 Ergebnisse der Standsicherheitsberechnung $\eta = \gamma_E$ für ein Beispiel nach verschiedenen Verfahren (aus: Lorenz und Walz 1982).

6.4.6 Nachweisführung bei dynamischen Lasten

Dynamische Lasten können im kritischen Bereich eines Schlitzes als direkt wirkend einen Einfluss haben oder indirekt über seismische Wellen großer Intensität auf den Gleitkörper wirken.

Die DIN 4126 betont jedoch, dass übliche Verkehrslasten als dynamische Einwirkungen keine Abminderung der Stützkraft bewirken.

Seismische oder dynamische Lasten, die direkt im kritischen Bereich eines offenen Schlitzes wirken, müssen solche Beschleunigung erzeugen, die über 0,2 g (g = Erdbeschleunigung) liegen, damit sie für die Standsicherheit des offenen Schlitzes maßgebend werden. Bei einfachen Verhältnissen ist der Erddruck an die Schlitzwandung proportional zum Gewicht des im Grenzgleichgewicht befindenden Erdkeils. Falls die direkten dynamischen Lasten durch Verkehr im kritischen Bereich liegen, kann die Wirkung dieser dynamischen Lasten über den effektiven Wert der Beschleunigung in vertikaler Richtung abgeschätzt werden. Solange dieser Wert die Grenze von 20 % der Erdbeschleunigung nicht erreicht, liegt der resultierende zusätzliche Erddruck infolge der dynamischen Lasten unterhalb der 20 %-Grenze, die für bauliche Anlagen im kritischen Bereich angesetzt werden, und dafür sind die Sicherheiten durch den Anpassungsfaktor $\eta_0 = 1{,}2$ ausreichend.

Bei Explosionen oder Starkbeben-Ereignissen können jedoch höhere Erddrücke entstehen, welche über die Stützwirkung der Suspension aufzunehmen sind. Übliche Verkehrslasten sind nach Meinung des Autors mit dem Anpassungsfaktor η_0 abgedeckt. Dies betrifft auch dynamische Lasten aus dem Eisenbahnverkehr bei Schlitzen in der unmittelbaren Nähe von Eisenbahndämmen.

6.4.7 Äußere Standsicherheit nicht-ebener Schlitze

Sehr oft ist man gezwungen, die ebene Form eines suspensionsgestützten Schlitzes zu verlassen und auf eine nicht ebene Form zurückzugreifen. Solche Beispiele sind in Abb. 6.38 dargestellt. Nicht-ebene Schlitze liegen bei der Ausbildung von biegesteifen Ecken (L-Form) vor oder bei Differenzwänden (T-Form) zwischen benachbarten Baugrubenwänden. Tiefe Gründungselemente werden in Form von L-oder Kreuzlamellen oder T-Lamellen zur Anpassung an die Hochbaukonstruktionen ausgeführt. Schächte werden auch sehr oft aus Schlitzwandlamellen als Polygonzug hergestellt (Abb. 6.38e).

In der Literatur sind mehrere Quellen zu finden, die über die Herstellung von Schächten mit der Schlitzwandbauweise berichten. Mit dieser Bauweise wurden bereits Schächte mit Abmessungen (Durchmesser über 50 m und Tiefen bis ca. 100 m) gebaut. Die Schachtwandung wird als geschlossener Polygonzug aus einzelnen Schlitzwandelementen zusammengesetzt, wobei es bei der Herstellung sinnvoll sein kann, in einem offenen Schlitz mehrere Polygonseiten zusammenzufassen. Wenn der Radius des Schachtes sehr groß ist, also die Abweichungen des Polygonzuges von der Kreisgeometrie offensichtlich gering sind, kann die Standsicherheit eines so entstandenen nicht-ebenen Schlitzes als gewährleistet angesehen werden, solange dessen Abwicklung der Länge eines ebenen Schlitzes entspricht, bei der die äußere Standsicherheit erfüllt ist.

Falls jedoch der Wunsch besteht, bei einem Schacht kleineren Durchmessers mehrere Seiten eines Polygonzuges (Abb. 6.38e) zu einem offenen Schlitz

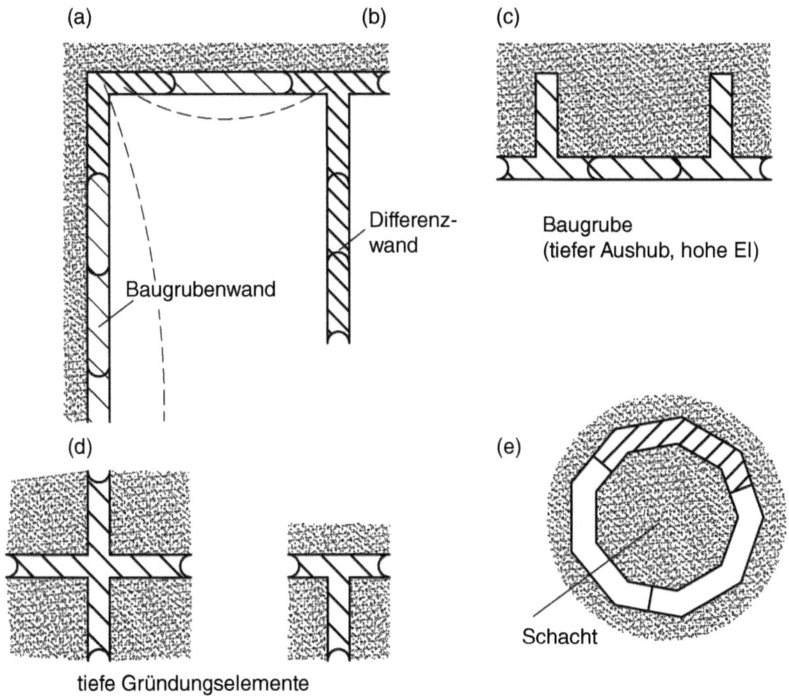

Abb. 6.38 Verschiedene Formen von nicht-ebenen Schlitzen zur Herstellung von (a) biegesteifen Baugrubenecken, (b) Anschlusslamellen von Differenzwänden, (c) steifen Baugrubenwänden, (d) Tiefgründungselementen (Barrettes) und (e) Schacht in Schlitzwandbauweise.

zusammenzufassen, wird es nicht einfach sein, die äußere Stabilität des räumlichen Schlitzes nachzuweisen. Das Dilemma der Berechnung der äußeren Standsicherheit wird am Beispiel in Abb. 6.39 deutlich.

In Abbildung 6.39 ist ein Schacht dargestellt, der als 9-Eck-Polygon mit Schlitzwandelementen hergestellt werden soll. Der Schachtdurchmesser soll ca. 6 m betragen und die jeweilige Breite der Schlitzwand-Elemente wird zu 1 m gewählt. Da der Schacht eine hohe Dichtigkeit aufweisen soll, wird eine Ausführung mit max. 3 Segmenten als offene Schlitze und demzufolge auch mit 3 Fugen gewählt. Aufgrund der vorliegenden Geometrie bestehen zwei Möglichkeiten, den Nachweis der äußeren Standsicherheit des offenen Schlitzes zu erbringen, wenn eine ebene Betrachtung nach DIN 4126 ersatzweise zugrunde gelegt wird:

Fall I:

Betrachtet wird die Sekantenlänge AA' (Abb. 6.39) als eine Begrenzung des Schlitzes und die äußere Standsicherheit wird analog DIN 4126 am ebenen Ersatzsystem mit der Schlitzlänge l_s nachgewiesen (l_s = 7,20 m nach Abb. 6.39).

Fall II:

Betrachtet wird die mittlere Abwicklungslänge l_A des nicht-ebenen Schlitzes. Die äußere Standsicherheit wird an einem ebenen Ersatzsystem mit der Schlitzlänge l_A, nachgewiesen ($l_A \approx 9{,}40$ m nach Abb. 6.39).

Die Situation nach Abb. 6.39a tritt nicht nur beim Schachtbau auf, sondern auch bei der Herstellung von Eck- oder T- oder Kreuzlamellen, wie in Abb. 6.39b

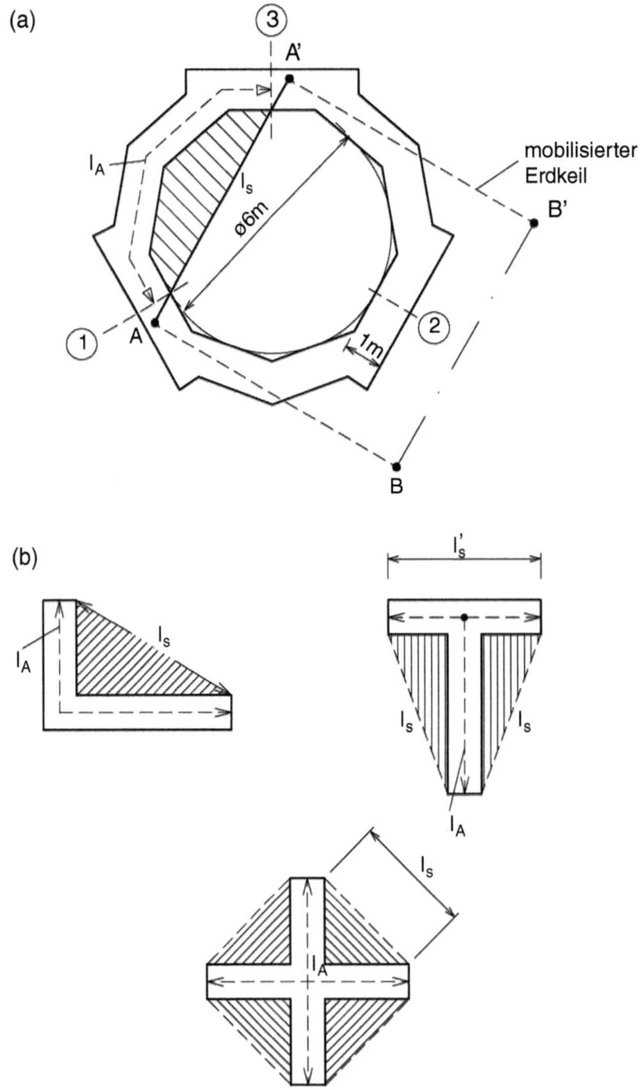

Abb. 6.39 (a) Beispiel der Herstellung einer Schachtwand mit SW-Elementen (9-Eck, mit insgesamt 3 Fugen) (b) Beispiele von Ersatzschlitzlängen zur Berechnung der Standsicherheit von nicht-ebenen offenen Schlitzen im Baugrund.

deutlich wird. Für den Fall I, wo nur die Sekantenlänge l_s zur Nachweisführung herangezogen wird, muss zusätzlich zum Gewicht des mobilisierten Erdkeils (mit Punkten AA'B'B in Abb. 6.39a dargestellt) auch das Gewicht des angehängten Erdkörpers berücksichtigt werden (schraffierte Darstellung in der Abb. 6.39a). Im Bereich dieses Überhangs greifen allerdings keine Schulterkräfte an. Wird dieses bei der Berechnung nicht zutreffend berücksichtigt, liegt das Ergebnis nicht auf der sicheren Seite.

Im Fall II wird die Abwicklung als Schlitzlänge gewählt, mit dem Resultat, dass die Stützkraft aus der Stützflüssigkeit aufgrund der großen Ersatzlänge bei der ebenen Betrachtung viel größer angesetzt wird, als sie in Wirklichkeit ist, d. h., die Stützwirkung liegt auf der unsicheren Seite der Standsicherheitsbetrachtung. Im räumlichen Fall ist jedenfalls von einer kleineren Stützkraft auszugehen.

Beide Vorgehensweisen garantieren also nicht, dass das Ergebnis der Betrachtungen zur äußeren Standsicherheit des offenen Schlitzes auf der sicheren Seite liegt.

Abbildung 6.40 zeigt einen Bruchkörper, welcher sich an die Standsicherheitsbetrachtung eines typischen nicht-ebenen Schlitzes (Teil eines offenen Schachtschlitzes) in Anlehnung an das Erdkeilverfahren nach DIN 4126 ergibt. Aus dieser Darstellung sind bereits wesentliche Unterschiede zur Berechnung der äußeren Standsicherheit eines ebenen Schlitzes erkennbar. Der Bruchkörper zeigt gegenüber dem eines ebenen Schlitzes mit der Tiefe t_1 einen Überhang. Der Überhang setzt sich aus einem zylindrischen Anteil mit einem Polygonquerschnitt und einer Spitze zusammen. Der Überhang führt zu einer Erhöhung des Eigengewichtes des Bruchkörpers und zu einer Vergrößerung der Gleitfläche im Bereich der Spitze.

Bezogen auf einen Bruchkörper eines ebenen Schlitzes mit der Tiefe t_2 zeigt der Bruchkörper eine Reduktion der Flankenflächen, an denen rückhaltende Schubkräfte angreifen. Aus beiden Sichtweisen wird deutlich, dass sich die Erddruckkraft gegenüber der bei einem ebenen Schlitz vergrößert.

Für die Berechnung der Stützkraft ist die Aufrissform des angenommenen Bruchkörpers in den Schlitz entscheidend. Im Falle eines ebenen Schlitzes stellt dieser eine Rechteckfläche dar, welche der Seitenwand des Schlitzes entspricht. Im Falle des nicht-ebenen Schlitzes tritt im Bereich des Überhanges ebenfalls eine Rechteckfläche mit der Tiefe t_1 auf. Im Bereich der Spitze ergibt sich eine nach unten spitz zulaufende Fläche. Die Breite der zu berücksichtigenden Flächen ergibt sich aus der Projektion der nicht-ebenen Kontur auf die Ebenen. Jetzt wird deutlich, dass die wirksame Stützkraft im ebenen Fall (Tiefe t_2) größer ist als im nicht-ebenen Fall. Hier entfallen die Anteile, in denen der Stützdruck im Bereich der Spitze auf die nicht zum Bruchkörper gehörige Fläche wirkt.

Das Erdkeilverfahren nach DIN 4126 ermöglicht die Berücksichtigung eines angehängten Körpers (Überhang in der Abb. 6.40) ohne den Ansatz zusätzlicher Schulterkräfte. Nach Abbildung 6.41 wird ein Bruchkörper mit Überhang in zwei Teilkörper (vertikale Lamellen) unterteilt, welche zum einen dem bekannten Erdkeil und zum anderen dem Überhang entsprechen. Außer dieser Unterteilung kann eine weitere Unterteilung vorgenommen werden, wenn ein geschichteter Baugrund vorliegt.

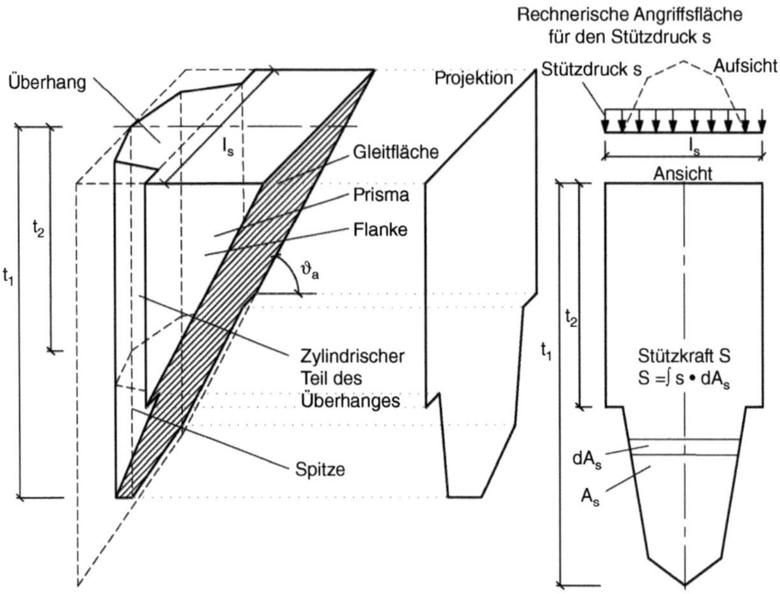

Abb. 6.40 Beispiel eines prismatischen Körpers bei einem nicht-ebenen Schlitz in Anlehnung an DIN 4126 für einen Teil des Schachtes (Abb. 6.39a).

Die wesentliche Voraussetzung bei der Gleichgewichtsbetrachtung zwischen den benachbarten Lamellen ist, dass die Erddrücke horizontal verlaufen ($\delta = 0$, d. h., es existieren keine Schubspannungen zwischen zwei benachbarten Lamellen). Diese vertikalen Kräfte V (Gewicht und Oberflächenlasten) werden im Bereich des Überhangs durch die Reaktionen in der Scherfuge an der Überhangspitze aufgenommen.

Die Erddruckkräfte ΔE und E lassen sich vereinfacht wie folgt errechnen (Abb. 6.41):

$$\Delta E(\vartheta_a) = \frac{V(\sin\vartheta_a - \cos\vartheta_a \cdot \tan\varphi) - 2\,T - C}{\tan\varphi \sin\vartheta_a + \cos\vartheta_a} - P_x \tag{6.82}$$

$$E = \frac{V_ü(\sin\vartheta_a - \cos\vartheta_a \tan\varphi_ü) - C_ü}{\tan\varphi_ü \sin\vartheta_a + \cos\vartheta_a} - P_x^ü + \Delta E \tag{6.83}$$

$$V = G + P_Z \tag{6.84}$$

$$V_ü = G_ü + P_Z^ü \tag{6.85}$$

$$G = ½ \cdot \gamma_1\, d^2 \cdot l_s \cot\vartheta_a \qquad \text{(bei beliebiger Schichtung s. DIN 4126)} \tag{6.86}$$

$$G_ü = {}^1/_2\, \gamma_2\, d_ü^2 \cdot l_s \cot\vartheta_a + \gamma_1\, d\, l_s\, d_ü \cot\vartheta_a \qquad \text{(nur bei rechteckigem Überhangsgrundriss)} \tag{6.87}$$

$$C = c \cdot l_s \cdot \frac{d}{\cos\vartheta_a}, \quad C_ü = c_ü \cdot l_s \frac{d_ü}{\cos\vartheta_a} \tag{6.88}$$

$$T = \int_{dA} c\, dA + \int_{dA} k_y\, \sigma_z \cdot \tan\varphi\, dA \tag{6.89}$$

$$K_y = 1 - \sin\varphi = K_0 \tag{6.90}$$

Der Verlauf von σ_z mit der Tiefe wird bilinear angenommen (s. Abb. 6.28)

Vereinfachend zum obigen Ansatz haben Triantafyllidis u. a. (2001, 2011) eine näherungsweise Berechnung eines nicht-ebenen Schlitzes eingeführt, bei der immer ein ebenes Ersatzsystem gewählt wird. Durch Vergleichsrechnungen konnte mit Hilfe von Beispielen gezeigt werden, dass diese Betrachtungsweise für die am meistens vorkommenden Fälle auf der sicheren Seite liegt (s. hierzu Abb. 6.42, Abb. 6.43, Abb. 6.44 und Abb. 6.45). Dieser Ansatz ist für die praktische Anwendung gedacht und führt die Berechnungen an ebenen Ersatzsystemen aus. Der zu errechnende Erddruck wird an einem ebenen Schlitz mit gedachter Schlitzlänge entsprechend der Abwicklungslänge des nicht ebenen Schlitzes berechnet aber gleichzeitig wird der Suspensionsdruck nur auf die Sekantenlänge des nicht ebenen Schlitzes angesetzt. Diese Betrachtungsweise liefert für alle untersuchten Mechanismen (mit Ausnahme eines zylindrischen Bruchkörpers in tieferen als 7 m Schlitzen) eine kleinere Sicherheit. Mehr hierzu findet man in Triantafyllidis u. a. (2001).

Betrachtet wird zunächst der in Abb. 6.42 dargestellte suspensionsgestützte gleichschenklige Eckschlitz. Die Endaushubtiefe des Schlitzes beträgt 25 m und seine Breite 0,8 m. Die Länge der Sehne zwischen den inneren Ecken der Ecklamelle, welche mit gleich langen Schenkeln ausgebildet wird, beträgt 6 m. Zur Führung der Aushubwerkzeuge wird eine 1,5 m tiefe ausgesteifte Leitwand eingebaut. Für die Berechnung wird eine Suspensionsspiegelhöhe gewählt, welche 0,3 m tiefer

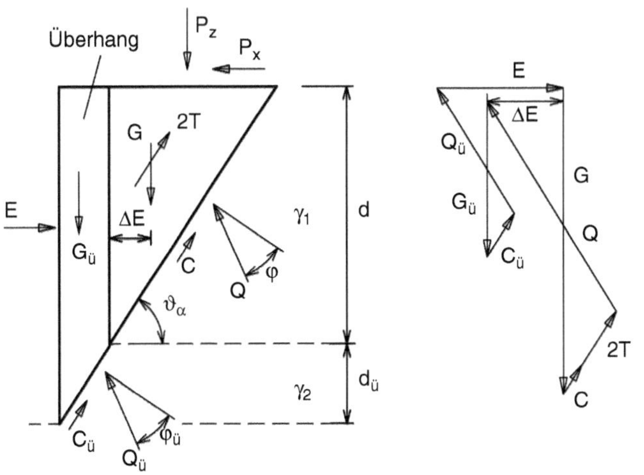

Abb. 6.41 Ermittlung des Erddrucks (membranartig gestützter Erdschlitz) unter Berücksichtigung des Überhanges bei nicht-ebenen Schlitzen.

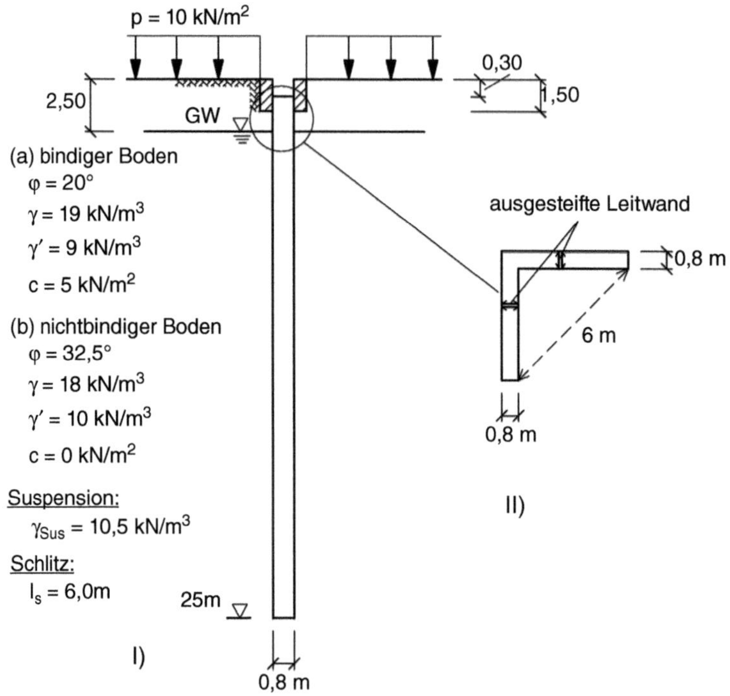

Abb. 6.42 Angaben zur Schlitzgeometrie mit (I) Bodenkennwerten und Aufriss und (II) Grundriss des offenen Eckschlitzes.

liegt als die GOK. Der Grundwasserspiegel befindet sich 2,5 m unter der GOK und die Geländeoberfläche wird mit einer großflächigen Auflast von 10 kN/m² belastet. Es werden zwei Bodenprofile untersucht, zunächst ein schwach bindiger Boden und dann ein nichtbindiger Boden (Abb. 6.42). In beiden Fällen wird von einer membranartigen Tragwirkung ausgegangen. Zur Berechnung der äußeren Stabilität des Eckschlitzes werden insgesamt 5 Ansätze gewählt und miteinander verglichen (Abb. 6.43).

Zunächst wird ein ebenes Ersatzsystem berechnet (Fall Nr. 1 in Abb. 6.43), wobei die Abwicklungslänge der Mittellinie des nicht-ebenen Schlitzes als Ersatzlänge gewählt wird. In einer weiteren Berechnung wird die Baugrubenecke mit Berücksichtigung des Überhanges (erweiterter DIN-Ansatz, Fall Nr. 2 in Abb. 6.43) berechnet. Begrenzt werden der Überhang und die Länge der Sehne durch die inneren Kanten des Schlitzes. Weiterhin werden bei gleicher Geometrie des Überhanges Berechnungen mit einer Begrenzung durchgeführt, die durch die Projektion der äußeren Ecken des Schlitzes auf die Achse der Sehne gegeben wurde (Fall Nr. 3 in Abb. 6.43). Als weiterer Berechnungsansatz wird der zylinderförmige Bruchkörper nach Fall Nr. 4 in Abb. 6.43 betrachtet.

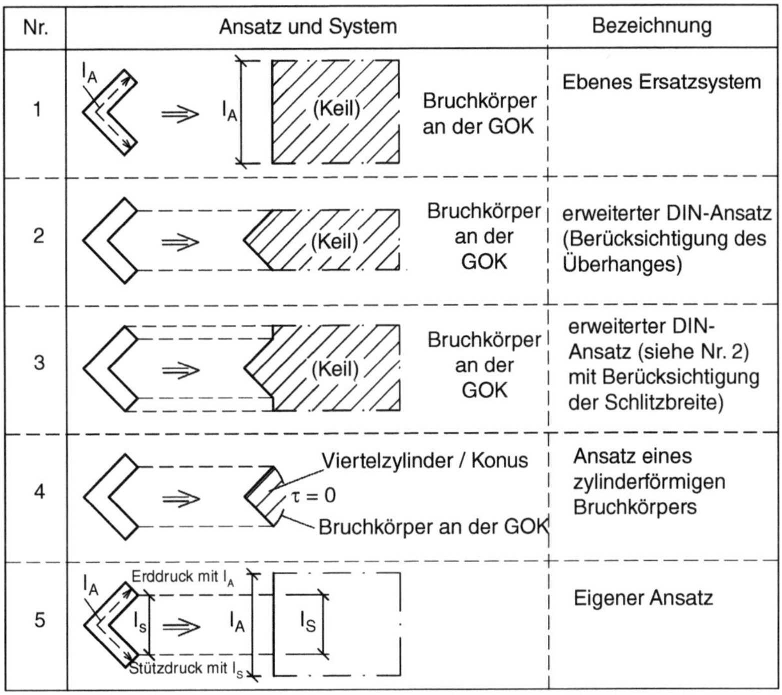

Abb. 6.43 Ansätze zur Berechnung der äußeren Standsicherheit eines offenen Eckschlitzes.

Die Geometrie des Bruchkörpers besteht aus einem Viertelzylinder und einem Viertelkonus (Abb. 6.46). Als letzte Variante der Berechnung wird der eigene Ansatz gewählt (Fall Nr. 5 in Abb. 6.43).

Die Ergebnisse dieser beschriebenen 5 Varianten sind graphisch für den angegebenen bindigen Boden in Abb. 6.44 und für den entsprechenden nichtbindigen Boden in Abb. 6.45 dargestellt.

Bei der Auswertung der Ergebnisse für den bindigen Boden ist zunächst festzustellen, dass bei der Berechnung mit dem ebenen Ersatzsystem (Fall 1) die Sicherheiten mit min $\eta = 1{,}35$.

$$\eta = \gamma_{G,dst} \cdot E_{ah,k} / \gamma_{G,stb} \cdot S_{w,k} \tag{6.91}$$

größer sind als bei den gewählten anderen Verfahren.

Einen ähnlichen Verlauf untereinander zeigen die Ergebnisse für den erweiterten DIN-Ansatz mit Berücksichtigung des Gewichts des Bodenüberhanges (Fall 2 und 3). Diese liefern bei geringen Tiefen marginal größere Sicherheiten als das ebene Ersatzsystem (Fall 1). Mit zunehmender Tiefe aber nehmen die Sicherheiten für Fall 2 und 3 deutlicher ab als beim Fall 1 und erreichen ihr Minimum bei min $\eta = 1{,}02$. Hier fällt zunächst auf, dass die beiden Berechnungen mit dem erweiterten

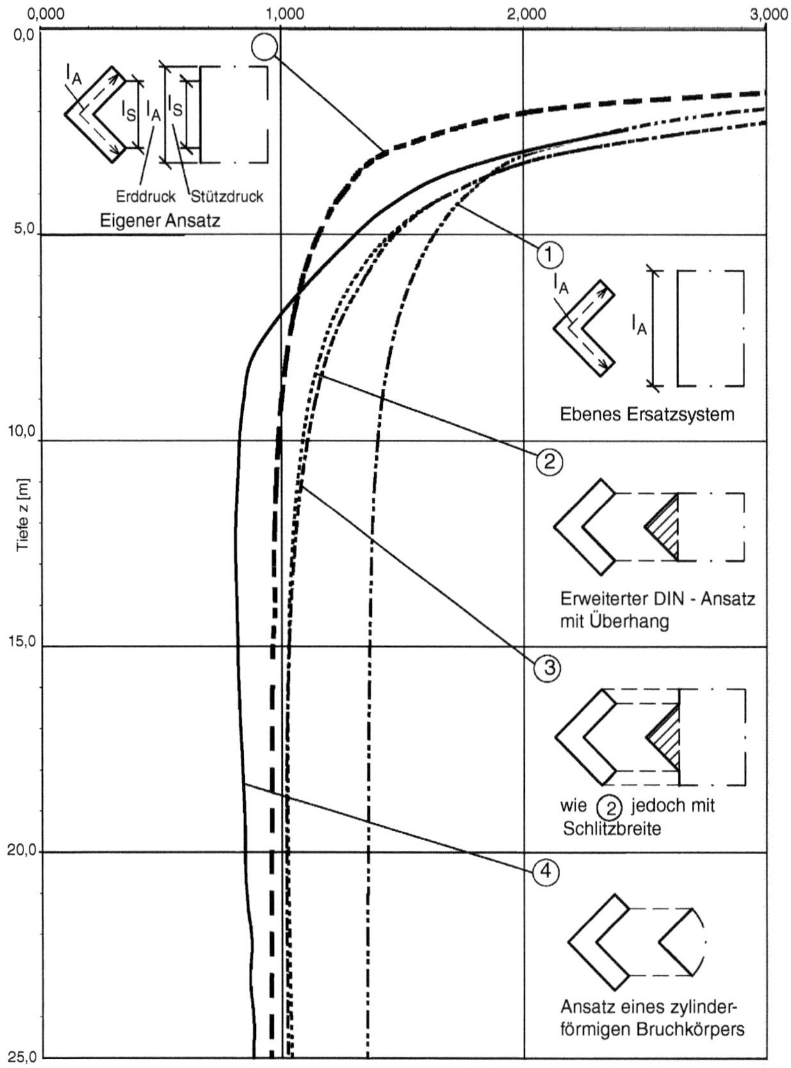

Abb. 6.44 Verlauf der äußeren Standsicherheit mit der Tiefe eines offenen Eckschlitzes nach Abb. 6.43 in einem bindigen Boden.

DIN-Ansatz trotz der verschiedenen Geometrien nahezu identische Ergebnisse liefern.

Deutlich ungünstiger ist der Verlauf der Sicherheiten für den zylinderförmigen Bruchkörper (Fall 4). Die Sicherheiten liegen in allen Tiefen unter denen der zuvor beschriebenen Verfahren (Fall 1 bis 3) und erreichen ihr Minimum mit min $\eta = 0{,}80$. Der im oberen Teil der Kurve für den Fall 4 auftretende Knick mag auf den Übergang zwischen dem rein kegelförmigen Bruchkörper mit variablem Radius R und dem aus kegelförmigem Unterteil mit aufgesetztem zylinderförmigen Teil zusammengesetzten Bruchkörper mit konstantem Radius R zurückzuführen sein.

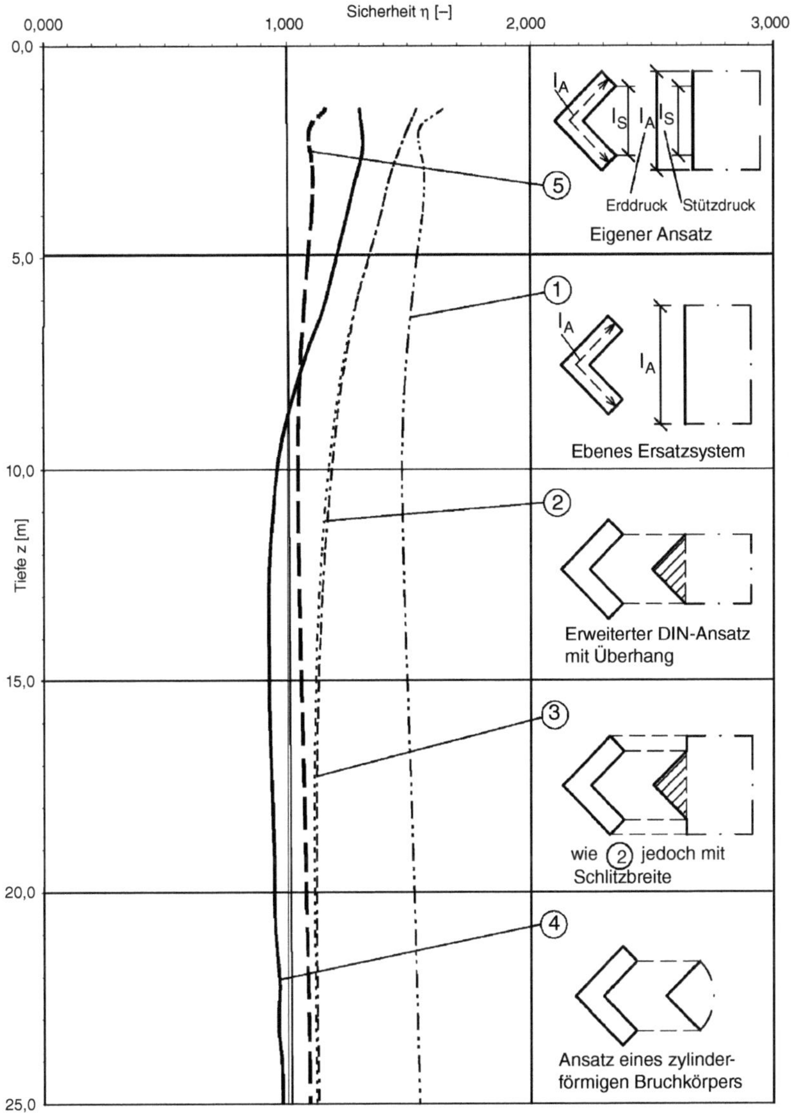

Abb. 6.45 Verlauf der äußeren Standsicherheit mit der Tiefe eines offenen Eckschlitzes nach Abb. 6.43 in einem nichtbindigen Boden.

Die Sicherheiten mit dem eigenen Ansatz (Fall 5), bei dem der Erddruck auf die Abwicklung des Schlitzes und der Stützdruck auf die Sehne der Schlitzmittellinie wirkt, liegen im oberen Bereich nochmals unter denen nach dem Ansatz mit dem zylinderförmigem Bruchkörper (Fall 4). Sie liegen aber mit zunehmender Tiefe zwischen den mit dem zylinderförmigem Bruchkörper (Fall 4) und den erweiterten DIN-Ansätzen (Fall 2 und 3) berechneten Sicherheiten. Die minimale Sicherheit liegt bei min $\eta = 0{,}96$.

Die Auswertung der Ergebnisse für den nichtbindigen Boden liefert gleiche Tendenzen (Abb. 6.45), wenn auch die Verläufe von denen des bindigen Bodens abweichen. Allgemein ist das Maximum der Standsicherheit in der Nähe der Leitwand nicht so ausgeprägt wie beim bindigen Boden. Auch hier liefert die Berechnung mit dem ebenen Ersatzsystem (Fall 1) größere Sicherheiten als alle anderen Ansätze. Die Berechnungen mit dem erweiterten DIN-Ansatz (Fall 2 und 3) liefern für die verschiedenen Bruchkörpergeometrien nahezu identische Sicherheiten mit min $\eta = 1{,}12$. Die kleinste Sicherheit nach dem Verfahren mit dem zylinderförmigem Bruchkörper (Fall 4) liegt mit min $\eta = 0{,}93$ nochmals niedriger als bei den anderen Ansätzen (Fall 1 bis 3). Auch bei dem nichtbindigen Boden ergibt sich ein Verlauf der Sicherheit mit der Tiefe nach dem eigenen Berechnungsansatz (Fall 5), welcher zunächst bei geringen Tiefen unterhalb der Verläufe nach Fall 1 bis Fall 4 liegt, für größere Tiefen aber zwischen den Sicherheiten von Fall 4 (zylinderförmiger Bruchkörper) und von Fall 2 und 3 (erweiterter DIN-Ansatz). Die minimale Sicherheit liegt hier bei min $\eta = 1{,}04$.

Unabhängig von der Beschaffenheit des Bodens zeigen die Vergleichsrechnungen, dass die Berechnung der äußeren Standsicherheit des räumlichen Schlitzes über ein ebenes Ersatzsystem (DIN-Ansatz für die Abwicklung des Schlitzes, Fall 1) größere Sicherheiten liefert als alle anderen Berechnungsansätze.

Mit diesen Berechnungsansätzen wird zumindest der Versuch unternommen, die wirklichen Verhältnisse bei einem nicht-ebenen Schlitz näherungsweise zu berücksichtigen. Damit ist davon auszugehen, da die Führung des Nachweises über das ebene Ersatzsystem (Fall 1) auf der unsicheren Seite liegt. Primäre Ursache hierfür ist die Berechnung der Stützkraft, welche sich aus der Integration des Flüssigkeitsdrucks über die gesamte Fläche aus Tiefe und Länge des Ersatzschlitzes ergibt. Weiterhin wurden Flankenkräfte vorausgesetzt, die im Bereich des Überhangs nicht entstehen können.

Bei der Berechnung der Standsicherheit mit dem erweiterten DIN-Ansatz (Fall 2 und 3) werden die Flankenkräfte auf die Flächen reduziert, welche an das Erdreich grenzen. Weiterhin wird der Stützdruck nur auf die Länge der Sehne zwischen den beiden Schenkeln unter Einbeziehung der nach unten spitz zulaufenden Geometrie des Bruchkörpers nach Abb. 6.40 angesetzt. Die berechneten Sicherheiten sind daher im Vergleich zu denen mit dem ebenen Ersatzsystem (Fall 1) geringer und liegen zum anderen näher an dem Ansatz mit zylinderförmigem Bruchkörper (Fall 4). Die Stützkraft wird für den Berechnungsansatz mit zylinderförmigem Bruchkörper nach dem gleichen Vorgehen wie für den erweiterten DIN-Ansatz (Fall 2 und 3) berechnet. Die geringeren Sicherheiten entstehen durch die andersartige Berechnung des Erddrucks. Im zylindrischen Teil des Bruchkörpers werden keine Schubkräfte angesetzt. Dadurch entfallen die haltenden Flankenkräfte, wodurch die gesamte Last des Bruchkörpers über die Kegelfläche abgetragen werden muss. Der dadurch entstehende Erddruck ist größer als in den zuvor betrachteten Fällen. Diese Betrachtungsweise ist zu extrem und dürfte nicht für die praktisch vorkommenden Fälle von Belang sein.

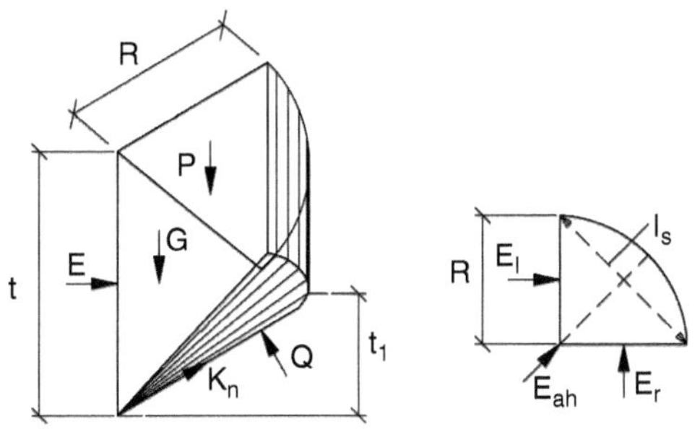

Abb. 6.46 Bruchkörper zur Ermittlung des Erddrucks auf vorspringende Baugrubenecken nach Hock-Berghaus (1995).

Bei der Berechnung nach dem eigenen Ansatz (Fall 5), bei dem nur ebene Schlitze betrachtet werden, wird der Erddruck wie beim ebenen Ersatzsystem (Fall 1) berechnet, aber die Stützkraft wird, wie in den anderen Verfahren (Fall 2 bis 4), über die Länge der Sehne des Überhangs berechnet. Daraus ergeben sich gegenüber dem Fall 1 geringere Stützkräfte und folglich auch geringere Sicherheiten. Diese Sicherheiten liegen im Bereich der nach den übrigen Ansätzen berechneten Sicherheiten, welche eher die Verhältnisse am nicht-ebenen Schlitz erfassen. Dieses Ergebnis ermutigt zur Anwendung dieser Vorgehensweise in der Praxis, da die äußere Standsicherheit nur mit ebenen Ersatzschlitzen errechnet werden kann.

In den folgenden Berechnungen wird der Einfluss der Geometrie des nicht-ebenen Schlitzes auf die äußere Standsicherheit untersucht. Es wird von den Randbedingungen (Bodenverhältnisse, Leitwandtiefe) nach Abb. 6.42 ausgegangen. Zunächst wird ein Eckschlitz mit einem Seitenverhältnis von 2 : 1 betrachtet. Auf dieses System kann der Ansatz mit zylinderförmigem Bruchkörper (Abb. 6.46), welcher sich für die Betrachtung gleichschenkliger, im rechten Winkel geknickter Eckschlitze eignet, nicht ohne weitere Modifikationen angewendet werden. Die Standsicherheit des Eckschlitzes mit Seitenverhältnis 2:1 wird daher mit den Ansätzen nach Fall 1 bis 3 und 5 untersucht. In Abbildung 6.47 und Abb. 6.48 sind die Ergebnisse der Berechnungen für den bindigen und nichtbindigen Boden nach Abb. 6.42 dargestellt.

Die Sicherheiten sind grundsätzlich größer als die des Eckschlitzes mit Seitenverhältnis 1:1 (in beiden Fällen aber mit gleicher Sehnenlänge von 6 m). Grund hierfür ist, dass der Überhang bei Beibehaltung der Sehnenlänge und wachsendem Seitenverhältnis kleiner wird. Wenn der Überhang kleiner wird, so ist auch von einem kleineren Erddruck auszugehen, wodurch dann die Sicherheit nach Gl. 6.91 größer wird. Die nach den unterschiedlichen Ansätzen ermittelten Sicherheiten stehen untereinander in vergleichbaren Verhältnissen, wie die für den Eckschlitz mit dem Seitenverhältnis 1:1 (Abb. 6.44 und Abb. 6.45). Die Bandbreite der Sicherheiten wird geringer, da sich das System dem ebenen Fall ein wenig annähert.

In Abbildung 6.49 (bindiger Boden) und Abb. 6.50 (nichtbindiger Boden) ist der Einfluss des Seitenverhältnisses und damit der Abweichung von der ebenen Geometrie auf das Sicherheitsniveau dargestellt.

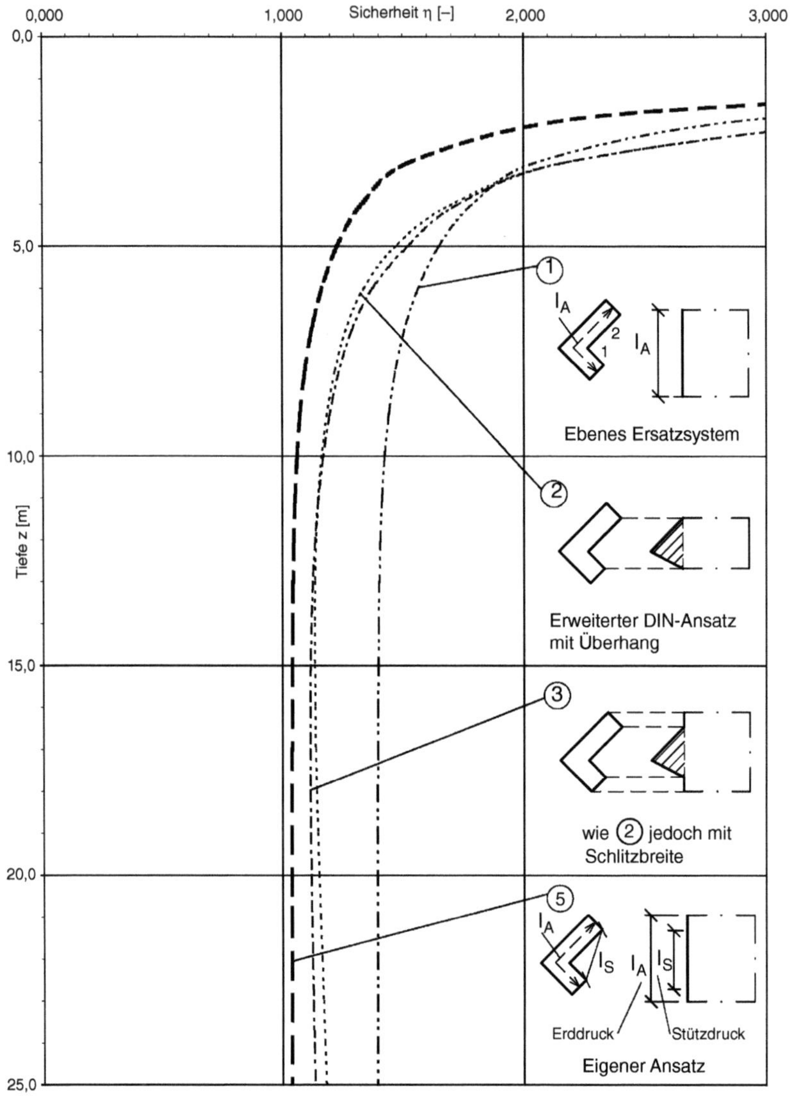

Abb. 6.47 Standsicherheitsverlauf mit der Tiefe bei Beibehaltung der Sehne von 6 m und einem Seitenverhältnis 2:1 für den bindigen Boden nach Abb. 6.42.

Das Verhältnis der Seitenlängen des Eckschlitzes (z. B. innere Schenkel) wurde von 1:1 bis 10:1 variiert. Die Abwicklungslänge des Schlitzes bleibt mit 6 m für alle Variationen konstant.

Bei der Untersuchung des Einflusses des Seitenverhältnisses auf die Standsicherheit zeigt sich für bindige Böden (Abb. 6.49), dass die Sicherheiten im oberen Bereich des Schlitzes nahezu identisch verlaufen. Mit zunehmender Tiefe nehmen die Sicherheiten unabhängig vom Seitenverhältnis zunächst stark ab und dann wieder

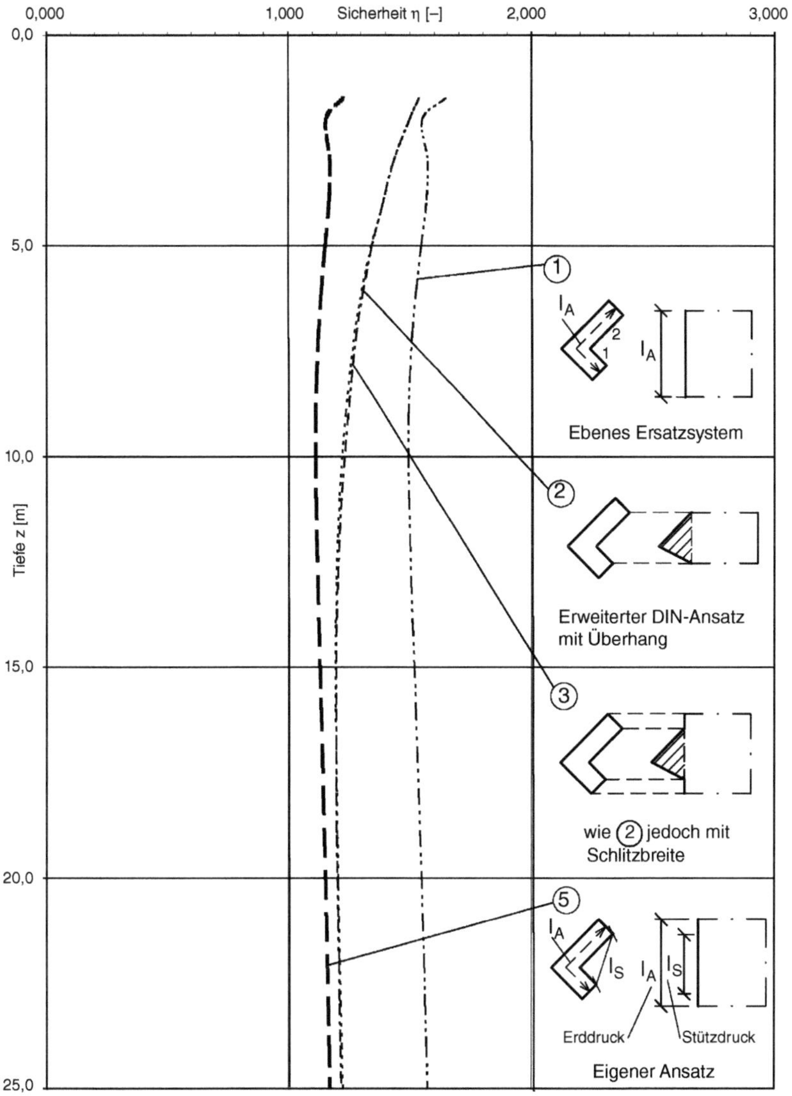

Abb. 6.48 Standsicherheitsverlauf mit der Tiefe bei Beibehaltung der Sehne von 6 m und einem Seitenverhältnis 2:1 für den nichtbindigen Boden nach Abb. 6.42.

leicht zu. Bei kleinem Seitenverhältnis (z. B. 1:1) und damit großem Überhang ergeben sich deutlich kleinere Sicherheiten als bei größeren Seitenverhältnissen, was auch nicht anders zu erwarten war. Mit größer werdendem Seitenverhältnis nähern sich die berechneten Sicherheiten denen des ebenen Schlitzes an. Zu beachten ist die noch vorhandene große Differenz zwischen den Sicherheiten des ebenen Schlitzes und des Schlitzes mit dem Seitenverhältnis 10:1. Interessant ist der nahezu parallele Verlauf der für die verschiedenen Seitenverhältnisse berechneten Sicherheiten in größeren Tiefen.

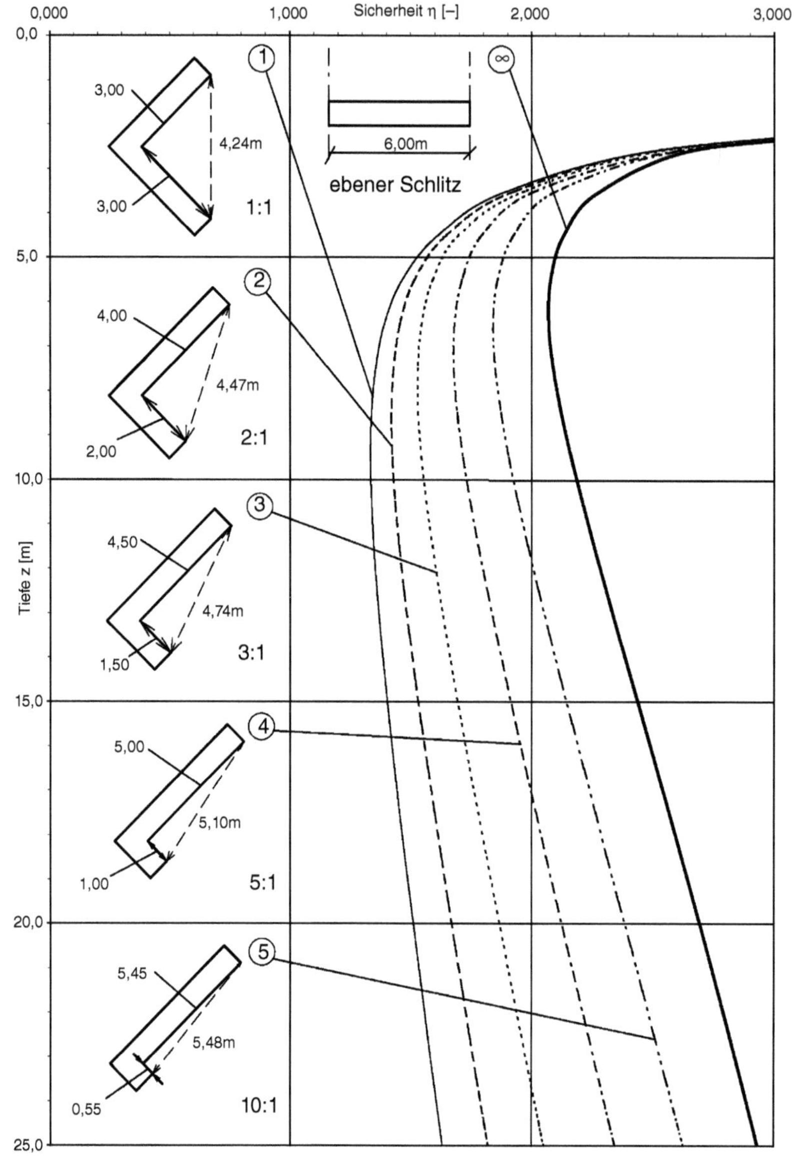

Abb. 6.49 Standsicherheitsverlauf mit der Tiefe eines offenen Schlitzes der Abwicklungslänge l_A = 6 m bei Variation des Seitenverhältnisses nach Abb. 6.42 für bindigen Boden.

Auch bei dem nichtbindigen Boden (Abb. 6.50) ist nach der Abnahme der Sicherheiten in geringeren Tiefen eine stetige Zunahme der Sicherheiten mit der Tiefe erkennbar. Auch hier zeigt sich, dass kleine Seitenverhältnisse kleinere Sicherheiten liefern. Der Verlauf der Sicherheiten ist für die Fälle, bei denen ein Überhang vorhanden war, in der Nähe der Leitwandunterkante affin. Der Verlauf der

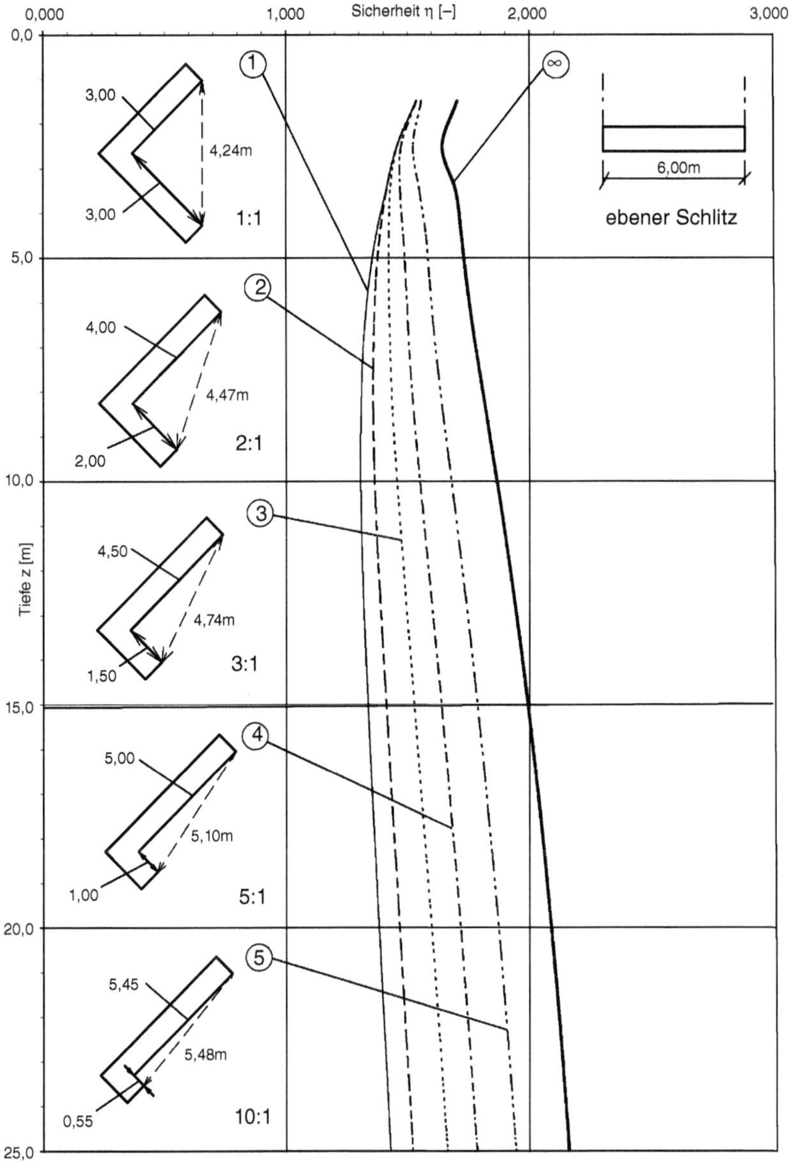

Abb. 6.50 Standsicherheitsverlauf mit der Tiefe eines offenen Schlitzes der Abwicklungslänge l_A = 6 m bei Variation des Seitenverhältnisses nach Abb. 6.42 für nichtbindigen Boden.

Sicherheiten beim ebenen Schlitz ist im Wesentlichen ähnlich dem der räumlichen Schlitze.

Die Zunahme der Sicherheiten mit der Zunahme des Seitenverhältnisses des Schlitzes, wie in Abb. 6.49 und Abb. 6.50 dargestellt, war zu erwarten. Diese Zunahme wird insbesondere durch die Zunahme der Stützkraft mit größer werdendem

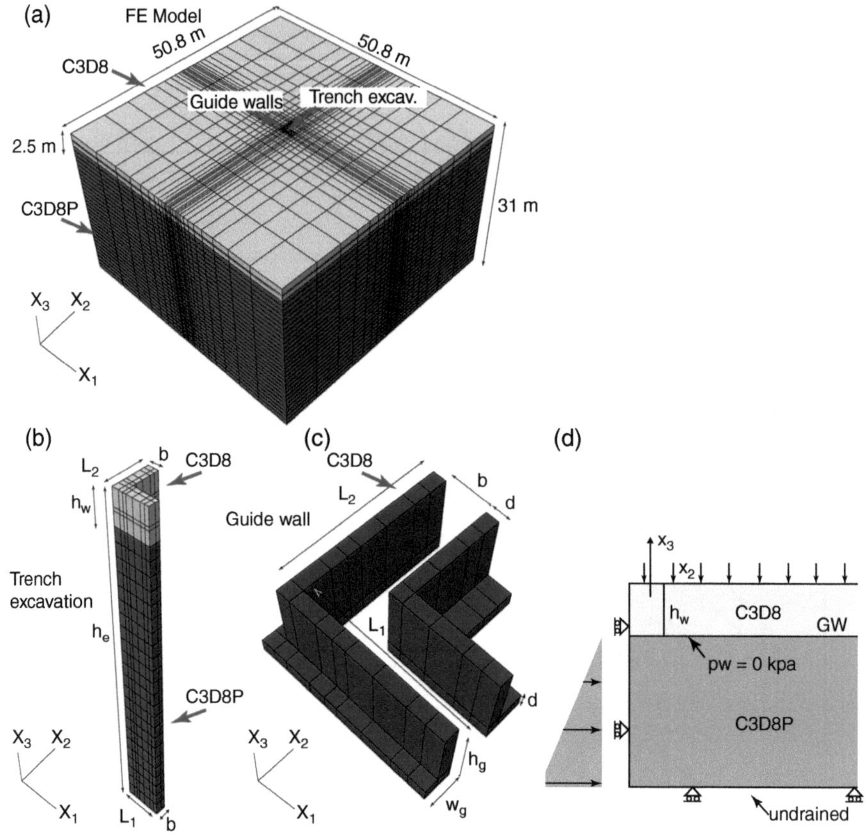

Abb. 6.51 (a) 3-D FE-Netz, (b) Bereich des FE-Netzes mit dem eckigen SW-Element, (c) Leitwand in diskretisierter Form, (d) Randbedingungen der FEM Simulation.

Seitenverhältnis hervorgerufen, da auch die Sehne, welche für die Berechnung der Stützkraft eine maßgebende Größe ist, mit zunehmendem Seitenverhältnis größer wird (Abwicklung bleibt konstant!). Die Stützkraft ist daher in allen Fällen kleiner als beim ebenen Schlitz.

6.4.8 FE-Simulation zur Herstellung und Versagen eines Eckschlitzes

Bei den Standsicherheitsbetrachtungen von offenen nicht-ebenen Schlitzen könnten grobe Vereinfachungen nicht zielführend sein. Bei tiefen offenen nicht-ebenen Schlitzen könnten anspruchsvolle rechnerische 3-D Simulationen für die Aushubzustände erforderlich werden. Ebenso können die maßgebenden Versagensmechanismen identifiziert werden

Die technisch anspruchsvolle Herstellung einer Schlitzwand führt auch zu anspruchsvollen Simulationen des eigentlichen Herstellungsvorgangs mit Hilfe der FEM. So wurde von Grandas und Triantafyllidis (2012) die Standsicherheit eines

Tab. 6.3: Materialparameter für das verwendete anisotrope visko-hypoplastische Modell.

e_{100} [-]	λ [-]	k [-]	I_v [-]	D_r [1/s]	φ_c [°]	c_1 [-]	c_2 [-]	c_3 [-]
0,94	0,09	0,01	0,031	$1{,}3 \cdot 10^{-6}$	29	0,01	500	0,713

offenen eckigen SW-Elements in einem weichen bindigen Boden mit Hilfe des anisotropen visko-hypoplastischen Ansatzes untersucht.

Die Diskretisierung, das FE-Netz, die Geometrie und die Randbedingungen sind in Abb. 6.51 dargestellt.

Die Gleichungen des anisotropen visko-hypoplatischen Modells in inkrementeller Form lauten:

$$\dot{\mathbf{T}} = \mathbf{E} : \left(\mathbf{D} - \mathbf{D}^{\mathrm{vis}} - \mathbf{D}^{\mathbf{Hp}}\right) \tag{6.92}$$

wobei $\dot{\mathbf{T}}$ die Spannungsrate, **D** die Gesamtdehnungsrate, $\mathbf{D}^{\mathbf{vis}}$ die viskose Dehnungsrate, $\mathbf{D}^{\mathbf{Hp}}$ die hypoplastische Dehnungsrate und **E** der Tensor der elastischen Steifigkeit ist. Für die viskose und die hypoplastische Dehnungsrate werden folgende Ansätze gemacht:

$$\mathbf{D}^{\mathrm{vis}} = \mathbf{m} \cdot D_r OCR^{(-1/I_V)} \tag{6.93}$$

$$\mathbf{D}^{\mathrm{Hp}} = C_1 \cdot \mathbf{m} \left\| \mathbf{D} \right\| \quad \text{(Pseudo-Relaxtion)} \tag{6.94}$$

Mit:

D_r = Referenzkriechrate in %/s
OCR = Überkonsolidierungsverhältnis (anisotrop)
I_v = Viskositätsindex
m = Fließregel (anisotrop)

Ein Eckschlitz der maximalen Tiefe von 25 m wird ausgehoben in einer Tonschicht von 31 m Tiefe. Darunter befindet sich eine Felsformation. Das GW befindet sich 2,5 m unterhalb der GOK. Eine 1 m breite Leitwand mit der Schenkelabmessung $L_1 \times L_2$ ca. 1,5 m hoch wurde zuerst hergestellt und anschließend der Aushub unter Bentonitsuspension getätigt.

Die Tabelle 6.3 gibt die anisotropen visko-hypoplatischen Materialparameter des Untergrundes an.

Mit dem FE-Modell wurde das Versagen eines L-Schlitzwandelements simuliert. Der Untergrund entsprach einem typischen Ton in Oslo, wo auch das Versagen eines Schlitzwand-Elementes (eben) in situ untersucht wurde. Das Überkonsolidierungsverhältnis (OCR) variierte mit der Tiefe.

Die Herstellung des nicht ebenen Schlitzes erfolgte mit zwei Stichen (s. Abb. 6.52). Die Reihenfolge der Herstellung in Schritten wurde im FE-Programm simuliert und diese sind in der Tab. 6.4 zu finden.

Bei einem Versagen bilden sich im Boden Scherfugen aus.

Diese Scherfugen sind numerisch schwierig zu behandeln und deshalb braucht man eine Art Indikator, speziell kurz vor dem Versagen, welches sich durch

Tab. 6.4: Schritte der FE-Berechnung (s. Abb. 6.52).

Schritt	Beschreibung	Dauer des Schrittes
1	Geostatische Randbedingungen	1 second
2	Herstellung der Leitwände	7 days
3	Aushub des Segmentes 1 (von 0–2,5 m)	22,4 minutes
4	Aushub des Segmentes 1 (von 2,5–12,5 m)	89,6 minutes
5	Aushub des Segmentes 1 (von 12,5–25 m)	112 minutes
6	Aushub des Segmentes 2 (von 0–2,5 m)	22,4 minutes
7	Aushub des Segmentes 2 (von 2,5–12,5 m)	89,6 minutes
8	Aushub des Segmentes 2 (von 12,5–25 m)	112 minutes
9	Lastgruppierung (Freiheitsgrade fixiert)	1 second
10	Freimachen aller Freiheitsgrade und Konsolidierungszeit	7 days
11	Reduzierung des Gewichtes der Bentonitsuspension $\gamma_{sus} = 11{,}5$ [kN/m³]	7 days
12	Reduzierung des Gewichtes der Bentonitsuspension $\gamma_{sus} = 11$ [kN/m³]	7 days
13	Reduzierung des Gewichtes der Bentonitsuspension $\gamma_{sus} = 10{,}5$ [kN/m³]	7 days
14	Reduzierung des Gewichtes der Bentonitsuspension $\gamma_{sus} = 10$ [kN/m³]	7 days
15	Reduzierung der Höhe der Bentonitsuspension $H_{sus} = 0{,}8$ m	7 days
16	Reduzierung der Höhe der Bentonitsuspension $H_{sus} = 1{,}3$ m	7 days

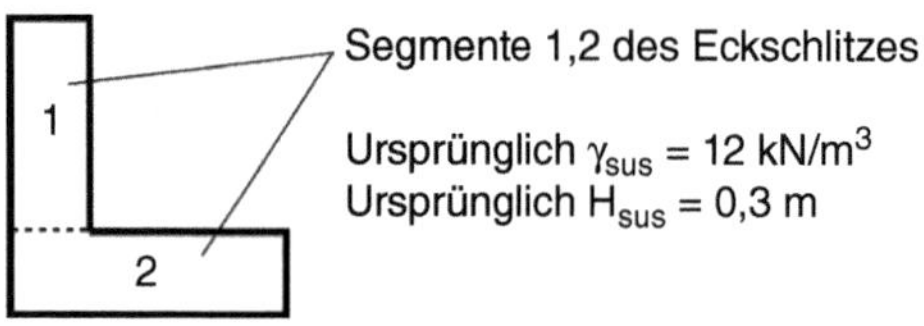

Abb. 6.52 Herstellungssequenz des Eckschlitzes.

konzentrierte Verformungen (Scherfugenbildungen) ankündigt. Ein Versagen eines sich aus dem Boden lösenden Körpers bei der Schlitzwand startet vom Fuß des Schlitzwandaushubs aus und breitet sich nach oben aus (s. Abb. 6.53):

Im kritischen Zustand tritt ein plastisches Fließen auf ohne jedoch das Niveau der Spannungen zu ändern. Es gelten demnach folgende Beziehungen (volumentreue Deformation, verschwindende Spannungsrate und die Porenzahl e entspricht der kritischen Porenzahl e_c):

$$tr\mathbf{D} = 0, \quad \mathbf{D} \neq 0 \tag{6.95}$$

$$\dot{\mathbf{T}} = 0, \; e = e_c \tag{6.96}$$

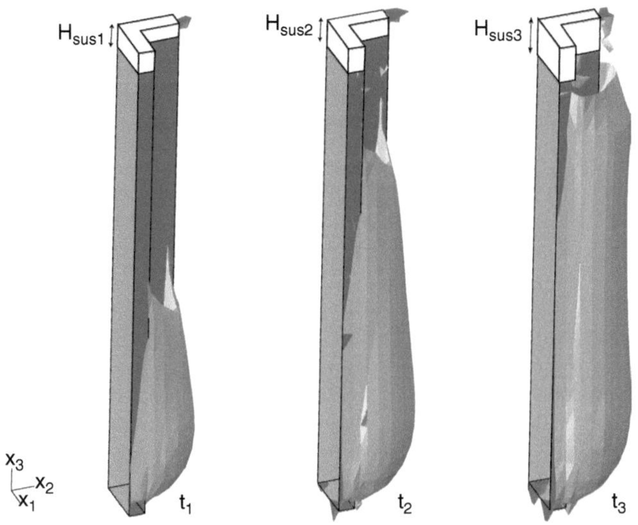

Abb. 6.53 Versagen des Eckschlitzes vom Schlitzfuß aus.

oder unter Verwendung der Gl. 6.92:

$$\mathbf{D} - \mathrm{D_r OCR}^{-1/I_v}\mathbf{m} - C_1 \cdot \|\mathbf{D}\| \cdot \mathbf{m} = 0 \tag{6.97}$$

Die obige Gleichung kann nur erfüllt werden, wenn $\vec{\mathbf{D}} = \mathbf{m}$ und dadurch gilt der skalare Ausdruck:

$$f_m = \mathrm{D_r} \cdot \mathrm{OCR}^{-1/I_v} / \left\|\mathbf{D}\right\| + \mathrm{C_1} - 1 = 0 \tag{6.98}$$

Als einen Indikator könnte man einen skalaren Wert (CSI: critical state index) nutzen, statt die Gl. (6.98) zu erfüllen. Der skalare Wert CSI setzt sich aus verschwindenden Größen und die Zahl 1 nach folgender Formel zusammen:

$$f_m^2 + \left(\mathbf{m} : \vec{\mathbf{D}} - 1\right)^2 + (tr\mathbf{D})^2 + 1 = CSI \tag{6.99}$$

und solange 1,0 < CSI < 1,01 ist, kann man das Versagen somit ankündigen. Dadurch vermeidet man Lokalisierungsanpassungen des FE-Netzes (durch die Scherfugenbildung bedingt) und auch die Betrachtung von sehr kleinen Zahlen um die Null, die evtl. von Rundungsfehlern kommen können.

Ergebnisse der Simulationen sind in Abb. 6.54 dargestellt.

In Abbildung 6.54 sind die horizontalen Verschiebungen am Schenkel 2 (s. Abb. 6.52) des Eckschlitzes für die Schritte 13–16 der FE-Berechnung nach der vorherigen Tab. 6.4 dargestellt. Links sind die horizontalen Verformungen in Richtung des offenen Schlitzes und rechts die horizontalen Verformungen am gegenüberliegenden Ufer Richtung Erdreich mit der Tiefe dargestellt. Man erkennt, dass beide Verschiebungen in etwa in der gleichen Größe auftreten können.

In Abbildung 6.55 sind etwa in einer Tiefe von -15 m von der GOK aus der Verlauf der Spannungspfade für die Positionen A, B und C dargestellt. Die Position A

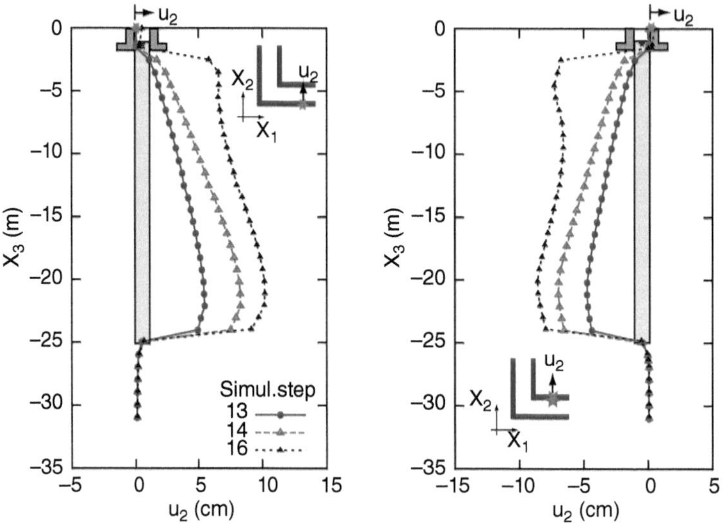

Abb. 6.54 Verschiebungen der Schlitzwandung mit der Tiefe x_3 bei der Simulation des Aushubs eines Eckschlitzes.

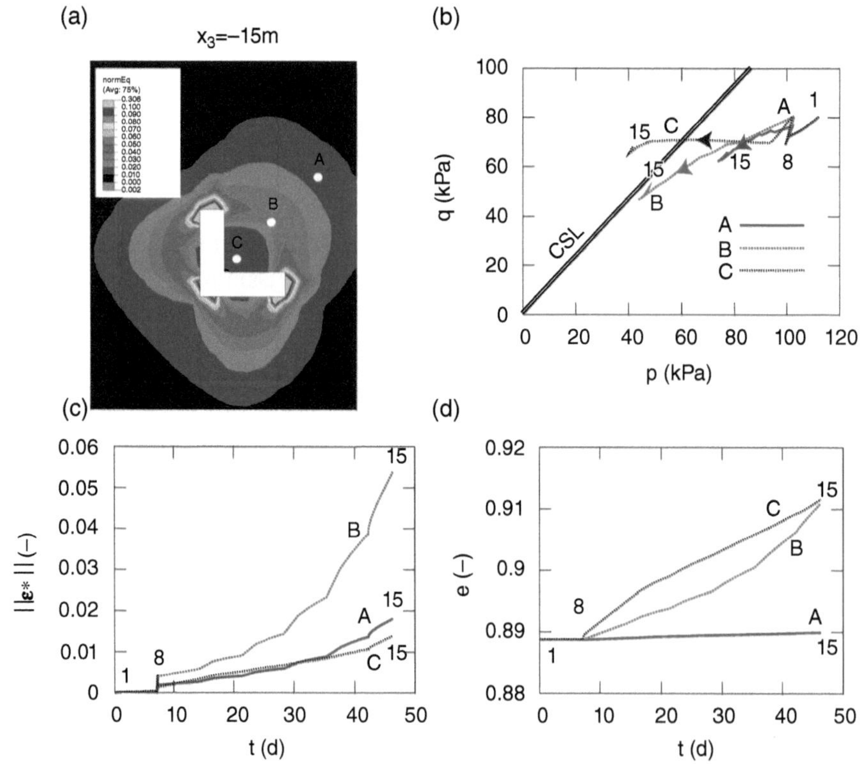

Abb. 6.55 Spannungs- und Verformungspfade ausgewählter Punkte in Schlitznähe bei einer Tiefe von 15 m.

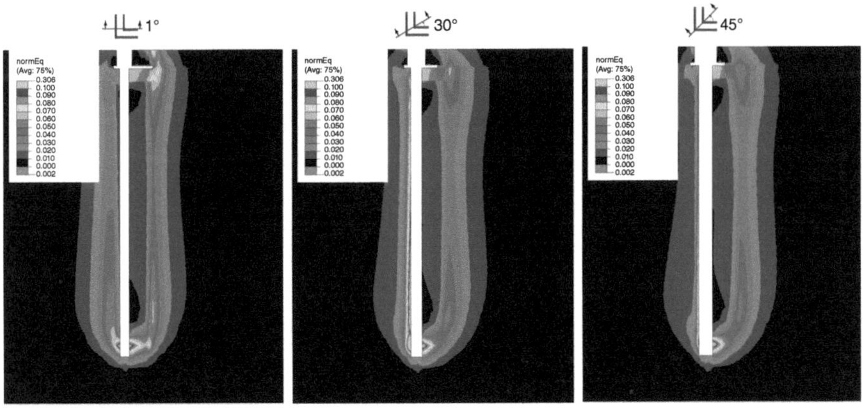

Abb. 6.56 Ermittelte deviatorische Dehnungen in unterschiedlichen vertikalen Schnitten bei der Simulation des Aushubs eines Eckschlitzes.

liegt etwas weit entfernt von dem im Boden gebildeten horizontalen Gewölbe, die Position B liegt im Gewölbe zwischen den Schenkeln und die Position C in der Nähe der Spitze des Überhanges des nicht-ebenen Schlitzes. Aus den Spannungspfaden in der Abb. 6.55 erkennt man, dass in der Position A die Grenzbedingung nicht erreicht wurde, im Bereich des Gewölbes (Position B) nähert sich der Spannungszustand der Grenzbedingung und in Position C ist diese Bedingung beim Schritt 15 überschritten.

Die Deviator-Verformungen (äquivalent zu Scherverformungen) wachsen mit dem Schritt 15 im Bereich des Gewölbes, wo die maximalen Verformungen mobilisiert werden. In den anderen Bereichen bleiben sie klein. In der Abbildung 6.55 (unten rechts) ist die Porenzahl dargestellt, deren Änderung proportional zu der volumetrischen Änderung ist. Im Bereich A (außerhalb des sich bildenden Bruchkörpers) bleibt die Porenzahl konstant. In den Positionen B und C gibt es jedoch volumetrische Veränderungen, die etwa ähnlich verlaufen, so dass zum Schluss bei Schritt 15, bei dem ein Versagen eintritt, die Porenzahl gleich ist.

Bei allen Darstellungen in der Abb. 6.55 ist zu beobachten, dass signifikante Änderungen der Spannungen und Verformungen ab Schritt 8 stattfinden, d. h. ab diesem Zeitpunkt hat der Aushub nach Tab. 6.4 die Tiefe von -15 m erreicht und erst ab diesem Schritt hat sich in dieser Tiefe ein offener Schlitz gebildet.

In der Abbildung 6.56 sind die deviatorischen Dehnungen über die Tiefe für verschiedene Schritte (z. B. entlang des Schenkels, mit einem Winkel von 30° und von 45° zum Schenkel) dargestellt. Aus allen diesen Schritten ist ersichtlich, dass sich ein Bruchkörper in Form einer Viertelzylinders um den Eckschlitz bildet, so dass die Betrachtung solcher Bruchkörper bei tiefen Schlitzen ausschlaggebend wird.

7

Bewehrung in Schlitzwänden

Nach dem Aushub der Schlitzwandelemente und der Platzierung der Abstellkonstruktionen im Schlitz, welche zur seitlichen Begrenzung des zu betonierenden Schlitzes dienen, muss die Bewehrung eingesetzt werden. Unmittelbar vor dem Bewehren ist die Schlitzsohle von dem dort abgelagerten Schlamm zu befreien und die stützende Flüssigkeit im ganzen Schlitzbereich zu homogenisieren.

Beim Homogenisieren will man die Aufladung der Suspension mit Bodenpartikeln, welche im Bereich der Sohle sehr hoch sein kann, auf ein bestimmtes Maß reduzieren, so dass das Fließverhalten der Suspension nicht stark durch die Aufladung mit Bodenpartikeln beeinflusst wird. Dieses kann durch eine Umverteilung (Homogenisierung) der Aushubaufladung der Suspension im Schlitz erfolgen (Durchmischung durch Greiferfahrten) oder, wenn dies nicht zum Erfolg führt, durch einen vollständigen Austausch der Suspension.

Die Homogenisierung muss den gesamten Schlitz erfassen. Ab dem Zeitpunkt der Homogenisierung darf die für die Standsicherheit notwendige Fließgrenze unterschritten werden, wenn ein Tongehalt von $g > g_{15}$ vorliegt.

Da das Einstellen der Bewehrung unmittelbar vor dem Betonieren erfolgt, ist es wichtig, dass (vor dem Betonieren) die Suspension folgende Eigenschaften aufweist:

a) Die Dichte ρ der stützenden Flüssigkeit darf den Wert

$$\rho = \rho_F + 0{,}14\,(\rho_s - \rho_F) \tag{7.1}$$

nicht übersteigen. Hierbei ist ρ_F die Dichte der frischen (unversandeten bzw. unbeschwerten) stützenden Flüssigkeit, ρ_s die Korndichte des Bodens und des Füllstoffs. Unter üblichen Verhältnissen ($\rho_F = 1{,}03\ t/m^3$, $\rho_s = 2{,}65\ t/m^3$) beträgt die zulässige Dichte zul $\rho = 1{,}26\ t/m^3$.

b) Die Fließgrenze der stützenden Flüssigkeit für Stahlbeton-Schlitzwände darf die Werte der Tabelle in Abb. 7.1 nicht übersteigen.

Unmittelbar vor dem Bewehren, bei unbewehrten Schlitzwänden vor dem Betonieren, ist eine Probe der stützenden Flüssigkeit etwa 0,3 bis 0,5 m über der Schlitzsohle zu entnehmen und nachzuweisen, dass die unter den Aufzählungen a) und b) genannten Werte mit einem ausreichenden Vorhaltemaß eingehalten sind.

Planung und Bauausführung in der Schlitzwand- und Dichtwandtechnik. 1. Auflage. Theodoros Triantafyllidis.

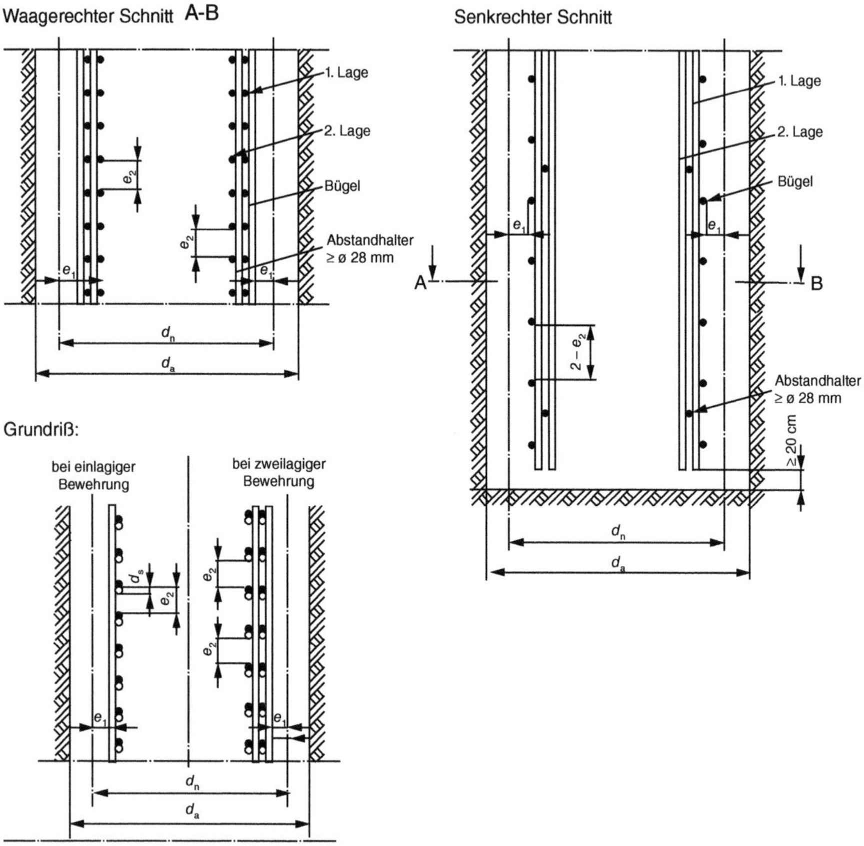

Tabelle Lichte Durchflußweite e_1 und Stababstände e_2 in cm

Zeile	max. Fliebgrenze τ_F in N/m^2 während des Betonierens	Schlitzwand als: Dauerbauwerk e_1	Dauerbauwerk e_2	Bauhilfskonstruktion e_1	Bauhilfskonstruktion e_2
		in cm			
1	10	5	7	3	5
2	30	7	9	4	6
3	50	10	12	6	8
4	70*)	–	–	8	10

*) τ_F > 50 N/m^2 unzulässig für Dauerbauwerke
Die Maße e_1 und e_2 gelten bei Betonzuschlaggrößtkorn ≤ 32 mm; bei größeren Betonzuschlagkörnern bis 63 mm sind die Maße mit dem Faktor 1.5 zu vergrößern.

Abb. 7.1 Durchflussweite zur Sicherung der Betondecke und Bewehrungsanordnung (aus: DIN 4126 (Ausgabe August 1986)).

Andernfalls ist die stützende Flüssigkeit ganz oder teilweise auszutauschen. Bei teilweisem Austausch muss erneut homogenisiert werden.

Das Homogenisieren kann durch mehrmaliges (i. a. mindestens 5-maliges) Auf- und Abbewegen des Schlitzwandgreifers über die gesamte Höhe des Schlitzes erfolgen, durch Einleiten von Druckluft in der Nähe der Schlitzsohle, nicht jedoch durch Auf- und Abfahren des Bewehrungskorbes bei bewehrten Schlitzwänden. Wenn der Aushub nicht durch Greifer, sondern durch rotierende Meißel (wie z. B. bei der

Hydrofräse) gelöst wird, muss das Lösen eingestellt und das Abpumpen des Gemenges aus stützender Flüssigkeit und Aushub vor dem Betonieren so lange fortgesetzt werden, bis am Ende der Pumpleitung nur noch stützende Flüssigkeit austritt.

Gegen Ende des Betonierens ist an einer weiteren Probe der stützenden Flüssigkeit, die etwa 1,2 m über der Betonoberfläche entnommen wird, nachzuweisen, dass die unter den Aufzählungen a) und b) genannten Werte eingehalten sind.

Die angegebenen Werte der Dichte sowie die Abstände der Bewehrungsstäbe in Abhängigkeit von der Fließgrenze der Suspension haben den wesentlichen Sinn, dass der Beton zunächst die Stützflüssigkeit einwandfrei verdrängt und dass es zu keinen Fehlstellen in der Betonschlitzwand aufgrund eines zu geringen Abstands zwischen den Bewehrungsstäben kommen kann. Die Qualität des Schlitzwandbetons richtet sich auch danach, ob die Schlitzwand als Bestandteil eines permanenten Bauwerkes oder als Bauhilfskonstruktion (temporärer Zweck) erstellt wird.

Der unter a) angegebene Grenzwert der Dichte gewährleistet, dass aufgrund der Aufladung mit Bodenteilchen die Fließgrenze und Scherspannung τ_{500} durch die Korn-zu-Korn-Reibung nicht unzulässig beeinträchtigt wird. Keine Beeinträchtigung ist gegeben, wenn Suspensionen lediglich Füllstoffe mit einem Volumenanteil $\leq 140\ l/m^3$ beinhalten.

Wenn bei organischen Böden $\rho_s = \rho_F$ wird, so kann der Volumenanteil an aufgenommenem Boden nicht mehr über die Dichtebestimmung gemessen werden. Stattdessen sind dann andere Untersuchungsverfahren (wie z. B. Rotationsviskosimeter oder Marsch-Trichter) anzuwenden. Ziel ist es, den Bodenanteil so zu beschränken, dass nicht kleine Änderungen dieses Anteils das Fließverhalten der stützenden Flüssigkeit beeinflussen.

Die stützende Flüssigkeit wird nur dann vom Beton einwandfrei verdrängt, wenn der Fließwiderstand des Betons deutlich größer ist als der der stützenden Flüssigkeit. Aus Erfahrung ist bekannt, dass der Verdrängungsvorgang nur dann einwandfrei verläuft, wenn die lichte Durchflussweite e_1 zur Sicherung der Betondeckung (mindestens 4 cm bei Bauhilfskonstruktionen bzw. 7 cm bei bleibenden Wänden), und der lichte Abstand der Bewehrungsstäbe, siehe Abb. 7.1, auf die Fließgrenze der stützenden Flüssigkeit abgestimmt sind.

Ein Beispiel für die Verlängerung eines Bewehrungskorbes mit Einhaltung der Mindestabstände (e_2 zwischen den Längsstäben) ist in der Abb. 7.1 bei einlagiger und zweilagiger Bewehrung angegeben. Im Überlappungsbereich darf der Abstand e_2 um den Durchmesser der Bewehrung (d_s) verkleinert werden. Dies gilt bei zweilagiger Bewehrung nicht.

Allgemein wird ein lichter Abstand e_2 der Stäbe empfohlen (auch zur zweiten Bewehrungsanlage), welcher um 2 cm größer ist als das Mindestmaß der Betondeckung e_1.

Unbewehrte Betonwände können in stützenden Flüssigkeiten mit einer wirksamen Fließgrenze von bis zu $\tau_F = 70\ N/m^2$ unbedenklich betoniert werden. Stützende Flüssigkeiten mit $\tau_F > 70\ N/m^2$ sind bereits schwierig zu verarbeiten und zu befördern, vor allem beim Mischen und Pumpen. Will man solche Flüssigkeiten trotzdem anwenden, muss man genauere Untersuchungen über den Verdrängungsvorgang anstellen, da hierfür keine Erfahrungen vorliegen. Wird der Fließwiderstand des Betons kleiner als der der stützenden Flüssigkeit, so findet keine Verdrängung mehr statt, sondern eher eine Vermischung. Anstelle eines Betonelements erhält man dann eine Betonsäule an der Stelle des Betonierrohres, eingebettet in zementverfestigten Bentonitschlamm.

Bei der Bewehrungsführung muss berücksichtigt werden, dass der Frischbeton aufsteigt. Die Betonströmung im Kontraktorverfahren muss durch große lichte Durchflussweiten zwischen den Einzelstäben erleichtert werden. Bewehrungskonzentrationen sind zu vermeiden. Gleichzeitig sind Betoniergassen zum Einführen der Betonierrohre freizuhalten.

Das Betonieren wird durch die Bewehrung umso mehr behindert, je höher die während des Betoniervorganges vorhandene Fließgrenze τ_F der stützenden Flüssigkeit ist. Deshalb wird die Durchflussweite e_1 und der lichte Mindestabstand der Bewehrungsstäbe e_2 mit zunehmender Fließgrenze der stützenden Flüssigkeit vergrößert (Abb. 7.1). Der lichte Abstand zwischen Bewehrung und Schlitzsohle muss mindestens 20 cm betragen. Es ist wichtig, bereits bei der Erstellung der Bewehrungspläne die zulässigen Werte für die Fließgrenze τ_F der Suspension in diese einzutragen! (Diese Praxis hat sich leider bis heute nicht durchgesetzt und ist in der neuesten Fassung der DIN 4126 nicht mehr enthalten.) Üblicherweise hat man vor dem Betonieren bzw. Einlegen der Bewehrung ein Vorhaltemaß gegenüber den Grenzwerten a) und b). Eine entsprechende Korrektur kann allerdings vor dem Einsetzen der Bewehrung erfolgen. Eine Probe, welche gegen Ende des Betonierens etwa 1,2 m oberhalb des Frischbetons entnommen wird, zeigt, ob die Anforderungen a) und b) eingehalten sind. Sind die Grenzwerte dann nicht eingehalten, bedeutet dies allerdings nicht, dass das betreffende Schlitzwandelement schadhaft ist, sondern entweder, dass das Vorhaltemaß vergrößert werden muss oder das Bauverfahren umgestellt werden sollte.

7.1 Ausbildung der Bewehrungskörbe und der Aussparungen

Sämtliche Bewehrungsführungen, Aussparungen, Aussteifungen, Einbauten von diversen Bauteilen (Ankerhülsen, Abstandshalter, Sonarrohre) sind so anzuordnen, dass der Fließwiderstand für den ansteigenden Beton möglichst gering ist. Der Frischbeton muss Einbauten leicht umfließen können, so dass der später erhärtete Beton solche Einbauten ohne Fehlstellen satt umschließt. Somit sind Abtreppungen von Einbauteilen zu vermeiden, besser ist es stattdessen trichterförmige oder nach oben gerichtete Einschnürungen des Betonierquerschnitts (wenn es notwendig ist) zu verwenden.

Die Bewehrungskörbe sind so auszusteifen, dass sie ohne bleibende Verformung in die Schlitze eingebracht werden können. Zur Aussteifung wird am Kopf ein Aussteifungsrahmen an die Längseisen angeschweißt. Dieser Rahmen besteht

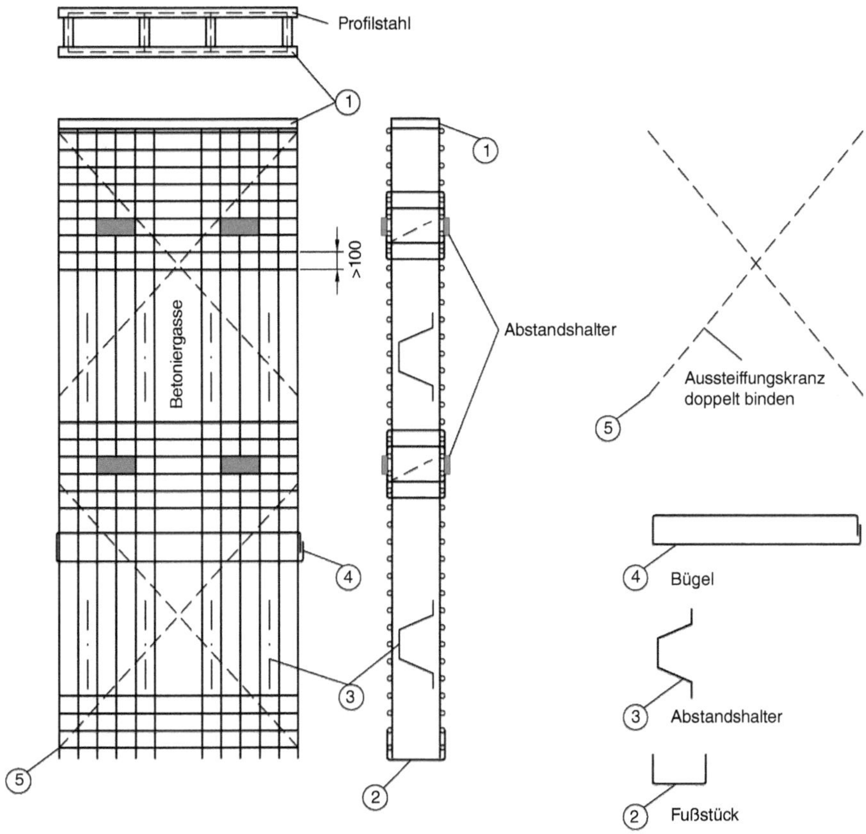

Abb. 7.2 Beispiel der Aussteifung eines Schlitzwand-Bewehrungskorbes.

üblicherweise aus Winkeleisen (Abb. 7.2). An diesen Eisen wird das Seilgehänge zum Aufnehmen des Korbes angebracht. Als weitere Aussteifungselemente werden in mehreren Höhen Aussteifungskreuze angebracht, welche mit der Vertikal- und Horizontalbewehrung gebunden werden. Im Bereich des Fußes der Bewehrung können zur Aussteifung U-Eisen benutzt werden (Abb. 7.2), wobei über die Schlitzlänge und Höhe Abstandhalter zwischen den Bewehrungslagen zur weiteren Aussteifung herangezogen werden können.

Die Betonüberdeckung kann wie folgt eingehalten werden: Zunächst wird der Bewehrungskorb nicht auf die Sohle aufgesetzt, sondern in den Schlitz eingehängt (Abb. 7.3) und zwar so, dass die Bewehrung ca. 20 cm über der Schlitzsohle liegt. Zuvor muss das Aufnehmen und Einstellen des Bewehrungskorbes in den Schlitz mit zwei Hubseilen erfolgen (ein Seil am Drittelpunkt und das andere Seil am Korbende), damit allzu große Durchbiegungen des Korbes und demzufolge Deformationen vermieden werden. Zum Aufhängen des Bewehrungskorbes an den Leitwänden werden Bewehrungsstäbe oder Bügel am Korb befestigt, so dass damit die Länge der Leerstrecke bis zur OK Leitwand überwunden wird. Durch diese

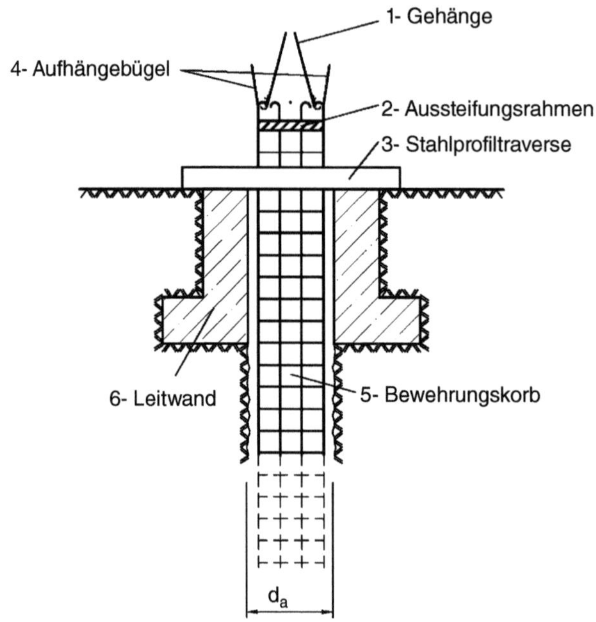

Abb. 7.3 Aufhängen eines Bewehrungskorbes am Schlitz.

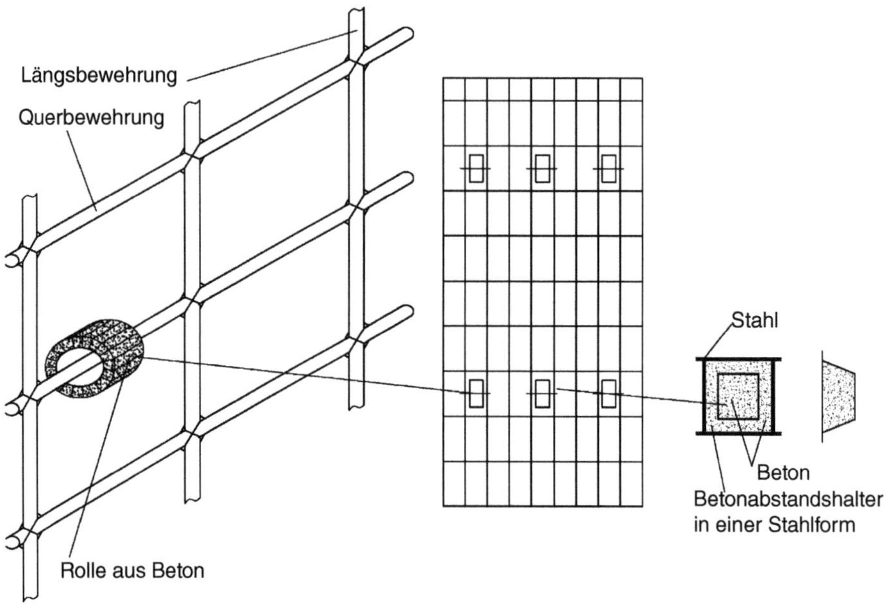

Abb. 7.4 Beispiel von Abstandshalter aus Beton für die Zentrierung des Korbes im Schlitz.

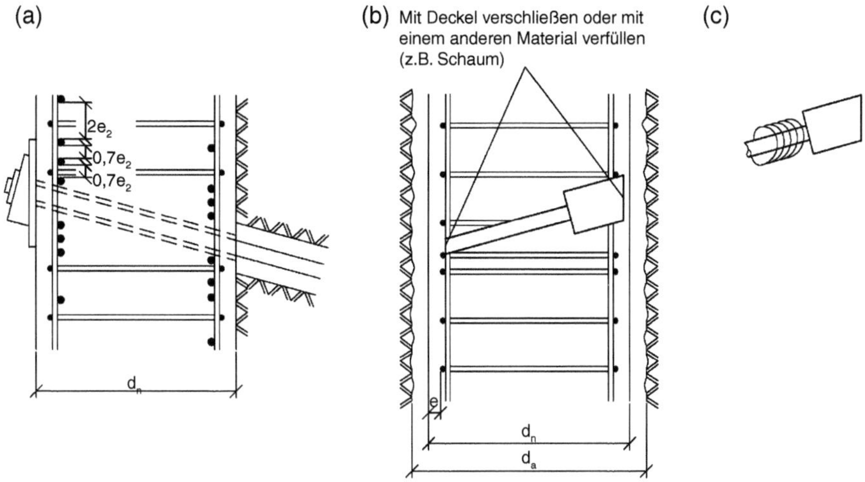

Abb. 7.5 (a) Abstände der Querbewehrung in der Schlitzwand im Bereich der Durchdringung von Erdankern, (b) Ankerdurchführungshülse im Bewehrungskorb, (c) Spiralbewehrung um die Ankerdurchführungshülse (nicht empfohlen).

Bewehrungsstäbe werden kleine Stahlprofiltraversen, welche quer zur Leitwand platziert werden, gesteckt, womit man auch in der Lage ist, die Höhe des Bewehrungskorbes genau festzulegen. Ähnlich läuft auch die Verlängerung von Bewehrungskörben direkt über den Schlitz, wobei dort die Traversen die Aussteifungen der Körbe stützten und die Längseisen statt der Aufhängebügel aus dem Schlitz herausragen.

Bei Schlitzwänden für tiefe Baugruben werden platten- oder rollenförmige Abstandhalter verwendet. Diese Abstandhalter sind meist aus Beton und werden an der Bewehrung befestigt (Abb. 7.4).

Die Abstandhalter in Form von Rollen können auf einer Achse rollen, die auf die Längsbewehrung gestützt ist und parallel zur Querbewehrung läuft. Alternativ können feste Betonkörper in einer Stahlform gegossen werden (Abb. 7.4). Die Abstandshalter haben dafür zu sorgen, dass die Betonüberdeckung (Abb. 7.5b) innerhalb der Nenndicke d_n der Schlitzwand erhalten bleibt. Die tatsächliche Überdeckung der Bewehrungsstäbe durch den Beton ist im Regelfall größer als der geforderte Mindestabstand, da die tatsächliche Weite des Schlitzes, normalerweise 5–10 % größer als die Breite des Aushubwerkzeuges ist (s. Kapitel 2.5.2, Herstellung der Leitwand).

Im Mittel ist also zu erwarten, dass die Überdeckung größer sein wird als die auf d_n bezogene Überdeckung. Man sollte die zusätzliche Breite aber nicht in Rechnung stellen, da sie lokal nicht sichergestellt ist. Die zusätzlichen Toleranzen können sehr schnell aufgezehrt werden, wenn die Wandungen der Schlitzwand nicht senkrecht sondern schräg verlaufen (Abb. 7.6).

Bei konzentrierten Lasteintragungen, wie z. B. im Bereich eines Ankers bzw. Ankerkopfes (Abb. 7.5), können die Mindestabstände der waagerechten Bewehrung

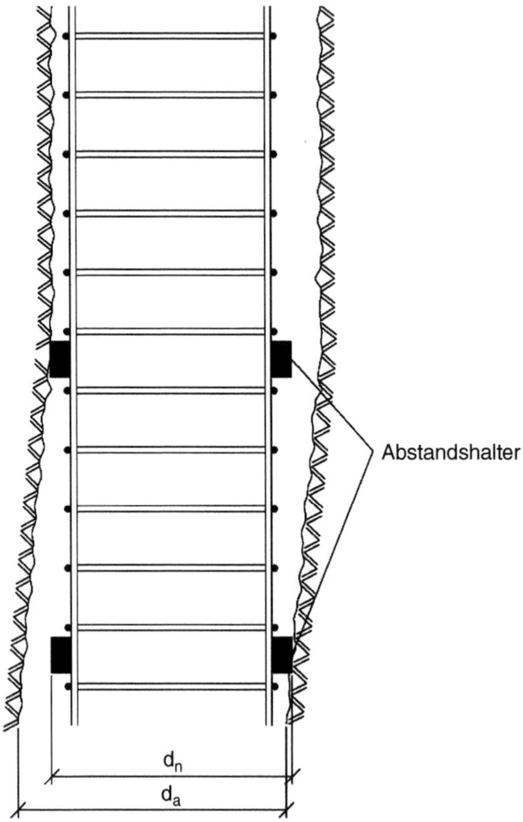

Abb. 7.6 Schräg verlaufender Schlitz und Wirkungsweise der Abstandshalter.

von $2 \cdot e_2$ (Abb. 7.1) auf $0{,}7\ e_2$ reduziert werden. Im Bereich des späteren Einbaus von Ankern werden die Ankerdurchführungshülsen direkt in den Bewehrungskorb eingebaut. Diese Hülsen bestehen meist aus einem abgestuften Stahlrohr (Abb. 7.5 und Abb. 7.7). Diese Rohre werden entweder mit Kappen versehen oder ausgeschäumt, so dass kein Beton eindringen kann oder andere bleibende Verunreinigungen auftreten können. Dadurch wird das spätere Ausbohren erleichtert. Je nach statischem System muss die Längsbewehrung um diesen Einbau herum geführt werden, was zu einem hohen Bewehrungsgrad führt. Zur Aufnahme von Querspaltzugkräften wird um die Ankerdurchführungshülse sehr oft eine Spiralbewehrung eingebaut. Dies ist allerdings nicht von Vorteil, da durch diese sehr hohe Konzentration an Bewehrung an dieser Stelle der Beton keine Möglichkeit findet, um die Einbauten herum zu fließen und genau an diesen Stellen kann die mit Boden verunreinigte Stützsuspension nicht verdrängt werden, so dass die Fehlstelle in einem kritischen Bereich der Wand bereits vorprogrammiert ist. Hier empfiehlt es sich, eine genaue Analyse der mehrachsigen Beanspruchung des Betons an dieser Stelle durchzuführen und die Querspaltzugkräfte über die Bügelbewehrung aufzunehmen ohne eine zusätzliche Spiralbewehrung anzuordnen.

Abb. 7.7 Baustellenfotos der Bewehrungskörbe mit Ankerhülsen.

Die genaue Platzierung des Bewehrungskorbs ist für die geplante Höhenlage der Ankerdurchführungshülse unbedingt zu beachten. Die Lage der Einbauhülsen, speziell die Höhe und Neigung, sind vor dem Einsetzen der Bewehrung in den Schlitz zu prüfen. Das Gleiche gilt auch für die Vermeidung von Verformungen beim Heben des Bewehrungskorbes, so dass aufgrund des verformten Bewehrungskorbes die eingestellte Ankerneigung nicht mehr einzuhalten ist. Eine nachträgliche Korrektur einer solchen Richtung ist sehr kostspielig und kann auch zur Beschädigung des Bewehrungskorbes führen.

Die andere Vorgehensweise, die Anker nachträglich zu bohren, kann in Erwägung gezogen werden, wenn die Durchtrennung von Längs- und teilweise Querstäben im Ankerdurchführungsbereich statisch nachgewiesen wird.

Eine weitere kritische Bewehrungskonzentration kann bei der Verlängerung der Bewehrungskörbe entstehen. Die Körbe werden, wenn es die Hubgeräte erlauben, auf der Baustelle aus einzeln angelieferten Korbteilen vormontiert und in den Schlitz abgelassen. In vielen Fällen muss allerdings die Verlängerung direkt über dem Schlitz erfolgen. Das Schweißen der Stäbe, welche weitgehend in die Bentonitsuspension einbinden, kann unter Umständen die Eigenschaften der Suspension beeinträchtigen. Dieses gilt besonders beim Fließen von elektrischen Strömen

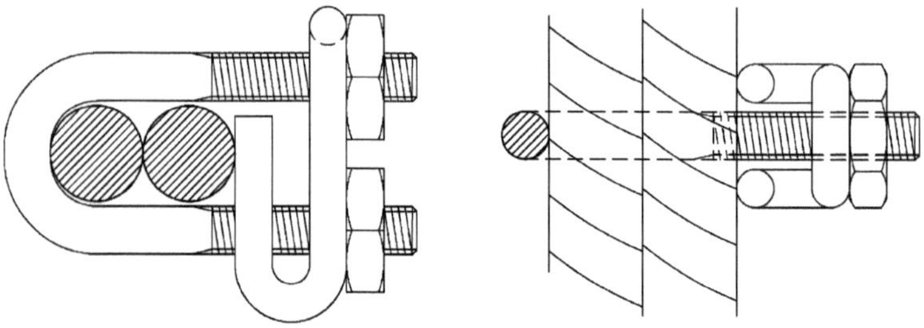

Abb. 7.8 Verlängerung von Bewehrungen mit Hilfe von U-Klemmen.

(E-Schweißen) für die Thixotropie-Eigenschaften. Ist das Schweißen über dem Schlitz vorgesehen, sind diese Fragen im Vorfeld zu klären (unter der Voraussetzung, dass der verwendete Stahl schweißbar ist). Eine andere Möglichkeit ist die Verwendung von U-Klemmen (Abb. 7.8), welche eine Kraft von über 12 Tonnen übertragen können.

Die Korbabmessungen entsprechen den Schlitzabmessungen, sind aber auch von den zur Verfügung stehenden Hebegeräten und den Transportbeschränkungen der Baustelle abhängig. Bei besonders langen Schlitzen können auch zwei oder mehr Körbe nebeneinander eingebaut werden. Aus statischen Gründen muss in den meisten Fällen die Vertikalbewehrung von horizontalen Bügeln umschlossen werden.

Trotz aller Einbauten im Bewehrungskorb von der Ankerhülse, Beschallungsrohren oder Injektionsrohren für eine mögliche Fußverpressung (oder Mantelverpressung) bis hin zu möglichen Deckenanschlüssen müssen immer Betoniergassen frei gehalten werden.

Durch diese Betoniergassen werden die Betonierrohre (bzw. Kontraktorrohre) geführt, um den Beton in den Schlitz zu gießen (Abb. 7.9). Ein Baustellenfoto in der Abb. 7.10 zeigt die Aufhängung des Bewehrungskorbs, die Betoniergassen und eingebaute Injektionsrohre, welche bei Verpressarbeiten im Fußbereich der Schlitzwand vorgesehen sind.

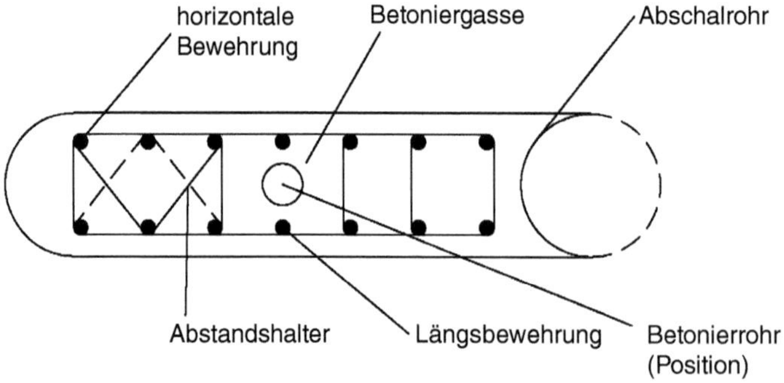

Abb. 7.9 Schema für den Bewehrungseinbau eines Schlitzwandelements mit Freiraum für eine Betoniergasse.

Abb. 7.10 Bewehrungskörbe mit Aufhängung, Betoniergassen und Injektionsrohre mit daneben liegenden Betonierrohren (Schüttrohre).

7.2 Deckenanschlüsse

Verbleibt die Schlitzwand als Konstruktionselement im endgültigen Bauwerk, ist es häufig erforderlich, Decken kraftschlüssig anzuschließen. Es gibt mehrere konstruktive Lösungen Schnittkräfte in die Schlitzwand einzuleiten, zwei davon findet man in Abb. 7.11.

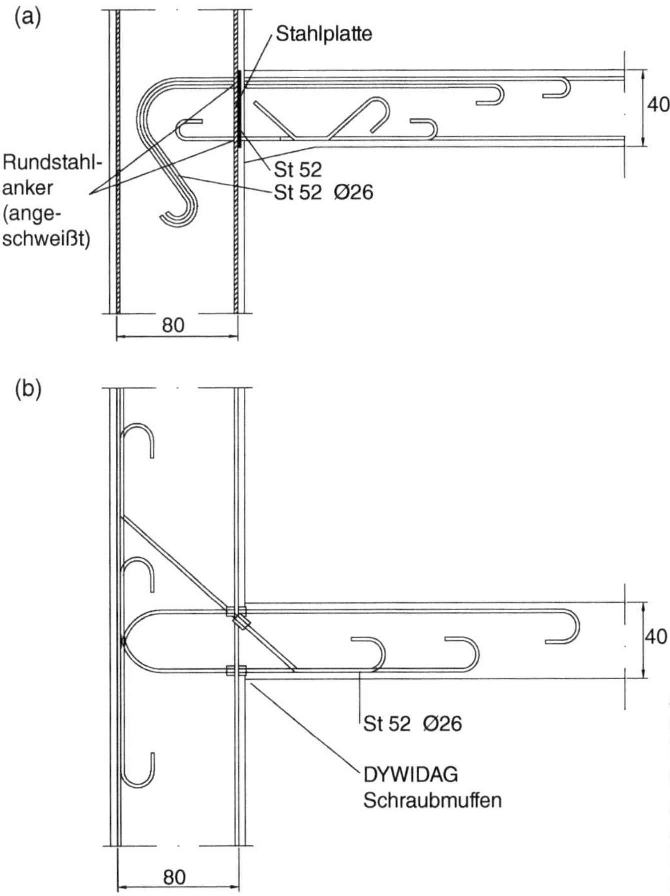

Abb. 7.11 Deckenanschlüsse an Schlitzwände (a) mit Stahlplatten und angeschweißten Ankern; (b) mit Bewehrungsstahl und Schraubmuffen.

Bei der ersten Konstruktion (Abb. 7.11a) werden Stahlplatten mit angeschweißten Rundstahlankern in die Bewehrungskörbe eingebaut. An diese werden beim Aushub der Baugrube die in den Decken befindlichen Gegenstücke angeschlossen.

Beim zweiten Anschluss (Abb. 7.11b) werden Anschlussleisten aus Betonstahl II, Ø 26 mm mit aufgerolltem Gewinde und Dywidag-Schraubmuffen verwendet. In diese Muffen brauchen später die innerhalb der Decken liegenden Anschlussteile nur noch eingedreht zu werden. Beide Verbindungen stellen einen Vollstoß dar.

Der Bereich der Anschlussbewehrung wird beim Korbeinbau besonders geschützt (Styropor, Polystyrene) und erfordert eine genaue Platzierung des Korbes in der Höhe. Nach erfolgtem Aushub der Baugrube und kurz vor dem Anschluss der Decke wird der Schutz der Anschlussbewehrung aus der Schlitzwand entfernt, die Anschlusseisen in die Horizontale gebogen und dort mit der Bewehrung der Decke verbunden (Abb. 7.12 und Abb. 7.13).

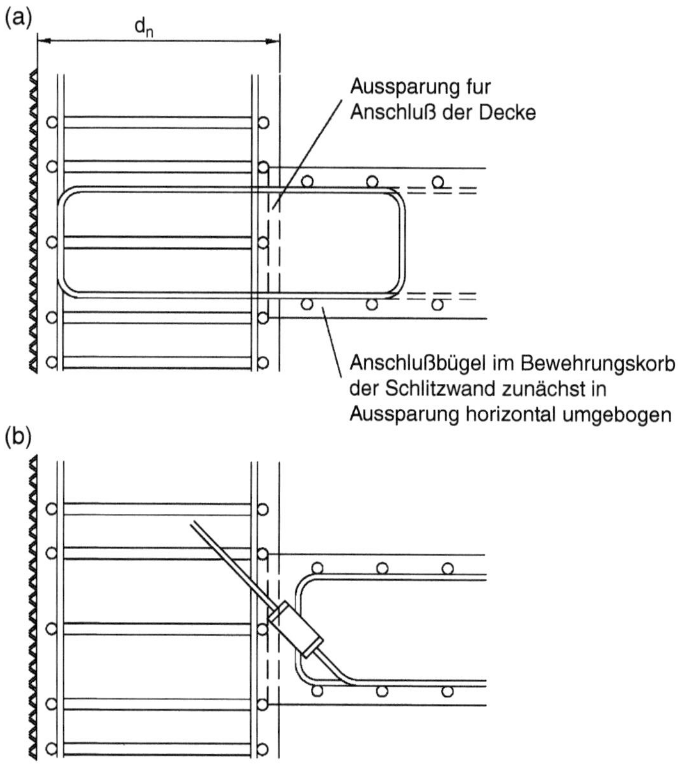

Abb. 7.12 Ausbildung der Bewehrung für tragende Stahlbetonanschlüsse an Schlitzwände (a) Anschluss durch Bügel, (b) Anschluss durch Muffen.

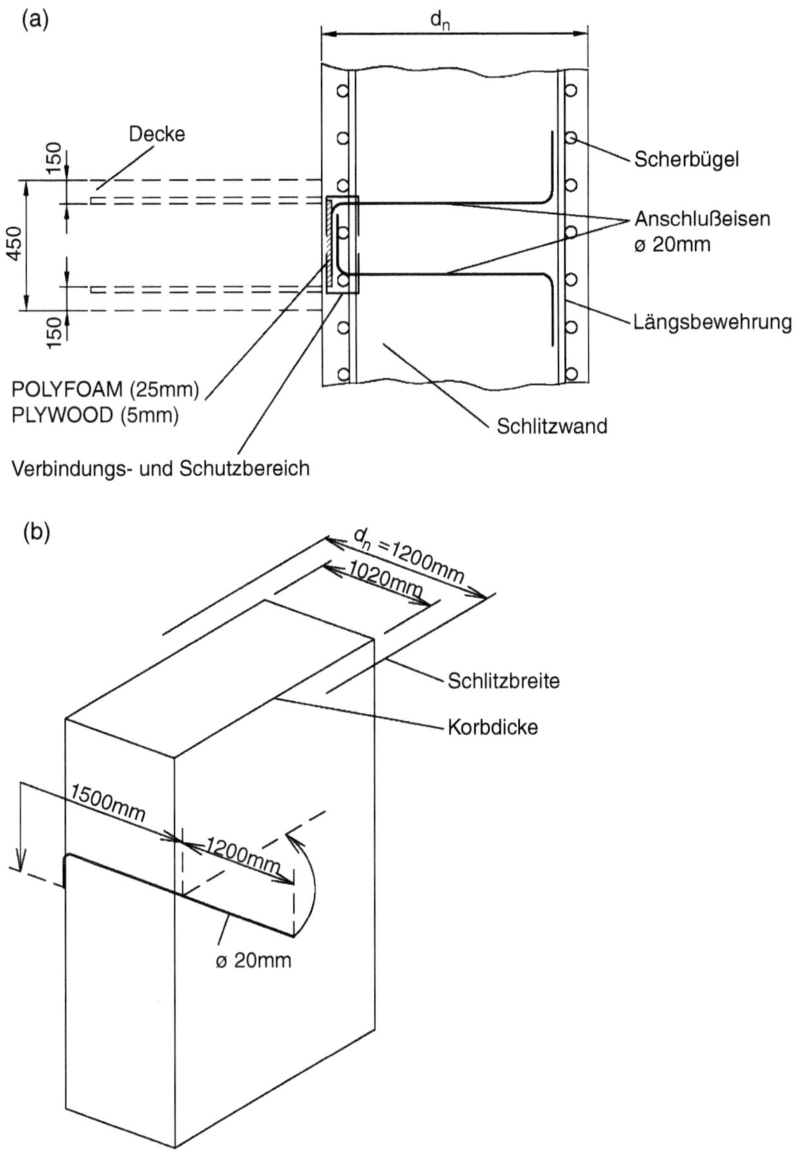

Abb. 7.13 (a) Beispiel eines Schutzes der Anschlussbewehrung in einem Korb; (b) isometrische Darstellung der Anschlusseisen.

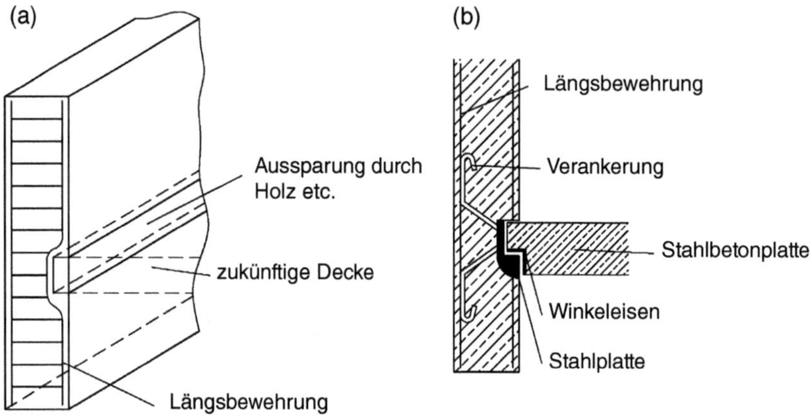

Abb. 7.14 Momentenfreie Anbindung von Geschossdecke und Schlitzwand mit (a) Aussparung oder (b) Konsolenbildung mit Stahlplatten und Verankerung.

Falls es nicht erforderlich ist, Momente über den Anschluss Schlitzwand und Geschossdecke zu übertragen, genügt entweder das Freihalten von Aussparungen im Betonquerschnitt oder die Montage von kleinen Stahlkonsolen mit angeschweißter Bewehrung (Abb. 7.14).

8
Betonieren eines Schlitzwandelements

Das Betonieren erfolgt im Kontraktorverfahren mit speziell hierfür entwickelten Schüttrohren. Je nach Länge der Schlitzwandelemente werden ein oder mehrere Schüttrohre gleichzeitig im Schlitz mit Beton beschickt (Abb. 8.1). Die Schüttrohre (oder UW-Betonierrohre) werden in die von Bewehrung freigehaltenen Betoniergassen (Abb. 7.9) eingesetzt. Dies setzt voraus, dass man die Betoniergassen oberhalb des Stützflüssigkeitsspiegels noch erkennen kann. In den meisten Fällen kann man allerdings davon nicht ausgehen. Deshalb ist es ratsam beim Niederbringen des Bewehrungskorbes im Schlitz die Positionen der Betoniergassen an der Leitwand zu markieren. Bereits beim Einsetzen der Bewehrung hat man sich zu vergewissern, dass die Betoniergassen tatsächlich frei von sämtlichen Hindernissen oder Einbauten sind.

Die speziellen Schüttrohre für den unter Wasser oder hier unter Suspension einzubringenden Beton verfügen über wasserdichte Kupplungen und spezielle Verriegelungsseile sowie Steckverbindungen (Abb. 8.2)

Da die Rohre im Schlitz nicht aufgesetzt sondern eingehängt werden, gibt es eine spezielle Abfangschelle (Abb. 8.2), welche aufklappbare Riegel besitzt und auf der Leitwand aufgesetzt wird. Dort werden auch die Rohrschüsse miteinander verbunden und der Betoniertrichter aufgesetzt. Das untere Ende der Schüttrohre muss knapp (ca. 20 cm) über der Schlitzsohle positioniert werden und es muss während des Betoniervorgangs mit einer Tiefe in den Frischbeton eintauchen, welche der Länge des Abschnitts des Schlitzes entspricht, der von diesem Rohr versorgt wird. Dies bedeutet, dass bei einem Schüttrohr im Schlitz die Eintauchtiefe in den Frischbeton mindestens so groß sein muss, wie die horizontale Schlitzlänge (also bei einem 4 m langen Schlitz muss die Eintauchtiefe des Schüttrohres stets 4 m betragen). Im Falle von Schlitzlängen oberhalb von 5 m ist es empfehlenswert, gleichzeitig mit zwei oder mehr Schüttrohren zu arbeiten, welche gleichzeitig mit Beton beschickt werden müssen. Die Eintauchtiefe von 3 m darf unabhängig von der Schlitz- oder Abschnittslänge nicht unterschritten werden. Primär hängt also die Anzahl der Schüttrohre von der Schlitzlänge ab, aber auch von der Viskosität und den Fließeigenschaften des Betons. Bei nicht ebenen Schlitzen wie z. B. Eckschlitzen sind in der Regel zwei Schüttrohre zu verwenden. Dabei kann ein Betonierrohr ausreichen,

Planung und Bauausführung in der Schlitzwand- und Dichtwandtechnik. 1. Auflage. Theodoros Triantafyllidis.

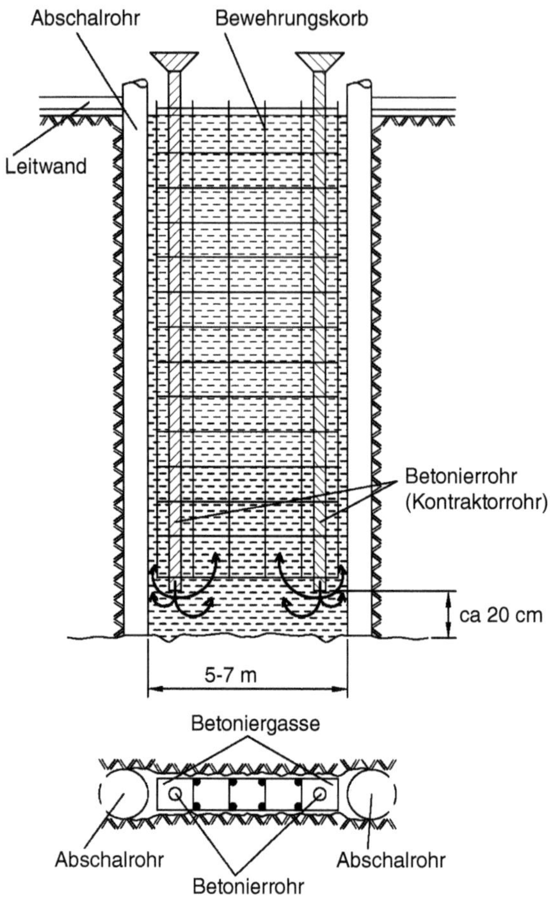

Abb. 8.1 Betonierrohre (Kontraktorrohre oder Schüttrohre) in Betoniergassen.

wenn es direkt an der Ecke des Schlitzes platziert ist und jeder Schlitzschenkel das Maß von 3 m nicht überschreitet (Abb. 8.3). Wenn allerdings aufgrund des hohen Bewehrungsgrades im Eckbereich keine Betoniergasse vorliegt, so muss je Schenkel der Ecklamelle ein Betonierrohr verwendet werden. Die Entscheidung, ob zwei oder mehrere Schüttrohre eingesetzt werden, hängt auch davon ab, ob die Mindeststeiggeschwindigkeit des Frischbetons von 3 m/h während des Betoniervorgangs eingehalten werden kann oder nicht.

Die Bedingungen für das Kontraktorverfahren stellen hohe Anforderungen an das Fließvermögen des Betons. Als Ausbreitmaß sind deshalb – abweichend von der DIN 1045 (EN 206) – 55 bis 60 cm erforderlich. Im Hinblick auf die Gefahr des Entmischens soll das Ausbreitmaß den Wert von 63 cm nicht überschreiten. Diese Forderungen berücksichtigen auch, dass der Beton im Schlitz auch noch 5 oder 6 m oberhalb der Ausflussöffnung der Schüttrohre fließfähig sein muss.

Ausschlaggebend für die Betonqualität des fertigen Schlitzwandelements ist die einwandfreie Verdrängung der Stützflüssigkeit durch den Frischbeton, welche

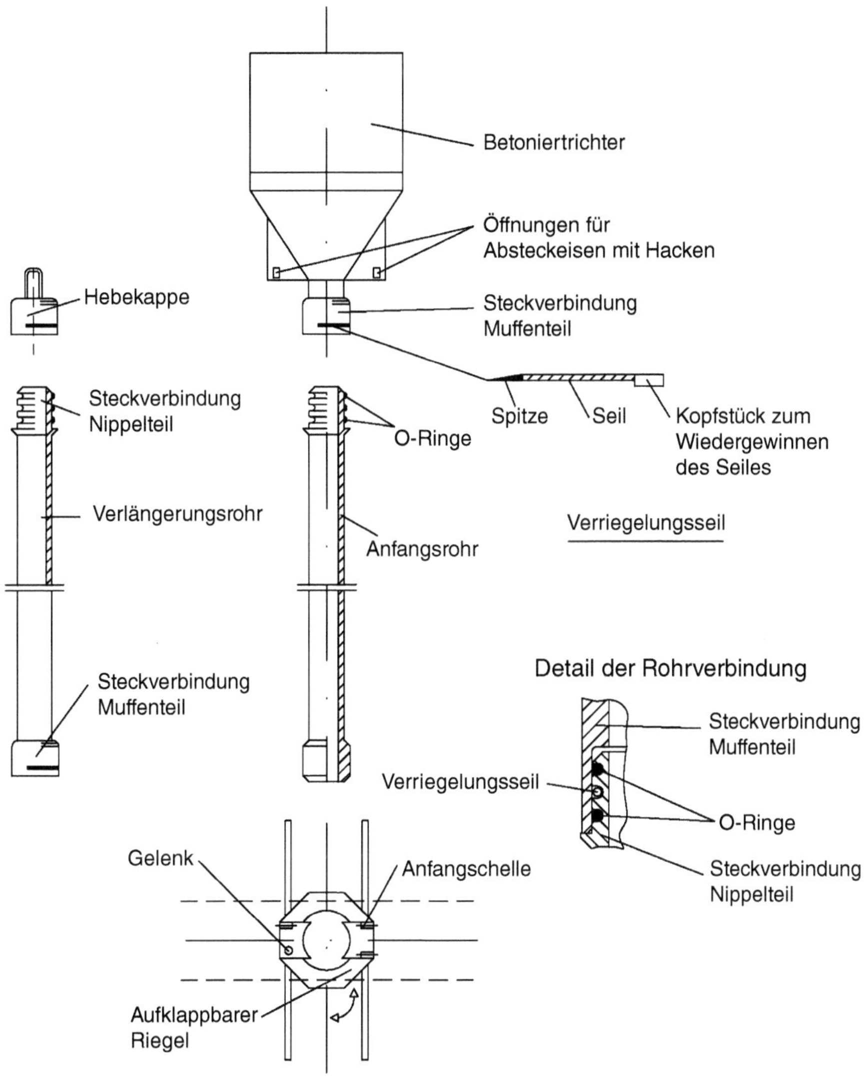

Abb. 8.2 Schüttrohr mit Steckverbindungen (Fa. Leffer).

nur durch das Kontraktorverfahren möglich wird. Eine ausreichende Fließfähigkeit ist über einen höheren Wassergehalt gegeben. Dabei werden die geforderten Ausbreitmaße durch einen höheren Wassergehalt erreicht, als er für die Konsistenzbereiche nach EN 206 (DIN 1045) notwendig ist. Damit sind zur Einhaltung des Wasserzementwertes auch höhere Zementgehalte (mind. 350 kg/m³ für den Unterwasserbeton) verbunden. Ein durch den großen W/Z Wert bedingtes größeres Schwindmaß ist unbedenklich, weil die Schlitzwandelemente in der Regel nicht länger als 7 bis 10 m sind und zumindest einseitig in erdfeuchtem Boden eingebettet sind.

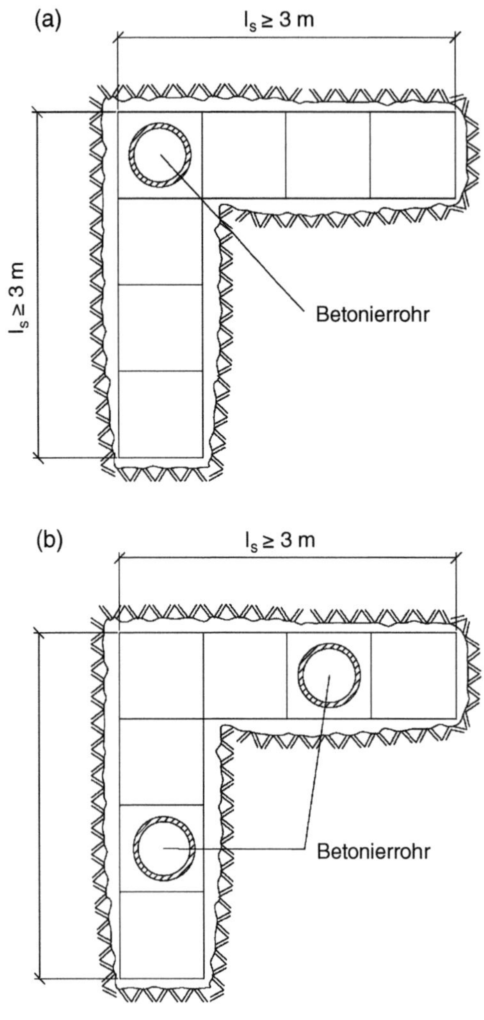

Abb. 8.3 (a) ein Schüttrohr in der Schlitzecke bei $l_s \leqslant 3$ m; (b) zwei Schüttrohre für den allgemeinen Fall und wenn $l_s > 3$ m.

Für die Betonzusammensetzung gelten mit Einschränkungen die EN 206 (DIN 1045) sowie die Richtlinien für die Erstellung und Verarbeitung von Fließbeton. Der Mindestzementgehalt ist mit 350 kg/m³ vorgeschrieben, kann jedoch durch Zugabe von Trass, ein natürliches Puzzolan, Flugasche oder Ähnlichem verringert werden.

Der Frischbeton darf niemals durch die Stützflüssigkeit fallen, auch nicht durch diejenige, die im Schüttrohr steht, da er dadurch mit Suspension vermischt wird. Die Maßnahmen, die eine Vermischung verhindern sollen, sind:

a) das Nichtaufsetzen des Schüttrohres auf die Schlitzsohle, wodurch die im Schüttrohr stehende Flüssigkeit verdrängt werden kann
b) die wasserdichten Kupplungen, welche ein Eindringen der Stützflüssigkeit vom Schlitz in das Betonierrohr verhindern und

c) die Verwendung eines Betonierballs aus Papier oder Schaumstoff, welcher den Trichtereinlauf verschließt, bis der Trichter eine ausreichende Füllung mit Beton hat. Dadurch ist eine Vermischung des Frischbetons mit der im Rohr stehenden Suspension nicht möglich.

Der Beton darf nicht direkt in den Schüttrohreinlauf am Betoniertrichter geschüttet werden, sondern ist so in den Betoniertrichter zu gießen, dass er spiralförmig in das Schüttrohr einläuft. Dadurch werden Lufteinschlüsse vermieden. Die Betonsäule drückt den Betonierball langsam nach unten, womit auch die im Schüttrohr stehende Stützflüssigkeit verdrängt wird. Wenn nun die Betonsäule mit dem Ball unten am Schüttrohrauslauf angekommen ist, gibt es möglicherweise keinen weiteren Betonfluss. Um einen weiteren Betonfluss zu ermöglichen, wird das Schüttrohr (Abb. 8.4) etwa 20 bis 30 cm angehoben.

Dadurch wird der Betonierball aus dem Rohr getrieben. In diesem Zustand muss der Vorrat an Frischbeton so groß sein, dass bei zügigem Füllen des Trichters mit Beton ohne Unterbrechung so viel Beton in den Schlitz fließen kann, dass die minimale Eintauchtiefe des Schüttrohres in den Frischbeton eingehalten werden kann. Ein Abschlagen des ersten Rohrschusses wird vorgenommen, wenn der Beton aufgrund einer allzu großen Eintauchtiefe nicht mehr fließen kann. Es muss auch beachtet werden, dass nach dem Abschlagen des Rohrschusses immer die vorgeschriebene Eintauchtiefe des Rohres eingehalten wird.

Weitere Betonierregeln sind:

- Vermeiden von längeren Betonierunterbrechungen,
- Steiggeschwindigkeiten des Betons mindestens 3 m/h,
- Homogenisieren der Stützflüssigkeit oder Austausch von stark versandeter Stützflüssigkeit vor dem Betonieren,
- Rüttelverdichtung des Betons nicht erlaubt.

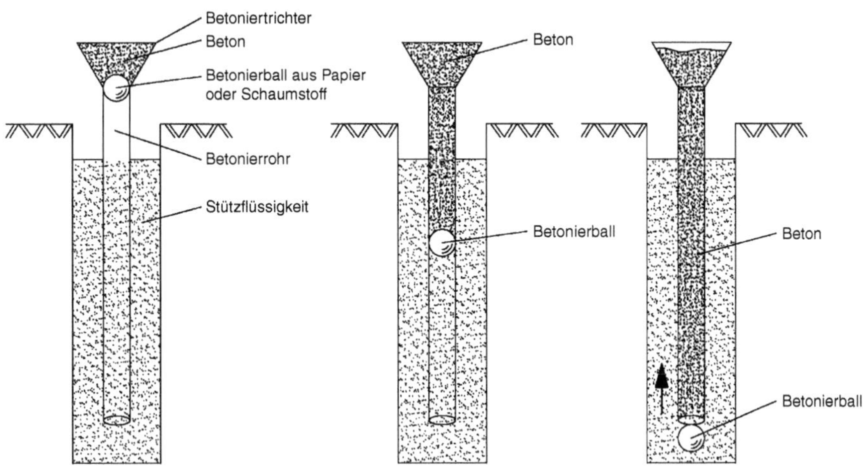

Abb. 8.4 Kontraktorverfahren mit dem Betonierball.

Für einen einwandfrei verlaufenden Betoniervorgang sind folgende Voraussetzungen zu erfüllen:

1. Zwischen der Stützflüssigkeit und dem Frischbeton muss ein genügend großer Dichteunterschied bestehen. Während des Betonierens beträgt die maximale zulässige Dichte der Stützflüssigkeit zul $\rho_F = 1{,}26\ \frac{\text{t}}{\text{m}^3}$ (s. auch Kapitel 7).
2. Der Beton muss gegenüber der stützenden Flüssigkeit einen höheren Fließwiderstand besitzen.

Betonierunterbrechungen über 15 min sollen vermieden werden und solche über 30 min sind unzulässig, da diese die Qualität und Standsicherheit des Schlitzwandelementes gefährden. Zu große Betonierunterbrechungen führen dazu, dass der Beton Wasser an den Boden abgibt, wodurch er schnell seine Fließfähigkeit verliert. Fließmittel und Erstarrungsverzögerer beeinflussen diesen Vorgang fast nicht. Diese Unterbrechungen hängen sehr oft mit der Lieferung des Betons zusammen oder mit Verzögerungen aufgrund eines unplanmäßigen Bauablaufs. Die Steiggeschwindigkeit des Betons muss größer als 3 m/h sein. Voraussetzung hierfür ist, dass der Beton nicht nur fließfähig ist, sondern dass er auch die Stützflüssigkeit verdrängt, ohne mit ihr vermischt zu werden.

Infolge der unterschiedlichen Fließfunktionen von Beton und stützender Flüssigkeit (Abb. 8.5) wächst die Differenz der Fließwiderstände mit zunehmender Geschwindigkeit des Verdrängungsvorgangs. Hierauf beruht die Erfahrung, dass die Oberflächenqualität der Schlitzwände durch schnelles Betonieren verbessert wird. Aus diesen Gründen wurde die Steiggeschwindigkeit des Betons nach unten auf 3 m/h begrenzt. Dies soll gewährleisten, dass durch eine größere Durchflußgeschwindigkeit Bentonitsuspensionsablagerungen mit Feststoffen durch den aufsteigenden Kontraktorbeton verdrängt werden.

Aufgrund seiner Konsistenz kann der Schlitzwandbeton mit Rütteln nicht verdichtet werden, im Gegenteil, durch einen Rütteleinsatz entmischt er sich. Die

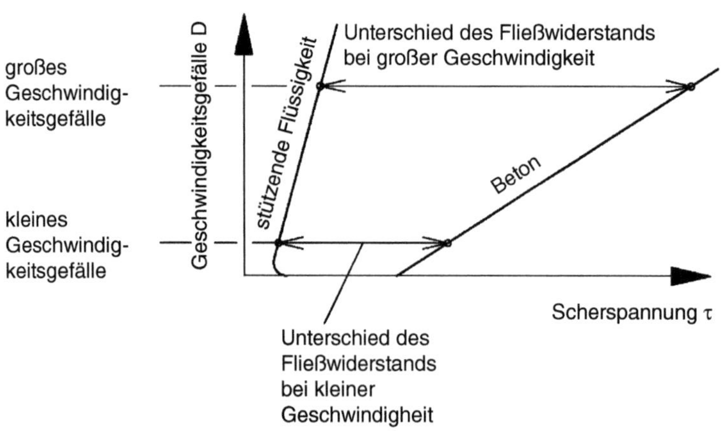

Abb. 8.5 Fließverhalten von stützender Flüssigkeit und Beton (DIN 4126).

Verdichtung des Schlitzwandbetons kann nur durch sein Eigengewicht erfolgen. Eine Rüttelverdichtung ist nicht zulässig. Darum besteht in der Nähe des Kopfes einer Schlitzwand wenig Aussicht, dort die gleichen Festigkeiten zu erreichen, wie sie in den unteren Bereichen mühelos erzielt werden können. Es kann notwendig werden, am Kopf der Schlitzwand die erzielte Güte durch Prüfung am Bauwerk nachzuweisen.

Beim Betoniervorgang durchmischt sich die obere Zone des Betons meist mit Stützflüssigkeit und Aushubmaterial. Dies betrifft etwa die obersten 0,5 m der Schlitzwand. Deshalb ist die Schlitzwand um dieses Maß über die Sollhöhe hinaus zu betonieren. Der Bereich wird dann nach dem Freilegen der Wand entfernt, sofern dieses erforderlich ist, z. B. wenn hier andere Bauteile angeschlossen werden sollen.

Die vom aufsteigenden Beton verdrängte Stützflüssigkeit wird abgepumpt. Zur Erleichterung des Abpumpens der stützenden Flüssigkeit darf kein Wasser in den Schlitz eingeleitet werden, weil dadurch örtlich konzentrierte Mengen von Feststoffen ausfallen, sich mit dem Beton vermischen oder sich im Beton einnisten und sich dadurch Fehlstellen im Beton bilden. Betonverunreinigte oder zementverunreinigte Suspensionen dürfen nicht zur Aufbereitung kommen und müssen beseitigt werden. Meist sind bereits gebrauchte Flüssigkeiten mit Bodenpartikeln aufgeladen und besitzen zu hohe Dichten. Die Suspension ist je nach Bodenverhältnissen im Schlitz mehr oder weniger stark versandet und wird nach dem Abpumpen entweder in einer Regenerierungsanlage gereinigt und dann wieder verwendet oder auf einer Deponie entsorgt.

Es empfiehlt sich, den Anstieg der Betonoberfläche über die Betonierdauer zu messen. Hierzu wird an drei Stellen über dem Grundriss des Schlitzes die Betonoberfläche ausgelotet. Mit diesen Messungen kann zunächst, über die Zeit aufgetragen, die wirkliche Steiggeschwindigkeit des Betons dargestellt und dokumentiert werden (Abb. 8.6). Wird auch der Betonverbrauch pro Zeiteinheit festgehalten (z. B. über die anliefernden und entleerenden Fahrzeuge), wird der theoretische Betonverbrauch pro Steighöhe dem gemessenen gegenübergestellt (Abb. 8.6). Diese Auswertungen sind heute Stand der Technik und immer auszuführen.

Parallel zur Messung der Frischbetonoberfläche ist auch die Eintauchtiefe t der Betonierrohre von der Leitwandoberkante zu protokollieren. Die Angaben über die Eintauchtiefe und zur Position der Betonoberfläche sind wichtige Daten für das Auffinden von Unregelmäßigkeiten.

Die vorgeschriebene Eintauchtiefe der Schüttrohre muss bis zum Ende des Betoniervorgangs (das heißt auch in den oberen Bereichen der Wand) beibehalten werden. Insbesondere sollen Unregelmäßigkeiten bei den Eintauchtiefen festgehalten werden. Kleine Eintauchtiefen deuten immer auf einen nicht zufriedenstellenden Verdrängungsvorgang hin. Kurzfristig kleine Eintauchtiefen, die anschließend wieder schnell ansteigen, können später häufig in Zusammenhang mit Schadstellen im Beton gebracht werden. Bekanntlich werden Schüttrohre immer erst abgeschlagen (d. h. von dem aus einzelnen Teilen oder Schüssen zusammengesetztes Schüttrohr wird mit dem Ziehen an der Geländeoberkante ein Schuss entfernt), wenn der Beton

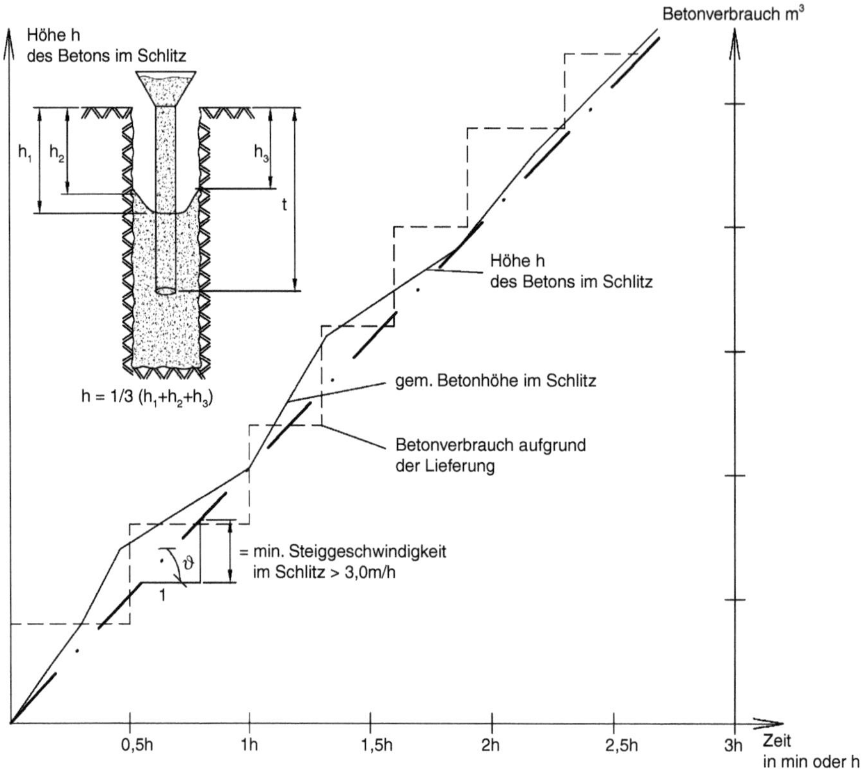

Abb. 8.6 Darstellung der gemessenen Steighöhe über die Betonierzeit und über den Betonverbrauch.

nicht mehr fließt. Daher deutet eine notwendige kleine Eintauchtiefe darauf hin, dass sich im Bereich der Betonoberfläche Material mit hohem Fließwiderstand (z. B. Sand) befindet, das (z. B. in einem Bereich enger Bewehrung) den Stillstand des Verdrängungsvorganges verursacht. Eine daraufhin schnell ansteigende Eindringtiefe ist dadurch zu erklären, dass der Beton diese Schicht an einer Stelle durchbrochen hat oder das Betonierrohr über diese Schicht angestiegen ist, bzw. dass der Beton sie nun einschließt und darum wieder leicht fließt!

Ähnlich ist es mit dem Betonverbrauch. Aufgrund der Beobachtung der Betonoberfläche mit der Zeit und dem Ausbruchquerschnitt, bei dem noch die Breite der Werkzeuge und eine Abweichung von ca. 10 % hinzuaddiert wird, kann man das theoretische Volumen des Betons mit der Zeit bzw. Höhenmessung des Frischbetons am Schlitz bei einer vorgegebenen Schlitzlänge (l_s) ausrechnen. Dieses theoretische Volumen wird mit dem tatsächlich eingebauten Volumen verglichen. Man kann dann über die Zeit bzw. Höhe des Frischbetons zwischen tatsächlichem und theoretischem Verbrauch einen Vergleich anstellen. Ist der tatsächliche Verbrauch wesentlich kleiner (mehr als 10 %) als der theoretische, kann man im entsprechenden

Abschnitt der Wand (Höhenlage) entweder mit Einschnürungen oder mit Einschlüssen von Verunreinigungen (Vergleiche das Fließverhalten und Eintauchtiefe der Schüttrohre) oder gar mit Fehlstellen im Beton rechnen. Dies kommt speziell dort vor, wo nicht ausreichend mit dem Putzmeißel der Umlaufbeton aus der davor betonierten Lamelle beseitigt wurde bzw. der Filterkuchen zu dick ist und vor Betonierbeginn nicht zufriedenstellend entfernt wurde. Anders verhält es sich, wenn der tatsächliche Betonverbrauch in einem bestimmten Höhenabschnitt der Wand größer ist als der maximal theoretisch mögliche. Es ist in solchen Fällen davon auszugehen, dass es entweder aufgrund von örtlichen Erosionserscheinungen des Bodens an der Schlitzwandung oder Verlust an innerer Stabilität zu Hohlräumen (Mehraushub) an den Schlitzwandungen und damit zu Überwüchsen der frisch betonierten Schlitzwand gekommen ist oder dass Umlaufbeton um das Abschalrohr im Fugenbereich fließt, oder dass nicht bekannte Hohlräume im Baugrund verfüllt werden.

Unabhängig davon, ob es zu Mehr- oder Minderverbrauch an Beton gekommen ist, haben solche Unregelmäßigkeiten Konsequenzen für den weiteren Bauablauf. (Entfernung von Umlaufbeton bzw. Trimmen der Schlitzwandoberfläche, wenn die Toleranzmaße im Sichtbereich der Wand den Wert von 1,5 % der Wandtiefe überschreiten).

8.1 Mögliche Betonierfehler

8.1.1 Vermischung von Bentonit und Frischbeton

Wenn der Betoniertrichter nicht ausreichend gefüllt ist oder wenn die Betonsäule im Schüttrohr abreißt, kommt es zu einer Vermischung von Bentonit und Beton. Diese Vermischung kann entweder zu einer Minderung der Betonfestigkeit führen oder es können ganze Bentonitfenster mit oder ohne Bodenmaterial in der Schlitzwand entstehen. Dies kann man verhindern, indem man zu Beginn des Betonierprozesses den Stopfen oder den Betonierball am Trichterauslauf so lange festhält, bis der Trichter mit Beton gefüllt ist (Abb. 8.7). Bei großem Volumenverbrauch ist ein Zusatzbehälter für die Anfangsbeton-Charge erforderlich, damit die Eintauchtiefe des Betonierrohres ohne Abriss der Betonsäule gewährleistet wird.

8.1.2 Einfluss der Eintauchtiefe des Schüttrohres

Eine zu kleine Eintauchtiefe des Schüttrohrs im Frischbeton führt zu einer zu stark geneigten Frischbetonoberfläche (Abb. 8.8) oder sog. Betonierkegel.

Aufgrund der steilen Neigung der Oberfläche des Frischbetons (Betonierkegel), bedingt durch die hohe Viskosität bzw. Fließgrenze kommt es beim weiteren Ziehen der Betonierrohre zu einem Umfallen und Umschlagen der steilen Böschungen und damit zum Einschluss von Bentonit im Beton. Diese Einschlüsse sind vor allem an den Außenseiten (Fugen) der Schlitzwände anzutreffen und dies aus zwei Gründen:

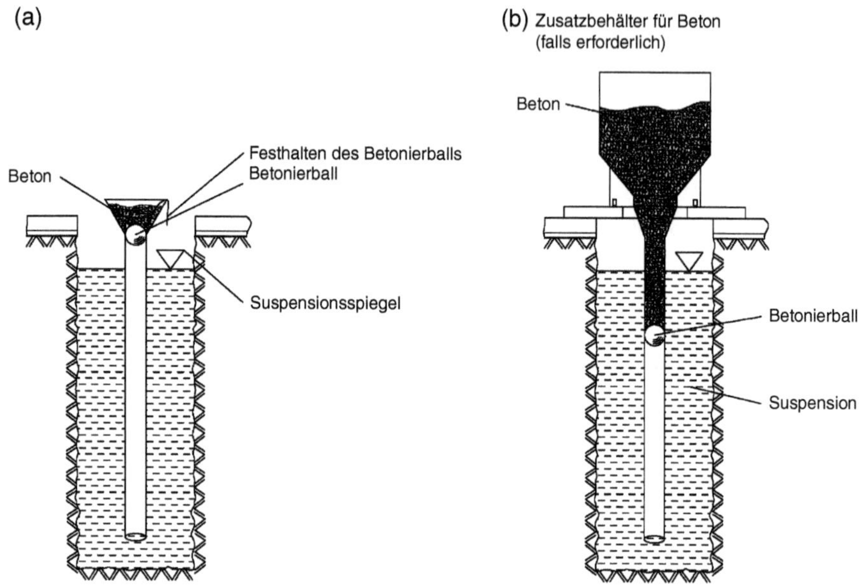

Abb. 8.7 (a) Festhalten des Betonierballs bis Trichter mit Beton gefüllt ist; (b) kontinuierliches Schütten von Beton und Bewegung des Betonierballs nach unten aufgrund der Betonsäule.

- die Fließgeschwindigkeit ist dort aufgrund der größten Entfernung vom Betonierrohr am kleinsten
- größere Schubspannungen an der Wandung des Schlitzes führen zu größeren Haftungskräften des Frischbetons und demzufolge zu einem langsameren Anstieg der Frischbetonoberfläche

Meist ist an diesen Stellen eine größere Betonüberdeckung vorgesehen, aber die Einschlüsse führen trotzdem zum Freiliegen der Bewehrung (keine Betonüberdeckung) und auch zu undichten Stellen. Solche Fehlstellen (s. nächste Abschnitte) sind sehr oft schwer zu finden und deren Sanierung ist meistens sehr aufwendig. Statt eine Sanierung in Kauf zu nehmen, ist es sinnvoller die Mindesteintauchtiefe einzuhalten und laufend den Betonspiegel zu kontrollieren.

8.1.3 Nicht genügende Anzahl von Schüttrohren

Die Verwendung von zu wenigen Schüttrohren führt genauso zu Einschlüssen, wie eine sehr kleine Eintauchtiefe, da sich ein zu steiler Betonierkegel einstellt. Die maximale Steiggeschwindigkeit ist direkt am Betonierrohr zu erwarten und diese wird mit wachsender Entfernung vom Rohr kleiner. Wenn der Abstand sehr groß wird, ist eine viel kleinere Steiggeschwindigkeit des Frischbetonspiegels an der Wandung des Schlitzes zu erwarten und demzufolge stellt sich dort der steile Betonierkegel ähnlich wie bei Kapitel 8.1.2 ein.

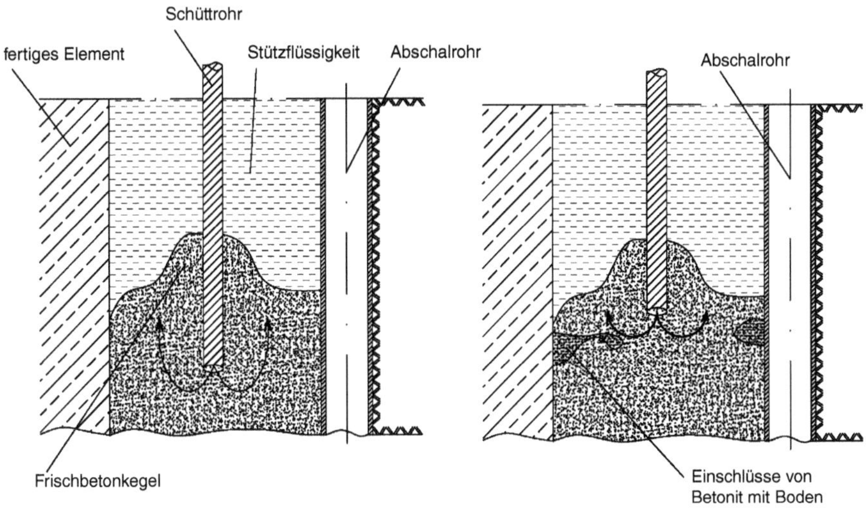

Abb. 8.8 Betonierfehler bei einem nicht genügend tief eintauchenden Schüttrohr in den Frischbeton.

8.1.4 Fließverhalten des Frischbetons

Bei einem zu schlecht fließenden Beton wird versucht, durch Hochziehen der ganzen Betoniergarnitur (Trichter und Schüttrohr), den Beton wieder zum Ausfließen zu bringen. Diese Vorgehensweise führt allerdings nur zu einer Vermischung des eingebrachten Betons mit dem Bentonit und demzufolge zu einer schlechteren Betonfestigkeit. Es ist besser, vor dem Betoneinbau die Konsistenz der Lieferung des Betons zu prüfen (Prüfung des Ausbreitmaßes vor dem Schütten in den Trichter).

8.2 Nacharbeiten von möglichen Fehlstellen in der Fuge

Nach dem Erstarren des eingebrachten Betons, aber noch vor dem Erhärten werden die Fugenrohre gezogen. Dazu wird die Zugwirkung des Baggers häufig durch spezielle hydraulische Zieheinrichtungen unterstützt. Bei Fugenbändern braucht nur das Abstellelement nach erfolgtem Aushub der Nachbarlamelle entfernt werden. Mit dem Entfernen des Abstellelements wird auch der sog. Umlaufbeton entfernt. Allerdings begrenzt das Einsetzen von Abstellelementen bei Fugen mit Bändern auch deren Länge bzw. deren Gewicht (Koppeln nicht möglich). In tiefen Bereichen der Fuge, wo das Abstellelement nicht mehr hinreicht oder bei anderen Abstellkonstruktionen kann es passieren, dass der tatsächliche Aushub bzw. die Aushubgrenze von der theoretischen abweicht. Dies ist meist aufgrund von Hindernissen oder Schichtwechseln mit Festigkeitsunterschieden bzw. beim Abweichen des Schlitzes von der Vertikalen der Fall (Abb. 8.9).

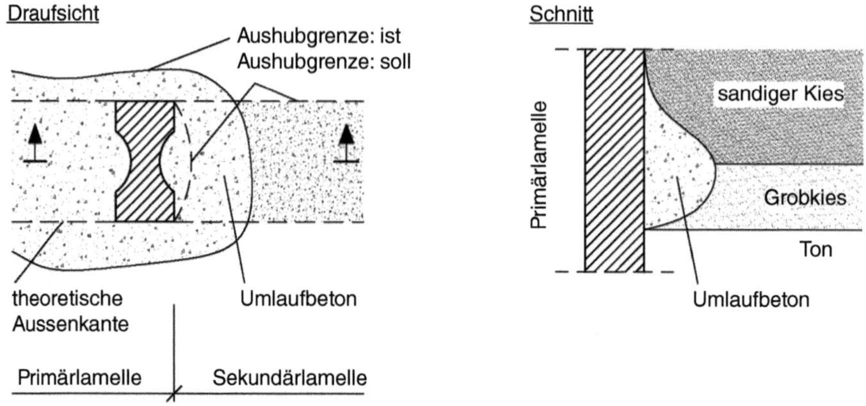

Abb. 8.9 Umlaufbeton bei der Herstellung der Primärlamelle aufgrund des Unterschiedes zwischen theoretischem und tatsächlichem Aushub.

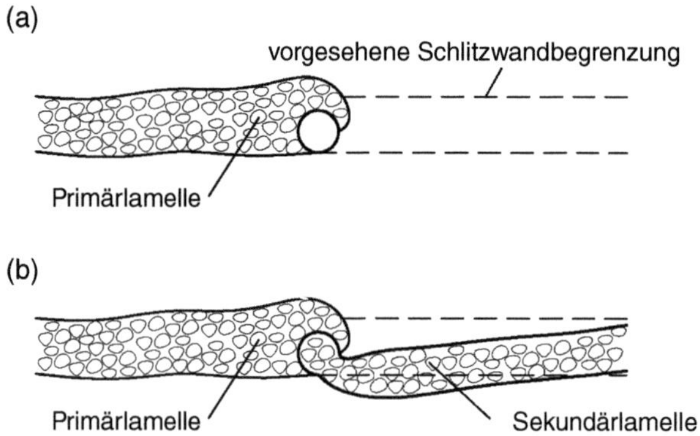

Abb. 8.10 Abweichungen der Schlitzwand durch umläufigen Beton an einem Fugenrohr (aus: Boyes 1975) (a) nach Betonieren der Primärlamelle; (b) nach Betonieren der Sekundärlamelle.

Falls bei der Herstellung des Schlitzes die tatsächlichen Aushubgrenzen größer sind als die theoretischen, wird der Beton um das Abstellelement herumfließen und verbleibt im Bereich des Aushubs der benachbarten Lamelle. Dieser Umlaufbeton kann z. B. bei Rohren als Abschalelement dazu führen, dass die Sekundärlamelle beim Aushub verläuft (Abb. 8.10).

Umläufiger Beton ist bei keiner Abstellkonstruktion sicher zu verhindern. Er ist umso wahrscheinlicher, je grob- und gleichkörniger der anstehende Boden ist. Bei Verwendung von Fugenrohren kann umläufiger Beton Abweichungen des Greiferwerkzeugs und damit der Soll-Lage der Schlitzwand verursachen.

Deshalb wird beim Aushub der Sekundärlamelle ein spezieller Meißel (sog. Putzmeißel) entlang der Abstellkonstruktion geführt, damit der größte Teil des Umlaufbetons entfernt werden kann (Abb. 8.11).

Falls es beim Meißeln nicht gelingt, den ganzen Beton zu entfernen und Reste übrig bleiben, werden beim Betonieren und Ansteigen des Betonspiegels Bodenreste

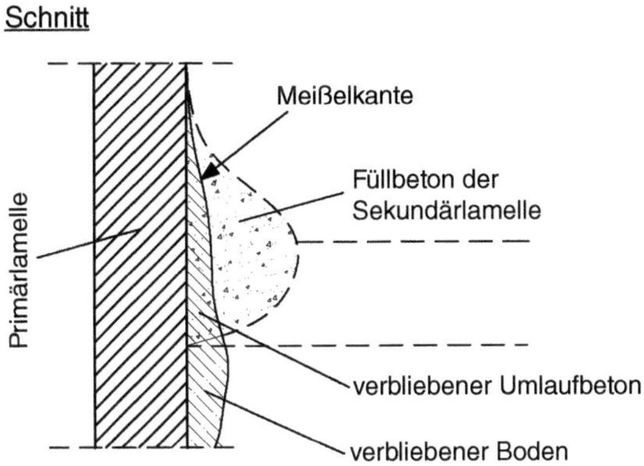

Abb. 8.11 Fehlerhafter Anschluß des Ortbetons der Sekundärlamelle.

mitgeschleppt, welche sich im toten Bereich des unteren Umlaufbetonteils ansammeln. Es kann sich dort sogar eine mit Bentonit/Boden angereicherte Betonmasse ansammeln und dadurch der Anschluss des Ortbetons der Sekundärlamelle an die Primärlamelle mit Fehlstellen behaftet sein. Bei Baugrubenwänden und drückendem Wasser kann diese Stelle fatale Folgen aufgrund von Grundwassereinbruch in die Baugrube verursachen und dies speziell dann, wenn der Aushub tiefer als die Fehlstelle vorangeschritten ist.

Da Schlitzwände häufig die Aufgabe haben, die Baugrube gegen drückendes Grundwasser abzudichten, gilt den Fugen zwischen den Betonierabschnitten besondere Aufmerksamkeit. Bei einwandfreier Herstellung reicht die Dichtigkeit der Fugen aus, zumindest wenn es sich bei der Schlitzwand um eine Bauhilfskonstruktion handelt. Wird die Schlitzwand in ein Bauwerk integriert (z. B. U-Bahn) und eine besonders trockene Baugrube verlangt, müssen unter Umständen Fugensonderkonstruktionen angewendet werden, die die Abdichtung gegen Grundwasser im Fugenbereich erhöhen sollen. Besondere Maßnahmen sind hierfür erforderlich (s. Kapitel 5).

Ein bis jetzt bestens bewährtes System ist das CWS-Fugenelement mit einem Gummiband, welches im Bereich der Fuge verbleibt. Beim Ausheben der Sekundärlamelle wird das Abstellelement seitlich in den ausgehobenen Sekundärschlitz bewegt, so dass evtl. Umlaufbetonreste größtenteils mit entfernt werden (Abb. 5.10). Diese sind allerdings in der Tiefe begrenzt (s. Kapitel 5).

Alternativen hierzu bieten die Fugen mit dem Überfräsen der bereits hergestellten Schlitzwandlamellen, allerdings wird hierfür die Schlitzwandfräse eingesetzt werden müssen. Es wurden besondere Maßnahmen, wie das Aufbohren und Injizieren der Fugen beschrieben (s. Kapitel 5) aber diese Maßnahmen haben mit der Qualität des Fugensystems nichts zu tun.

Für die Baupraxis sind Verfahren interessant, welche eine Prüfung der Qualität der Schlitzwandfugen ermöglichen. Ein Verfahren, welches nach der Erprobungsphase gegen Ende des vorigen Jahrhunderts zwischenzeitlich mit Erfolg eingesetzt wird, ist in Abb. 8.12 dargestellt.

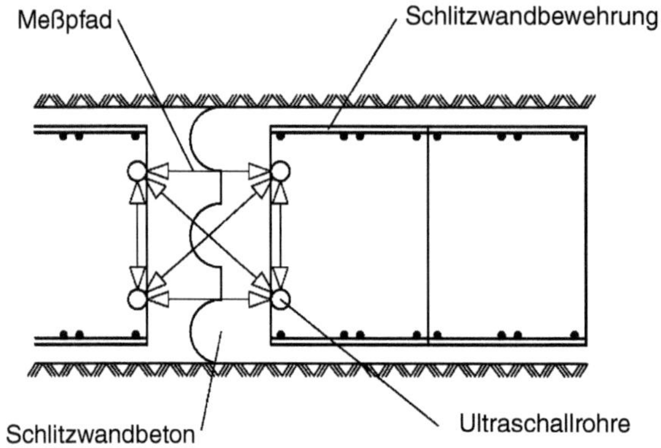

Abb. 8.12 Beschallungsrohre zur Prüfung der Integrität von Schlitzwandfugen.

Bei diesem Verfahren werden in die Schlitzwandbewehrung Beschallungsrohre integriert. Über die Laufzeiten der Ultraschallwellen und bei bekannter Geometrie bzw. Abstand zwischen den Rohren kann man auf Fehlstellen im Bereich der Schlitzwandfugen schließen. Dabei wird in einem der Rohre eine Ultraschall-Quelle eingesetzt und in dem anderen jeweils ein Aufnehmer. Die Messungen werden in verschiedenen Höhen der Ultraschallrohre vorgenommen, so dass kontinuierlich die Qualität der Fuge über die Höhe überprüft werden kann.

8.3 Nacharbeiten von Schlitzwandflächen beim Baugrubenaushub

Herstellungsbedingt kann es zu Abweichungen der Wand von der planmäßigen Lage im Grund- und Aufriss kommen. Solche Abweichungen können Konsequenzen hinsichtlich der Lastabtragung und Wandanschlüsse haben. Die Ebenheit der Außenfläche der Wand kann unbefriedigend sein. Die Struktur der Wandoberfläche kann durch die Zusammensetzung des Betons beeinträchtigt werden. Es gibt Fälle, wo das Größtkorn des Bodens (speziell bei sehr grobkörnigem Boden oder dort, wo mit natürlichen Hindernissen zu rechnen ist) größer ist als die von der Norm angegebenen zulässigen Abweichungen (Unebenheiten) der Wandoberfläche von bis zu ± 1,5 % der Wandtiefe oder 10 cm (größerer Wert ist maßgebend). Diese größeren Abweichungen und örtlichen Unebenheiten sind zulässig (bis zur Größe des Größtkorns), wenn dadurch die Funktionsweise und der Verwendungszweck der Schlitzwand nicht beeinträchtigt werden (z. B. Mindestabmessungen von Parkplätzen in der Nähe der Wand). Bei Schlitzwandfugen mit geforderter Wasserdichtigkeit sind die Maßabweichungen und die erlaubten Toleranzen für die Nenndicke keinesfalls voll auszuschöpfen. Obwohl in der DIN 4126 die Abweichung der Wandaußenfläche von den durch die Nenndicke bestimmten Sollflächen höchstens bis zu 1,5 % der Wandtiefe (oder 10 cm) zulässig ist, wird irrtümlicherweise häufig dieses Maß auf die Wandhöhe (h) bezogen (Abb. 8.13a). Da diese Toleranzmaße direkt von der

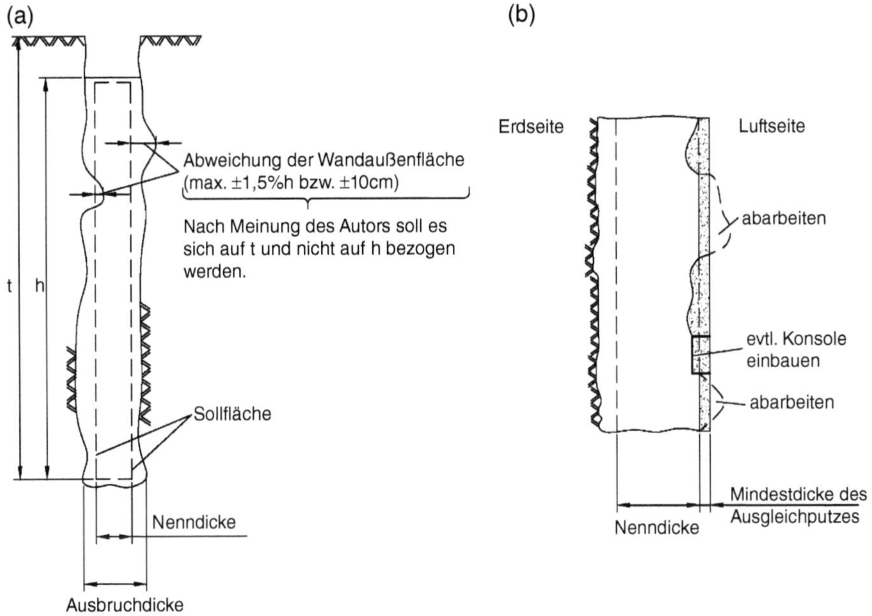

Abb. 8.13 (a) Maßabweichungen der Wandoberfläche sollen auf die Tiefe t bezogen werden; (b) ausgleichende Arbeiten auf eine freigelegte Schlitzwand.

Aushubtiefe abhängen, ist die Tiefe t und nicht die Höhe h der Wand für die Anwendung der Toleranzmaße maßgebend. (Je tiefer ein Aushubwerkzeug den Aushub zu tätigen hat, umso größer sind die Abweichungen).

Unabhängig davon, ob die freigelegte Betonschlitzwand ebenflächig ist oder nicht, ist bei Bauhilfswänden, zumindest beim luftseitigen Aushub, die Schlitzwandoberfläche von Boden und Resten der Stützflüssigkeit aus Gründen der Arbeitssicherheit zu reinigen. Wenn allerdings höhere Anforderungen konstruktiver Art an die Wand gestellt werden, muss sie nicht nur gereinigt, sondern auch mit einer Deckfläche versehen werden. Ein Beispiel hierfür mit einer Anwendung eines Ausgleichsputzes aus Zementmörtel, um Unebenheiten der Wand auszugleichen, ist in Abb. 8.13 b) gegeben.

8.4 Glatte Wandflächen und Vermeidung von Umlaufbeton

Der Umlaufbeton und die Nacharbeiten der Schlitzwandoberfläche beim Baugrubenaushub sind nicht nur hinderlich für den Baubetrieb sondern auch kostenintensiv. Da, wo aufgrund der Baugrundverhältnisse oder der zu erwartenden Hindernisse eine glatte Oberfläche der Schlitzwand als Bestandteil eines Bauwerks nicht erwartet werden kann, hat man im Ausland eine Umhüllung des Bewehrungskorbes mit Stahlblechen an den Schlitzenden und eine Art Segeltuch (Kanevas) an den Längsfronten des Bewehrungskorbes vorgesehen (Abb. 8.14). Diese Umhüllung soll den Umlaufbeton während des Betonierens verhindern und gleichzeitig eine glatte Wandoberfläche beim späteren Baugrubenaushub gewährleisten. Die Endstahlbleche werden mit dem Bewehrungskorb fertig montiert auf der Baustelle angeliefert und die Befestigung des Segeltuches (Leinwand) erfolgt parallel mit dem Absetzen des Bewehrungskorbes in den Schlitz. In Abbildung 8.14 ist ein schematischer Aufbau dieser Konstruktion dargestellt, in Abb. 8.14a ist der Einbau des umhüllten Bewehrungskorbes in den Schlitz abgebildet in Abb. 8.14b ist ein schematischer Aufbau der Umhüllung und in Abb. 8.14c ist ein Beispiel der Konstruktion des Korbes und des Anschlusses dieser Leinwand an den Bewehrungskorb angegeben.

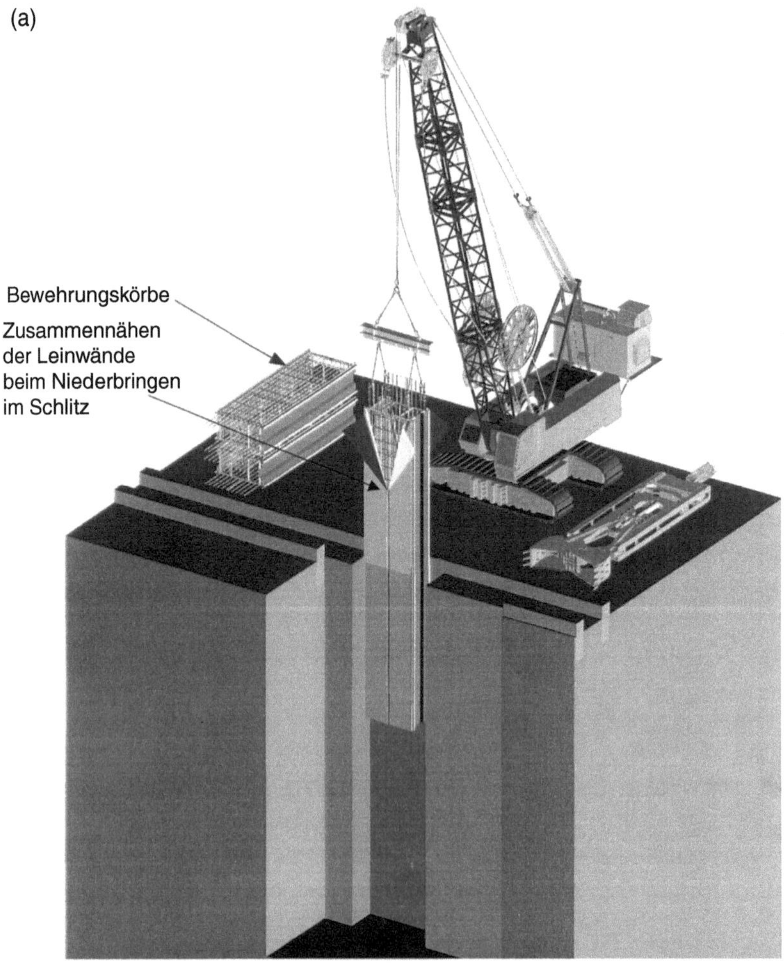

Abb. 8.14 Umhüllung eines Bewehrungskorbs mit Stahlblechen und Kanevas: (a) Platzierung des umhüllten Bewehrungskorbs im Schlitz.

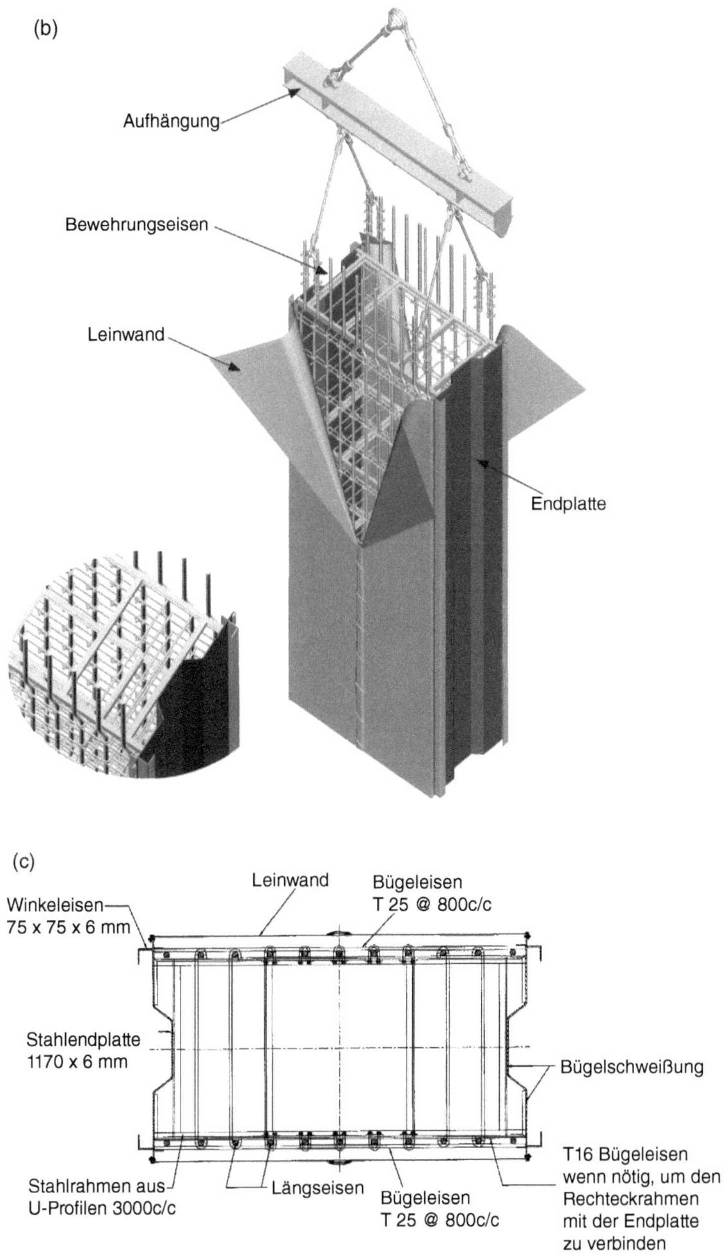

Abb. 8.14 *(Fortsetzung)* Umhüllung eines Bewehrungskorbs mit Stahlblechen und Kanevas: (b) Schematischer Aufbau der Umhüllung; (c) ein Beispiel mit Details des Anschlusses von Kanevas an den Bewehrungskorb.

9
Fertigteilschlitzwände

Bei der Herstellung von Fertigteilschlitzwänden werden Betonfertigteile in einen zuvor ausgehobenen Schlitz, der mit einer erhärtenden Stützflüssigkeit (z. B. Zement-Bentonit) gefüllt ist, eingestellt. Der Bauablauf ist in Abb. 9.1 dargestellt.

Die Fertigteile sind relativ schwer und die Anwendung dieses Verfahrens ist auf Schlitzwandlängen (Tiefen) bis 20 m begrenzt, wobei der obere Bereich der Wand meist als Trägerbohlverbau ausgeführt ist. Dieser Bereich der Wand wird später mit Holzverbau oder Spritzbeton ausgefacht. In Abbildung 9.1 ist ein kontinuierliches Verfahren der Wandherstellung dargestellt, wobei die schweren Fertigteile nachlaufend mit dem Aushub in die erhärtende Stützflüssigkeit eingestellt werden und an den Leitwänden aufgehängt werden, d. h. die Lagegenauigkeit der Leitwandkonstruktion bestimmt auch die Lage der Schlitzwand. Die Steckträger können zusammen mit den Fertigteilen vorgefertigt werden bzw. einbetoniert werden. Mit diesem System erhält man durch die erhärtende Suspension eine Wasserdichtigkeit im Fugenbereich. Um die Dichtigkeit im Fugenbereich noch zu erhöhen sind verschiedene Fugensysteme entwickelt worden. In Abbildung 9.2 ist ein Nut- und Federsystem von benachbarten Fertigteilen (System Soletanche) sowie ein Prinzip mit einem Fugenband aus Stahl oder Gummi (Schlauch), welches in speziell hierfür vorgesehene Aussparungen der Fertigelemente eingesetzt wird, dargestellt.

Der Fuß der Fertigteile ist in einer leichten Keilform ausgebildet (Abb. 9.1), um hiermit das Verdrängen des an der Schlitzsohle aus Aushubmaterial angesammelten Schlamms zu erleichtern. Der Schlitz ist etwa 1 m tiefer ausgehoben als eigentlich erforderlich, da es aufgrund der Schlammablagerung und der Eindickung der Suspension nicht möglich ist die Fertigteile bis auf Solltiefe abzusenken. Das am einzubauenden Fertigteil befestigte Fugenband wird am Fuß des Fertigteils in einen angeschweißten Vorschneider, eingespannt (Abb. 9.3).

Dieser Vorschneider hat zwei Funktionen:

a) Führung im unteren Bereich des Fertigteils in die Nut des bereits eingesetzten Fertigteils
b) Befestigungseinheit für das Gummiband (Dies erfolgt bereits vor dem Einfädeln der Fertigteile, wobei der Gummischlauch mit Wasser einseitig beaufschlagt wird, damit es in der einen Nut nicht verrutschen kann.)

Planung und Bauausführung in der Schlitzwand- und Dichtwandtechnik. 1. Auflage. Theodoros Triantafyllidis.

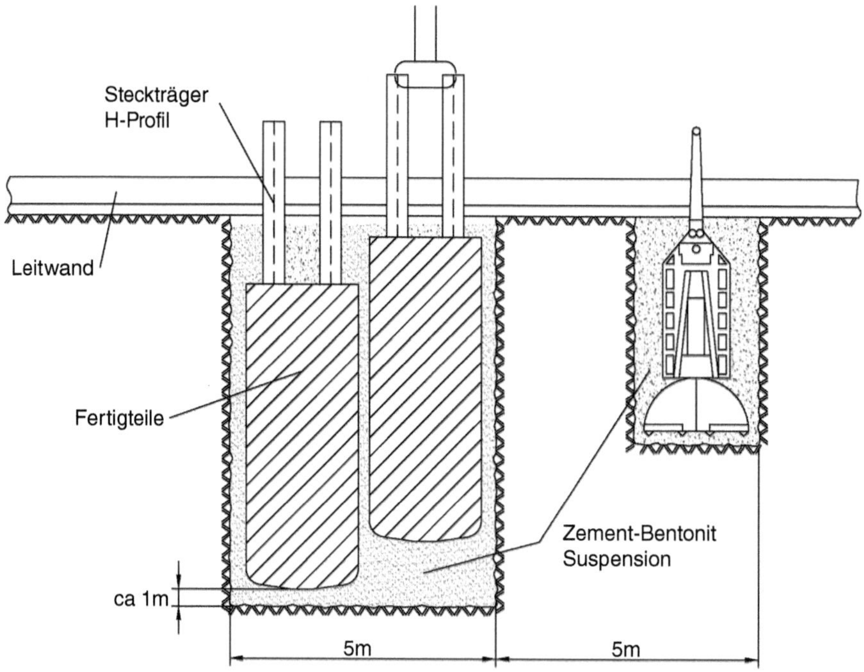

Abb. 9.1 Fertigteilschlitzwand bei einem kontinuierlichen Herstellungsverfahren.

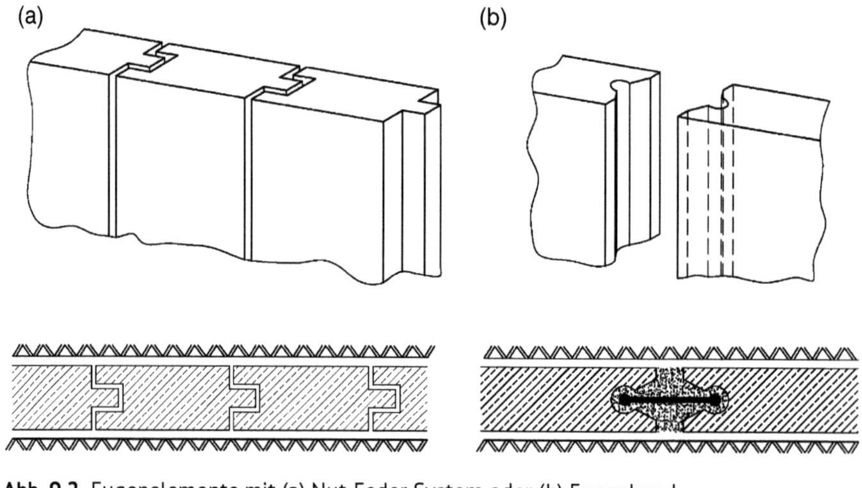

Abb. 9.2 Fugenelemente mit (a) Nut-Feder-System oder (b) Fugenband.

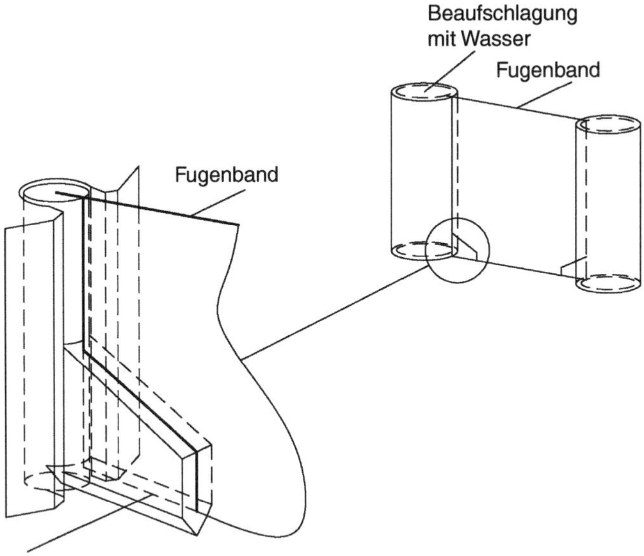

Abb. 9.3 Vorschneider zum Führen der Fuge im unteren Bereich und Befestigung des Fugenbands.

Zum Aufnehmen und Transportieren der Fertigteile gibt es bereits im oberen Bereich der Fertigteile spezielle Anker, an die ein Parallelgehänge angebracht werden kann, um die Fertigteile zu heben.

Für die einwandfreie Platzierung des einzubauenden Fertigteils in das bereits eingebrachte Fertigteilelement muss sich beim Einfädeln des Vorschneiders auch das Fertigteil exakt in seiner Solllage (horizontale Projektion) befinden. Die Toleranzen zwischen den Fertigteilen sind sehr klein und der lichte Abstand liegt innerhalb von wenigen Zentimetern (1–3 cm). Nach dem Einfädeln und langsamen Ablassen des Fertigteils in die Stützflüssigkeit wird das zu hebende Gewicht immer kleiner. Der Ausleger hat jetzt ein geringeres Gewicht zu tragen und aufgrund seiner elastischen Deformationsunterschiede führt der Auslegerkopf eine kreisförmige oder ellipsenförmige Bewegung aus, so dass er dann nicht mehr direkt über der Schlitzmitte steht. Um ein Verkanten oder Verkeilen der Fertigteile zu vermeiden, muss der Ausleger immer wieder nachgeführt werden. Das Nachführen erfolgt anhand von Vertikalitätsmessungen des Fertigteils in zwei Richtungen. Die Führung des Fertigteils erfolgt nicht nur über den Vorschneider sondern auch mit Abstandshaltern zwischen Leitwand und Element (Abb. 9.4), welche aus beweglichen Rollen in ⊏-Profilen bestehen.

Bei dem kontinuierlichen Herstellungsverfahren von Schlitzwänden mit Fertigteilelementen gibt es auch einen Zeitpunkt, bei welchem die Arbeit ruht oder eine Zwangspause, z. B. Wochenende, die die Arbeiten unterbricht. Das System in einer selbsterhärtenden Stützflüssigkeit würde dann keinen Anschluss an die nächsten Fertigteilelemente ermöglichen, da die Fugen voll mit erhärteter Mischung wären

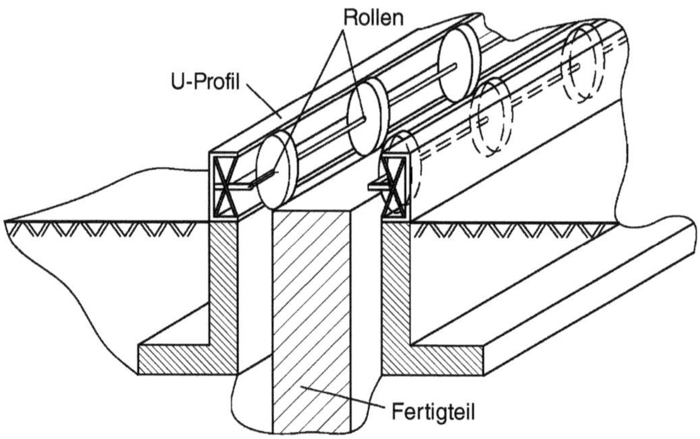

Abb. 9.4 ⊏-Profile mit Rollen zur Führung der Fertigteile an der Oberkante der Leitwand.

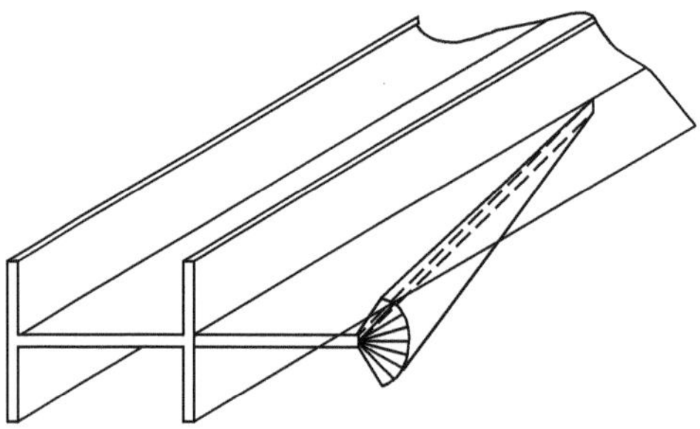

Abb. 9.5 Fugenschneider zur Reinigung von Fertigelementfugen vor dem Einsatz des nächsten Fertigteils nach einer längeren Arbeitsunterbrechung.

und das Einfädeln überhaupt nicht mehr möglich wäre. Das Freihalten der Fugen erreicht man entweder nur durch einen Schlauch, welcher mit Wasser gefüllt ist und in der Fuge platziert ist oder durch einen Schlauch, welcher von Zeit zu Zeit mit Wasser beaufschlagt wird, um die Fuge von der Suspension freizuhalten. Vor Neubeginn des Baubetriebs wird ein sog. Fugenschneider als Schaber benutzt, um damit die Fuge, ähnlich wie beim Putzmeißel, von anhaftendem Bentonit-Zement-Boden-Gemisch frei zu kratzen. Dieser Fugenschneider ist ein schweres H-Profil mit aufgeschweißtem Vorschneider, so wie in Abb. 9.5 dargestellt ist.

9.1 Einbau von Fertigteiltragelementen in Schlitzwandbarrette

Schlitzwandelemente werden oft als Tiefgründungselemente verwendet. Diese rechteckförmigen Tiefgründungselemente werden auch „Barrette“ genannt. Man kann mehrere solcher Elemente zu einem System zusammenführen, welches T-L- oder kreisförmige oder schwere Streckenlasten direkt in den Untergrund ableiten kann, ohne hierfür eine lastverteilende Kopfplatte zu benötigen. Es gibt bei Hochhäusern

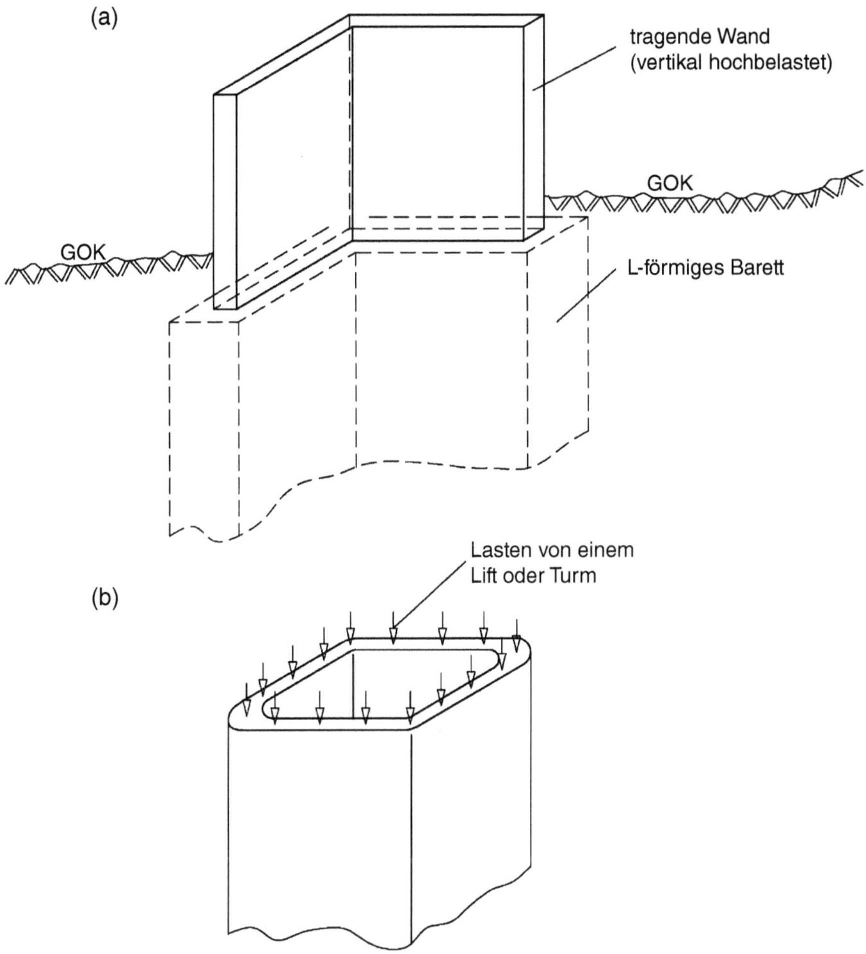

Abb. 9.6 (a) Tragende Eckwand wird direkt über ein L-förmiges Barrett gestützt oder (b) Gründung eines Liftschachts.

durchaus Bereiche, welche hochbelastet sind und aus wirtschaftlichen Gründen eine direkte Ableitung der Lasten in den Untergrund ohne hochbewehrte Kopfplatten mit entsprechenden Abmessungen fordern. Die Barrette tragen über Spitzendruck und Mantelreibung, wobei der Spitzendruck in Abhängigkeit vom Seitenverhältnis (Länge l_s zu Breite d) entsprechend reduziert wird ($l_s/d \geq 5$ bedeutet eine Reduktion der Werte nach DIN 4014 um 40 %). Aufgrund der sich bietenden großen Mantelfläche kann man die Mantelreibung durch gezielte Nachverpressung auch erhöhen. In Abbildung 9.6 sind einige Formen solcher Barrette für kontinuierliche Lasten aus dem Hochbau angegeben.

Da Tiefgründungselemente in sehr vielen Fällen mit einer Baugrube zusammen hergestellt werden, bieten die Barrette in einigen Fällen gewisse Vorteile, wenn die

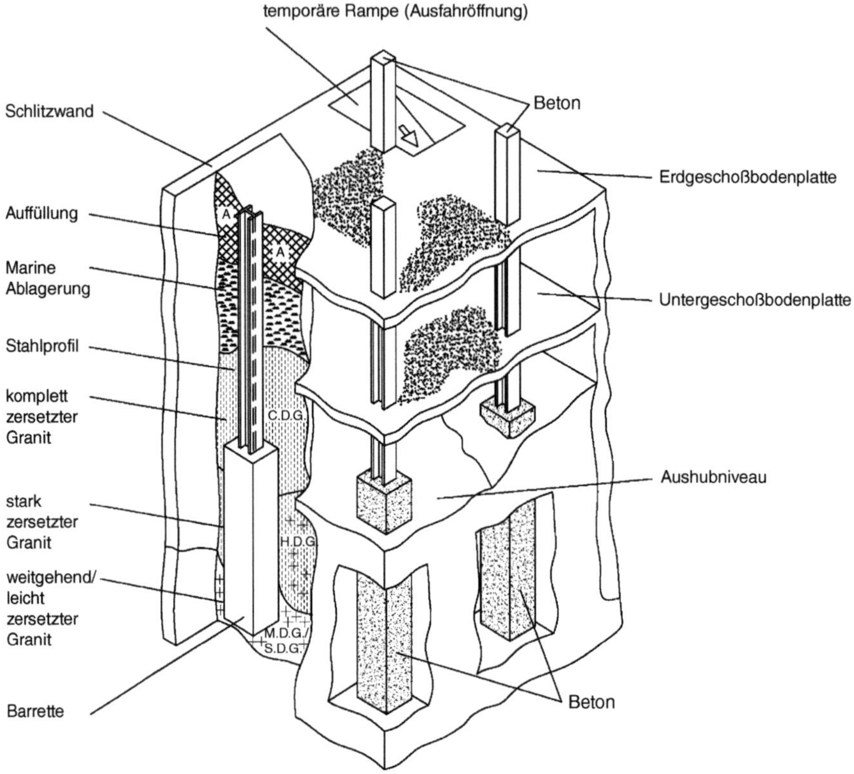

Abb. 9.7 Schematischer Einbau von Fertigstützen in einer Top-Down-Konstruktion.

Umschließung der Baugrube mit einer Schlitzwand erfolgt und die Ausrüstung bereits vorhanden ist. Wegen der Ersparnis von zusätzlichem Bohrgerät und entsprechender zusätzlicher Baustelleneinrichtung kann dann die Ausführung der Tiefgründung mit Barrettes an Stelle von Großbohrpfählen vorteilhaft sein.

Die tiefen Gründungselemente müssen oft nicht bis zur Oberfläche hergestellt werden, sondern deren Oberkante liegt viel tiefer. Für die Abtragung der vertikalen Lasten in einem frühen Stadium (ohne den Baugrubenaushub abzuwarten), wie z. B. bei einer Deckelbauweise oder einer sog. Top-Down-Methode, müssen entweder Stahl- oder Stahlbetonfertigelemente oder sog. Fertigteilstützen in Schlitzwandbarrette oder in Pfahlbohrungen lagegenau eingebaut werden (Abb. 9.7).

Um Bauzeit zu sparen, werden gleichzeitig mit Hilfe solcher Fertigteilstützen die Lasten der Hochbaukonstruktion direkt in die Tiefgründungselemente eingeleitet.

Die Lagegenauigkeit solcher Fertigstützen in der Höhe des späteren Aushubniveaus spielt eine sehr wichtige Rolle, ebenso wie die genaue Lage der Barrette im Grundriss. Die Lagegenauigkeit des Aushubs der Barrette in der gewünschten Höhe kann mit der Qualitätssicherung beim Aushub (Kapitel 2.6) gesichert werden. Zusätzlich braucht man allerdings eine Vorrichtung zu einem

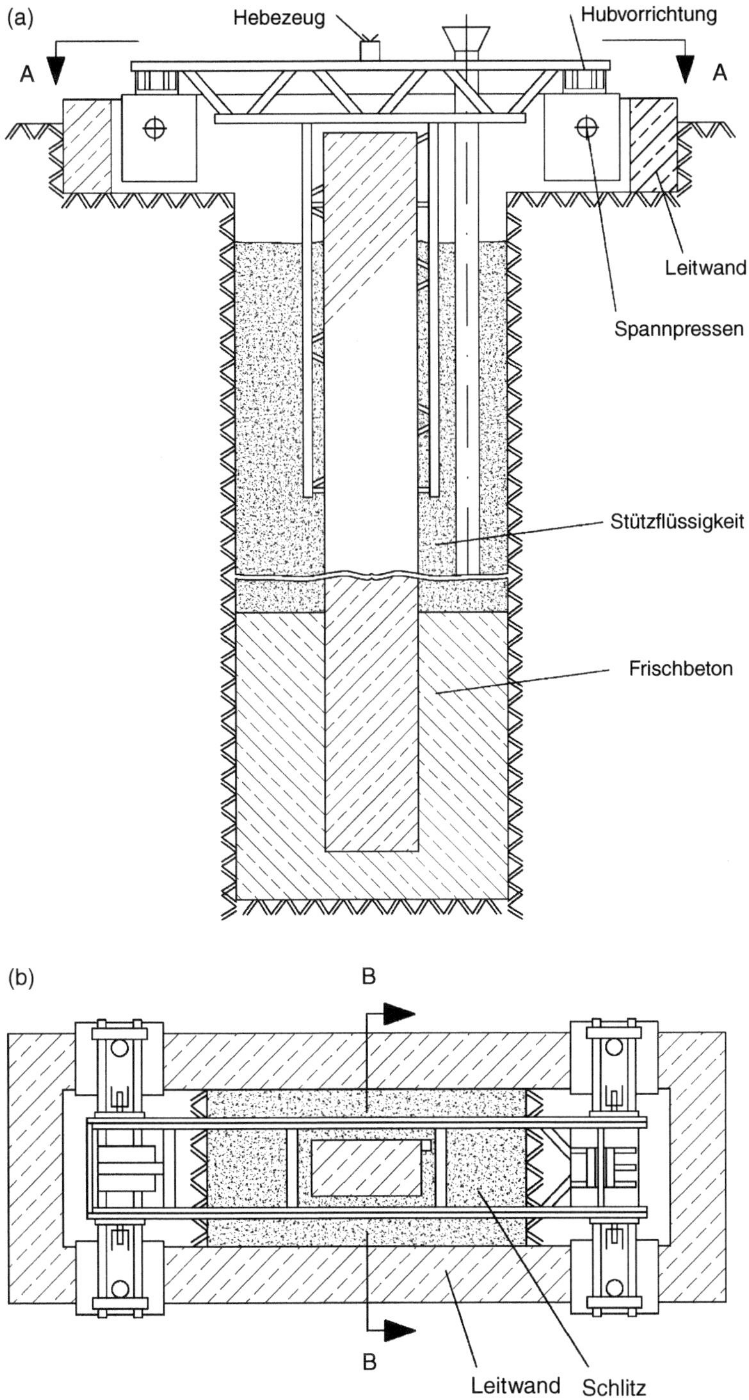

Abb. 9.8 Apparatur (mechanische, hydraulische oder elektrische) zum lagegenauen Einbau von Fertigteilstützen in Barretten oder anderen Bohrlöchern: (a) Prinzipskizze und (b) Grundriss (Schnitt A–A von (a)).

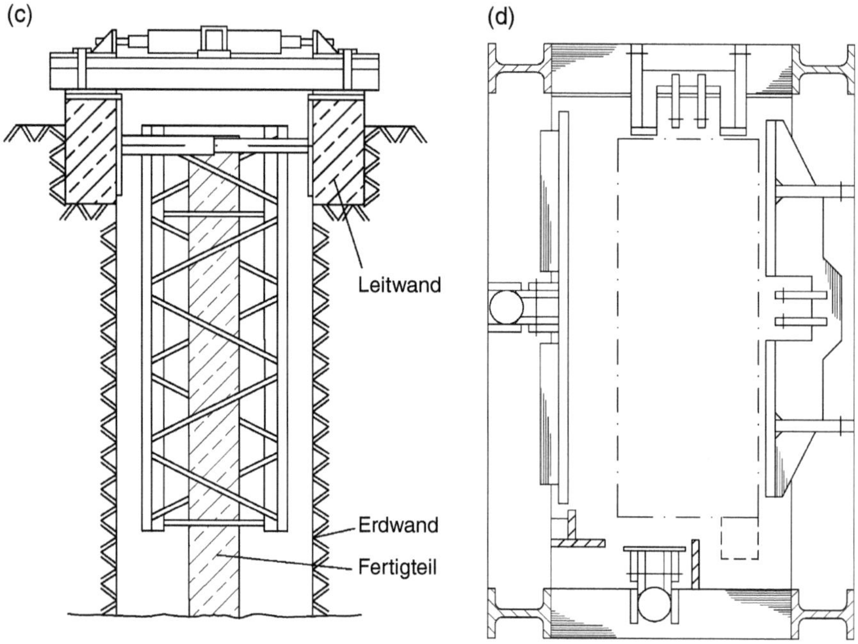

Abb. 9.8 *(Fortsetzung)* Apparatur (mechanische, hydraulische oder elektrische) zum lagegenauen Einbau von Fertigstützen in Barretten oder anderen Bohrlöchern: (c) Aufriss (Schnitt B–B von (b)); (d) Spannvorrichtung im Kamin.

lagegenauen Einbau der Fertigstützen in die Schlitzwandbarrette sonst ist die Planung der Kellergeschosse nicht realisierbar (Zufahrten, Parkplätze mit Mindestabmessungen etc.)

Ein Beispiel einer solchen Vorrichtung ist in Abb. 9.8 gegeben und ist in der Patentschrift DE 4231393 C1 zu finden. Ein Zentriergerüst wird auf die Leitwände gesetzt. Zwischen Leitwand und Zentriergerüst sind Hebevorrichtungen in den 4 Auflagerpunkten vorgesehen. Das Zentriergerät wird etwa in Solllage (Abb. 9.8b) gebracht und mittels Spannpressen mit der Leitwand quer verspannt. An dem vorgefertigten Fertigteiltragelement werden an den Verankerungspunkten Anschlagmittel (z. B. Seil) zum Heben und Aufhängen des Elements über eine Hohlkorbpresse oder Hebezeug angebracht. Auf dem Zentriergerüst ist eine fahrbare Brücke (Längs- wie auch Querschichtung des Schlitzes) mit einem Zentriergerüst (sog. Kamin) aufgelegt. Dieser Zentrierkamin weist mehrere Zentrieranschläge sowie Spannvorrichtungen zum Festspannen des Fertigteilelements gegen die Zentrieranschläge auf. Eine detaillierte Skizze dieser Vorrichtungen findet man in Abb. 9.8d).

Die Zentrierbrücke lagert auf einem längs und quer fahrbaren Führungsschlitten. An den Führungsschlitten sind Stellgetriebe angeschlossen, die z. B. als Stellspindeln ausgebildet sind. Die quer fahrbaren Führungsschlitten der Zentrierbrücke sind mit Schienen geführt, welche auf den Hubvorrichtungen des Rahmens gelagert sind (Hubvorrichtungen sind auch als Spindel ausgebildet). Der Zentrierkamin ist eine fachwerkartige rechteckige Rahmenkonstruktion. In diesem Rahmen werden die Zentrieranschläge als ausklappbare Konstruktionen ausgebildet, wobei die Spannvorrichtungen als innerhalb des Kamins ausfahrbare Spannscheren ausgebildet werden.

Die Zentrieranschläge sind im Bereich der einen Längsseite und Breitseite und die Spannvorrichtungen im Bereich der anderen gegenüberliegenden Längsseite und Breitseite des rechteckigen Zentrierkamins auf gleicher vorgegebener Höhe angeordnet (Abb. 9.8d). Zumindest für die Spannvorrichtungen sind schützende Leitbleche zur Führung des Fertigteiltragelements in dem Zentrierkamin vorgesehen. Außerdem sind am Kaminprofilrahmen Festlegebleche für den Fall angebracht, dass die ausklappbaren Zentrieranschläge nicht benötigt werden. An das Fertigteilrahmenelement ist ein wieder verwendbarer Lotlaserköcher zur Aufnahme eines Lotlasers unter Zwischenschaltung von nicht dargestellten Klemm- und Haltelaschen anschließbar, welche vor dem Heben des Fertigteils an dem Teil selbst montiert werden und nach Abschluss der Arbeiten am Fertigteil verbleiben.

Nach dem Heben wird das Fertigteilelement in lotrechte Position gebracht und in das Zentriergerüst bzw. den Zentrierkamin eingelassen. Nachdem das Fertigteiltragelement etwa auf die vorgesehene Einbauhöhe abgesenkt worden ist, wird es in das auf der Zentrierbrücke angeordnete Hebezeug eingehängt, welches dazu dient, dass Fertigteiltragelement auf die exakte Sollhöhe abzulassen bzw. anzuheben. Wenn das Fertigteiltragelement seine exakte Sollhöhe erreicht hat, werden die ausklappbaren Zentrieranschläge ausgefahren. Dann erfolgt die Betätigung der Spannscheren bzw. Spannvorrichtungen, welche das Fertigteiltragelement gegen die Zentrieranschläge schieben und sie dort festspannen bzw. festhalten. Der eigentliche Ausrichtungsvorgang beginnt mit dem Einsetzen des Lotlasers in den Lotlaserköcher, welcher bereits vor dem Heben des Fertigteils am Fertigteil selbst (Abb. 9.8b) montiert wurde. Mit Hilfe der Hubvorrichtungen bzw. Hubspindeln wird die lotrechte Position des Fertigteiltragelements eingestellt indem die Zentrierbrücke mit dem Zentrierkamin und dem darin eingespannten Fertigteiltragelement angehoben und eingeschwenkt wird. Nach Abschluss dieses Vorgangs wird die Sollhöhe des Fertigteiltragelements überprüft und ggfs. korrigiert. Zur Höhenkorrektur werden die Spannvorrichtungen gelöst und anschließend wieder vorgefahren. Durch Betätigen der Stelltriebe bzw. Stellspindeln für die Führungsschlitten wird die Zentrierbrücke mit dem in den Zentrierkamin eingespannten Fertigteiltragelement in die exakte Flucht verfahren. Ist die exakte Solllage des Fertigteiltragelements erreicht, erfolgt eine Lagesicherung durch die Stellspindeln und Spannscheren. Während des Ausricht- und sich anschließenden Betoniervorgangs bleibt die Zentrierbrücke mit Hilfe der Spannpressen fest mit dem Leitwandkasten verspannt.

Abb. 9.9 Einbau von Primärstützen auf einer Baustelle (Foto: Brückner Grundbau, Schadow-Arkaden, Düsseldorf).

Dieses System zum lagegenauen Einbau von Fertigteilstützen hat sich aufgrund seiner einfachen Abläufe in der Praxis bewährt. In Abbildung 9.9 ist der Einbau von solchen sog. Primärstützen auf einer Baustelle in Düsseldorf (Schadow-Arkaden) dargestellt.

10

Verformungen von Schlitzwänden

Schlitzwände sind massive Bauten und werden bei Baugruben als relativ biegesteife Elemente eingesetzt, vor allem dort, wo man wegen der Nachbarbebauung eine Begrenzung der Bodenverformungen wünscht. Im innerstädtischen Bereich sind aufgrund fehlender Grundstücke tiefe Wände gewünscht, da man Infrastrukturprojekte oder Tiefgaragen hiermit realisieren kann. Diese Wände müssen Erddruck und Wasserdruck als dauernde oder Bauhilfsmaßnahme standhalten, aber in vielen Fällen sind das Bodenverhalten und die Wechselwirkung zwischen Baugrund und Konstruktion in großen Tiefen nicht bekannt. Als Baugrubenverbau haben diese Wände die primäre Aufgabe in jedem Bauzustand die Standsicherheit nicht nur des Bodenkörpers, sondern auch der im Einflussbereich liegenden Bauwerke zu gewährleisten. Dies kann mit Grenzzustandsbetrachtungen, die in der Bodenmechanik schon lange vorliegen, nachgewiesen werden. Schwieriger gestaltet sich die Ermittlung der auftretenden Wandverformungen. Bei der Verformungsbetrachtung müssen die tatsächlichen Gegebenheiten, die Belastungsgeschichte und der Arbeitsablauf berücksichtigt werden.

In Abbildung 10.1 ist das Beispiel einer Schlitzwand mit einer Steifenlage sowie dem Erdlager zur Sicherung einer Baugrube gegeben. In der Nähe der Wand werden noch Pfähle gerüttelt, um die Lasten des späteren Hochbaus aufzunehmen. In Abbildung 10.1 sind schematisch die Horizontalspannungen – erdseitig wie luftseitig – und deren Veränderungen beim Arbeitsablauf angegeben.

Im Zustand 1 herrschen ursprüngliche Verhältnisse im Boden. In den meisten Computer-Programmen geht man davon aus, dass die Wand störungsfrei, d. h. ohne die ursprünglichen Verhältnisse zu verändern, in den Boden eingebracht worden ist (wobei diese Annahme nicht immer zutreffend ist). Im Zustand 1 wirkt links und rechts der Wand der Ruhedruck. Beim Herstellen der Wand wird der Ruhezustand allerdings gestört. Hier wird angenommen, dass teilweise der aktive Erddruck mobilisiert wird und dass mit einem erhöhten aktiven Erddruck beiderseits der Wand zu rechnen ist. Im Zustand 2 hat man einen teilweisen Aushub getätigt, wobei sich die noch nicht ausgesteifte Wand in Richtung der Luftseite biegt. Der Erddruck σ_e wird geringer und steigt von der Geländeoberfläche mindestens mit dem aktiven Beiwert K_a an, während er auf der Luftseite erst von der momentanen Sohltiefe

Planung und Bauausführung in der Schlitzwand- und Dichtwandtechnik. 1. Auflage. Theodoros Triantafyllidis.

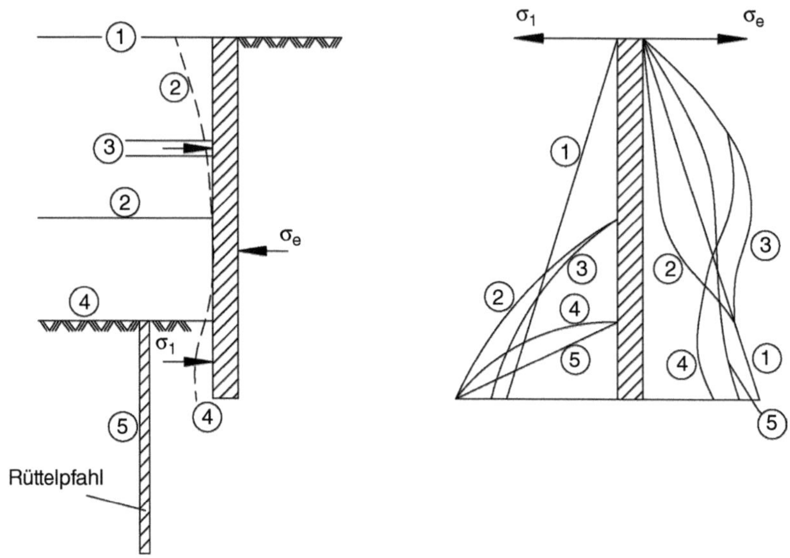

Abb. 10.1 Entwicklung der Horizontalspannungen (schematisch) an einer Schlitzwand bei verschiedenen Bauzuständen.

höchstens mit dem passiven Beiwert K_p anwächst. Im Zustand 3 wird die Steifen- oder Ankerlage eingebracht und auf die vorgegebene Kraft angespannt. Durch diese Vorspannung wird die Wand teilweise zurückverformt und der Erddruck σ_e wird in Richtung des passiven Widerstands anwachsen. Auf der Luftseite wird er etwas kleiner, so dass das System mit der Steifenkraft im Gleichgewicht steht. Im Zustand 4 wird die Baugrube bis zur Endtiefe ausgehoben, wobei die Verformungen im Fußbereich Richtung Baugrube anwachsen. Die Bewegung der Wand in der Höhe der Steife ist behindert. Im letzten Zustand 5 werden Pfähle in der Nähe des Wandfußes eingerüttelt, so dass größere Verformungen im Fußbereich auftreten, welche mit einer Verminderung des passiven Erddrucks einhergehen und es auf der Erdseite zu Umlagerungen des aktiven Erddrucks kommt.

Diese Änderungen der Erddrücke oder sog. Umlagerungen sind mit entsprechenden Wandverschiebungen gegenüber der Anfangslage verbunden. Eine zuverlässige Vorhersage solcher Vorgänge war bislang nicht möglich.

In Fällen, in denen eine Prognose über das Verhalten der Wand unsicher erscheint oder bei konservativen Annahmen die Wirtschaftlichkeit der Methode in Frage gestellt ist, können Messungen durchgeführt werden, die entweder das angenommene Verhalten bestätigen oder die Prognose für das weitere Verformungsverhalten z. B. der nächsten Phase, erlauben. Die dann erfolgte Prognose der Verformungen im Gebrauchszustand können, wenn diese größer werden als die im Gebrauchszustand zulässige, zu Planungsänderungen führen oder eine Verfahrensänderung veranlassen, damit die Gebrauchstauglichkeit der Baugrube und der Nachbarbebauung nicht in Frage gestellt werden.

10.1 Messungen an Schlitzwänden

Das übliche Messprogramm zur Erfassung des Wandverhaltens umfasst

a) Messung der Wandverformungen
b) Messung von Anker- bzw. Steifenkräften
c) Geodätische Messung des Wandkopfes bzw. Ankerkopfes
d) Erddruckmessungen
e) Messungen der Wasserdrücke innerhalb und außerhalb der Baugrube / in der Nähe der Verbauwand

Die Messungen der Wandverformungen werden üblicherweise mit einem 2-achsigen Vertikal-Inklinometer durchgeführt und beziehen sich auf eine Nullmessung der Lage des Inklinometerrohres vor Beginn des Aushubs oder der Ankerherstellung. Da diese Messungen relative Messungen sind, werden die absoluten Verformungen erst durch die Festlegung eines Bezugspunkts ermittelt. Dieser Bezugspunkt wird fälschlicherweise entweder mit dem als unverschieblich anzunehmenden Fußpunkt des zu kurzen Inklinometerrohrs oder mit einer nicht an wirklichen Festpunkten angebundenen geodätischen Einmessung des Kopfpunktes des Inklinometers festgelegt.

Die Schlitzwandverformungen errechnen sich aus der Differenz zweier zu unterschiedlichen Zeitpunkten gemessenen Lagen des Inklinometerrohres, welches in der Schlitzwandachse fest mit der Schlitzwand verbunden ist. Wegen des einfachen Einbaus der Inklinometerrohre mit der Bewehrung werden diese in den meisten Fällen nur bis zur Unterkante Schlitzwand eingebaut, so dass der Fußpunkt nicht als unverschieblich angenommen wird, da der Wandfuß nach Baugrubenaushub noch Verformungen unterworfen ist. Die Inklinometerrohre müssen viel tiefer in den Boden unterhalb der Schlitzwand einbinden, in der Regel 10–15 m. Eine solche Tiefe wird als ausreichend betrachtet, weil man davon ausgeht, dass die Wandverschiebungen 15 m unterhalb des Schlitzwandfußes so weit abgeklungen sind, dass sie keinen Einfluss auf die Messungen haben. Das Inklinometerrohr ist im Verhältnis zur Wand biegeweich und wird somit, wenn der Wandfuß noch eine translatorische Bewegung ausführt, noch eine Neigungsänderung erfahren oder bei zu großen Verformungen abscheren (Abb. 10.2). Der Fußpunkt des Inklinometers kann dann als unverschieblich angenommen werden, wenn bei den Messungen keine Neigungsänderung am Fußpunkt beobachtet wird, d. h. im Fußpunkt die Biegelinie des Inklinometerrohres sich eine vertikale Tangente zeigt. In diesem Zusammenhang kann die Wahl der Einbindetiefe des Fußpunkts unterhalb der Schlitzwandunterkante und die Annahme der Unverschieblichkeit dieses tiefliegenden Fußpunkts im Laufe der Messungen geprüft werden. Messungen sollten immer redundant ausgelegt werden, d. h. man sollte sich nicht nur auf die Annahme des Festpunktes im Fuß des Inklinometers verlassen, sondern auch dieses durch eine Kontrollmessung am Inklinometerkopf (Geodätische Messung) überprüfen.

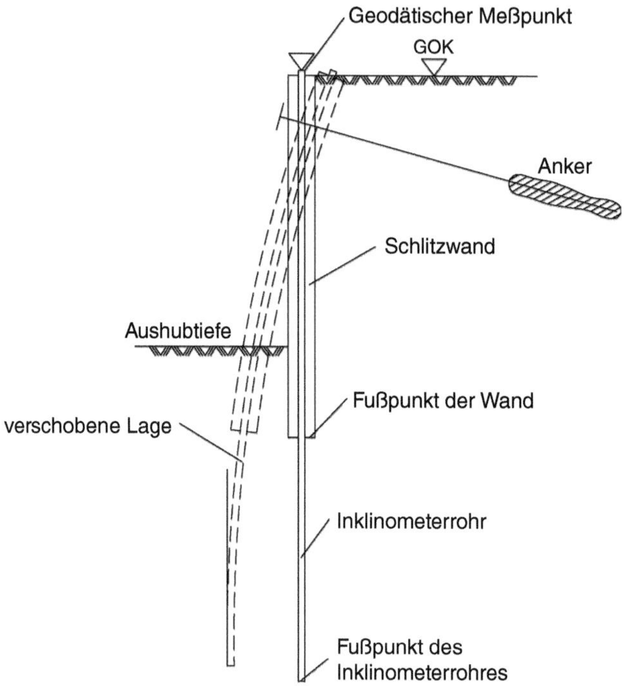

Abb. 10.2 Tieferführung von Inklinometerrohren zur besseren Erfassung der Wandverformungen.

Die geodätische Einmessung des Kopfes des Inklinometerrohrs bezieht sich auf ein Koordinatensystem (lokales Triangulationsnetz), welches aufgrund der Bauaktivität in regelmäßigen Abständen überprüft werden muss. Die sog. Festpunkte im Baustellenbereich sind nicht immer „fest" und meist ist man gezwungen, die Lage dieser über andere geodätische Festpunkte, welche weit entfernt von der Baustelle liegen, zu kontrollieren.

Eine genaue Messung des Inklinometerkopfes beinhaltet eine Messgenauigkeit unter Baustellenbedingungen (teilweise keine direkte Sicht), welche bei $\pm$ 5 mm liegt, wenn die Baustellenfestpunkte als wirklich unverschieblich angenommen werden. Diese Größe hängt von der Anzahl der Messpunkte und von den zu überbrückenden Distanzen ab. Über großen Wasserflächen nach einem Unterwasseraushub oder über gelenzten Baugruben kann es bei entsprechenden Temperaturen zu aufsteigenden Luftbewegungen und optischen Verzerrungen kommen. Die Messgenauigkeit von Inklinometersonden wird von den Herstellern als Abweichung pro Messschritt angegeben und liegt bei den üblicherweise verwendeten Geräten bei 0,20 mm/Schritt. Bei einer Sondenlänge von 1,00 m und einer Messlänge von 40 m ergibt sich daraus eine mögliche Abweichung von $\pm$ 8 mm am Endpunkt der Messstrecke. Marte und Semprich (1998) zeigen eindrucksvoll anhand mehrerer Messreihen

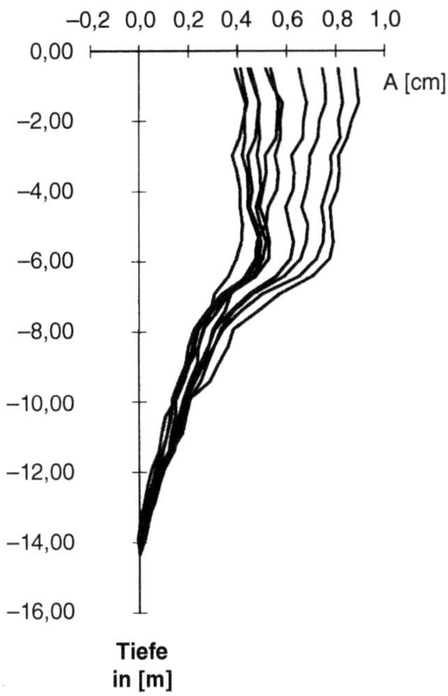

Abb. 10.3 Streuung von Inklinometermessungen in Hauptmessrichtung A (Marte und Semprich 1998).

die möglichen Streuungen, denen selbst unter Laborbedingungen durchgeführte Messungen unterliegen. In Abbildung 10.3 wird demonstriert, dass die Messungen unter Baustellenbedingungen in einem 13,5 m langen Inklinometerrohr bereits eine Streubreite von rd. 5 mm bei 10 Messungen in Hauptmessrichtung A innerhalb von 3 Stunden aufweisen.

Bei Messreihen, die über längere Zeiträume hinweg durchgeführt werden, ist der Verschleiß der beweglichen Teile der Sonde unvermeidbar. Eine ständige Kontrolle und Wartung ist hier unabdingbar. Allerdings können bei Reparaturen vorgenommene Neujustierungen oder der Einsatz einer neuen Sonde zu Ungenauigkeiten führen, da die Verschiebungen als Differenz zur Nullmessung errechnet werden, welche mit der ursprünglichen Sonde und Sondenjustierung vorgenommen wurde.

Als Messrohr kommen unterschiedliche Profilquerschnitte zum Einsatz. Neben Kunststoff-Profilrohren mit verschiedenen Nutausbildungen und Kopplungssystemen werden häufig einfache Vierkantprofile aus Stahl oder Aluminium verwendet. Baustellenerfahrungen zeigen, dass Messungen in Nutrohren gegenüber Vierkantrohren zuverlässiger sind. Interessant ist, dass bei Vierkantrohren mit zunehmendem Alter die Genauigkeit der Messung abnimmt. Zunehmende Korrosion der Metall-Vierkantprofile ist hier wahrscheinlich die Ursache.

Der Einbau der Inklinometerrohre kann auch die Ergebnisse beeinflussen. Mögliche Fehlerquellen sind Unebenheiten bei den Rohrstößen und ein zu geringer Verdrillingswiderstand der Rohre. Werden die Fugen der Kontaktstöße nicht glatt ausgeführt, kann dies in der Nullmessung erkannt werden. Verändert sich aber die Fuge aufgrund der Bewegung der Wand, werden von der Inklinometersonde

Verformungen gemessen, die nicht der Biegelinie der Wand entsprechen. Auch Verunreinigungen durch den Eintritt von Beton beim Betonieren aufgrund undichter Stöße oder in späteren Bauphasen einfallender Boden können Messergebnisse verfälschen oder verhindern. Auf weitere Fehlerquellen, wie bei nicht achtsamen Einbau wurde bereits im Kapitel 2.7 berichtet.

Die Steifenkraftmessung bzw. Ankerkraftmessung erfolgt über elektrische oder hydraulische Kraftmessgeber. Diese Kraftgeber werden entsprechend der zu erwartenden Maximalkraft ausgewählt. Diese Maximalkraft richtet sich nach der Prüfkraft z. B. der Anker und entspricht mindestens der 1,5-fachen maximalen Gebrauchslast. Die Messgenauigkeit der Kraftmessgeber entspricht bei den meisten Herstellern ca. 1 % der Maximalkraft. Deshalb ist auch nicht verwunderlich, dass unter Gebrauchslast der Vertrauensbereich der Messung ca. 5 % des Messwertes betragen kann. Eine weitere Fehlerquelle der Messung kann aus der Temperaturanfälligkeit des Gebers herrühren.

Vom System her sind hydraulische Ankerkraftmessgeber robuster als elektrische, die dagegen als weniger „temperaturanfällig" gelten. Für die langdauernden Messreihen im rauen Baubetrieb wird daher häufig den hydraulischen Messeinrichtungen der Vorzug gegeben. Aber auch die elektrischen Messgeber können Temperaturschwankungen unterliegen. Im Grundprinzip erfolgt die „Kraftmessung" als Verformungsmessung mittels Dehnungsmessstreifen (DMS) an einem Element, dem durch die aufgebrachte Kraft eine Verformung aufgezwungen wird. Die DMS werden in Form einer „Wheatstone'schen Vollbrücke" so geschaltet, dass Einflüsse auf die Ergebnisse durch Temperaturdehnung der DMS und des Verformungselements zum größten Teil eliminiert werden. Die gebräuchlichen Ankerkraftmessgeber werden vom Hersteller hinsichtlich der Kraft-Messsignal-Verhältnisse kalibriert, eine Temperaturbeeinflussung wird bei der Durchführung der Messungen auf der Baustelle nicht berücksichtigt.

Man muss sowohl beim Einbau als auch während des Baubetriebs die Kraftgeber vor extremer Sonneneinstrahlung oder Kälte schützen. In den anspruchsvollen Baustellen der Baugruben am Potsdamer Platz wurden an mehreren Messquerschnitten mit Ankerkraftmessgebern die Ankerkräfte inkl. der Temperatur gemessen. Schran (2003) stellt für 7 solche Ankerkraftmessgeber die Schwankungen der Kraftmessungen für verschiedene Bauphasen (Abb. 10.4) dar. Aus der Darstellung in der Abb. 10.4 ist der Einfluss der Temperatur deutlich. Auffällig sind dabei die Änderungen der Ankerkraftmessungen aufgrund der wöchentlichen Temperaturschwankungen, insbesondere Anfang des Jahres 1996, die trotz ruhender Bautätigkeit zu beobachten waren (Triantafyllidis 1998). Die Schwankungsbreite durch Temperatureinfluss liegt bis zu 15 % der Gebrauchslast.

Es ist anzunehmen, dass die Schwankungen der Messwerte aus der Temperaturbeanspruchung der gesamten Einrichtung (Ankerkopf plus Messgeräte mit Zuleitungen etc.) resultiert, die mit dem Temperaturausgleich durch die Brückenschaltung im Messgeber selbst nicht aufgefangen werden kann. Bei der Durchführung von Ankerkraftmessungen muss demnach die Temperatur mit erfasst und bei

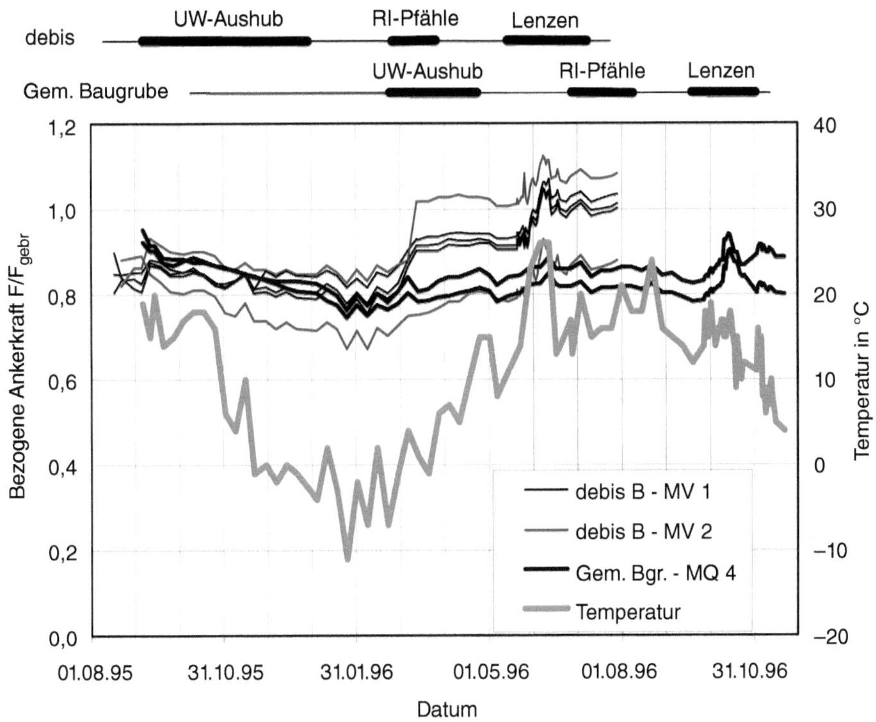

Abb. 10.4 Ankerkraft- und Temperaturmessung für die Baugruben am Potsdamer Platz (Schran 2003).

der Interpretation der Daten berücksichtigt werden. Anhand durchgängiger Messreihen, kann der Temperatureinfluss erkannt werden. Werden jedoch nur singuläre Messungen im Zusammenhang mit einzelnen Bauphasen durchgeführt, wie es an den meisten der betrachteten Baugruben erfolgt, ist dies nicht möglich.

Erddruckmessungen wurden in der Vergangenheit mit Hilfe von Druckmessdosen durchgeführt. Das System (hydraulische Kompensationsmethode) ist schematisch in Abb. 10.5 dargestellt.

Der Geber ist als Druckkissen ausgebildet, welches vom Hersteller mit einer Flüssigkeit gefüllt wurde. Zum Druckkissen führt eine Leitung, deren Ende über eine Membran geschlossen ist. Diese Membran ist mit einem Ventil gekoppelt. Wird das Ventil über die Zuleitung von einer Pumpe mit einem Druck beaufschlagt, welcher größer ist, als der Flüssigkeitsdruck im Druckkissen, öffnet sich das Ventil und das in der Zuleitung anstehende Druckmittel (Messöl, Luft) fließt über die Rückleitung ab. Der Druck in der Zuleitung kann also nur geringfügig größer werden als der Druck im Druckkissen. Der Druck im Druckkissen korrespondiert dabei zum Kontaktdruck σ zwischen dem Druckkissen und dem Boden. Für die einzelne Messung wird demnach über die Pumpe der Druck in der Zuleitung erhöht, bis sich das Ventil öffnet und keine weitere Druckerhöhung möglich ist. Der Wert wird am Manometer abgelesen.

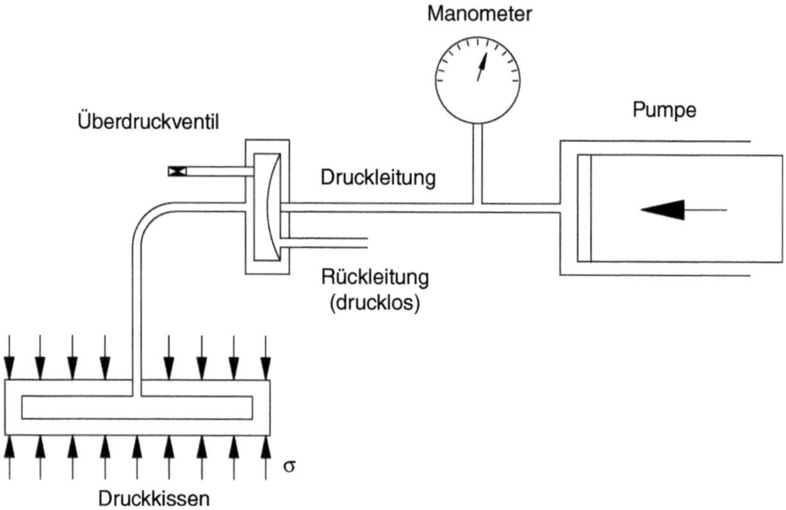

Abb. 10.5 Schematisches Bild eines Druckkissens zur Erddruckmessung (Fa. Glötzl).

Außer der Empfindlichkeit des Regelventils spielen der Leitungsquerschnitt und die Leitungslänge sowie das verwendete Medium eine Rolle. Bei Schlitzwänden werden solche Erddruckmessgeber nicht oft eingesetzt, da eine genaue Platzierung dieser Geber bei den Toleranzen in der Aushubkontur und Unwägbarkeiten des anschließenden Betoniervorgangs nicht möglich ist und Erddruckgeber dann gar nicht mit der Erde in Berührung kommen, sondern im Frischbeton einbetoniert werden. Bei Rammprofilen als Elemente von Pfählen, Spundwänden oder Schlitzwandfertigteilen besteht eher die Chance dieses System einzusetzen und brauchbare Ergebnisse zu bekommen.

10.2 Hinweise zum Einbau von Messeinrichtungen

Zunächst müssen die Messquerschnitte aus der Vielzahl der Lamellen ausgesucht werden. Es macht wenig Sinn, sehr viele Messquerschnitte anzusetzen, ohne die Qualität des Einbaus als auch die Möglichkeiten redundanter Messungen zu berücksichtigen.

Es ist besser, wenige aber qualitativ hochwertige Querschnitte auszurüsten, die man auch während des Baustellenbetriebs schützen kann als eine Vielzahl anzuordnen, die schnell durch den Baustellenbetrieb beeinträchtigt werden und dann wegen der mangelnden Qualität der Messdaten aufgegeben werden müssen. Die Planenden und Ausführenden müssen sich bereits vor Beginn der Spezialbauarbeiten auf die Lage der Messquerschnitte einigen und den Bauablauf auch auf den Einbau und Schutz der Messeinrichtungen sowie auf den Zugang zu den Messstellen abstimmen. Nach der Wahl der Lage der Messquerschnitte empfiehlt es sich, einen Messquerschnitt (= Schlitzwandlamelle) wie folgt zu planen:

10.2.1 Inklinometerrohre

In den Bewehrungskorb sind mindestens 2 Leerrohre zum späteren Einbau der Inklinometerrohre mit einem Innendurchmesser von mindestens 120 mm zu integrieren. Diese Leerrohre sind mit Kappen (Aluminium oder Stahl) sowohl im Kopf als auch im Fußbereich zu versehen. Die Stoßverbindungen müssen so ausgeführt sein, dass während des Einbaus kein Schmutz oder Beton in die Leerrohre hineinfallen kann (auch beim Verlängern der Bewehrungskörbe auf der Baustelle und direkt über dem Schlitz). Die Leerrohre sollen nicht in den Endbereichen der Bewehrungskörbe montiert werden (Abb. 10.6).

Frühestens 4 Tage nach dem Betonieren des Schlitzwandelements und nach Abbrechen des verunreinigten Betons oder des überflüssigen Betons wird die obere Kappe des Leerrohres abgenommen und von einem Bohrgerät aus wird ein Bohrgestänge in das Leerohr eingeführt. Es empfiehlt sich, 0,5–1 m tiefer zu bohren, als es der geplanten Teufe des Inklinometerfußes entspricht (Abb. 10.7a). Nach Beendigung der Bohrung wird eine sogenannte Mantelmischung oder Zement/Bentonit-Suspension in die Bohrung eingefüllt und das Gestänge gezogen. Das Inklinometerrohr ist bereits zuvor aus Rohrschüssen zusammengesetzt worden, wobei die Verbindungen der Rohre mit Ziehnieten aus Aluminium (4 oder 8 je Verbindung) verbunden wurden.

Nach dem Nieten wird jede Verbindung mit Dichtungsband umwickelt, um das Eindringen von Zement oder Schmutz zu verhindern. Üblicherweise erfolgt die Verbindung der Inklinometerrohrschüsse auf Stoß, falls das Rohr jedoch später noch Setzungen aufnehmen muss, muss jede Stoßstelle einen Spielraum von 100–200 mm Weg haben. An dem zusammengesetzten Inklinometerrohr sind zur Zentrierung in dem vorbereiteten Bohrloch alle 2–3 m Abstandshalter zu montieren, welche den unterschiedlichen Durchmessern im Lehrrohr und in der Bohrung, (z. B. 140 mm bzw. 114 mm nach Abb. 10.7a) Rechnung tragen.

Beim Herunterlassen des Inklinometerrohrstranges ist dieser mit Wasser zu füllen, so dass es immer an der Schlitzwandoberkante durch Halten vor dem Absinken bewahrt werden muss (ggf. sollte das Inklinometerrohr im Fußbereich entsprechend beschwert sein). Bevor das Inklinometerrohr in seiner Höhenlage fixiert

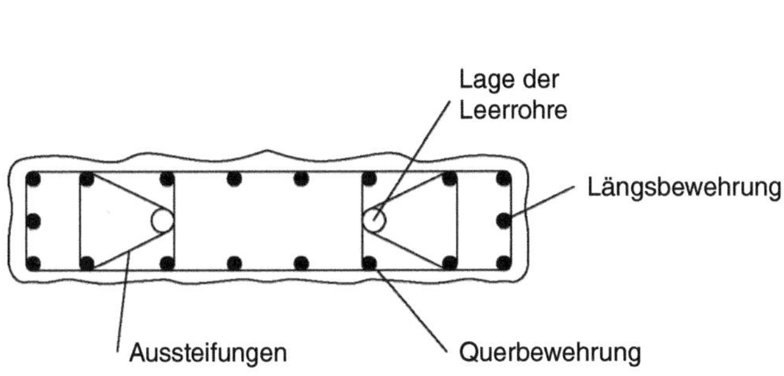

Abb. 10.6 Lage von Leerrohren im Bewehrungskorb zum späteren Einbau von Inklinometerrohren.

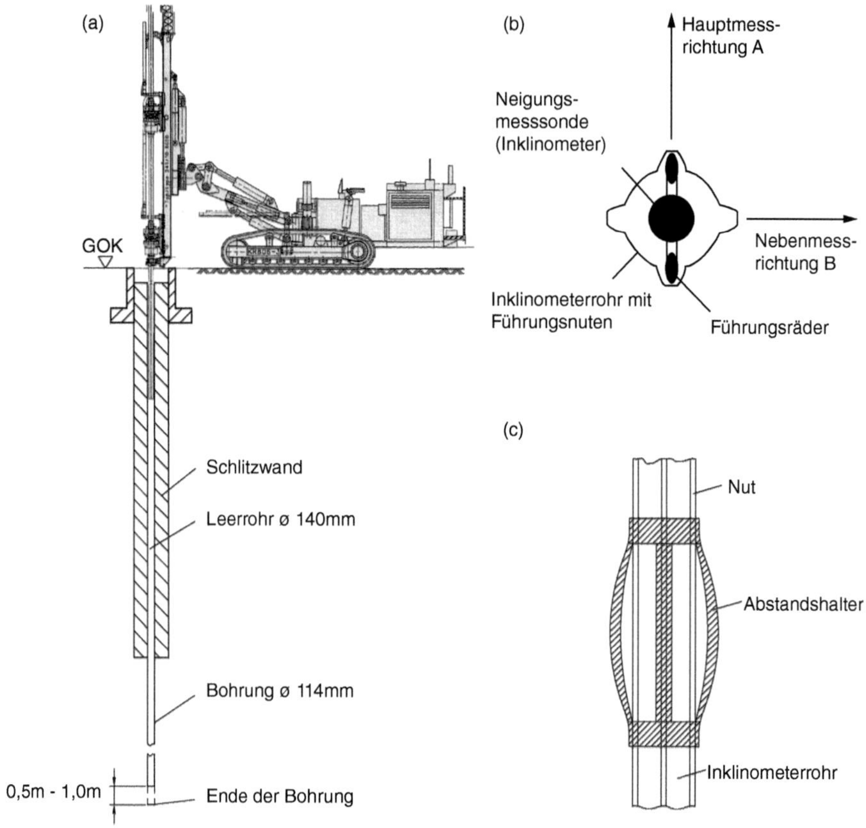

Abb. 10.7 (a) Bohrung durch Leerrohr bis zur Endtiefe, (b) Inklinometerrohr, (c) Inklinometerrohr mit Abstandshalter.

wird, ist es wichtig, dass die Hauptachsen des Rohres im Kopfbereich mit den Achsen senkrecht und parallel zur Wand übereinstimmen. Diese Übereinstimmung soll allerdings nicht nur im Kopfbereich, sondern möglichst auch bis zur Unterkante des Rohres vorliegen. Die Lage der Hauptachsen des Inklinometers (A, B siehe Abb. 10.7 und Abb. 10.8) und deren Abweichungen mit der Tiefe von den x,-y-Achsen können mit Hilfe einer Kompasssonde bestimmt werden.

Im Allgemeinen weisen Inklinometerrohre bereits von Seiten des Herstellers ein sehr hohes Widerstandsmoment gegen Verdrillen auf. Daher wird meist auf das Messen der Verdrillung mit einer sogenannten Kompasssonde verzichtet. Bei Rohrlängen von mehr als 40 m sollte allerdings ein mögliches Verdrehen des Rohrs um die z-Achse durch Messung ausgeschlossen bzw. festgestellt werden. Ein Hinweis, dass es zu einer nennenswerten Verdrillung gekommen ist, bietet meist die Messung in der B-Achse des Inklinometerrohres bzw. in der Längsachse y der Schlitzwand (s. Abb. 10.8). Wenn man in dieser Wandebene Verformungen der Wand im cm-Bereich „misst“, so kann man diesen Ergebnissen nicht glauben. Ohne die genaue

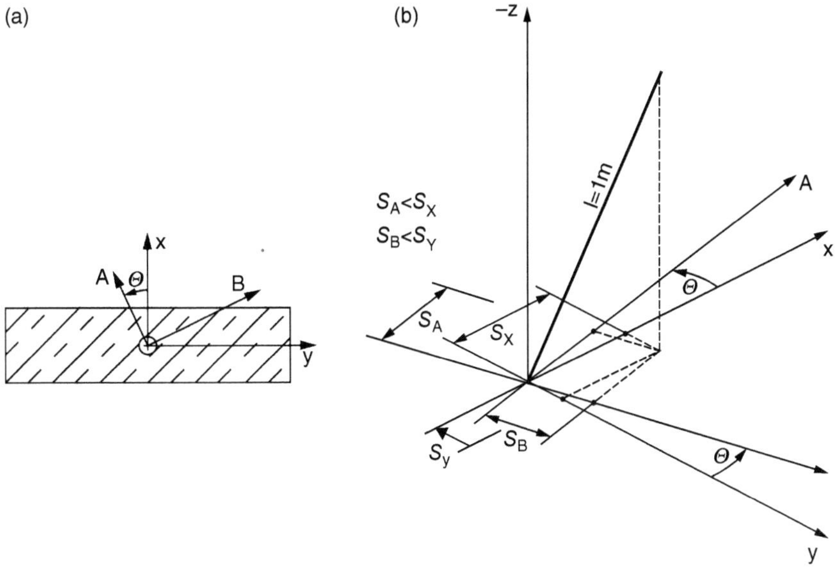

Abb. 10.8 Neigungsmessung mit der Inklinometersonde in allgemeiner räumlicher Lage (Abweichungen der Messungen von der Solllage).

Kenntnis der Lage der Messachsen kann man den wahren Wert der Verschiebung nicht rekonstruieren.

Für die Zuordnung der von der Sonde in Haupt- und Nebenrichtung gemessenen Neigungen zu den Verschiebungen des untersuchten Bauteils in Längs- und Querrichtung ist die genaue Kenntnis der Lage des Rohres und insbesondere seiner Verdrillung um die eigene Achse wichtig. Abb. 10.8 stellt die Neigungsmessung in allgemein räumlicher Lage mit dem Bezugskoordinatensystem dar. Wird das Achsensystem A/B, das durch die Führungsnuten des Inklinometerrohres gebildet wird, gegenüber dem Ausgangssystem *x/y* um einen Winkel Θ verdreht, wird die Messstrecke auf die falschen Achsen projiziert und dadurch falsch interpretiert ($S_A < S_x$, $S_B < S_y$).

Bei genauer Kenntnis der Lage des Rohrs und der Achsen A/B mit der Tiefe kann mit Hilfe von trigonometrischen Beziehungen die richtige Projektion auf die gewünschten Achsen mit Hilfe von einfachen Programmen ermittelt werden. Meist ist dies nur an der Oberfläche bekannt, so dass nur diese Angabe für eine zielsichere Korrektur nicht ausreichend ist.

Ein weiterer wichtiger Punkt ist der ausreichende Schutz dieser Rohre gegen mechanische Einwirkungen und Beschädigungen aus dem rauen Baustellenbetrieb. In vielen Fällen sind ein räumliches Fachwerk aus Stahlprofilen und ein Betonsockel um die Inklinometerrohre durchaus sinnvoll um Beschädigungen zu vermeiden. Eine abschließbare Kappe soll auch installiert werden, damit keine Verunreinigung oder sonstiger Schmutz in das Inklinometerführungsrohr gelangen kann. Am Kopf des Inklinometerrohres sind Reflektoren oder ähnliche geodätische

Markierungen anzuordnen, damit auch eine etwaige Lageänderung des Inklinometerkopfes registriert werden kann. Dieser geodätische Messpunkt muss trotz der Schutzvorrichtungen so angebracht sein, dass er ohne zusätzliche Hilfspunkte angepeilt werden kann. Die geodätische Messung am Kopf wird als Kontrolle der Inklinometermessung herangezogen und ist obligatorisch, da hiermit eine Redundanz der Verschiebungsmessung der Wand gewährleistet wird.

10.2.2 Ankerkraftaufnehmer

Die Platzierung der Ankerkraftaufnehmer erfolgt zwischen Ankergrundplatte und Ankerkopfplatte und sollte nach Möglichkeit zum Schutz vor mechanischen Beschädigungen in Aussparungen positioniert sein (Abb. 10.9). Wichtig ist, dass die Ankergrundplatte satt auf dem Bauteil aufliegt, und dass sie entgrätet ist, so dass die Kraftmessdose gleichmäßig und nicht einseitig belastet wird. Das gleiche gilt auch für die Ankerkopfplatte und speziell für die Berührungsfläche zwischen Kraftmessdose und Ankerkopfplatte. Beim Spannen der Anker und Festlegen der Ankerkraft ist zu beachten, dass die Kraftmessdose mit verwendet wird und nicht nur die Anzeige (Manometer) der Spannanlage. Die meisten Kraftmessdosen haben einen integrierten Kraftumformer und das Digital- oder Analogsignal kann über ein Kabel zur Wandoberkante geleitet werden. Diese Kabel müssen an der Schlitzwand entlang geführt und mit speziellen Halbschalen geschützt werden. Der Schutz muss bis zu der Station am Kopf der Schlitzwand gewährleistet sein, wo dann in einem Stahlkasten die Schnittstellen angebracht sind, um mit einem Ablesegerät die gemessene Kraft direkt abzulesen und abzuspeichern.

Die Gesamtvorrichtung der Ankerkraftmessdose muss vor direkter Sonneneinstrahlung geschützt werden und dies kann mit einem Schaumstoff oder ähnlichem realisiert werden (Abb. 10.9). Eine Vorrichtung zur geodätischen Ankerkopfmessung (z. B. mit einem Reflektor) sollte erfahrungsgemäß angebracht sein, damit evtl. Verformungen der Wand direkt im Ankerkopfbereich ermittelt werden können.

Bei der Planung der Messquerschnitte sollen an den Stellen, wo Inklinometerrohre eingebaut werden, auch die Ankerkraftmessungen erfolgen. Bei Schlitzwänden werden je Lamelle in der Regel mehr als ein Anker in einer Ankerlage angebracht und deshalb ist es nur ratsam, die zwei oder drei Ankerkräfte in der Lamelle zu überwachen, da herstellungsbedingt auch Unterschiede in der Kraftmessung denkbar sind. Die Messung aller Kräfte bietet einen sicheren Wert für die durchschnittliche Ankerkraft und eine erhöhte Sicherheit beim Ausfall eines Messgebers (dies ist leider nicht immer vermeidbar). Beim Spannen der Nachbaranker in einer Lamelle ist auch darauf zu achten, dass aufgrund der Verformungen der Wand der betrachtete Anker erneut festgelegt werden muss. Deshalb ist es empfehlenswert, die Anker in einer Lage der SW-Lamelle als Gruppe festzulegen und möglichst nicht nacheinander. Ein Abfallen der Ankerkraft durch Spannen einer tieferen Ankerlage ist zu erwarten und wird nicht als problematisch angesehen.

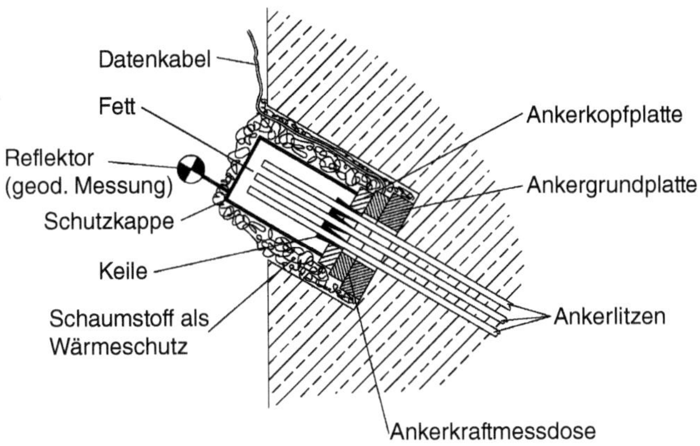

Abb. 10.9 Einbau von Kraftmessdosen in Schlitzwände und Schutz vor mechanischer und thermischer Einwirkung.

Es kann durch Temperaturverformungen von Bauwerken oder durch Schwinden des Betons zu geringen Wandverformungen kommen und man beobachtet meist ein Kraftabfall in den Ankern bzw. Kraftmesswerten in den ersten Wochen nach dem Festlegen in der Größenordnung von 20 % der ursprünglich festgelegten Kraft. Dieser Abfall sollte nicht unbedingt zur Beunruhigung führen, wenn die zugehörigen geodätischen und Inklinometermessungen in der Höhe der Ankerköpfe der Wand keine Hinweise liefern, dass sich der Ankerkopf bewegt hat. Eine entsprechende Kopfbewegung des Ankers bei gleichzeitigem Abfall der Ankerkräfte würde auf ein Kriechen der Anker hindeuten. Außerdem ist es immer ratsam, die Festlegekraft beim Spannen der Anker etwa bis 10–15 % höher anzulegen als geplant, wenn die Wand relativ geringe Verformungen aufweisen soll. Ein Kraftabfall unterhalb der Festlegekraft bei einem Anker ohne Wandverformungen kann viele Ursachen haben (Ungenauigkeit der Kraftmessdose, Temperatureinflüsse, Nachgeben der Wand Richtung Erdreich, Schwinden etc.), aber diese Kraftminderung geht nur mit einer Abnahme der elastischen Deformation des Ankerstahles einher. Dieser Prozess ist bei einer entsprechenden Erhöhung der Wandbelastung durch einen späteren Bauzustand (z. B. tieferen Aushub, Erschütterungsbelastung etc.) reversibel.

Zum Schutz der Datenkabel ist es sinnvoll, alle Ankerkraftmessdosenkabel zu einem Strang zusammenzuführen und diesen Strang im Schutz von Halbschalen an der Wand zu befestigen (Identifizierung der Kabel durch Farbe oder Nummern erforderlich). Die Schutzvorrichtung endet in einem Stahlkasten mit den erforderlichen Anschlüssen zum Ablesen der Kräfte (bei späterem tiefen Aushub oder Unterwasseraushub besteht hierzu keine andere wirtschaftlich vertretbare Möglichkeit). Dieser Bereich (evtl. zusammen mit dem Kopf des Inklinometers) ist mit Hilfe einer robusten Stahlkonstruktion „gegen" den Baustellenbetrieb zu schützen, und die messtechnische Erfassung sollte mit der Sensibilisierung der Mannschaft für die Aufgabe und für die damit notwendigen Schutzmaßnahmen einhergehen.

10.3 Verformungsprognose in tiefen Baugruben

Vorliegende Computerprogramme können recht gut den Verlauf von Schnittkräften und Momenten von Verbauwänden wiedergeben, aber bei Verformungsbetrachtungen der Stützwandkonstruktion sieht es anders aus. Prognosen wird häufig zu wenig Beachtung geschenkt, obwohl im innerstädtischen Bereich die Verformungsprognose und die Beschränkung der Verformung sowohl für die Wand als auch für die Bebauung von großer Bedeutung sind. Sie sind ein wichtiger Bestandteil der Bauleistung und Grundlage für die Wahl des Wandherstellungsverfahrens.

Wichtig ist zu erkennen, dass jeder Eingriff in den Baugrund auch mit Verformungen verbunden ist. Genauso wichtig ist es aber zu wissen, welcher Teil der verursachten Verformungen verfahrensbedingt war und welcher nicht. Dazu müssen für jedes der Verfahren Simulationen durchgeführt werden, die den wirklichen Bauablauf wiedergeben und auch die zu erwartenden verfahrensbedingten Verformungen errechnen. Das Angebot eines optimalen Verfahrens einer Baugrubenherstellung kann z. B. aufgrund der Minimierung der Bodenverformungen in der Nachbarschaft den Ausschlag für die Vergabe geben. Eine Prognose liefert für jedes Stadium der Baugrubenherstellung eine Abschätzung sowie die zulässigen Toleranzen für die Verformungen.

Neben empirischen Verfahren (Long 2001; Ulrichs 1981), die auf Grundlage umfangreicher in-situ-Messungen entwickelt worden sind, stehen in erster Linie numerische Verfahren, hier besonders die Methode der Finiten-Elemente (FEM), zur Ermittlung der Boden- und Wandverformungen zur Verfügung. Mit Hilfe eines FE-Modells wird dazu ein ebenes oder räumliches Schlitzwandmodell generiert, welches die in-situ-Bedingungen hinreichend genau erfasst. Dabei hat die Wahl eines geeigneten Stoffmodells zur Beschreibung des mechanischen Verhaltens des anstehenden Bodens eine zentrale Bedeutung und beeinflusst die prognostizierten Verformungen in hohem Maße. Neben der Begrenzung der Festigkeit durch geeignete Bruchkriterien sollte dabei berücksichtigt werden, dass im Falle von Verformungsprognosen auch die spannungs- und dehnungsabhängige Steifigkeit des Bodens genau erfasst werden muss. Hierzu stehen elasto-plastische und hypoplastische Stoffmodelle zur Verfügung. Darüber hinaus ist es im Falle von bindigen, plastischen Böden erforderlich, die viskosen Eigenschaften, wie Kriechen, Relaxation und Ratenabhängigkeit mit Hilfe des Stoffgesetzes abzubilden.

Neben dem gewählten Stoffgesetz spielen weitere Aspekte, wie die Wahl des Finite Element-Ansatzes (Verteilungsfunktionen über Knoten), die betrachtete Ausschnittsgröße des Problems sowie die Netzgenerierung eine wichtige Rolle. Weiterhin ist es speziell bei der Anwendung numerischer Berechnungsmethoden in der Geotechnik erforderlich, die Boden-Bauwerk-Interaktion hinreichend genau zu simulieren, welche im Falle der Berechnung von Stützkonstruktionen auch das Schubverhalten zwischen Verbauwand und dem hinter und vor der Wand anstehendem Boden einschließt.

Alle wesentlichen in-situ-Randbedingungen, welche das Verformungsverhalten der Verbauwand maßgebend beeinflussen, müssen innerhalb der FE-Berechnung Berücksichtigung finden. Dabei kommt insbesondere der Fragestellung des Ausgangszustands zu Beginn der Aushubarbeiten der Baugrube eine zentrale Bedeutung zu. Neben der Höhe des anstehenden Grundwassers und des dadurch initialisierten Wasserdrucks auf die Verbauwand, werden Boden- und Wandverformungen wesentlich durch den Erdruhedruck bestimmt (Potts und Fourie 1984). Im Falle von normal bis leicht überkonsolidierten Tonböden mit einem Erdruhedruckbeiwert K_0 kleiner als 1, ist beispielsweise mit erheblich kleineren Wandverformungen infolge Baugrubenaushub zu rechnen als bei stark überkonsolidierten Tonböden, bei denen K_0 in Abhängigkeit vom Überkonsolidierungsverhältnis OCR (over-consolidation-ratio) deutlich ansteigt. Somit ist es zwangsläufig erforderlich, den in-situ-Spannungszustand zu Beginn des Baugrubenaushubs genau zu erfassen und innerhalb des numerischen Modells entsprechend abzubilden.

Die Größe der effektiven horizontalen Spannungen zu Beginn der Baumaßnahme hängt vom anstehenden Boden und der Spannungsgeschichte ab, die der Boden im Laufe der Zeit durchlaufen hat. Für nichtbindige Böden kann K_0 nach Jáky ($K_0 = 1 - \sin\varphi$) mit Hilfe des effektiven Reibungswinkels φ' abgeschätzt werden, während für bindige Bodenschichten weiterhin das Überkonsolidierungsverhältnis OCR bei der Bestimmung von K_0 maßgebend wird. Neben der geologischen Vorgeschichte des Bodens spielt jedoch gerade bei innerstädtischen Baumaßnahmen die benachbarte Bebauung eine weitere Rolle bei der Bestimmung des auf die Verbauwand wirkenden Erdruhedrucks zu Beginn des Baugrubenaushubs.

Ein weiterer Aspekt, der bei konventionellen Finite-Elemente-Berechnungen in der Regel vernachlässigt wird und sich nachhaltig auf die effektiven Spannungen im Boden auswirkt, ist der Herstellungsvorgang der Verbauwand selbst. Konventionelle FE-Berechnungen werden in der Regel als wished-in-place (wip, Potts und Zdravkovic 2001) Simulationen durchgeführt. Dabei wird die Verbauwand zu Beginn der Berechnung in das Bodenmodell implementiert und Struktur- sowie Spannungsänderungen innerhalb des Bodens infolge des Konstruktionsvorgangs der Wand vernachlässigt. Im Anschluss daran erfolgt die Simulation des Baugrubenaushubs in der Regel durch lagenweises Entfernen der Elemente vor der Verbauwand. Dabei sinkt der Erdruhedruck hinter der Verbauwand in Abhängigkeit der Wandverformungen auf das Maß des aktiven Erddrucks ab (Abb. 10.10a).

In der Realität ist dem Aushubvorgang der Baugrube jedoch die Herstellung der Stützkonstruktion selbst vorgestellt. Bei einer Spundwand beispielsweise werden die einzelnen Spundbohlen nacheinander in den Boden eingedrückt oder eingerammt, wodurch es im angrenzenden Erdreich zu einer Veränderung der Kontakte und des horizontalen effektiven Spannungsfelds kommt. Innerhalb bindiger Bodenschichten können sich infolge des Einpressvorgangs Porenwasserüberdrücke aufbauen, die auf Grund der geringen Wasserdurchlässigkeit des Bodens deutlich zeitverzögert dissipieren und die Verbauwand während des Aushubvorgangs der Baugrube zusätzlich belasten.

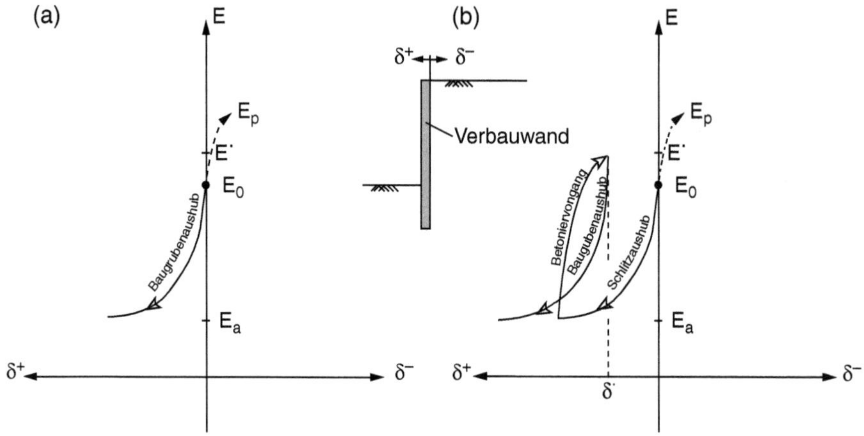

Abb. 10.10 Schematischer Verlauf der Erddruckentwicklung während der Baugrubenherstellung: (a) konventioneller FE-Ansatz ohne Berücksichtigung der Wandherstellung (wip), (b) mit Berücksichtigung der Herstellung in-situ (wim).

Zweiphasige Ortbetonwände, wie Schlitz- und Bohrpfahlwände, werden im Vergleich dazu durch einen zweistufigen Konstruktionsvorgang hergestellt: dem Bodenaushub, welcher in der Regel unter Bentonitstützung erfolgt, und dem sich anschließenden Betoniervorgang. Bei Bohrpfahlwänden kann die Herstellung der einzelnen Pfähle in Abhängigkeit des anstehenden Bodens verrohrt oder unverrohrt erfolgen, nur im letzteren Fall ist hierbei eine Stützsuspension während des Bohrvorgangs erforderlich. Schlitzwandlamellen werden stets unter Verwendung einer geeigneten Suspension zur Stützung des angrenzenden Erdreichs ausgehoben. Infolge des Aushubvorgangs kommt es zu einer Lastumlagerung in Form einer vertikalen und horizontalen Gewölbebildung innerhalb des Bodens und der totale Erddruck sinkt ausgehend vom K_0-Zustand auf das Maß des Stützdrucks ab (Abb. 10.10b). Parallel dazu stellen sich horizontale Bodenverformungen δ ein.

Während des sich anschließenden Betoniervorgangs der Schlitzwandlamelle im Kontraktorverfahren steigt der Beton ausgehend vom Schlitzwandfuß von unten nach oben an. Dabei erhöhen sich die horizontalen totalen Spannungen innerhalb des benachbarten Bodens und die Verformungen δ sinken auf den Wert δ* (Abb. 10.10b) wieder ab. Die Verteilung des Frischbetondrucks über die Schlitztiefe spielt in diesem Zusammenhang eine wesentliche Rolle, da hierdurch ebenfalls die Größe und Verteilung der totalen horizontalen Spannungen im Boden bestimmt werden, welche den Ausgangszustand der Spannungen zu Beginn des Baugrubenaushubs darstellen. Im Gegensatz zum Suspensionsdruck nimmt der Frischbetondruck nicht hydrostatisch über die gesamte Tiefe der Schlitzwandlamelle zu (Lings et al. 1994). Durch Konsolidations- und Hydratationsvorgänge innerhalb des frischen Betons stellt sich ein hydrostatischer Druckverlauf lediglich bis zu einer kritischen Tiefe h_{crit} ein, die in Abhängigkeit der Betoniergeschwindigkeit, der Betonrezeptur und des anstehenden Bodens zu 20–30 % der Schlitztiefe angesetzt werden kann. Unterhalb von h_{crit} kann eine deutlich geringere Zunahme des Betondrucks festgestellt werden (Dibiagio und Roti 1972a; Delattre und Duca 2002). Bei bindigen, wassergesättigten Bodenschichten führt der Betoniervorgang zu einem sprunghaften Anstieg des Porenwasserdrucks, welcher sich in Abhängigkeit der Wasserdurchlässigkeit des Bodens und der vorhandenen Drainagemöglichkeiten erst im Verlauf von mehreren Tagen oder Wochen abbaut.

Entsprechend einer gewählten Konstruktionssequenz (Pilger-Schritt- bzw. Läuferverfahren) werden im Anschluss weitere benachbarte Schlitzwandlamellen hergestellt, wodurch es zu einer sich wiederholenden horizontalen Lastumlagerung und Gewölbebildung gekoppelt mit einem zeitabhängigen Konsolidationsvorgang kommt. Die dabei auftretenden Spannungs- und Dehnungspfade führen zu einer deutlichen Veränderung des theoretischen K_0-Ausgangszustands, welcher bei konventionellen wip-Berechnungen zu Beginn des Baugrubenaushubs angesetzt wird.

Um den Einfluss des veränderten Struktur- und Spannungszustands des Bodens auf die infolge des Baugrubenaushubs zu erwartenden Wand- und Bodenverformungen zu berücksichtigen, ist es erforderlich, den Herstellungsvorgang der Verbauwand innerhalb des numerischen Modells abzubilden. In der Analogie zum wip-Modell können solche Berechnungen als wim-Simulationen (wim = wall-installation-modelled) bezeichnet werden. Dabei ist es erforderlich, alle wesentlichen Vorgänge des Herstellungsvorgangs zu analysieren und numerisch zu simulieren, was im Falle der zweiphasigen Schlitzwand bedeutet, dass der Aushub- und Betoniervorgang einzelner Lamellen entsprechend einer festen Konstruktionssequenz modelliert werden muss. Da es sich hierbei nicht mehr um eine zweidimensionale Problemstellung handelt, ist es zwingende Voraussetzung, ein entsprechend komplexes, dreidimensionales FE-Modell zu generieren. Zur Berücksichtigung von Konsolidationsprozessen in bindigen Böden und der zeitlich veränderlichen Steifigkeit des Frischbetons infolge des Hydratationsvorgangs muss darüber hinaus die zeitliche Diskretisierung mit den in-situ-Vorgängen übereinstimmen.

Am Lehrstuhl für Grundbau und Bodenmechanik der Ruhr-Universität Bochum (Schäfer 2004) wurde zur Untersuchung des Herstellungseinflusses ein räumliches FE-Modell generiert, welches vor der Simulation des Baugrubenaushubs den Herstellungsvorgang mehrerer Schlitzwandlamellen in bindigem Boden im Pilger-Schritt-Verfahren simuliert (Schäfer und Triantafyllidis 2004, siehe Abb. 10.11). Die Schlitzwandtiefe beträgt dabei 28 m bei einer Schlitzlänge von jeweils 5 m. Die Bodenschichten, welche in erster Linie aus normal bis leicht überkonsolidierten Tonböden bestehen, orientieren sich am geologischen Aufbau in Oslo (Eide et al. 1972) und werden mit Hilfe eines visko-hypoplastischen Stoffgesetzes (Niemunis 2003) unter Berücksichtigung der viskosen Eigenschaften beschrieben. Der Aushubvorgang unter Bentonitstützung wird dadurch simuliert, dass die entsprechenden finiten Elemente aus dem Modell entfernt und die freien Schlitzwandungen durch dem hydrostatischen Stützdruck entsprechende Flächenlasten gestützt werden. Im Anschluss erfolgt zur Modellierung des Betoniervorgangs der Einbau neuer

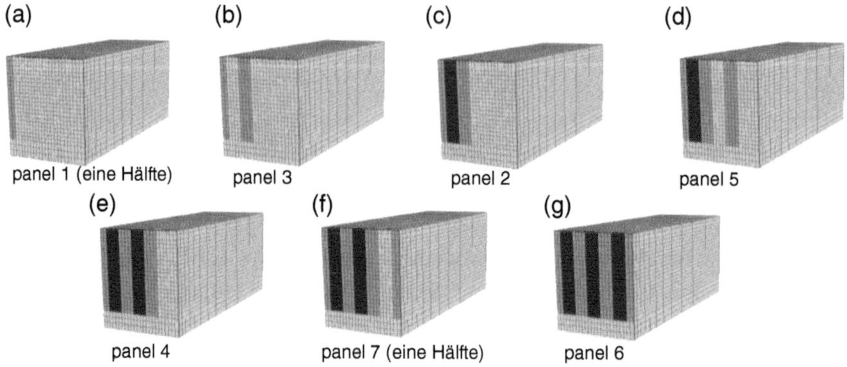

Abb. 10.11 Dreidimensionales FE-Modell zur Simulation der Herstellung einer zweiphasigen Schlitzwand, (a) → (g) Herstellungssequenz der einzelnen Schlitzwandlamellen.

Elemente in den Schlitz, die durch eine zeitabhängige Steifigkeit den Aushärtungsvorgang des Frischbetons berücksichtigen.

Abbildung 10.12 zeigt die effektiven horizontalen Spannungen im angrenzenden Bodenbereich in einer Tiefe von 5 m (Abb. 10.12a) und 26 m (Abb. 10.12b) unterhalb der Geländeoberkante (GOK), nachdem die einzelnen Schlitzwandlamellen hergestellt und Porenwasserüberdrücke dissipiert sind. Die Spannungen oszillieren parallel zur Schlitzwand und der ursprünglich linear mit der Tiefe anwachsende Erdruhedruck nimmt eine dreidimensionale Verteilung an. In geringen Tiefen unterhalb der GOK tritt ein Spannungsmaximum jeweils in der Mitte der Lamellen auf während sich diese Entwicklung in größeren Tiefen umkehrt und dort ein Spannungsminimum zu beobachten ist. Ursache hierfür ist die oben beschriebene Verteilung des Frischbetondrucks (Schäfer und Triantafyllidis 2004).

Abbildung 10.13 zeigt an diesen beiden Tiefenordinaten den Spannungs-Verformungspfad, der sich während des Aushub- und Betoniervorgangs innerhalb des angrenzenden Bodens einstellt. Während des Aushubvorgangs findet in beiden Tiefen eine Reduktion der effektiven horizontalen Spannungen in Verbindung mit einer Bodenverformung zum Schlitz hin statt. In geringer Tiefe unterhalb der GOK (7 m) kehrt sich dieses Verhalten während des Betoneinbaus analog einer Hysterese wieder um und als Endzustand nach Abbau ergibt sich eine deutliche Erhöhung des effektiven Erddrucks. Im Gegensatz dazu kann in größeren Tiefen (26 m) eine weitere Reduktion des Erddrucks nach Betoneinbau und Dissipation des Porenwasserüberdrucks beobachtet werden. Die in Abbildung 10.13 dargestellten Spannungspunkte ④ stellen den Ausgangszustand im Boden zu Beginn des Baugrubenaushubs dar, während im Vergleich dazu die Punkte ① die theoretische Annahme einer wip-Berechnung charakterisieren.

In einem zweiten Berechnungsschritt wurde im Anschluss an die Schlitzwandherstellung der Aushub einer 8,60 m tiefen, am Kopf einfach ausgesteiften Baugrube simuliert (wim-Modell, Abb. 10.14). Als Vergleich dazu wurde ebenfalls eine konventionelle FE-Berechnung derselben Baugrube durchgeführt, bei der der

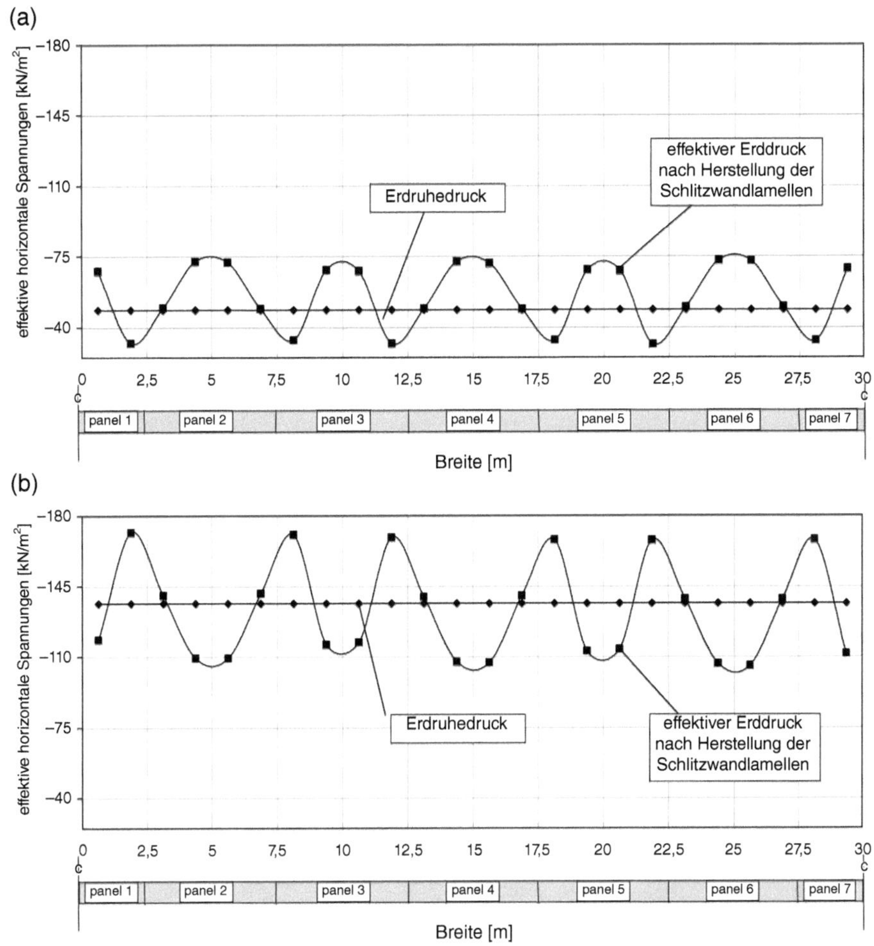

Abb. 10.12 Effektive horizontale Spannungen nach Herstellung der Schlitzwand: (a) 5 m und (b) 26 m unterhalb der Geländeoberkante.

Herstellungsvorgang der Schlitzwand unberücksichtigt geblieben und der Erdruhedruck zu Beginn des Baugrubenaushubs als Belastung auf die Verbauwand angesetzt worden ist (wip-Modell, Abb. 10.14). Der Vergleich der mit beiden Modellen prognostizierten horizontalen Wandverformungen in Abb. 10.14 zeigt, dass entsprechend der Herstellungssimulation der Verbauwand mit einer Zunahme der Verformungen zu rechnen ist. Eine Vernachlässigung des veränderten Spannungs- und Strukturzustands des Bodens würde daher im dargestellten Fall zu einer Unterschätzung der wirklich auftretenden Verformungen führen.

Dieses Beispiel führt vor Augen, dass die Berücksichtigung der ganzen Spannungs- und Verformungsgeschichte zu größeren Horizontalverformungen der Wand (etwa 30 % mehr) führt als die bisherigen Betrachtungen mit konventioneller Software. Aus diesem Beispiel erkennt man, dass größere als die erlaubten Verformungen

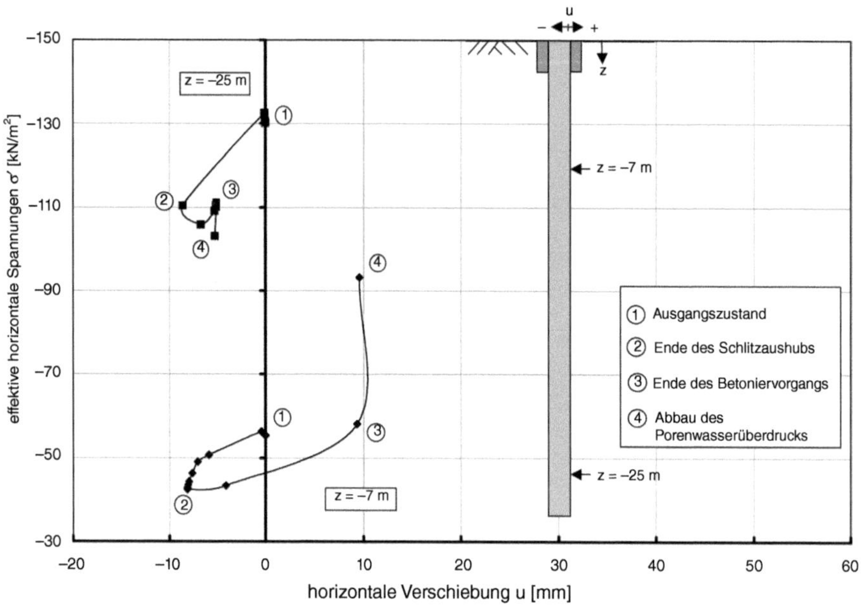

Abb. 10.13 Spannungs-Verformungspfad des angrenzenden Bodens während des Aushub- und Betoniervorgangs der Schlitzwandlamelle.

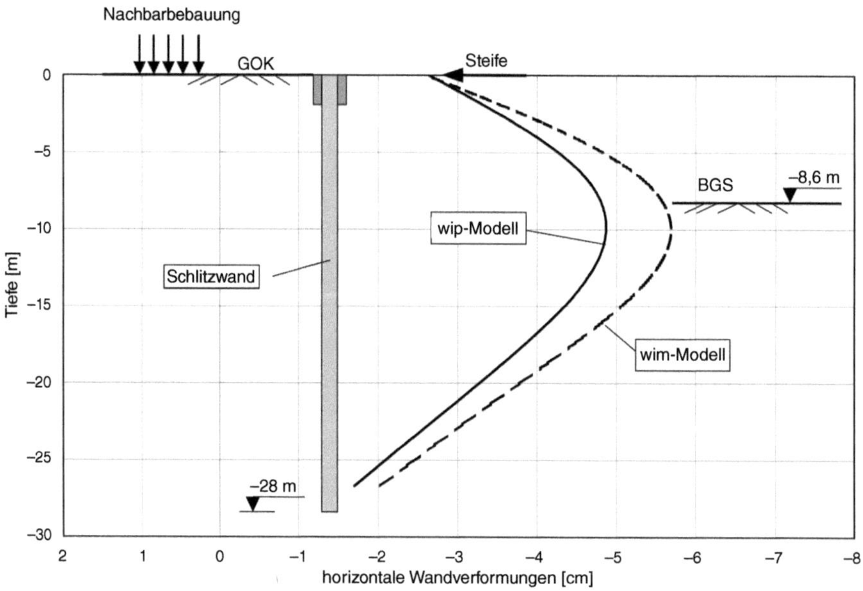

Abb. 10.14 Prognostizierte Wandverformungen infolge Baugrubenaushub unter Berücksichtigung (wim-Modell) und Vernachlässigung (wip-Modell) des Herstellungsvorgangs der Verbauwand.

nicht unbedingt dem Unternehmer anzulasten sind, wenn man Aspekte des Konstruktionsprozesses außer Acht lässt. Es ist zu erwarten, dass auch Versicherungsfälle in Zukunft teilweise anders zu bewerten sind als es heute der Fall ist.

10.4 Einflüsse auf die Setzungen von benachbarten Gebäuden

Die Setzungen benachbarter Gebäude während der Herstellung einer angrenzenden Baugrube setzen sich prinzipiell aus zwei Komponenten zusammen: Setzungen bei der Herstellung der Verbauwand und Setzungen beim anschließenden Aushubvorgang der Baugrube selbst. Jeder Eingriff in ein herrschendes Spannungsniveau im Boden führt zu Verformungen, so dass diese eigentlich nicht vermeidbar sind, wenn neben existierender Bebauung Boden ausgehoben wird. Wichtig ist allerdings zu wissen, welcher Teil dieser Verformungen aufgrund des gewählten Bauverfahrens unvermeidbar und welcher Teil davon auf mangelnde Qualitätssicherung zurückgeführt werden kann. Zur Gewährleistung der Gebrauchstauglichkeit ist es zwingend erforderlich, die Gesamtsetzungen der Gebäude zu begrenzen. Dabei wird deutlich, dass das zulässige Maß der Setzungen infolge Baugrubenaushub kleiner wird, sofern bereits während der Verbauwandherstellung Bodenverformungen auftreten. Dieses Maß hängt sehr stark von der Gründung und Steifigkeit der vorhandenen Bebauung wie auch vom gewählten Schlitzwandherstellungsverfahren ab.

Relevant wird diese Fragestellung bei den bereits zuvor betrachteten Ortbetonwänden, da durch den Bodenaushub und den folgenden Betoneinbau unweigerlich mit Spannungsumlagerungen und entsprechenden Verformungen zu rechnen ist. Tedd et al. (1984) berichten, dass bei der Herstellung von Bohrpfahlwänden für den Bell Common Tunnel bereits 30 % der Oberflächensetzungen beobachtet werden konnten, die insgesamt nach Aushub der 8 m tiefen, einfach ausgesteiften Baugrube aufgetreten sind. Ähnliche Beobachtungen konnten bei der Herstellung einer Tiefgarage des New Palace Yard in London (Burland und Hancock 1977) gemacht werden, wo der Setzungsanteil infolge Schlitzwandherstellung sogar 50 % an den Gesamtsetzungen betrug. Dabei ist zu bemerken, dass beide Baugruben in steifen, überkonsolidierten Tonschichten ausgeführt wurden, die durch einen hohen Erdruhedruck gekennzeichnet sind. Numerische Simulationen des Herstellungsvorgangs von Schlitzwänden (Ng und Yan 1999; Gourvenec und Powrie 1999) analysierten die Lastumlagerungsmechanismen während des Lamellenaushubs und des Betoniervorgangs und bestätigten die Messungen von Symons und Carder (1993), dass infolge der Schlitzwandherstellung der Erddruck in überkonsolidierten Böden signifikant abnimmt und Oberflächensetzungen auftreten.

Hinsichtlich weicher bindiger Böden wurden zahlreiche Feldversuche durchgeführt (Poh und Wong 1998; Tamano et al. 1996; Dibiagio und Myrvoll 1972b), anhand derer der Herstellungseinfluss einer jeweils einzelnen Schlitzwandlamelle auf den benachbarten Bodenbereich untersucht wurde. Über die Gebrauchstauglichkeit einer angrenzenden Bebauung wird jedoch keine Aussage getroffen, da in erster Linie die Standsicherheit des offenen, suspensionsgestützten Schlitzes im Vordergrund der Versuchsdurchführung stand.

In diesem Abschnitt werden wir uns auf die ersten Simulationsrechnungen mit Hilfe eines visko-hypoplastischen Ansatzes (Niemunis 2003) für Schlitzwandherstellung in weichen Tonböden konzentrieren, welche an der Ruhr-Universität Bochum (Mayer 2003) durchgeführt wurden.

Unter Verwendung des zuvor beschriebenen dreidimensionalen FE-Modells wurde der Fragestellung nachgegangen, wie sich die Herstellung eines Schlitzwandsegments in normalkonsolidiertem Ton auf das Setzungsverhalten von benachbarten Streifen- und Einzelfundamenten auswirkt (Abb. 10.15). Die Schlitzwand besteht aus fünf, jeweils 5 m langen, 35 m tiefen und 0,9 m dicken Schlitzwandlamellen, deren Herstellung sowohl im Pilger-Schritt- (1-3-2-5-4) und im Läuferverfahren (1-2-3-4-5) simuliert wurde und ist in Abb. 10.15 dargestellt. Ferner sollte die Position der Einzelfundamente bezüglich der Lamelleneinteilung des Wandsegments variiert werden, so dass sich insgesamt drei Varianten ergeben (Abb. 10.15):

Variante 1: Streifenfundament neben (parallel) der herzustellenden Schlitzwand
Variante 2: Einzelfundament mittig zur Symmetrieachse der SW-Lamelle
Variante 3: Einzelfundament am Rand der auszuhebenden SW-Lamelle

Die Fundamente sind jeweils in einer Tiefe von 6,80 m in der Mitte der oberen Sandschicht gegründet (Abb. 10.16) und befinden sich in einem Abstand von 0,75 m von der herzustellenden Schlitzwand. Die Sohlpressungen wurden zu $p_0 = 300\ kN/m^2$ für das Streifen- und zu $p_1 = 336\ kN/m^2$ für ein Einzelfundament gewählt. Bei einer Breite des Streifenfundaments von 1,40 m und quadratischem Einzelfundament mit b = 2,50 m und einem Achsabstand von 5 m ergeben sich somit äquivalente Lasten für die zwei Gründungsmöglichkeiten der benachbarten Bebauung.

Für das betrachtete Beispiel ergaben (Abb. 10.17 und Abb. 10.18) sich maximale Setzungen der Nachbarfundamente von 10–15 mm infolge der Schlitzwandherstellung alleine. Der gleichmäßigste Setzungsverlauf parallel zur Schlitzwand kann dabei beim Streifenfundament beobachtet werden, wobei die Herstellungssequenz der Lamellen keinen signifikanten Einfluss auf das Fundamentverhalten hat. Abbildung 10.17 zeigt die Fundamentsetzungen entlang der Schlitzwand nach Fertigstellung aller Lamellen im Läuferverfahren.

Ein anderes Bild ergibt sich bei den Einzelfundamenten (Abb. 10.18). Während die Setzungen infolge Herstellung im Läuferverfahren etwas geringer aber ähnlich gleichmäßig wie beim Streifenfundament verlaufen (Abb. 10.18a), führt die Herstellung der Schlitzwandlamellen im Pilger-Schritt-Verfahren zu oszillierenden Fundamentsetzungen parallel zur Schlitzwand. Die Setzungen der Fundamente vor den Sekundärlamellen (Lamellen 2 und 4) sind bis zu 30 % größer als die Setzungen derjenigen Fundamente, welche sich vor den primären Schlitzwandlamellen (Lamelle 1, 3 und 5) befinden.

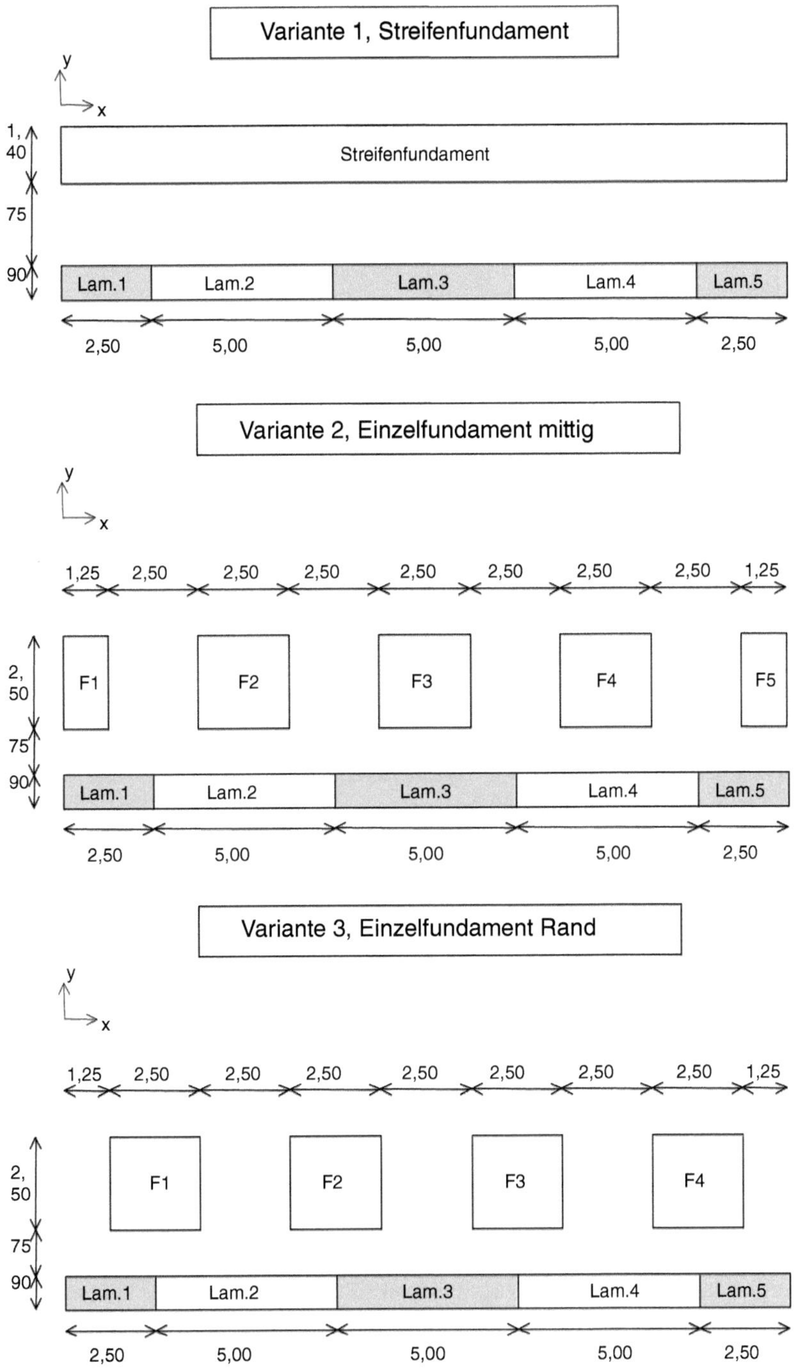

Abb. 10.15 Varianten der Anordnung von Nachbarfundamenten an die Lamellengeometrie.

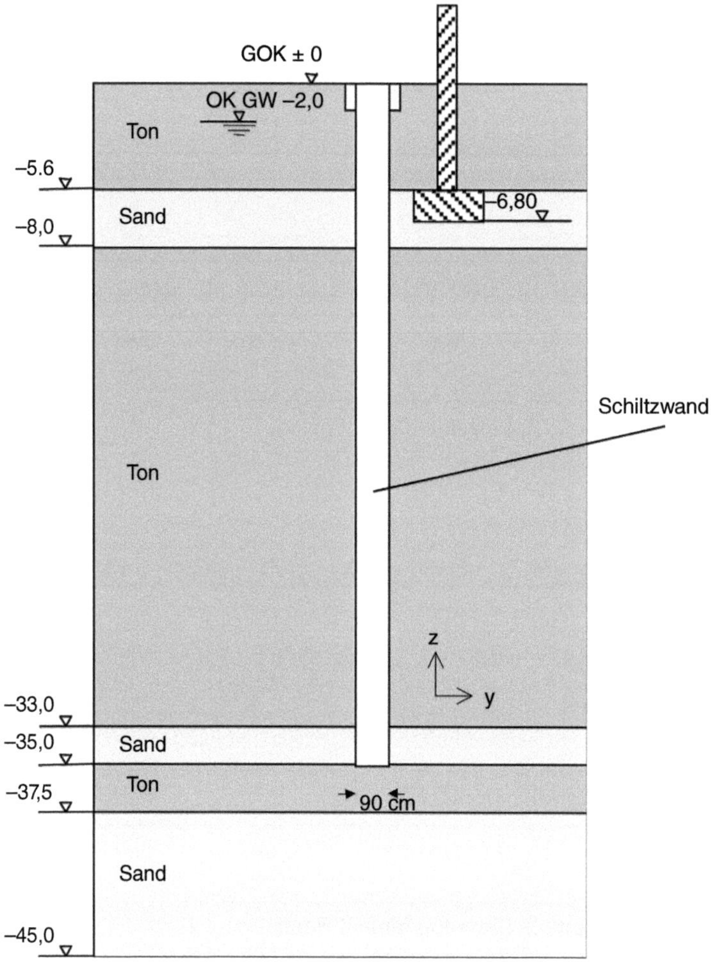

Abb. 10.16 Schematischer Bodenaufbau und Position des Fundamentes.

Ein Unterschied im Setzungsverhalten der Einzelfundamente kann ebenfalls bei der Lamelleneinteilung festgestellt werden. Sofern sich die Einzelfundamente nicht in der Mitte sondern am Rand einer herzustellenden Lamelle befinden, konnten ca. 10 % geringere Fundamentsetzungen infolge des Herstellungsvorgangs beobachtet werden (vgl. Abb. 10.18a und Abb. 10.18c). Bei zunehmender Lamellenlänge ist davon auszugehen, dass der Setzungsunterschied der unterschiedlich positionierten Einzelfundamente wächst. Dieses Beispiel führt vor Augen, dass bei bekannten Einzelgründungen der Nachbarbebauung der Lamelleneinteilungsplan und der Herstellungsprozess eine wichtige Rolle spielen. Aus den Ergebnissen erkennt man, dass das Läuferverfahren und eine Lamelleneinteilung, die bewirkt, dass die Fundamentachse mit der Grenze zwischen zwei Lamellen übereinstimmt, zu einer Verringerung der absoluten Setzungen um 20 % führen kann. Parallel dazu ist in

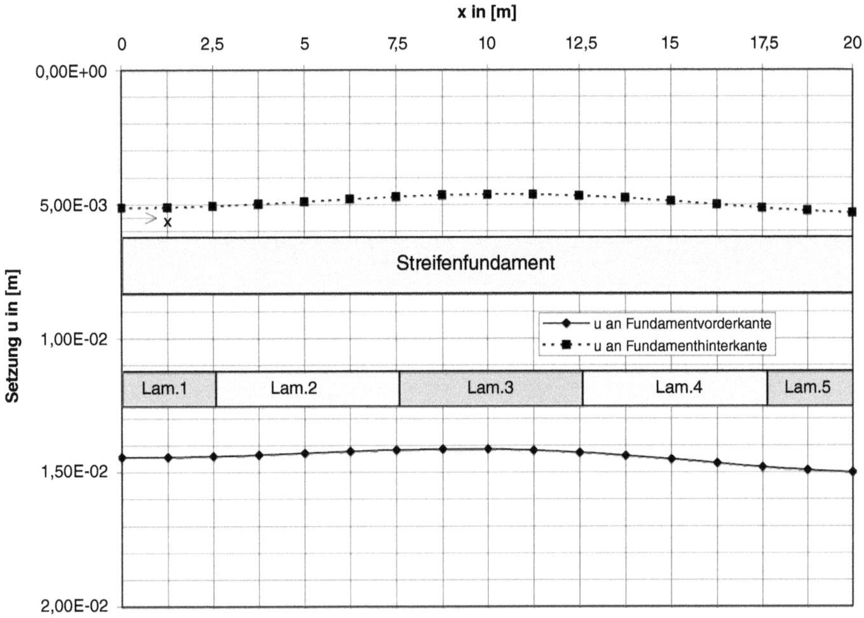

Abb. 10.17 Setzungen des Streifenfundaments nach Fertigstellung der Schlitzwand, Herstellung im Läuferverfahren (Verkippung des Streifenfundaments).

Längsrichtung der Gründung eine signifikante Verringerung der Verkantung zu beobachten (Abb. 10.18b und Abb. 10.18c).

10.5 Berücksichtigung von Installationseffekten

Die meisten Schadensfällen im Sinne der großen Verformungen von Verbauwänden sind bereits vor dem eigentlichen Aushub aufgetreten und haben mit der Art der Herstellungssequenz anderer benachbarten Gewerken zu tun. Ein zu langer (über 9.0 m) Schlitz im Baugrund möge zwar aufgrund des Nachweises der äußeren Standsicherheit möglich sein, aber mobilisiert auf der anderen Seite sehr stark Schubspannungen im Boden damit das horizontale Gewölbe, welches zur Stützung des offenen Schlitzes gebraucht wird, mobilisiert werden kann. Diese Mobilisierung von Scherspannungen geht mit Scherverformungen einher und diese beeinflussen die Gebrauchstauglichkeit von Leitungen oder Bauten in der Nachbarschaft des offenen Schlitzes.

Da die Bauaktivität vor der Installation von Wänden beginnt, macht es Sinn, bei innerstädtischen Bauaktivitäten neben der Beweissicherung eine geodätische Beobachtung bis zur Installation der notwendigen Instrumente wie Inklinometer, Extensometer oder anderen Linienmessgeräten in regelmäßigen Abständen durchzuführen, so dass man wesentliche Aktivitäten wie Leitwandherstellung, Voraushub, Ankerherstellung, etc. die Geländeverschiebungen aufnehmen und deren

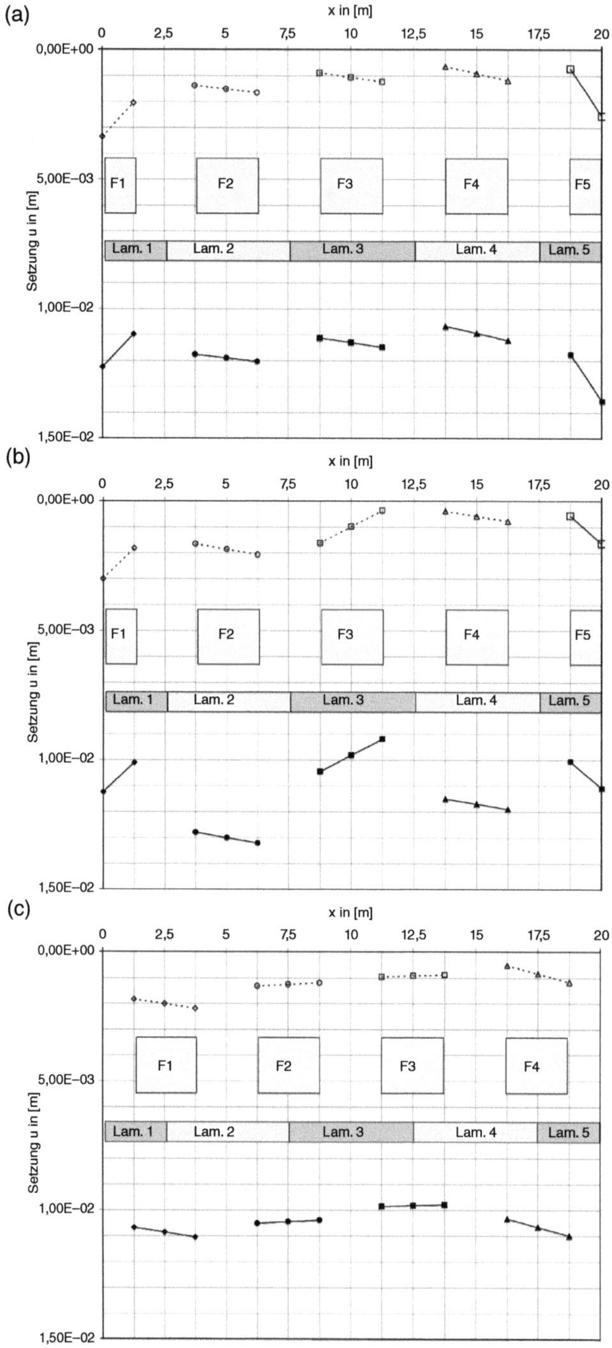

Abb. 10.18 Setzungen der Einzelfundamente nach Fertigstellung der Schlitzwand: (a) Läufer (b) Pilger-Schritt-Verfahren und Fundamente mittig zur SW-Lamelle angeordnet (c) Läuferverfahren mit veränderter Fundamentanordnung (Lamellenübergang an Mittelachse des Fundaments angeordnet).

zeitliche Entwicklung bewerten kann. Geotechnische Messungen sind relativ aufwendig und können teilweise Informationen liefern, die den Herstellungsprozess gar nicht abbilden.

Die relativ aufwendigen Messungen an Berliner Baugruben haben einige wichtige Informationen hinsichtlich der herstellungsbedingten Verformungen zu Tage gebracht. So konnte festgestellt werden, dass in einigen Fällen die herstellungsbedingten Verformungen, z. B. beim Einrütteln der RI-Pfähle, den maßgeblichen Anteil der Wandverformungen ausmachen können (Triantafyllidis 1998, 2000; Borchert 2001).

Bei der Debis Baugrube am Potsdamer Platz waren die horizontalen Wandverschiebungen, die beim Einrütteln der RI-Pfähle beobachtet wurden, 4-mal höher als die berechneten Verformungen aus der klassischen Statik (Triantafyllidis 1998). Nach den Unterwasseraushub wurden in den Querschnitten MV1 und MV2 maximal etwa 10–12 mm gemessen, s. Phase 2 in Abb. 10.19b und c. Während Phase 3, als die RI-Pfähle hergestellt wurden (s. Abb. 10.19a), kam es zu einem Anstieg der horizontalen Verschiebungen auf 38 bis 58 mm. Der Zuwachs an horizontalen Verschiebungen beim Lenzen der Baugrube in Phase 4 betrug nur noch 10 bis 12 mm. Es gibt unterschiedliche Gründe, warum es zu einer Verschlechterung der Bettung am Wandfuß kam, entweder durch den Anstieg des Porenwasserdrucks (Triantafyllidis 1998) oder auch durch Akkumulationseffekte im passiven Einbindebereich der Wand.

Es wurde sogar beim Rütteln der Pfähle festgestellt, dass eine Reihenfolge der Rüttelarbeiten, die senkrecht zur Verbauwand verliefen, die Hälfte der Verformungen der Wand hervorgerufen haben als diejenige Reihenfolge der Pfahlinstallation, die parallel zur Wand verlief.

Die herstellbedingten Wandverformungen wurden vielerorts wissenschaftlich untersucht und mit neuen Modellen der Bodenmechanik konnte (Grandas u. a. 2019a) gezeigt werden, dass man heutzutage imstande ist, solche Effekte zu beschreiben.

Die Wandverformungen einer Schlitzwand von 1,2 m Mächtigkeit infolge des Herstellungsprozesses von Rüttelinjektionspfählen wurde von Grandas u. a. (2019b) als eine Art zyklisches Kriechen mit dem Hochzyklischen Akkumulationsmodell von Niemunis u. a. (2005) betrachtet. Die max. Schwingungsgeschwindigkeit im Boden wurde während der Pfahlinstallation gemessen (s. Triantafyllidis 1998) sowie die Zeit, die für die Pfahlpenetration benötigt wurde. Aus der verwendeten Rüttelfrequenz von 34 Hz und der Installationszeit wurde die Anzahl der Zyklen ermittelt. Bei Kenntnis der Partikelgeschwindigkeit und der Ausbreitungsgeschwindigkeit konnten mit Hilfe der Messungen die Scherdehnungsamplituden errechnet und als Input an den Gaußschen Punkten des FE-Netzes zur Berechnung der Verformungsakkumulation vorgegeben werden. Mit dem HCA-Modell und der Nachbildung der Herstellungssequenz der Pfähle, konnte die Verformung der Wand an den zwei Messquerschnitten nach Abb. 10.19 rekonstruiert werden. In der Abbildung 10.20 ist die Entwicklung der Verformungen der Wand für die zwei Messquerschnitte und der Reihenfolge der Installation dargestellt.

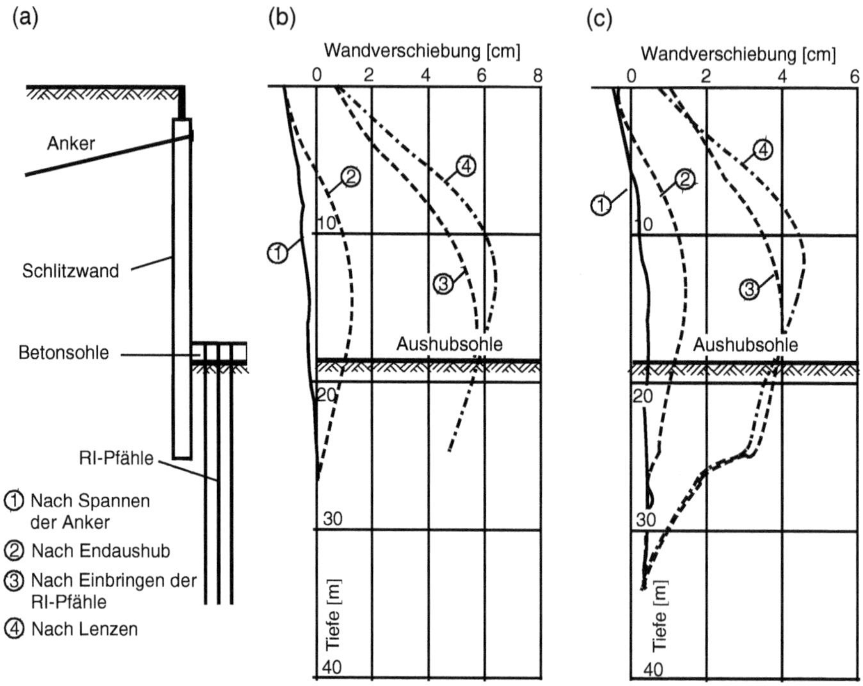

Abb. 10.19 Debis Baugrube am Potsdamer Platz, (a) Querschnitt, (b) Verschiebungen im Messquerschnitt MV1, (c) Verschiebungen im Messquerschnitt MV2.

Der Herstelleinfluss auf die Wandverformungen ist wesentlich geringer, wenn die Betonsohlen durch GEWI-Pfähle verankert werden, wie das Beispiel der Baugrube A für den Lehrter Bahnhof in Abb. 10.21 zeigt, vgl. Phase 3 und Phase 4. Ein Nachteil der Verankerung der GEWI-Pfählen sind die im Vergleich zu RI-Pfahlverankerungen größeren Sohlhebungen. Einzelheiten hierzu findet man in Triantafyllidis und Rinke (1997) sowie Savidis et al. (1999).

Auch bei der Verwendung von Aussteifungssohlen im Düsenstrahlverfahren für eine Schlitzwand (Abb. 10.22) kam es zu unerwarteten Hebungen von bis zu 25 cm in der Bohrebene und ungewöhnlichen Wandverformungen. Die Schlitzwand bewegte sich zum Erdreich hin mit einem Größtwert von ca. 36 mm am Wandkopf. Dies ist mit hoher Wahrscheinlichkeit auf eine unzureichende Entspannung der Düsenstrahlsuspension in den bindigen Boden zurückzuführen. Die herstellbedingten Verformungen wurden während der verschiedenen Aushubphasen nur teilweise wieder durch eine Gegenbewegung zur Baugrubenseite hin ausgeglichen. Abbildung 10.23 zeigt ausgehend von der Nulllage bei -2,30 m beispielhaft in Phase 2 (Aushubtiefe -8,30 m) und Phase 6 (Endaushubtiefe -22,00 m) die entsprechenden Wandverschiebungen. Weitere Einzelheiten zu den Messungen sind in Hettler et al. (1997, 2009) zu finden.

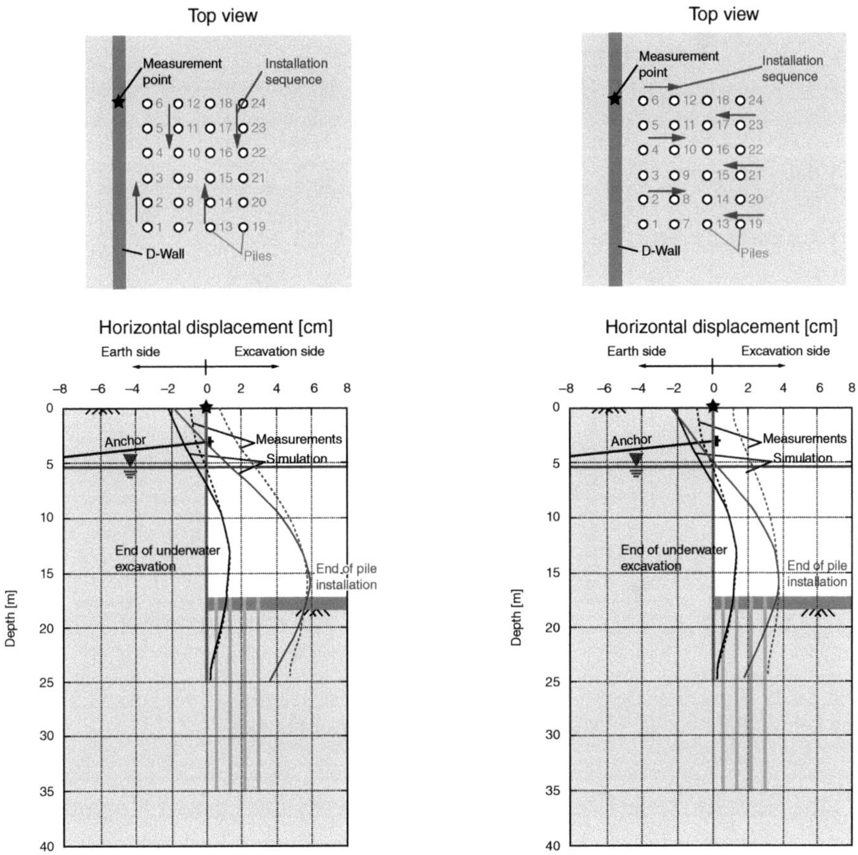

Abb. 10.20 Simulation der Wandverformungen infolge einer Pfahlvibroinstallation mit dem HCA Modell und Vergleich mit den Messungen an zwei Messquerschnitten; links: Pfahlinstallation parallel zur Wand und rechts: Pfahlinstallation senkrecht zur Wand.

Ähnliches kann auch bei der Herstellung von Ankern festgestellt werden. Bei der Ankerherstellung in mehreren Lagen mit hoher Ankerdichte können große Verformungen und Schäden an benachbarten Gebäuden entstehen.

Sehr ungünstig ist insbesondere der Fall, wenn gegen drückendes Grundwasser gebohrt werden muss. Bei der Baugrube für den Fernbahnhof am Potsdamer Platz in Berlin mussten zwei Ankerlagen unter einem Tunnel der S-Bahn erstellt werden (Abb. 10.24). Obwohl der Bodentransport beim Bohren sorgfältig überwacht wurde, setzte sich der S-Bahn-Tunnel bis zu 7 cm (Abb. 10.25). Einzelheiten hierzu sind bei Borchert (2001, 2008) zu finden.

Vergleichbare Beobachtungen machte Triantafyllidis und Rinke (1997) bei Messungen an einer Baugrube für den Lehrter Bahnhof. An der ungünstigsten Stelle traten Setzungen von ca. 9,5 cm auf. In beiden Fällen wurden sehr lange Anker und diese in Abständen untereinander geringer als 1 m hergestellt.

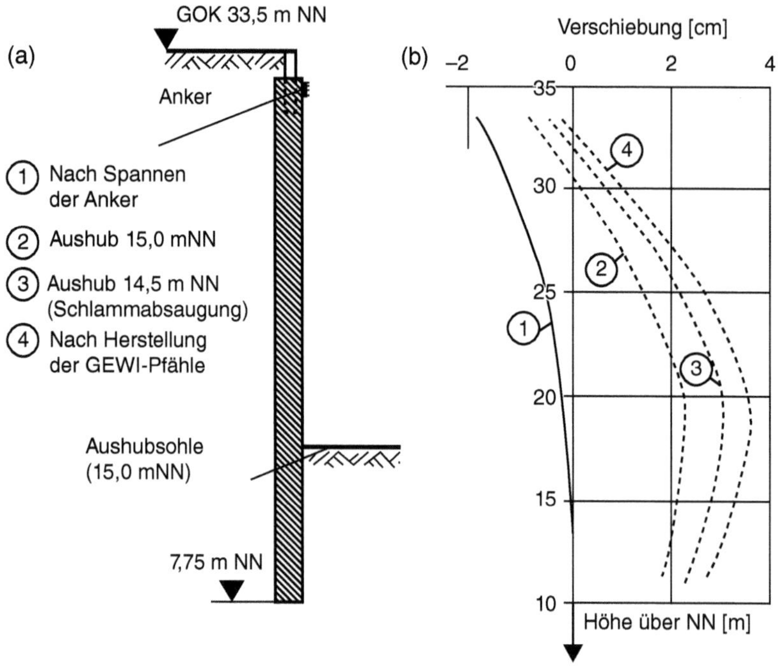

Abb. 10.21 Ergebnisse des Messquerschnittes MQA1 der Baugrube A des Loses 1.1 für den Lehrter Bahnhof, (a) Querschnitt, (b) Horizontalverformungen.

Eine messtechnische Überwachung von tiefen Verbauwänden ist für große Projekte und speziell für die Erfassung von herstellbedingten Verformungen unabdingbar. Speziell bei Projekten mit sehr hohen technischen Schwierigkeiten und großem Risiko ist die Überwachung von enormer Bedeutung. Die Interpretation der Messungen mit entsprechenden Modellen macht eine sichere Überwachung und Steuerung der Ausführung möglich. Hierdurch werden auch zukünftige Projekte profitieren, wenn die Anteile der verschiedenen Installationseinflüssen getrennt erfasst und bewertet sind. Es ist aber neben der Modellierung für die Auswertung zwingend erforderlich, eine genaue zeitliche Dokumentation der baubetrieblichen Ereignisse und geometrischen Einflüsse (Aushubgeometrie, Stappellasten, etc.) vorzunehmen.

Einige Aspekte der Herstellung können bereits aus heutiger Sicht theoretisch erfasst und numerisch modelliert werden (Triantafyllidis 2015, 2016, 2017) und hiermit ist es möglich eine Verformungsvorhersage zu treffen. Es gibt zwischenzeitlich Stoffgesetze, die nicht nur mit der Abhängigkeit der Spannungen und der Dichte beschrieben werden, sondern auch die jüngste Geschichte der Belastung mit Änderungen der Zustandsgrößen behandeln können (z. B. Grandas u. a. 2019a). Man darf aber auch nicht die Möglichkeiten dieser Modelle überschätzen.

Es gibt Fälle, bei denen sich Verformungen systembedingt nicht immer vermeiden lassen. Man darf aber auch seitens der Behörde oder Aufsicht die Anforderungen

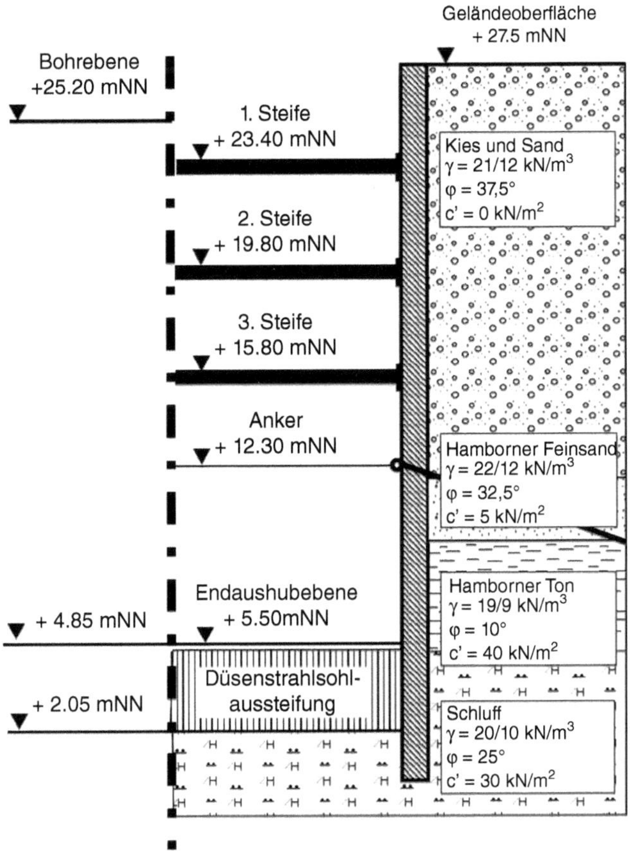

Abb. 10.22 Querschnitt durch die Baugrube mit Schichtaufbau (aus: Hettler u. a. 1997).

an die möglichen Auswirkungen auf die Umgebung nicht beliebig hoch schrauben. Bei sehr empfindlichen Bauwerken in der Nachbarschaft müssen unter Umständen gewisse Schäden als Teil der Baumaßnahme in Kauf genommen werden. Wichtig dabei ist, dass eventuelle Auswirkungen und Gegenmaßnahmen in der Planung sowie in der Ausführung berücksichtigt werden.

10.5.1 FE-Simulationen der Herstellung einer Schlitzwand neben einer existierenden Bebauung

Installationsprozesse von Schlitzwänden in der unmittelbaren Umgebung der Gründung von benachbarten Bauwerken können zu Verformungen dieser Gründung führen, die nicht unbedingt verträglich mit der darüber liegenden Struktur sind. Auch dafür sind – wenn nicht ausreichende Erfahrungen vorliegen – aufwendige numerische Simulationen erforderlich, wenn man hierfür geeignete kalibrierte Stoffbeziehungen für die vorliegenden Bodenarten zur Verfügung hat.

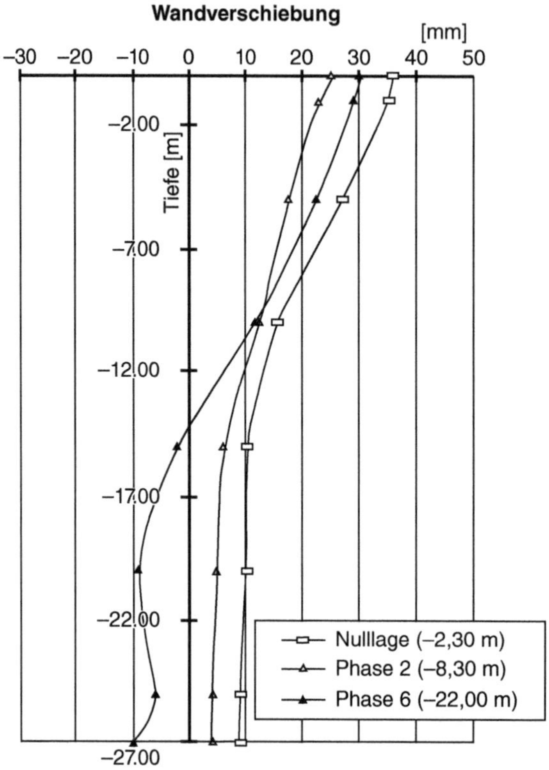

Abb. 10.23 Gemessene Verformungen der Schlitzwand im Querschnitt MQI während verschiedener Aushubphasen (aus: Hettler u. a. 1997).

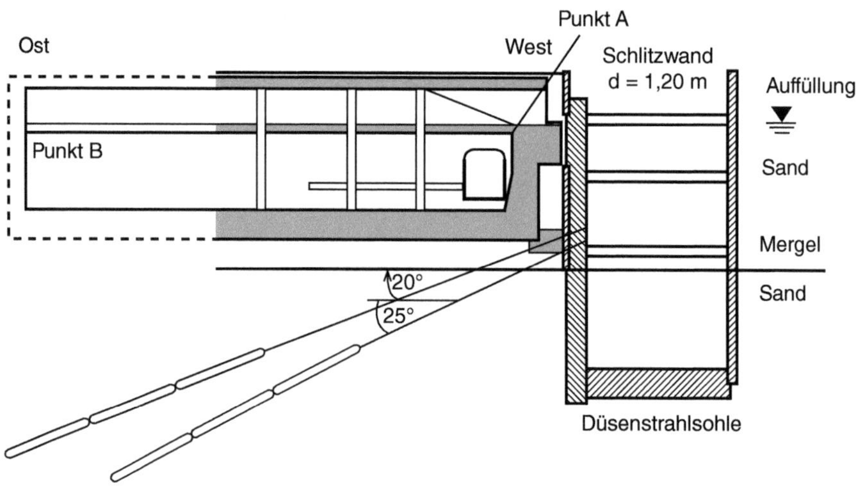

Abb. 10.24 Schnitt durch Baugrube und Bahnhof der S-Bahn am Potsdamer Platz.

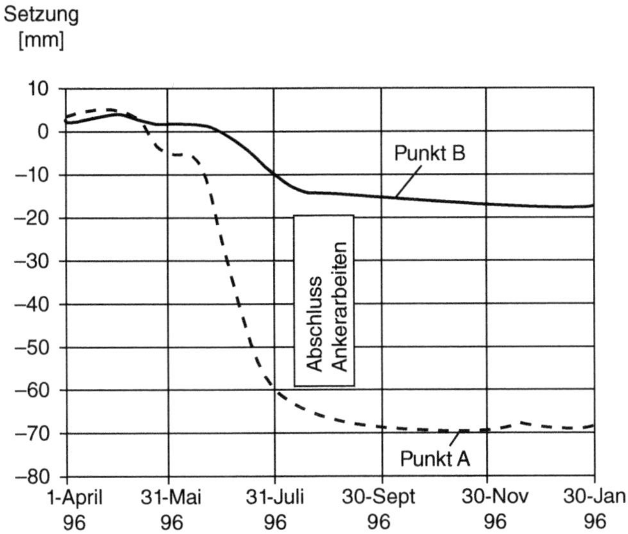

Abb. 10.25 Setzungen aus Ankerbohrungen der Punkte A und B des Bahnhofs am Potsdamer Platz (aus: Borchert u. a. 2001).

Fragestellungen nach den Grenzen der Gebrauchstauglichkeit der benachbarten Bebauung in Abhängigkeit der vorgesehenen Arbeitsweise hat Schäfer (2004) behandelt. Vereinzelt spielt die Länge des offenen Schlitzes, die Wahl der Herstellungsreihenfolge sowie die Lamelleneinteilung eine Rolle.

Für eine 35 m tiefe Schlitzwand in einem weichen, leicht mittelplastischem Ton wurde die Setzung an einem Einzelfundament der Abmessungen $a = b = 1{,}8$ m in einer Tiefe von $d = 5{,}6$ m für verschiedene Konstruktionsmethoden untersucht. In der Abbildung 10.26 sind das 3-D FE-Modell und die Positionen des Fundamentes sowie die Herstellsequenz variiert.

Die Setzungsentwicklung des Fundamentes unter verschiedenen Auflasten zeigt Abb. 10.27.

Den Verlauf der Setzungen des Fundamentes beim Pilgerschritt- und Läuferverfahren zeigen Abb. 10.28a und b.

Dabei zeigte sich, dass die Simulation des Aushubes der 3 sich am nächsten zum Fundament befindlichen Lamellen ausreichend ist. Unabhängig vom Verfahren und zur Begrenzung der maximalen Setzungen an Einzelfundamenten sollten sich die Mittelachsen der Fundamente an der Grenze von zwei benachbarten Lamellen befinden.

Konsequenz: Lamelleneinteilungsplan so konzipieren, dass die Symmetrieachse der Einzelfundamente der Nachbarbebauung in der Begrenzung zwischen zwei benachbarten Lamellen liegt.

Diese Problematik liegt bei Streifenfundamenten nicht vor. Jedoch bei einer solchen Gründungsart spielt die Methode der Aushubsequenz eine entscheidende Rolle. In

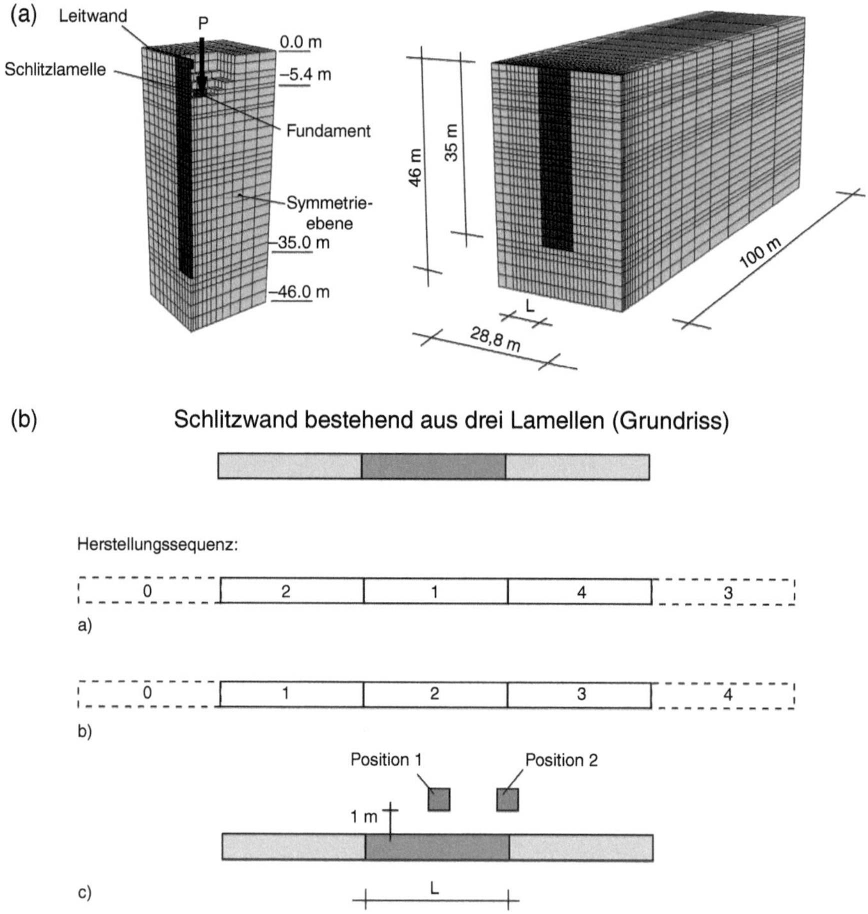

Abb. 10.26 (a) FE-Modell der Einzelschlitzherstellung neben einem Fundament, (b) Schematische Darstellung der Herstellung der Schlitzwand im Pilgerschritt- oder Läuferverfahren.

der Abbildung 10.29 ist die Simulation der SW-Herstellung neben einem Steifenfundament mit einer FE-Diskretisierung dargestellt (Schäfer und Triantafyllidis 2006).

Eine Darstellung der Setzungsentwicklung s eines Streifenfundamentes der Breite b = 1,8 m aufgrund eines offenen Schlitzes von jeweils 3,6 m, 5,4 m und 7,2 m Länge, welcher in einer Entfernung von ca. 1,9 m zur Schlitzwand liegt, findet man in Abb. 10.30 Die schwarzen und grauen Kurven stellen jeweils die Verformungen für eine zulässige Setzung des Fundamentes von s_{zul} = 1 cm und 2 cm dar.

Unabhängig von der gewählten Schlitzlänge ergeben sich infolge der Symmetrie des Systems die größten Setzungsordinaten in der Mitte der Lamelle. Je länger der Schlitz dabei ist, desto größer sind die zu erwartenden Setzungen des Fundamentes.

In Abbildung 10.31 sind für unterschiedliche bezogene Abstände x/L die berechneten Fundamentverformungen infolge des Schlitzaushubes aufgetragen.

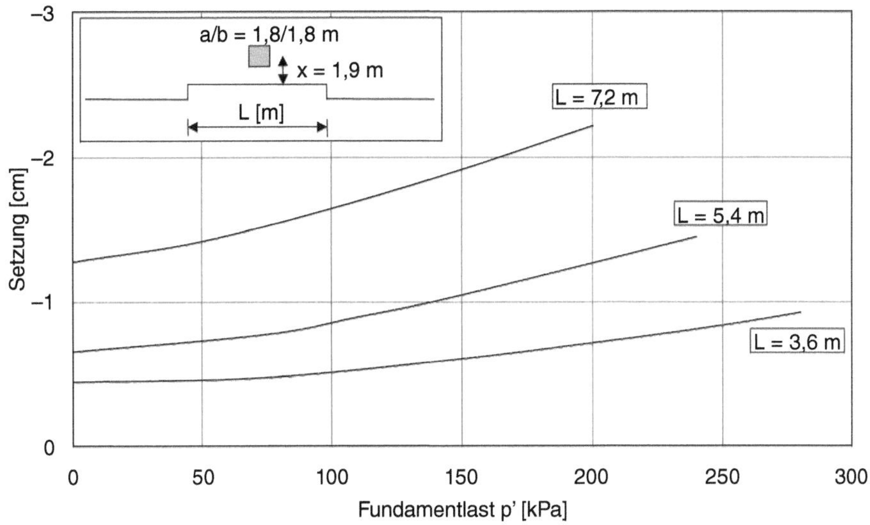

Abb. 10.27 Fundamentsetzungen infolge Schlitzaushub einer Einzellamelle dargestellt über die Fundamentlast p' (Schäfer 2004).

Mit zunehmendem Abstand des Streifenfundamentes zum Schlitz werden erwartungsgemäß die Setzungsmulden flacher und die Setzungsordinaten kleiner. Anhand der Spannungsverteilung im benachbarten Boden kann gezeigt werden, dass der Bodenaushub den geostatischen Spannungszustand innerhalb des Abstands entsprechend der eineinhalb- bis zweifachen Lamellenlänge senkrecht zum Schlitz beeinflusst. Daraus kann gefolgert werden, dass Gründungskörper, welche sich innerhalb des Abstands befinden, Setzungen infolge des Schlitzaushubs unterworfen sind. Da jedoch die Veränderung des Ausgangsspannungszustands mit zunehmender Distanz deutlich geringer wird, nehmen in Abb. 10.31 die Verformungen mit wachsendem x/L ebenfalls ab. Dennoch treten auch für einen Fundamentabstand in der Größenordnung der Schlitzlänge $x/\mathrm{L} = 1{,}0$) Fundamentsetzungen mit einer maximalen Ordinate von knapp 1 cm auf. Der Abstand der Wendepunkte von der Symmetrieachse bleibt jedoch unabhängig vom Abstand der Gründungen zum Schlitz und beträgt wie zuvor etwa 5,4 m.

Zusätzlich sind die Fundamentsetzungen für einen bezogenen Abstand von $x/\mathrm{L} = 0{,}125$ in Abb. 10.31 dargestellt. Für die gewählte Schlitzlänge L = 7,2 m und die Fundamentbreite b = 1,8 m grenzt das Gebäude somit unmittelbar an den Schlitz. Solche Ausführungsvarianten sind insbesondere bei innerstädtischen Baumaßnahmen mit bis zur Grundstücksgrenze reichender Nachbarbebauung erforderlich. Es besteht dann die Möglichkeit, die Kellerwände des Gebäudes als Leitwand für den Schlitzaushub heranzuziehen. Allerdings ist nachzuweisen, dass die Wände ausreichend standsicher sind und ohne Flüssigkeitsverlust den Suspensionsdruck aufnehmen können.

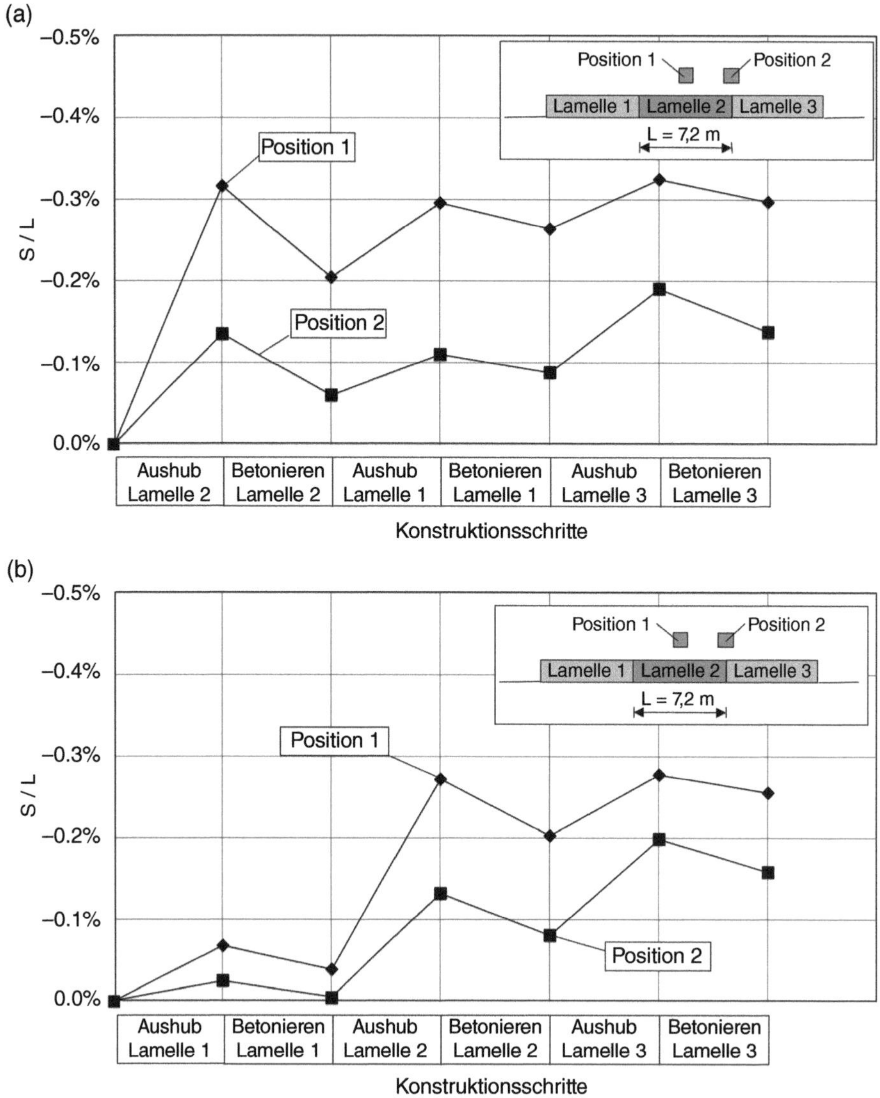

Abb. 10.28 Fundamentsetzungen beim (a) Pilgerschritt- und (b) Läuferverfahren.

Für den bereits im Rahmen der Einzelgründung untersuchten Fall eines Schlitzwandsegmentes bestehend aus drei benachbarten Schlitzen, sind in den Abb. 10.32 bis Abb. 10.34 für den Fall der Streifengründung die Setzungsmulden abgebildet, welche sich jeweils nach Fertigstellung der einzelnen Lamellen ergeben. Die Schlitzlänge beträgt jeweils L = 7,2 m, der Abstand zwischen Schlitzwandung und Mittelachse des Gründungskörpers $x = 1{,}9$ m und die Setzung des Gründungskörpers unter Gebrauchslast wird zu $s_{zul} = 2$ cm angesetzt. Die Herstellungssequenz entspricht dem Läufer- (Sequenz 1-2-3) und dem Pilger-Schritt-Verfahren (Sequenz 1-3-2).

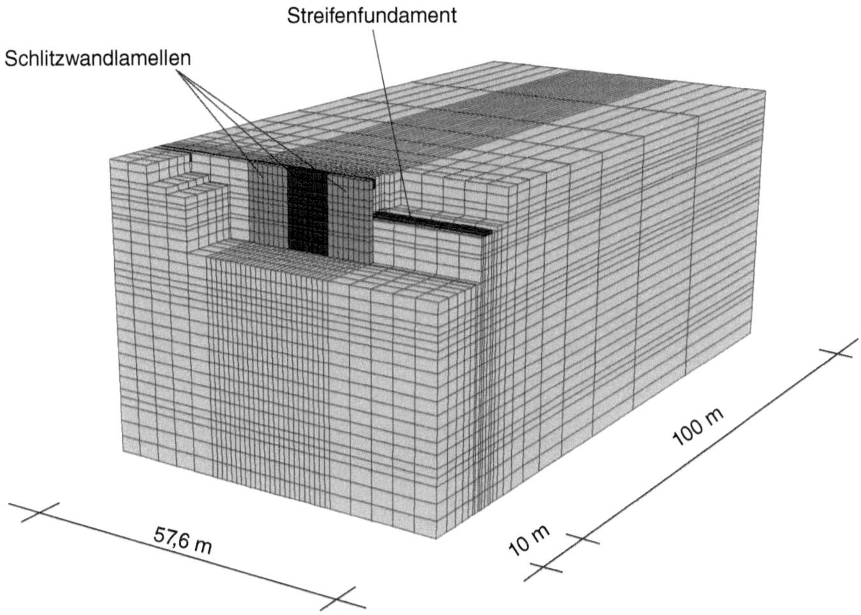

Abb. 10.29 FE-Netz für die Simulation der SW-Herstellung neben einem Streifenfundament (Schäfer, 2004).

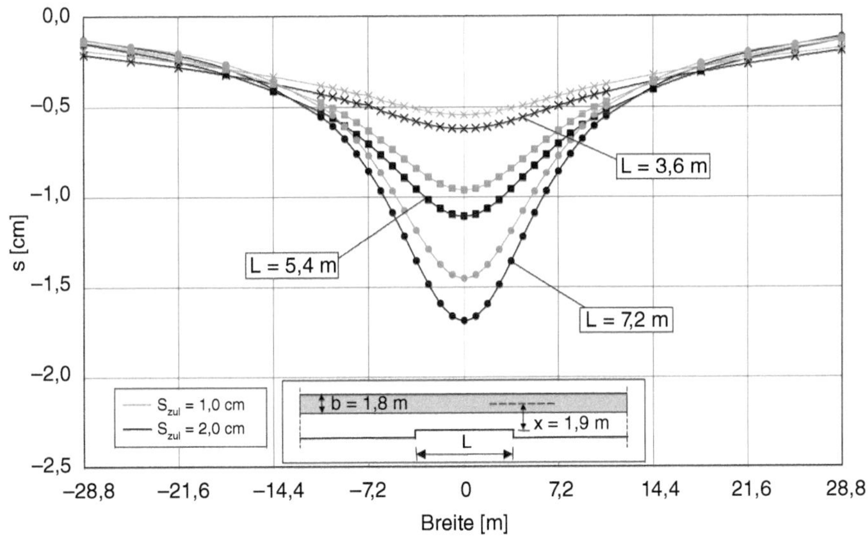

Abb. 10.30 Setzungsmulde des Streifenfundamentes infolge des Aushubes benachbarter Lamellen mit einer Länge von jeweils L = 3,6 m, 5,4 m und 7,2 m. Das Belastungsniveau des Gründungskörpers resultiert aus der Setzung unter Gebrauchslast von s_{zul} = 1,0 cm und s_{zul} = 2 cm.

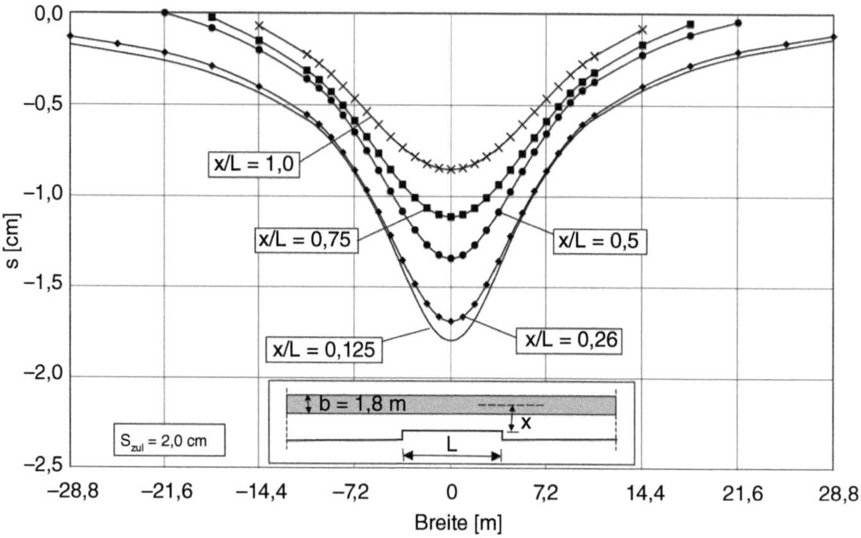

Abb. 10.31 Setzungsmulde eines Streifenfundamentes mit s_{zul} = 2 cm infolge Aushubs einer Einzellamelle (L = 7,2 m) in unterschiedlichen Abständen x/L zum Gründungskörper (x = Abstand vom Schlitzrand bis zur Mitte des Fundamentes).

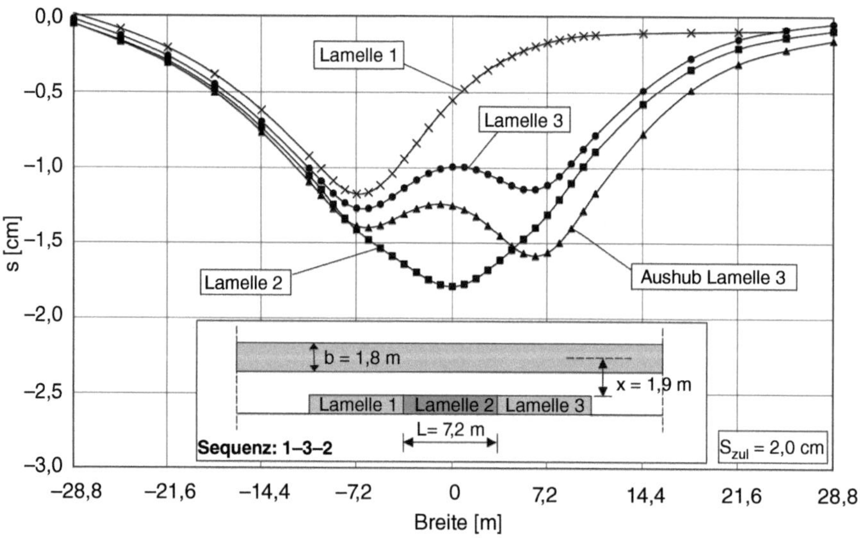

Abb. 10.32 Setzungsentwicklung des Streifenfundamentes während der schrittweisen Herstellung eines aus drei Einzellamellen bestehenden Schlitzwandausschnitts im Pilger-Schritt-Verfahren (Sequenz 1-3-2). Die Kurvenbezeichnung Lamelle *i* charakterisiert die resultierende Setzungsmulde nach Fertigstellung der Lamelle *i*.

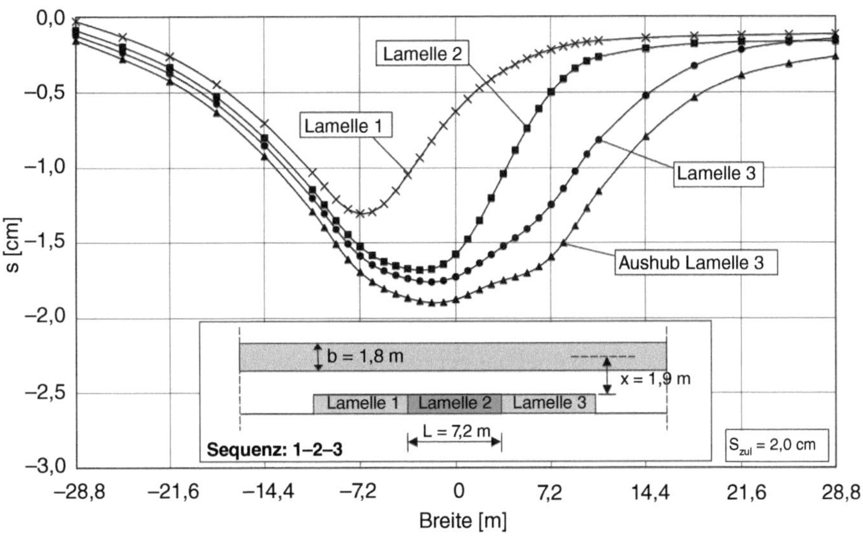

Abb. 10.33 Setzungsentwicklung des Streifenfundamentes während der schrittweisen Herstellung eines aus drei Einzellamellen bestehenden Schlitzwandausschnitts im Läuferverfahren (Sequenz 1-2-3). Die Kurvenbezeichnung Lamelle *i* charakterisiert die resultierende Setzungsmulde nach Fertigstellung der Lamelle *i*.

In der Abbildung 10.32 sind die berechneten Fundamentverformungen dargestellt, die als Folge der Sequenz 1-3-2 im Pilgerschrittverfahren zu erwarten sind. Daraus wird deutlich, dass bei der Herstellung im Pilger-Schritt-Verfahren temporär Sattellagerungen des Gründungskörpers im Bereich der sekundären Wandlamellen auftreten, wenn sich die angrenzenden Primärlamellen im Bauzustand befinden oder bereits fertig gestellt sind. Im Vergleich zur Muldenlagerung ist die Sattellagerung im Hinblick auf mögliche Gebäudeschäden wesentlich kritischer zu beurteilen.

Bei der Herstellungssequenz der drei Schlitzwandlamellen im Läuferverfahren (Lamelle 1, 2, 3) nach der Abb. 10.33 bildet sich zunächst infolge des Aushubs der Lamelle 1 eine Setzungsmulde. Mit fortschreitendem Baufortschritt breitet sich die Setzungsmulde aus und das Biegungsverhältnis des Gründungskörpers nimmt ständig ab, so dass zur Beurteilung von möglichen Gebäudeschäden der temporäre Aushubzustand einer einzelnen Lamelle, wie z. B. der Anfängerlamelle, maßgebend bleibt.

Bei einer geänderten Reihenfolge mit einer Mischung zwischen Läufer- und Pilgerschrittverfahren (Lamelle 2,1,3) kommet es auch zu einer Muldenverformung, siehe Abb. 10.34 und die Verformungen bleiben in der Größenordnung, die auch im Läuferverfahren erreicht werden.

Als baupraktische Konsequenz ergibt sich aus den vorgestellten Ergebnissen, dass in erster Linie die gewählte Schlitzlänge begrenzt werden muss, um die

Krümmung des Gründungskörpers und damit die Gefahr von Gebäudeschäden zu reduzieren. Eine durchlaufende Schlitzwand sollte kontinuierlich hergestellt und von außen kommend an der benachbarten Streifengründung vorbeigeführt werden. Als Herstellungssequenz ist das Läuferverfahren zu favorisieren, da infolge des Pilgerschritt-Verfahrens temporäre Sattellagerungen entstehen, die zwar für die untersuchten Randbedingungen als eher unkritisch zu bewerten sind, aber grundsätzlich im Vergleich zur Muldenlagerung schon bei deutlich geringerer Krümmung zu Schäden am Gebäude führen können. Weist das bestehende Gebäude jedoch beispielsweise eine größere Länge als die herzustellende Schlitzwand auf, so dass zwangsläufig die Anfängerlamelle angrenzend zum Fundament ausgeführt werden muss, so sollte zunächst unabhängig vom Standsicherheitsnachweis eine kleine Schlitzlänge von beispielsweise L = 3,6 m gewählt werden. Hierdurch besteht die Möglichkeit, die Verformungen des Gründungskörpers zu beschränken. Mit fortschreitendem Bauablauf und breiter werdender Setzungsmulde kann anschließend die Schlitzlänge auf das Maß gesteigert werden, welches aus Sicht der Standsicherheit des suspensionsgestützten Schlitzes zulässig ist.

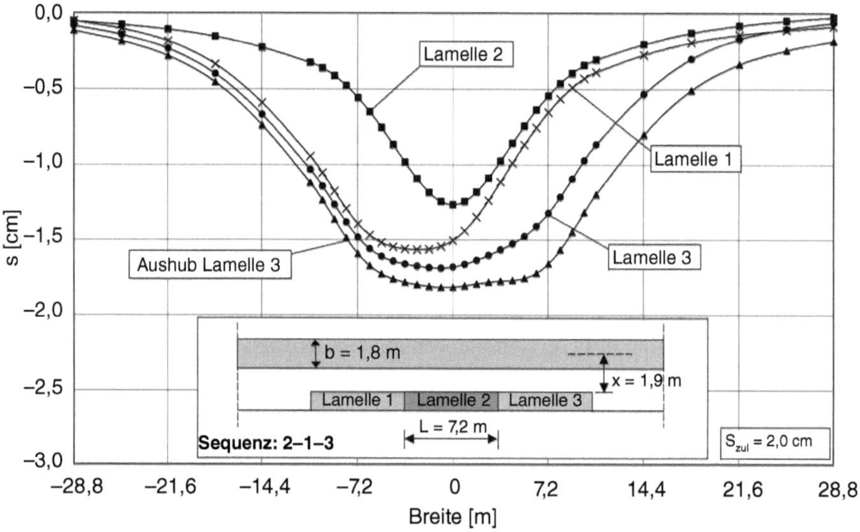

Abb. 10.34 Setzungsentwicklung des Streifenfundamentes während der schrittweisen Herstellung eines aus drei Einzellamellen bestehenden Schlitzwandausschnitts im Pilger-Schritt-Verfahren (Sequenz 2-1-3). Die Kurvenbezeichnung Lamelle *i* charakterisiert die resultierende Setzungsmulde nach Fertigstellung der Lamelle *i*.

11

Dichtschlitzwände

Die geschichtliche Entwicklung der Dichtschlitzwandbauweise ist unabhängig von der Schlitzwandbauweise. Die Verfahrensweise und das Aushubgerät haben jedoch heute zumindest teilweise eine gemeinsame Entwicklung. Die Schlitzwandtechnik für Verbauwände entstand aus der Notwendigkeit, tiefe und verformungsarme Wände ohne Absenkung des GW herzustellen, wogegen die Dichtschlitzwand als Verfahren ihren Ursprung in der Injektionstechnik hat.

Die Anwendungen der Dichtschlitzwände reichen von der Abdichtung unter einem Damm als Wasserreservoir der Hochwasserschutzeinrichtung, unter Staudämmen oder im Bereich von Talsperren bis hin zur horizontalen Sperre eines GW-Leiters. Letzteres dient entweder der räumlichen Begrenzung einer GW-Absenkung (Trogbaugruben, Kohleabbau) oder zur Einkapselung von Deponien und Altlasten und demzufolge dem Schutz des Grundwassers vor Verunreinigungen. Erhöhte bautechnische und ökologische Auflagen bei Grundwasserabsenkungen sowie steigende Ansprüche beim Grundwasserschutz vor Kontaminationen haben zu einer Zunahme des Einsatzes von Dichtschlitzwänden geführt. Abbildung 11.1 gibt einige Beispiele für den Anwendungsbereich von Dichtwänden.

Bei Baugruben werden Dichtschlitzwände zur Abdichtung durchlässiger Bodenschichten bis in die weniger durchlässigen Schichten (oder Stauer) abgeteuft, wodurch aus dem Verbund der dichten Sohle und der Dichtwand eine Wanne entsteht. Innerhalb dieser Wanne werden GW-Absenkungen oder sonstige Maßnahmen durchgeführt ohne das GW der Umgebung zu beeinflussen. Diese Technik wird auch zum Unterbrechen eines Grundwasserstroms zum Zurückhalten von Kontaminationen eingesetzt. Sehr oft werden auch vorbeugend chemische Anlagen, Kraftwerke und Mülldeponien mit Dichtungsschlitzwänden umschlossen, wenn eine dichtende Sohle entweder von Natur aus oder durch eine Injektionsarbeit vorhanden ist.

Wenn eine Dichtschlitzwand nur eine abdichtende Aufgabe hat, z. B. als senkrechte Dichtungswand unter einem Staudamm oder hinter der Böschung einer Baugrube, so hat sie keine statischen Funktionen zu erfüllen und demzufolge muss das Dichtungsmaterial auch keine hohen Festigkeiten erreichen.

Planung und Bauausführung in der Schlitzwand- und Dichtwandtechnik. 1. Auflage. Theodoros Triantafyllidis.

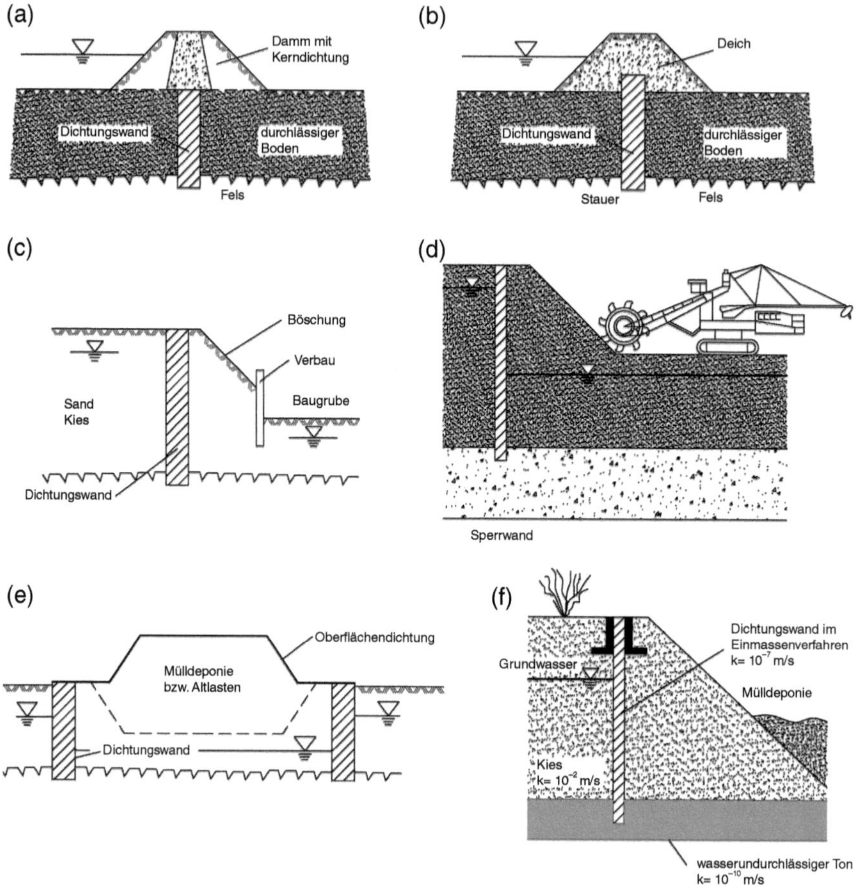

Abb. 11.1 Anwendungen von Dichtwänden (a) Damm mit Dichtungskern; (b) Deich mit Dichtungswand; (c) Horizontale Absperrungen von Baugruben; (d) Sperrwand; (e), (f) Dichtwände zur Einkapselung von Deponien und Altlasten zur Schonung und Schutz des Grundwassers.

Die Hauptanforderungen an das Dichtungsmaterial sind geringe Durchlässigkeit und gute Verformbarkeit. Letztere ist notwendig, damit es bei Verformungen im Untergrund nicht zu Rissbildungen und daraus folgend zu Undichtigkeiten kommt. Dies ist ganz besonders wichtig bei Staudämmen, wo Verformungen des Untergrunds besonders groß werden können. Die Dichtschlitzwand muss diese Verformungen des Untergrundes ohne Rissbildungen mitmachen können.

Die Druckfestigkeit des Dichtungsmaterials muss mindestens so groß sein wie die des anstehenden Bodens, damit eine Einschnürung der Wand durch den Erddruck auf jeden Fall verhindert wird. Meist liegen die Druckfestigkeiten des Dichtungsmaterials jedoch darüber (Zylinderdruckfestigkeiten 300 kN/m^2–500 kN/m^2).

Die prinzipiellen Verfahren zur Herstellung einer Dichtwand basieren entweder auf

a) Austausch des anstehenden Bodens mit dem Abdichtungsmaterial (Dichtschlitzwandverfahren)
b) Verdrängung des anstehenden Bodens und Einbau des Abdichtungsmaterials im freigewordenen Raum (Schmalwandverfahren)
c) Vermischung des anstehenden Bodens mit dem Abdichtungsmaterial (mixed in place Verfahren oder MIP-Verfahren)

11.1 Dichtschlitzwandverfahren

Das Schlitzwandverfahren zur Herstellung vertikaler Dichtwände bietet folgende wesentliche Vorteile:

- Dicke, Tiefe und Verlauf der Wand können den jeweiligen Gegebenheiten angepasst werden (jede Dicke zwischen 0,4 m und 2,0 m ist möglich).
- Das Schlitzwandverfahren kann mit Spezialgeräten auch bei geringer Arbeitshöhe eingesetzt werden (Kapitel 2, Schlitzwandtechnik).
- Nahezu alle mineralischen Dichtwandmassen können im Schlitzwandverfahren eingebaut werden. Sie reichen von der selbsterhärtenden Bentonit-Zementsuspension bis zum Beton.
- In die Dichtschlitzwand können Kunststoffbahnen oder Stahlspundwände eingebaut werden (Abb. 11.2 und Abb. 11.3).

Die Herstellung von Dichtwänden im Schlitzwandverfahren ist heute nach zwei verschiedenen Bauverfahren möglich. Diese sind:

- das Zweiphasenverfahren und
- das Einphasenverfahren.

11.1.1 Das Zweiphasenverfahren

Das Verfahren entspricht der bekannten Schlitzwandbauweise für die Herstellung von statisch tragenden Wänden. Die Herstellung von Dichtungswänden nach diesem Verfahren erfolgt in zwei Arbeitsgängen (zwei Phasen). Im ersten Arbeitsgang wird – wie für eine Ortbeton-Schlitzwand – der Schlitz unter einer reinen Bentonit-Wassermischung als Stützflüssigkeit ausgehoben.

Im zweiten Arbeitsgang wird dann diese Stützflüssigkeit gegen das eigentliche Dichtungsmaterial ausgetauscht. Das Dichtungsmaterial wird im Kontraktorverfahren eingebracht und die Stützflüssigkeit, welche verdrängt wird, wird abgepumpt und muss entweder regeneriert oder beseitigt werden.

Zur Verdrängung der Bentonitsuspension durch die Dichtwandmasse muss zwischen den zwei unterschiedlichen Mischungen ein Dichteunterschied von mindestens 0,75 t/m^3 bestehen.

Man benutzt bei diesem Verfahren ebenfalls eine Leitwand zur Führung des Aushubwerkzeugs (Fräse, Greifer), aber eine Begrenzung der Lamelle (Betonierabschnitt)

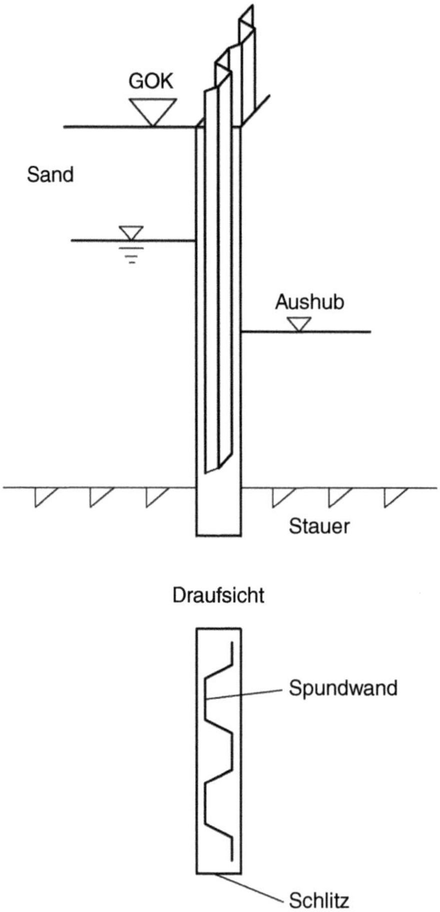

Abb. 11.2 Dichtwand mit eingestellter Spundwand.

beim Greiferverfahren durch Abstellrohre (Kapitel 2) wie bei der Schlitzwand ist nicht unbedingt erforderlich, es sei denn, das erhärtete Dichtungsmaterial ist nicht mehr mit dem Greifer lösbar.

Wie für eine statisch tragende Schlitzwand werden zuerst die Primärlamellen (Vorläuferlamellen) hergestellt und dann mit Anschneiden der Vorläuferlamellen die Nachläuferlamellen dazwischengesetzt (Abb. 11.4). Im Beispiel der Abbildung 11.4 werden zuerst die Lamellen 2 und 4 ausgegriffen und anschließend wird die Lamelle 3 durch Übergreifen von 2 und 4 ausgehoben. Durch diese Vorgehensweise werden Fugen in den Dichtwänden vermieden, die evtl. Undichtigkeitsstellen sein könnten, zumindest solange die angeschnittene Dichtwandmasse noch nicht ausgehärtet ist. Durch den Einsatz einer Fräse kann man dasselbe erreichen.

Ob man eine Fräse- oder ein Greiferverfahren zum Aushub einsetzt, hängt von den Gegebenheiten ab, welche bereits für den Aushub einer statisch wirksamen Wand angegeben wurden (Kapitel 2.6). Der Fräseinsatz ist auf jeden Fall von Vorteil, wenn große Flächen von homogenem Material gefräst werden müssen. Durch

Abb. 11.3 Einbau einer Kunststoffbahn in eine Dichtwand (Bild: Bilfinger + Berger AG).

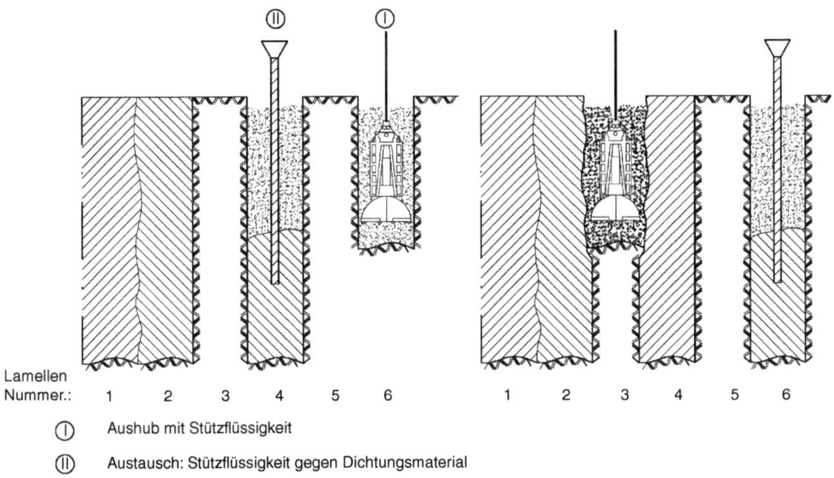

Abb. 11.4 Herstellung von Dichtwänden im Zweiphasenverfahren ohne die Verwendung von Abschalrohren.

neueste Entwicklungen sind elektronische Kontrollinstrumente für die Richtungsgenauigkeit und durch hydraulische Vorrichtungen sogar Korrekturmöglichkeiten für die Fräsrichtung gegeben, womit Dichtwände bis in große Tiefen (> 60 m) hergestellt werden können.

Ständig überwacht werden die Drehzahl der Fräsräder, die Funktion der Frägutabsaugung, die Leistungsaufnahme und Drehmomentabgabe der Fräsräder,

der Anpressdruck auf die Fräszähne und die Absenkgeschwindigkeit. Sehr oft müssen Dichtwände in Felsgestein hergestellt werden, besonders wenn dieses nicht massiv, sondern klüftig und evtl. verwittert ansteht. Ob nun ein Gestein fräsbar ist (mit vertretbarem Aufwand), wird in erster Linie von dessen Festigkeit, Klüftigkeit und Bankigkeit abhängen. Die Leistung von Fräsen hinsichtlich Aushub wird zwar in Prospekten von den Herstellern viel gepriesen, aber man soll immer die Rahmenbedingungen beachten, welche für den jeweiligen Erfolg maßgebend waren. Bis zu Festigkeiten von 50 MN/m^2 für den Sandstein sind moderate Leistungen der Fräse von 10–15 m^2/h möglich. Darüber liegende Festigkeiten erfordern allerdings eine spezielle Bestückung der Fräse mit Rollenmeißeln und Zähnen. Dann können sich bis Festigkeiten von 80 MPa in Abhängigkeit der Klüftigkeit und Bankigkeit des Gebirges vertretbare Leistungen ergeben (manchmal unter enormer Materialschlacht hinsichtlich der verwendeten Zähne) und die erreichbare Vortriebsgeschwindigkeit kann zwischen 0,6 m/h und 1,0 m/h liegen. Ein solcher Aushub benötigt aber entsprechend viel Zeit. Hier erkennt man auch die Vorteile des Zweiphasenverfahrens gegenüber dem Einphasenverfahren, welches einen allzu großen zeitintensiven Aushub aufgrund der selbst erhärtenden Masse gar nicht zulässt.

Die Entscheidung, ob das Zweiphasen- oder Einphasenverfahren verwendet wird, hängt von vielen lokalen und gerätetechnischen Rahmenbedingungen ab. Das Zweiphasenverfahren ist vor allem vorzuziehen bei:

- langwierigem Aushubbetrieb mit Meißelarbeiten wegen harter Einlagerungen oder bei sehr tiefen Lamellen, wobei die Dauer des Aushebens nur sehr schwer abgeschätzt werden kann (dies gilt vor allem beim Felsaushub mit großen flächenmäßigen Wandanteilen),
- Dichtungsmaterial mit vorgeschriebener, hoher Druckfestigkeit (> 1 MPa),
- sehr durchlässigem Baugrund mit großen Suspensionsverlusten. Es ergibt sich beim Zweiphasenverfahren eine Vorabdichtung durch die kostengünstigere Bentonit-Suspension, während beim Einphasenverfahren die teure Einphasen-Mischung als Verlust angesehen werden kann.

Es gibt eine Fülle von Rezepturen, die für die Dichtwandmischung im Zweiphasenverfahren angeboten werden. Dieses Feld steht teilweise noch unter Entwicklung. Es gibt allerdings Standardrezepturen, die folgende Zusammensetzung für 1 m^3 Dichtwandmaterial aufweisen

Zement	170–300 kg
Bentonit	0–30 kg
Tonmehl	0–160 kg
Steinmehl	0–200 kg
Sandkies	900–1450 kg
Wasser	350–500 kg

Bei der angegebenen Rezeptur wird meist ein Verhältnis von Sand/Kies von 2:1 verwendet. Diese Rezeptur kann je nach Bedürfnis an höherer Festigkeit, geringerer Durchlässigkeit oder variabler Dichte verändert werden.

Als Beispiele werden hier zwei Mischungen für 1 m^3 Dichtwandmaterial angegeben

Mischung 1		**Mischung 2**	
Zement (HOZ)	170 kg	Zement (HOZ)	80 kg
Steinmehl	140 kg	Steinmehl	200 kg
Bentonit CV15	50 kg	Bentonit CV15	40 kg
Sand (0/5 mm)	1500 kg	Sand (0/5 mm)	1400 kg
Wasser	300 kg	Wasser	300 kg

Bei der Rezeptur 1 erwartet man eine Dichte von 2,2 t/m^3 und eine Druckfestigkeit von ca. 3 MN/m^2, für die Rezeptur 2 eine etwas geringere Dichte von 2,0 t/m^3 aber eine wesentlich niedrigere Druckfestigkeit von ca. 1 MN/m^2. Mit beiden Mischungen sind Durchlässigkeiten von $k = 10^{-9}$ m/sec zu erreichen.

Speziell bei Abkapselung oder Absperrung der Sickerwässer von aggressiven Stoffen kann es zu Erosionsschäden durch den Zementangriff solcher Sickerwässer kommen. In solchen Fällen ist der Zement durch andere zementfreie Bindemittel zu ersetzen. Hierzu wird üblicherweise Wasserglas genommen, zusammen mit chemischen Härtern wie z. B. Dynagrout A und B von der Hüls AG. Die Eignung solcher Stoffe muss vorher für die jeweilige Aufgabe ermittelt werden.

Hierzu gibt es hinsichtlich der einzusetzenden Materialien spezifische Informationen von den Herstellern. Ein Beispiel einer solchen Mischung für eine Sonderabfalldeponie ist (1 m^3 Suspension):

Tonmehl	270 kg
Flugasche	48 kg
Kies/Sand 0,8 mm	1530 kg
Wasser	167 kg
Dynagrout-DWR A	2,5 kg
Dynagrout-DWR B	5,0 kg
Wasserglas (HK 30)	33 kg

Mit solchen Mischungen (Feststoffgehalt 80 Vol. %) ergeben sich Dichten von 2,06 t/m^3 und Durchlässigkeitskoeffizienten $k \approx 10^{-9}$ m/sec sowie einaxiale Durchlässigkeiten nach 28 Tagen größer als 0,025 MN/m^2.

11.1.2 Das Einphasenverfahren

Beim Einphasenverfahren wird anstelle der beim Zweiphasenverfahren verwendeten Bentonit-Wasser-Suspension eine Bentonit-Wasser-Zement-Suspension (inkl.

anderer Feststoffe) als Stützflüssigkeit verwendet (Meseck u. a. 1979). Diese Suspension wird nicht mehr ausgetauscht. Nach dem Aushub einer Lamelle bleibt die Suspension stehen, der Zement erstarrt, die Stützflüssigkeit wird fest und übernimmt dann ihre Aufgabe als Dichtungsmaterial. Durch den Bentonit ergibt sich eine Durchlässigkeit von $k \leq 10^{-8}$ m/s (etwa wie bei Ton) und durch den Zementanteil eine Druckfestigkeit bis zu 1 MPa oder gar 2 MPa.

Üblicherweise wird bei Dichtschlitzwänden das „Einphasenverfahren" mit selbsterhärtenden Bentonit-Zementsuspensionen verwendet. Das Einphasenverfahren wird meist aus wirtschaftlichen Gründen benutzt und setzt voraus, dass die Ausführungszeiten (bis ca. 10–12 h) so kurz sind, dass das Dichtungsmaterial erst nach der Schlitzherstellung aushärtet. Es dürfen also keine großen Schwierigkeiten und kein Verzug der Aushubarbeiten auftreten, da sonst das Aushubwerkzeug nicht mehr ordnungsgemäß arbeiten kann oder im ungünstigsten Fall im Schlitz verloren geht.

Die Dichtungswand wird im Pilgerschrittverfahren (Abb. 11.5) hergestellt, d. h., den zunächst erstellten Primärlamellen 1 und 3 folgen zeitversetzt die Sekundärlamellen 2 und 4, welche durch teilweises Überschneiden der Primärlamellen eine geschlossene, homogene Wand bilden. Die Länge eines Abschnitts (Lamelle) wird durch die Öffnungsweite des Schlitzgreifers bestimmt. Es kann aber aufgrund der

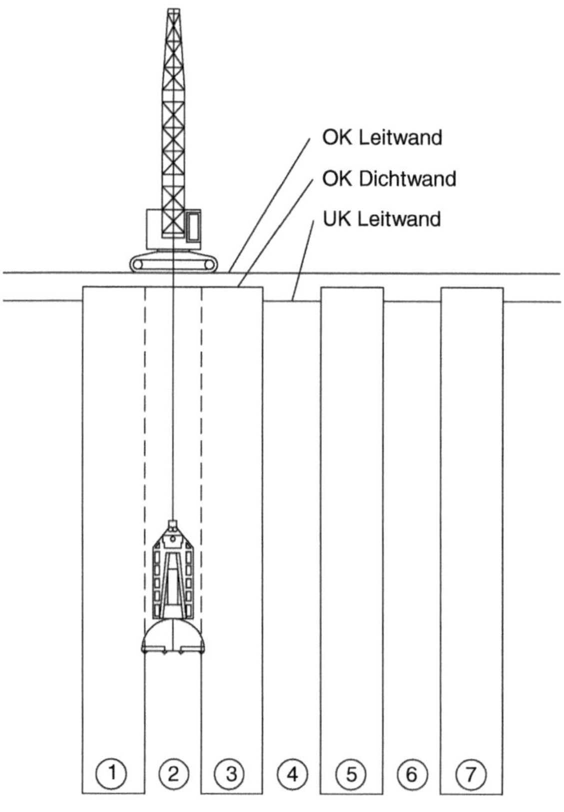

Abb. 11.5 Schematische Darstellung der Herstellung von Dichtschlitzwänden im Einphasenverfahren.

Aushubleistung und der örtlichen Verhältnisse sinnvoller sein, Schlitze mit mehrfacher Greiferbreite auszuheben. In einem solchen Fall (Abb. 11.6) ist es aufgrund der Herstellungsgenauigkeit wichtig, dass der Aushub immer jeweils am entfernten erdseitigen Ende des Schlitzes angefangen wird und der verbleibende Zwickel zwischen den bereits hergestellten Wandelementen zum Schluss ausgehoben wird. Mit dieser Vorgehensweise wird erreicht, dass sich eine Schiefstellung der bereits ausgehobenen Lamelle nicht auf die nachfolgenden überträgt.

Wird außer der dichtenden Funktion der Wand noch teilweise und temporär eine gewisse Biegesteifigkeit der Wand verlangt, so ist es auch möglich, in einem statisch beanspruchten Bereich Spundwandprofile oder sogar Stahlbetonfertigteile in den offenen Schlitz einzulassen (Abb. 11.2). Die Wände erhalten im oberen Teil eine *statische* und *dichtende* Funktion, im unteren Teil der Wand meist lediglich eine *dichtende* Wirkung.

Die statische Tragfähigkeit wird z. B. durch die Spundbohlen gesichert. Bei dem Nachweis der Gebrauchstauglichkeit sollte allerdings beachtet werden, dass an der Stelle, wo die Spundwand aufhört, die Verformungen so klein sein müssen, dass diese von der Dichtwandmasse ohne Rissbildung aufgenommen werden können. Hierzu bedarf es eines Verformungsnachweises für die ungünstigste Beanspruchung.

Die Vorteile des Einphasenverfahrens gegenüber dem Zweiphasenverfahren oder der Schmalwände liegen auf der Hand:

- Herstellung in einem Arbeitsgang,
- Anpassung der Zusammensetzung der Dichtwandmasse an die Bodenverhältnisse und die Abmessungen der Schlitze sind jederzeit möglich,
- die Wand wird fugenlos hergestellt,
- aufgrund der hohen Plastizität der Dichtwandmasse ist diese relativ widerstandsfähig gegen mechanische Einwirkungen (es ist allerdings empfehlenswert, den Kopfbereich der Wand durch Magerbeton oder Schüttung zu schützen),
- geringe Wasserdurchlässigkeit,
- alterungsbeständig (auch beständig gegen kontaminierte Wässer),

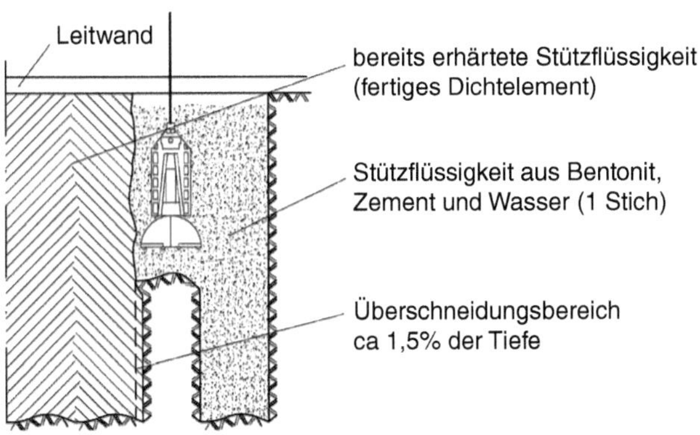

Abb. 11.6 Arbeitsweise bei kontinuierlichem Aushub, mit Schlitzelementbreite, welche ein Mehrfaches der Greiferbreite ist.

- gegenüber Dichtungsschmalwänden treten innerhalb der Dichtwandmasse geringe hydraulische Gefälle auf.

Um den Dichtigkeitsanforderungen der Wand gerecht zu werden, müssen sich die Schlitzwandlamellen überschneiden. Die Größe dieser Überschneidung ist abhängig von der Tiefe der Dichtungswand; sie liegt bei etwa 1,0–1,5 % der Tiefe. Die Überschneidung bereits fertig gestellter Dichtwandabschnitte setzt einen stichfähigen Zustand der eingebauten Dichtwandmasse voraus.

Die Entwicklung der Erstarrung einer frischen Bentonit-Zementsuspension wurde von Caron (1973) untersucht (Abb. 11.7). In Abbildung 11.7 sind die Ergebnisse von Viskositätsmessungen mit dem Marsch-Trichter für unterschiedliche Zeitpunkte nach Ansetzen der Mischung dargestellt. Ziel dieser Untersuchungen war es, die Erstarrungszeit der Dichtungsmasse festzustellen. Da nach etwa zwei Stunden der Erstarrungsprozess des Zements beginnt und dieser nur durch den Bentonitgehalt verzögert wird, darf der Schlitzaushub, bei dem die Suspension immer wieder in Bewegung gerät, eine bestimmte Zeitspanne (10–12 Stunden) nicht überschreiten. Andernfalls werden die Eigenschaften zum Nachteil verändert.

Mit Additiven kann man diesen Erstarrungsprozess verzögern, aber die Erfahrung zeigt, dass dieser Prozess anschließend umso schneller einsetzt.

Die Zusammensetzung einer Einphasen-Mischung unterscheidet sich von einer Zweiphasen-Mischung. Sie muss zwar eine niedrige Durchlässigkeit (~ 10^{-8} m/sec) erreichen, aber sie muss keine so hohe Dichte wie die Zweiphasen-Mischung

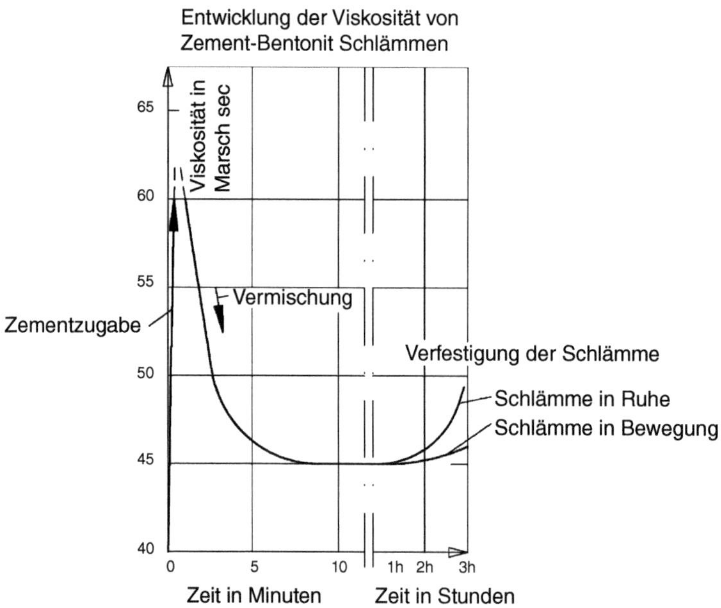

Abb. 11.7 Entwicklung der Viskosität einer Bentonit-Zement-Schlämme nach Caron (1973).

aufweisen, da keine Stützflüssigkeit bei einem „Betoniervorgang" verdrängt werden muss. Die Dichte von Einphasen-Mischungen erreicht Werte zwischen 1,1–1,25 t/m³.

Als Beispiel für die Zusammensetzung einer Einphasen-Mischung ist folgende Rezeptur für 1 m³ Stützflüssigkeit gegeben:

Bentonit	30–45 kg
Zement CEM III/A 32,5 N	150–300 kg
Wasser	850–950 kg

Ein Überblick der Messungen der physikalischen Eigenschaften von Dichtwandmessen ist in der Tab. 11.1 angegeben.

Tab. 11.1 Messung physikalischer Eigenschaften von frischen Dichtwandmassen.

Kennwert		**Messgerät**	**Parameter**
Dichte	[i/m³]	Spülungswaage Hygrometer	hydrostatischer Druck
Viskosität (Auslaufzeit)	[s]	Marsh-Trichter	Verarbeitbarkeit[1),2)]
Filtratwasserabgabe	[cm³]	Filterpresse (API) 7 bar, 7,5 min	Stabilität
Fileßgrenze	[N/m²]	Pendelgerät Kugelharfe	Stützwirkung
pH-Wert	–	pH-Meter Messstreifen	

Messung physikalischer Eigenschaften von frischen Dichtwandmassen
1) Rührversuche bis 12 h zur Nachahmung des Greiferbetriebs
2) Erstarrungsverhalten z. B. mit Nadelgerät

Nachfolgend ist ein Zahlenbeispiel zur Ermittlung der Dichte einer Rezeptur angegeben.

Die Mischung besteht aus 30 kg Spezial-Bentonit, 150 kg Zement CEM III/A 32,5 N und 950 kg Wasser. Die Volumina und die Dichte sind der nachstehenden Tabelle 11.2 zu entnehmen:

Tab. 11.2 Beispiel der Dichtebestimmung einer Mischung

	Masse (kg)	**Stoffdichte ρ_S (kg/l)**	**Volumen (l)**
Bentonit	30 kg	2,65	11,3
Zement CEM III/A 32,5 N	150 kg	3,10	48,4
Wasser	9150 kg	1,00	940,0
	1130 kg		999,7

Dichte $\rho = 1130/999,7 = 1{,}12$ kg/l = 1,12 t/m³

Als Bentonit wird ein besonders alkalibeständiger, d. h. zementstabiler Bentonit verwendet. Die Bindemittel bestehen entweder aus Zementen nach DIN 1164 bzw. DIN EN 197 oder aus besonders für Abdichtungszwecke konzipierten Spezialbindemitteln, wie z. B. hochgeschlackten Zementen.

Die Spezialbentonite sind in der Bundesrepublik unter dem Namen Tixoton CV15 (Südchemie AG, München), Aktiv-Bentonit CT (Erbslöh & Co., Geisenheim), Slurry Ben 125 (Volclay International, Duisburg), C.S. (Cebo, Holland) und FT P3 (Ceca S.A., Frankreich) im Handel.

Hochofenzemente haben gegenüber Portlandzementen den Vorteil, später mit der Hydratation zu beginnen, wodurch mehr Zeit zum Herstellen des Schlitzes zur Verfügung steht. Stehen im Bereich der Dichtschlitzwand aggressive Wässer an, so muss ein sulfatbeständiger Hochofenzement CEM III/A 32,5 NW-HS verwendet werden. (Es gibt allerdings Fälle, wo andere Bindemittel zum Einsatz kommen.)

Da die Ca^{++}-Ionen aus dem Zement die „aktivierten" Na-Bentonite wieder zu weniger quellfähigen Ca-Bentoniten zurückverwandeln, werden neuerdings von vornherein Ca-Bentonite für dieses Bauverfahren verwendet. Sie müssen allerdings mit einem Massenanteil von ca. 200 kg je m^3 Dichtwandmasse eingesetzt werden (Abb. 11.8).

Der Abdichtungserfolg der fertigen Dichtschlitzwand wird neben der Herstellgenauigkeit im Wesentlichen von den Eigenschaften der eingebauten Dichtwandmasse bestimmt. Durch Eignungsversuche kann die Zusammensetzung von Massen bestimmt werden, damit die geforderten Eigenschaften (z. B. Druckfestigkeit und

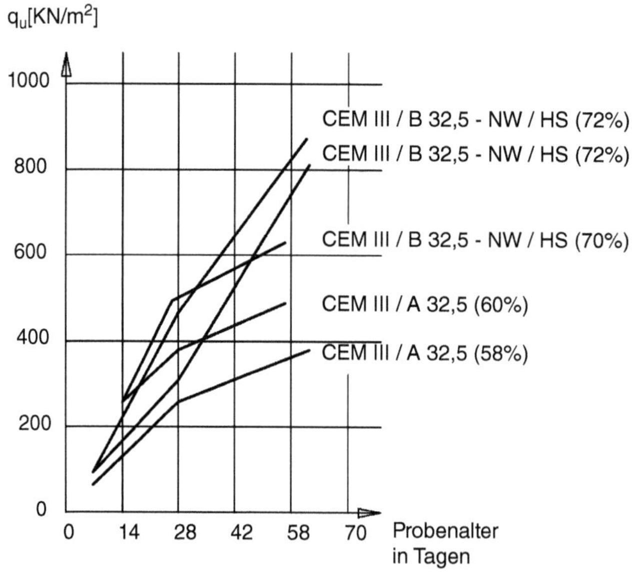

Abb. 11.8 Einfluss der Zementsorte auf die Druckfestigkeitsentwicklung von Dichtmassen aus 35 kg Bentonit, 200 kg CEM III/A (Hüttensandgehalt) und 922 kg Wasser pro m^3 Dichtwandmasse.

Wasserdurchlässigkeit) sicher erreicht werden. Daneben muss bei der Entwicklung von Dichtwandmassen beachtet werden, dass jedes Bauverfahren spezifische Forderungen an die frische Masse stellt. Die Eigenschaften von Dichtwandmassen unterschiedlicher Zusammensetzung werden durch Laborversuche für den flüssigen (Tab. 11.1) und abgebundenen Zustand untersucht.

Im frischen Zustand muss die Masse ausreichend pumpfähig sein (also keine zu hohe Viskosität aufweisen). Der Hydratationsvorgang des Zements soll nicht vor Beendigung des Aushubs einsetzen. Bei sehr langen Baggerzeiten an einer Lamelle (tiefe Wände, schwierige Bodenverhältnisse) kann es notwendig werden, im zweiten Mischvorgang zusätzlich einen Abbindeverzögerer einzusetzen. Die frische Dichtungsmasse muss stabil sein, d. h., sie darf sich im Ruhezustand nicht entmischen.

Im Schlitz wird unter dem Druck der Suspension mit der Tiefe zunehmend Wasser ausgefiltert. Untersuchungen auf der Baustelle ergaben, dass die Ausfilterung vor allem durch die Greiferbewegungen beeinflusst wird. Der Wasserverlust bewirkt größere Dichtigkeiten der Mischung. Die Hauptanforderung an Wände ist die Wasserundurchlässigkeit. Es ist möglich Durchlässigkeitgsbeiwerte $k = 1 \cdot 10^{-8}$ m/s zu erzielen. Durchlässigkeiten von $k < 10^{-9}$ m/sec sind heute in Bezug auf das reine Dichtungsmaterial erzielbar und ausreichend. Die Dichtigkeit der Wand wird allerdings nicht alleine vom Baustoff, sondern von der Ausführung und evtl. von der Fugenqualität bestimmt. Deshalb wird die Durchlässigkeit der Gesamtwand (auch beim Einsatz von Dichtmassen mit $k < 10^{-9}$ m/sec) in der Größenordnung von $k = 10^{-8}$ m/sec liegen.

Die abgebundene Dichtungsmasse muss außer einer geringen Durchlässigkeit auch eine Mindestdruckfestigkeit haben, um erosionssicher zu sein und mindestens die gleiche Festigkeit wie das umgebende Bodenmaterial aufweisen. Als Maß für die Festigkeit einer Dichtwandmasse wird die einaxiale Zylinderdruckfestigkeit zugrunde gelegt.

Über den Einfluss des Zements auf die Druckfestigkeitsentwicklung und die Durchlässigkeit geben Abb. 11.8 und Abb. 11.9 Auskunft.

Die Erosionsbeständigkeit kann mit dem „pin hole"-Versuch (Kapitel 11.4) demonstriert werden, bei dem eine Materialprobe mit Hilfe eines dünnen Stiftes durchbohrt wird und einem hydraulischen Gefälle, welches dem im Mittel auf der Baustelle vorliegenden ähnlich ist, in einem Versuchsstand (Durchlässigkeitsversuch) ausgesetzt wird. Wenn im Laufe der Zeit ein „Selbstheilungsprozess" ausgelöst wird, so ist zu erwarten, dass die Dichtmasse gegenüber dem anliegenden Boden erosionsstabil bleibt. Eine zunehmende Trübung des Wassers im Laufe der Zeit deutet auf eine nicht erosionsstabile Dichtwand hin. Es ist anzunehmen, dass die Erosionsbeständigkeit mit wachsender Druckfestigkeit (28 Tage) und geringerer Durchlässigkeit steigt. Mischungen, welche mindestens eine 28-Tage Druckfestigkeit von 0,5 MPa und Durchlässigkeiten von $< 10^{-9}$ m/sec aufweisen, gelten als erosionsstabil. Zur Prüfung von Dichtwandmassen haben sich Lysimeterversuche (s. z.B. GDA-Empfehlungen, 1997) sehr gut bewährt, die allerdings viel Zeit in Anspruch nehmen.

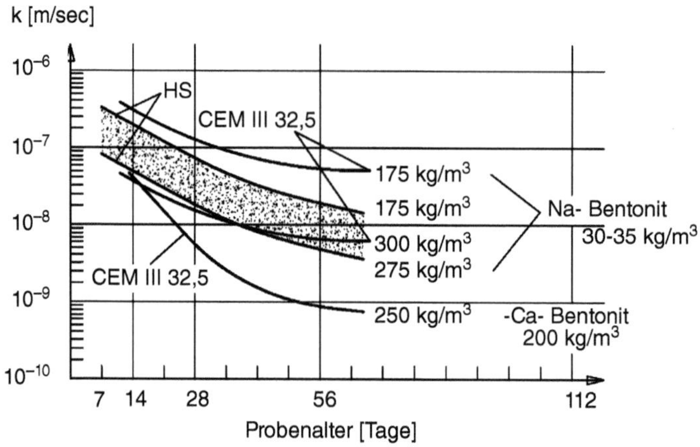

Abb. 11.9 Entwicklung der Durchlässigkeiten von Dichtwandmassen.

Die Eigenschaften der Dichtwandmasse dürfen sich durch die unvermeidliche Zumischung von Bodenteilchen nur in bestimmten Grenzen ändern.

Die günstigsten Eigenschaften werden erzielt, wenn der Zement der mindestens 2–4 Stunden gequollenen Bentonitsuspensionen in einem zweiten Mischverfahren entweder mit diskontinuierlichem Chargenmischer oder mit kontinuierlichen Mischanlagen (z. B. Supramix-Anlage) zugegeben wird.

Um den Herstellungsprozess bei der Einphasen-Dichtwand zu vereinfachen, wurden von der Zementindustrie in den letzten Jahren Fertigmischungen entwickelt, die in nur einem Mischvorgang mit Wasser ohne Quellzeit für das Bentonit hergestellt werden können. Weitere Vorteile solcher Mischungen sind lange Verarbeitungszeiten im Schlitz bis 16 h und ungewöhnlich niedrige Durchlässigkeitswerte mit $k \leq 1 \cdot 10^{-10}$ m/s. Nach den vorliegenden Erfahrungen sind diese Fertigmischungen vor allem für kleine Baustellen und bei sehr beengten Baustellenflächen von Vorteil. Unter bestimmten Voraussetzungen wurden jedoch bei den Fertigmischungen vereinzelt sehr hohe Absetzmaße von bis zu 10 % beobachtet. Auch hinsichtlich der Verarbeitbarkeit können bei Fertigmischungen Probleme auftreten. Es empfiehlt sich, hier immer eine generelle Eignungsprüfung dieses Fertigbaustoffs sowie weitere Eignungskontrollen durchzuführen.

Die prinzipielle Eignung von Fertigmischungen muss folgende Aspekte berücksichtigen:

- Chemismus der Bodenschichten und Verträglichkeit der Fertigmassen mit evtl. vorliegenden Kontaminationen (Sulfate, Chloride, etc.),
- Alkalibeständigkeit der Fertigmischung bzw. Aggressivität auf Zementteile einer Konstruktion, die mit dieser Masse in Berührung kommt,
- Pumpfähigkeit oder Verarbeitbarkeit mit den angedachten Förderanlagen oder Einrichtungen,
- Arbeitsschutz und notwendige Einrichtungen für Notfälle.

Eine Art „Standardrezeptur" für Fertigtrockenmischungen, die aus Tonen und Spezialbindemitteln bestehen und nur mit Wasser auf der Baustelle angemischt werden müssen, besteht aus:

180–300 kg Fertigtrockenmischung und
890–940 kg Wasser.

11.2 Qualitätssicherung von Dichtwänden

Die Qualitätssicherung richtet sich nach dem jeweiligen Herstellungsverfahren:

Beim *Zweiphasenverfahren* muss die Stützsuspension während des Aushubs und vor dem Einsatz der Dichtmasse (2. Phase) ähnlich wie bei der Schlitzwandherstellung hinsichtlich der Dichte, Sandgehalt, Fließgrenze und pH-Wert nach den Regelungen der DIN 4126 bzw. DIN EN 1538 geprüft werden. Die Dichtwandmasse (2. Phase) muss durch eine Eignungsprüfung vor dem Einsatz kontrolliert werden. Die Qualität dieser Masse hinsichtlich Zusammensetzung, Dichte, Konsistenz, Absetzverhalten sowie Druckfestigkeit und Durchlässigkeit entspricht den Prüfungen bei dem Einphasen-Verfahren.

Beim *Einphasenverfahren* erfolgt die Qualitätssicherung in folgenden Schritten:

- Prüfung der Eignung einer nicht erprobten Dichtwandmasse vor Beginn des Projekts. Hierzu ist eine Abstimmung der einzusetzenden Materialien auf den Chemismus des Bodens erforderlich. Das Abbindeverhalten, das Erstarrungsverhalten sowie die Viskositätsentwicklung, die Verarbeitbarkeit der Dichtmasse und etwaige spezielle Anforderungen an Mischer, Durchlaufschnecke oder Pumpen sind festzulegen.
- Während des Aushubs sind regelmäßig die Eigenschaften der Suspension zu überwachen wie
  - Dichte
  - Absetzmaß
  - Konsistenz
  - Filtratwasserabgabe
  - Fließgrenze
  - Viskosität
- Rückstellproben werden aus der Frischsuspension entnommen und in Behältern luftdicht verschlossen und bei konstanter Temperatur (z. B. 20° C) unter Wasser gelagert. Diese Proben sind nach 28 Tagen und 56 Tagen auf folgende Eigenschaften zu prüfen:
  - Druckfestigkeit nach DIN 18 136
  - Durchlässigkeit nach DIN 18 130
- Während des Aushubs sind für jede Lamelle die Vertikalität und die Kontinuität der Wand durch Überprüfung des Überschneidungsmaßes zu gewährleisten. Hierfür können während des Aushubs Inklinometermessungen herangezogen werden.

11.3 Schmalwände

11.3.1 Anwendungen sowie Vorteile und Nachteile

Schmalwände sind Dichtwände mit geringer Wanddicke aus zementgebundenen (evtl. auch mit anderen Bindemitteln), selbst erhärtenden Dichtmassen, die sehr wirtschaftlich bei geeignetem Baugrund herzustellen sind. Schmalwände werden als Bauhilfsmaßnahmen oder für permanente Zwecke genutzt. Als temporäre Maßnahmen dienen sie der Reduktion von Wasserströmungen für die Herstellung von stromabwärts liegenden Vereisungskörpern oder der Herstellung von Injektionssohlen oder zur temporären Abdichtung von nur mit vertikalem durchlässigem Verbau gesicherten Baugruben. Als „dauerhafte" Maßnahmen werden Schmalwände bei relativ geringen hydraulischen Druckdifferenzen als Abdichtung von Hochwasserschutzdämmen, zur Sicherung von Staudämmen oder als Absperrung und Grundwasserschutz bei industriellen Altlastenbereichen oder Deponien ebenfalls eingesetzt. Beispiele für solche Anwendungen sind in Abb. 11.10 angegeben.

Die Schmalwand ist eine Sonderform der Schlitzwand, bei der die Wand nicht gegriffen, sondern nur durch Einrammen oder Einrütteln und späterem Ziehen eines Stahlprofils bei gleichzeitiger Injektion der Dichtungsmasse, welche im geschaffenen Hohlraum verbleibt, hergestellt wird. Wie schon das Wort „Schmalwand" andeutet, ist die hergestellte Wand sehr schmal, wobei als Mindeststärke d = 6 cm in Abhängigkeit vom Stahlprofil und vorliegendem Boden angegeben werden kann.

Schmalwände werden vertikal hergestellt. Die Nenndicke einer Schmalwand beträgt 80 bis 100 mm, die tatsächliche Wanddicke hängt von der Bodenart ab (Abb. 11.11).

Tiefen von 30 m (unter günstigen Randbedingungen) liegen an der Grenze der heutigen Gerätetechnik und der machbaren Kontinuität der Wand, d. h. der einwandfreien Vertikalität bzw. Überlappung der einzelnen Stiche. Der Raum für die Schmalwand wird durch Verdrängen und Umlagerung des Bodens entlang der Rüttelbohle geschaffen. Darin liegen auch die natürlichen Grenzen dieses Verfahrens, die aber durch Zusatzmaßnahmen wie Vorbohren erweitert werden können. Beim Ziehen der Bohle wird weiter Dichtwandmasse zugeführt und der Hohlraum vollständig gefüllt. Die Suspension härtet dann langsam aus. Durch die Aneinanderreihung der sich überschneidenden „Stiche" (Abb. 11.12) entsteht eine durchgehende Schmalwand. Wie Abbildung 11.11 zeigt, schwanken die Wanddicken je nach Bodenart, in der die Schmalwand hergestellt wird, zwischen wenigen Millimetern bis zu drei Dezimetern. Aus dieser Darstellung ist ersichtlich, dass sich die Schmalwand vor allem zur Abdichtung von kiesigen Sanden oder sandigem Kies eignet.

Ein wesentlicher Vorteil dieses Verfahrens gegenüber der Dichtschlitzwand ist die Wirtschaftlichkeit aufgrund sowohl großer Tagesleistungen wie auch des geringen Materialverbrauchs. Besonders große Vorteile bietet das Verfahren bei geringen hydraulischen Druckdifferenzen insbesondere hinsichtlich der Wasserdichtigkeit.

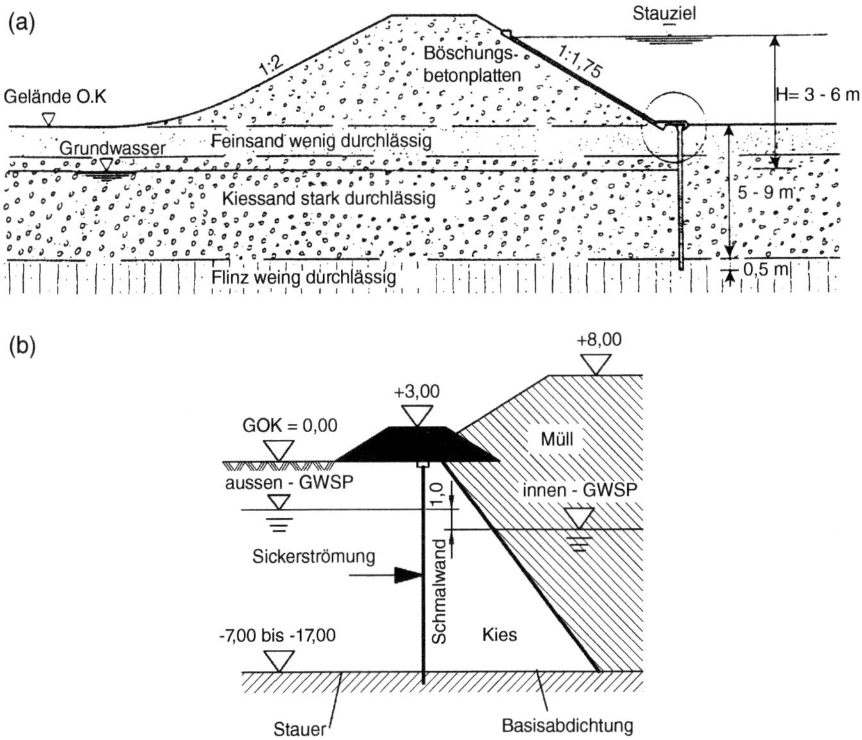

Abb. 11.10 (a) Querschnitt durch einen Stauhaltungsdamm (b) GW-Schutz von Druckgewässer einer Deponie bei kleinen Druckdifferenzen.

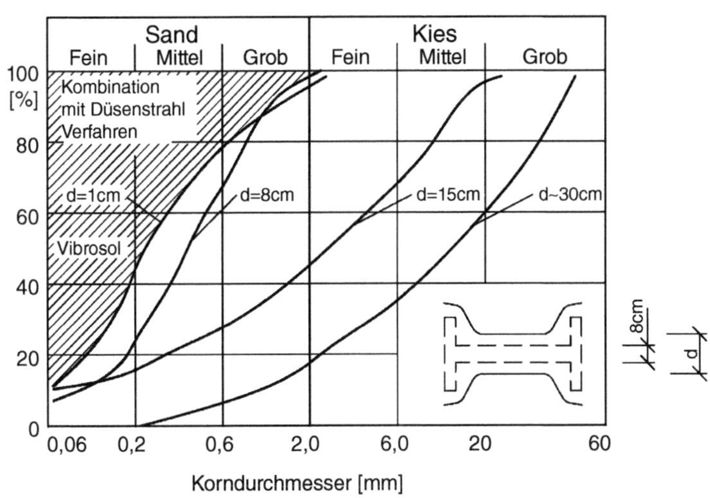

Abb. 11.11 Dicke der Schmalwand in Abhängigkeit von der Bodenart.

Die wesentlichen Nachteile des Verfahrens liegen in der Begrenzung der Tiefe aufgrund der einzuhaltenden Überlappung bzw. Kontinuität der Wand und in der Begrenzung des Einsatzgebiets, welches rammbare Böden voraussetzt und keine Einbindung im Fels erlaubt. Der Einsatz dieses Verfahrens in fließgefährdeten Böden ist problematisch sowohl hinsichtlich von Fehlstellen in der Wand als auch hinsichtlich der Erschütterungsbelastung auf die Nachbarbebauung. Durch das Einvibrieren der Bohle für die Herstellung der nachfolgenden Stiche werden einerseits

Abb. 11.12 (a) Grundriss einer Schmalwand, (b) Baustellenfoto eines Schmalwandabschnittes (Fa. Bauer).

frisch hergestellte Stiche durch das Fließen des Bodens eingeschnürt (s. Abb. 11.17) und es ist andererseits aufgrund der Erschütterungsbelastung der Umgebung mit Gebäudesetzungen oder sogar Schiefstellungen der Nachbarbebauung wegen der Wasserüberdruckentwicklung im Boden zu rechnen.

11.3.2 Verfahren zur Schmalwandherstellung

Die Anfänge dieses Verfahrens liegen in Frankreich. Das Schmalwandverfahren wurde in den 50er Jahren von der französischen Tiefbaufirma Etudes et Traveaux des Fondations (ETF) aus Toulouse zur nachträglichen Abdichtung von Schifffahrtskanälen entwickelt und mit Erfolg angewandt. Die erste Schmalwand in Deutschland wurde im „Staffelrammverfahren" von dieser Firma an der Donaustaustufe Oberelchingen bei Ulm im Jahr 1959 hergestellt. In der Zwischenzeit werden mehrere Verfahren zur Herstellung von Schmalwänden benutzt und sind hier aufgelistet:

a) Staffelrammverfahren
b) Einbohlenrüttelverfahren (Vertikalrüttler oder Tiefenrüttler)
c) Vibrosol-Verfahren

Bei dem *Staffelrammverfahren* werden in den Boden mehrere Profile (z. B. 6 oder 7 Einheiten) eingerammt und erst dann wird mit dem Ziehen und Verpressen der zuerst gerammten Profile begonnen. Heute wird dieses Verfahren nur noch für Sonderfälle angewendet (z. B. bei empfindlichen Bodenarten). Abbildung 11.13 zeigt die Herstellung einer Schmalwand nach dem Staffelrammverfahren (ETMO-Schmalwand). Dieses Verfahren hat relativ früh Anwendungen bei Projekten mit Stauraumdichtungen gefunden (Kuhn 1962).

Im Jahre 1965 wurde das ETMO-Verfahren durch das *Einbohlenrüttelverfahren* ersetzt, welches eine wesentliche Verbesserung und Erleichterung der Arbeiten darstellt. Die prinzipielle Arbeitsweise bei diesem Verfahren ist in Abb. 11.14 zu sehen.

Beim *Einbohlenrüttelverfahren* wird eine besonders konstruierte Rüttelbohle, meist ein IPB-Träger von 600 mm bis 1000 mm Steghöhe, mittels Rüttler in den Boden lotrecht eingerüttelt und nach Erreichen der Solltiefe wieder gezogen. An die Bohle wird ein Rohr geschweißt, welches die Dichtwandmasse zum Bohlenfuß transportiert und dort horizontal austritt. Der Fuß der Bohle ist besonders ausgebildet (Abb. 11.15). Der Steg der Bohle ist am Fuß verbreitert, so dass ein Spalt zwischen Bohle und Boden beim Einrütteln entsteht. Gleichzeitig ist eine Verpresseinrichtung mit dem eingeschweißten Rohr vorhanden, durch die während des gesamten Rüttelvorgangs am Fuß der Bohle laufend Suspension austritt. Beim Eindringen der Rüttelbohle in den Boden dient die Suspension auch als Gleitmittel und verhindert das Verstopfen der Düse.

Am rückwärtigen Flansch der Bohle ist ein sog. Schwert angebracht, zur sicheren Überlappung und Bohlenführung. Das Rüttelverfahren setzt voraus, dass sich der Boden entlang der Rüttelbohle umlagert und verdrängen lässt, wodurch auch

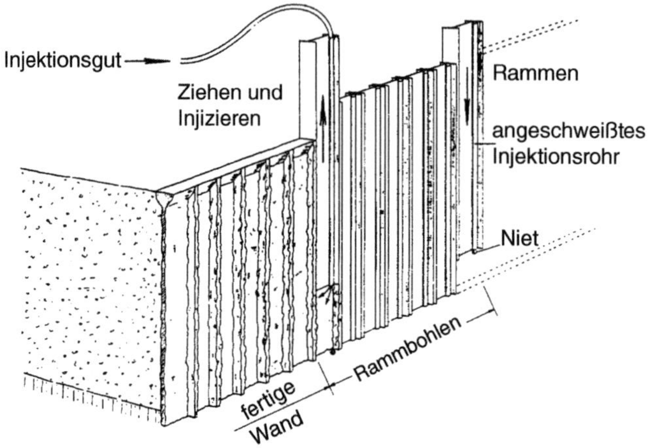

Abb. 11.13 Schemaskizze der Herstellung einer Schmalwand nach dem Staffelrammverfahren (ETMO-Schmalwand).

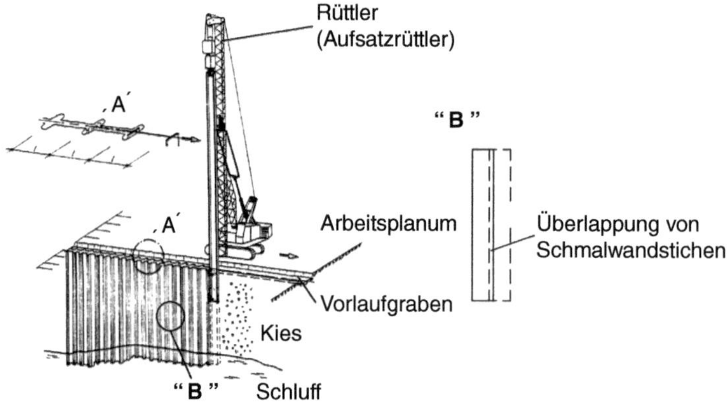

Abb. 11.14 Herstellung einer Schmalwand im Einbohlenrüttelverfahren.

Raum für die Schmalwand geschaffen wird. Dieser Raum ist begrenzt und darin liegen auch die Grenzen des Verfahrens, welche durch Düsenstrahlverfahren oder Vorbohren erweitert werden können, allerdings auf Kosten der Wirtschaftlichkeit. In Abbildung 11.11 sind solche Grenzen angegeben.

Das *Einbohlenrüttelverfahren* wird mit zwei Varianten ausgeführt:

Entweder mit dem bereits beschriebenen Vertikalrüttler (auch Aufsatzrüttler genannt, siehe Abb. 11.9) oder mit einem aus der Bodenverbesserung bekannten Tiefenrüttler (Abb. 11.16), welcher mit zwei entgegengesetzten Flügeln (sog. Flossen) bestückt ist.

Beim Abteufen wird ein Hohlraum geschaffen, der beim Ziehen des Rüttlers mit der Dichtmasse verfüllt wird. Der Tiefenrüttler hat einen Durchmesser von üblicherweise 300 mm und die Flügel sind 1,0–1,3 m lang. Die Breite der Flossen

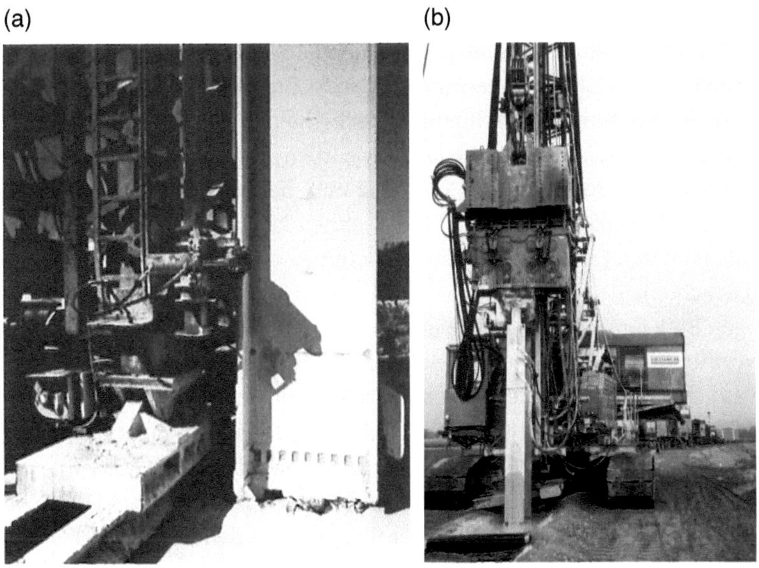

Abb. 11.15 (a) Fuß einer Rüttelbohle, (b) Aufsatzrüttler mit Bohle.

Abb. 11.16 Herstellung einer Schmalwand mit Tiefenrüttler.

liegt bei ca. 60 mm. Die Leistung solcher Rüttler liegt zwischen 50–80 kW und die Frequenz bei 50 Hz. Dieses Verfahren hat sich jedoch nicht durchsetzen können. Die Gründe liegen einerseits in der verfügbaren Leistung des Gerätes, welche viel niedriger ist als beim Aufsatzrüttler (~ 560 kW mit variabler Amplitude der Erregung von 0–40 mm), wodurch die Anwendung des Verfahrens eng begrenzt wird. Bedingt durch die Kreisschwingung des Tiefenrüttlers besteht bei größeren Tiefen die Gefahr der steigenden Verdrehung (Verdrillung) der Flügel des Rüttlers und damit der Fensterbildung besonders bei sandigen Böden, womit eine Diskontinuität der Wand entstehen könnte.

Generell ist hier anzumerken, dass wegen des im Vergleich zur Dichtschlitzwand im Einphasenverfahren wesentlich niedrigeren Herstellpreises oft versucht wird, die Schmalwand auch bei ungeeigneten Randbedingungen wie feinkörnigen Sanden und Schluffen, stark unterschiedlich geschichtetem Untergrund und übergroßen Wandtiefen anzuwenden. Probleme hinsichtlich einer ausreichenden Dichtwirkung sind dann vorprogrammiert. Während man bei Dichtschlitzwänden mit einer Systemdurchlässigkeit von $1 \cdot 10^{-8}$ m/s rechnen kann, muss dieser Wert bei Schmalwänden um den Faktor 10 größer angenommen werden. Auch dies ist beim Entwurf zu beachten.

Bei sandigen Böden mit $U < 5$, $d_{95} < 2$ mm und $d_{10} > 0{,}04$ mm besteht die Gefahr der Bodenverflüssigung. Konventionelle Schmalwände weisen in solchen Böden Fehlstellen auf. Auch in schluffigen Böden kann mit dem konventionellen Schmalwandverfahren u. U. keine durchgehende Wand erzeugt werden (Abb. 11.17).

Um auch bei den besonders problematischen Bodenverhältnissen wie Feinsand und Schluff eine durchgehende Schmalwand herstellen zu können, wurde 1991 von der Fa. Soletanche die sog. Vibrosolwand entwickelt. Bei dem *Vibrosolverfahren* handelt es sich um eine Kombination des Düsenstrahlverfahrens und der Rüttelinjektion (Abb. 11.18). Mit Hilfe der Düsenstrahlinjektion wird der Fuß der Schmalwandsohle mit einem hydrodynamischen Schwert gelöst, das auch bei diesen Bodenverhältnissen eine durchgehende Wandausbildung von mehreren Zentimetern garantiert. Hierfür sind zusätzlich zu den Zuleitungen für die Dichwandsuspension zwei Düsen an den voreilenden Trägerflanschen installiert. Gedüst wird mit einer Suspension aus Dichtwandmasse mit geringer Dichte.

Beim Einrütteln wird, vom in Arbeitsrichtung hinteren Flansch aus, über die erste Düse Suspension mit ca. 400 bar unter die Bohle eingebracht. Dadurch wird der

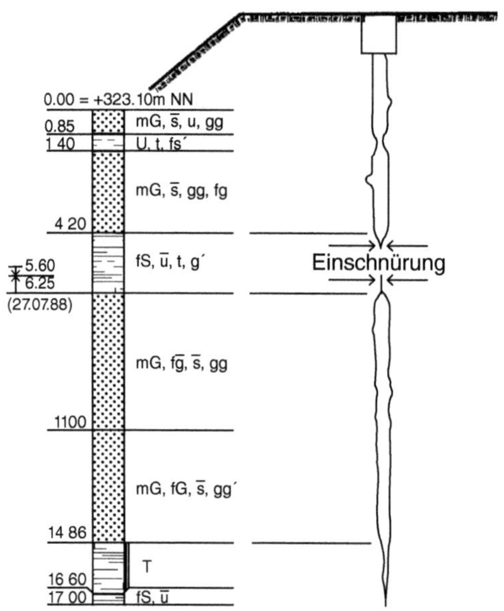

Abb. 11.17 Fehlstellen einer herkömmlichen Schmalwand im Schluff und Ton.

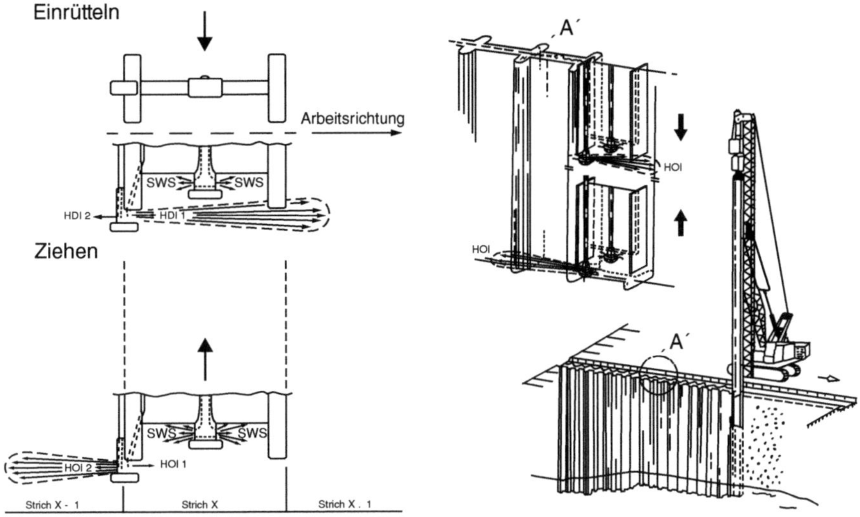

Abb. 11.18 Vibrosolverfahren zur Schmalwandherstellung (Bauer und Volk 1994).

Boden vorgeschnitten (Abb. 11.19), gelöst und das Einrütteln erleichtert, wodurch im Boden mit geringerer Rüttelenergie gearbeitet werden kann.

Beim Ziehen der Bohle wird über die zweite Düse nach hinten in die bereits hergestellte Dichtwand gedüst, um ein Zurütteln (Verdrücken) der schon hergestellten Wand ausschließen zu können. Damit wird einer evtl. plastischen Verformung des Bodens im vorher hergestellten Stich dergestalt vorgebeugt, dass dieser nochmals mit dem Hochdruckstrahl (Jet-Schwert) aufgeschnitten wird.

Mit diesem Verfahren, aufgrund der Unterstützung mit dem Düsenstrahlen, ist es möglich, auch unter schwierigen Bodenverhältnissen, eine durchgehende Wand von mehreren Zentimetern Dicke (5–10 cm) herzustellen. Baustellenbilder (Abb. 11.20) zeigen die zu erwartende Form dieser Schmalwand in bindigen und nichtbindigen Bodenarten (bei kiesigen Böden bis zu 40 cm Dicke).

Die Kosten für die Vibrosolwand sind einerseits höher als diejenigen einer konventionellen Schmalwand, aber die Vorteile hinsichtlich geringer Einrüttelzeiten, größerer Leistungen und Herstellung in sehr festen und dichten Bodenformationen, an denen die übliche Schmalwand versagt, stehen dem gegenüber. Die Abwägung zum Einsatz des Verfahrens hängt von den entsprechenden Kosten einer Dichtschlitzwand ab, welche eine Obergrenze für dieses Vibrosolverfahren darstellt.

11.3.3 Baustoffe für Schmalwände und ihre Eigenschaften

Die Baustoffe, aus denen die Schmalwandmasse hergestellt wird, sind:

- Wasser
- Bentonit

Abb. 11.19 Vorschneidstrahl beim Vibrosolverfahren (Bauer und Volk 1994).

Abb. 11.20 Vibrosolschmalwand bei (a) nichtbindigen und (b) bindigen Bodenarten (Bauer und Volk 1994).

- hydraulische Bindemittel (z. B. Zement) oder Zement mit hohem Hüttensandanteil
- Füller (z. B. Kalksteinmehl, ggf. auch Flugasche)

Die Dichte der Schmalwandmasse darf bei dieser Zusammensetzung den minimalen Wert von $\rho = 1{,}5$ t/m³ nicht unterschreiten. Übliche Bereiche der Dichte ρ liegen zwischen 1,5 und 1,7 t/m³. Bei Verwendung des Vibrosolverfahrens sind für das Vorschneiden mit den Düsen Suspensionen geringerer Dichte ($\rho = 1{,}3$ t/m³) zu verwenden. Eine Unterschreitung von $\rho = 1{,}5$ t/m³ kann nur im Falle von Kurzzeitmaßnahmen und bei geringen hydraulischen Gradienten ($i < 50$) vertretbar sein.

Folgende Mischungen können aus Praxisbeispielen herangezogen werden, welche jeweils für einen Kubikmeter Suspension benötigt werden:

10–30 kg Na-Bentonit	80–140 kg Ca-Bentonit
100–200 kg Zement	140–180 kg Zement
500–850 kg Steinmehl	550–700 kg Steinmehl
600–800 kg Wasser	600–700 kg Wasser

Wenn spezielle Anforderungen vorliegen, kann der Einsatz von Spezialbindemitteln erforderlich werden (z. B. Zement mit hohem Hüttensandanteil bei Sulfatangriff). Dann ändern sich die Rezepturen und häufig werden diese als Fertigtrockenmischungen auf der Baustelle angeliefert, wo sie dann mit Wasser vermischt und eingebaut werden. Eine gängige Bandbreite mit Spezialbindemittel ist:

- 20–30 kg Na-Bentonit
- 70–110 kg Spezialbindemittel
- 400–600 kg Steinmehl
- 750–820 kg Wasser

Allein diese Bandbreite zeigt im Vergleich zu den Suspensionen, die erst auf der Baustelle vermischt werden, dass Fertigmischungen zu geringen Dichten neigen und deshalb bei problematischen Böden von diesen Fertigmischungen Abstand zu nehmen bzw. deren Eignung für die Bauaufgabe erst auszuprobieren ist.

Für alle Mischvorgänge auf der Baustelle (insbesondere bei Fertigmischungen) müssen Chargen- oder Durchlaufmischer mit hoher Mischenergie eingesetzt werden. Die Zugabereihenfolge „Wasser-Ton-Zement-Füller" ist einzuhalten, d. h. erst wird eine gute Dispersion von Ton in Wasser erreicht, bzw. bei quellfähigen Tonsorten ist das Vormischen und Quellen der Tonsuspension eine gute Voraussetzung für die Qualität der Schmalwandmasse. Danach können Bindemittel und anschließend die Füllstoffe beigegeben werden.

In Abhängigkeit der Bauausführung ist von einer Systemdurchlässigkeit von $k \approx 10^{-7}$ m/s auszugehen. Die erhärteten Massen zeigen üblicherweise eine einaxiale Druckfestigkeit q_u nach 28 Tagen zwischen 0,5–1,5 MPa. Die Erosionsstabilität ist für temporäre Schmalwände gegeben, wenn die einaxiale Druckfestigkeit über 0,5 MPa liegt, die Durchlässigkeit kleiner als $k = 10^{-7}$ m/s ist und der hydraulische Gradient i innerhalb der Wand kleiner 200 ist. Für permanente Schmalwände sollten Langzeitversuche wie z. B. Lysimeterversuche (s. DVWK-Merkblatt 114, 1980) durchgeführt werden.

11.3.4 Qualitätssicherung bei der Herstellung von Schmalwänden

Die Qualitätssicherung fängt schon bei der Planung der Baumaßnahme an. Zuerst muss geprüft werden, ob der Boden oder das Grundwasser Stoffe enthält, die z. B. betonangreifend sind oder Stoffe, die in Reaktion mit der geplanten Fertigmischung zu Undichtigkeiten der Wand führen können. Wenn man sich über die Dichtwirkung einer noch nicht erprobten Schmalwandmasse unter den zu erwartenden Randbedingungen der Bauaufgabe nicht sicher ist, so ist eine Eignungsprüfung dieser Rezeptur durchzuführen. Diese Eignungsprüfung soll nicht nur die Eigenschaften der Frischsuspension (Dichte, Konsistenz, Absetzmaß, Filterstabilität etc.) oder der abgebundenen Masse (Druckfestigkeit, Durchlässigkeit) erfassen, sondern auch die Verarbeitbarkeit (Mischungsleistung, Viskosität) und das Abbindeverhalten einbeziehen. Weiterhin ist bei Projekten, die vom Boden oder von der Bedeutung der Abdichtungsmaßnahme als risikoreich einzustufen sind, die

Herstellung einer Probeschmalwand im Baufeld sowie eine anschließende Freigrabung unbedingt notwendig, da sowohl der Einfluss der Herstellungsparameter wie auch bei einer GW-Absenkung innerhalb eines Probekastens die „Systemdichtigkeit“ mit dem ausgeschriebenen Verfahren überprüft werden kann (Pumpversuch). Bei Lieferung von Fertigmischungen ist vom Baustellenlabor eine Eingangskontrolle der Baustoffe durchzuführen genauso wie bei Mischungen, welche auf der Baustelle angefertigt werden.

Bei der Überwachung der Frischsuspensionen sind zu prüfen:

- Dichte der Suspension
- Konsistenz
- Fließgrenze
- Viskosität
- Filterstabilität

Gleichzeitig sind Rückstellproben aus der Frischsuspension zu entnehmen (täglich) luftdicht unter Wasser bei einer konstanten Temperatur zu lagern und anschließend nach 28 bzw. 56 Tagen folgende Prüfungen an der abgebundenen Dichtwandmasse durchzuführen:

- Druckfestigkeit nach DIN 18136
- Durchlässigkeit nach DIN 18130

Die Qualitätssicherung bezieht sich in der Regel auf die zu verwendeten Baustoffe. Die Qualitätssicherung während der Wandherstellung ist aber mindestens genauso wichtig, wenn nicht sogar noch wichtiger, da sich meist dort gravierende Fehler hinsichtlich der Integrität der Wand einschleichen können. Zum Stand der Technik gehört heute eine Eigenüberwachung der Schmalwandarbeiten, wobei als Funktion der Zeit für jeden Stich registriert wird:

- die Rütteltiefe (Wegaufnehmer)
- die Frequenz des Rüttlers
- Öldruck im geschlossenen Rüttelkreislauf
- der Schmalwandsuspensionsdruck
- der Schmalwandsuspensionsdurchfluss (inkl. automatischer Aufsummierung der Menge)

Zur Steuerung des Einrüttel- und Ziehvorgangs sowie zur Überwachung des gesamten Arbeitsvorgangs werden mobile Datenerfassungssysteme eingesetzt. Die erfassten Daten können über Module an einen PC für weitere technische Auswertungen sowie Darstellungen in der Führerkabine (Abb. 11.21) übertragen werden.

Früher hat man das Schrittmaß für die einzelnen Stiche per Hand abgesteckt. Neuere Entwicklungen ermöglichen dem Geräteführer, das jeweilige Schrittmaß über einen Wegmesser vom Führerstand aus selbst zu kontrollieren. Gleichzeitig wird jeder einzelne Versatz mit einer Genauigkeit von einem Zentimeter erfasst und auf einem Schreiber oder Speichereinheit registriert.

Die Vertikalität der Stiche wird mit einem Inklinometer, welches in der Bohle integriert ist, registriert, so dass Aufzeichnungen sowohl für die Lage der Bohle im Grundriss wie auch in der Tiefe möglich sind.

Mit all diesen Daten, welche über einen Schreiber oder digital vorliegen, ist es möglich, eine nachträgliche Kontrolle aller ausgeführten Arbeiten durchzuführen. Diese Protokollierung hilft auch Bereiche zu lokalisieren, bei denen die Überlappung oder die Einbindung in einen Stauer kritisch sein können; so dass dort gezielt nachgebessert werden kann. Zusätzlich können über den Vergleich der Leistungsaufnahme und der Eindringgeschwindigkeit des Rüttlers (α_0, α_1, α_2 in Abb. 11.21a) Schichtgrenzen festgestellt werden oder ob genügend Suspension in die kritische Schicht injiziert wurde.

Erschütterungsmessungen können von Fall zu Fall im Rahmen der Beweissicherung notwendig werden (müssen separat ausgeschrieben sein und gehören nicht zur üblichen Qualitätssicherung für die Schmalwandherstellung).

Bei Verwendung des Vibrosolverfahrens müssen der Düsenstrahldruck wie auch der Durchfluss des Düsenstrahls für beide Düsen (Abb. 11.18) protokolliert werden (Abb. 11.21b).

11.3.5 Hinweise zur Ausschreibung von Schmalwänden

Wird eine Mindestdicke einer Schmalwand für eine Abdichtung oder Absperrung aufgrund der Begrenzung des hydraulischen Gradienten benötigt, so ist vom Ausschreibenden zu prüfen, ob der Boden die erforderliche Mindestdicke nach Abb. 11.11 zulässt. Befinden sich Schluffe oder Feinsande in der Trasse der Schmalwand, sollte man nicht unbedingt die konventionelle Schmalwand ausschreiben, sondern es kommen Verfahren der Dichtschlitzwand (40 cm dick) oder eine Vibrosolwand in Betracht. Die Einhaltung einer Schmalwanddicke bei allen vorhandenen Bodenformationen ist nur dann möglich, wenn über ein Bodengutachten die Kornverteilung der Bodenschichten sowie die Lagerungsdichte bzw. Sondierergebnisse mit der schweren Rammsonde angegeben sind und repräsentativ für den Bereich der Wandherstellung sind.

Liegen zu diesen Daten Zweifel vor, so ist es besser, nicht die zu erzielende Wanddicke vorzugeben sondern nur eine Mindestdicke der Schmalwandbohle (z. B. 8 cm) mit einem Vorhaltemaß für den Verschleiß (mind. 1 cm).

Zur Auslegung der Gerätetechnik (z. B. Mischer, Pumpen etc.) ist es sinnvoll, Dichte, Fließgrenzen und Viskosität der zu verwendenden Suspension anzugeben, wobei hier auch Toleranzgrenzen für diese Eigenschaften (min-, max-Werte) einzubauen sind. Diese Daten sind zur Auswahl der Geräte sehr wichtig und für den Preis bestimmend, speziell bei kleineren Baumaßnahmen.

Ein unlauterer Wettbewerb liegt vor, wenn Pauschalpreise pro Quadratmeter Schmalwand verlangt werden. Eine Abschätzung des Materialverbrauches, besonders bei wechselnden Bodenverhältnissen stellt ein schwer oder gar unmöglich zu kalkulierendes Risiko dar. Man kann hier zu einer Fehlkalkulation oder Spekulation

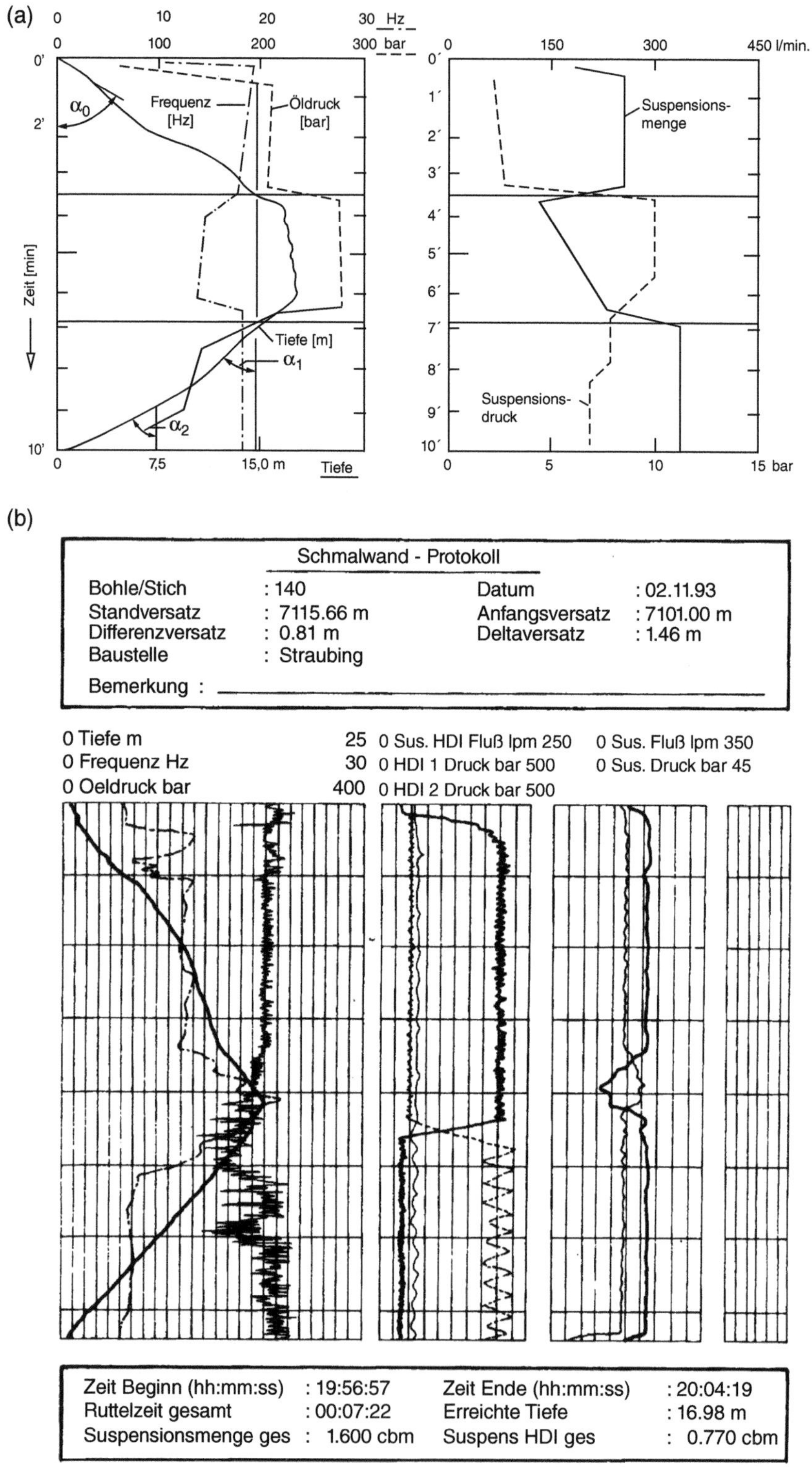

Abb. 11.21 Schmalwandprotokolle (a) vereinfacht, (b) Rüttelprotokoll eines Vibrosol-Stichs.

genötigt werden, da für die Bauaufgabe 150 l bis 450 l pro m^2 Schmalwand veranschlagt bzw. später verbraucht werden können. Eine Möglichkeit hier Abhilfe zu schaffen ist, die Preise nach möglichem Verbrauch staffelweise anzugeben. Alternativ ist eine Probeschmalwand herzustellen, wobei der wirkliche Verbrauch vor Ort festgestellt wird. Eine Pauschalierung des Materialverbrauchs führt immer zu einer Beeinträchtigung der Qualität der Schmalwand, da bereits beim Ansatz der Kosten aus Wettbewerbsgründen ein günstiger Grenzwert gewählt wird und dann bei der Ausführung ungeachtet der wirklichen Verhältnisse versucht wird, den Materialverbrauch dem wahrscheinlich zu niedrigen Ansatz anzupassen. Sinnvoller ist die Vorgehensweise, dass man den tatsächlichen Verbrauch der Suspension nach Gewicht oder m^3 einschließlich Einpressung im Schlitz inkl. der Güteüberwachung vergütet, wobei über Lieferscheine die Gewichte und über die Durchflussmengen (Mengenmessungen) sowie Pumpstunden und Stichproben der tatsächliche Verbrauch überprüft werden kann.

Für eine Ausschreibung von Schmalwandarbeiten ist jedenfalls als ein Minimum folgende Gliederung der Positionen empfehlen (Strobl 1993):

<u>Position 1</u>	
Baustelleneinrichtung	Pauschal (für eine festgelegte Bauzeit)
<u>Position 2</u>	
Vorlaufgraben herstellen (Breite × Tiefe)	pro lfd. Meter
<u>Position 3</u>	
Einvibrieren der Bohlen zur Schaffung des Hohlraums	pro m^2 Schmalwand
<u>Position 4</u>	
Verbrauch der Baustoffe wie Bentonit, Zement, Steinmehl	nach Gewicht
<u>Position 5</u>	
Einpressen d. Suspension (s. Spezifikation) in den Schlitz einschl. der Güteüberwachung	nach m^3

Die genannten fünf Positionen erheben keinen Anspruch auf Vollständigkeit aber sind wesentliche Elemente. Mit diesen Positionen vermeidet man eine unzulässige Verlagerung des baugrundbedingten Risikos auf den Unternehmer und bietet dem Auftraggeber eine solide Basis für den Preisvergleich bzw. er vergütet die Leistung nach tatsächlichen Merkmalen und nicht nach fiktiven Leistungsansätzen.

11.4 Eignungsprüfungen von Dichtwandmassen

An Dichtwände sind zur Sicherung von Altlasten hohe Anforderungen zu stellen. Die Effizienz eines Abdichtungssystems wird an dem Schadstoffrückhaltevermögen gemessen, welches primär durch eine geringe hydraulische Durchlässigkeit erreicht wird. Bei geringen Durchlässigkeiten spielen aber auch andere Migrationsprozesse, wie molekulare Diffusion, eine Rolle. Im Rahmen der Qualitätssicherung sollte die Eignung der geplanten Dichtwandmassen sowohl für den Bauzustand wie auch für den Endzustand bzw. geplante Lebensdauer der Abdichtung nachgewiesen werden. Über die gesamte Lebensdauer sollten folgende Funktionen erfüllt sein:

- geringe hydraulische Durchlässigkeit
- hohes Schadstoffrückhaltevermögen (bzw. Kationenaustauschvermögen)
- hoher Diffusionswiderstand (Diffusionskoeffizienten $< 5 \cdot 10^{-12}$ m²/s)
- rissfreie Verformbarkeit
- Erosionsstabilität

Der zu führende Nachweis der Eignung einer Dichtmasse gliedert sich in eine Laboreignungsprüfung und einen Probebetrieb auf der Baustelle (Dichtwandprobekasten oder Probelamelle), wo die Eignung des Baustoffes unter Baustellenbedingungen wie auch das angedachte oder geplante Bauverfahren und -gerät im Zusammenhang mit dem anstehenden Baugrund und dem verwendeten Baustoff überprüft werden.

Eine Grundlage für die Eignungsprüfungen im Labor wird von den GDA-Empfehlungen geliefert, wobei die dort aufgeführten Prüfungen als Grundmatrix angesehen werden. Darauf aufbauend können je nach Standort weitere Sonderuntersuchungen durchgeführt werden. Im Grundbau bestehen in der Praxis nicht ganz einheitliche Ansichten über Umfang und Randbedingungen der durchzuführenden Untersuchungen, da diese nicht vollständig genormt sind.

Die Grundmatrix der Prüfungen umfasst:

Frische Dichtwandmasse
- Zusammensetzung und Eigenschaften der Ausgangsstoffe
- Eigenschaften der frischen Dichtwandmasse
- Verarbeitbarkeit und Erstarrungsverhalten

Erhärtete Dichtwandmasse

- Durchlässigkeit
- Dichte und Wassergehalt
- Festigkeit und Verformungseigenschaften

Nach Scholz u. a. (2003) gehören zu den Eignungsuntersuchungen von Dichtwandmassen im Labor eine sog. Nullmischung und die sog. Arbeitsmischungen (Abb. 11.22).

Die Nullmischung besteht aus dem gewählten Baustoff und dem vor Ort entnommenen Anmachwasser, welches auch bei der späteren Bauausführung verwendet wird.

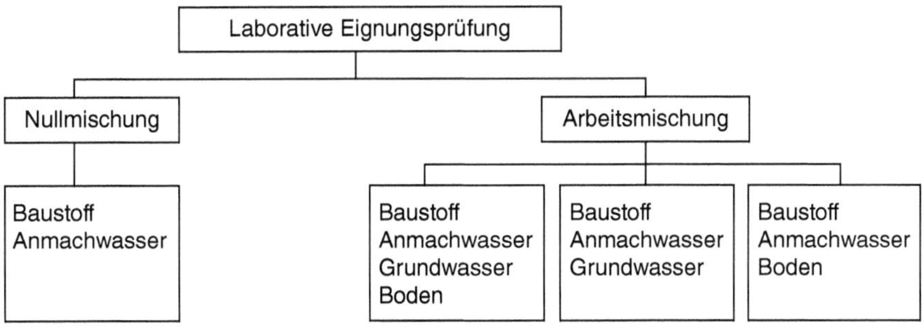

Abb. 11.22 Organigramm für erweiterte Eignungsprüfungen nach Scholz u. a. (2003).

Die Arbeitsmischungen werden aus dem Dichtwandbaustoff und dem vor Ort entnommenen Anmachwasser *sowie* mit Beimengungen aus dem vor Ort angetroffenen Boden und Grundwasser präpariert. Durch die Arbeitsmischungen wird berücksichtigt, dass die Suspension durch das Bauverfahren mit dem anstehenden Boden angereichert und mit dem vorliegenden Grundwasser vermischt wird. Die vor Ort vorliegenden bautechnisch relevanten Kontaminationen können dazu führen, dass Verarbeitungseigenschaften oder die Festigkeitsentwicklung negativen Einflüssen unterliegen. Deshalb ist es sinnvoll, parallel mehrere Arbeitsmischungen zur Optimierung der Baustoffrezepturen im Labor zu testen (Abb. 11.22; Mischung mit Boden, mit Grundwasser oder mit beidem).

Zur Aufbereitung der Frischsuspension wird ein Volumenanteil von 20 % des Anmachwassers durch Grundwasser ersetzt, so dass die Nullmischung und die Arbeitsmischungen von der Rezeptur her identisch sind. Nach der Zugabe des Grundwassers erfolgt die Zugabe von Bodenmaterial, welches insgesamt ein Volumenanteil von maximal 30 % betragen kann. Dieser Anteil kann variieren und hängt mit dem geplanten Bauverfahren zusammen. Die Einmischung des Grundwassers erfolgt ebenso wie die des Bodens mit einem Propellerrührer (Mischzeit 5 min mit 500 U/min) mit einer relativ geringen Mischintensität, ähnlich wie es durch die Bewegungen der Schlitzwandgreifer verursacht werden kann.

Die in-situ-Bewegungen können durch Laborversuche nicht vollständig nachgebildet werden. Zunächst sind die Standardversuche für die Arbeitsmischungen (Dichte, Auslaufzeit mit Marsch-Trichter, Filtratwasserabgabe, Fließgrenze, Absetzmaß, pH-Wert, Sandgehalt) durchzuführen. Diese liefern bereits erste Hinweise über die schädigenden Auswirkungen der Beimengungen, wenn z. B. eine Verringerung der Fließgrenze, ein erhöhtes Absetzmaß, eine Erhöhung der Filtratwasserabgabe oder ein ungewöhnlicher pH-Wert festgestellt wird. Rührversuche über längere Zeiträume liefern Daten über die Verarbeitungszeit der Suspensionen. Scholz u. a. (2003) schlagen weitere Sonderversuche zur Eignungsprüfung der Dichtwandmassen hinsichtlich der Dauerhaftigkeit vor. Diese Sonderversuche sind:

- Lagerungsversuche
- Durchlässigkeitsversuche (DIN 18130-1)

- Diffusionsversuche
- Pin-Hole-Test (Erosionsversuch an erhärteten Dichtwandmassen)

11.4.1 Lagerungsversuch

Beim Lagerungsversuch wird die Beständigkeit der Masse auf den schädigenden Angriff der Sickerwässer geprüft. Im Falle von strömendem Grundwasser sind auch Langzeitdurchströmungsversuche denkbar. Dieser Versuch gibt Auskunft über eingetretene Zerfalls- oder Aufweichungsneigungen oder Quellneigung der Dichtwandmasse. Nach Beendigung dieser Lagerungsversuche stehen die Proben für Nadeleindringversuche oder für die Bestimmung der einaxialen Druckfestigkeit zur Verfügung.

Eindimensional mit Schadstoffen belastete Proben werden für die Nadeleindringversuche mit dem Vicat-Gerät herangezogen, um Überlagerungen der Aufweichungszonen in den Ecken der Proben zu vermeiden. Im Nadeleindringversuch wird festgestellt, wie weit eine Nadel mit 1 mm Durchmesser bei 300 g Auflagegewicht in den Prüfkörper eindringen kann (Abb. 11.23).

Im Mittel werden die Proben alle sieben Tagen auf messbare Strukturveränderungen untersucht. Die Versuche zur Nadeleindringung werden an mindestens fünf Stellen und die Bestimmung der Höhe und des Durchmessers werden jeweils an mindestens drei Stellen des Probekörpers durchgeführt. Hierbei ist zu gewährleisten,

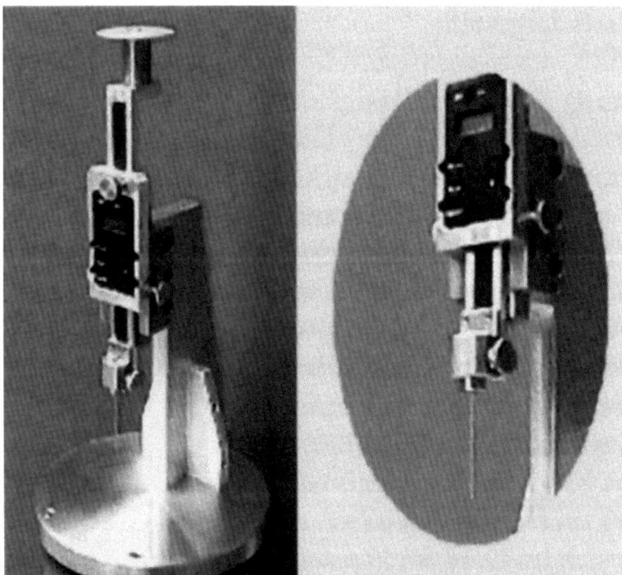

Abb. 11.23 Vicat-Gerät (nach Scholz u. a. 2003).

dass die Nadeleindringversuche immer an neuen Stellen der Oberfläche durchgeführt werden, um Überlagerungen mit bereits durchgeführten Versuchen zu vermeiden. Die Ergebnisse werden anschließend gemittelt. Die Lagerungsdauer sollte sich bis zur Konvergenz der messbaren Strukturveränderung, mindestens aber über eine Lagerungsdauer von 90 Tagen erstrecken. Das Prüfmedium, z. B. belastetes Wasser, sollte etwa 14-tägig ersetzt werden.

11.4.2 Diffusionsversuche

Die Durchführung von Diffusionsversuchen geht im Allgemeinen über den Leistungsumfang eines bodenmechanischen Labors hinaus und wird daher meist in speziell ausgerüstete Fachlabors ausgegliedert.

Gerade bei den modernen Dichtwandmassen mit sehr geringen Durchlässigkeitsbeiwerten ist dem diffusiven Schadstofftransport ein gewisser Stellenwert einzuräumen. Während konvektive Transportvorgänge durch die Verringerung des Durchlässigkeitsbeiwertes oder des hydraulischen Gradienten vermindert werden können, stellen sich diffusive Transportvorgänge auch ohne Wasserströmungen ein. Der Diffusion könnte lediglich durch eine dem Konzentrationsgefälle entgegengerichtete, starke konvektive Strömung begegnet werden. Moderne Baustoffe mit ihren sehr geringen Durchlässigkeiten erlauben die erforderlichen Strömungsgeschwindigkeiten nicht mehr, so dass die Diffusion als Migrationsmechanismus an Bedeutung gewinnt.

Anhand der gemessenen Ionenkonzentrationen sowohl in der Prüfflüssigkeit wie auch im Auffangwasser in einer speziell hierfür entwickelten Versuchsapparatur kann der Diffusionskoeffizient für die verwendeten Schadstoffe abgeschätzt werden, wobei diese Versuche bei bekannten Mischungen durchgeführt werden.

Hermanns (1993) gibt für eine Dichtwandmasse (Mischung in kg von Opalinuston, Zement, Steinkohlenflugasche, Wasser: 491:368:123:654 für 1 m^3 Dichtwandmasse) Diffusionskoeffizienten an. Als Schadstoffe wurden, neben den organischen, (Toluol, Benzol, Chlorphenol, PAK etc.) als Kation Natrium, als Anion Chlorid und als Schwermetall Zink mit Konzentrationen von 3,2–6,5 g/l Prüfflüssigkeit gewählt. Für Natrium und Zink ergeben sich die kleinsten Diffusionskoeffizienten (D_a) mit Werten von $D_a < 10^{-2}$ m^2/s. Chlorid ist der am schnellsten diffundierende Stoff mit Werten von $D_a \approx 3–8 \cdot 10^{-11}$ m^2/s (Chlorphenol $D_a = 3 \cdot 10^{-11}$ m^2/s).

Es scheint, dass der Transport von Anionen und Kationen aus kontaminiertem Grundwasser in eine zementgebundene Dichtwand relativ gut mit der Diffusionsgleichung nach dem Zweiten Fick'schen Gesetz beschreibbar ist. Wenn man nach einem bestimmten Alter der Dichtwand (z. B. 2 Jahre) davon ausgehen kann, dass sich die chemische Zusammensetzung und die Mikrostruktur nicht mehr ändern, können aus Ionengehaltsprofilen in den Poren scheinbare Diffusionskoeffizienten berechnet werden.

11.4.3 Erosionsversuche

In Deutschland ist es üblich, die Erosionsbeständigkeit einer Dichtwandmasse aus ihrer einaxialen Druckfestigkeit abzuleiten. In der Literatur werden aus Gründen der Erosionssicherheit einaxiale Druckfestigkeiten im Alter von 28 Tagen zwischen 0,2 und 0,5 N/mm² gefordert. Bei geringen Anforderungen an die Druckfestigkeit können zusätzlich Pin-Hole-Tests durchgeführt werden. Mit diesen in der ÖNORM B 4452 (1998) beschriebenen Versuchen kann die innere Erosionsstabilität nachgewiesen werden.

Im Vorfeld werden spezielle Probekörper mit einem Erosionskanal (∅ 1 mm, Länge ≈ 50 mm) hergestellt (Abb. 11.24). In einem Probenalter von 28 Tagen werden die Proben in die Erosionszelle eingebaut und mit einem konstanten hydraulischen Gefälle von $i = 20$ durchströmt. Nach drei Tagen wird das hydraulische Gefälle auf $i = 50$ erhöht. Mindestens einmal wöchentlich wird die Durchflussrate ermittelt, die in 5 min durch die Probe und den Erosionskanal fließt.

Nach ÖNORM B 4452 (1998) ist das Dichtwandmaterial als erosionsbeständig einzustufen, wenn die Durchflussrate im Untersuchungszeitraum bei konstantem hydraulischem Gefälle nicht zunimmt (Toleranzgrenze + 5 %). Wird zusätzlich festgestellt, dass der Erosionskanal zuwächst, wird die Probe ausgebaut, der Erosionskanal erneut durchgestochen und anschließend wieder eingebaut.

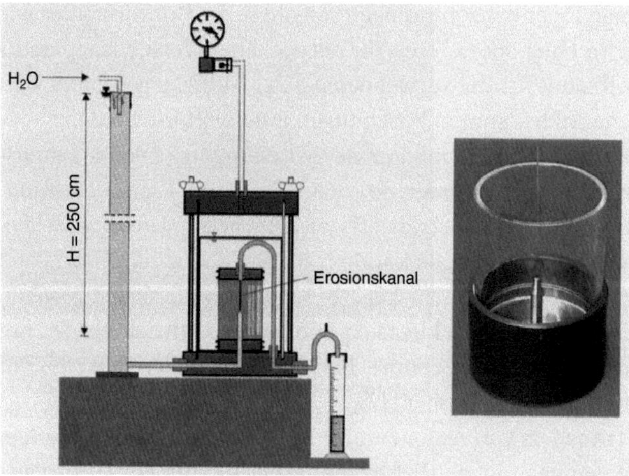

Abb. 11.24 Versuchsapparatur: Pin-Hole-Test, rechts: Schalkörper (Scholz u. a. 2003).

11.5 Bestimmung der „Stichfestigkeit“ von Dichtwandmassen

Im Zusammenhang mit der vorliegenden Festigkeitsentwicklung durch entweder chemische Bestandteile oder Kontamination des Bodens oder des Wassers oder den in-situ niedrigeren Temperaturen als die Laborprüfbedingungen ist es wichtig, die Scherfestigkeit der abbindenden Suspension zu bestimmen.

Anhand der Definition einer Mindestscherfestigkeit (Stichfestigkeit) kann der frühestmögliche Zeitpunkt für das Anschneiden der Primärlamellen festgelegt werden. Dieser Baustoffkennwert besitzt eine besondere baupraktische Relevanz, da er unmittelbar Einfluss auf die Bauzeitenplanung nimmt. Ferner ist die Bestimmung der Scherfestigkeit im jungen Probenalter empfehlenswert, wenn ein erheblicher Einfluss einer anstehenden Kontamination auf den Erhärtungsverlauf der Dichtwandmasse zu befürchten ist. Hier kann unter Umständen schon im frühen Versuchsstadium bei sich nicht einstellender bzw. stark verzögerter Festigkeitsentwicklung eine Aussage bezüglich der Eignung des Dichtwandbaustoffs gegeben werden.

Aufgrund der einsetzenden Hydratation der verwendeten Bindemittel im jungen Alter befindet sich die Dichtwandmasse in einem halbfesten bis festen Konsistenzbereich. Für diesen Zustand kann weder eine Fließgrenze (z. B. mit Hilfe der Kugelharfe) noch eine einaxiale Druckfestigkeit ermittelt werden. Die Scherfestigkeit einer Dichtwandmasse kann im Baustellenlabor oder direkt im Schlitz mit Hilfe einer Handflügelsonde bestimmt werden. Die Kenntnis der Scherfestigkeit dient u. a. der Festlegung des frühestmöglichen Zeitpunkts für den Anschnitt der Primärlamelle, bei dem ein „Abrutschen“ der Primärlamelle in die offene Sekundärlamelle nicht auftritt. Dieser Zustand wird als „stichfest“ bezeichnet. Je nach Baustoff werden hierfür Werte von 3 bis 10 kPa als ausreichend angesehen. Abmessungen, Regelungen sowie Empfehlungen zur Durchführung dieser Versuche findet man bei Scholz u. a. (2003).

11.6 Erfahrungen mit Einflüssen von Schadstoffen auf Dichtwandmassen

Es liegen Berichte über negative Erfahrungen vor, welche mit Dichtwänden in kontaminierten Bereichen gesammelt wurden, die allerdings meist gemacht wurden, weil die örtlichen Grundwasser- und Bodenverhältnisse bei der Rezeptur der Dichtwandmasse nicht ausreichend Berücksichtigung fanden. Meist spielte eine durch Umwelteinflüsse veränderte Entwicklung der Festigkeit dieser Massen eine Rolle, welche dann bei der gewählten Herstellungsart (z. B. Überschneidung der Lamellen) zu Undichtigkeiten der Wand geführt hat.

Blei- und Zinkgehalte im Boden (Konzentrationen bis zu ca. 1000 mg/l) führen zu geringeren Druckfestigkeiten als diejenigen ohne Bodeneintrag (s. Bach u. a. 2003). Bei dieser Art der Kontamination im Boden ist zu vermuten, dass die an die Bodenkörner adhäsiv gebundenen Blei- und Zinkoxide bzw. -acetate bei Veränderung des pH-Wertes von neutral auf basisch im Zuge der Einbringung der Dichtwandmasse mobilisiert werden und bedingt durch ihre große spezifische Oberfläche sich wie eine Schutzschicht um die hydratisierenden Zementteilchen legen und somit das Fortschreiten der Hydratation verzögern. Um das Problem in den Griff zu bekommen, empfiehlt es sich, das verfügbare Zink und Blei durch einen Überschuss an Kalziumhydroxid abzupuffern. Hierfür wären mit dem anstehenden Boden und der Dichtwandmischung Eignungsversuche im Labor sinnvoll, um das Erreichen der angestrebten Werte der Durchlässigkeit und Erosionsstabilität sicherzustellen.

Den Einfluss von Magnesium und Sulfat der Sickerwässer auf Dichtwandmassen haben Dietrich u. a. (2003) als Einzelangriff oder kombinierten Angriff im Labor untersucht. Bei Magnesiumkonzentrationen über 250 mg Mg^{2+}/l ist eine Massenverringerung durch den lösenden Angriff feststellbar. Aufgrund des extrem geringen Löslichkeitsverhaltens von Magnesiumhydroxid $Mg(OH)_2$ kommt es zur Überführung des in der Dichtwandmasse enthaltenen Calciumhydroxids in leicht lösliches Calciumchlorid, welches aus der Dichtwandmasse ausgetragen wird.

Die Fällung des Magnesiumhydroxids führt zu einer Verringerung des pH-Werts und es kommt zu einer Destabilisierung der festigkeitsbindenden Calciumsilikathydrate (CSH-Phasen). Die Calciumkomponente der CSH-Phasen wird abgeführt und lediglich schwer lösliches Silicatgel bleibt zurück. Dadurch erfolgt eine fortschreitende Entfestigung der Dichtwandmasse.

Im Fall der Dichtwandmassen, die extrem hohen Sulfatlösungen (1500 mg/l) ausgesetzt waren, konnten keinerlei schädigende Wirkungen (anders als bei Betonen) gefunden werden (Dietrich u. a. 2003). Dies ist eher durch den geringen Anteil der Calciumaluminatphase (C_3A) der Dichtwandmasse mit Spezialbindemittel (sehr hoher Hüttensandanteil statt Portlandzementklinker) und der geringen Durchlässigkeit und Festigkeiten zu erklären (auch bei extremer feststoffreicher Dichtwandmasse bis 2540 kg/m^3).

Bei Betonen reagieren die Sulfate mit der C_3A-Phase des Portlandzements zu voluminösen Ettringitkristallen ($3CaO \times Al_2O_3 \times 3CaSO_4 \times 32H_2O$) und dies scheint bei den Spezialmischungen mit Spezialbindemittel, wo der Hüttensandanteil sehr hoch ist, nicht der Fall zu sein. Weitere Untersuchungen zu dieser Fragestellung sind noch nicht abgeschlossen. Der kombinierte Angriff von Magnesium und Sulfat scheint eher vom Magnesiumgehalt der Schadstofflösung gesteuert zu sein, auch wenn eine vergrößerte Massenverringerung als bei reinem Magnesiumangriff festzustellen ist (s. Dietrich u. a. 2003).

Phosphat im Grundwasser wirkt abbindeverzögernd. Die Phosphationen werden auf der Oberfläche von Zementpartikeln absorbiert oder es wird gleichzeitig ein Hydratationsprodukt gebildet. Ein sehr hoher Fluoridanteil hat einen maßgeblichen Einfluss auf die Bentonitstabilität. Sehr hohe Chloridanteile können sowohl auf

Bindemittel wie auch auf den Bentonit direkt und indirekt durch chemische Reaktion wirken und die Suspension destabilisieren.

Wenn vielfältige chemische Abläufe aufgrund einer komplexen Altablagerung erwartet werden, können Kombinationen von diesen zu Angriffen in unterschiedlicher Zusammensetzung und zur Destabilisierung der Suspension und auch zur Aufweichung oder zur Verhinderung des Abbindeprozesses führen. In solchen Fällen muss die Planung und die Durchführung von Eignungsprüfungen für die Arbeitsmischungen und für die Probedichtwände nicht nur sorgfältig erfolgen, sondern es muss genügend Zeit (mehrere Monate) für die Beobachtung der Material- und Systemeigenschaften vor dem eigentlichen Bau der Dichtwand einkalkuliert bzw. zugestanden werden.

Für spezielle Situationen der Herstellung von Einphasendichtwänden, wie z. B. bei organischen Böden (Torf oder Mudde), bei stark durchlässigen Böden, beim Vorhandensein von großen hydraulischen Gradienten oder bei der Beeinflussung durch Braunkohle gibt es bereits Erfahrungen (s. Linder u. a. 2003). Rezepturen von hochgefüllten Dichtwandmassen (Feststoff ca. ≥ 500 kg/m^3), die für starke chemische Beanspruchungen entwickelt wurden, sowie Problemlösungen für die Verarbeitung solcher Dichtwandmassen auf der Baustelle unter Berücksichtigung des Einbauverfahrens (Greifer, Fräse) findet man in der Arbeit von Geil und Heibrock (2003). Dort werden Grenzen der technischen Machbarkeit und Wirtschaftlichkeit angegeben.

Dieses Kapitel der Dichtwandherstellung ist, aufgrund der noch stattfindenden Entwicklung sowohl im Baustoffbereich wie auch im bauverfahrenstechnischen Bereich mit der Konzeption neuer Maschinen und Techniken, noch lange nicht abgeschlossen. Dieses Spannungsfeld wird uns weiter begleiten. Die Absperrung von Altlasten mit Dichtwänden wird ein wichtiger Bestandteil des Umweltschutzes bleiben, vor allem mit extrem hohen Anforderungen an die Qualitätssicherung von der Planung bis hin zur Bauausführung.

12

Literatur

12.1 Zitierte Literatur

Arwanitaki, A. (2009). Über das Kontaktverhalten einer Zweiphasen-Schlitzwand und nichtbindigen Böden, *Schriftenreihe des Lehrstuhls für Grundbau, Boden- und Felsmechanik*, Ruhr-Universität Bochum, Heft Nr. 41.

Arwanitaki, A., König, D. und Triantafyllidis, T. (2007). Zum Kontaktverhalten suspensionsgestützter Ortbetonwände und den anstehenden Baugrund. *Bautechnik* 84 (11): 781–972.

Bach, H., Semprich, S. und Völkner, R. (2003). Grundwasserhydraulische und chemische Einflüsse auf die Qualität von Schmalwänden – Empfehlungen für zukünftige Planungen –, *Vorträge zum 18. Christian-Veder-Kolloquium*, Heft 15, TU Graz: Institut für Bodenmechanik und Grundbau, 129–144.

Bauer, F. und Volk, D. (1994). Ein verbessertes Schmalwand-Dichtwand-System – die Vibrosolwand. *Vorträge der Baugrundtagung in Köln 1994*, DGGT, 351–360.

Borchert, K. (2008). *Innerstädtische Baugruben, Erfahrung zur Verformungen und Dichtigkeit, Bauen in Boden und Fels.* 2008. Esslingen: Technische Akademie.

Borchert, K.M., Deterding, K. und Schran, U. (2001). Erfahrungen mit Wandverankerungen bei tiefen Baugruben mit Unterwasserbetonsohlen. 2001. *16. Christian-Veder-Kolloquium Graz.*

Burland, J.B. und Hancock, R.J.R. (1977). Underground car park at the House of Commons, London: Geotechnical aspects. *The Structural Engineer* 55 (2): 87–100.

Caron, C. (1973). Un nouveau style de Perforation la boue autodurcissable; *Annales de L'institut technique du bâtiment et des travaux publics No. 31.*

Delattre, L. und Duca, V. (2002). *Measured pressure exerted by a fine soil on a diaphragm wall under construction.* Toulouse: Geotechnical aspects of underground construction in soft ground, Part I, 547–552.

DiBiaggio, E. und Roti, J.A. (1972a). Earth pressure measurement on a braced slurry-trench wall in soft clay. *Proceedings of the 15th ECSMFE*, Madrid, 473–483.

DiBiaggio, E. und Myrvoll, F. (1972b). Full scale field test of a slurry trench excavation in soft clay. *Proceedings of the 15th ECSMFE*, Madrid, 461–471.

Dietrich, J., Märten, A. und Feeser, V. (2003). Einfluss schadstoffhaltiger Sickerwässer auf Dichtwandmassen, *Vorträge zum 18. Christian-Veder-Kolloquium*, Heft 15, TU Graz: Institut für Bodenmechanik und Grundbau, 145–158.

Planung und Bauausführung in der Schlitzwand- und Dichtwandtechnik. 1. Auflage. Theodoros Triantafyllidis.

DVWK-Merkblatt 114 (1980). *Lysimeter, Grundwasserneubildung und Bodenhaushalt. Empfehlungen zum Bau und Betrieb von Lysimetern.* Berlin: Verlag Paul Parey.

Eide, O., Aas, G. und Josang, T. (1972). Special applications of cast-in-place walls for tunnels in soft clay in Oslo. *Proceedings of the 15th ECSMFE*, Madrid, 485–498.

Franke, E. (1963). Zur Frage der Standsicherheit von Bentonit-Schlitzwänden. *Die Bautechnik* (12): 408–411.

Franke, P. (1954). Über ein neues Verfahren zur Herstellung einer Betonpfahlwand in Lockergesteinen. *Die Bautechnik* (10): 315–318.

GDA-Empfehlungen (1997). Geotechnik der Deponien und Altlasten. 3. Auflage, *DGGT*, Berlin: Verlag Ernst & Sohn.

Geil, M. und Heibrock, G. (2003). Hochgefüllte Dichtwandmassen – Möglichkeiten und Grenzen aus technischer und wirtschaftlicher Sicht, *Vorträge zum 18. Christian-Veder-Kolloquium*, Heft 15, TU Graz: Institut für Bodenmechanik und Grundbau.

Göceri, A. (2002). *Standsicherheitsberechnung von ebenen und nicht ebenen suspensionsgestützten Schlitzen unter Einbeziehung von Fundament und Gebäudelasten.* Diplomarbeit. Lehrstuhl für Grundbau und Bodenmechanik. Ruhr-Universität Bochum.

Gourvenec, S.M. und Powrie, W. (1999). Three-dimensional finite-element analysis of diaphragm wall installation. *Géotechnique* 49 (6): 801–823.

Grandas-Tavera, C. und Triantafyllidis, T. (2012). Simulaton of a corner slurry trench failure in clay. *Computers and Geotechnics* 45: 107–117.

Grandas-Tavera, C., Triantafyllidis, T. und Knittel, L. (2019a). A constitutive model with a historiotropic yield surface for sands. In: *Recent Developments of Soil Mechanics and Geotechnics in Theory and Practice, Lecture Notes in Applied and Computational Mechanics* Vol. 91 (ed. T. Triantafyllidis), 13–43. Springer.

Grandas-Tavera, C., Vogelsang, J. und Triantafyllidis, T. (2019b). Simplified simulation of the installation of vibro-piles in water saturated soil. *Soil Dyn. Earthq. Eng.* 121: 491–498.

Grewe, H. (1965). *Die stabilisierenden Eigenschaften thixotroper Flüssigkeiten im Grundbau.* Bautechnik-Archiv, Heft 17, München: Wilh. Ernst & Sohn.

Grodde, K.H. (1963). *Bohrspülungen und Zementschlämme in der Tiefbohrtechnik.* Hamburg: Otto Vieth.

Happe, T. (1996). Entwicklung eines empirisch-mathematischen Verfahrens zur Abschätzung der Setzungen von Einzelfundamenten neben suspensionsgestützten Schlitzen begrenzter Fläche, Grundbau, *Bodenmechanik und unterirdisches Bauen, Fachbereich Bautechnik.* Bergische Universität GH Wuppertal, Bericht Nr. 16.

Hemschmeier, F. (1980). Fertigteil-Schlitzwände im Kölner U-Bahn-Bau. *Die Tiefbau-Berufsgenossenschaft 1980* (8): 650–655.

Hermanns, R. (1993). *Sicherung von Altlasten mit vertikalen mineralischen Barrieresystemen im Zweiphasen-Schlitzwandverfahren*, Institut für Geotechnik (IGT) ETH Zürich. Band 204, Zürich: vdf-Verlag.

Hettler, A, Besler, D. und Gutjahr, S. (1997). FE-Simulation von aufgetretenen Spannungen und Verformungen an der Baugrube Gleiswechsel. *Bautechnik* 74: 25–32.

Hettler, A. und Triantafyllidis, T. (2009). Deformations of deep excavation walls induced by construction process. *Proc. 17th ICSMGE*, Alexandria.

Hock-Berghaus, K. (1995). Erddruckabminderung an vorspringenden Baugrubenecken. *Geotechnik* 19: 1–6.

Huder, J. (1972). Stability of bentonite slurry trenches with some experiences in Swiss practice. *5. Europ. Conf. SMFE*, Madrid, 517–522.

ICOS Building Contracts for specialized works (1968). *The ICOS Company in the underground works*. Vol. 3, Milano/Italy: Published by ICOS 1968, 79–87.

Jäger, T. (1955). Herstellung von Betondichtungswänden unter Verwendung thixotroper Bentonit-Suspensionen. *Bauplanung/Bautechnik* (7): 289.

Jakob, E. (1968). Praktische Erfahrungen beim Herstellen von Schlitzwänden. *Baumaschine und Bautechnik* (5): 185–189.

Jakob, J. (1959a). Bau einer Fußgängerunterführung am Bahnhofsplatz in Luzern. *Schweizerische Bauzeitung* (10): 135.

Jakob, J. (1959b). Ein neues Bauverfahren beim Bau einer Fußgängerunterführung in Luzern. *Schweizerische Technische Zeitschrift* (11): 201.

Jefferis, S.A. (1972). The Composition and Uses of slurries in Civil Engineering Practice. *PhD. Thesis*. Univ. of London.

Karstedt, J. (1977). *Einfluss der Eindringung der Bentonitsuspension in das Erdreich auf die äußere Standsicherheit räumlich begrenzter Schlitzwände*. Veröffentlichung des Grundbauinstituts der Technischen Universität Berlin, Heft 1.

Karstedt, J. (1980a). Beiwerte für den räumlichen, aktiven Erddruck bei rolligen Böden. *Der Bauingenieur* 55 (1): 31–34.

Karstedt, J. (1980b). Tragfähigkeit einer Beton-Schlitzwand als Tiefgründungselement. *Die Bautechnik* (9): 300–303.

Karstedt, J.P. (1982). *Untersuchungen zum aktiven räumlichen Erddruck in rolligem Boden bei hydraulischer Stützung der Erdwand*. Veröffentlichung des Grundbauinstituts der Technischen Universität Berlin, Heft 10.

Karstedt, J. und Ruppert, F.R. (1980). Standsicherheitsproblem bei der Schlitzwandbauweise. *Baumaschine und Bautechnik* (5): 327–334.

Kilchert, M. und Karstedt, J. (1983). Der Nachweis der äußeren Standsicherheit flüssigkeitsgestützter Erdschlitze (Nachweis der Sicherheit gegen den Schlitz gefährdende Gleitflächen im Boden nach DIN 4126, Vornorm). *Geotechnik* 84–93.

Kilchert, M.J. und Karstedt, J. (1984). *Schlitzwände als Trag- und Dichtungswände, Band 2, Standsicherheitsbereitung von Schlitzwänden nach DIN 4126*. Berlin/Köln: Bauverlag und Beuth-Verlag.

Killer, J. (1958). Ortspfähle, Dichtungswände und Baugrubenumschließungen nach dem Bentonitverfahren. *Schweizerische Bauzeitung* 76 (11): 151 ff.

König, D. und Schröder, T. (2015). Zusammensetzung des Filterkuchens an Schlitzwandlamellen mit kurzer und langer Standzeit. *Bauingenieur* 90 (2): 60–70.

König, D. und Schröder, T. (2017). Zur Beschaffenheit des Filterkuchens und der Kontaktfläche Boden-Wand bei Schlitzwänden. In: *Wechselwirkung Baugrund-Bauwerk* (Hrsg. E.W. Perau), 127–146. Aachen: Report Geotechnik Universität Duisburg – Essen, Shaker Verlag.

Kroß, M. (2002). Standsicherheit von ebenen und nicht ebenen suspensionsgestützten Schlitzen neben Einzelfundamenten. *Diplomarbeit. Lehrstuhl für Grundbau und Bodenmechanik*. Ruhr-Universität Bochum.

Kuhn, R. (1962). Die Anwendung des ETMO-Verfahrens auf Stauraumdichtungen. *Vorträge der Baugrundtagung 1962 in Essen*, DGEG.

Lee, S.D. (1987). Untersuchungen zur Standsicherheit von Schlitzen im Sand neben Einzelfundamenten. *Mitteilungen Nr. 27 des Institut für Geotechnik*. Universität Stuttgart.

Linder, W.R.; Czogalla, U.; Heymann, M (2003). Einflüsse unterschiedlichster Untergrundverhältnisse und -kontaminationen auf die Wahl der Dichtwandmasse und die Verfahrenstechnik bei Einphasen-Dichtwänden, *Vorträge zum 18. Christian-Veder-Kolloquium*, Heft 15, TU Graz: Institut für Bodenmechanik und Grundbau, 177–199.

Lings, M., Ng, C.W.W. und Nash, D.F.T. (1994). The lateral pressure of wet concrete in diaphragm wall panels cast under bentonite. *Proceedings Instn. Civ. Engrs: Geotech. Engng.* 107: 163–172.

Loers, G. und Pause, H. (1976). Die Schlitzwandbauweise für große und tiefe Baugruben in Städten. Erfahrungen und Möglichkeiten, erläutert an ausgeführten Baugruben in der City von Düsseldorf. *Der Bauingenieur* 51: 41–58.

Long, M. (2001). A database for retaining wall and ground movements due to deep excavations. *Journal of Geotechnical and Environmental Engineering, ASCE* 127 (3): 203–224.

Lorenz, H. (1950). Über die Verwendung thixotroper Flüssigkeiten im Grundbau. *Die Bautechnik* (10): 313–317.

Lorenz, H. (1950–1951). Patentschrift Nr. 873529 Klasse 84c Gruppe 1, 1950; Patentschrift Nr. 947540 Klasse 84c Gruppe 3, 1950; Patentschrift Nr. 954587 Klasse 84c Gruppe 3, 1950; Patentschrift Nr. 954588 Klasse 84c Gruppe 3, 1951; Patentschrift Nr. 836473 Klasse 84c, 1950; Patentschrift Nr. 858967 Klasse 84 c Gruppe 1, 1951; Patentschrift Nr. 869177 Klasse 84c Gruppe 1, 1951.

Lorenz, H. (1953). Erfahrungen mit thixotropen Flüssigkeiten im Grundbau. *Die Bautechnik* (8): 232–236.

Lorenz, H. und Walz, B. (1982). *Ortswände. Grundbau-Taschenbuch*. 3. Auflage, Teil 2, Berlin: Wilh. Ernst & Sohn, 687–715

Mayer, T. (2003). *Simulation des Herstellungsvorgangs einer Schlitzwand unter Berücksichtigung einer Nachbarbebauung*. Diplomarbeit. Lehrstuhl für Grundbau und Bodenmechanik der Ruhr-Universität Bochum.

Meseck, H., Ruppert, F.R. und Simons, H. (1979). Herstellung von Dichtungsschlitzwänden nach dem Einphasenverfahren. *Der Tiefbau* 21: 601–605.

Möbius, C.H. (1977). Bentonit-Suspensionen. *Eigenschaften, Herstellung und Prüfung, Österreichische Ingenieur-Zeitschrift* 20: 73–82.

Möbius, C.H. und Günther, T.H. (1973). Modellversuche zur Standfestigkeit flüssigkeitsgestützter Erdwände I. *Die Bautechnik* 156–160.

Möbius, C.H. und Günther, T.H. (1977). Modellversuche zur Standfestigkeit flüssigkeitsgestützter Erdwände II. *Die Bautechnik* (8): 267–272.

Möbius, C.H., Walter, C. und Günther, T.H. (1976). Einfluss von Zusätzen auf die Eigenschaften von Bentonit-Suspensionen. *Die Bautechnik* (2): 47–55.

Müller-Kirchenbauer, H. (1972a). Einflüsse der Filtratbildung auf die Stabilität von Schlitzwänden. *Vorträge der Baugrundtagung Stuttgart*, DGEG, Spezialsitzung Baugruben, 843–859.

Müller-Kirchenbauer, H. (1972b). Stability of slurry trenches. *Proc. 5, European CSMFE*, Madrid, 543–553.

Müller-Kirchenbauer, H. (1977). *Zur Standsicherheit von Schlitzwänden in geschichtetem Untergrund*. Veröffentlichung des Grundbauinstituts der technischen Universität Berlin, Heft 1, 72–88.

Müller-Kirchenbauer, H. (1982). *Nachweis der inneren Standsicherheit von Suspensionsgestützten Erdwänden*; Vortrag beim Seminar Nr. 22142 Schlitzwandtechniken der Technischen Akademie Wuppertal in Hamburg.

Müller-Kirchenbauer, H. und Walz, B. (1980). Vergleichende Untersuchung über die Standsicherheit suspensionsgestützter Schlitze. *Geotechnik* (1): 8–12.

Müller-Kirchenbauer, H., Walz, B. und Kilchert, M. (1979). *Vergleichende Untersuchung der Berechnungsverfahren zum Nachweis der Sicherheit gegen Gleitflächenbildung bei suspensionsgestützten Erdwänden.* Veröffentlichung des Grundbauinstituts der Technischen Universität Berlin, Heft 5, 1–118.

Neumeuer, H. (1961). Fortschritte auf dem Gebiet der Pfahlgründungen. *Der Bauingenieur* (5): 194–196.

Ng, C.W.W. und Yan, R.W.M. (1999). Three-dimensional modelling of a diaphragm wall construction sequence. *Géotechnique* 49 (6): 825–834.

Niemann, H.J. (1960). Sicherungsmaßnahmen im städtischen Tiefbau unter Verwendung thixotroper Suspensionen. *Die Bautechnik* (8): 310–316.

Niemunis, A. (2003). *Extended hypoplastic models for soils.* Bochum: Schriftenreihe des Institutes für Grundbau und Bodenmechanik der Ruhr-Universität Bochum, Heft 34.

Niemunis, Andrzej, Wichtmann, Torstenn & Triantafyllidis, Theodor. (2005). Setzungsakkumulation in nichtbindigen Böden unter hochzyklischer Belastung. *Bautechnik.* 82. 18–27. 10.1002/bate.200590023.

ÖNORM B 4452 (1998). *Dichtwände im Untergrund.* Wien: Österreichisches Normungsinstitut (ÖN).

Pause, H. und Hillesheim, F.W. (1975). Bau der Metro Amsterdam. Unterirdische Strecke der Ostlinie. *Der Bauingenieur* 50 (1): 4–18.

Piaskowski, A. und Kowalewski, Z. (1965). Application of thixotropic clay suspensions for stability of vertical sides of deep trenches without strutting. *Proc. of the 5th ICSMFE*, Montreal, Vol. III, 526–529 and 563–564.

Poh, T.Y. und Wong, I.H. (1998). Effects of construction of diaphragm wall panels on adjacent ground: field trial. *Journal of Geotechnical and Geoenvironmental Engineering* 124 (8): 749–756.

Potts, D.M. und Fourie, A.B. (1984). The behaviour of a propped retaining wall: results of a numerical experiment. *Géotechnique* 34 (3): 383–404.

Potts, D.M. und Zdravkovic, L. (2001). *Finite Element analysis in Geotechnical Engineering – Application.* London: Thomas Telford.

Ruppert, F.R. (1980). Bentonitsuspensionen für die Schlitzwandherstellung. *Tiefbau – Ingenieurbau – Straßenbau* (8): 684–686, 159–175.

Sanio, H.P.(1985). Prediction of the Performance of Disc Cutters in Anisotropic Rock. *Int. J. Rock Mech. Sci and Geomech. Abstr.* 22 (3): 153–161.

Savidis, S., Borchert, K.M., Deterling, K. et al. (1999). *Verformungen von Unterwasserbetonsohlen, VDI-Tagung.* Berlin: Tiefe Baugruben.

Schäfer, R. (2004). Einfluss der Herstellungsmethode auf das Verformungsverhalten von Schlitzwänden in weichen bindigen Böden, *Dissertation, Schriftenreihe des Instituts für Grundbau und Bodenmechanik.* Ruhr-Universität Bochum, Heft Nr. 36.

Schäfer, R. und Triantafyllidis, T. (2004). Modelling of earth and pore water pressure development during diaphragm wall construction in soft clay. *International Journal for Numerical and Analytical Methods in Geomechanics* 28: 1305–1326.

Schäfer, R. und Triantafyllidis, T. (2006). The impact of diaphragm wall construction on the serviceability of adjacent strip foundations in soft ground. In: *Numerical Modelling of Construction Processes in Geotechnical Engineering for Urban Environment* (ed. T. Triantafyllidis), 69–82. Taylor & Francis Group London.

Scheuch, G. (1973). Die Stahlbeton-Fertigteil-Schlitzwand Panosol. *Die Bautechnik* (7): 248–250.

Schneebeli, G. (1964). *La stabilité des tranchées profondes en présence de boue*. Etanchements et Fondation Spéciales.

Scholz, C., Rosenberg, M., Dietrich, J. et al. (2003). Laborative Eignungsprüfungen von Einphasen-Dichtwandmassen. *Geotechnik* 26 (1): 33–41.

Schran, U. (2003). *Untersuchungen zu Verschiebungen von Schlitzwänden beim Unterwasseraushub in Berliner Sanden*. Veröffentlichungen des Grundbauinstituts der TU Berlin, Heft Nr. 33.

Steinhoff, J. (1993). *Standsicherheitsbetrachtung für polymergestützte Erdwände, Bericht Nr. 13, Grundbau, Bodenmechanik und Unterirdisches Bauen, Fachbereich Bautechnik*. Bergische Universität-GH Wuppertal.

Strobl, T. (1993). Technische Entwicklungen in der Dichtwandtechnik. 40 Jahre Spezialtiefbau 1953–1993. In: *Technische und rechtliche Entwicklung. Festschrift zum 65. Geburtstag von Dr. Ing. K.-H. Bauer*, 121–138. Düsseldorf: Werner Verlag.

Symons, I.F. und Carder, D.R. (1993). *Stress Changes in Stiff Clay caused by Installation of Embedded Retaining Walls*. Retaining structures, London: Thomas Telford Ltd, 227–236.

Tamano, T., Fukui, S., Suzuki, H. et al. (1996). Stability of slurry trench excavation in soft clay. *Soils and Foundations* 36 (2): 101–110.

Tedd, P., Chard, B.M., Charles, J.A. et al. (1984). Behavior of a propped embedded retaining wall in stiff clay at Bell Common Tunnel. *Géotechnique* 34 (4): 513–532.

Triantafyllidis, T. (1998). Neue Erkenntnisse aus Messungen an tiefen Baugruben am Potsdamer Platz in Berlin. *Bautechnik* 75 (3): 133–154.

Triantafyllidis, T. (2000). Ein einfaches Modell zur Abschätzung von Setzungen bei der Herstellung von Rüttelinjektionspfählen. *Bautechnik* 77: 161–168.

Triantafyllidis, T. (2015). Holistic simulation of geotechnical installation processes – numerical and physical modelling. In: *Lecture Notes in Applied and Computational Mechanics* Vol. 77 (ed. T. Triantafyllidis), Springer, 2015, ISBN 978-3-319-18169-1.

Triantafyllidis, T. (2016). Holistic simulation of geotechnical installation processes – benchmarks and simulations. In: *Lecture Notes in Applied and Computational Mechanics* Vol. 80 (ed. T. Triantafyllidis), Springer, 2016, ISBN 978-3-319-23159-1.

Triantafyllidis, T. (2017). Holistic simulation of geotechnical installation processes – theoretical results and applications. In: *Lecture Notes in Applied and Computational Mechanics* Vol. 82 (ed. T. Triantafyllidis), Springer, 2017, ISBN 978-3-319-23159-1.

Triantafyllidis, T. (Ed.) (2006). *Numerical Modelling of Construction Processes in Geotechnical Engineering for Urban Environment*. London: Taylor & Francis, 2006.

Triantafyllidis, T. und Rinke, C. (1997). *Die Baugruben für den Lehrter Bahnhof in Berlin, Bauen in Boden und Fels. 1997*. Technische Akademie Esslingen.

Triantafyllidis, T., König, D. und Sonntag, T. (2001). Standsicherheit von nicht-ebenen suspensionsgestützten Erdschlitzen. *Bautechnik* 78 (2): 78–88.

Triantafyllidis, T., Vogelsang, J. und Grandas-Tavera, C.E. (2011). Zur äußeren Standsicherheit von suspensionsgestützten Eckschlitzwandelementen. *Bautechnik* 88 (9): 617–626.

Ulrichs, K.R. (1981). Untersuchungen über das Trag- und Verformungsverhalten verankerter Schlitzwände in rolligen Böden. *Die Bautechnik* 58: (4): 124–132.

Veder, C. (1950). *Österreichisches Patent Nr. 176800 Klasse 84/11.*

Veder, C. (1959). *Ein neues Verfahren zur Herstellung von untertägigen Dichtungs- und Stützwänden.* Mitteilungen des Instituts für Grundbau und Bodenmechanik an der Technischen Hochschule Wien, Heft 2.

Veder, C. (1963). *Excavation on Trenches in the Presence of Bentonite Suspensions for the Construction of Impermeable and Load Bearing Diaphragms.* Butterworths London, 181–188.

Veder, C. (1966). Ausführung moderner Gründungen. *Der Bauingenieur* 41 (6): 217–227.

Veder, C. (1967). Verankerte Schlitzwände als Baugrubenumschließung für das World-Trade-Center in New York. *Der Bauingenieur* 42 (11): 421–422.

Veder, C. (1981). Einige Ursachen von Mißerfolgen bei der Herstellung von Schlitzwänden und Vorschläge zu ihrer Vermeidung. *Der Bauingenieur* 56 (8): 299–305.

Walz, B. (1977). *Beitrag zur Berechnung der äußeren Standsicherheit suspensionsgestützter Erdwände begrenzter Länge.* Veröffentlichungen des Grundbauinstituts der Technischen Universität Berlin, Heft 1, 153–166.

Walz, B. (1989). *Grundlagen der Flüssigkeitsstützung von Erdwänden. 4. Christian Veder Kolloquium*, TU Graz: Institut für Bodenmechanik, Felsmechanik und Grundbau, 1–9.

Walz, B. und Hock, K. (1987). Berechnung des räumlich-aktiven Erddruckes mit der modifizierten Elementscheibentheorie, Band Nr. 6, *Grundbau, Bodenmechanik und unterirdisches Bauen, Fachbereich Bautechnik.* Bergische Universität-GH Wuppertal.

Walz, B. und Prager, J. (1978). *Der Nachweis der äußeren Standsicherheit suspensionsgestützter Erdwände nach der Elementscheiben-Theorie.* Veröffentlichung des Grundbauinstituts der Technischen Universität Berlin, Heft 4.

Walz, B. und Prager, J. (1979). Beitrag zur Lösung von Erddruckproblemen nach der Elementscheibentheorie. *Die Bautechnik* (11): 375–379.

Walz, B. und Pulsfort, M. (1983). Rechnerische Standsicherheit suspensionsgestützter Erdwände, Teil 1 und Teil 2, *Tiefbau, Ingenieurbau, Straßenbau*, Heft 1, 4–7 und Heft 2, 82–86.

Weiß, F. (1962). Berechnung der Druckverluste in von Bentonitsuspensionen durchströmten Rohrleitungen. *Die Bautechnik* (9): 294–299.

Weiß, F. (1964). Zur Standfestigkeit flüssigkeitsgestützter Erdwände. *Der Bauingenieur* (6): 3–6.

Weiß, F. (1965). Die Wandreibung an im Kontraktorverfahren unter Bentonitsuspensionen geschütteten Betonwänden. *Die Bautechnik* 42 (8): 257–263 und Heft 9, 313–319.

Weiß, F. (1967). *Die Standfestigkeit flüssigkeitsgestützter Erdwände. Bauingenieur-Praxis*, Heft 70, Wilh. Berlin/München: Ernst & Sohn.

Weiß, F. (1969). Sicherheitsfragen bei der Schlitzwandbauweise. *Die Tiefbau-Berufsgenossenschaft* (3): 2–12.

Weiß, F. (1979). Stand der Schlitzwandbauweise. Neuere Erkenntnisse für Planung und Ausführung. In: *Lehrstuhl und Prüfamt für Grundbau und Bodenmechanik*

Festschrift zum 65. Geburtstag von Prof. Dr.-Ing. Richard Jelinek, 462–499, Technische Universität München.

Weiß, F. (1993). Die Entwicklung der Schlitzwandbauweise in 40 Jahre Spezialtiefbau 1953 bis 1993. In: *Technische und rechtliche Entwicklungen. Festschrift zum 65. Geburtstag von K.-H. Bauer*, (ed. K. Englert und M. Stöcker), 97–120. Düsseldorf: Werner-Verlag.

Winter, K. (1970). *Städtische Untergrund-Verkehrsbauten. Teil II: Verkehrsbauwerke.* Bauingenieur-Praxis, Heft 115, Wilh. Berlin/München/Düsseldorf: Ernst & Sohn.

Winter, K. (1971). Verformungsarmer Baugrubenverbau. *Straße, Brücke, Tunnel* (11): 289–300.

Xanthakos, P. (1979). *Slurry Walls.* Düsseldorf: McGraw-Hill Book Comp. New York.

12.2 Weitere Literatur

Behrend, J. (1970). Die Schlitzwandbauweise beim U-Bahnbau in Köln. *Der Bauingenieur* 45 (4): 113–120.

Carl, L. und Strobl, T. (1976). Dichtungswände aus einer Zement-Bentonit-Suspension. *Die Wasserwirtschaft* 66: 246–252.

Feile, W. (1975). Konstruktion und Bau der Schleuse Regensburg mit Hilfe von Schlitzwänden. *Der Bauingenieur* 50: 168–173.

Feneux, G.Y. und Milanese, S. (1971). Applications récentes de la paroi préfabriquée Panosol. *Travaux*, Heft 12: 24–59.

Frank, S. (2000). *Zur Berechnung des räumlichen Erddruckes auf nicht-ebene Schlitze.* Diplomarbeit. Lehrstuhl für Grundbau und Bodenmechanik, Ruhr-Universität Bochum.

Gelbert, K. (1972). *Filtergesetze plastischer Injektionsmassen bei der Durchströmung von Lockergestein.* Veröffentlichung des Instituts für Boden- und Felsmechanik der Universität Karlsruhe, Nr. 49.

Günther, M. (1977). *Starre Verbauwände. Schlitzwände, Bohrpfahlwände.* Bauingenieur-Praxis, Heft 84, Berlin/München/Düsseldorf: Wilh. Ernst & Sohn.

Gußmann, P. und Lutz, W. (1981). Schlitzstabilität bei anstehendem Grundwasser. *Geotechnik* (2): 70–81.

Haffen, M. (1973). Der Stand der Schlitzwandtechnik. *Österreichische Ingenieur-Zeitschrift* 16 (10): 321–330.

Jelinek, R. und Jeßberger, H.L. (1959). Über die Stabilität von Tonschlämmen. *Geologie und Bauwesen* 25: 68 ff.

Körner, H. (1957). Die Prüfung der Durchlässigkeit von Lockergesteinsinjektionen im Bauzustand. *Die Wasserwirtschaft* 47: 194–204.

Körner, H. (1960). *Die Eigenschaften von Ton-Zement-Gelen und ihre Bedeutung für die Injektionstechnik von Lockergesteinen.* Mitteilungen aus dem Institut für Grundbau und Bodenmechanik der Technischen Hochschule München.

Müller, H. (1969). Die Schlitzwandbauweise. *Die Bauwirtschaft* (31): 790–793.

Prater, E.G. (1973). Die Gewölbewirkung der Schlitzwände. *Der Bauingenieur* 48 (4): 125–131.

Prodinger, W. (1983). Schlitzwandgruppen – Einflussstudien anhand von Großversuchen und Bauwerksmessungen. *Geotechnik* (4): 164–173.

Roßner, E.G. und Winter, K. (1982). *Normierte Verbau- und Abdeckkonstruktionen*. Berlin/München: Wilh. Ernst & Sohn.

Ruppert, F.R. (1978). Mischen von Bentonitsuspensionen. Zusammenhang zwischen Bentonitart und Dispergierenergie bei der Herstellung von Bentonitsuspensionen für die Schlitzwandbauweise. *Baumaschine und Bautechnik* (10): 532–538.

Steinfeld, K. (1958). Über den Erddruck auf Schacht- und Brunnenwandungen. *Vorträge der Baugrundtagung Hamburg*. Deutsche Gesellschaft für Erd- und Grundbau, 111–126.

Strobl, T. (1982). *Das Tragverhalten einer flüssigkeitsgestützten Erdwand neben einer Einzellast*. Dissertation TH Darmstadt.

Strobl, T. und Breth, H. (1984). Das Tragverhalten einer flüssigkeitsgestützten Erdwand neben einer Einzellast. *Bauingenieur* (9): 323–329.

Tröger, S. und Adamczyk, R. (1971). Tunnel Grenzstraße im Zuge der Stadtautobahn Köln. *Der Bauingenieur* 46 (12): 421–426.

Winter, K. (1976). *Stahlbeton-Rechteckquerschnitte – Aufnehmbare Momente*. Bauingenieur-Praxis, Heft 33, Berlin/München/Düsseldorf: Wilh. Ernst & Sohn.

Winter, K. (Hg.) (1977, 1980 u. 1982). *Erläuterungen zu DIN 1080 – Begriffe, Formelzeichen und Einheiten im Bauingenieurwesen*. Band 1, Grundlagen, Band 2, Konstruktiver Ingenieurbau, Band 3, Allgemeiner Ingenieurbau. Berlin/München/Düsseldorf: Wilh. Ernst & Sohn.